民机变弯度机翼前后缘结构设计与验证技术

孙侠生◎主　编
薛景锋　钱战森　周　进　王志刚◎副主编

航空工业出版社
北　京

内 容 提 要

本书主要介绍民机变弯度机翼结构技术领域的最新研究成果，分别从民机变弯度机翼前后缘结构技术研究进展、需求分析与总体要求、前缘结构设计方法与验证、后缘结构设计方法与验证、前后缘结构分布式变形测量与控制、前后缘全尺寸样件研制与试验验证、相关技术探索与展望等方面进行了阐述，可为我国民机变弯度机翼结构技术进一步发展提供借鉴。

本书内容翔实，视角宽阔，不但适用于航空专业的科研人员，也可作为高等院校相关专业师生及政府部门和社会机构了解民机变弯度机翼结构技术的重要参考资料。

图书在版编目（CIP）数据

民机变弯度机翼前后缘结构设计与验证技术 / 孙侠生主编. -- 北京：航空工业出版社，2024. 8

ISBN 978-7-5165-3638-4

Ⅰ. ①民… Ⅱ. ①孙… Ⅲ. ①民用飞机 – 机翼 – 前缘 – 结构设计②民用飞机 – 机翼 – 后缘 – 结构设计 Ⅳ. ① V257

中国国家版本馆 CIP 数据核字（2024）第 024481 号

民机变弯度机翼前后缘结构设计与验证技术
Minji Bianwandu Jiyi Qianhouyuan Jiegou Sheji yu Yanzheng Jishu

航空工业出版社出版发行
（北京市朝阳区京顺路5号曙光大厦C座四层 100028）
发行部电话：010-85672666 010-85672683

北京富泰印刷有限责任公司印刷 全国各地新华书店经售
2024年8月第1版 2024年8月第1次印刷
开本：787×1092 1/16 字数：588千字
印张：26.75 定价：186.00元

序

2016 年，国际民航组织设立了 2050 年全球民用航空运输业碳排放相比 2005 年下降 50% 的发展目标，计划在 2050 年实现碳中和。绿色航空已经成为世界航空业关注的焦点，正对航空产业的竞争和新技术的发展产生革命性的影响。绿色科技是未来民用航空领域的竞争热点，航空产业的“绿色革命”已经到来。作为交通运输系统中的重要组成部分，民用飞机在大气平流层飞行所产生的排放，在对环境形成较强污染的同时，也会严重地影响气候变化。近年来，世界各国均将绿色、低碳、环保作为下一阶段民用航空科技发展的重要方向。

2020 年 9 月 22 日，我国在第 75 届联合国大会中提出：将提高国家自主贡献力度，采取更加有力的政策和措施，二氧化碳排放力争于 2030 年前达到峰值，努力争取 2060 年前实现碳中和。党的二十大开启了全面建设社会主义现代化国家新征程，提出推进美丽中国建设，积极稳妥推进碳达峰、碳中和等部署和要求。作为交通运输领域的重要组成部分，在民用飞机领域进行绿色航空技术创新迫在眉睫。变弯度机翼技术能够实现机翼气动外形随飞行状态的自适应变化，进而保证在整个飞行剖面均能获得较优的气动性能，变弯度机翼在节能减排降噪等方面具有巨大的发展前景。

自民用飞机变弯度机翼概念提出以来，欧美航空强国分别通过一系列航空科研计划项目，持续开展变弯度机翼技术研究，已开发了全尺寸功能样件和开展试飞验证。国内相关研究机构针对变弯度机翼技术也开展了大量的基础性、探索性研究工作，但与国外研究相比，普遍存在研究规模相对偏小、研究力量分散、研究系统化受限的问题。“十三五”期间，由中国航空研究院牵头的变弯度机翼结构关键技术政府资助项目获得批复，项目联合中国航空工业空气动力研究院、中国飞机强度研究所、中国航空工业发展研究中心、北京长城计量测试技术研究所、中国航空工业第一飞机设计研究院，以及中国商飞上海飞机设计研究院和西北工业大学等单位共同承担。在该项目的支持下，相关单位围绕变弯度机翼技术，较为系统地开展了涵盖需求论证、分析设计、制造集成和综合验证等内容的全流程研发工作，特别是通过完成全尺寸翼段地面加载试验和全尺寸风洞试验，提升了国内变弯度机翼技术的成熟度，为后续相关技术工程应用打下了很好的基础。本书综合了总体、气动、结构、测试、控制等学科，对变弯度机翼前后缘结构关键技术进行了详尽的论述，全面展示了变弯度机翼前后缘结构设计与验证技术，以期向航空科研人员分享变弯度机翼结构技术最新研究成果，共同推进变弯度机翼技术工程化应用和发展，为航空强国建设贡献智慧和力量。

我相信该书对于从事该领域研究的研究人员、教师、学生等均具有很好的参考价值，乐于将该书推荐给大家。

向锦武

中国工程院　院士

北京航空航天大学　教授

2024年8月

前言

绿色航空和环境保护是当今民航业发展的重要方向，减少碳排放、应对全球气候变化已成为世界共同努力的目标。通过创新设计理念和新的设计方法，提高飞机升阻比、降低燃油消耗一直是飞机设计师不懈追求的目标。航空业正处于绿色化智能化变革调整期，变弯度机翼借鉴仿生学特点，能在飞行过程中柔顺、平滑、自主调整外形，保证整个任务范围内气动性能最优，是飞机设计理念的变革和创新。光滑连续的变弯度机翼能够通过调整外形，实现增升减阻降噪，改善飞行性能，在民用运输类飞机中具有广阔的应用前景，符合未来民机的发展需求，是绿色航空技术的重要发展方向。

欧洲通过框架计划、洁净天空计划、地平线计划等持续开展变弯度机翼相关技术的研究，以灵巧智能飞机结构（SARISTU）为代表的项目已覆盖智能前缘后缘、翼梢小翼、结构健康监测等应用场景，开发了全尺寸功能样件。美国在变弯度连续后缘襟翼（VCCTEF）等项目的支持下持续开展变弯度技术研究，并在自适应柔性后缘（ACTE）项目中开展了试飞验证。与国外相比，国内变弯度技术研究起步较早，但研究工作持续性和系统性需要加强。变弯度机翼技术涉及总体、气动、结构、控制等相关学科，其中结构的可实现性是当前面临的主要挑战之一，包含了高承载骨架、大变形柔性蒙皮、变形感知与驱动系统等诸多难点。变弯度机翼需要同时满足起降状态大升力需求和巡航状态高升阻比需求，实现高承载条件下结构大变形，同时相比传统结构不能有明显增重。随着智能材料、增材制造、新型驱动器和分布式控制等相关技术的发展，解决结构设计和制造验证难题，获得变弯度技术整体正向收益已经成为可能。

本书邀请从事变弯度机翼技术研究的相关行业专家参与编写，分别从变弯度机翼需求分析与总体要求、变弯度机翼前缘结构设计方法与验证、变弯度机翼后缘结构设计方法与验证、变弯度前后缘结构分布变形测量与控制、变弯度机翼前后缘全尺寸样件研制与试验验证、变弯度机翼相关技术探索与展望等方面，给出了相关技术研究过程中遇到的关键问题、解决思路和方法，集中呈现了国内近年来在变弯度结构设计方面的研究成果，以期为航空科技工作者和感兴趣的读者提供一份全面、系统、深入的变弯度机翼结构设计参考，推动航空智能变形结构的应用和发展。

本书的成稿是大家共同努力的结果，在此感谢参加变弯度机翼结构技术研究的航空工业强度所、气动院、计量所、发展中心、复材中心、一飞院，中国商飞上飞院、北研中心，以及北京航空航天大学、西北工业大学、南京航空航天大学、上海交通大学等单位的大力支持；感谢参与本书编写的各位副主编和作者；感谢给予本书编写提出宝贵意见的专家学者；特别感谢中航出版传媒有限责任公司本书出版团队的辛勤付出。

2024 年 8 月

目录

民机变弯度机翼前后缘结构技术研究进展

第 1 篇　民机变弯度机翼需求分析与总体要求

第 2 篇　民机变弯度机翼前缘结构设计方法与验证

第 3 篇 民机变弯度机翼后缘结构设计方法与验证

第 4 篇 民机变弯度前后缘结构分布式变形测量与控制

第 5 篇　民机变弯度机翼前后缘全尺寸样件研制与试验验证

第 6 篇　民机变弯度机翼相关技术探索与展望

民机变弯度机翼前后缘结构技术研究进展

孙侠生[1]，周进[1]，王志刚[2]，程文渊[3]，宋坤苓[1]，李春鹏[4]

1．中国航空研究院，100012

2．中国飞机强度研究所，710065

3．中国航空工业发展研究中心，100029

4．中国航空工业空气动力研究院，110034

1 引言

绿色发展是保护人类赖以生存环境的自然规律，体现人民对美好生活的向往和追求。我国提出“创新、协调、绿色、开放、共享”的新发展理念，力争用较短的时间实现从“碳达峰”到“碳中和”，形势严峻，极具挑战。

当前全球航空运输量以年均约5%的速度持续增长，对环境的影响程度逐渐加深。航空运输对全球人为二氧化碳排放贡献量约为2%，预测到2050年将增加到3%。面对不断增加的“碳足迹”，绿色航空或零排放航空已成为国际社会广泛关注的重要政策议题，正在对航空产业的竞争和新技术的发展产生革命性的影响，得到了全球航空界的广泛认同。国际组织和航空发达国家纷纷出台绿色航空战略规划，美国国家航空航天局（NASA）于2020年2月发布了《2019年战略实施规划》，提出六个战略重点领域；国际航空运输协会（IATA）面向2050年航空业气候行动目标，发布未来民用航空技术发展路线图，其中提出变弯度技术等渐进性改进改型技术将继续得到发展，从而使每一代飞机的燃料效率提高约20%；2021年2月，国际欧洲机场理事会（ACI EUROPE）、欧洲航空航天和国防工业协会（ASD Europe）、欧洲航空公司组织（A4E）、民航导航服务组织（CANSO）和欧洲支线航空公司协会（ERA）等联合发布了题为《2050年的目标——欧洲航空零排放之路》的规划报告，旨在通过该规划实现欧洲航空业在减少行业的二氧化碳排放量方面的集体领导地位。有关绿色航空技术发展与展望详见参考文献［1］。

对于运输类大型民用飞机而言，采用变弯度机翼技术可以减小飞机巡航阻力、提升燃油经济性以及降低噪声[2-5]。大型民用飞机一般仅在设计点具有较优的气动效率，该设计点对应特定的飞行高度、马赫数和飞机重量①。在整个飞行任务剖面中，受航班密度、航线高度等因素限制，飞机经常偏离设计点，非设计点机翼的气动性能仍有较大的提升空间。采用变弯度技术的机翼在巡航时可通过改变前后缘的

① 本书“重量”均为“质量”（mass）的概念，其法定计量单位为千克（kg）。

形状来调整机翼的升力，使之与最佳气动效率状态相匹配，提高燃油经济性。同时由于没有缝道和剪刀口，光滑连续的变弯度机翼曲率变化连续，翼面压力（压强）变化平缓，无明显流动分离，可以有效地降低起飞和进场噪声。IATA 认为在 2030 年前基于现有机型的变弯度机翼改型，能够降低 1%~2% 的油耗，在 2020—2035 年发展光滑连续可变弯度操纵面，燃油效率可提升 5%~10%。英国航空航天技术研究所（ATI）于 2022 年 3 月发布了“零排放飞行”（FlyZero）气动结构技术路线图[6]，并认为基于现有机型的变弯度机翼改型有望在 2025 年前后达到技术成熟度 6 级，具备工程应用潜力。综上，采用光滑连续变弯度技术可获得更大的性能提升空间，更加符合未来民用飞机的发展需求，因此机翼变弯度飞行符合绿色航空环境友好、节能减排和降低噪声的宗旨，是未来绿色航空的发展趋势之一。

2 变弯度机翼技术研究现状及分析

区别于现代飞机常规前缘缝翼和后缘襟翼等增升装置来实现非光滑连续的翼型弯度变化，这里提到的机翼变弯度是指以光滑连续的方式改变机翼翼型弯度，主要包括变弯度机翼的前缘和变弯度机翼的后缘。鉴于变弯度机翼技术在气动、噪声、层流飞行和阵风减缓等方面的潜在优势，欧美在该领域开展了持续深入的研究，经过几十年发展，技术成熟度不断提高，取得了一系列代表性的成果，部分结构方案已接近工程实用。

2.1 欧盟通过持续研究不断提高变弯度机翼技术成熟度

从 20 世纪 90 年代中期开始至今，德国航空航天中心（DLR）持续开展变弯度机翼前后缘技术的研究，并联合多个研究机构和工业部门，持续开展变弯度机翼相关技术的攻关，包括 DLR 自主投入项目：自适应机翼（adaptive wing，ADIF）[7-8]；德国政府投资项目：智能前缘装置（smart leading edge device，SmartLED）[9]、未来民用飞机高升力基础（fundamentals of high lift for future civil aircraft）[10]；欧盟框架计划和洁净天空联合技术倡议支持项目：下一代机翼智能高升力装置（smart high lift devices for next generation wings，SADE）[11]、灵巧智能飞机结构（smart intelligent aircraft structures，SARISTU）[12]、新型飞行器布局：从颤振机翼到变体飞行（novel air vehicle configurations：from fluttering wings to morphing flight，NOVEMOR）[13]、流体驱动变形单元结构（fluid actuated morphing unit structures，FAMoUS）和智能变形与传感（smart morphing and sensing，SMS）[14]。其中，欧盟在变弯度机翼前缘方面的发展路线可简要归纳如图 1 所示，可以看出在欧盟持续项目的支持下，变弯度机翼前缘的技术成熟度在不断提高，距离工程实用差距越来越小，这里对部分项目作简要介绍。

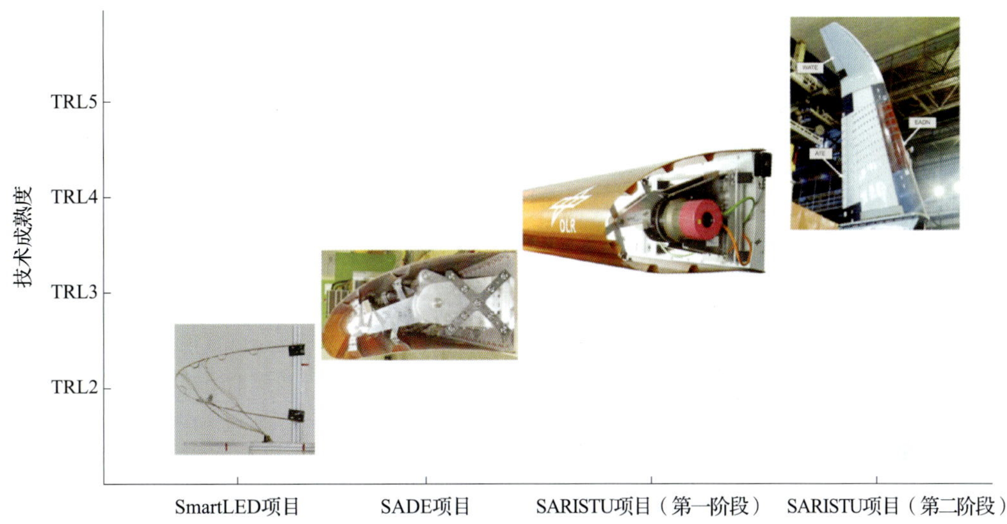

图 1　欧盟变弯度机翼前缘发展路线（代表性项目）

ADIF 项目（1996—2000 年）是 DLR 在变弯度机翼方面的早期自投项目，主要目标是通过机翼形状在巡航飞行过程中的连续变形以实现最优气动性能[7-8, 15]。研究人员提出两种不同的变形概念："手指"型和"肋带"型（见图 2）。"手指"型概念是将传统后缘襟翼的刚性翼肋替换为类似手指结构的分段连续变弯结构，每段之间靠旋转轴相连。在"肋带"概念中，翼肋被移除，蒙皮像一条带子，翼梁数目增加，并通过其偏转决定机翼的弯度，因此被称为"肋带"型。最终，研究人员对一段 500mm 宽的襟翼（安装两个"肋带"）进行了 1：2 的缩比演示验证，实现了最大偏角 5° 和最大应变约 0.1% 的变弯度能力。

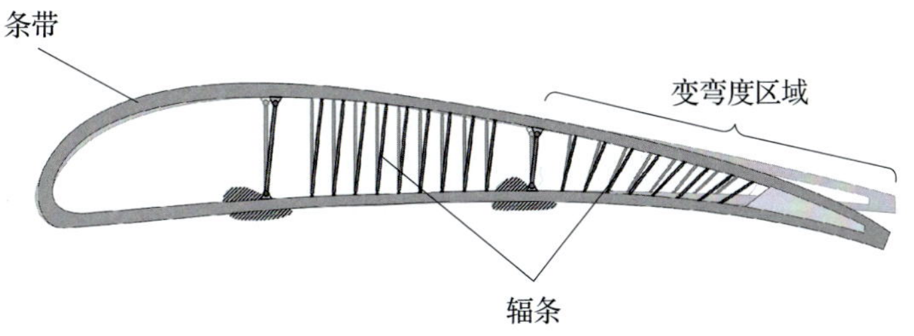

图 2　ADIF 项目中的"肋带"型变弯度后缘概念

SmartLED 项目（2006—2010 年）是德国政府投资的变弯度机翼前缘项目，主要目标是研制连续光滑的变弯度机翼前缘，并进行原理验证[11]。在该项目中首次提出了基于一体化复合材料柔性蒙皮的变弯度机翼前缘概念（见图 3），并进行了基础的设计方法验证，证明了该结构方案具有明显的潜在优势。

SADE 项目（2008—2012 年）是欧盟第 7 框架计划下针对下一代民机的新型高

升力系统开展的研究项目，主要目标是开发连续光滑的变弯度机翼前缘和后缘[9, 16-18]，包括德国航空航天中心和空客公司在内，共有9个国家13家研究机构或企业参与了该项目研究。该项目提出了偏心梁式变弯度机翼前缘、刚柔耦合式变弯度机翼前缘、流体驱动的变形结构和偏心梁式变弯度机翼后缘等新结构概念。最终，德国航空航天中心研制了全尺寸变弯度机翼前缘（见图4），实现了无缝光滑的柔性变形，并于2012年在俄罗斯中央空气流体动力学研究院（TsAGI）的T101风洞完成了试验，实现了在相同增升能力下的20°下偏能力。

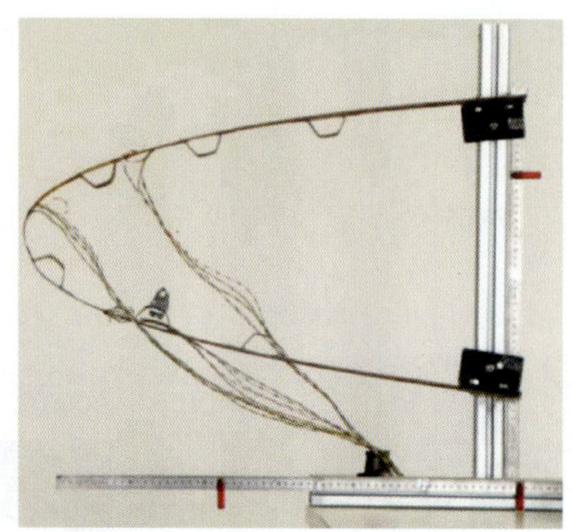

图3　SmartLED项目中的变弯度机翼前缘截面样件

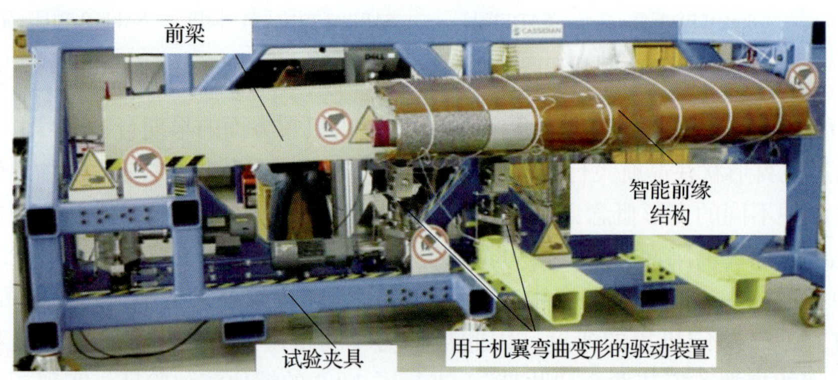

图4　SADE项目中德国航空航天中心提出的刚柔耦合式变弯度机翼前缘

SARISTU项目（2011—2016年）是欧盟第7框架计划下的一项智能机翼研究项目[12, 19-20]，其主要目标是验证变弯度机翼前后缘（见图5）、智能翼尖、结构健康监测和多功能材料等技术的集成，共有64家企业或研究机构参与了研究，空客公司、阿莱尼亚－马基航空和庞巴迪是该项目的领导者。该项目最终研制了全尺寸智能机翼结构样件（见图6），集成了连续光滑的变弯度机翼前后缘装置，并进行了变弯度机翼前缘风洞试验，完成了部分适航要求的评估和验证，技术成熟度达到5级。

NOVEMOR项目（2011—2015年）是欧盟第7框架下的另一个变形机翼项目[13, 21-22]，由意大利米兰理工大学、英国利物浦大学和英国布里斯托大学等机构联合开展，主要目标是为未来喷气式支线客机设计变弯度机翼前后缘。其中，意大利米兰理工大学采用一体化柔性结构翼肋和复合材料柔性蒙皮相结合的结构形式（见图7），实现了前缘下偏7°和后缘上下分别偏转10°的偏转能力。最终，通过增材制造技术进行了缩比样件的制造与风洞试验，验证了变弯度机翼前后缘的气动收益。

（a）前缘

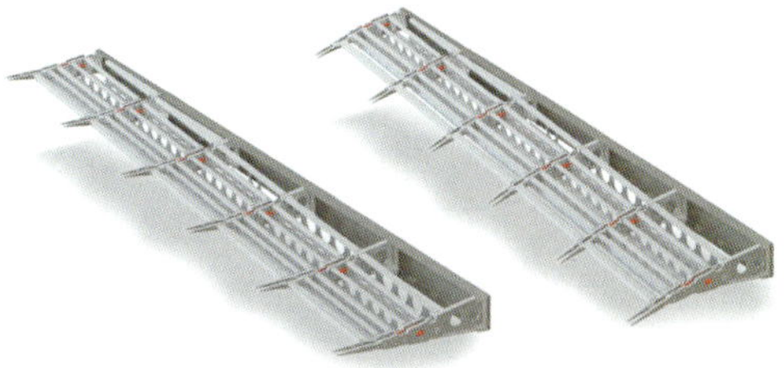

（b）后缘

图 5　SARISTU 项目中的变弯度机翼前缘和后缘

（a）全尺寸样件

（b）风洞试验

图 6　SARISTU 项目中的智能机翼结构样件

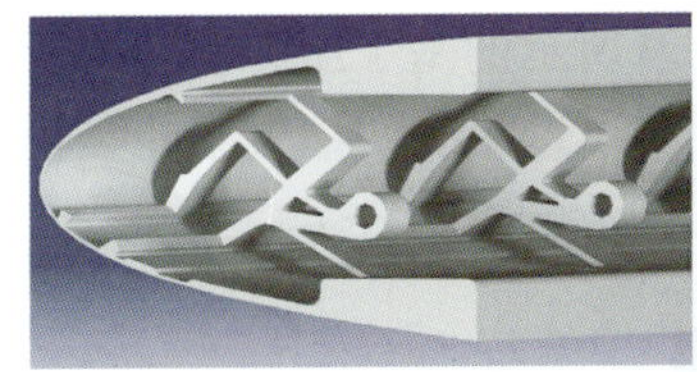

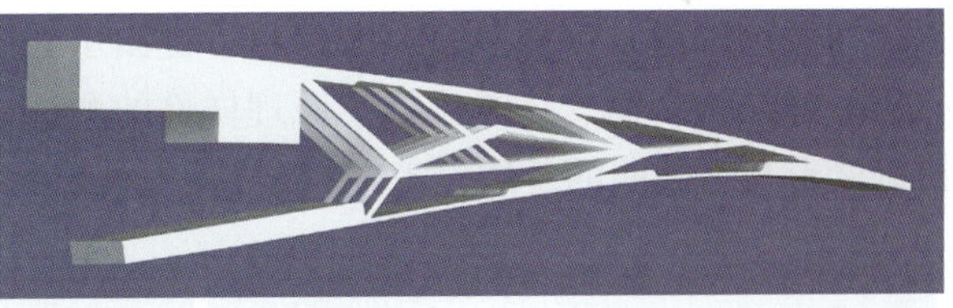

（a）变弯度机翼前后缘样件

（b）风洞试验

图 7　NOVEMOR 项目中的变弯度机翼前后缘样件

“未来民用飞机高升力基础研究”是德国研究基金资助的一项针对未来民用飞机高升力技术的研究项目[23-25]。其中，德国航空航天中心在该项目中依据前期变弯度机翼前缘蒙皮设计理论基础，进一步发展了基于杂交型变刚度复合材料柔性蒙皮设计理论，实现了较大的极限弯曲变形能力，最大可下偏 35°（见图 8），并提出了基于闭链思想的驱动机构设计方法，提高了变弯度机翼前缘的机构可靠性。

图 8　杂交型变刚度复合材料柔性蒙皮结构变形机理

2019 年，为了实现变弯度机翼后缘更大的变弯度能力，德国航空航天中心结合仿生结构设计思想，依托 FAMoUS 项目，提出了如图 9 所示的基于压力驱动的变弯度机翼后缘结构新概念，并进行了原理样件的测试，测试结果表明该方案能够较好地协调变形与承载间的矛盾[26]，且能够实现大幅度变弯的能力。

图 9　FAMoUS 项目中基于压力驱动的变弯度机翼后缘

SMS 项目（2017—2020 年）是欧盟 Horizon2020 计划下的一项变形机翼项目[14]，主要由图卢兹流体力学研究所、法国国家航空航天中心、意大利米兰理工大学等联合攻关，目标是开展基于智能材料的智能变弯度机翼技术研究。通过采用形状记忆合金和压电作动器相结合的驱动方式，实现了无缝、光滑、高频的机翼变弯度（见图 10）。

图 10　SMS 项目中的变弯度机翼样件

总体而言，过去 20 多年欧洲航空界在持续推进变弯度机翼技术研究，从具有最佳传力路线的高效驱动机构、大曲率变刚度柔性蒙皮设计到形状记忆合金和压电作动器研制，积累了大量的变弯度机翼材料、结构、气动方面的基础数据，并进行了大尺寸的变弯度机翼地面演示验证，不断地提高变弯度机翼的技术成熟度，具备了从实验室到飞行验证的基本条件。

2.2　美国实现变弯度机翼飞行验证

鉴于变弯度机翼在提高远程飞机综合性能方面的优势，过去几十年间美国开展了若干变弯度机翼演示验证项目研究，部分成果在“湾流”Ⅲ公务机上实现了飞行验证。

任务自适应机翼（mission adaptive wing，MAW）（1985—1988 年）[27-31] 项目是美国空军和 NASA 基于 F-111 联合开展的变弯度机翼演示验证项目（见图 11）。该项目将变后掠和变弯度机翼技术进行结合以维持不同速度下的气动效率，并产生了大量的理论和试验结果。但由于采用了复杂刚性机构的结构形式，一定程度上抵消了该机翼在气动上的优势，最终未能实现批量生产。

智能机翼（smart wing）项目（1994—2001 年）是美国国防预先研究计划局（DARPA）针对飞翼布局无人作战飞机开展的柔性后缘操纵面演示验证项目[32]。在该项目中，设计师希望利用智能材料（如形状记忆合金和压电陶瓷等）来驱动结构实现弹性变形，替代复杂笨重的机械机构。在该项目的第一阶段，采用了基板和形状记忆合金丝驱动的变弯度机翼后缘结构方案（见图 12）。然而，驱动力不足和不成熟的热管理系统导致该方案失败。在该项目的第二阶段，机翼后缘改为采用基于偏心梁驱动的变弯度结构方案（见图 13），并进行了风洞试验（见图 14）。在驱动载荷较大时，偏心梁驱动也存在容易卡滞的问题，同时面临轻量化设计的挑战。

图 11　1985—1988 年美国空军和 NASA 研制的 F-111 任务自适应机翼（MAW）

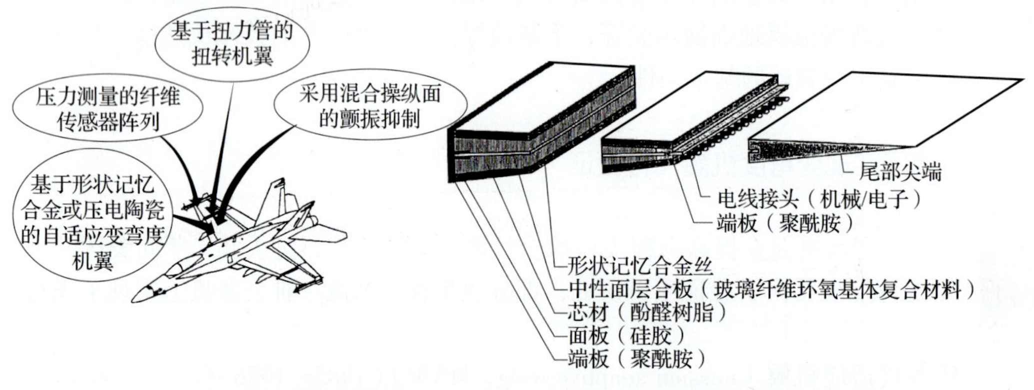

（a）对F-18战斗机的后缘改装方案　　（b）基板式变弯度后缘方案

图 12　Smart Wing 项目第一期对 F-18 战斗机机翼后缘进行改装

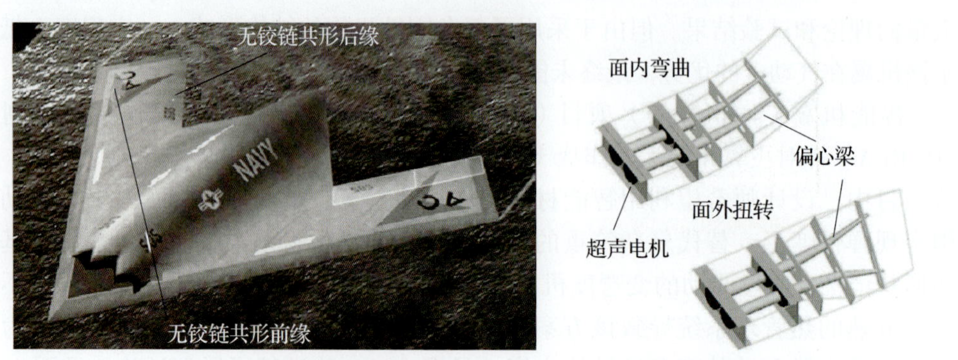

（a）海军无人机变弯度后缘改装方案　　（b）偏心梁式变弯度后缘结构

图 13　Smart Wing 项目第二期对无人机机翼后缘进行改装

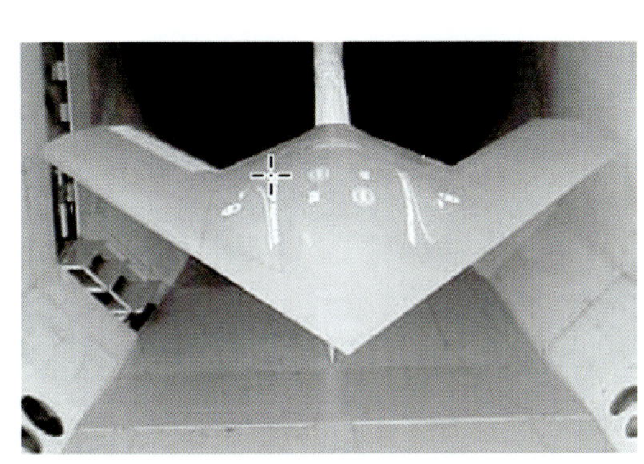

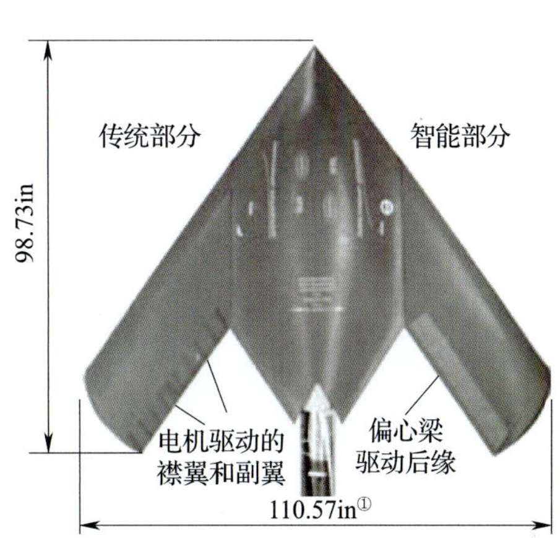

图 14　Smart Wing 项目中的变弯度机翼及风洞试验

主动柔性后缘（active compliant trailing edge，ACTE）项目（2009—2017 年）是美国空军研究实验室（AFRL）、NASA 和柔性系统公司（FlexSys）联合开展的全尺寸分布式柔性无缝变弯度后缘技术研究项目[33-36]。该柔性后缘采用了柔性结构的概念，实现了机翼的高速率、大范围的机翼变弯度（见图 15）。从 2014 年开始，该柔性后缘在阿姆斯特朗飞行研究中心开展了为期 6 个月共 22 次的地面和飞行试验（见图 16），实现了在 630km/h 速度下 −2°～+30° 的变弯度能力。试验结果表明，该柔性后缘能显著提升载机（“湾流”Ⅲ）的飞行性能，巡航阻力降低 3%，燃油效率提高 3%～12%，噪声减小 40%。

任务自适应数字复合材料航空结构技术（mission adaptive digital composite aerostructure technologies，MADCAT）项目（2013—2017 年）是 NASA 和麻省理工学院联合开展的一项基于数字超材料的变形机翼结构研究项目，主要目标是基于可逆装配的复合

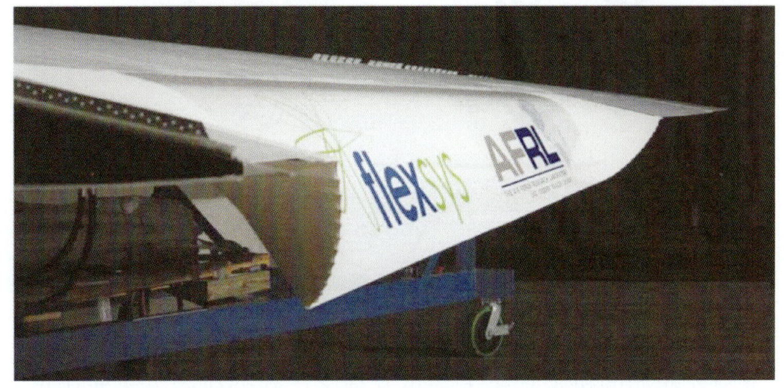

图 15　安装于“湾流”Ⅲ试验机上的 ACTE 柔性后缘

① 1in（英寸）=25.4mm。

图 16 试飞中的 ACTE 柔性后缘

材料胞元结构实现机翼弯曲和扭转的协同变形[37-38]。该项目开发了平直和后掠的变形机翼原理样件（见图 17），并完成了风洞试验，验证了该新型结构的设计方法与工艺的可行性，但距离工程实用仍有差距。

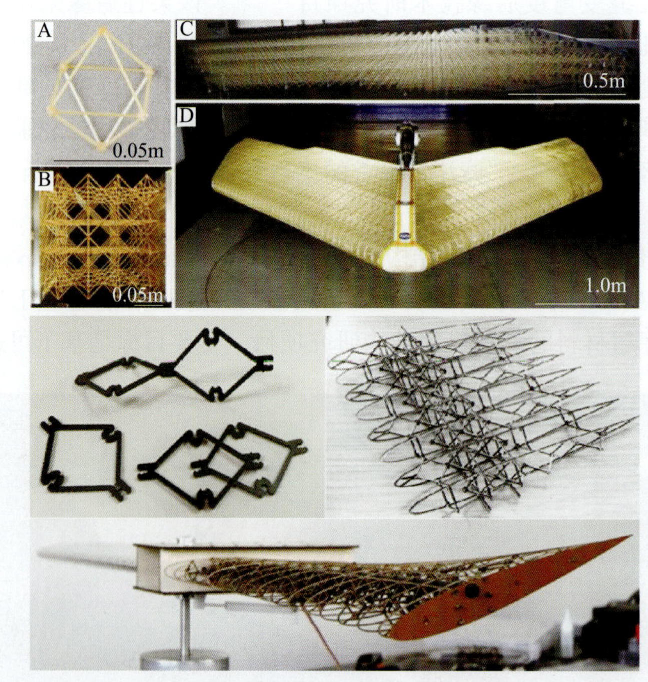

图 17 MADCAT 项目中的数字机翼

同样，美国在变弯度机翼技术方面也开展了广泛的研究，主要成果是完成了多次变弯度机翼飞行验证，技术成熟度较高。此外，美国在基于新概念结构的变形机翼方面也进行了创新性研究，并完成了风洞试验原理验证。

2.3 变弯度机翼结构技术实现途径分析

从时间的维度，变弯度机翼结构发展可以总结为三个阶段：第一阶段（20世纪80年代），主要是基于传统刚性机构的结构方案，目的是实现连续变弯度的功能，验证变弯度机翼技术在气动、噪声和控制等方面的优势。代表性的重大项目有美国的任务自适应机翼（MAW）。第二阶段（20世纪末），主要是基于智能材料驱动的结构方案，目的是降低变弯度机翼结构的重量。代表性的重大项目有美国的智能机翼（smart wing）。第三阶段（21世纪），主要是基于先进材料和刚性机构的综合优势，通过刚柔耦合结构来实现机翼变弯度，目的是满足大型飞机高承载和大变形的工程要求。代表性的重大项目有欧盟的灵巧智能飞机结构（SARISTU）和美国的主动柔性后缘（ACTE）。可以看出，随着问题认识的深入和材料结构技术的发展，欧美变弯度机翼技术经历了从仅追求变弯度功能，到追求轻质高效，再到功能和重量协同考虑的发展历程，并通过工业部门、科研院所和高校的协同攻关，进一步朝着工程化的方向发展。具体总结如下：

（1）在研究主体方面，欧美国家的变弯度机翼研究主要由大型科研院所主导（如德国航空航天中心、美国国家航空航天局、意大利航空航天中心（CIRA）），通过“工业部门（如空客公司和波音公司）提出应用要求”+“高等院校基本原理实现”+“大型科研院所工程化验证”的联合攻关模式，依托国家或国际重大项目持续提高相关技术的成熟度，实现基础研究与工程技术的衔接，通过有组织的科研，推动了一大批变弯度机翼技术成果的落地。我国变弯度机翼的发展需要在大型科研院所等的持续努力下，通过国家级重大项目持续支持，联合工业部门和高等院校集智攻关，不断地提升相关技术的成熟度。

（2）在结构实施方面，小型无人机可采用智能材料驱动的变弯度机翼前后缘方案，而大型飞机仍需要部分采用传统的刚性机构以解决高承载和大变形的矛盾。小型飞机因结构设计空间小、所需变弯度角度小和飞行速度低等特点，可通过形状记忆合金、形状记忆聚合物和新型压电纤维复合材料等实现机翼无缝连续的弯度变化；大型飞机因气动载荷高和所需变弯度角度大等特点，需通过一体化柔性蒙皮和内部刚性机构或全柔性结构等方案实现无缝连续的弯度变化。目前，大型飞机变弯度前缘以基于刚柔耦合结构和基于柔性结构的变形方案较为成熟。刚性机构的方案承载能力和运动范围大，但结构重量也大且机构复杂；柔性结构的方案结构形式简单、适合一体化制造且变形能力强，但其承载能力相对较弱，需要精细的拓扑优化等先进设计方法来协调承载和变形的矛盾。大型飞机变弯度后缘则以指关节形式、偏心梁形式和柔性结构形式较为成熟。指关节结构形式变形能力大，但机构相对复杂；偏心梁结构形式驱动方式简单、变弯度能力大，但连接可靠性较差，容易卡滞；柔性结构形式结构简单、可靠性高，但承载能力较弱。因此，现有大型飞机变弯度机翼前后缘较为成熟的方案各有优缺点，需进一步通过工程样机研制和试验进行方案验证，遴选出未来潜力较大的具体结构形式（见表 1）。

表 1　大型飞机变弯度机翼前后缘较为成熟的结构方案

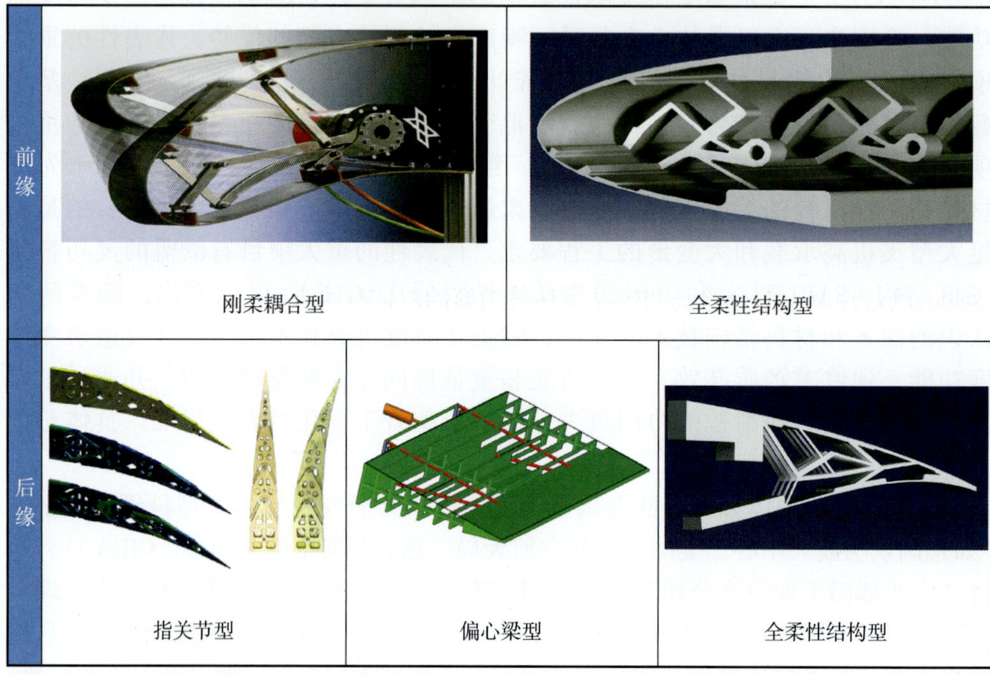

前缘	刚柔耦合型		全柔性结构型
后缘	指关节型	偏心梁型	全柔性结构型

（3）在变弯度能力方面，随着材料和设计方法的成熟，变弯度机翼的偏转范围不断提高，越来越接近工程实用。早期的变弯度前缘只能偏转 10°～20°（如 SADE 项目）；变弯度后缘只能实现 15°～25° 的偏转能力（如 MAW 和 Smart Wing 项目）。虽然当时的偏转能力验证了变弯度机翼在多个方面的气动优势，但难以满足起降阶段的飞行要求；近年来，随着变弯度机翼结构技术的成熟，民用飞机变弯度机翼开始进一步考虑缩短起降滑跑距离等需求，使得变弯度机翼的偏转能力要求也在不断提高。比如，“未来民用飞机高升力基础研究”项目中的变弯度机翼实现了变弯度机翼前缘 35° 的偏转能力；ACTE 项目中的变弯度机翼后缘达到了 30° 的偏转能力。因此，为了提高变弯度机翼的工程实用性，未来变弯度机翼的变弯度能力需要按照实际应用要求进行确定。

（4）在变形精度方面，机翼气动效率对前缘的外形较为敏感，对后缘的气动外形则较不敏感。目前，各种不同的变弯度前缘结构概念和设计方法所实现的变形误差仍为 5～10mm。这种误差量级对于最大程度地提高机翼气动效率和实现层流飞行的要求仍有差距。因此，未来的变弯度机翼设计应该注重前缘的变形精度和变弯度能力，而变弯度机翼后缘则需要重点关注其变弯度能力。

3 民机变弯度机翼前后缘结构技术项目研究进展

中国航空研究院（CAE）以自主远程民机气动标模 CAE-AVM 机翼为应用背景，系统地开展了变弯度机翼前后缘结构关键技术攻关，完成了变弯度机翼前后缘结构设计、分析和风洞或地面强度试验验证。研制了包含柔性蒙皮、驱动机构、测控系统等在内的变弯度机翼前后缘全尺寸功能样件和地面功能试验样件，在国内首次系统地进行了全尺寸真实风载条件下前后缘变形和维形能力验证，以及地面模拟载荷下后缘结构承载及变形能力验证。

针对变弯度机翼前后缘结构设计问题，按照飞机结构设计流程，研究团队首先选定背景飞机，明确前后缘结构总体需求，制定了包含方案筛选、气动分析、结构设计、测量控制、综合验证和效益评估等内容的总体技术方案。

3.1 总体方案设计

CAE-AVM 远程公务机以高亚声速和大航程为特点，最大起飞重量 44.4t，最大航程 13000km，巡航飞行马赫数为 0.85（见图 18）。其巡航速度适合发挥变弯度机翼的气动优势，变弯度技术的应用对改善操纵性能、降低噪声、提高舒适度具有重要价值。根据民机最佳设计点要求和安全性设计要求，CAE-AVM 选定机翼展向内侧 30%、靠近客舱部位内襟翼位置的翼型，设计了变弯度前后缘取代传统缝翼和襟翼的方案。从总体设计角度看，选择在该位置有两个原因：

图 18 背景机型：远程民机气动标模 CAE-AVM

（1）前后缘光滑无缝，可以消除翼面前缘台阶和后缘缝隙，改善起降阶段的进场噪声，扩大巡航阶段翼面层流区范围，靠近客舱部位设计变弯度机翼，可以最大化降低舱内噪声。

（2）变弯度机翼失速迎角小于传统有缝翼、襟翼的机翼，由于降低了机翼内侧的失速迎角，使飞机失速时机翼内侧先失速，可以防止因外侧先失速导致飞机抬头。

基于选定的背景飞机翼型，结合工程研究经验、变弯度机翼前后缘结构特点和民机适航规章，确立了变弯度前后缘结构关键技术研究路线，如图 19 所示。首先根据总体需求分析和设定的技术指标，对选定的二维翼型拉伸，形成等直翼段。通过比对相对成熟的前缘设计方案和后缘设计方案，确定前缘采用基于连杆机构、柔性结构两种设计方案，后缘采用多节转动结构、偏心梁驱动结构、刚柔耦合结构三种设计方案进行比对研究。前缘验证还需兼顾防鸟撞和防除冰等功能需求。通过设计前缘、后缘缩比功能样件，结合变形实时监测、驱动器协同控制等研究，以变形前后缘重量、最大偏转角度、变形精度、驱动功率、承载能力、响应时间和变形速率等为评估指标，最终筛选出前缘连杆机构方案、后缘多节转动方案作为深入研究方

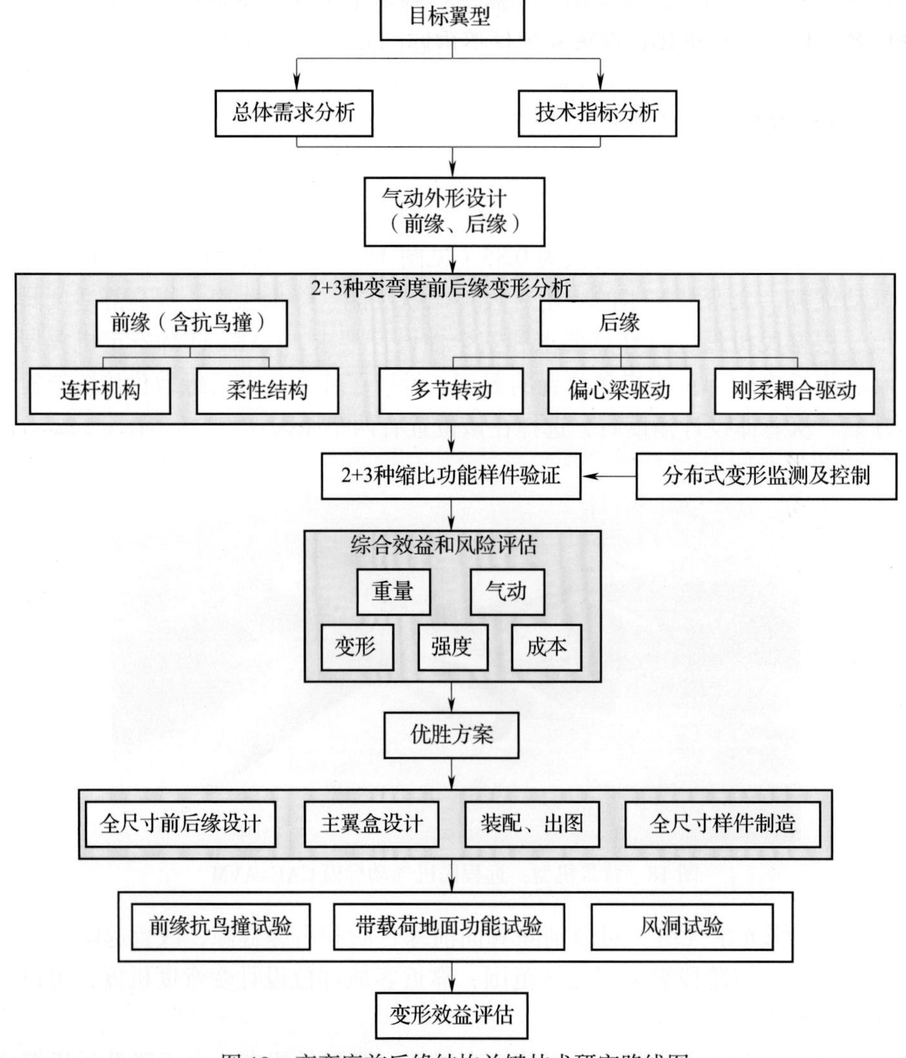

图 19　变弯度前后缘结构关键技术研究路线图

案，对其设计全尺寸前缘风洞试验件和后缘地面功能试验件进行功能验证，并开展了变形效益的评估研究。变弯度前缘设计针对起降状态，同时由于缩比验证很难保证尺寸因子的准确性，因此在大型低速风洞中进行前缘变形和维形验证；变弯度后缘设计针对巡航状态，由于国内尚不具备足够尺寸的高速风洞，因此采取地面随动加载模拟后缘巡航状态的载荷。

确立变弯度前后缘研究技术指标时，从实用角度考虑，变弯度机翼前后缘结构指标需求包括变形能力、功能类、性能类以及评价类等，其中，变形能力指标包括变形量、变形速率等；功能类指标包括防除冰、防鸟撞、抗腐蚀、防雷击等；性能类指标包括起降、爬升、巡航性能和噪声特性等；评价类指标包括重量、成本、可靠性、耐久性、维修性等。考虑有限目标，变弯度机翼前后缘结构设计以变形能力指标和功能类指标为主，兼顾性能类指标和评价类指标。最终，对前后缘结构变形功能指标进行了初步量化，设定 4 个技术指标：

（1）变弯度机翼前缘最大下垂角度要达到 17°。

（2）变弯度机翼后缘变形范围 –2°～15°。

（3）在机翼受载情况下实际弯度变形与目标变形偏差不大于 5%。

（4）最大变形速率不小于 10（°）/ s。

3.2 气动分析

基于代理模型的优化方法，以 CAE-AVM 远程公务机为研究对象，在选定变弯的控制剖面参数化方法的基础上，重点从变形矩阵设计角度，开展考虑结构可实现性和变形易操纵性的变弯度机翼前后缘外形气动优化设计研究，其中前缘重点考虑起降阶段的增升变形外形设计，后缘重点针对飞行重量不断变化的巡航状态，对比分析了后缘协调变形对变弯度机翼气动收益的影响规律，并从多点关联和阶梯变形角度构建了巡航任务剖面变形矩阵，所获得的气动变形外形，以及相应的载荷分布可作为变弯度机翼前后缘结构及测控系统等设计研究的输入，详见本书第 4 章。

3.3 前缘结构设计

根据变弯度机翼前缘实现最大下垂角度 17° 变形的气动要求，提出两种变弯度机翼前缘结构与驱动机构设计方案，同时进行了必要的抗鸟撞 / 防除冰技术研究。方案一基于连杆机构驱动变厚度复合材料蒙皮，形成刚柔耦合前缘结构。进一步采用启发式算法进行柔性蒙皮结构综合优化设计和驱动机构优化设计，协同考虑蒙皮刚度分布、驱动机构位置、气动载荷传递等问题，实现机构承载和蒙皮变形的目的。方案二采用柔性拓扑结构驱动等厚度复合材料蒙皮，基于光滑连续变形需求以及气动承载约束，对前缘蒙皮进行滚动形变特性和多点驱动优化。综合方案一和方案二，深入研究了基于柔性结构和刚性机构的前缘结构方案，并较好地兼顾光滑连续、高承载的设计要求，详见本书第 5 章。

3.4　后缘结构设计

后缘结构设计分别从多节转动、偏心驱动和柔性结构等方案入手，研制了相应的后缘变弯度结构样机。基于多节转动机构方案的设计理念将后缘结构分为多个刚性块，连接不同刚性块形成运动机构。该方案的关键是选择高效的机构形式和驱动形式，同时满足大承载和偏转变形约束。偏心驱动方案的设计理念是通过设计一个具有较大刚度的偏心梁，旋转时通过固接在偏心梁上的曲面圆盘产生横向及向下的刚性位移，驱动上下蒙皮实现后缘的偏转。该方案的关键是设计轻质和大刚度的偏心梁，以及不同位置复杂的曲面圆盘。第三种变弯度后缘设计方案是基于分布式柔性的结构方案，使用多点分布柔性铰链实现翼廓连续光滑变形。其创新点在于采用叠层簧片式柔性铰链的集中柔度式柔性结构，尝试解决后缘偏转时上下蒙皮错动以及高气动承载的要求。由于偏心驱动方案的偏心梁重量大，零部件复杂，且基于柔性铰链的方案气动承载能力不足，通过综合比较分析，最终选择基于多节转动的设计方案，该方案可以较好地兼顾光滑连续、高承载和大偏角的设计要求，详见本书第 9 章。

3.5　测量控制

控制变弯度机翼前后缘变形时，由于变形结构的尺寸偏差、运动副间隙、结构弹性变形，使得仅靠开环控制难以实现结构变形所需精度，必须采用闭环控制系统，以解决结构弹性变形实时监测、驱动器的协同控制问题、控制系统的稳定性问题。

变弯度机翼前缘控制系统以角度传感器为反馈实现闭环，后缘控制系统以角度传感器和光纤变形传感器融合的反馈实时闭环控制，采用基于偏差耦合的同步控制算法实现电机的协同控制，实现了电机的角度同步控制。

变弯度机翼变形过程中的形状不断变化，实现闭环控制需要给出动态精确的变形状态反馈。变弯度机翼后缘结构，由于结构弹性变形较大，在载荷作用下仅通过构建驱动点位移与变形的关系，难以准确测量结构变形。采用具有分布式测量特点的光纤光栅传感技术，通过研究光纤光栅变形传感器、应变及变形算法，结构形态重构、变形梁和支撑件的设计、预应力施加等关键技术，形成分布式传感器监测网络，实现对后缘结构的形状实时测量和反馈，详见本书第 12 章。

3.6 综合验证

项目研制了变弯度机翼翼段的全尺寸地面功能样机，包括前缘、前缘舱、中间翼盒、后缘舱、后缘的分段结构。结构样机除考虑强度、刚度外，还考虑了操纵、驱动和控制等系统的安装和布置因素，使最终设计满足前缘风洞试验、后缘变弯功能试验等要求。

全尺寸前缘风洞试验在中国航空工业空气动力研究院大型低速风洞（FL–10）中进行，完成了在动态连续式分布载荷条件下前缘变形控制的演示验证，考核了在真实风载下，前缘结构的变形能力和维形能力。变弯度机翼后缘结构加载试验在中国飞机强度研究所进行，考虑内在驱动力与外在气动载荷联合作用下的影响，完成了带载荷影响下的变弯度机翼结构功能试验，并通过光纤光栅的测量手段，与传统应变、位移测量进行精度对比验证，详见本书第 15 章和第 17 章。

4 民机变弯度机翼未来发展趋势和方向

4.1 面向连续光滑变形的变弯度机翼总体设计需求愈加强烈

当前的变弯度机翼设计基本遵循了“替换总体飞机外形已确定的机翼前后缘结构”设计原则，该原则要求连续光滑的变弯度机翼前后缘与传统带缝隙的机翼前后缘尺寸一致，并且需要和机翼盒段协调连接。这种约束往往限制了变弯度机翼总体性能的提升空间，甚至在某些工况难以达到传统有缝增升装置的性能，进而制约了其工程化应用。例如，在起飞降落工况下，机翼必须具备较高的升力特性，而无缝光滑的变弯度机翼由于取消了缝隙，在大的偏转角度下容易出现后缘上表面气流过早分离的现象。因此，为了提高连续光滑变弯度机翼的总体气动收益，需要在早期气动总体设计中综合考虑机翼连续光滑变形的功能，以保证连续光滑的变弯度机翼既满足规定跑道长度下起降不失速，同时也能满足巡航工况下气动外形实时最优，从而拓展变弯度机翼优势的发挥空间，进一步提高变弯度机翼的商业价值。

4.2 刚柔耦合结构成为当前大型民机变弯度机翼的优势方案

大型民机的机翼前后缘具有高承载和大变形的特点。高承载主要表现在前缘具有较高的吸力峰，后缘下表面具有较高的“后加载”。大变形主要表现在前后缘在起飞降落工况下，需要具备较大的变弯度能力。这种高承载和大变形的设计矛盾，迫使国内外学者进行变弯度机翼结构方案的创新。但受到当前的材料和设计水平的限制，一体化柔性结构的变弯度机翼仍难以满足大型民机的工程要求，而刚柔耦合结构（刚性机构和柔性结构并存）成为当前最具潜力的实现途径。目前，德国航空航天中心、德国 Fraunhofer 实验室、荷兰代尔夫特理工大学和加拿大国家研究中心针对大型民机变弯度机翼前缘均采用了内部刚性机构和外部一体化柔性蒙皮的刚柔耦合结构方案。在刚柔耦合结构中，内部刚性机构可以较好地解决高承载的问题，外部柔性蒙皮则可以较好地解决大变形的矛盾。因此，若材料和设计水平尚未出现革命性变化，短期来看刚柔耦合结构仍是当前大型民机变弯度机翼的优先采用方案。

4.3 高承载 / 大变形的柔性蒙皮依然是变弯度机翼结构的关键难题

国内外研究表明：无论是变弯度机翼前缘，还是变弯度机翼后缘；无论是变形区域还是过渡区域；无论是刚性机构，还是柔性结构，柔性蒙皮依然是变弯度机翼需要解决的关键问题。大型民机变弯度机翼存在高承载和大变形的特点，这对柔性蒙皮设计提出了较大的挑战。例如，针对变弯度机翼后缘，指节型结构方案是目前较好的一种实现形式，但现有的指节型变弯度机翼后缘仍存在关节处柔性蒙皮无法兼顾弦向大变形和面外高承载的矛盾。随着材料、设计和制造等技术的发展，未来柔性蒙皮将基于新型材料、创新构型和多材料增材制造等，通过对变弯度机翼内部支撑结构和外部柔性蒙皮的创新设计，解决上述问题。

4.4 系统的强度与飞行验证是变弯度机翼工程化的必由之路

国际上，美国 Flexsys 公司研制的变弯度机翼后缘和德国航空航天中心研制的灵巧智能机翼是目前技术成熟度较高的变弯度机翼，但这两项研究的成功是基于美国国家航空航天局和德国航空航天中心在其潜在结构方案上数十年的项目投入，以及工业部门和高校的协作攻关才得以实现。从这两项研究的历程可以看出，大型民机变弯度机翼的工程化必须经历“原理验证、缩比功能试飞、地面振动测试、全尺寸地面强度和飞行验证”的全流程。例如，NASA 与 Flexsys 公司合作，针对“湾流”Ⅲ公务机，从材料、试验件、部件到全机进行了系统试验，并通过分析与试验对比，保证了该变弯度机翼后缘的工程化。只有经历系统的地面强度和飞行验证，才能逐步发现、解决和验证变弯度机翼工程化遇到的关键技术，实现技术成熟度的不断提高。因此，系统的强度与飞行验证是变弯度机翼工程化的必由之路。

4.5 轻量化是变弯度机翼实现工程应用需要解决的迫切问题

相较于传统的刚性前后缘机构，变弯度机翼需要实现复杂的变弯度运动。这种复杂运动往往通过内部机构和电机来实现，容易导致变弯度机翼的结构与传统增升装置相比无重量优势，甚至重量过大。而重量是民用飞机最关键的指标，如何实现轻质高效的变弯度机翼是当前迫切需要解决的问题。随着点阵结构、超材料结构和多尺度结构的提出，以及拓扑优化技术的成熟，未来变弯度机翼将通过创新结构设计方法来实现轻量化。例如，基于多材料增材制造和点阵结构，并通过拓扑优化对内部点阵结构进行设计，以实现外形的精确调控。

4.6 智能化 / 多功能化是变弯度机翼发展的重要趋势

变弯度机翼本质上是一种功能和承载一体化的系统，其最佳的实现方式是结构的智能化和多功能化，即结构承载、作动和传感等功能一体化集成，以实现结构自主变弯。但智能材料在变弯度机翼中的应用主要需要考虑驱动力大小、驱动极限位移和极限应变等指标，此外还需要考虑智能材料与常规材料的连接特性。一方面，随4D 打印和多材料增材制造技术的发展，以及新型形状记忆合金和形状记忆聚合物等材料的成熟，采用智能材料驱动的变弯度机翼方案正在朝着工程化的方向发展；另一方面，中小型远程无人机在飞行速度、载荷和安全性等方面的要求均低于大型民机，有望首先应用智能材料实现变弯度机翼的功能。因此，智能化 / 多功能化是未来变弯度机翼的重要趋势，但可能首先在中小型远程无人机上实现应用。

5 小结

本部分系统地分析了变弯度机翼技术研究现状，重点剖析了不同变弯度机翼结构的方案和特点，给出了民机变弯度机翼前后缘结构关键技术进展，阐明了民机变弯度机翼的未来趋势和发展方向，并得出以下结论：

（1）欧美国家在变弯度领域开展了持续深入研究，通过多项目稳定支持，不断提高相关技术的成熟度，部分技术已经实现在全尺寸飞机上的飞行验证，接近工程实用。

（2）针对不同尺寸和类型的飞机，需根据几何约束和重量要求采用不同的变弯度机翼结构方案。例如，大型远程飞机结构尺寸大且载荷大，可以采用刚柔耦合的变弯度机翼结构方案；小型无人机和中型飞机结构尺寸小且载荷小，可以采用一体化柔性结构或智能材料驱动的方案。

（3）未来的变弯度机翼设计需要在气动总体设计的早期考虑变弯度的功能，切实贯彻正向设计理念，以实现变弯度机翼结构在全机水平下的总体气动、噪声和控制等性能协同最优。

（4）针对变弯度机翼前缘和后缘，无论内部支撑结构形式如何变化，如何协调解决蒙皮高承载和大变形之间的矛盾，依然是变弯度机翼结构设计需要解决的核心问题之一。

参考文献

［1］孙侠生，杨敏，吴蔚，等．洁净天空，共同的追求：绿色航空技术发展与展望［J］// 绿色航空技术研究与进展．航空工业出版社，2020.

［2］李小飞，张梦杰，王文娟，等．变弯度机翼技术发展研究［J/OL］．航空科学技术，2020，31（2）：12-24. DOI：10.19452/j.issn1007-5453.2020.02.002.

［3］王彬文，杨宇，钱战森，等．机翼变弯度技术研究进展［J］．航空学报，2022，43（1）：144-163.

［4］何萌，杨体浩，白俊强，等．基于后缘襟翼偏转的大型客机变弯度技术减阻收益［J］．航空学报，2020，41（7）：165-180.

［5］李士途，艾俊强，任远春，等．变弯度机翼前后缘结构技术发展与应用前景［J/OL］．航空科学技术，2022，33（12）：31-40. DOI：10.19452/j.issn1007-5453.2022.12.003.

［6］Net Zero by 2050-A Road map for the Global Energy Sector［Z］. International Energy Agency，2021.

［7］CAMPANILE L F，ANDERS S. Aerodynamic and aeroelastic amplification in adaptive belt-rib airfoils［J/OL］. Aerospace Science and Technology，2005，9（1）：55-63. DOI：10.1016/j.ast.2004.07.007.

［8］CAMPANILE L F，SACHAU D. Belt-rib concept：a structronic approach to variable camber［J/OL］. Journal of Intelligent Material Systems and Structures，2000，11（3）：215-224. DOI：10.1106/6H4B-HBW3-VDJ8-NB8A.

［9］KINTSCHER M，WIEDEMANN M，MONNER H P，et al. Design of a smart leading edge device for low speed wind tunnel tests in the European project SADE［J/OL］. International Journal of Structural Integrity，2011，2（4）：383-405. DOI：10.1108/17579861111183911.

［10］RADESPIEL R，SEMAAN R. Fundamentals of high lift for future civil aircraft：contributions to the final symposium of the collaborative research center 880［M/OL］. Cham：Springer International Publishing，2021［2022-12-05］. http：//link.springer.com/10.1007/978-3-030-52429-6. DOI：10.1007/978-3-030-52429-6.

［11］GEIER S，KINTSCHER M，MAHRHOLZ T，et al. Experimental and finite element analyses of multifunctional skins for morphing wing applications［C/OL］. In proceeding of the Sensors and Smart Structures Technologies for Civil，Mechanical，and Aerospace Systems 2016：Washington，2016：980328. DOI：10.1117/12.2219357.

［12］Wölcken P C，Papadopoulos M. Smart Intelligent Aircraft Structures（SARISTU）［M/OL］. Springer International Publishing，2016. DOI：10.1007/978-3-319-22413-8.

［13］DE GASPARI A，RICCI S. Knowledge-based shape optimization of morphing wing for more efficient aircraft［J/OL］. International Journal of Aerospace Engineering，2015，2015：e325724.

DOI: 10.1155/2015/325724.

[14] JODIN G, TEKAP Y B, SAUCRAY J M, et al. Optimized design of real-scale A320 morphing high-lift flap with shape memory alloys and innovative skin [J/OL]. Smart Materials and Structures, 2018, 27 (11): 115005. DOI: 10.1088/1361-665X/aae2ef.

[15] MONNER H P, BREITBACH E, BEIN Th, et al. Design aspects of the adaptive wing—the elastic trailing edge and the local spoiler bump [J/OL]. The Aeronautical Journal, 2000, 104 (1032): 89-95. DOI: 10.1017/S0001924000017814.

[16] KINTSCHER M, KIRN J, MONNER H P. Ground test of an enhanced adaptive droop nose device [C]. In proceeding of the ECCOMAS Congress 2016, Greece, 2016.

[17] KINTSCHER M. Wissenschaftstag 2012 adaptronik-potentiale der aktiven funktions integration "morphing multifunctional moveables" 5 Jahre Forschung an der "Smart Droop Nose" am Institut FA-eine Retrospektive [R/OL]. www.DLR.de.

[18] KINTSCHER M, MONNER H P, DLR O H. Experimental testing of a smart leading edge high lift device for commercial transportation aircrafts [C]. In proceeding of the ICAS 2010, France, 2010.

[19] ARENA M, CONCILIO A, PECORA R. Aero-servo-elastic design of a morphing wing trailing edge system for enhanced cruise performance [J/OL]. Aerospace Science and Technology, 2019, 86: 215-235. DOI: 10.1016/j.ast.2019.01.020.

[20] DIMINO I, CONCILIO A, SCHUELLER M, et al. An adaptive control system for wing TE shape control [C/OL] //Industrial and Commercial Applications of Smart Structures Technologies 2013: 8690. SPIE, 2013: 86900D. DOI: 10.1117/12.2012187.

[21] DE GASPARI A, RICCOBENE L, RICCI S. Design, manufacturing and wind tunnel validation of a morphing compliant wing [J/OL]. Journal of Aircraft, 2018, 55 (6): 2313-2326. DOI: 10.2514/1.C034860.

[22] KHAN S, GRIGORIE T L, BOTEZ R M, et al. Fuzzy logic-based control for a morphing wing tip actuation system: Design, numerical simulation, and wind tunnel experimental testing [J/OL]. Biomimetics, 2019, 4 (4): 65. DOI: 10.3390/biomimetics4040065.

[23] RUDENKO A, RADESTOCK M, MONNER H P. Optimization, design and structural testing of a high deformable adaptive wing leading edge [C/OL]. American Institute of Aeronautics and Astronautics (AIAA), 2016. DOI: 10.2514/6.2016-1314.

[24] RUDENKO A, MONNER H P, ROSE M. A process chain for structural optimization of a smart droop nose for an active blown high lift system [C/OL] //22nd AIAA/ASME/AHS Adaptive Structures Conference. American Institute of Aeronautics and Astronautics Inc., 2014. DOI: 10.2514/6.2014-1414.

[25] RUDENKO A, HANNIG A, MONNER H P, et al. Extremely deformable morphing leading edge: Optimization, design and structural testing [J/OL]. Journal of Intelligent Material Systems and Structures, 2018, 29 (5): 764-773. DOI: 10.1177/1045389X17721036.

[26] Fluid Actuated Morphing Unit Structures (FAMoUS) [EB/OL] //DLR Event. (2019-02-21) [2022-12-05]. https: //event.dlr.de/en/jec2019/famous/.

[27] DECAMP R, HARDY R, Mission adaptive wing advanced research concepts [C]. 11th Atmospheric Flight Mechanics Conference, American Institute of Aeronautics and Astronautics Inc., 1984.

[28] SMITH S B, NELSON D W. Determination of the aerodynamic characteristics of the mission adaptive wing [J/OL]. Journal of Aircraft, 1990, 27 (11): 950-958. DOI: 10.2514/3.45965.

[29] RENKEN J H. Mission-adaptive wing camber control systems for transport aircraft[C/OL]//3rd Applied Aerodynamics Conference, 1985. American Institute of Aeronautics and Astronautics Inc, AIAA, 1985. DOI: 10.2514/6.1985-5006.

[30] MARTINS A L, CATALANO F M. Drag optimization for a transport aircraft mission adaptive wing [C/OL] //38th Aerospace Sciences Meeting and Exhibit. American Institute of Aeronautics and Astronautics Inc., 2000. DOI: 10.2514/6.2000-648.

[31] GILBERT W W. Mission adaptive wing system for tactical aircraft. [J/OL]. Journal of Aircraft, 1981, 18 (7): 597-602. DOI: 10.2514/3.57533.

[32] BARTLEY-CHO J D, WANG D P, MARTIN C A, et al. Development of high-rate, adaptive trailing edge control surface for the smart wing phase 2 wind tunnel model [J/OL]. Journal of Intelligent Material Systems and Structures, 2004, 15 (4): 279-291. DOI: 10.1177/1045389X04042798.

[33] KOTA S. Shape-shifting things to come [J/OL]. Scientific American, 2014, 310 (5): 58-65. DOI: 10.1038/scientificamerican0514-58.

[34] JOO J J, MARKS C R, ZIENTARSKI L, et al. Variable camber compliant wing-design [C/OL] // 23rd AIAA/AHS Adaptive Structures Conference. American Institute of Aeronautics and Astronautics Inc., 2015. DOI: 10.2514/6.2015-1050.

[35] TREASE B, KOTA S. Design of adaptive and controllable compliant systems with embedded actuators and sensors [J/OL]. Journal of Mechanical Design, Transactions of the ASME, 2009, 131 (11): 1110011-11100112. DOI: 10.1115/1.3149848.

[36] MILOJEVIĆ A P, PAVLOVIĆ N D. Development of a new adaptive shape morphing compliant structure with embedded actuators [J/OL]. Journal of Intelligent Material Systems and Structures, 2016, 27 (10): 1306-1328. DOI: 10.1177/1045389X15590270.

[37] CRAMER N B, CELLUCCI D W, FORMOSO O B, et al. Elastic shape morphing of ultralight structures by programmable assembly [J/OL]. Smart Materials and Structures, 2019, 28 (5). DOI: 10.1088/1361-665X/ab0ea2.

[38] GREGG C E, KIM J H, CHEUNG K C. Ultra-light and scalable composite lattice materials [J/OL]. Advanced Engineering Materials, 2018, 20 (9). DOI: 10.1002/adem.201800213.

第1篇　民机变弯度机翼需求分析与总体要求

由于飞机在不同飞行阶段的速度、高度和重量不同，所需的升力也随之变化，改变机翼弯度是满足这一需求最直接的方式。自空客 A320 率先采用电传操纵以来，改变机翼弯度提高飞机巡航性能和阵风减缓的主动控制技术就得到了广泛的重视和研究。德国航空航天中心（DLR）于 20 世纪 90 年代初期就在 ATTAS 科研飞机上开展了飞行验证，空客公司在 A330/340 飞机设计时也研究了利用后缘襟翼微小偏转解决远航程飞行时燃油消耗等因素带来的升力需求变化问题，并且在 A350 飞机上得到实际应用。波音公司在波音 787 飞机上也采用了通过后缘襟翼微小偏转改变机翼弯度以提高飞机巡航性能，以及通过襟副翼快速偏转进行大气湍流（曾称紊流）和阵风减缓的主动控制技术。

变弯度机翼前后缘是在传统增升装置发展到一定程度后，为了在多个设计点下获得较好性能而开展的技术革新。随着研究逐步深入，其潜在技术优势和应用收益逐步明晰。

变弯度机翼前后缘能够保证机翼表面外形的光滑连续，有利于延缓气流分离，改善机翼的升阻特性，减小气动噪声，进一步对飞机的综合性能产生广泛影响。如果飞机在进场着陆阶段的升力系数增加 0.1，飞行迎角减小大约 1°，这将使得起落架设计高度降低，能够获得大约 634kg 的减重收益。针对变弯度机翼柔性后缘的研究结果表明，相比传统机翼，变弯度机翼可以减少 3%~12% 的燃油消耗，降低 40% 的进场噪声。降低油耗不仅将给民机市场带来直接经济效益，同时还几乎等比例地减少了二氧化碳、氮氧化物等的排放。变弯度机翼前后缘既可以通过翼面的弯度改变延缓气流分离，又可以通过设置不同展向弯度，代替襟副翼进行滚转机动控制。将变弯度前后缘技术和自适应技术相结合，获得阵风减缓、直接力控制等收益。此外，变弯度机翼前后缘技术可以减轻尾涡的影响，允许飞机间有较近的间隔，从而提高机场着陆容量，改善机场运营效率。

变弯度机翼研究大致可分为以下两类：

一是刚性舵面变弯度。基于机翼刚性舵面变弯度，主要通过扰流板配合后缘襟翼的微小偏转实现。对于远程宽体客机而言，巡航速度的提高导致机翼设计点和抖振边界距离较近，变弯度技术优势得以凸显。2006 年，波音公司宣布在波音 787 飞机上采用通过单铰链襟翼和下垂扰流板实现的后缘变弯度系统，在巡航时通过单铰链襟翼和下垂扰流板小角度偏转来降低巡航阻力。空客 A380 和 A350XWB 也采用该技术设计了自适应下垂铰链襟翼，在保证低速性能的同时优化了巡航状态的阻力特性。

二是光滑变弯度。基于类似柔性蒙皮的光滑变弯度技术，能够适应飞行状态变化实现机翼前后缘自动变弯度，从而有效地将激波控制、失速控制、展向载荷控制等技术融入变弯度技术之中。当前，进一步融合 AI 算法实现高效率的变形策略是光滑变弯度技术的重要研究方向。

本篇首先结合具体的跨洋远程飞行实例说明了变弯度机翼技术在当前型号中的实际应用。然后梳理了旨在牵引变弯度机翼技术发展的技术指标体系，完成了应用收益的定量分析，并从总体、气动、结构、功能等方面系统地给出了变弯度机翼设计的具体要求和约束，明确了变弯度机翼技术的发展需求。最后重点针对应用场景更为复杂的机翼后缘，开展了变弯度机翼气动外形矩阵设计，作为后续章节研究变弯度机翼结构技术的输入。

第 1 章　当前变弯度机翼技术在民机远程飞行中的应用分析

华俊，钟敏

中国航空研究院，100012

1.1　远程飞行中适应飞机重量变化的常规方法

1.1.1　远程飞行中飞机重量变化与飞行高度的关系

对于现代远程飞机，载油量占到飞机起飞重量的很大比重。例如，目前巡航效率名列前茅的空客 A350–900 飞机，典型满航程载油能力为 110.5t，占到最大起飞重量（MTOW）280t 的 39.5%；波音 787–8 的最大载油量也在 MTOW 的 40% 左右。其他大量在航线中使用的中远程飞机，如波音 747/757/767/777，空客 A300/310/330/340/380，由于不具有巡航飞行中的机翼变弯度能力，要达到最大航程，往往需要更高的载油比例，例如，波音 747–400 最大载油量为最大起飞重量的 40.7%，波音 777–300 则可达到 45.2%[1]。

随着远程飞行中燃油的消耗，飞机重量减轻，巡航所需的升力逐渐减小，飞行状态会偏离最佳巡航对应的设计状态。例如，对于空客 A350 和波音 787 这两款新型飞机，设计点都在飞行马赫数 Ma=0.85，升力系数 C_L=0.5 左右。飞行中的升力 L 与升力系数 C_L 的关系可由式（1–1）表达[2]

$$L=0.5\rho V^2 C_L S \tag{1–1}$$

其中，ρ 为空气密度；V 为飞行速度；S 为参考面积。当所需升力减小时，为了保持飞行升力系数仍然在设计巡航升力系数附近，就可以利用空气密度随高度减小的特点，提升飞行高度，通过 ρ 值减小保持升力系数 C_L 接近最佳值。因此，随着燃油的消耗，现代远程飞机通常采用持续爬升或阶梯式爬升的方式逐步提升飞行高度层（flight level，FL，简称高度层），使飞机可以保持相对优良的巡航效率或升阻比。

反映到飞机设计过程，特别是远程飞机，一般会根据飞机飞行中重量的减轻，选择初始巡航高度（接近满油重量），中间巡航高度（半油）和最大巡航高度（余油），对于同样的巡航速度，在不同巡航高度上如果飞机升力系数都在设计升力系数附近，则可以最好地发挥飞机的气动性能。下面以中国航空研究院空气动力学验证模型 CAE–AVM 及其原准机（见图 1–1）为例，进一步说明巡航过程中飞机重量、飞行高度和升力系数的关系。

图 1-1　CAE-AVM 巡航构型

CAE-AVM 的原准机是大型高亚声速远程公务机，其主要性能参数[3]为

最大起飞重量　45000kg；

典型巡航马赫数　0.85；

巡航高度　13106~15545m；

航程　大于 13000km（Ma=0.85）。

CAE-AVM 包含三个构型：巡航构型、升降舵偏转构型和具有前缘变弯的先进高升力构型[4]。各构型分期在德国荷兰风洞机构（DNW）的连续式跨声速风洞（DNW-HST）和大型低速风洞（DNW-LLF）完成了相应翼身组合体和全机构型风洞试验（见图 1-2），获得了马赫数 0.2~0.9 条件下测力、测压、变形测量、转捩测量，以及丝线、彩色油流、粒子图像测速（particle image velocimetry，PIV）

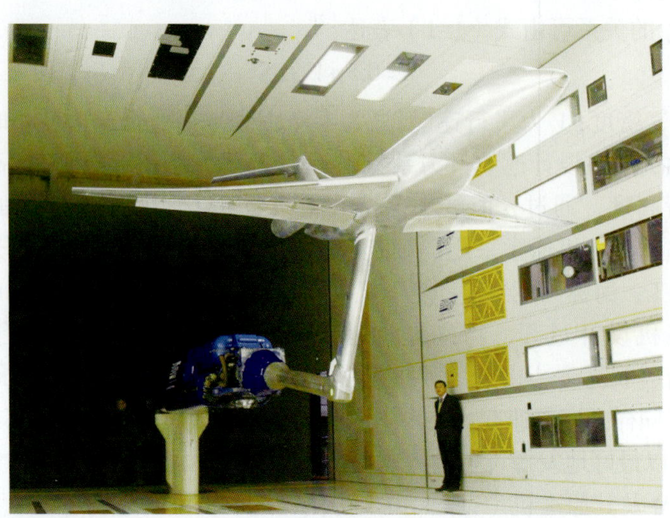

图 1-2　CAE-AVM 前缘变弯高升力构型风洞试验

流谱等测试数据，现已形成包含几何数模、计算流体力学（CFD）网格、风洞试验模型、风洞试验数据、数据相关性研究及报告论文和专利等的 CAE-AVM 标模数据库，相关研究结果已在 CFD 软件验证、相关性研究、风洞试验能力建设和民机设计等方面得到十余项应用。

针对 CAE-AVM 的不同飞行重量和高度，取飞行马赫数 Ma=0.85，参考面积 S=100.26m^2，得到飞机在满油 – 初始巡航高度、半油 – 中间巡航高度和余油 – 最大巡航高度所对应的升力系数都是其设计升力系数 C_L=0.5，如表 1–1 所示，可见随着飞机重量减轻不断提升飞行高度的确可以使飞机尽量在设计升力系数附近飞行。但是，假设由于空域或其他限制只能在中间巡航高度飞行，则满油时需要升力系数 C_L=0.61，而巡航末期只需要升力系数 C_L=0.41。这里升力系数 0.1 的变化会使飞机迎角和机翼流动偏离设计升力系数的理想状态，改变升阻比，影响巡航效率。此时可以通过后缘微小变弯调整机翼升力系数，更好地适应重量和高度的变化，使得在更宽的升力系数范围内维持较高的巡航效率，空客 A350 和波音 787 采用的是后缘襟翼和扰流板的微小偏转实现变弯，而通过更加新颖的机构和材料实现后缘连续变弯，则是当前研究热点。

表 1–1　CAE–AVM 巡航升力系数随重量和高度变化表

	飞行状态	$W_{起飞总重}-W_{已耗燃油}=W_{当前重量}$（kg）	L/（kgm/s^2）	H/km	ρ/（kg/m^3）	C_L
1	满油 – 初始巡航高度（13.11km，FL430）	45000–3000=42000	411881	13.11	0.2612	0.50
2	半油 – 中间巡航高度（14.33km，FL470）	45000–10000=35000	343235	14.33	0.2159	0.50
3	余油 – 最大巡航高度（15.55km，FL510）	45000–16500=28500	279491	15.55	0.1781	0.50
4	满油 – 中间巡航高度（14.33km，FL470）	45000–3000=42000	411881	14.33	0.2159	0.61
5	余油 – 中间巡航高度（14.33km，FL470）	45000–16500=28500	279491	14.33	0.2159	0.41

1.1.2　飞行高度层和飞行方向的有关规定

为了使众多的飞机在飞行中的高度调整有章可循，国际上将飞行空域按每 100ft[①] 高度分为不同的飞行高度层 FL，比如典型的巡航高度 10km，约 33000ft，

① 1ft（英尺）≈ 0.3048m。

即为 FL330。为了增加该空域范围的飞机容量，规定了缩小垂直间隔（reduced vertical separation minima，RVSM）区域，即在 FL290～410（8.9～12.5km）高度范围内，允许飞行高度差减小到 1000ft（约 304.8m），比如，FL330 与 FL340。

为了避免在同一飞行高度层内的飞机出现相向飞行，进一步按照飞机的飞行方向规定了飞行高度层的使用。根据飞行方向的不同，航向 0°～179°（欧、美、俄东向飞行，其中欧洲不含法、意、葡等）使用奇数高度层 FL330/350/370 等，航向 180°～359°（RVSM 欧、美、俄西向飞行，其中欧洲不含法、意、葡等）使用偶数高度层 FL340/360/380 等，如图 1-3 所示。

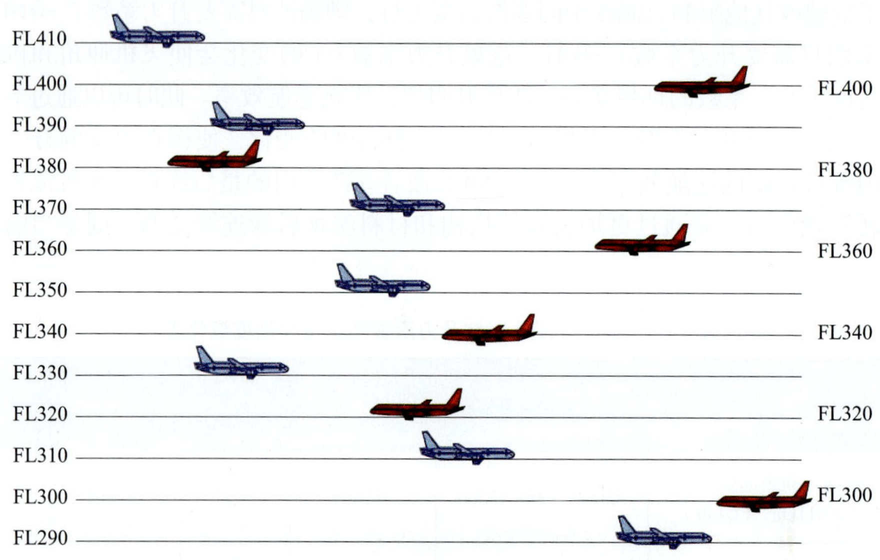

图 1-3　飞行方向与飞行高度层的使用关系图

1.1.3　向东远程飞行中飞行高度层变化的实例

图 1-4 显示了波音 777-200ER 远程型飞机由中国香港直飞美国纽约的实况，飞行轨迹沿中国东海岸及太平洋西海岸向东北，经太平洋北端的阿拉斯加南部进入北美洲后向东南方向飞行，总航程大于 13095km。网络截图取自飞行雷达 24（Flightradar24），记录时已飞行 11h54min，11134km，飞行高度 11277m，地速（真空速加上当地风速的分量）为 1019km/h。由图中右下角的飞行高度（阶梯形线）可见，飞机由初始巡航高度 9500m（约 FL310）分三次经过 FL330 和 FL350 提升到 11277m（约 FL370）。

图 1-5 显示了同日同一航司同为波音 777-200ER 型飞机由北京直飞芝加哥的情况，记录时也已飞行 80% 以上的航程，飞行高度 11269m（约 FL370），地速为 997km/h。与前述航班不同的是，飞机在前两个飞行高度层 FL310 和 FL330 飞行了一半以上的航程，而且由 FL330 到 FL350 是通过 3h 的持续爬升完成的。

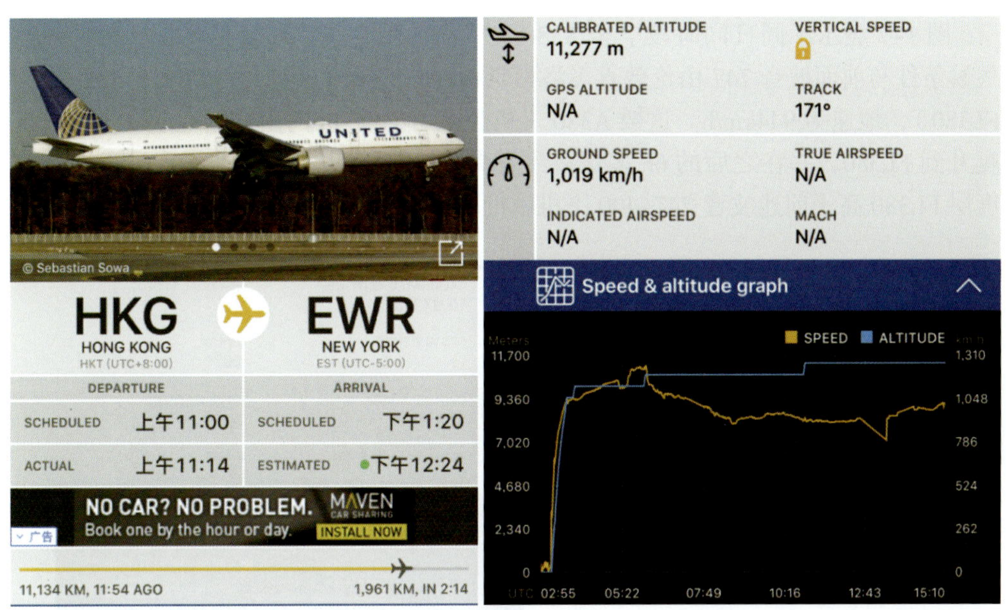

图 1–4　波音 777 香港—纽约飞行实况图（Flightradar24）

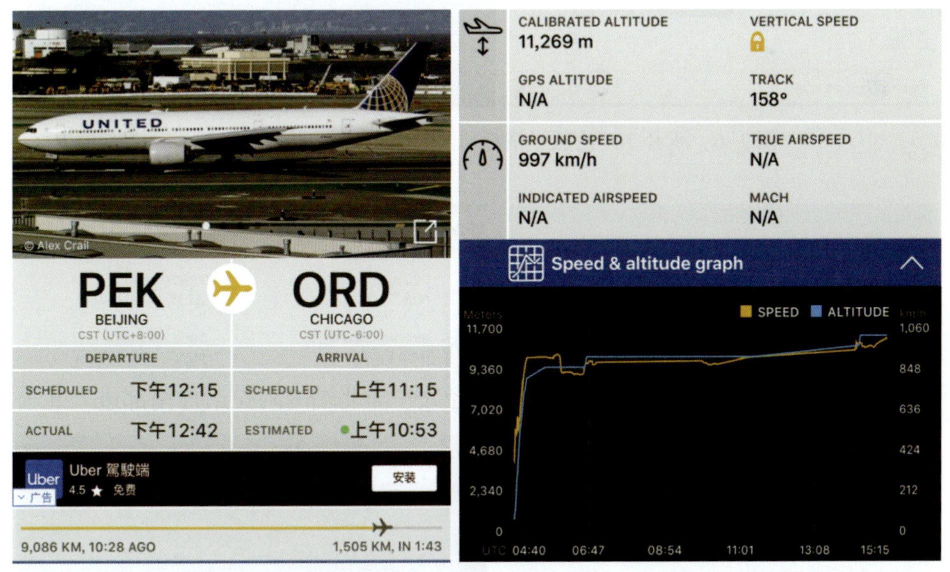

图 1–5　波音 777 北京—芝加哥飞行实况图（Flightradar24）

1.1.4　向西远程飞行中飞行高度层变化的实例

图 1–6 显示了波音 747–400 飞机由伦敦向西直飞洛杉矶的实况，截图时飞行高度 10972m（约 FL360），地速为 997km/h。飞机在初始巡航飞行高度层 FL320 的基础上，

飞行高度提升了两次。如前所述，西向航线采用的是偶数飞行高度层 FL320/340/360。

图 1-7 显示了同日同时段空客 A380 飞机由巴黎直飞洛杉矶的情况，因此航路气候条件与前面波音 747 由伦敦直飞洛杉矶相近。记录时该机飞行高度 11582m（约 FL380），地速为 944km/h。这架 A380 飞机起飞后的前 4h 内由初始巡航高度分三次爬升到 FL380，并在之后的 6h 多保持飞行高度。A380 飞机的中、后段巡航飞行高度层 FL380 高于前述波音 747-400 飞机由伦敦飞洛杉矶的飞行高度层 FL360。

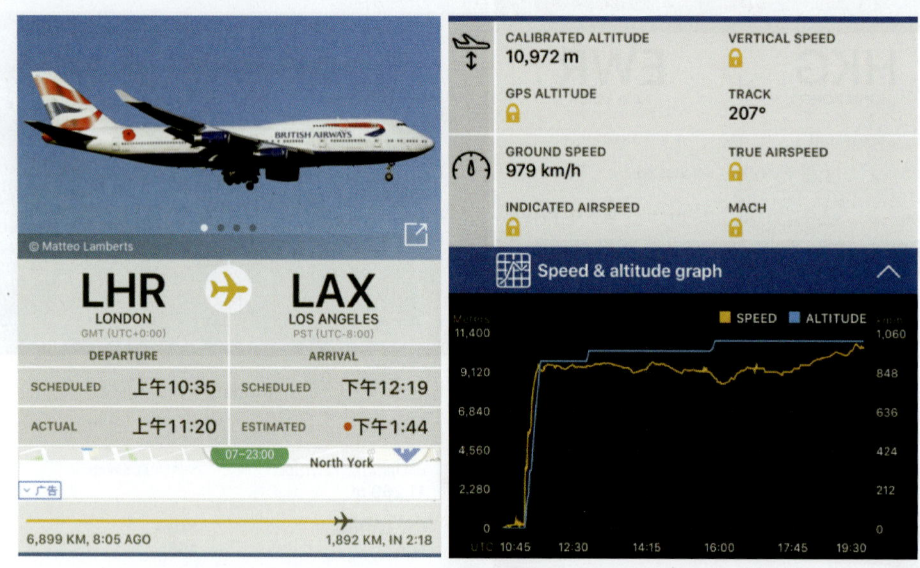

图 1-6　波音 747 伦敦—洛杉矶飞行实况图（Flightradar24）

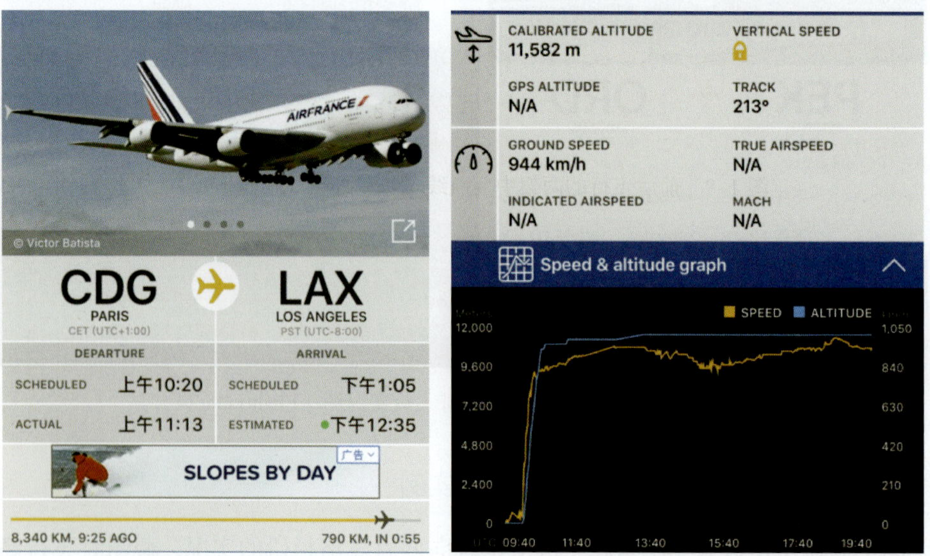

图 1-7　空客 A380 巴黎—洛杉矶飞行实况图（Flightradar24）

1.1.5 远程飞行中飞行高度层不规则变化的实例

根据航路气象、风速、相邻飞机的情况、有些国家飞行高度层规定不同、临时流控，以及飞机本身的状态，飞行高度也可能出现不规则的变化需求，例如，下面提到的中美航线实例。

图 1–8 显示了同一航司、同一时段在同一空域前后飞行的两架中美航线飞机路线图，分别是上海—波士顿 HU7961 波音 787–9 和北京—波士顿 HU481 波音 787–8 飞机，前者早起飞 1h16min，航程较远，飞机较重，将比后机提前 4min 抵达目的地机场。两机在记录时飞行速度相同，但高度不同。

图 1–8 前后飞行的两架中美航线飞机位置图（Flightradar24）

由图 1–9 可见，两机均在当前时间大约 7h 前按常规由 10667m（约 FL350）爬升到 11277m（约 FL370），但后者在大约 2h 后又下降到 10667m（约 FL350）飞行，当时位置大约在航线最北端的阿拉斯加附近。因为是同一航司、同一时段在同一空域前后飞行，机型也非常接近，这时两机都应该在同一个最佳的高度飞行，其高度不同的原因应该与飞行特点和气象条件无关。注意到前机下面还有一架同航向同位置飞机，这也可能是前机维持高度的原因。对于其中一架未能在最佳高度巡航的飞机，如果飞机本身采用了变弯度机翼等更先进的气动效率调整方法，将具有更优良的航线适应能力，而这两架飞机正好是具有后缘变弯能力的波音 787 飞机。

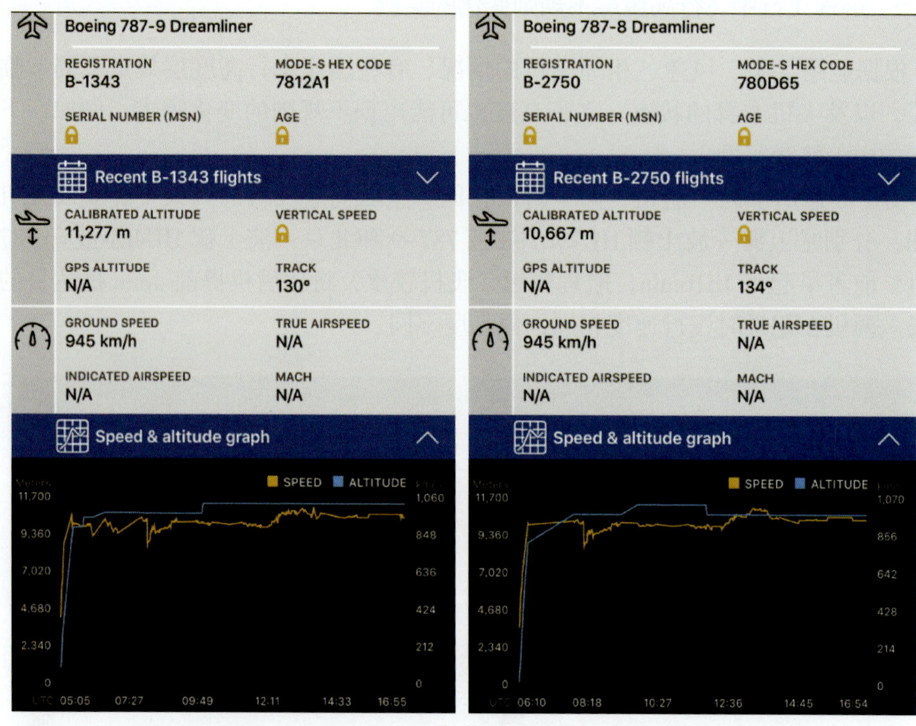

图 1-9　前后飞行的两架中美航线飞机高度速度图（Flightradar24）

1.2　波音 787 和空客 A350 飞机的后缘变弯度设计

波音 787 和空客 A350 的后缘襟翼都采用了定轴铰链式的偏转机构，如图 1-10 左侧所示。相比图中右侧的常规后退式富勒襟翼（空客 A320），定轴铰链式机构的优点是简单、可靠、偏角大、响应快而且重量轻；缺点是限定了襟翼的偏转轨迹和后退量，当地弦长也没有后退式襟翼的增量大，并且本身没有控制缝道宽度的能力。

但是，得益于现代电传操纵和主动控制技术，这两型飞机都采用了下偏扰流板的方法来调节襟翼缝道，这也相当于将后缘的弯度变化区域前移，补偿了襟翼下偏时后退量不足的缺陷。这种设计的另一个优势就是在襟翼小偏度时可以下偏扰流板与主翼实现无缝过渡，从而为利用襟翼进行巡航状态的变弯控制，在更宽的飞行范围内提升巡航气动效率创造了条件。图 1-11（上）显示了空客 A350 飞机通过后缘襟翼的小偏度调整使得在更低和更高的升力系数时升阻比均有所提高；同时，通过将内、外侧襟翼偏转不同的角度（差动偏转），图 1-11（下）可以调整机翼的展向载荷分布，减小诱导阻力，并可以通过减小外翼载荷改善流动分离，减轻机翼重量。

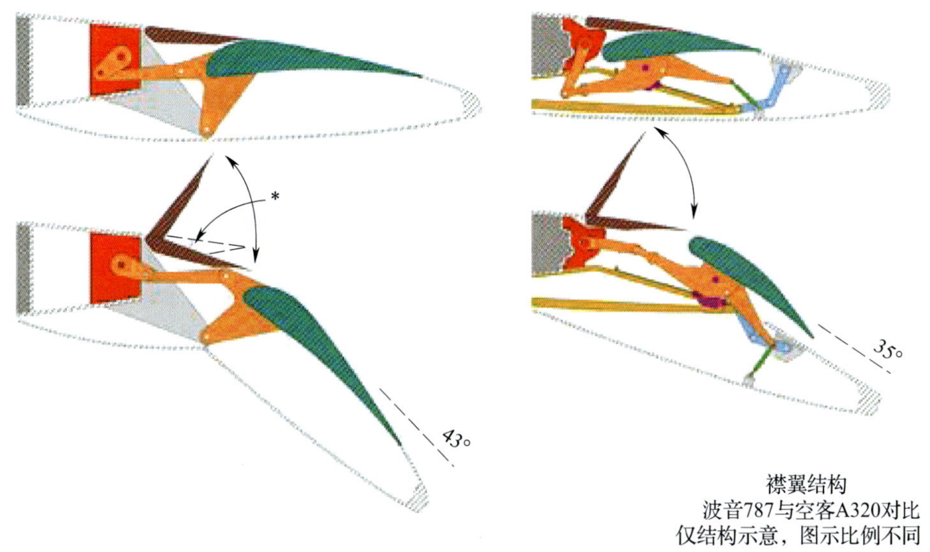

图 1–10　波音 787 和空客 A320 的襟翼运动机构示意图

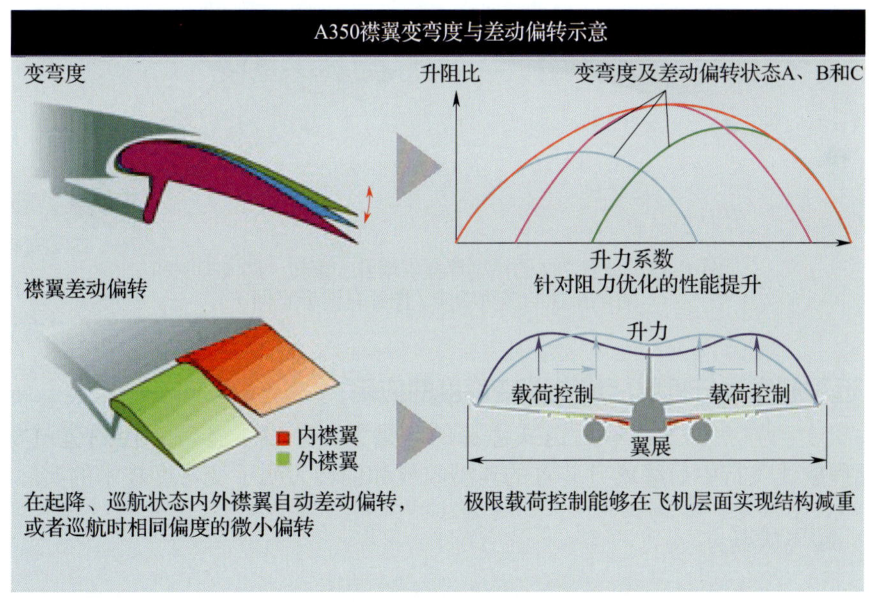

图 1–11　空客 A350 的襟翼变弯技术收益原理图（图片自空客官网）

波音公司也在波音 787 飞机上采用了后缘襟翼变弯来提高巡航效率（见图 1–12），其后缘襟翼变弯控制角度可以达到 0.5° 的间隔。除此之外，波音 787 还采用了可快速偏转的襟副翼（位置在内、外侧襟翼之间，类似过去的高速副翼）进行大气湍流抑制和阵风减缓，并在着陆后与外侧副翼一同上偏，减升增阻，请见图 1–13。

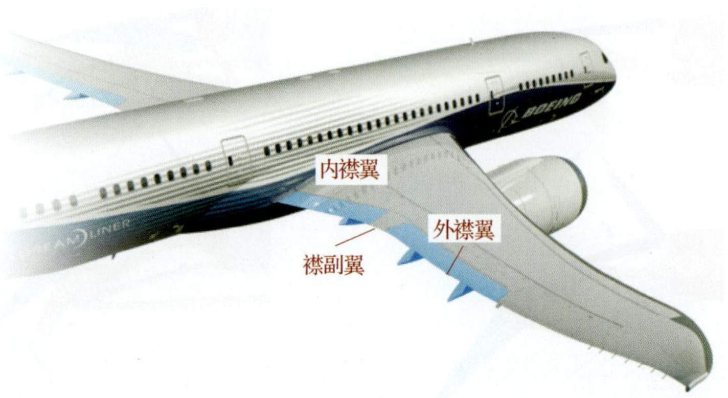

图 1–12　波音 787 在巡航时可通过襟翼微偏实现机翼变弯度（图片自波音官网）

图 1–13　波音 787 的襟副翼提供增升、滚转、湍流抑制和着陆减速的多重功能（图片自波音官网）

1.3　远程航线飞行机翼后缘装置变弯度的应用

远程航线飞行中后缘增升装置的典型收放和偏转表明了变弯度技术的实际应用。

1.3.1　起飞状态

起飞时内、外侧后缘襟翼向下偏转相同或不同的角度，其对应的扰流板也有一个小角度的下偏，起到调整襟翼缝道和增大当地弯度的双重作用。与其他电传飞机一样，位于外翼的副翼也通过一个小角度预下偏起到增升作用。

1.3.2　爬升和初始巡航状态

起飞后的爬升阶段，外侧襟翼、对应的扰流板和副翼即收回到零位；而内侧襟翼往往还留有一个小的偏度，其相应的扰流板也有一个小的下偏以封闭襟翼缝道。

1.3.3 巡航状态

初始巡航阶段，内侧襟翼的偏度有所减小，其相应的扰流板仍然下偏以封闭襟翼缝道。巡航的中、后阶段内侧襟翼和对应的扰流板逐渐收回。

1.4 小结

（1）对机翼变弯度技术的研究日益获得国内外的重视，利用后缘襟翼和扰流板微小偏转解决远航程飞行时燃油消耗等因素带来的升力需求变化问题，已经得到实际应用。

（2）在现代远程飞行中，通常的实际做法是随着燃油的消耗，逐步提升飞行高度层，使飞机可以保持相对优良的气动效率或升阻比。

（3）空客 A350 和波音 787 飞机均可以通过后缘襟翼和扰流板的小偏度调整保持较高的巡航升阻比；同时，通过将内、外侧襟翼差动偏转调整机翼的展向载荷分布；波音 787 的襟副翼还用于进行大气湍流抑制和阵风减缓。

（4）远程航线飞行中后缘襟翼的真实偏转显示了变弯度技术的实际应用。飞机起飞后，外侧襟翼、对应的扰流板和副翼即收回到零位；而内侧襟翼还留有一个小的偏度，其相应的扰流板也有一个小的下偏以封闭襟翼缝道；在初始巡航状态机翼保持这种构型但下偏角有所减小；在巡航中后期，内侧襟翼也逐步收回。可见新型远程飞机在遵循阶梯爬升规则的同时，仍然通过内翼后缘变弯来调整升力和展向载荷分布。

第 2 章　变弯度机翼技术指标体系与应用收益分析

李士途[1]，任远春[1]，周正光[1]，钱战森[2]，李春鹏[2]

1. 航空工业第一飞机设计研究院，710089
2. 中国航空工业空气动力研究院，110034

2.1　应用变弯度机翼前后缘结构的背景飞机

2.1.1　我国典型民机项目概况

发展和应用变弯度机翼前后缘结构技术，以我国自己能够掌控的飞机作为背景飞机。由于我国自主研发的民用飞机还处于起步阶段，目前投入市场运行的机型包括 MA60/600、ARJ21、C919 和 MA700，预研项目有中国航空研究院曾经研究的 CAE-AVM 远程公务机。

MA60/600（见图 2-1）基于运 7 飞机，以现代成熟技术为基础并引进国外先进技术和经验，研制出的满足适航要求的新一代双发涡轮螺旋桨短 / 中程客货运输机。该机于 1993 年 12 月 26 日首飞，2004 年起交付使用。作为涡桨支线飞机，MA60 的最大飞行高度为 7.6km，巡航速度为 500km/h，满油航程 2600km，满载航程 1100km。

图 2-1　MA60 支线飞机

ARJ21（见图 2-2）是我国按照国际标准研制的自主知识产权的支线飞机，2008 年完成首飞，2015 年首架飞机投入运营。ARJ21 飞机最大起飞重量 40.5t，巡航马赫数 0.78，最大使用高度 11.9km，最大航程 3700km。

图 2-2 ARJ21 支线飞机

C919（见图 2-3）是我国拥有自主知识产权的中短程商用干线飞机，2017 年完成首飞。C919 标准航程型的设计航程为 4075km，巡航速度为马赫数 0.78~0.8；增大航程型的设计航程为 5555km，可满足航空公司对不同航线的运营需求。其基本型全经济级布局为 168 座，混合级布局为 158 座。

图 2-3 C919 干线飞机

MA700（见图 2-4）是一款在研的新型涡桨支线飞机，该飞机按 70 座级设计，定位于 800km 以内的中等运量市场的区域航空运输。与采用涡轮风扇发动机的同座级或更大的飞机相比，其巡航速度更慢，航程也更短。

CAE-AVM 远程公务机设计最大起飞重量为 44t、设计巡航速度为马赫数 0.85、最大航程 13000km，目前主要作为空气动力学验证模型的原准机。

2.1.2 我国典型民机适用性分析

MA60/600 和 MA700 等涡桨支线飞机具有低、慢、短等特点。由于螺旋桨的滑流增升作用，涡桨飞机在起降阶段的升力系数较高，使用变弯度机翼前后缘结构难以获得显著收益；由于螺旋桨噪声很大，应用变弯度机翼前后缘结构也难以获得明

图 2-4　MA700 支线飞机

显的降噪效果；因为变弯度机翼前后缘结构在高速远程飞行中其增升减阻的气动优势才更加明显，而 MA60/600 和 MA700 的飞行速度显然与变弯度机翼前后缘结构的优势速度范围相差甚远。综上所述，MA60/600 和 MA700 飞机不适合应用变弯度机翼前后缘结构。

ARJ21 和 C919 的巡航马赫数接近 0.8，利于发挥变弯度机翼前后缘的气动收益。对于 ARJ21 和 C919，应用变弯度机翼前后缘技术，可以在起飞和降落阶段获得一定的增升和降噪减振收益。不过 ARJ21 和 C919 的航程都较短，决定了燃油消耗成本在全寿命（生命）周期成本中的比例较小，不能完全发挥变弯度机翼前后缘结构因增升减阻而降低燃油成本的优势。因此变弯度机翼前后缘结构应用于 ARJ21 和 C919 飞机具有一定的价值，但 ARJ21 和 C919 这样的中短程飞机并不是变弯度机翼前后缘结构最为理想的应用对象。

以高亚声速和大航程为显著特征的 CAE-AVM 远程公务机，非常适合发挥变弯度机翼前后缘结构在巡航阶段增升减阻的气动优势，其远程飞行性能则使巡航阶段的增升减阻优势转化为对降低全寿命周期成本的贡献。另外，变弯度机翼前后缘结构在降噪减振方面的优势，以及改善操控性能方面的优势，对于以舒适为重要指标的公务机而言，非常具有吸引力。因此，与 MA60/600、MA700、ARJ21 和 C919 等飞机相比，CAE-AVM 远程公务机更加适合作为变弯度机翼前后缘结构研究的背景飞机。

2.2　变弯度机翼前后缘结构的牵引性指标

2.2.1　变弯度机翼前后缘结构技术指标体系

开展变弯度机翼前后缘结构指标体系研究，首要的前提是明确变弯度机翼前后缘结构研究的主要方向（如增升减阻、改善操控、降低噪声等）。只有与变弯度机翼前后缘结构研究与应用的方向相对应，才能有针对性地提出相应的指标体系。

综合国内外变弯度机翼前后缘结构技术研究的关注点，可以将变弯度机翼前后缘结构技术的主要指标划分为以下几类：变形能力指标、功能类指标、性能类指标和评价类指标等。这些不同类型的指标共同构成了变弯度机翼前后缘结构技术的指标体系。

变弯度机翼前后缘结构技术研究的各类指标可以进一步分解，如变形能力指标包括机翼前后缘结构进行变形时能够实现的变形量、变形速率等方面；功能类指标包括前后缘变形能够实现的功能，如降噪、防除冰、防鸟撞、抗腐蚀、防雷击等方面；性能类指标包括前后缘变形前后对起降、爬升以及巡航性能的改善能力等；评价类指标包括可用来评价变弯度机翼前后缘结构能否具备实用价值的指标，如重量指标、成本指标、可靠性指标、耐久性指标和维修性指标等。

上述指标类型中，变形能力指标、功能类指标和性能类指标等都会在变弯度机翼前后缘结构技术研究中发挥重要牵引性作用，这些指标的改善能够直接改善飞机的飞行性能或使用特性，在持续研究中需要多次修正和迭代以使其更具指导价值。部分评价类指标在变弯度机翼前后缘结构技术研究的较早阶段难以定量提出，只能在变弯度机翼前后缘结构研究、验证与实用化的过程中逐步完善。此外，变形能力指标在实践中还需要进一步划分为前缘变形指标和后缘变形指标；功能类指标和评价类指标具有一定的通用性，不论采用何种形式的变弯度机翼前后缘结构技术、不论服务于何种目的，均需要满足相关指标的要求。在部分国内外文献中，将噪声特性视为功能类指标。实际上，对于民机而言，噪声特性的改善对提高上座率、增强机队的盈利能力具有显著效果，因此将噪声特性作为性能指标也应是可行的，甚至更为合理。

由于变弯度机翼前后缘结构技术有增升减阻、改善操控、降低噪声等多种应用方向，因此在指标体系相近的条件下，变弯度机翼前后缘结构的具体指标需要针对具体应用方向进行量化。这是因为，由于高增升的需求主要对应飞机的起降阶段，而起降阶段对噪声也更加敏感，因此高增升需要变弯度机翼前后缘结构有更大的前后缘变形量的同时，还需要极力控制相关翼面的噪声；高升阻比的需求主要对应飞机的巡航阶段，此时不仅需要通过幅度较小但精细的翼面调控使飞机一直获得尽可能大的升阻比，也要改善巡航阶段的操控特性。相比之下，功能类指标和评价类指标具有较强的通用性，不论变弯度前后缘结构设计的目的是什么，都需要满足安全性、经济性、维修性等方面的要求，才能确保飞机能用、好用并被用户所接受。

2.2.2　变弯度机翼前后缘结构初步量化指标

美国、欧盟等国家与地区已开展多项变弯度机翼前后缘结构技术研究项目，其中基于 F-111 飞机的光滑变弯度机翼与自适应机翼等项目和“湾流”Ⅲ的自适应柔性后缘等项目还完成了一定程度的飞行验证。由于各种变弯度机翼前后缘结构技术都没有达到实用状态，因而部分功能类指标和多数评价类指标的信息更是缺乏，很难在没有深入研究的条件下通过参考、借鉴国外项目就提出具有很高准确性的定量指标。

结合我国开展变弯度机翼前后缘结构技术研究的需要，从实用性和近期的技术可能性等角度，初步提出供现阶段开展变弯度机翼前后缘结构技术研究的牵引性指标体系，以推动我国相关技术研究的发展，并结合相关研究的成果进行持续修正。由于变弯度机翼前后缘结构研究的目的不同，因此在牵引性指标体系中，将针对起降、爬升等阶段高增升、低噪声需求的变弯度机翼前后缘结构方案和针对巡航等阶段高升阻比需求的变弯度机翼前后缘结构方案分别提出指标，同时对功能类指标和评价类指标提出通用指标。

表 2-1 给出了针对起降、爬升等阶段，以高增升和降噪为目标的变弯度机翼前后缘结构变形能力和性能类牵引性指标。

表 2-1　变弯度机翼前后缘结构牵引性指标（高增升、降噪目标）

指标类型	指标变量	指标描述	备　注
变形能力指标	展向变形量	展长 3~4m，达到外露半翼展的 20% 左右	展向变形量占外露半翼展 20% 左右可以较好地减小三维流动干扰，也有较强的演示能力
	弦向变形量	按弦长 3m 计，前缘变形段弦长 0.3~0.5m，占当地弦长 10%~15%；后缘变形段弦长 0.9~1.2m，占当地弦长 30%~40%	当地弦长 3m 与背景民机平均气动弦长大致相当，研究结果能够较好地表现未来应用于背景民机的效果；前缘占当地弦长 10%~15%、后缘占当地弦长 30%~40% 属于现代民机前后缘结构比例的典型值
	变形角度	前缘最大下偏角度 5°、上偏角度 2°；后缘最大下偏角度 15°、上偏角度 2°	现代民机前缘偏转角可达 0°~25°，后缘偏转角可达 0°~45°。在项目研究早期，暂时提出近阶段有望实现的偏转角度
	变形时间	前缘最小变形时间不大于 1s、后缘最小变形时间不大于 2s	前缘偏转周期小于 1s、后缘偏转周期小于 2s 是现代典型民机的正常范围，在研究中可以进一步精确表述
	变形最大角速度	前后缘最大变形角速度可达 20~30（°）/s	前后缘最大变形角速度 20~30（°）/s 是现代民机前后缘偏转角速度的正常范围
	变形平均角速度	前后缘变形平均角速度可达 12~20（°）/s	根据最大偏转角速度选取可行范围供项目研究用
	变形测控精度	对后缘偏转角的测控精度不大于 0.05°	测控系统确保机翼变形机构精确执行偏转动作
	降噪能力	降落噪声减小 5~8dB	根据“湾流”Ⅲ验证机公开的降噪 40%，提出降噪 5~8dB 供项目研究用

表 2–1（续）

指标类型	指标变量	指标描述	备 注
性能类指标	起飞升力系数改善量	在相同偏转角条件下，起飞升力系数较常规前后缘改善 2%~3%	由于常规前后缘在增升效果上已经非常成熟，采用新技术的前后缘结构短期内很难取得更好效果，暂时提出牵引性指标供项目研究用
	降落升力系数改善量	在相同偏转角条件下，降落升力系数较常规前后缘改善 2%~3%	
	爬升升阻比最大改善量	在相同偏转角条件下，爬升升阻比较常规前后缘改善 2%~3%	
	爬升升阻比平均改善量	在相同偏转角条件下，爬升升阻比较常规前后缘改善 1%~2%	

表 2–2 给出了针对巡航阶段，以高升阻比为目标的变弯度机翼前后缘结构变形能力和性能类牵引性指标。

表 2–2 变弯度机翼前后缘结构牵引性指标（高升阻比目标）

指标类型	指标变量	指标描述	备注
变形能力指标	展向变形量	展长 3~4m，达到外露半翼展的 20% 左右	展向变形量占外露半翼展 20% 左右可以较好地减小三维流动干扰，也有较强的演示能力
	弦向变形量	按弦长 3m 计，前缘变形段弦长 0.3~0.5m，占当地弦长 10%~15%；后缘变形段弦长 0.9~1.2m，占当地弦长 30%~40%	当地弦长 3m 与背景民机平均气动弦长大致相当，研究结果能够较好地表现未来应用于背景民机的效果；前缘占当地弦长 10%~15%、后缘占当地弦长 30%~40%，属于现代民机前后缘结构比例的典型值
	变形角度	后缘最大下偏角度 5°、上偏角度 2°	巡航阶段前缘角度不变，后缘变形角度可涵盖针对环境调整的各种需要
	变形时间	后缘最小变形时间不大于 0.5s	能够根据飞行环境的变化迅速、精确完成后缘偏转角度的调整
	变形最大角速度	前后缘最大变形角速度可达 20（°）/s	最大变形角速度可满足迅速调整偏转角的时间要求
	变形平均角速度	前后缘变形平均角速度不小于 10（°）/s	最大变形角速度可满足迅速调整偏转角的时间要求
	变形测控精度	对后缘偏转角的测控精度不大于 0.05°	测控系统确保机翼变形机构精确执行偏转动作
性能类指标	巡航升阻比最大改善量	巡航升阻比最大改善量达到 5% 左右	在飞行包线中偏离巡航设计点最大的位置可实现的改善量
	巡航升阻比平均改善量	巡航升阻比平均改善量达到 2%~3%	整个巡航阶段平均能够获得的升阻比收益

表 2–3 给出了变弯度机翼前后缘结构功能类和评价类牵引性指标，由于目前所处的研究阶段，相关指标基本按适航条例要求，更具体的量化指标有待于根据技术进展补充完善。

表 2–3　变弯度机翼前后缘结构牵引性指标（通用）

指标类型	指标变量	指标描述	备　注
功能类指标	防除冰能力	满足适航条例规定，与常规前后缘相当	防除冰能力能否满足适航条例要求，以及与常规前后缘对比是否改善
	防鸟撞能力（前缘）	满足适航条例规定，与常规前后缘相当	防鸟撞能力能否满足适航条例要求，以及与常规前后缘对比是否改善
	防腐蚀能力	满足适航条例规定，与常规前后缘相当	防腐蚀能力能否满足适航条例要求，以及与常规前后缘对比是否改善
	防雷击能力	满足适航条例规定，与常规前后缘相当	防雷击能力能否满足适航条例要求，以及与常规前后缘对比是否改善
评价类指标	全系统重量特性	与常规前后缘相比，变弯度机翼前后缘结构全系统重量增加 5%~10%	前后缘变形结构及其附属系统、支持系统的总重量，以及与采用常规前后缘的对比结果
	研发与采购成本特性	与常规前后缘相比，研发与采购成本增加不超过 1%	前后缘变形结构的工程研发和生产制造成本，以及与采用常规前后缘的对比结果
	直接运营成本特性	与常规前后缘相比，直接运营成本减少 2%~3%	采用前后缘变形结构与采用常规前后缘的对比结果，包括燃油和费用节约的量值与百分比等
	维护保障成本特性	与常规前后缘相比，研发与采购成本相当	采用前后缘变形结构与采用常规前后缘的对比结果，包括工时与费用等改善的百分比
	可靠性特性	与常规前后缘相比，可靠性相当	采用前后缘变形结构与采用常规前后缘的对比结果，包括平均故障间隔时间以及改善的百分比
	耐久性特性	与常规前后缘相比，耐久性相当	采用前后缘变形结构与采用常规前后缘的对比结果，包括总寿命（飞行小时、日历年）以及改善的百分比
	维修性特性	与常规前后缘相比，维修性相当	采用前后缘变形结构与采用常规前后缘的对比结果，包括平均故障修复时间以及改善的百分比

上述指标力图全面揭示变弯度机翼前后缘结构的技术与性能特征，并在此基础上填补空白。由于技术研究仍在持续进行之中，因此各类指标的量化结果必然会有相当大的调整空间。在未来的技术研究中，将结合结构专业的设计结果与地面样件、气动专业的计算与试验结果等，对上述各种指标进行修改完善，使变弯度机翼前后缘结构牵引性指标能够更好地推动技术研究，使其向工程应用的方向不断迈进。

2.3　变弯度机翼前后缘结构的主要收益

2.3.1　变弯度机翼前后缘结构的气动收益初步分析

针对远程公务机 CAE-AVM，根据翼型与机翼气动特性转换关系，通过基本翼型后缘变弯度气动特性评估，完成全机气动收益分析。开展变弯度气动特性计算时，首先对无弯度变化的原始翼型进行气动力评估，评估采用基于 N-S 方程的结构网格求解器，湍流模型为 Spalart-Allmaras 模型。计算网格使用 O 形结构网格，物面网格高度为 10^{-6} 翼型弦长，网格高度增长率为 1.15，法向和绕翼型网格点数为 121 × 317。根据三维巡航马赫数和 1/4 弦线后掠角，翼型评估马赫数为 Ma=0.7。图 2-5 是原始翼型在 Ma=0.7 状态下，翼型升阻比随升力系数变化曲线。从图 2-5 中可以看出，该状态下翼型最大升阻比对应升力系数为 0.64 左右，与三维计算 C_L=0.515 状态下剖面翼型升力系数基本一致。在这种情况下，针对巡航状态的后缘变弯主要考虑重量减轻，即升力系数减小状态的变弯度设计。

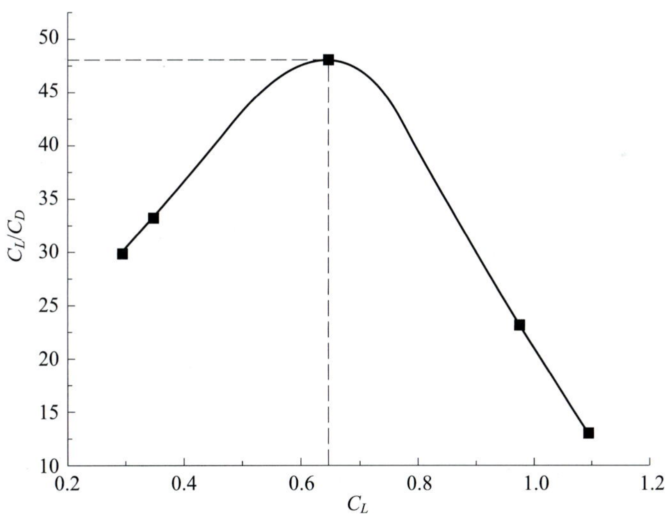

图 2-5　原始翼型升阻比随升力系数变化曲线

根据气动力计算结果，可以得出以下结论：

（1）后缘上偏对较大升力系数范围的升阻比影响更为明显，上偏后较大升力系数范围的升阻比降低，较小升力系数范围的升阻比升高，升阻比随升力系数变化曲线整体上呈向左下移动的趋势，向下移动主要是由于小升力系数下升阻比的提高空间较小。

（2）在设计条件下，后缘偏转主要是提高较小升力系数下升阻比。相同偏度下，相对靠前位置偏转（曲线颜色变化）带来的升阻比增量要高于相对靠后位置偏转

（曲线线型变化）提高带来的升阻比增量。当任意位置固定偏度增加后，另两个位置偏度增加带来的小升力系数升阻比增量都将变小。

（3）在设计条件下，三个位置同时向上偏转 1°范围内已经包含了小升力系数下升阻比提高的极限。计算获得矩阵外轮廓最大升阻比和对应的后缘弯度变化情况如图 2–6 所示。从图中可以看出，后缘偏度最多 1.5°即可获得较优巡航效率。

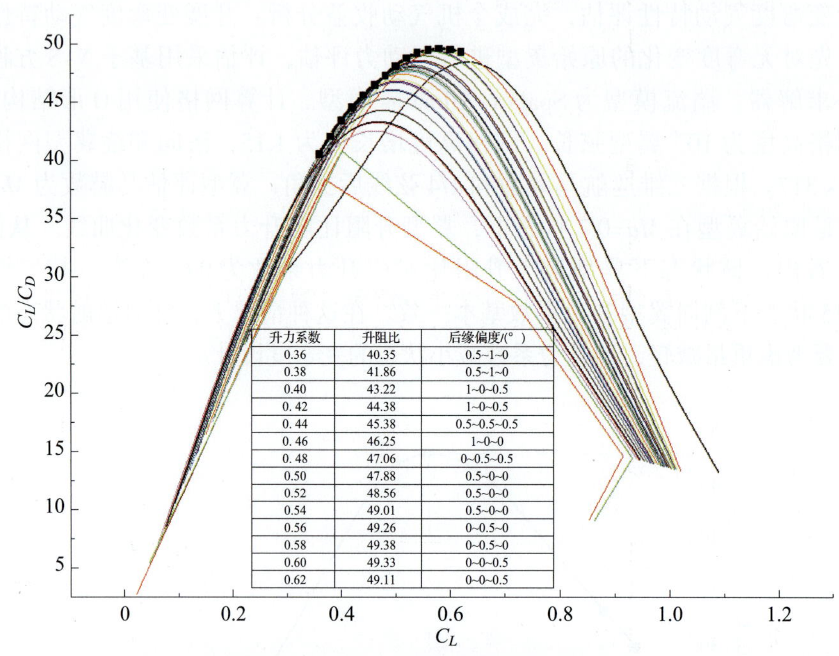

升力系数	升阻比	后缘偏度/(°)
0.36	40.35	0.5~1~0
0.38	41.86	0.5~1~0
0.40	43.22	1~0~0.5
0. 42	44.38	1~0~0.5
0. 44	45.38	0.5~0.5~0.5
0. 46	46.25	1~0~0
0. 48	47.06	0~0.5~0.5
0.50	47.88	0.5~0~0
0.52	48.56	0.5~0~0
0.54	49.01	0.5~0~0
0.56	49.26	0~0.5~0
0.58	49.38	0~0.5~0
0.60	49.33	0~0~0.5
0.62	49.11	0~0~0.5

图 2–6　矩阵外轮廓升阻比及弯度变化图

根据 CAE–AVM 公务机模型的原始参考翼型数据，其翼型的最大升阻比为 46，所对应的升力系数为 0.635。此时所对应的全机升力系数为 0.514，与 13000m 飞行高度时飞机重量 44t 相匹配。也就是说，原始参考翼型最大升阻比、升力系数对应了理想化的巡航起始高度与飞行重量。在实际飞行中，考虑到发动机起动、飞机起飞和爬升等阶段的燃油消耗，飞机的真实巡航起始重量可能只有 42t 左右，对应的全机升力系数只有 0.491。为简化分析，假设参考剖面的升力系数与全机升力系数之比（0.635/0.514=1.2354）为固定值，则真实巡航起始重量（42t）对应的参考剖面升力系数为 0.607，巡航中间点重量（37t）对应的参考剖面升力系数为 0.534，巡航结束重量（32t）对应的参考剖面升力系数为 0.462。所以，对原始参考翼型进行变弯度气动特性分析时，最关注的就是升力系数 0.46~0.60 这一范围。

通过上述分析可知：

（1）在后缘变弯度条件下，后缘偏度 0°—0.5°—0°时获得最大升阻比 49.38，此时对应的升力系数为 0.58。仅从最大升阻比角度看，与原始参考翼型的最大升阻比 46 相比，变弯度设计能够使翼型的最大升阻比提高了 7.35% 左右。

（2）在实际巡航起始点，参考剖面的升力系数为 0.607，原始参考翼型在此时的升阻比必然小于 46，而后缘变弯度偏度 0°—0°—0.5° 时可得到最大升阻比 49.33，最大升阻比改善幅度必然大于前述的 7.35%。也就是说，在实际巡航起始点，后缘变弯度设计可以取得更多的气动收益。

（3）与实际巡航中间点的参考剖面升力系数 0.534、实际巡航结束点的参考剖面升力系数 0.462 分别相对应，后缘变弯度 0.5°—0°—0° 和 1°—0°—0° 时各可以获得最大升阻比 49.01 和 46.25。这一结果表明，采用后缘变弯度设计后，参考剖面在巡航飞行的任意时刻（包括效率最低的时刻），能够获得升阻比均大于原始参考翼型不变弯度的最大升阻比，因而飞机的巡航效率可获得显著改善。

（4）由于后缘变弯度设计的特点，即使暂时缺乏相关数据也不影响做出如下判断：除了巡航起始点以外，后缘变弯度能够使参考剖面在巡航飞行各时刻均能获得大于 7.35% 的气动收益，而且越是偏离原始参考翼型最大升阻比位置，所获得收益就越多。

（5）基于以上几条结论，按最保守的估计，可以认为后缘变弯度对翼型可用最大升阻比的改善幅度平均可以达到 7.35% 以上，后续计算分析中进一步保守取整为 7%。

（6）假设飞机巡航飞行获得最大升阻比时，诱导阻力与摩擦阻力基本相当，则飞机翼型、机翼升阻比改善幅度为 7% 时，全机升阻比改善幅度为 3.5%。这一结果可用于后续开展飞行性能收益、重量收益以及经济性收益等分析。

2.3.2 变弯度机翼前后缘结构的起飞重量与燃油收益初步分析

按 CAE-AVM 公务机的性能指标：航程 13000km、巡航高度 13000m、搭载乘客 19 人（按每人 100kg）、机组人员 3 人（正副驾驶、服务员各 1 人，按每人 100kg）。

使用空机重量对数线性回归估算方法，对 CAE-AVM 公务机的起飞重量进行计算，按巡航段平均燃油消耗率为 0.525kg/（daN・h）、平均升阻比为 19、平均升力系数 0.534，计算可得飞机最大停机重量（包括发动机起动、滑行等阶段消耗的燃油量）、空机重量、任务载荷（重量）、任务燃油重量等总体重量参数。为简化图表，在后续开展列表分析时仅列入最大停机重量和任务燃油重量。

在此基础上，假设机翼阻力分别减少 2%、4%、6%、7%、8%、10%，全机阻力分别减少 1%、2%、3%、3.5%、4%、5%，全机升阻比相应分别提高 1%、2%、3%、3.5%、4%、5%，计算结果如表 2-4 所示。针对不同减阻比例，列出飞机减重特性与节油特性随减阻比例的变化趋势图如图 2-7 所示。

表 2-4　减阻比例与起飞重量、任务燃油量

全机减阻比例	计算基准	减阻 1%	减阻 2%	减阻 3%	减阻 3.5%	减阻 4%	减阻 5%
平均巡航升阻比	19	19.2	19.4	19.6	19.7	19.8	20
起飞重量 /t	42.9	40.724	38.817	37.092	36.288	35.539	34.14
减重比例	0%	5%	9.5%	13.5%	15.4%	17.2%	20.4%
任务燃油量 /t	16.795	15.834	14.99	14.229	13.875	13.544	12.926
节油比例	0%	5.7%	10.7%	15.3%	17.4%	19.4%	23%
节约的燃油量 /t	0	2883	5415	7698	8760	9753	11607

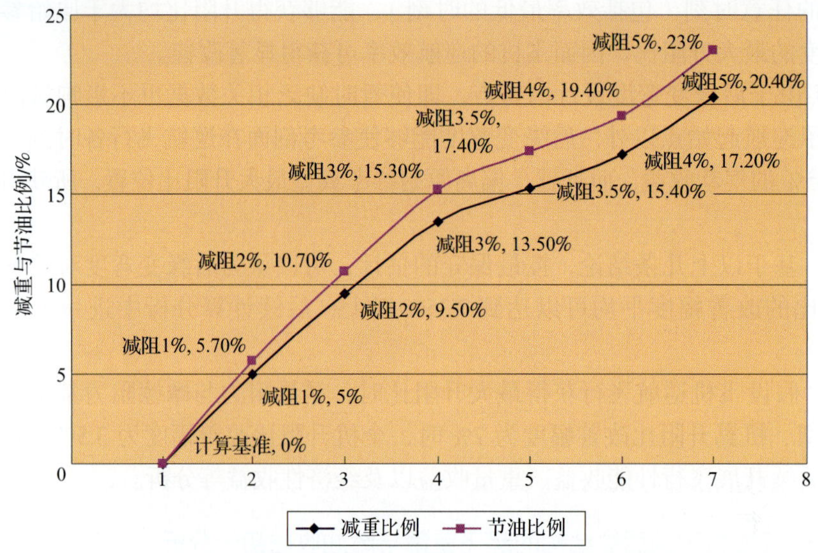

图 2-7　减重特性与节油特性随减阻比例的变化趋势

根据表 2-2，按 CAE-AVM 公务机交付使用 300 架、每架飞机服役期为 30 年、每年飞行 100 架次、每架次的燃油消耗量均与设计值相当，则单机和机队在整个服役期内可节约的燃油量可计算并列入表 2-5。从表 2-5 可以看出，如果气动力计算的已有结果具有较高可信度，飞机巡航阶段的机翼阻力可减少 7% 以上，全机巡航升阻比相应地提高 3.5% 以上，CAE-AVM 公务机的单架飞机在服役期内可节约燃油 8760t、机队可节约燃油 262.8 万 t，从而创造巨大的经济效益。

表 2-5　节约的燃油量

全机减阻比例	计算基准	减阻 1%	减阻 2%	减阻 3%	减阻 3.5%	减阻 4%	减阻 5%
单机单程节油量 /t	0	0.961	1.805	2.566	2.92	3.251	3.869
单机役期节油量 /t	0	2883	5415	7698	8760	9753	11607
机队役期节油量 / 万 t	0	86.49	162.45	230.94	262.8	292.59	348.21

2.3.3 定航程条件下燃油收益分析

选定 CAE–AVM 公务机航程为 8000km 的飞行剖面，按照飞机的起飞重量不变、航程不变，计算、分析在不同气动收益条件下飞机的燃油消耗特性。

使用布雷盖航程方程对 CAE–AVM 公务机的燃油消耗量进行计算，按原设计方案的巡航段平均燃油消耗率为 0.52kg/（daN・h）、平均升阻比为 20。计算全机阻力分别减少 1%、2%、3%、3.5%、4%、5%，全机升阻比相应分别提高 1%、2%、3%、3.5%、4%、5% 等条件下的航程如表 2–6 所示。

表 2–6 减阻比例与燃油消耗特性

	计算基准	减阻 1%	减阻 2%	减阻 3%	减阻 3.5%	减阻 4%	减阻 5%
平均巡航升阻比	20	20.2	20.4	20.6	20.7	20.8	21
单架单程燃油量 /t	12	11.923	11.848	11.774	11.738	11.702	11.63
单架单程节油量 /kg	0	77	152	226	262	298	370
单架役期节油量 /t	0	231	456	678	786	894	1110
机队役期节油量 / 万 t	0	6.93	13.68	20.34	23.58	26.82	33.3

从表 2–6 可以看到，在不对 CAE–AVM 公务机方案开展重新分析的条件下，仅考虑原 CAE–AVM 公务机方案因巡航过程中的全机阻力减小量，飞机可节约的燃油量也是相当可观的——在全机阻力减小 3.5% 时，每架飞机按 30 年服役期、每年飞行 100 架次计算，在服役期内单机可节约燃油 786t、机队可节约燃油 23.58 万 t。

2.3.4 定燃油条件下航程收益分析

使用 CAE–AVM 公务机重量特性，按照飞机的起飞重量不变、燃油系数不变，从起飞到降落共计消耗 12t 燃油，计算、分析在不同气动收益条件下，飞机的航程分别增加多远。

使用布雷盖航程方程对 CAE–AVM 公务机的航程进行计算，按原设计方案的巡航段平均燃油消耗率为 0.52kg/（daN・h）、平均升阻比为 20。计算全机阻力分别减少 1%、2%、3%、3.5%、4%、5%，全机升阻比相应分别提高 1%、2%、3%、3.5%、4%、5% 等条件下的航程如表 2–7 所示。

从表 2–7 可以看到，由于巡航段燃油消耗量占据了飞机任务燃油量的比例很大，飞机起动、滑行、爬升、下降等过程的燃油消耗量相对而言非常小，所以飞机的航程与全机减阻比例基本成正比——当全机阻力减少 3.5% 的时候，航程相应增加 3.5%；单机役期可增加航程 82.8 万 km、机队役期可增加航程 24840 万 km。

表 2–7 减阻比例与航程

	计算基准	减阻 1%	减阻 2%	减阻 3%	减阻 3.5%	减阻 4%	减阻 5%
平均巡航升阻比	20	20.2	20.4	20.6	20.7	20.8	21
航程 /km	8000	8080	8158	8236	8276	8316	8394
航程增加比例	0%	1.01	1.02	1.03	1.035	1.04	1.05
单机役期航程增量 /10^4km	0	24	47.4	70.8	82.8	94.8	118.2
机队役期航程增量 /10^4km	0	7200	14220	21240	24840	28440	35460

2.4 小结

变弯度前后缘结构技术对民机的气动特性、重量特性和节油环保等方面都有显著的改善作用，具有广阔的发展和应用前景。

在后缘变弯度产生的气动收益计算结果可信、后缘变弯度不产生明显重量代价等条件下，假设 CAE–AVM 公务机产量为 300 架、服役期为 30 年、每年飞行 100 架次，仍可获得以下结论：

（1）在仅针对 CAE–AVM 公务机部分指标开展总体重量特性全新计算分析的条件下，因变弯度前后缘结构技术的应用，全机巡航升阻比提高 3.5% 时，CAE–AVM 公务机在服役期内单机可节约燃油 8760t、机队可节约燃油 262.8 万 t。

（2）按照 CAE–AVM 公务机现有方案，仅针对巡航升阻比改善分析其燃油特性，全机巡航升阻比提高 3.5% 时，CAE–AVM 公务机在服役期内单机可节约燃油 786t、机队可节约燃油 23.58 万 t。

（3）按照 CAE–AVM 公务机现有方案，仅针对巡航升阻比改善分析其航程特性，飞机航程与巡航升阻比改善幅度基本成正比。全机巡航升阻比提高 3.5% 时，单机役期可增加航程 82.8 万 km、机队役期可增加航程 24840 万 km。

如果将变弯度前后缘技术推广应用于其他中远程民机，因干支线飞机比公务机使用规模更大、年均飞行架次更多，特定气动收益条件下的重量收益、燃油收益和航程收益等也将大得多。

第 3 章　变弯度机翼设计要求与应用前景分析

张淼[1]，毛俊[1,2]，虞佳磊[1]，刘杨[1]

1. 中国商用飞机有限责任公司上海飞机设计研究院，201210

2. 复旦大学 航空航天系，200433

3.1　变弯度机翼总体设计要求

气动设计要求建立在飞机总体设计要求的基础上，包括全机升力系数和升阻比的要求，飞机总体设计要求可以进一步明确飞机气动设计的其他指标要求，作为开展气动设计和优化的目标和约束条件。在确定了飞机的总体指标之后，需要明确其与飞机的气动性能，特别是机翼气动性能之间的联系，从而进一步明确飞机机翼的基本指标和设计要求，并确定机翼的主要参数。具体来说，对机翼的气动设计有重要影响的飞机性能参数及其影响包括：

（1）起飞和着陆场长：影响机翼面积及增升装置的选择，机翼面积的选择又影响飞机的商载和航程。

（2）巡航速度：和飞机的阻力有关，减小机翼面积和厚度，增加展长可以减小阻力，对于跨声速飞机，增加后掠角可降低飞机的波阻，但会导致机翼重量增加。

（3）航程：降低阻力和增加油箱容积（机翼的厚度）可以增加航程，二者之间存在一定的矛盾。

（4）操稳特性：影响机翼平面形状的选择，后掠角过大对飞机接近失速的操稳特性不利，同时，大的根梢比虽然可以降低机翼的结构重量，同样对飞机接近失速时的操稳特性不利。

（5）抖振边界：在跨声速阶段的激波边界层干扰时产生抖振的原因，抖振边界一般要求载荷因数（过载）为 1.3，抖振特性的机翼设计往往存在阻力的蠕增现象。

变弯度机翼设计的主要收益体现在整个巡航过程综合效率的提升，对整体设计方案的影响还应该考虑航程变化、重量变化的问题，使得在不同运营条件下航空公司可以取得更大的灵活性，相对固定弯度机翼设计而言需要考虑的升力系数范围更广。机型系列化发展中对机翼的更改尽可能小，所有的更改应该尽可能不影响平面形状和机翼内部结构布局，仅限于更改内部结构尺寸，例如，翼梁的几何尺寸等，这有利于采用单一机翼设计满足不同机型的要求，特别是为后续发展留出余量。

变弯度机翼理论上能够提高飞机在非设计点的飞行效率，通过改变机翼上载荷沿展向的分布以减小诱导阻力和降低机体结构重量。但在设计时会出现以下问题：

（1）机翼变弯度破坏原有的几何外形，导致机翼上出现不光滑的点，设计不当有可能引发分离，导致阻力增加。

（2）变弯度机翼减小机翼阻力的同时，也会增加气动力矩，该力矩需要转动平尾去平衡，因此会增加平尾的配平阻力。

（3）变弯度机翼的运动轨迹与襟翼运动不同，需要额外增加舵机和传动机构，导致整机重量增加，在设计时需要采取措施尽可能减小这部分额外重量。

（4）飞机在飞行中受到气动力而使机翼弯曲变形，变弯度机翼在变化翼型状态时会改变机翼上载荷的分布，使得机翼受力变形的情况不断变化，传统固定翼模型的 CFD 方法无法模拟气动力变化对飞机外形的影响。

可以看出，如果变弯度机翼设计不当，反而会造成阻力增加、重量增加和成本增加等问题。因此，需要综合权衡各方面因素，使机翼最终能够达到减阻、减重和降低油耗的效果。

3.2 变弯度机翼气动设计要求

3.2.1 机翼气动设计

机翼气动设计是一个迭代权衡的过程，一般采用半经验分析方法、CFD 方法，以及风洞试验方法等相综合的方法，从翼型优化、单独机翼、翼身组合体，到全机构型不断发展，实现全机气动指标的分解与分析，到综合与优化。从气动设计角度，需要关心的气动设计的主要考虑因素一般概括在表 3–1 中。

表 3–1 运输类飞机机翼气动设计指标及分析方法

特性分类	主要特性	指标范围	分析方法
巡航特性	巡航马赫数	0.72～0.85	市场分析（竞争机型数据，航空公司需求，典型航段距离，上座率），技术发展水平
	L/D	18～21	低阻力气动设计水平，巡航过程中的变化规律
	阻力发散马赫数		超临界机翼设计，波阻控制
失速特性	$C_{L\max}$		着陆和起飞构型的最大升力系数
操稳特性	抖振边界		V_{MO} 和 Ma_{MO} 的特性
配平特性	展向 C_m/C_{m0} 分布		

跨声速运输类飞机机翼具有大展弦比、大挠度的特点，飞行马赫数达到 0.70～0.89，翼面存在超声速流动区，激波边界层干扰带来的流动分离是机翼设计中

的一个重要问题。这一现象对飞机设计的影响体现为高速抖振和操纵面效率降低，以及纵向控制不稳定性等问题。

变弯度机翼气动设计是在固定弯度机翼设计基础上考虑弯度变化带来的影响，与固定弯度机翼设计相比，两者都需要满足适航的相关要求，差异在于前后缘的相关参数设计。在初步设计阶段，遵循从二维翼型出发，首先考虑前后缘弦向长度（前梁位置）、偏角变化范围等理想化的弯度变化，再考虑三维机翼布置的设计流程。然后将二维翼型设计的约束条件和设计结果和三维机翼的布局设计相结合。理想化的前后缘弯度变化在三维机翼上的影响分析可以用于分析前后缘装置弦向长度（典型长度为 15%~25%）的影响，不同展向位置上弯度变化量的影响，从而确定前后缘变弯度对机翼的巡航效率和低速特性的影响量，是后续开展机构轨迹设计以及更详细的气动分析的基础。

理想变弯度机翼设计为采用前后缘装置实现弯度控制与优化提供了基础，具体的气动设计流程包括：

（1）典型超临界翼型的变弯度分析：典型翼型的前后缘弯度变化对气动性能的影响分析，考虑前后缘弯度连续变化得到的理想压力分布，可以采用基于 RANS 的分析方法。

（2）三维机翼变弯度初步分析：基于三维机翼的平面形状定义，实现前后缘装置的全参数设计，结合快速的气动分析技术完成对飞机变弯度设计参数的优化分析，确定开展详细 RANS 分析的基础。

（3）三维机翼变弯度 CFD 分析：三维机翼设计的内翼和外翼流动存在差异，外翼流动具有典型的超临界特性，二维翼型的理想变弯度分布可以在外翼段得到应用，内翼的流动特性（Y 形激波分布）呈现更强的三维特性，通过三维 RANS 分析来确定飞机的机翼展向弯度变化的优化。

（4）变弯度机翼的气动特性的进一步分析：改变弯度分布对阻力发散特性和抖振边界特性影响的分析。

（5）详细的气动分析与试验验证。

3.2.2 增升装置设计与变弯度设计

先进增升装置的设计，与机翼的高速气动设计相结合，能够在满足飞机低速性能要求的同时，提高飞机的巡航性能，对于长航程运输机来说具有更重要的意义。增升装置的流场特性复杂，对计算和试验的要求高，是运输类飞机气动设计的难点之一。增升装置的类型很多，目前比较常用的包括前缘缝翼和后缘襟翼，也有克鲁格襟翼、下偏前缘等。基于对最大升力系数的不同需求，后缘襟翼可以采用多段襟翼，但是由于复杂度的要求，基本的发展趋势是在满足气动设计要求的前提下简化设计，气动设计技术的进步使得这一发展成为可能。波音 787 的增升装置设计示意如图 3-1 所示。

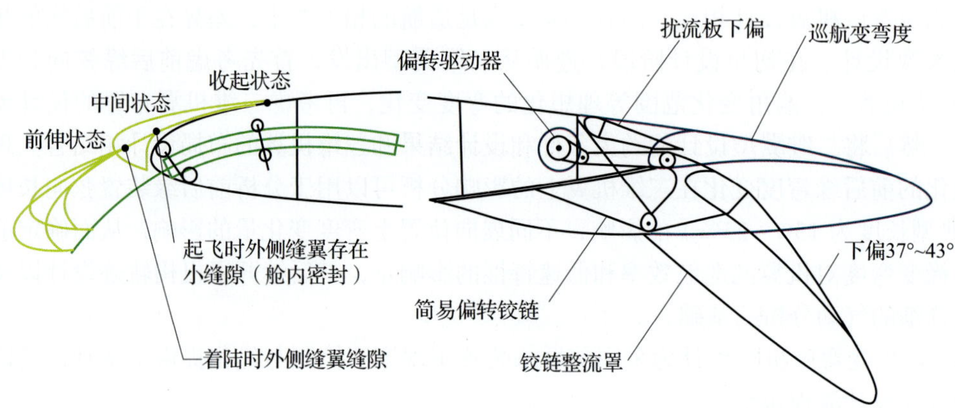

图 3-1　波音 787 增升装置设计示意图

随着巡航速度的提高，机翼前后缘的厚度变小，虽然这一趋势可以通过机翼面积的增加得到一定的补偿，头部变小和尾缘变薄提高了前缘压力峰值、后缘的后加载，对增升装置的设计带来了压力。与此同时，经过多年的发展，针对单点工况的气动优化设计可以得到比较靠近最优点的设计，目前的增升装置设计方案，代表了未来自主变形飞行器设计的雏形概念，经过长期设计经验的积累，现有的前后缘增升装置的设计对于给定的约束条件（飞机的重量，巡航构型，飞行条件等）已经能够实现相当程度的优化设计。传统的结构设计能够实现气动缝道流动所需的运动轨迹。但是，现有的设计方案仍然存在一系列的不足，例如，巡航状态时翼面上接缝（甚至台阶）的存在带来额外的阻力，运动轨迹的准确控制存在挑战，相邻操纵面之间的剪刀差产生侧边脱落涡和气动噪声，也可能引起不利的结构振动。这些因素虽然可以在设计中加以考虑，但是作为现有增升装置设计的关键流动特征——缝道流动，缺乏有效的控制和协调途径。工程上的实现方案基本聚焦于起飞、着陆两个状态，对应两组缝道参数。

采用固定转轴襟翼，前缘可变弯度方案（DND 或克鲁格襟翼）为缝道参数的适应性调整提供了技术途径，可以在传统的机翼高低速气动设计的协调中增加设计点或者约束条件。变弯度机翼设计的主要优势可以取得改善气动效率、抖振边界，以及力矩特性。开展定量化分析研究需要结合巡航剖面和飞机的构型状态，后缘可变弯度的主要设计手段在于改变后加载，主要的气动特性约束条件包括：

（1）基础翼型的设计需要考虑变弯度设计对升力系数更广范围的需求，避免小的尾缘下偏导致流动分离特性变坏。

（2）控制激波位置对于不同后缘下偏角度的敏感性，后缘部分的压力梯度不宜过大。

（3）后缘弯度变化的范围限制应该处于激波位置之后，亦决定了扰流板铰链的大致位置范围。

（4）翼型的前加载和后加载之间的协调，考虑各种不同升力系数工况下的力矩特性。

（5）通常来说，迎面阵风载荷是对尾缘襟翼的载荷设计工况，前缘缝翼的设计载荷工况是对称机动载荷，满足《中国民用航空规章》（CCAR）第 25 部第 25.345 条的规定，需要考虑多种偏角情况下，以及不同偏角过渡状态的非定常气动分析。

（6）气动设计约束以及目标的计算需要使用基于 RANS 的计算结果，以及非定常气动分析方法。在二维压力分布、前后缘加载，以及激波位置变化分析的基础上，结合三维机翼以及翼身组合体的分析，得到整个升力系数范围内的气动特性。

3.3　结构设计要求

民机机翼结构通过实现前后缘可变弯度功能，可提升飞机在飞行中的升阻比，从而实现降低燃油费用的目的，因此有必要开展这方面的结构设计要求研究。民机变弯度机翼前后缘结构布局主要以常规结构形式为主。前后缘结构采用全高度蜂窝结构、蜂窝夹芯壁板、加筋壁板，以及大变形柔性蒙皮等结构，加强肋采用普通机加肋形式。对于新结构、新材料、新工艺需要进行特别验证或分析。

变弯度机翼前后缘结构主要起到增升的作用，属于次承力结构，以国内现有民机为背景，在结构设计、分析、材料、工艺及制造性、适航验证等方面成熟且经过型号验证，可借鉴已有的成熟验证方法及相关评判标准。对于影响变弯度机翼前后缘性能的机构及系统可靠性，需要通过专门的分析与试验进行验证。复合材料结构的强度与材料、结构设计所采取的工艺方法、实际制造工艺水平、制造缺陷和使用中的损伤等密切相关，而且破坏模式多样性、结构特性的分散性，使得强度分析的依据需要有试验支持。因此需要通过细节、组件、全尺寸试验来验证复合材料结构满足强度要求，为此采用“积木式方法”进行复合材料结构的验证试验。设计和验证要考虑各种因素的影响，如湿热环境、冲击损伤、闪电防护等；要用试验的方法确定设计许用值；通过限制设计应变考虑损伤的影响；强度必须通过有试验支持的方法分析。

根据民机机翼结构设计方法和经验，得到变弯度结构安全性要求和功能要求，便于后续针对 CCAR-25 部《运输类飞机适航标准》制定结构的适航符合性验证思路，有效地指导变弯度机翼结构设计、保证结构安全和满足各方面对结构的要求，并表明符合适航标准。

3.3.1 安全性要求

3.3.1.1 结构刚度要求

（1）变弯度机翼结构的设计和尺寸应满足刚度要求。

（2）变弯度机翼结构刚度应根据气动弹性评估（频率）进行调整。

3.3.1.2 静强度要求

（1）变弯度机翼结构应在限制载荷下无有害的永久变形。

（2）在限制载荷下，变弯度机翼结构操纵应不会发生卡阻。

（3）变弯度机翼结构应在极限载荷下不破坏。

3.3.1.3 疲劳强度要求

（1）在进行疲劳评定中，变弯度机翼结构应考虑服役中预期的典型载荷谱、温度和湿度。

（2）变弯度机翼结构所有结构的疲劳寿命应满足短、中、远程设计服役目标（DSG）要求。

（3）承受声激励的主要变弯度机翼结构的任何部分在飞机的使用寿命期内不应产生声疲劳裂纹。

3.3.1.4 损伤容限要求

（1）在进行疲劳评定中，变弯度机翼结构应考虑服役中预期的典型载荷谱、温度和湿度。

（2）变弯度机翼结构检查门槛值应不低于 DSG/2 飞行次数。

（3）变弯度机翼结构重复检查间隔应不低于 DSG/4 飞行次数。

（4）变弯度机翼驱动机构应按照损伤容限进行设计。

（5）对变弯度机翼结构进行疲劳损伤评估时应考虑高温导致的材料疲劳及断裂力学性能削弱。

（6）广布疲劳敏感结构（如变弯度机翼翼面）应设计在 LOV（limit of validity，有效性限制，代表允许的使用寿命）内不会发生广布疲劳损伤。

3.3.1.5 动强度要求

变弯度机翼结构在承受鸟体重量为 1.8kg（约 4lb①）的撞击后，满足剩余强度要求。

3.3.1.6 结构防火要求

对于翼吊发动机机翼，发动机短舱后面距短舱中心线一个短舱直径范围内的变弯度机翼结构表面应是耐火的。

3.3.1.7 结构防护与液体控制要求

（1）变弯度机翼结构零件应具有适当的保护，防止气候、腐蚀、磨损等原因引

① 1 lb（磅）≈ 0.454 kg。

起的性能降低或强度丧失。

（2）飞机在任何运行条件下，变弯度机翼结构的排液口和排液通路设计应均是有效和安全的。

（3）结构的排液设计应满足相关飞机液体控制和排放设计规范的要求。

（4）变弯度机翼结构应提供合理的排液通道，尽量避免漏液聚集。

（5）变弯度机翼结构应提供合理的排液通道，防止排出机翼的液体重新进入飞机的其他区域。

（6）变弯度机翼结构指定火区应有排液设计。

（7）变弯度机翼结构指定火区的排液设计应根据易燃液体泄漏源的位置、类型和数量设计排液口。

3.3.1.8 复合材料结构设计要求

（1）变弯度机翼复合材料结构应采用合理的静闪电防护设计措施，防止静电集聚、闪电放电对复合材料结构零部件造成危及飞机的损伤或乘员安全。

（2）变弯度机翼结构应采用足够的结构保护措施抵抗服役过程中的性能衰退。

（3）损坏可能对安全性有不利影响的零件所用复合材料应满足 CCAR-25 部第 603 条要求。

（4）变弯度机翼复合材料结构应选用性能已得到充分表征、有使用经验和有可靠且稳定供应渠道的材料。

（5）变弯度机翼复合材料结构静强度必须按 CCAR-25 部第 305 条强度与变形的相关规定。在极限载荷和相应的最严重环境组合条件下，复合材料结构不发生总体破坏。

3.3.1.9 闪电防护要求

（1）变弯度机翼结构应具有防止由于闪电引发的灾难性后果的保护措施。

（2）雷电应只能引起局部结构损伤，但不能危及飞机或乘员的安全。

（3）变弯度机翼结构中所有采取的闪电防护措施在飞行包线给定的环境范围（温度、压力、气候、振动、加速度等）内应运行良好。

（4）变弯度机翼结构的防雷击层或是分流结构应与飞机的雷击导电通道具有良好的电连接。

（5）变弯度机翼金属结构之间，以及其与各部件、系统之间应进行良好的搭接，形成低阻抗的导电通路。

（6）变弯度机翼结构从雷击进入点到雷击离开点之间应具有良好的电连接，低电阻和传输电压最小。

（7）变弯度机翼结构所有外部的绝缘结构部件表面电阻系数应小于 100 MΩ/□[①]，以防止静电荷累积。

（8）变弯度机翼结构所有表面电阻系数小于 100 MΩ/□的外部的绝缘表面应电

① Ω/□表征对于薄层材料上一个边长任意的正方形，一个边到对边之间的电阻。

搭接至导体结构上，并且满足 S 类搭接要求。

（9）变弯度机翼运动结构应使用最小截面积为 $16mm^2$ 的柔性镀镍铜搭接线跨接每一个铰链，电搭接到主结构。

（10）变弯度机翼运动结构至主结构的电搭接应满足 L 类搭接要求。

（11）飞机导管穿过变弯度机翼结构的隔框边界时应电搭接到主结构上，并且满足 L 类搭接要求。

3.3.2 功能要求

3.3.2.1 客户要求

变弯度机翼结构应设计成可互换件。

3.3.2.2 使用要求

（1）变弯度机翼结构打开后应能实现总体定义的各个卡位。

（2）变弯度机翼结构应能给系统设备提供足够的容积。

3.3.2.3 性能要求

（1）变弯度机翼翼面结构应满足机翼气动外形数模。

（2）变弯度机翼运动机构外形应包裹在机翼外形或整流罩外形内。

（3）变弯度机翼结构应能防止结构腐蚀。

3.3.2.4 物理和安装要求

（1）变弯度机翼结构应满足与机身连接接口。

（2）变弯度机翼结构应满足与外翼主盒段的对接接口。

（3）变弯度机翼结构应满足系统设备连接接口。

（4）变弯度机翼结构应设计起吊装置。

（5）变弯度机翼结构重量应不超过顶层重量规定。

（6）变弯度机翼结构与系统间隙需求。

（7）变弯度机翼结构翼面最大运动包络面与周围固定系统部件的最小间隙应不小于 6mm。

（8）翼身整流罩内部变弯度机翼运动结构部件与周围同样运动的系统部件应保证两者最大运动包络面之间的最小间隙应不小于 25.4mm。

（9）变弯度机翼结构密封件可视为结构件，与周围相邻系统部件的间隙需求应与结构间隙需求一致。

3.3.2.5 维修性设计要求

（1）变弯度机翼结构应留有必要的维修空间，利于维修人员拆装设备和部件。

（2）变弯度机翼结构内部的系统、设备、部件发生故障时应能快速进行排故。

（3）在保证维修工作正常进行的前提下，应减少维修工具、辅助用装置，以及地面支援设备的种类和数量。

（4）变弯度机翼结构应采取防止维修差错设计。

（5）在设计中应考虑人为因素对维修性的影响，以避免造成维修问题的增多，以及降低系统维修工作效率。

（6）为保障维修安全，飞机上应有安全保护措施以减少事故。

（7）维修口盖的尺寸设计应满足各种维修活动的要求。

（8）所有航线可更换单元（line replaceable unit，LRU）应能方便拆卸、安装。

（9）变弯度机翼结构的维护应当避免使用特殊工具或专用工具。

3.4 变弯度机翼气动设计中的工程约束

目前，变弯度机翼气动设计与传统干净机翼气动设计相比，主要的差异在于前后缘的相关参数，只在固定弯度机翼设计基础上考虑弯度变化带来的影响。在初步设计阶段，先设计二维翼型，考虑前后缘弦向长度（前梁位置）、偏角变化范围等弯度变化，再考虑三维机翼布置的设计流程。考虑前后缘弯度变化在三维机翼上的影响分析，从而确定前后缘变弯度对机翼的巡航效率和低速特性的影响量，为后续开展机构轨迹设计和详细的气动分析打下基础。

3.4.1 前后缘可变弯度的设计流程

目前的可变弯度机翼设计依赖于前后缘增升装置的多功能设计，可变弯度前后缘机翼的要求是需要建立机翼以及增升装置的综合结构模型，并参与到优化迭代过程中。相应建立的综合模型的基本要求包括：前后缘装置布置方式、机翼平面形状的参数化、足够数目的展向截面定义、机翼的典型截面位置、增升装置的典型截面和三维机构概念定义的参数化。

3.4.2 前后缘可变弯度构型设计中的约束条件

前缘装置配合后缘变弯度实现的主要途径包括：前缘下偏（DND），主要用于内翼段；可变弯度克鲁格襟翼，主要用于 Kink 位置以外；传统四连杆机构缝翼；连杆与固定转轴组合机构缝翼。目前得到工程应用的主要是前三种设计方案。此外，可以在上述设计方案的基础上，利用柔性蒙皮技术和形状记忆合金材料在广泛地进行中。

后缘实现变弯度设计改变了压力分布沿展向的分布，改变了各个翼型截面的压力分布、激波特性、阻力发散、展向载荷分布，以及不同襟翼偏转角度带来的载荷分布。决定襟翼分布规律时，可参考使用图 3–2 的分布方法，研究相邻襟翼偏角的变化范围，同时还需要考虑发动机安装以及喷流影响。需要考虑的主要约束条件包括：

（1）固定转轴的位置应尽量靠近下翼面，以减小驱动机构整流包。

（2）展向不同位置的后缘襟翼偏角范围，相邻襟翼的剪刀差角度范围的约束。

（3）展向铰链位置的布置以满足空间运动轨迹的要求。

（4）发动机安装约束和喷流对偏角范围敏感性的影响约束。

图 3-2　后缘襟翼的分布设计

3.5　变弯度前后缘技术代表性应用案例

连续可变弯度的翼型早在飞机发明之初就是重要的研究设想，其目的主要是通过机翼的变形解决飞机在起降阶段低速大升力和巡航阶段高速小阻力之间的矛盾，满足飞行全过程的多任务要求。同时，针对长航程飞机整个飞行任务剖面内重量变化大、升力需求存在很大差异而改变机翼弯度可以提升综合效率。通过软件实现机翼弯度控制也有利于更加灵活地实现系列化设计，满足不同航空公司的特定任务需求。

洛克希德公司在 20 世纪 70 年代首先将主动控制技术应用于现代宽体运输机 L-1011[5]，通过主动控制副翼减缓机翼载荷，从而增加飞机起飞重量。NASA 德莱顿（Dryden）飞行研究中心评估了 L-1011 飞机采用变弯度机翼技术可获得的减阻收益[6]。若采取全展长后缘变弯度，在 Ma=0.6，C_L=0.35 时减阻收益几乎为 0，C_L 为 0.8~1.2 时减阻收益为 9%~12%；在名义巡航飞行状态，减阻收益为 1%~3%；在较高的爬升和下降升力系数下，减阻获益为 4% 左右；当 Ma=0.83，巡航状态范围内可获得 1%~3% 的减阻收益；C_L>0.8 时最大收益可达 14%（但这个升力范围不会出现在巡航阶段）。基于 L-1011 开展的飞行试验验证，利用外部副翼（23% 展长，占机翼面积 3%）实现了机翼变弯度，在高度 38000ft、Ma=0.84 飞行时，副翼偏转范围为 -6.5°~6.5°，可以减阻 2~3counts（1%）。

VCCTEF 是在 NASA 先进运输机技术项目（Advanced Air Transport Technology，AATT）中由 NASA 和波音公司联合发展的。最早由 2010 年 NASA 创新基金研究项目“未来弹性变形飞行器概念”发展，验证了通过控制弹性变形实现减阻的新概念。研究结果表明高度柔性机翼在飞行中可以通过主动控制机翼扭转和垂直偏转进行弹性修形，对当地迎角优化以改善气动效率，实现巡航减阻和增强起降的升力性能。VCCTEF 概念就是为了实现这些需求而发展的，通过后缘连续变弯度实现展向载荷剪裁，如图 3-3 所示。弦向压力修形通过三段变弯度襟翼实现，如图 3-4 所示。初步研究结果表明，VCCTEF 具有潜在的减阻能力。

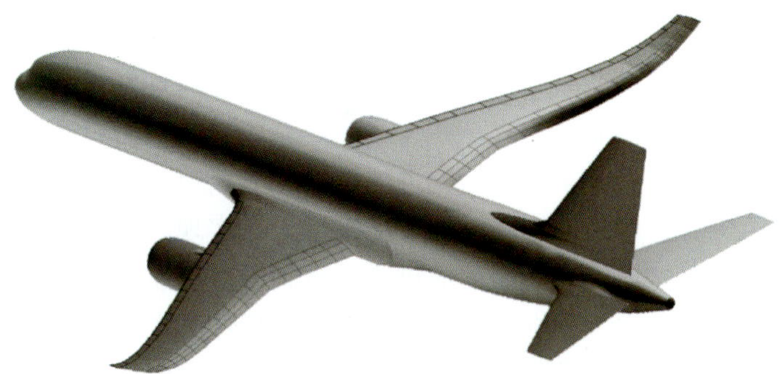

图 3-3　柔性机翼飞机连续后缘变弯度襟翼

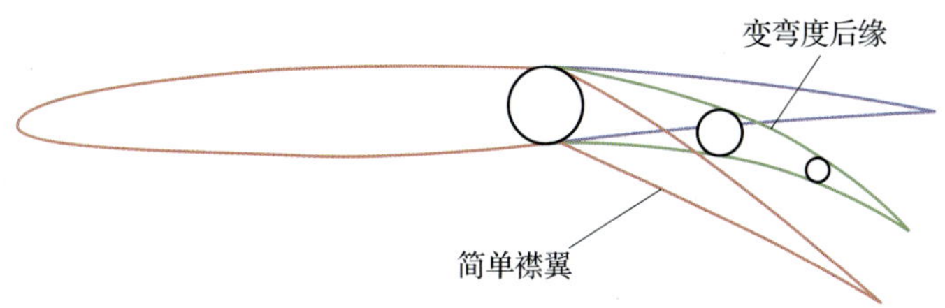

图 3-4　弦向三段变弯度襟翼

波音公司和空客公司从 20 世纪 80 年代开始评估变弯度概念。空客公司基于 A320 开发了飞机的载荷抑制系统、主动重心控制系统，并探索改进了精确侧滑控制。针对 A330/340 开展了变弯度预设计[7]。波音公司和空客公司的新一代宽体客机波音 787 和 A350 均采用了变弯度机翼技术。波音公司在波音 777-200ER 上进行了后缘变弯度飞行试验[8-9]，包括模拟波音 787 下垂副翼，但运动机构没有做任何修改。自动驾驶系统在飞行过程中进行变弯度操纵，以 0.5° 的增量偏转后缘襟翼。波音 777 飞行试验只是模拟后缘运动效果，实际的波音 787 是通过电驱动单元结合扭力管驱动的襟翼运动机构系统进而驱动活动面运动。该系统通过 3° 的圆弧移动后缘，这样可以实现上下各 1.5° 的偏转。尽管控制机构增重 36kg，但预计可以减少 0.4count 的阻力，因此可以节省 450kg 的重量。

3.6　变弯度机翼应用收益及前景分析

从空气动力飞行伊始，如何降低阻力就是飞行器设计中的主要问题，特别是对于强调经济性的民用客机。以空客公司 A340-300B 为例：如果保持最大起飞重量不变的前提下，采用减阻技术和优化设计使阻力减小 15%，则可以节约燃料 18.5%、或提高航程 24%。对于 150 座级飞机，减阻 1%，相当于增加 10 位乘客或 1.6t 货运，可降低直接运营成本 0.5%。对于我国一年可以节省约 15 亿元，或增加旅客人数 1825 万人，增加货运量约 300 万吨。

对于民用客机来说，变弯度机翼技术能够进一步挖掘飞机的性能潜力，提高飞机的经济性。成功的民机产品不仅要在技术和经济性方面具有竞争力，还要具有最优的运营性能来适应各种航线需求。在飞机的产品周期内，面对增加航程、载荷等各种要求，飞机制造商只有拿出灵活先进的设计才能获得更多的订单。在过去，这往往是通过延长机身、加强结构和增加发动机推力来实现，但这种技术只适用于升力潜力足够高的机翼。现代的民用运输机要求达到最高巡航效率，经过优化设计的机翼通常只有很小的潜力，特别是升力或抖振边界特性。大量增加有效载荷而不进一步发展襟翼将导致巡航高度降低以及起飞速度增加。目前亚声速民用运输机是点设计构型，最终构型往往是多个设计考虑的折中。此外，最终设计只有在特定的飞行轮廓才可以获得接近最优的性能，这导致飞机很少能够在最佳性能状态飞行。巡航构型无法针对大量约束优化性能。飞行和外部约束包括：速度、高度、载荷、重心和飞行距离等。

对于最大起飞重量的飞机，在起飞状态下更少的燃油消耗可以增加额外载荷，1lb 有效载荷的收益是 1lb 燃油的 30 倍，因此若减阻 1% 每架飞机每年可以获利 400 万美元。对于处在最大燃油状态但小于最大起飞重量的飞机，每节约 1lb 燃油可以增加 3lb 有效载荷，即有效载荷是燃油收益的 90 倍，减阻 1% 可以使每架飞机每年获利 1200 万美元。某些航线上，这些收益可能超过采用宽体机队带来的燃油成本的降低。对于宽体、长航程运输机，燃油消耗占运行成本 50%，降低 3% 的燃油消耗每架飞机每年可节约 30 万美元。燃油消耗的减少实现了同等程度的大气排放的减少，提高了环保性。

本质上，采用前后缘装置的变弯度控制是一种被动流动控制方法，根据飞机的重量、巡航速度和巡航高度，选择最优的变弯度控制；同时，也可以实现阵风减缓以及机动载荷控制，从而取得降低结构重量的收益。变弯度技术在不损失原定设计点巡航效率的同时，有效地改善非设计点巡航效率。因此，变弯度机翼设计对于长航程的收益更大，如图 3–5 所示。从气动效率角度来看，采用机翼变形技术的飞机要比采用多点综合设计技术的飞机更为出色。波音公司在 1980 年首先完成了变弯度在运输类飞机上应用的评估。结果表明，在设计范围内运用该机构的变弯度构型可节约燃油 4%。

从现有机型的应用来看，变弯度机翼设计技术的应用可以提高长航程飞机的综合巡航效率 1%~1.5%，其设计的主要挑战在于精细化的气动分析技术、高效率机构设计、高可信度的全局优化方法，以及多学科模型之间的有效权衡。此外，控制率设计中需要包括操纵面偏转控制的更多选项。

除了 20 世纪 60—80 年代设计的几款战斗类飞机使用了变后掠机翼技术外，变

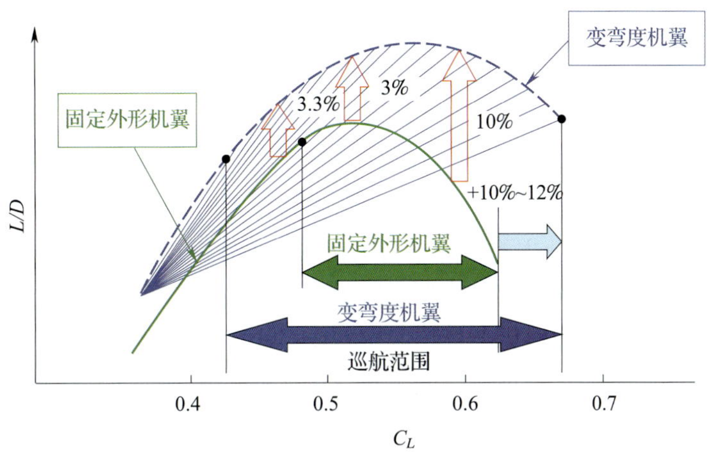

图 3-5 变弯度机翼对气动效率的影响[10]

弯度机翼技术并未在飞行器设计领域得到广泛应用。这是因为实现外形的改变，变弯度机翼需要引入额外的驱动机构，这会显著增加飞机重量，同时额外的变形及驱动机构也会增加全机系统的复杂性，进而使得飞行安全性变差。但是鉴于变形机翼技术在提升飞机气动性能方面的诱人收益，人们一直在努力消除该技术在增加全机重量和系统复杂性方面的缺陷。

材料技术的出现使得这一问题的解决出现了转机，虽然由于技术成熟度方面的原因，基于智能材料的机翼变形技术在实用化方面还有很长的路要走。但是经过长期的技术积累和应用研究，变弯度机翼前后缘结构以及更高效的机构设计技术将逐渐开始得到型号应用。

从空客与波音公司新一代飞机气动设计发展趋势都可以看出，对于目前常规布局的民用客机机翼设计，变弯度机翼技术已经是具有很好应用前景的气动技术，已经经过型号检验，必将在未来客机上作为常规技术广泛采用。在变弯度机翼技术的框架下，后缘襟翼不仅只为起飞、着陆服务，还被用于控制和改善高速巡航状态压力分布，降低不同飞行阶段的气动阻力，提高飞机的经济性。

未来 20 年，中国民航客流量将进入快速发展阶段，对民用客机的需求量将持续增长。随着 C919 飞机投入航线运营，我国将启动下一代更大座级客机的研制工作，与 C919 形成系列化。对于长航程宽体飞机，巡航时间长，飞机的重量变化大，采用传统的固定弯度机翼设计理念仅能在巡航段有限范围内取得最优巡航效率，无法取得全航程的综合最优。而目前主流的最新型号宽体飞机 A350 和波音 787 都已采用可变弯度设计，通过使用前后缘装置，在巡航阶段根据飞机的重量变化，改变飞机机翼的弯度分布，实现机翼载荷的优化和减阻的目的。变弯度机翼前后缘结构在这些型号的应用中已经体现出了巨大的性能优势和广阔的应用前景。这一现实需求使得我国需要针对开展深入的变弯度机翼前后缘结构技术研究，提高高性能机翼设计水平，满足新一代民用客机发展需求。

3.7 小结

根据现有机型的应用可见，变弯度机翼设计技术可以提高长航程飞机的综合巡航效率 1%~1.5%，其益处主要来源于精细化的气动分析技术、高效率机构设计、高可信度的全局优化方法和多学科模型之间的有效权衡。此外，在控制率设计中需要增加包含操纵面偏转控制的更多选项。本质上，采用后缘舵面装置的变弯度控制是一种被动流动控制方法，根据飞机的重量、巡航速度和巡航高度，选择最优的弯度控制；同时，也可以实现阵风减缓以及机动载荷控制，从而取得降低结构重量的收益。随着气动、结构、控制等相关专业的进一步发展，连续变弯度机翼设计将逐渐成为变弯度机翼设计技术的重点研究方向，在未来飞机型号研制中发挥更好的作用。

第 4 章　变弯度机翼后缘变形矩阵气动设计

李春鹏，钱战森，刘影

中国航空工业空气动力研究院，110034

4.1　研究模型

基于远程公务机 CAE-AVM 基本气动外形，参考机翼后缘原有常规舵面，在 80% 翼展范围内布置弦向和展向均与机翼光滑连接的柔性变弯后缘，设定 7 个变弯控制剖面来保证后缘具有足够的变形能力，典型变弯度机翼后缘变形外形与基本外形对比如图 4-1 所示。

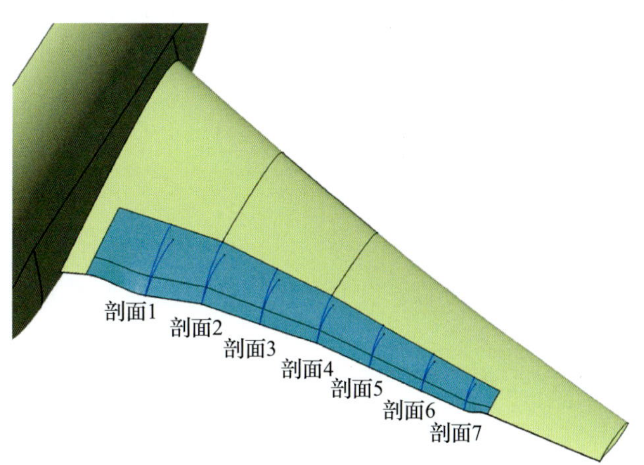

图 4-1　变弯度机翼后缘变形外形对比

变弯控制剖面外形曲线参考三段式指关节变形结构定义（见图 4-2）：根据变弯后缘剖面上下翼面确定基本外形中弧线，将中弧线按一定比例分为三段，考虑结构变形能力限制，确定末段中弧线占比为 25%，且保留与之相对应的上下翼面基本外形。结合三段中弧线的前端点确定后缘变弯外形控制转轴，各段中弧线除绕其前端转轴偏转外，还随其前端中弧线的转动而转动。将旋转前的上下翼面基本外形前端与旋转后的末段中弧线对应上下翼面基本外形前端利用二次样条曲线光顺连接形成变形后的变弯控制剖面。该剖面最多需要 4 个变量来描述，包括一个中弧线比例分段变量和三个分段中弧线旋转角度变量。为简化研究，在保证变弯控制剖面变形空间的前提下，将中弧线比例分段变量固定为 0.45，保持各分段中弧线旋转角度相同，由此仅采用一个定义中弧线分段偏度的变量来实现整个变弯控制剖面外形的描述。

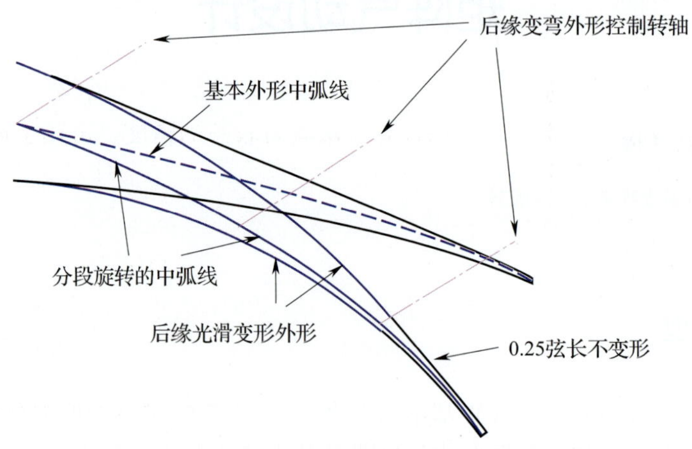

图 4–2　变弯控制剖面几何外形定义

变弯度机翼后缘外形变形在调整机翼翼面载荷分布的同时也会产生一定的俯仰力矩增量，为了计及配平俯仰力矩所带来的阻力影响，需要在开展气动特性评估之前，确定与变弯度机翼后缘变形外形的相对应的全动平尾配平偏度。

4.2　计算方法及验证

4.2.1　计算方法

模拟所用方程为三维 N–S 方程。在直角坐标系中三维 N–S 方程守恒形式可表示为

$$\frac{\partial \boldsymbol{w}}{\partial t}+\frac{\partial \boldsymbol{f}_i}{\partial x_i}=\frac{\partial \boldsymbol{f}_{vi}}{\partial x_i}\qquad (i=1,\ 2,\ 3)\tag{4-1}$$

式中，$\boldsymbol{w}$ 为状态矢量；$\boldsymbol{f}$ 为无黏（对流）通矢量项；$\boldsymbol{f}_v$ 为黏性（耗散）通矢量项。

采用 Menter's SST 湍流模型，利用有限体积法将控制方程离散，采用多重网格加速收敛。为提高计算效率，采用半模计算，远场与计算域中心距离为 20 倍机身长度，计算网格为多块结构化网格，在物面附近生成棱柱层网格以捕捉边界层内的流动特征，第一层网格高度为飞机参考长度的 10^{-6}，壁面网格法向增长率为 1.25，棱柱层数为 33 层，半模网格点数为 800 万左右。物面采用无滑移条件，对称面采用对称边界条件，远场由当地一维黎曼不变量确定。

4.2.2　计算验证

选择跨声速民机标模 CRM 翼身组合体构型[11]来验证计算方法的可靠性。

采用结构网格进行计算，网格点为 800 万左右，计算状态为 Ma=0.85，雷诺数 $Re=5.0\times10^6$，升力系数 C_L=0.486。计算模型及网格如图 4-3 所示。

4 个展向站位机翼剖面压力分布计算值与试验数据[11]对比如图 4-4 所示（图中 2y/b= 展向站位与对称面距离 / 半展长）。计算得到的不同站位翼面压力系数分布形态、前缘吸力峰、激波强度等关键流场特征与试验基本一致，仅靠近翼梢站位剖面的激波位置略有偏差，说明采用的计算方法具有较高的精度，可用于远程民机变弯度机翼的气动分析和优化研究。

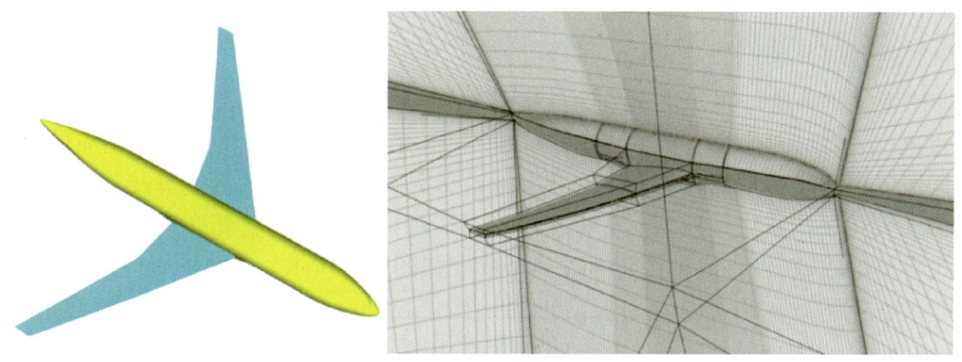

图 4-3 CRM 翼身组合体模型及计算网格

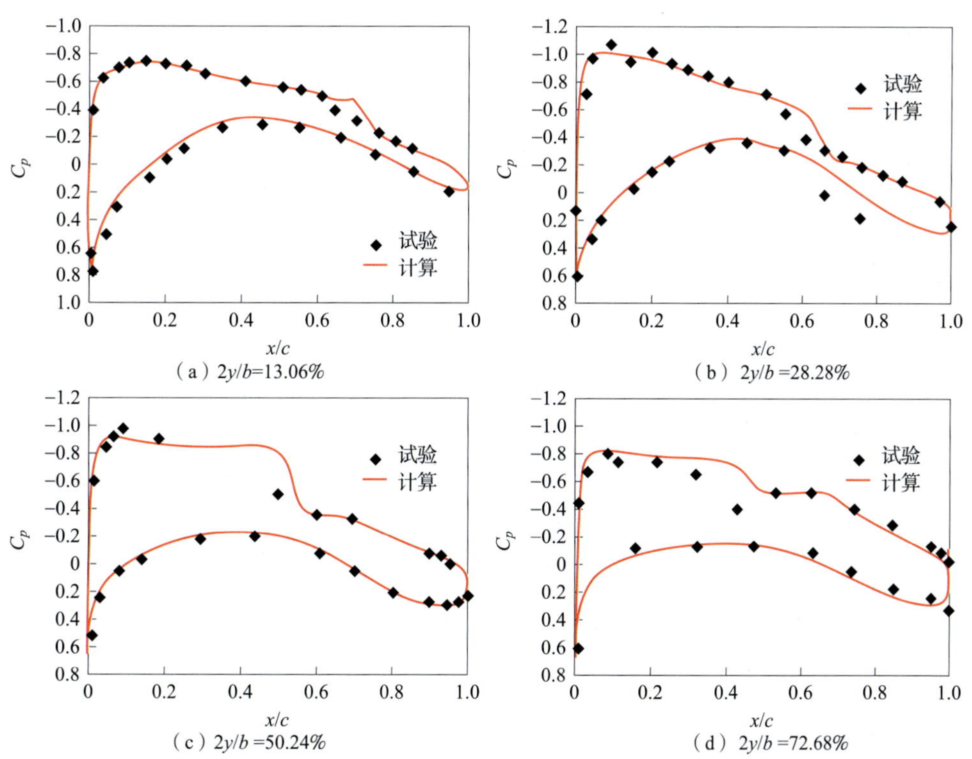

图 4-4 CRM 翼身组合体计算与试验翼面压力系数对比[11]

4.3 基于代理模型的优化方法

根据几何外形成形方式确定变弯度机翼后缘外形优化设计变量，利用通用优化平台参数化建模、网格自动化生成、高精度流场计算等功能模块实现设计变量对应响应值的自动求解，选取基于代理模型的代理优化算法完成给定状态的设计变量寻优，结合后缘外形间的变形关联关系制定气动优化策略，进而完成变弯度机翼后缘外形变形矩阵气动优化流程搭建。

4.3.1 代理优化算法

代理优化算法是在基于试验设计构建初始代理模型的基础上，按照一定的优化加点准则（如 MSP、EI、PI、MSE、LCB 等），采用传统优化算法求解相应的子优化问题，以很小的计算代价实现最优解的高效预测，并将预测最优解及其真实响应值添加到用于构建代理模型的数据集，通过代理模型的不断更新实现新增样本序列向最优解的收敛[12]，代理优化算法典型框架如图 4-5 所示。

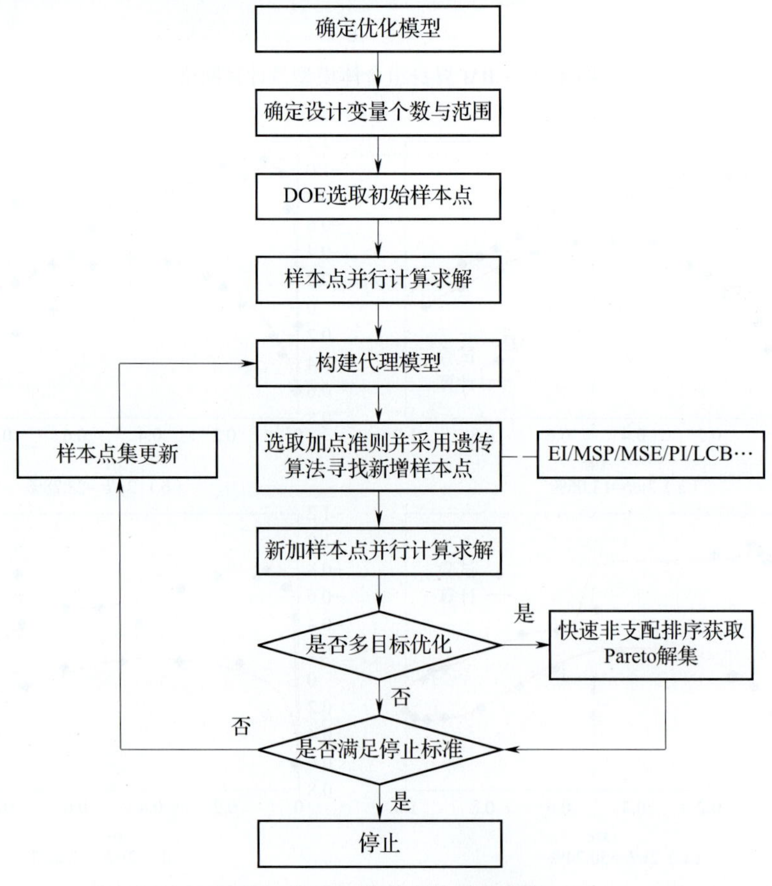

图 4-5 代理优化算法典型框架

代理优化算法一方面借助代理模型替换复杂费时的高精度数值计算；另一方面基于历史数据求解优化加点准则定义的子优化问题，在提高优化效率和改善全局搜索能力等方面具有明显的优势。

开展代理优化采用的试验设计方法为拉丁超立方方法，代理模型为 Kriging 模型，利用 EI、MSP 等加点准则完成优化过程中的代理模型更新，采用遗传算法与序列二次规划算法相结合的方法进行优化加点准则定义的子优化问题寻优[13]。

4.3.2 气动优化策略

区别于几何形状固定的机翼单目标优化或多目标优化问题，变弯度机翼后缘外形变形矩阵的气动优化设计可理解为一种具有耦合关系的单目标优化设计问题，尽管变形矩阵内单个设计点对应的后缘外形气动优化是单目标问题，但受变形关联关系约束，其外形优化设计空间选取与变形矩阵内其他设计点的后缘外形相关。为了在满足后缘外形变形结构约束的前提下充分挖掘变弯度机翼后缘变形的气动收益，针对这种具有耦合关系的单目标优化问题制定气动优化策略如下：

（1）根据远程民机变弯度机翼后缘外形变形需求确定设计状态矩阵。

（2）筛选矩阵内关键设计状态并以此为基础完成全部设计状态的分级分组。

（3）根据设计状态的分级分组关系逐步调整后缘外形优化设计变量的取值范围完成后缘外形变形矩阵的气动优化。

（4）综合对比变形矩阵内的后缘外形，根据气动收益及变形关联关系进一步调整后缘变形外形。

此外，为了提高气动优化效率，以后缘基本外形阻力为基准，只在具有减阻收益时进行配平计算，否则将其阻力叠加某一特定值做坏点处理。

变弯度机翼后缘外形变形矩阵气动优化流程如图 4–6 所示，其中设计状态矩阵主要分为以升力系数阶梯变化为特征的巡航任务剖面和以抖振和阻力发散为特征的非巡航任务剖面两种情况确定，结合后缘外形变形需求，按变形程度筛选矩阵内关键设计状态，按关键程度完成设计状态分级，并对处于相同级别设计状态，根据设计变量取值范围的差异完成设计状态分组。针对后缘变形外形完成几何参数化建模，确定设计变量及其取值范围，按最大的设计变量空间完成关键设计状态对应的试验设计，获取代理模型构建所需的初始样本点集，通过自动化的模型和网格生成、数值计算完成样本对应的气动性能参数求解。利用初始样本点集完成代理模型构建后，结合代理模型加点准则定义代理子优化问题并完成代理模型参数寻优，将得出的待加点作为更新样本在获取其气动性能精确解后加入样本点集并完成代理模型更新，以更新样本的气动性能提升程度作为收敛条件，如果相邻迭代样本的气动性能差量小于规定值即完成优化，输出由更新样本组成的后缘变形外形气动优化解集，解集选取范围为规定值范围内最优气动性能对应的样本。在完成矩阵内关键设计状态对应的后缘变形外形优化后，以此为基础按分级分组关系确定其他设计状态对应的设计变量取值范围，并依次完成后缘变形外形气动优化解集求解。最后围绕设计状态矩阵，兼顾气动收益和变形关联关系，从保证各设计状态后缘外形曲线相似的角度，对后缘变形控制剖面偏度进行调整，进而确定变弯度机翼后缘外形变形矩阵。

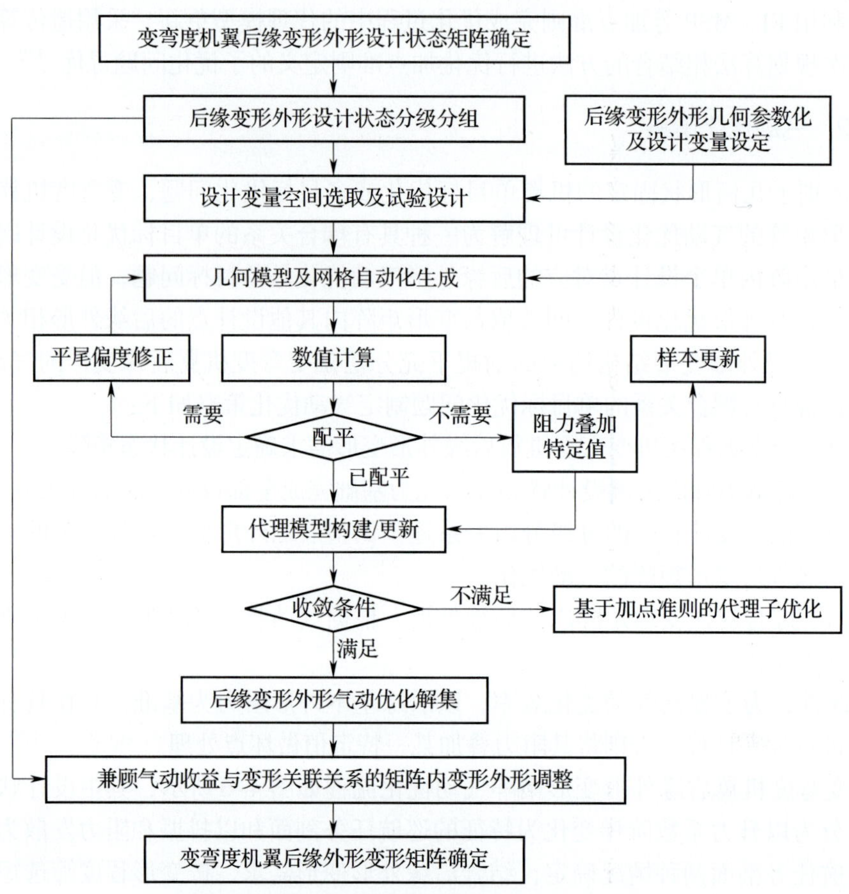

图 4–6　后缘外形变形矩阵气动优化设计流程

4.4　巡航任务剖面变形矩阵

对于飞行马赫数和高度固定的巡航任务剖面，远程民机在定常平飞过程中的升力系数会随着燃油消耗而逐渐减小，巡航任务剖面起始点燃油最多，对应升力系数最大，巡航任务剖面终止点燃油最小，对应升力系数最小。

远程公务机 CAE–AVM 巡航马赫数 Ma=0.85，巡航高度 H=11km，以升力系数 C_L=0.45 对应的半油状态作为基准确定巡航任务剖面中点，按 20% 的燃油变化量确定巡航任务剖面起始及终止点，按 10% 的燃油变化量确定巡航任务剖面前段及后段中点，得出变弯度机翼后缘变形外形巡航任务剖面设计状态矩阵如表 4–1 所示。

表 4–1　巡航任务剖面设计状态矩阵

巡航点	巡航起始点	巡航前段中点	巡航中点	巡航后段中点	巡航终止点
燃油相对变化	20%	10%	0	–10%	–20%
设计升力系数	0.576	0.528	0.48	0.432	0.384

4.4.1　单点最优变形矩阵

为了明确变弯度机翼后缘外形变形在不同升力系数下的最大减阻空间，分别针对巡航任务剖面中不同燃油变化对应的设计升力系数，选取相同的设计变量空间，开展变弯度机翼后缘变形外形气动优化设计，形成单点最优变形矩阵。非配平及配平状态下的优化结果气动特性对比如表 4–2 所示（表中 ΔC_D 为后缘变形外形相对基本外形的减阻量，α 为飞行迎角，δ_h 为平尾偏度）。

表 4–2　单点最优变形矩阵优化结果气动特性对比（Ma=0.85，H=11km）

升力系数	非配平		配平		
C_L	ΔC_D	α/（°）	ΔC_D	α/（°）	Δ_h/（°）
0.576	0.00140	1.85	0.00148	1.81	–0.44
0.528	0.00062	1.68	0.00075	1.62	–0.05
0.432	0.00003	1.59	0.00010	1.48	0.59
0.384	0.00017	1.41	0.00018	1.30	0.84

从优化结果来看，非配平及配平状态下的变弯度机翼后缘外形变形减阻规律基本一致，且考虑配平约束后的减阻收益略大。相对升力系数 C_L=0.48 对应的半油基准状态，减阻收益随着升力系数变化量的增加而增大，但主要的减阻收益集中在升力系数增加的高升力状态，对于同等幅度的升力系数变化量，高升力系数时后缘外形变形所能获得的减阻量约为低升力系数时的 7~8 倍。

单点最优变形矩阵后缘外形变弯控制剖面偏度对比如图 4–7 所示（图中正值代表相应变弯控制剖面下偏，负值代表相应控制剖面上偏，下同）。非配平及配平状态下的变弯控制剖面偏转规律基本一致，随着设计升力系数的增加，内侧 5 个变弯控制剖面逐渐下偏，而外侧两个变弯控制剖面则先上偏后下偏。对于非配平状态，内侧 5 个变弯控制剖面在固定升力系数下的偏度相差较小，外侧两个变弯控制剖面的偏度在低升力系数时与内侧相差不大，但在高升力系数状态，特别是相对基准升力增加 20% 时的偏度相对内侧明显增大。对于配平状态，以中间变弯控制剖面 4 为分界点，后缘外形变弯控制剖面偏度在固定升力系数下整体呈先减小后增加的趋势，这种展向偏度变化也减小了外侧变弯控制剖面在高升力系数时的绝对偏度。整体来看，对于完全不考虑后缘外形变形关联关系所获得的后缘外形变形矩阵，在巡航飞行过程中，随着燃油的不断消耗，不同后缘外形变弯控制剖面在偏转控制方面没有明显的规律性，主要表现为各剖面偏度增量的差别较大，在个别状态还存在反向偏转，后缘变形控制逻辑较为复杂，难以满足实际工程应用要求。

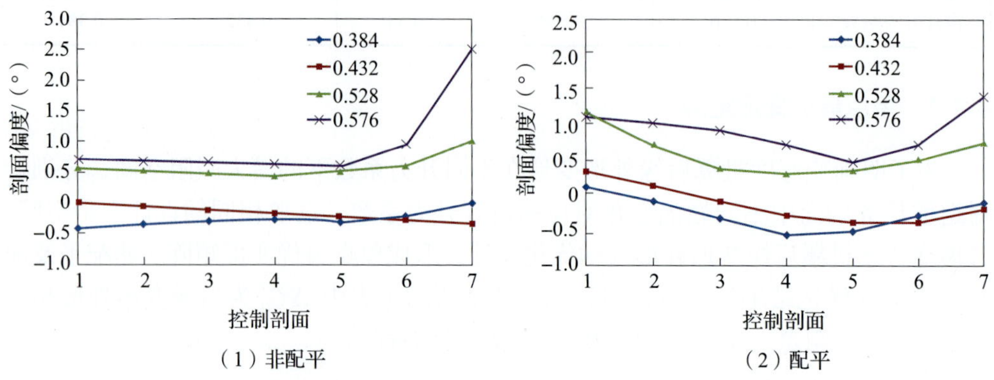

图 4-7　单点最优变形矩阵后缘外形变弯控制剖面偏度对比（Ma=0.85，H=11km）

4.4.2　多点关联变形矩阵

基于配平状态下的单点最优变形矩阵气动优化设计结果，考虑后缘外形变形关联关系，开展变弯度机翼后缘变形外形气动优化设计，形成多点关联变形矩阵。

多点关联变形矩阵构建的关键在于不同升力系数对应后缘变形外形气动优化设计变量空间的选取。考虑到后缘外形变形在小升力系数下的减阻能力有限，额外增加设计约束难以获得足够的减阻收益，因此以巡航任务剖面最小设计升力系数状态对应的后缘变形外形为约束依次设定设计变量的取值范围。

针对巡航任务剖面设计状态矩阵，配平条件下的多点关联变形矩阵气动优化按两种思路展开（见图 4-8）：一是按单点最优变形矩阵确定设计变量最大值，并将其作为不同设计点共用的设计空间上边界，以邻近较小升力系数设计点对应的设计变量取值为设计空间下边界，按照设计升力系数从小到大的顺序完成多点关联变形矩阵的气动优化设计，优化过程中下边界逐渐缩小；二是结合单点最优变形矩阵中最大及最小升力系数设计点确定设计空间的初始上下边界，按照设计升力系数从两端到中间的顺序依次完成多点关联变形矩阵的气动优化设计，优化过程中上下边界同时缩小。

按照两种设计变量空间选取思路获得的配平状态多点关联变形矩阵气动优化设计结果气动特性对比如表 4-3 所示（表中 ΔC_D 为后缘变形外形相对基本外形的减阻量，ΔDC_D 为后缘变形外形相对单点最优变形外形的增阻量）。相比于单点最优变形矩阵，下边界逐渐缩小方式获得的变形矩阵最大阻力系数增量仅为 0.00005，上下边界同时缩小方式获得的变形矩阵最大阻力系数增量仅为 0.00001。综合优化算法寻优能力等因素限制，可以认为考虑后缘外形变形关联关系的设计变量空间缩减并不会产生明显的减阻收益损失。

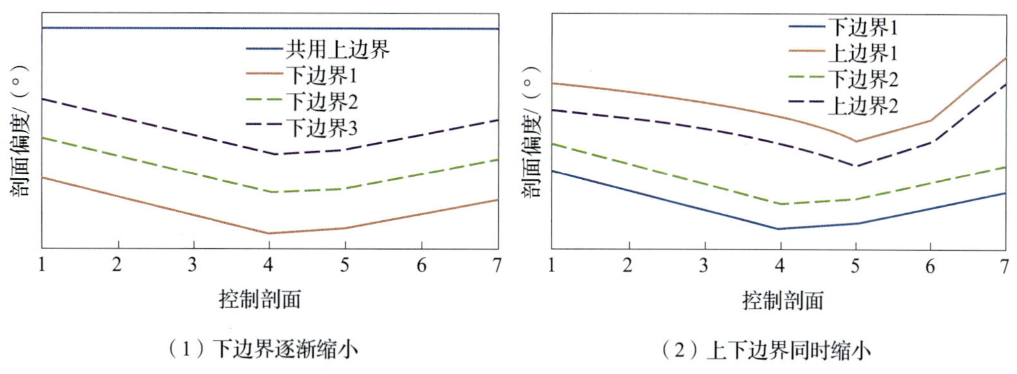

（1）下边界逐渐缩小　　（2）上下边界同时缩小

图 4-8　多点关联变形矩阵气动优化设计思路

表 4-3　配平状态多点关联变形矩阵优化结果气动特性对比（Ma=0.85，H=11km）

升力系数	下边界逐渐缩小		上下边界同时缩小	
C_L	ΔC_D	ΔDC_D	ΔC_D	ΔDC_D
0.576	0.00148	—	0.00148	—
0.528	0.00070	0.00005	0.00074	0.00001
0.432	0.00008	0.00002	0.00009	0.00001
0.384	0.00018	—	0.00018	—

配平状态多点关联变形矩阵后缘外形变弯控制剖面偏度对比如图 4-9 所示。尽管设计变量空间选取方式不同会形成差别较大的后缘外形变形矩阵，但相比于单点最优变形矩阵，多点关联变形矩阵内不同设计点对应的后缘变弯控制剖面偏度具有明显的规律性，即随着巡航过程中升力系数的增大或减小，不同展向站位的后缘变弯控制剖面只需相对其最大偏度同向等比例的偏转即可近似获取最优变形外形。

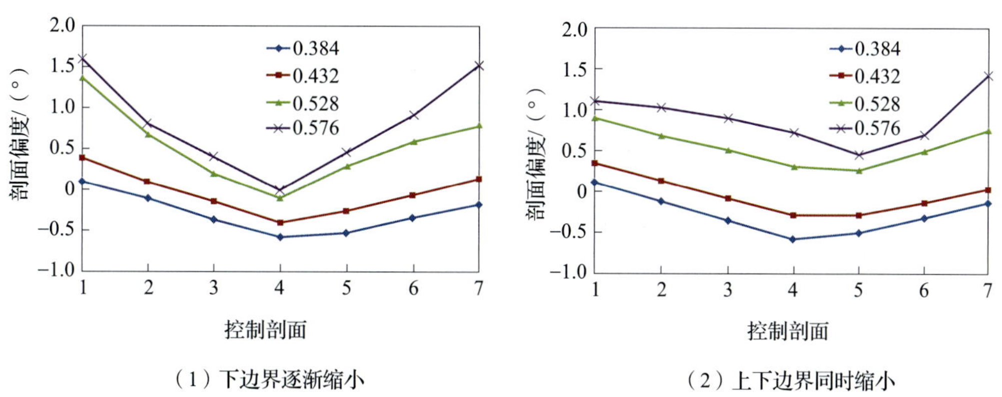

（1）下边界逐渐缩小　　（2）上下边界同时缩小

图 4-9　配平状态多点关联变形矩阵后缘外形变弯控制剖面偏度对比（Ma=0.85，H=11km）

巡航任务剖面最小和最大升力系数设计状态对应多点关联变形矩阵后缘外形与后缘无偏转的基本外形在配平状态下的内、中、外三个展向站位翼面压力分布对比见图 4–10 和图 4–11（图中 $2y/b$ 为当地展向站位距对称面距离与半展长的比值），其中内侧展向站位对应后缘外形变弯控制剖面 1，中间展向站位对应变弯控制剖面 4，外侧展向站位对应变弯控制剖面 6。

在小升力系数设计状态（C_L=0.384），只有一种后缘变形外形方案，内侧展向站位后缘外形变弯控制剖面下偏 0.11°，翼面压力分布没有明显变化。中间展向站位上偏 0.58°，外侧展向站位上偏 0.15°，变弯控制剖面上偏主要影响上翼面的压力分布变化，具体表现为前缘吸力峰后的低压区向后扩展，变弯后缘前端所处的当地负压强度降低、范围减小，翼面外侧后缘附近激波强度降低，剖面压心前移。在大升力系数设计状态（C_L=0.576），按照设计变量空间选取的差异，多点关联变形矩阵优化获得两种后缘变形外形方案，在内、中、外三个展向站位，下边界逐渐缩减方案的后缘变弯控制剖面偏度分别为下偏 1.6°、不偏转（0°）和下偏 0.92°，上下边界同时缩减方案的后缘变弯控制剖面偏度分别为下偏 1.1°、0.7° 和 0.7°，尽管两种外

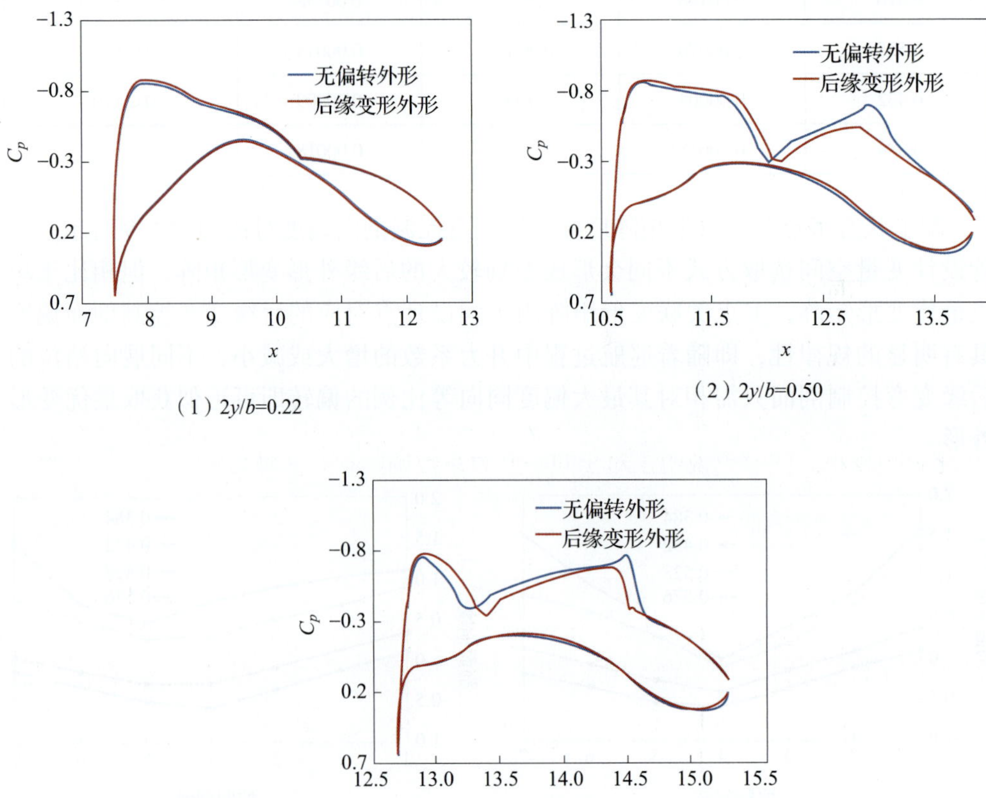

（1）$2y/b$=0.22

（2）$2y/b$=0.50

（3）$2y/b$=0.68

图 4–10　后缘外形变形对翼面压力分布影响（Ma=0.85，H=11km，C_L=0.384，配平状态）

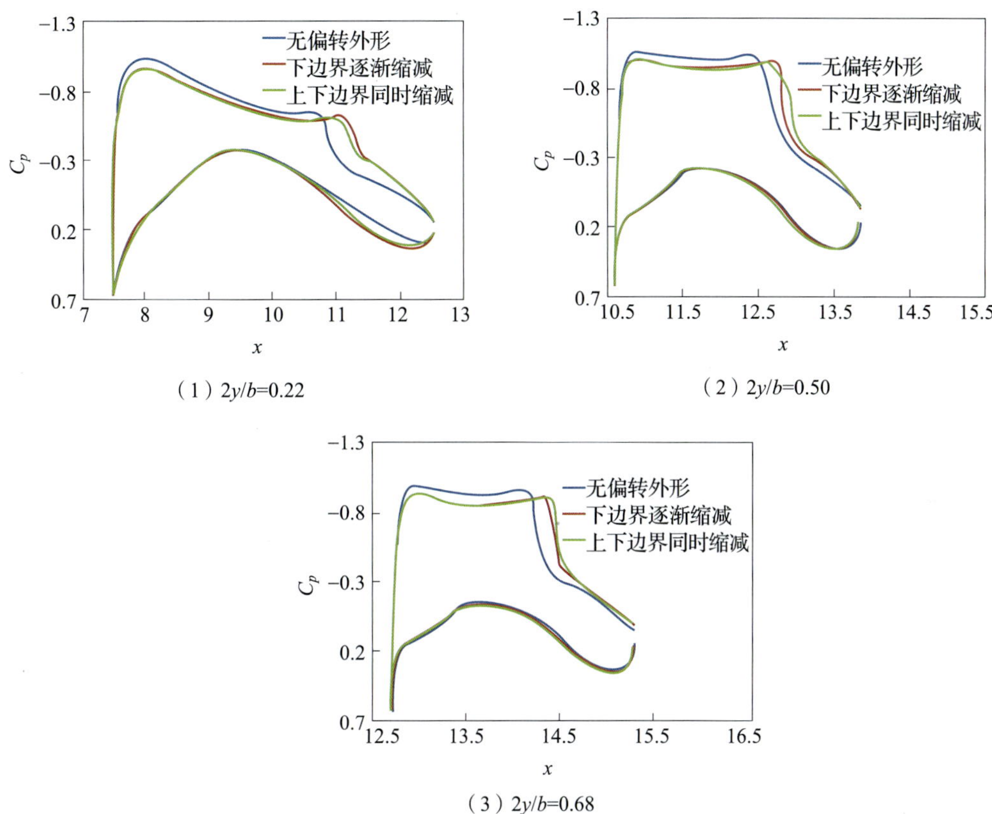

（1）$2y/b$=0.22

（2）$2y/b$=0.50

（3）$2y/b$=0.68

图 4–11　后缘外形变形对翼面压力分布影响（Ma=0.85，H=11km，C_L=0.576，配平状态）

形方案在不同展向站位的后缘变弯控制剖面偏度差别较大，但影响仅局限于变弯后缘型面附近的激波位置变化，翼型前半部分的压力变化基本一致，整体表现为负压强度降低和负压范围的向后扩展，剖面压心后移。由此不难看出，变弯度机翼减阻的关键在于通过后缘外形变形调整主翼部分的压力分布，后缘当地型面的压力分布变化影响较小，同时也说明了对于同一升力系数确实存在多种后缘外形变形方案。

4.4.3　阶梯变形矩阵

结合变弯度机翼后缘外形变形巡航任务剖面减阻收益对变弯控制剖面偏度不敏感的特点，基于多点关联变形矩阵，从均衡巡航任务剖面减阻收益角度开展阶梯变形矩阵气动设计研究。

选定设计变量空间上下边界同时缩减的配平状态多点关联变形矩阵，综合矩阵内后缘变形外形变弯控制剖面偏转规律确定偏转基准，分别以最小和最大升力系数为边界，按巡航任务剖面内中间升力系数与边界升力系数的比例关系，确定与升力系数线性对应的阶梯变形矩阵。典型升力系数下的阶梯变形矩阵与多点关联变形矩阵对比如图 4–12 所示，两者整体偏度基本一致，仅在外侧展向站位略有偏差。

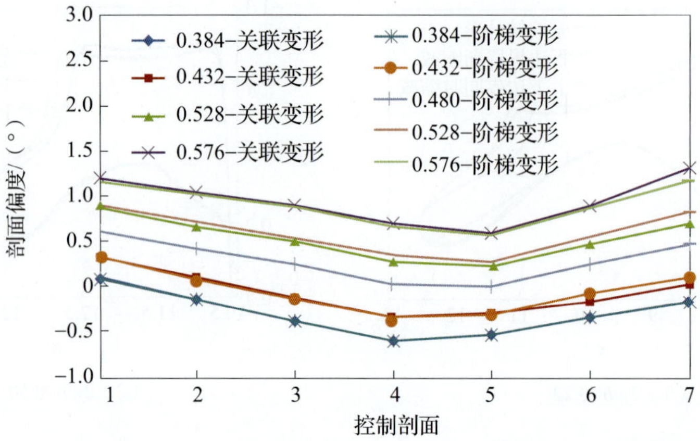

图 4-12　阶梯变形矩阵与多点关联变形矩阵后缘外形变弯控制剖面偏度对比

阶梯变形矩阵内后缘变形外形相对多点关联变形矩阵和无偏转基本后缘的气动特性对比如表 4-4 所示，表中 ΔC_{D1} 为阶梯变形矩阵相对基本后缘的阻力系数减小量，ΔC_{D2} 为阶梯变形矩阵相对多点关联变形矩阵的阻力系数减小量。结果表明，后缘外形变形调整后的阶梯变形矩阵仍然具有理想的减阻收益，与优化得到的多点关联变形矩阵相比，阻力系数增量不超过 0.00002。

表 4-4　配平状态阶梯变形矩阵后缘变形外形阻力系数减小量（Ma=0.85，H=11km）

C_L	ΔC_{D1}	ΔC_{D2}
0.576	0.00146	−0.00001
0.528	0.00074	0.00000
0.480	0.00011	—
0.432	0.00007	−0.00002
0.384	0.00018	0.00000

值得注意的是，变弯度机翼后缘外形变形减阻收益随着设计升力系数的增加而增大，根据升力系数等间距划分的设计状态矩阵确定后缘外形阶梯变形矩阵存在减阻收益失衡的问题，即矩阵内减阻收益小的后缘变形外形过多，而减阻收益大的后缘变形外形过少。为此在大升力系数区间内针对性地加密设计点来构建新的设计状态矩阵和阶梯变形矩阵，新增设计点下阶梯变形矩阵后缘变形外形阻力系数减小量对比如表 4-5 所示，表中 ΔC_{D1} 为阶梯变形矩阵对应后缘变形外形相对基本后缘的阻力系数减小量，ΔC_{D3} 为阶梯变形矩阵 C_L=0.528 对应后缘变形外形相对基本后缘的阻力系数减小量，ΔC_{D4} 为阶梯变形矩阵 C_L=0.480 对应后缘变形外形相对基本后缘的阻力系数减小量，ΔC_{D5} 为阶梯变形矩阵 C_L=0.576 对应后缘变形

外形相对基本后缘的阻力系数减小量。通过数据对比可以看出，在大升力系数区间，基于阶梯变形矩阵获得的后缘变形外形减阻量与设计升力系数基本呈线性关系。在 C_L=0.480~0.576 的大升力系数区间，相比于加密设计状态矩阵，不增加设计点时产生的最大阻力系数增量不小于 0.00011（$\Delta C_{D1}-\Delta C_{D5}$，$C_L$=0.547），增加一个设计点（$C_L$=0.528）时，产生的最大阻力系数增量不小于 0.00004（$\Delta C_{D1}-\Delta C_{D3}$，$C_L$=0.504）。

表 4-5　配平状态新增设计点阶梯变形矩阵后缘变形外形阻力系数减小量（Ma=0.85，H=11km）

C_L	ΔC_{D1}	ΔC_{D3}	ΔC_{D4}	ΔC_{D5}
0.562	0.00122	—	—	—
0.547	0.00102	0.00099	—	0.00091
0.533	0.00082	—	—	—
0.518	0.00059	—	—	—
0.504	0.00039	0.00035	0.00033	—
0.490	0.00020	—	—	—

4.5　非巡航任务剖面变形矩阵

考虑航空管制等实际应用场景和相关设计规范要求，在民机机翼精细化气动设计中，大升力系数时的抖振特性和飞行马赫数增加时的阻力发散特性等非巡航任务剖面性能也是需要重点考虑的内容。

远程公务机 CAE-AVM 巡航马赫数 Ma=0.85，巡航高度 H=11km，设计升力系数 C_L=0.48，以此为基准，选定过载 1.3 状态为抖振点（Ma=0.85，H=11km，C_L=0.624）开展变弯度机翼后缘外形变形抖振抑制效能分析，选定阻力发散点（Ma=0.87，H=11km，C_L=0.48）开展减阻收益研究。

4.5.1　大升力系数下的抖振抑制变形

根据单点最优变形矩阵和多点关联变形矩阵气动优化设计方法获得抖振点的后缘变形外形方案变弯控制剖面偏度对比如图 4-13 所示。考虑到后缘变形外形与 C_L=0.576 对应方案的相似性，将单点最优抖振抑制变形方案视为下边界逐渐缩减多点关联变形方案。可以看出，尽管两种抖振抑制方案在中内侧的变弯控制剖面偏度差异明显，但抖振抑制变形规律基本相同，都是仅在 C_L=0.576 对应方案的基础上上偏外侧变弯控制剖面，且增加的偏度也相差不大。

后缘外形抖振抑制变形方案相对后缘不偏转的基本外形减阻收益对比如表 4-6 所示，阻力系数减小量超过 0.0035，其中设计变量空间更大的单点最优变形方案略大。

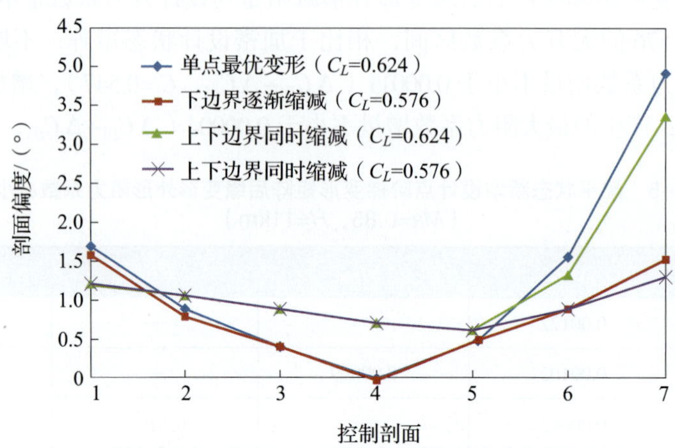

图 4-13　配平状态抖振抑制方案后缘外形变弯控制剖面偏度对比

表 4-6　配平状态抖振抑制方案后缘变形外形阻力系数减小量（*Ma*=0.85，*H*=11km）

方案	C_L	ΔC_D	α/（°）	δ_h/（°）
单点最优变形	0.624	0.00362	2.241	−0.730
多点关联变形（上下边界同时缩减）	0.624	0.00351	2.217	−0.766

后缘外形抖振抑制变形方案机翼表面压力分布云图及极限流线对比如图 4-14 所示，典型变弯控制剖面翼面压力分布对比如图 4-15 所示。总的来看，两种后缘变形

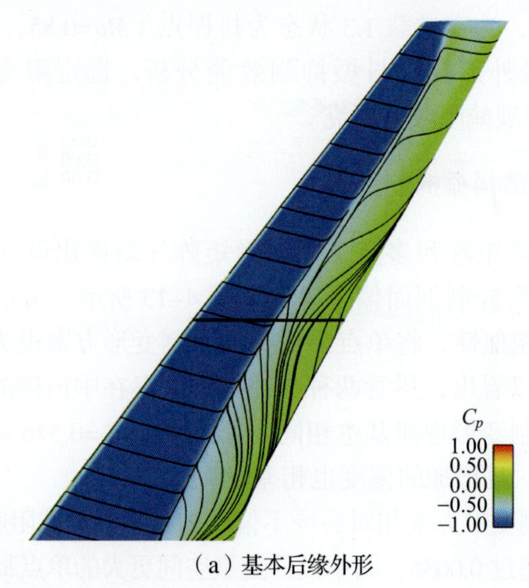

（a）基本后缘外形

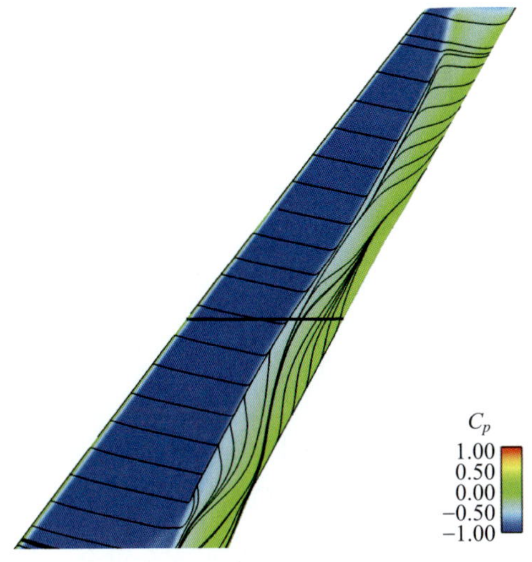

（b）单点最优变形外形

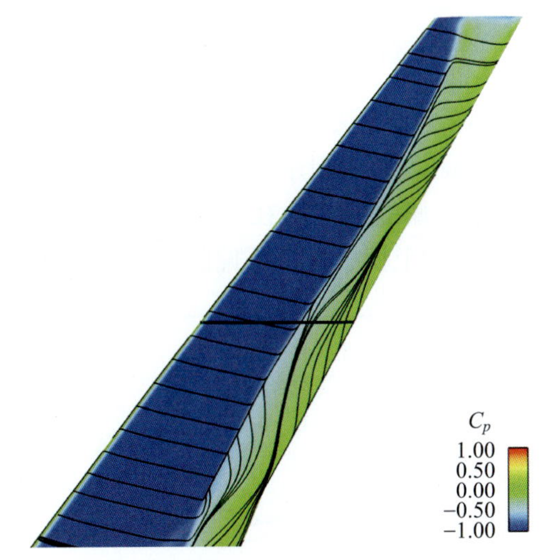

（c）多点关联变形外形

图 4–14　抖振点后缘外形变形对翼面流场分布影响

（Ma=0.85，H=11km，C_L=0.624，配平状态）

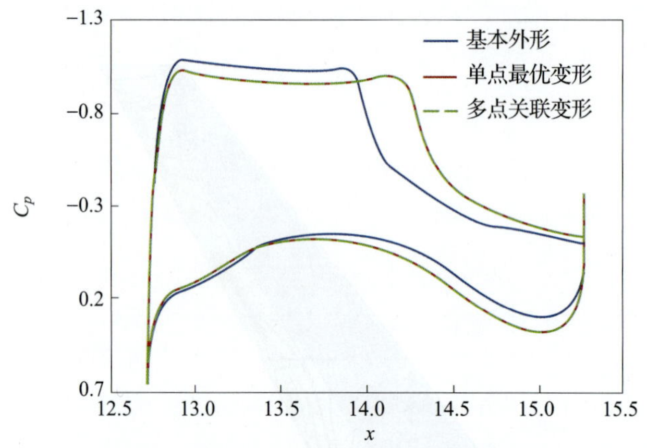

图 4–15　抖振点后缘外形变形对 $2y/b$=0.68 剖面压力分布影响对比
（Ma=0.85，H=11km，C_L=0.624，配平状态）

方案的流场相差不大，典型剖面的压力分布几乎完全重合，都是通过增加后缘载荷、降低机翼前段负压强度的方法来降低翼面激波强度，进而减小阻力。但受制于后缘外形变形能力限制，翼面激波强度仍然较大，未能完全消除翼面后缘的流动分离。

4.5.2　阻力发散马赫数下的减阻变形

根据单点最优变形矩阵设计方法获得非配平及配平条件下的阻力发散点减阻后缘变形方案变弯控制剖面偏度对比如图 4–16 所示。在不考虑配平要求时，后缘变形外形呈内侧上偏、外侧下偏的特点，在配平条件下，相对于 Ma=0.85 的巡航状态，后缘变形外形同样呈内侧上偏、外侧下偏的规律，但内侧偏度略小。

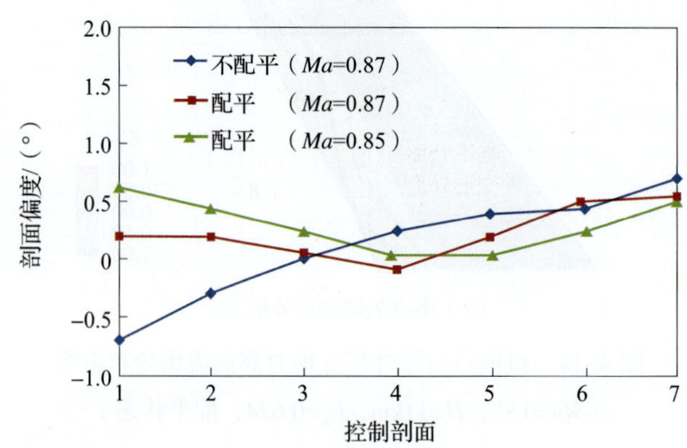

图 4–16　阻力发散减阻方案后缘外形变弯控制剖面偏度对比

阻力发散点后缘变形减阻收益对比如表 4–7 所示，非配平状态下的后缘变形相比后缘不变形的基本外形阻力系数减小 0.00025，配平状态下的阻力系数减小量仅为 0.00011，减阻收益降低超过 50%。

表 4-7　阻力发散点减阻方案后缘变形外形阻力系数减小量（Ma=0.87，H=11km）

状态	C_L	ΔC_D	α /（°）	δ_h/（°）
非配平	0.480	0.00025	1.726	—
配平	0.480	0.00011	1.543	-0.097

非配平及配平状态下的阻力发散点减阻后缘变形方案与基本外形在典型变弯控制剖面的翼面压力分布对比分别如图 4-17 和图 4-18 所示。此时内侧及外侧变弯控制剖面上偏及下偏仅能够影响后缘附近的激波位置，但对剖面前段的压力几乎没有影响，由此也进一步表明后缘外形变形无法有效控制主要由激波阻力决定的阻力发散。

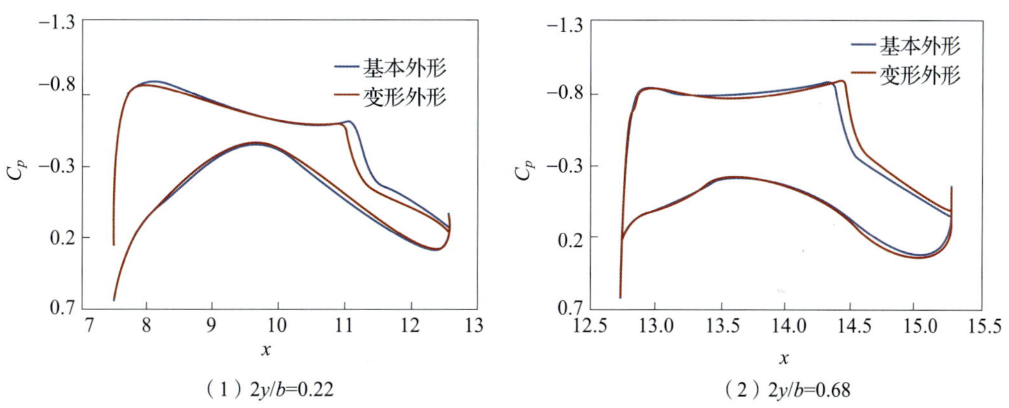

（1）2y/b=0.22　　（2）2y/b=0.68

图 4-17　阻力发散点后缘外形变形对翼面压力分布影响

（Ma=0.87，H=11km，C_L=0.480，非配平状态）

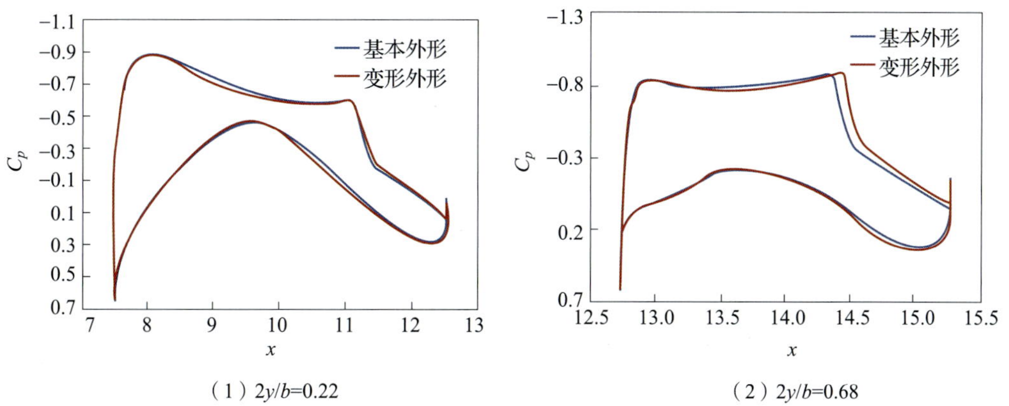

（1）2y/b=0.22　　（2）2y/b=0.68

图 4-18　阻力发散点后缘外形变形对翼面压力分布影响对比

（Ma=0.87，H=11km，C_L=0.480，配平状态）

4.6 小结

本章选取基于代理模型的优化方法，以远程公务机 CAE-AVM 为研究对象，在选定变弯控制剖面参数化方法的基础上，完成了考虑变形关联约束的变弯度机翼后缘外形变形矩阵气动设计，得出主要结论如下：

（1）对于飞行马赫数和高度固定、仅升力系数随燃油消耗而逐渐减小的巡航任务剖面，变弯度机翼后缘外形变形的减阻收益随着升力系数相对基准状态变化量的增加而增大，且高升力状态减阻量约为同等变化幅度对应低升力状态的 7~8 倍。

（2）变弯度机翼减阻的关键在于通过后缘外形变形调整主翼压力分布，但对变弯控制剖面的偏度不敏感，后缘外形变形关联关系约束不会明显减小后缘外形变形的减阻收益。

（3）存在后缘外形变弯控制剖面偏转规律相同、偏度与升力系数线性对应，且减阻收益明显的巡航任务剖面阶梯变形矩阵。相比基于升力等间距变化的阶梯划分，基于减阻量等间距变化的阶梯划分能够在整个任务剖面内获得更大的减阻收益。

（4）大升力区间内的巡航任务剖面阶梯变形矩阵，后缘外形变弯控制剖面偏度、后缘变形外形对应设计升力系数、后缘外形变形减阻量三者之间均呈线性关系。

（5）对于由抖振点和阻力发散点确定的非巡航任务剖面变形矩阵，变弯度机翼后缘外形变形相对巡航任务剖面变形矩阵同样具有明显的规律性。抖振点的后缘外形变形能够通过改变翼面载荷分布和激波强度而减小阻力，但不能完全翼面消除分离。阻力发散点的后缘外形变形对主翼部分压力分布影响较小，无法有效控制主要由激波阻力决定的阻力发散。

参考文献

［1］ L. R Jenkinson，P. Simpkin，D. Rhodes. 民用喷气飞机设计［M］. 李光理，吴兴世，华俊，等，译 . 北京：航空工业出版社，2014.

［2］ 艾德·奥波特 . 运输类飞机的空气动力设计［M］. 顾诵芬，吴兴世，杨新军，译 . 上海：上海交通大学出版社，2010.

［3］ 华俊，钟敏，王钢林，等. CAE-AVM 标模巡航构型的设计和数据库应用［J/OL］. 空气动力学学报，2022，40（04）：133-147+132.

［4］ 钟敏，华俊，王浩，等. 民机标模高升力构型 CAE-AVM-HL 设计及验证［J/OL］. 空气动力学学报，2022，40（04）：158-167.

［5］ Gilyard G B，Georgie J，Barnicki J S. Flight test of an adaptive configuration optimization system for transport aircraft. NASA TM-1999-206569，1999.

［6］ Bolonkin A，Giluard G B. Estimated benefits of variable-geometry wing camber control for transport aircraft. NASA/TM-1999-206586［R］. Washington，D.C.：NASA，1999.

［7］ Gilyard G，Martín España. On the use of controls for subsonic transport performance improvement：overview and future directions. NASA TM-4605，1994.

［8］ Guy Norris. 787 camber tests take off on 777. Flight International，Aug 8-Aug 14，2006 pp.13

［9］ Variable camber to cut drag. Flight International，Jun 20-Jun 26，2006，pp. 10.

［10］ Monner H. P.，Bein Th.，Hanselka H.，et al. Design aspects of the adaptive wing—the elastic trailing edge and the local spoiler bump［J］. The Aeronautical Journal，2000，104（1032）：89-95. DOI：10.1017/S0001924000017814.

［11］ Levy D W，Laflin K R，Tinoco E N，et al. Summary of Data from the Fifth Computational Fluid Dynamics Drag Prediction Workshop［J］. Journal of Aircraft, 2014，51（4）：1194-1213.DOI：10.2514/1.C032389.

［12］ 韩忠华，张瑜，许晨舟，等 . 基于代理模型的大型民机机翼气动优化设计［J］. 航空学报，2019，40（1）：522398.

［13］ 韩忠华，许晨舟，乔建领，等 . 基于代理模型的高效全局气动优化设计方法研究进展［J］. 航空学报，2020，41（5）：623344.

第2篇　民机变弯度机翼前缘结构设计方法与验证

变弯度机翼前缘可以根据飞行工况进行光滑、连续地改变其弯度和轮廓，其主要目的是通过消除传统机翼前缘的缝隙以降低起飞降落的噪声，并且可以与变弯度机翼后缘协同变弯，以提高巡航阶段的气动效率。此外，无缝光滑的变弯度机翼前缘有利于实现层流飞行，可进一步降低飞行阻力。因此，变弯度机翼前缘对提高民机的综合性能具有重要作用[1~4]。

变弯度机翼前缘实现的核心问题是如何设计满足变形能力和精度的变弯度结构。从内部驱动机构的角度，现有的结构方案主要可以分为柔性结构和刚柔耦合结构两类。基于柔性结构的变弯度机翼前缘在承载能力和变形能力方面低于刚柔耦合结构，但结构简单、重量轻；刚柔耦合的变弯度机翼前缘则具有较大承载能力和变形能力，适合于大型飞机。在柔性结构方面，Kota等提出了基于拓扑优化的变弯度前缘柔性结构设计方法，并进行了原理验证[5]。葛文杰等基于拓扑优化方法针对无人机和大型飞机进行了变弯度前缘柔性结构设计与实验室功能验证[6]。在刚柔耦合结构方面，变弯度机翼前缘可以进一步细分为非完全无缝光滑柔性蒙皮的方案[7]和完全无缝光滑柔性蒙皮的方案[8]。早期的刚柔耦合变弯度机翼前缘结构并未实现真正的无缝光滑，其通过下表面开缝的方式来解决柔性蒙皮低面内刚度和高面外刚度的问题[9]。从机械原理的角度，完全无缝光滑的刚柔耦合变弯度前缘又可以划分为开链机构式和闭链机构式[10]。分析表明，开链机构的变弯度机翼前缘结构总体结构形式简单，可靠性较高；闭链机构的变弯度机翼前缘机构形式复杂，重量代价大。因此，本篇以开链机构的、完全无缝光滑的变弯度机翼前缘为对象，阐述变弯度机翼前缘的设计方法。

除实现弯度变化功能外，变弯度机翼前缘在实际应用中还需要考虑抗鸟撞和防除冰的功能。飞机在空中飞行速度较高，如果结构设计时未充分考虑鸟撞因素，那么一旦发生鸟撞，大质量飞鸟与飞机的高速撞击极有可能导致飞机结构严重破坏，对飞行安全将造成严重影响[11-13]。作为鸟撞易发生部位，变弯度机翼前缘需要内嵌抗鸟撞装置，以保护前梁后端的内部结构，并需要根据其几何约束和变弯度功能要求，进行抗鸟撞装置的综合设计。此外，民机在结冰云层中飞行时机翼前缘部件容易产生积冰现象，会危害飞行安全[14]。因此，在变弯度机翼前缘内部必须安装结冰防护系统，即防止飞机结冰或发现飞机结冰后马上采取措施将冰除去。对于变弯度机翼前缘，在防除冰装置的设计阶段，需要根据前缘材料和变弯度功能的特点，选择合适的防除冰措施，并进行防除冰装置设计与分析，验证其合理性。

变弯度机翼前缘在变弯过程中曲面外形轮廓实时变化，这使传统增升装置的地面试验验证方法无法直接应用。此外，除强度验证外，变弯度机翼前缘试验的目的还包括变形精度的验证，即需要对前缘外形轮廓进行测量与重构。这对试验测量手段提出了新的要求。本篇第 8 章将针对第 5 章中设计的变弯度机翼前缘，阐述其试验加载与测量方法。综上，本篇从结构实现和抗鸟撞与防除冰等功能集成角度，全面分析了民机变弯度机翼前缘设计的方法与思路，旨在为未来先进民机结构设计提供方法参考。

第 5 章　民机变弯度机翼前缘结构设计方法

王志刚[1,2]，杨宇[2]，钟敏[3]，周进[3]，李春鹏[4]，
孙侠生[3]，薛景锋[3]，钱战森[4]

1. 北京航空航天大学，100191
2. 中国飞机强度研究所，710065
3. 中国航空研究院，100012
4. 中国航空工业空气动力研究院，110034

5.1　结构概念及气动优化设计方法

刚柔耦合的结构方案能够较好地满足当前大型民机承载和变形的要求，提出了主要由柔性蒙皮、长桁、运动机构和驱动器等组成的变弯度机翼前缘方案，如图 5-1 所示，其中，柔性蒙皮材料为玻璃纤维增强复合材料（glass fiber reinforced polymer，GFRP），并与长桁通过一体化成形制得。该柔性蒙皮与前梁无缝连接，形成了连续光滑的变弯度前缘气动表面。长桁沿着展向起到提高柔性蒙皮面外弯曲刚度的效果，提高了其承载能力。内部驱动机构主要作用是承受气动载荷和传递驱动载荷。蒙皮刚度分布、内部驱动机构、制造和装配、自适应控制等均会影响最终变弯度机翼前缘的变形精度。

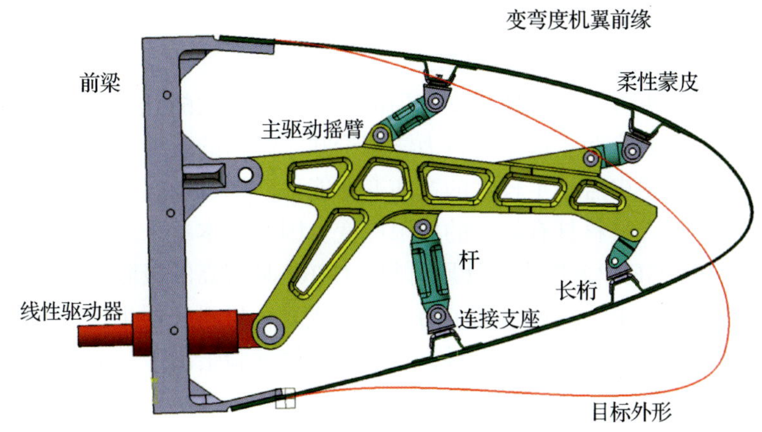

图 5-1　变弯度机翼前缘示意图

参考飞机为中国航空研究院喷气式远程公务机气动验证模型（CAE-AVM）[15]。该飞机采用超临界机翼、尾吊式发动机和T形尾翼的布局[16]，设计巡航马赫数为0.85。基本翼型为13%厚度的NPU-SP6超临界翼型，并通过自由变形方法进行初始外形和目标外形的优化设计。CFD计算表明，在巡航阶段最大升阻比达到20。优化过程采用了中国航空研究院自主研发的优化软件AVICFD-Y，用于流动分析和气动性能评估，最终优化后的气动外形对应的压力分布如图5-2所示。

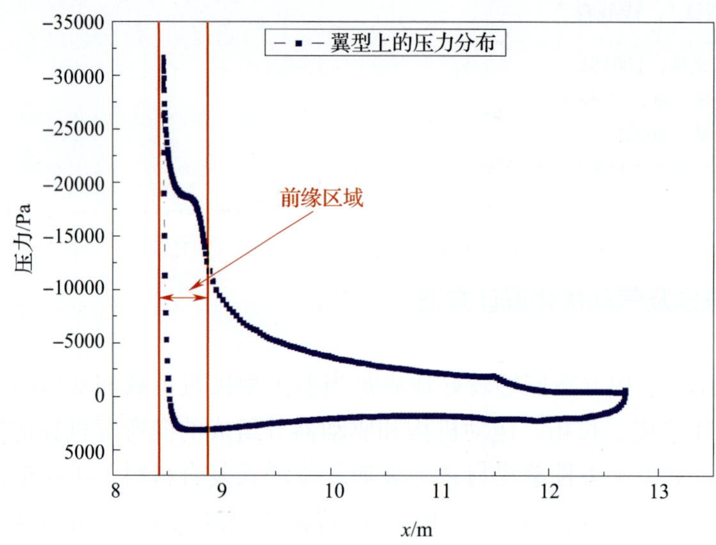

图5-2　前缘目标外形对应的气动压力分布

5.2　柔性蒙皮优化设计方法

5.2.1　材料特性

变弯度机翼前缘设计的核心问题之一是柔性蒙皮的设计，首先要解决材料选择问题。通过上述分析可知，柔性蒙皮在局部需要承受较大的气动载荷，同时在局部需要承受较大的弯曲应变。根据材料力学理论知，结构的应变由弯曲应变和拉伸应变叠加而成。如果蒙皮需满足较大的弯曲变形能力，则其铺层需具备较大的极限应变，而玻璃纤维复合材料具有较大的极限应变。因此，本章采用了航空级别的玻璃纤维增强聚合物（GFRP）作为设计原材料。GFRP具有高的极限应变能力，可以较好地满足大变形的要求。具体采用了由威海光威复合材料公司生产的SW100A/6511编织玻璃纤维环氧树脂基体的预浸料，并通过元件试验给出了单向层合板的力学性能参数，如表5-1所示。

表 5-1 GFRP 的力学性能参数

E_1/GPa	E_2/GPa	μ_{12}	G_{12}/GPa	ε_t	ε_c
23.3	23.2	0.1153	2.97	33166	13538

5.2.2 目标函数

针对变形误差，国际上通用做法是通过最小平方差（LSE）来进行描述。但是，LSE 目标函数难以对气动关键的蒙皮区域进行较好的控制。比如，两组不同铺层的蒙皮结构，可能出现虽然 LSE 的值相同，但其中一组蒙皮结构在气动关键区域的变形误差大，其他区域的变形误差小。这种平均变形误差小，但关键区域变形误差大所形成的气动外形对气动性能的影响较大，特别是前缘上表面靠近尖端的部分。因此，进一步提出了一种加权的最小平方差（WLSE）目标函数，具体表达如式（5-1）所示

$$\mathrm{WLSE}=\sum_{i=1}^{n}w_i\frac{d_i}{n}=\sum_{i=1}^{n}w_i\frac{\sqrt{(x_i-x_i^*)^2+(y_i-y_i^*)^2}}{n} \tag{5-1}$$

式中，n 表示蒙皮周向控制点的数目；w_i、d_i、$(x_i,\ y_i)$ 和 $(x_i^*,\ y_i^*)$ 分别是各个控制点的权重、偏离目标点的距离、下偏后实际坐标值和目标坐标值。

5.2.3 设计变量

通过分析易知，柔性蒙皮的外形轮廓主要由边界条件、蒙皮刚度分布等决定。为了实现精确的变形控制，本章柔性蒙皮采用了变刚度的复合材料，不同区域的刚度需要进行优化设计。此外，长桁位置和驱动载荷的大小对变形精度的影响也较大。因此，设计变量包括每一个区域的铺层序列、每一个长桁的位置和每一个长桁的驱动载荷。

如上文所述，目标变形形状通过柔性蒙皮的纯弯曲来实现，并且在下垂的过程中蒙皮周向的长度始终保持不变。基于该原则，蒙皮的应变完全由弯曲导致，此时最大应变主要发生在蒙皮最表层。根据弯曲梁理论，最大应变、蒙皮最大厚度和蒙皮弯曲曲率的关系如式（5-2）所示

$$t(s)=\frac{\varepsilon_{\mathrm{lim}}}{1/2\Delta k(s)} \tag{5-2}$$

式中，$\varepsilon_{\mathrm{lim}}$ 为蒙皮材料的限制应变；s 为沿蒙皮轮廓周向的局部坐标，方向由下表面端部沿周向向上表面端部；t 为蒙皮允许的最大厚度；Δk 为蒙皮下偏前后轮廓的曲率变化量。

图 5-3 为初始曲率（未下偏工况）、目标曲率（下偏工况）和下偏前后曲率变化与局部坐标 s 之间的曲线。局部的最大蒙皮厚度由式（5-2）决定，并作为后续蒙

皮刚度分布优化的约束。因此，最大的蒙皮允许厚度发生在 s 为 42% 和 50% 位置处，对应着最大的曲率变化位置。厚度允许最大值为 3.5mm，需要注意的是，该约束在某些地方可能过于苛刻，但出于简化问题的目的，仍采用该约束方式。

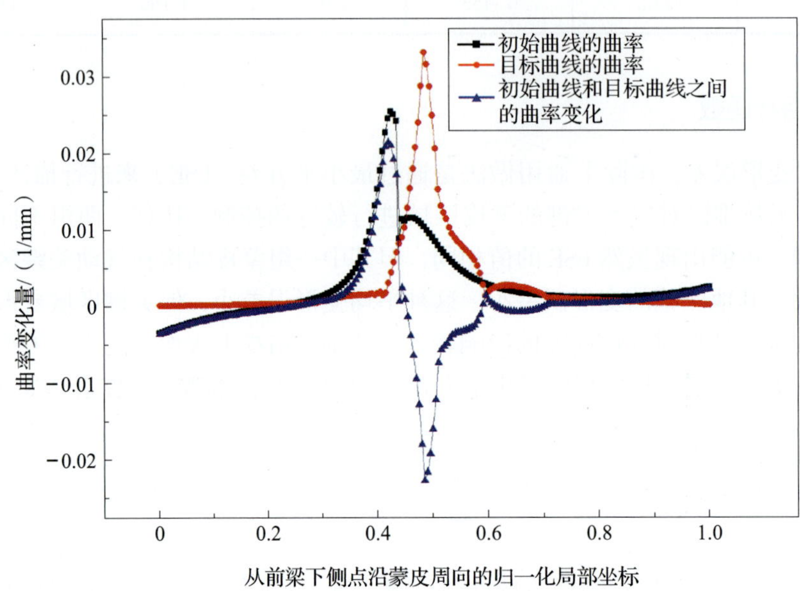

图 5-3　初始曲率、目标曲率和曲率变化沿周向分布

5.2.4　优化算法

众所周知，传统的基于梯度的优化算法和单纯形等直接搜索法都容易陷入局部最优解，且无法较好地处理连续变量和离散变量的优化问题。本章中设计变量同时包含了连续变量（驱动载荷）和离散变量（蒙皮厚度分布、蒙皮铺层序列和长桁位置）。而非支配排序遗传算法（NSGA- Ⅱ）[17] 是一种适合处理上述问题的、高效且稳定的全局搜索优化算法，且容易拓展应用到未来多目标变形的问题中。因此，本章采用 NSGA- Ⅱ算法作为柔性蒙皮优化的求解器。

在该算法中，设计变量的初始种群采用随机的方式产生，以实现设计变量的初始化。在进行种群中个体的适应度评估时，主程序调用了有限元求解器对每一个体进行变形精度的评估（即 WLSE 值计算）。变弯度机翼柔性蒙皮在下偏的过程中具有较大的位移，因此需要采用考虑几何非线性的有限元求解方式。在此基础上，主程序通过选择、交叉和变异以实现设计变量的更新，并通过相邻种群的最优目标函数值和平均目标函数值的变化量来判断是否收敛，若变化量均小于 1.0×10^{-6} 则认为优化问题收敛。根据经验种群规模大小应取为设计变量个数的 4 倍左右（即 200 左右）。最终，几何非线性计算后产生的长桁连接点运动轨迹作为内部驱动机构优化设计的输入。具体算法如图 5-4 所示。

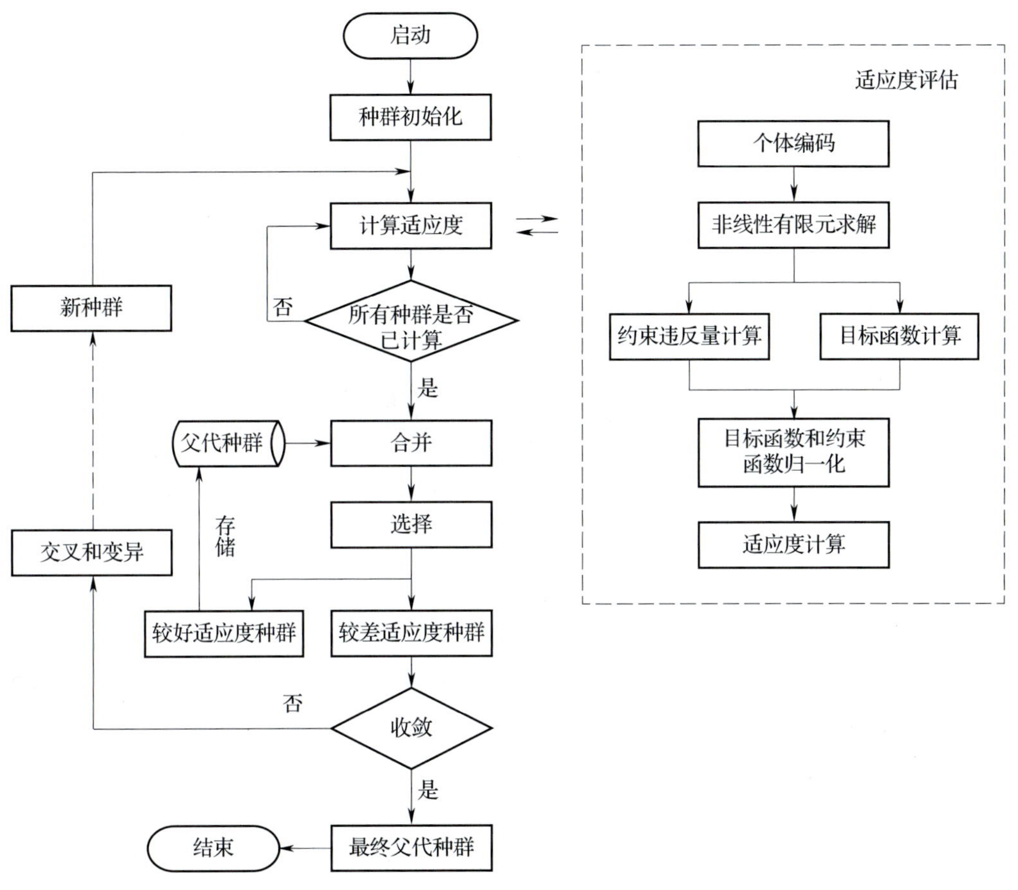

图 5-4 柔性蒙皮优化设计方法

5.2.5 优化问题数学模型

如图 5-5 所示，优化问题的有限元模型中，蒙皮和长桁采用 4 节点壳单元进行网格划分，网格尺寸分别为 4.65mm 和 9.57mm。采用的有限元分析软件为 Abaqus，长桁与蒙皮之间通过“TIE”约束进行连接，用于模拟共固化连接方式。蒙皮上下表面端部为固定边界条件。长桁与内部驱动机构连接的位置作为驱动点力施加的参考点，分别通过“COUPLING”方式与长桁耦合，以模拟内部驱动机构与长桁之间的刚性支座连接。

$$
\begin{aligned}
&\min \mathrm{WLSE} = \sum_{i=1}^{n} w_i \frac{d_i}{n} = \sum_{i=1}^{n} w_i \frac{\sqrt{(x_i - x_i^*)^2 + (y_i - y_i^*)^2}}{n} \\
&\text{s.t.:} \qquad s_i^b < s_i < s_i^u; \quad i = 1,\cdots,4 \\
&\qquad f_{xi}^b < f_{xi} < f_{xi}^u, f_{yi}^b < f_{yi} < f_{yi}^u; \quad i = 1,\cdots,4 \\
&\qquad t_{kj} < t_{kj}^* \quad k = 1,\cdots,10; \quad j = 1,\cdots,5
\end{aligned}
\tag{5-3}
$$

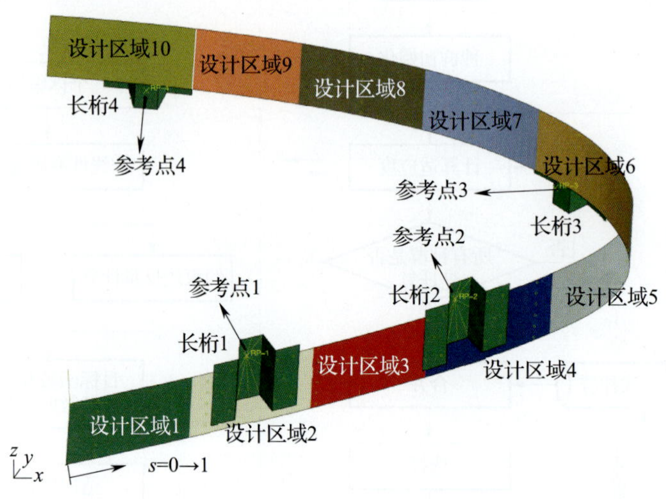

图 5-5 设计变量示意图

式中，n 为蒙皮外形控制点的个数；w_i 为权重系数，根据第 i 点的位移大小确定；j 为第 j 个铺层；k 为第 k 个厚度区；s_i 为第 i 个长桁沿蒙皮周向局部坐标位置；s_i^u 和 s_i^b 为第 i 个长桁的位置上限和下限；f_{xi} 和 f_{yi} 为第 i 个长桁上载荷作用点的 x 和 y 坐标分量；（f_{xi}^b，f_{xi}^u）和（f_{yi}^b，f_{yi}^u）为第 i 个长桁上力作用点坐标 x 分量和 y 分量的下限与上限。

如图 5-6 所示，经过 133 代的种群优化迭代后，优化问题达到了收敛。最终的目标函数值 WLSE 为 0.74mm，即柔性蒙皮最终实现的外形和目标外形的平均偏差为 0.74mm。相比于变弯度机翼前缘的整体尺寸（约 450mm），该偏差相对较小。

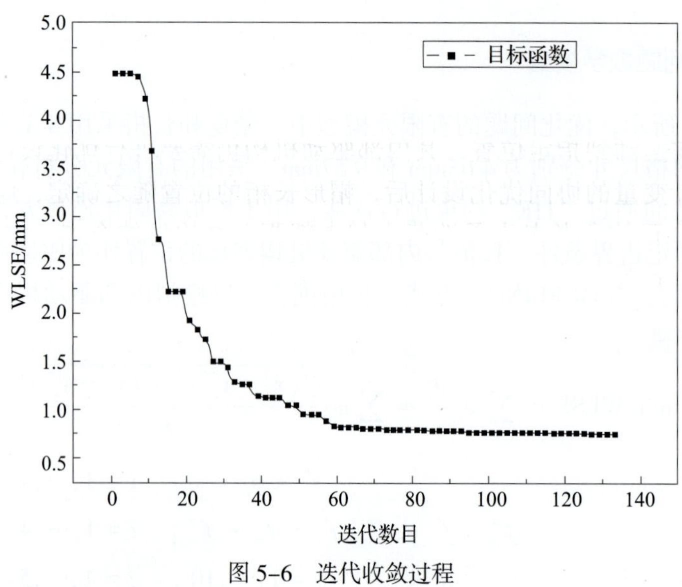

图 5-6 迭代收敛过程

图 5–7 为变形误差沿蒙皮周向的分布曲线，可以看出变形误差最大值分布在变弯度前缘的尖端附近（即局部坐标为 30%~60%），最大变形误差分别为 1.79mm。平均误差小于 1.00mm 的结果表明，在传统的 LSE 描述方法中引入权重系数，可以显著地提高柔性蒙皮的变形精度。其原因在于前缘尖端部分较大的权重系数可以对该区域的变形误差进行较好惩罚，经过迭代在种群中进化出该区域变形误差较小的个体。

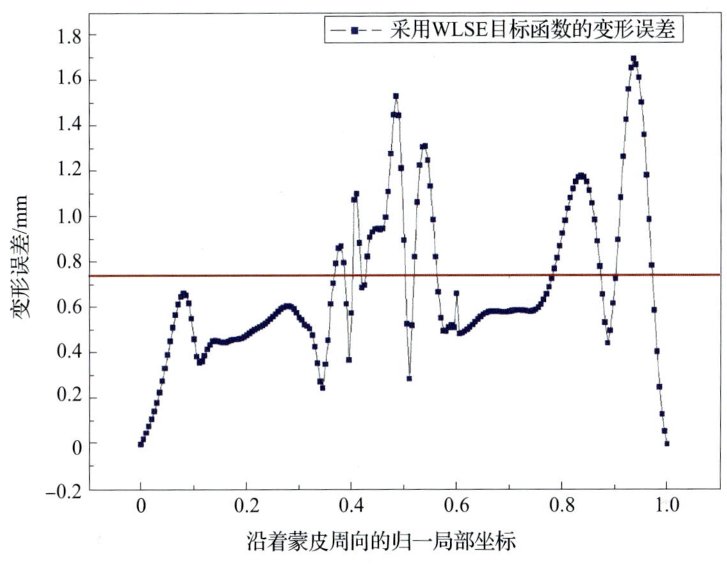

图 5–7 变形误差沿周向的分布

5.3 内部变形驱动机构设计

对于变弯度机翼前缘，柔性蒙皮的设计是实现目标变形的最核心因素，但为了使柔性蒙皮运动到指定位置，其内部驱动机构仍需要进行优化设计。在完成柔性蒙皮各设计变量的协同优化设计后，帽形长桁的位置随之确定，而距离帽形长桁上方固定位置的参考点为柔性蒙皮与内部驱动机构的结合点。如图 5–8 所示，当帽形长桁位置确定时，其与内部驱动机构的结合点运动轨迹亦随之确定，该运动轨迹成为了内部驱动机构设计的目标。因此，需要设计一种内部驱动机构，使得在一定的驱动输入下，该机构在连接点处可产生特定的运动轨迹。受参考文献［18］的启发，本章提出了一种改进的内部驱动机构方案（见图 5–8）。该内部驱动机构由主驱动臂、四根连杆和驱动器等组成。参考文献［18］中要求内部驱动机构各连杆与主驱动臂之间的连接点必须在同一条直线上，该要求限制了各铰接点的变化范围，缩小了优化问题的寻优空间，而本章的设计方法中解除了该限制，因此可以搜索到更优的内部机构方案。

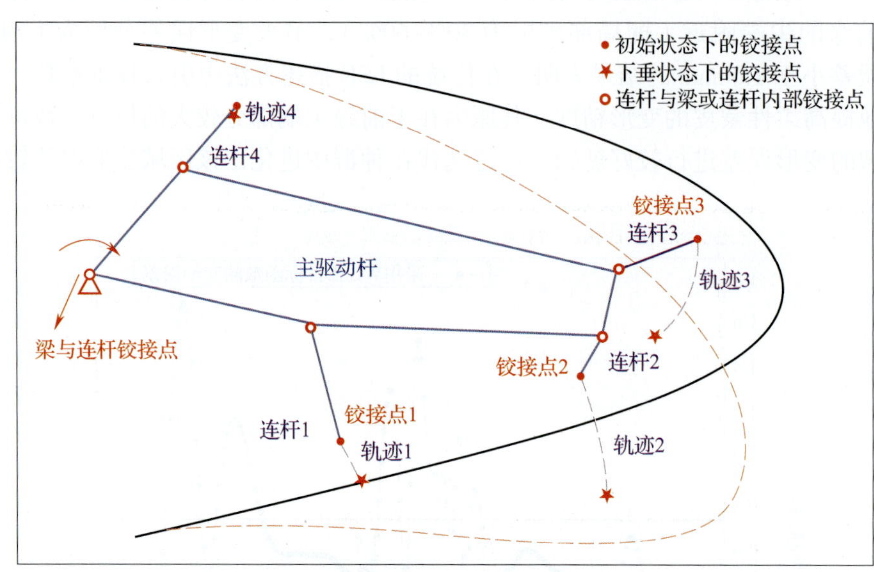

图 5-8　变弯度前缘驱动机构概念

如前所述，内部驱动机构的设计需要经过优化确定，因此，优化问题的目标函数为柔性蒙皮上各长桁接合点实际运动位置与目标运动位置之间的误差。优化约束为内部各铰接点的空间变化范围，以保证内部驱动机构不超越特定的几何边界。优化问题通过商业软件 Isight 5.6 多功能优化系统工具（MOST）模块中基于梯度的优化算法对该问题进行求解。在每一步迭代过程中，优化程序调用商业有限元软件对柔性蒙皮与内部刚性驱动机构形成的多体动力学仿真问题进行求解。最终，各接合点偏转后的实际位置与目标位置之间的对比如表 5-2 所示，可以看出各接合点的最大偏差约为 4.00mm。因此，内部驱动机构的运动误差将进一步增加最终柔性蒙皮的变形误差，后续需要对其进行进一步改进设计。基于柔性蒙皮和内部驱动机构的优化设计结果，对变弯度机翼前缘进行了详细的尺寸设计。

表 5-2　下垂状态下连杆与蒙皮铰接点的目标点和优化点的坐标对比

铰接点	目标坐标		最终坐标		误差 /mm
	x/mm	*y*/mm	*x*/mm	*y*/mm	
铰接点 1	68.35	273.88	67.31	274.53	1.22
铰接点 2	347.27	125.76	347.36	125.65	0.14
铰接点 3	314.70	22.08	311.90	19.09	4.09
铰接点 4	149.48	34.26	149.96	34.57	0.57

5.4 原理样件制造与验证

经详细设计后，本章开发了变弯度前缘原理样件（见图 5-9）。其中，变刚度复合材料柔性蒙皮和长桁采用了基于中 / 低温环氧树脂的二次共固化成形工艺，形成一体化的蒙皮壁板结构。该柔性蒙皮壁板结构通过连接支座与内部驱动机构铰接，并通过定位工装进行精确装配。作为局部功能验证件，本章驱动方式采用沿着弦向的直线电机，以简化驱动机构。此外，本章采用了激光定位装置，以进行驱动器的限位保护，避免误操作驱动电机而导致的驱动位移过大。

（a）变形前

（b）变形后

图 5-9　变弯度机翼前缘原理样件及变形前后结果

试验测试主要目的有两个：第一是验证柔性蒙皮在运动至目标状态的过程中是否有局部材料失效；第二是将物理试验变形结果与有限元分析结果进行对比，验证是否能够实现精确的变形控制，同时获得实际所需的驱动载荷。在变形功能验证的基础上，本章进一步将变弯度机翼前缘进行了强度试验测试，并布置了应变传感器进行应变测量，如图 5-10 所示。

图 5-11 给出了目标外形、蒙皮优化后的仿真外形与物理样件实现的外形三者之间的对比曲线，结果表明试验结果与仿真结果的差异主要体现在蒙皮尖端部位。一方面是因为内部驱动机构的误差引入，导致物理试验结果与单纯蒙皮变形结果之间有差异；另一方面是制造和装配等误差导致。需要强调的是，在多次试验后，蒙皮尖端上表面的长桁帽脚与蒙皮之间出现了局部的脱黏。经分析发现，该脱黏现象是由于蒙皮大的弯曲变形导致长桁与蒙皮之间有较大的切应力引起。因此，试验后在脱黏区域采用铆钉进行了局部补强，后续改进过程中需要考虑长桁位置对剪切强度的影响。

图 5-12 给出了整个多体动力学模型的应变云图结果，结果表明分析模型中的最大应变为 12640$\mu\varepsilon$，位于前缘尖端的上表面附近。它解释了该区域蒙皮变形误差较大的原因。图 5-13 为随着下偏角度的增加蒙皮最大应变的仿真结果和试验结果的对比曲线。可以看出，试验中蒙皮最大应变为 9324$\mu\varepsilon$，该结果小于仿真分析结果，

且远小于玻璃纤维复合材料的极限应变。分析结果与试验结果不一致的原因，主要是加工、装配等误差导致内部驱动机构的实际模型与分析模型差异较大。该差异使得柔性蒙皮与内部驱动机构的铰接点无法像分析模型一样精确运动。

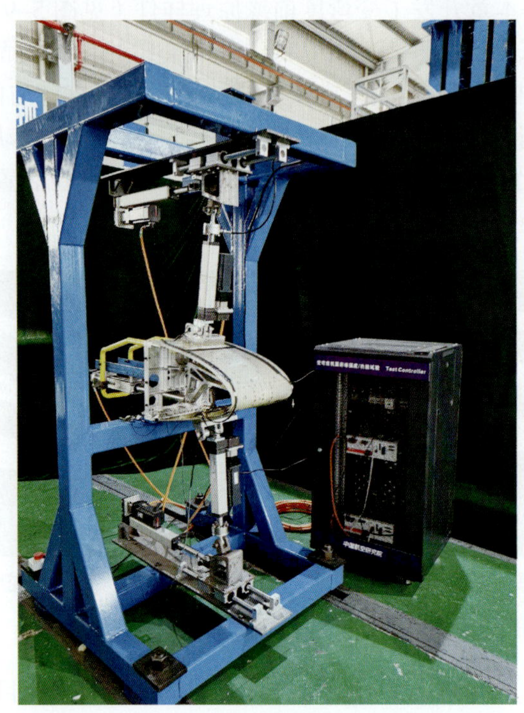

图 5-10　变弯度前缘试验平台

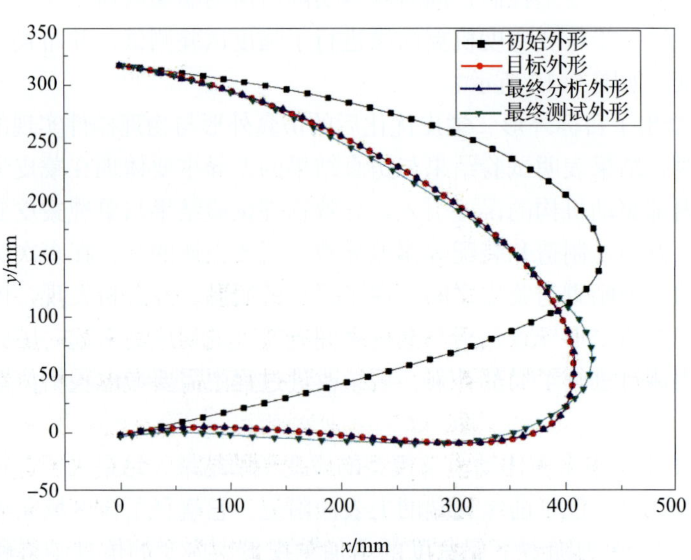

图 5-11　初始、目标、最终分析与测试外形对比

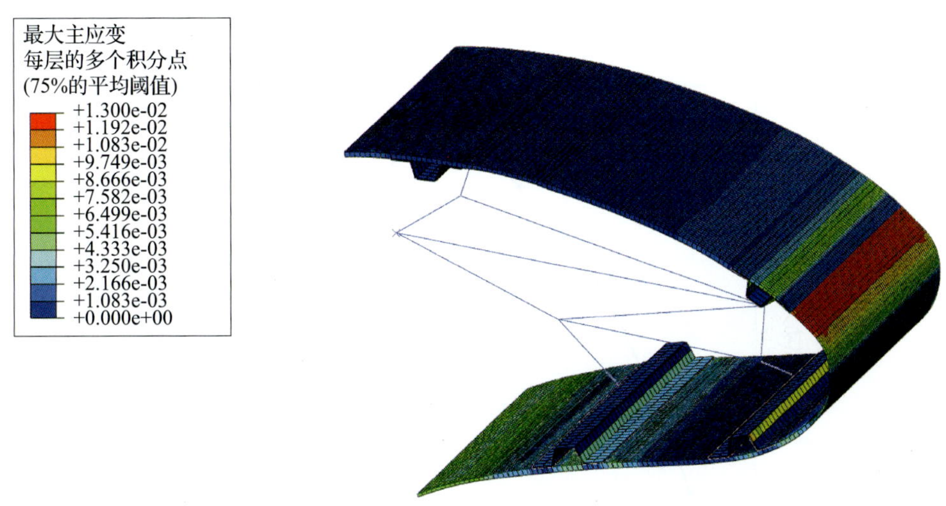

图 5-12　柔性蒙皮多体动力学整体模型的应变云图

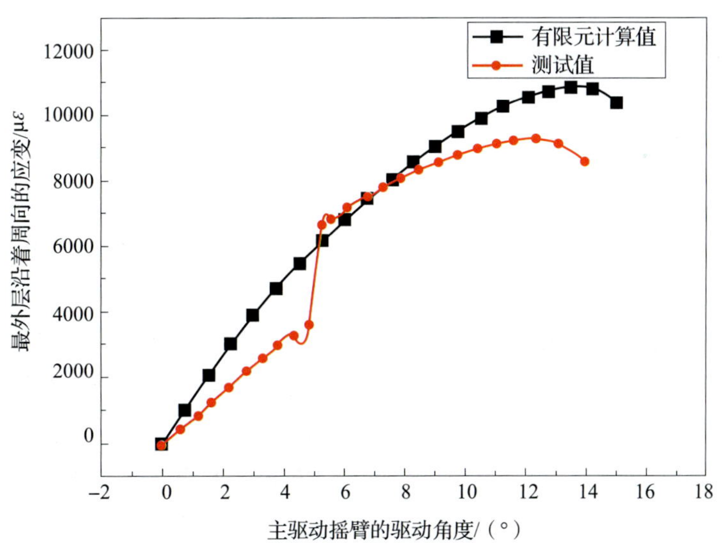

图 5-13　整个下偏过程中柔性蒙皮最大应变曲线

此外，分析了样机试验中驱动载荷与偏转角度之间关系。图 5-14 结果表明在驱动过程中，驱动载荷最大值约为 4.2kN。从图 5-14 可以看出，驱动载荷随偏转角度的变化先增加后减小，在最大的偏转角度下，驱动载荷基本为零。因此，可以得出结论，偏转较大的情况下，本章所设计的驱动机构具有一定的自锁能力，可以有效地降低最大驱动载荷。此外，图 5-14 中曲线表明，在主驱动臂偏转角度约为 5°时，蒙皮上最大的应变出现了突变。经过多次试验和分析，发现该突变是由于前缘下表面长桁与连杆之间的连接支座的连接间隙导致。该连接间隙使得支座容易产生窜动，从而导致对蒙皮的冲击载荷。综上，本章通过分析与试验，验证了提出的变弯度机翼前缘蒙皮和驱动机构设计方法的有效性。

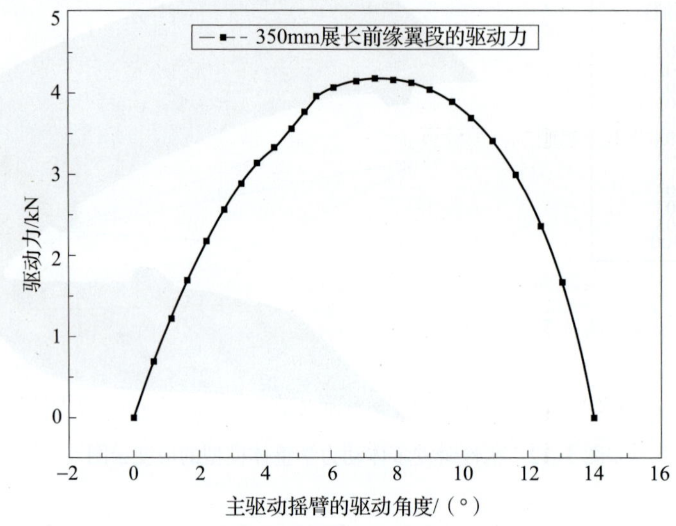

图 5-14　整个下偏过程中直线电机驱动力曲线

5.5　小结

针对 CAE-AVM 公务机，提出了一种无缝、光滑变弯度机翼前缘实现方案及设计方法。基于此，提出了一种基于非支配排序遗传算法（non dominated sorting genetic algorithm，NSGA- Ⅱ）的变刚度柔性蒙皮优化设计方法，该方法能够协同考虑蒙皮刚度分布、长桁位置、驱动机构传递载荷大小等多类变量。在该方法中，提出了一种基于加权最小平方差（WLSE）的改进目标函数描述方法，结果表明该方法能够有效地提高气动关键部位的变形精度。最终优化和分析结果表明：

（1）所提出的变刚度柔性蒙皮优化设计方法，可以实现柔性蒙皮的精确变形功能，在不引入内部机构的情况下，变形误差小于 1mm。

（2）所提出的内部机构设计方法拓展了内部驱动机构铰接点的寻优空间，可降低内部驱动机构引入的变形误差。但目前该内部驱动机构仍引入 5mm 的最大误差，后续需要进一步进行机构拓扑的改进工作。

第 6 章　民机变弯度机翼前缘抗鸟撞设计与验证

郭军，李旭阳，刘小川，惠旭龙，王计真

中国飞机强度研究所，710065

6.1　变弯度机翼前缘相关的民机抗鸟撞适航要求

国内外对飞行器结构抗鸟撞提出了明确规范要求。目前，我国民用飞机涉及鸟撞的规范见表 6-1 国内鸟撞试验相关标准。

表 6-1　国内鸟撞试验相关标准

序号	对应标准	名称
1	GJB 2464—1995	飞机玻璃鸟撞试验方法
2	HB 7084—1994	民用飞机结构抗鸟撞设计与试验要求

飞行器结构抗鸟撞设计在民航的适航规章中有明确规定。中国民用航空规章（China Civil Aviation Regulations，CCAR）的运输类飞机适航标准 CCAR-25-R4 在不同的部分进行了规定[19]。其中，§25.571（e）损伤容限评定：要求在海平面至 2450m 的各种高度上，在巡航速度 V_C 下，受到 1.80kg 重的鸟的撞击，飞机必须能够成功地完成该次飞行；§25.631 鸟撞损伤：要求尾翼结构的设计必须保证飞机在与 3.6kg 重的鸟相撞之后，仍能继续安全飞行和着陆；§25.775 风挡和窗户：要求位于正常执行职责的驾驶员正前方的风挡玻璃及其支撑结构，必须能经受住 1.8kg 的飞鸟撞击而不被击穿。

国内借鉴国外标准，从 20 世纪 80 年代开始，一直在进行飞机结构抗鸟撞设计分析方面的研究工作。目前，国内对民用直升机、民用飞机都要求进行鸟撞适航验证试验，AC352 直升机、ARJ21-700、C919、C929 等飞机等都在中国飞机强度研究所进行了鸟撞适航验证试验。图 6-1 为 ARJ21-700 与 C919 飞机机翼鸟撞试验。

适航验证一般采用的方法包括：分析、使用经验和试验 / 分析。

（1）分析——只有以对设计相似的具有充分代表性的结构所进行的试验为基础，才可用分析来表明符合性要求。若衍生型飞机其相关部件未作更改，则可用分析的方法进行符合性验证。例如，A320 通过试验后，在 A321/A319 等型别的适航取证中采用分析的方法来验证。

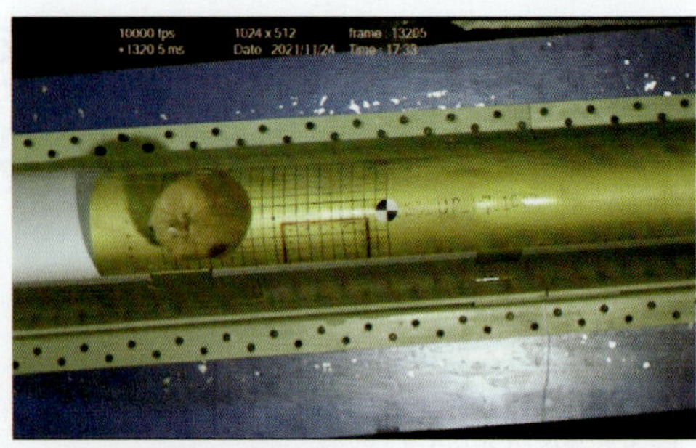

图 6-1　ARJ21-700 与 C919 飞机机翼鸟撞试验

（2）使用经验——若采用使用经验来验证，一般是与分析结合在一起。

（3）试验 / 分析——新型号飞机取证适航验证常用方法。试验验证的部位，一般来说凡有鸟撞可能危及飞行安全的部位都要进行鸟撞验证试验。其中，缝翼和内固定前缘验证工况包括：机翼、垂尾、水平安定面、缝翼和内固定前缘（缝翼收起，鸟撞在缝翼上；缝翼展开，鸟撞在内固定前缘上）。

在表 6-2 中，列出了常见结构的鸟撞适航符合性验证方法。

表 6-2　常见结构的鸟撞适航符合性验证方法

项目		分析	试验	备注
机体	前机身 风挡（穿透性）	√	√ √	1.8kg
机翼	缝翼（1+2）内固定前缘和前梁 机翼机身整流罩 襟翼伸展	√ √ √	√ √ √	1.8kg
尾面	垂直安定面 水平安定面	√ √	√ √	3.6kg
吊舱 吊架	吊舱	√		1.8kg

一般说来，分析计算方法需有结构类似飞机的设计经验及鸟撞取证试验数据作基础，目前波音、空客公司常采用能量比较法，同时也在积极发展有限元分析法。

能量比较法从能量观点研究鸟撞击瞬间的能量关系，如飞鸟的动能全部被结构吸收，则满足抗鸟撞要求的结构应为

$$\frac{1}{2}mV_P^2 > \frac{1}{2}mV_C^2 \tag{6-1}$$

式中，V_P 为结构的穿透速度；V_C 为飞机的巡航速度；m 为飞鸟的质量。

各飞机公司所用 V_P 的计算公式形式基本相同，系数略有差别，这些公式是从大量前缘鸟撞试验结果中总结出来的经验公式。目前查到类似的公式有

$$V_P = 56.6\delta m^{-1/3}\cos^{-2/3}(\varphi)\exp\left(\frac{850}{r^2+30r+1000}\right)\ (\mathrm{m/s}) \tag{6-2}$$

$$V_P = 98\delta m^{-1/3}\cos^{-2/3}(\varphi)\exp\left(\frac{1214}{r^2+30r+1000}\right)\ (\mathrm{kn}) \tag{6-3}$$

$$V_P = 631\delta m^{-1/3}\cos^{-0.7}(\varphi)\exp\left(\frac{1.345}{\sqrt[5]{r}}+\frac{1}{r^3}\right)\ (\mathrm{m/s}) \tag{6-4}$$

$$V_P = 13.87\delta m^{-1/3}\cos^{-0.7}(\varphi)\exp\left(\frac{34.95}{\sqrt[5]{r}}+\frac{645}{r^3}\right)\ (\mathrm{km/h}) \tag{6-5}$$

式中，δ 为前缘蒙皮厚度；r 为前缘半径；φ 为入射角。

利用上述 4 个公式计算 MD-82 平尾、垂尾及运 7 平尾前缘的穿透速度，结果见表 6-3。

表 6-3　前缘穿透速度计算结果

公式	V_P/（m/s）		
	MD-82 垂尾前缘	MD-82 平尾前缘	运 7 平尾前缘
（6-2）	199.1	75.5	37.9
（6-3）	190.1	70.5	37.0
（6-4）	185.9	69.5	35.0
（6-5）	184.7	69.3	34.6

在 A320 垂尾前缘中采用了公式（6-2），波音 747 采用了公式（6-4），二者相差约 7%，可以满足鸟撞穿透速度的工程计算精度要求。公式（6-5）的结果与公式（6-4）相近，并且更安全。风挡 / 龙骨、座舱盖、雷达罩等的穿透速度的工程经验公式目前还没有见到，但可以用有限元方法计算这些部件的穿透速度。

此外，国内外对于鸟撞问题的研究，通常采用仿真分析和试验相结合的方法[20-21]，在设计之初，尽可能地用仿真分析对虚拟样机的抗鸟撞损伤的能力进行评估，待物理样机制造出来之后，再用试验进行验证，这样可以最大限度地降低试验成本，同时也大大减少了试验的盲目性，这也是目前国外试验技术的基本趋势[19，22]。目前比较成熟的商业软件有 MSC.DYTRAN、LS.DYNA、Abaqus、ANSYS、PAM-CRASH 等。但是需要指出的是，采用有限元方法对结构进行鸟撞分析验证要有试验支持，并经适航当局认可。通常采用显式非线性有限元分析方法，鸟的模型有 Lagrange 模型、Euler 模型、ALE 模型和 SPH 模型 4 种[23-25]。建立结构模型时不一定对全部或大部分结构进行，可选取撞击部位周围足够大范围内的相关联部件，并加上适当的边界条件，所选撞击结构范围越大，边界条件对分析结果的影响越小。

上述表明飞机结构设计必须满足抗鸟撞要求，加强飞机的安全性，避免鸟撞事故造成严重的损失。下面将针对变弯度机翼的抗鸟撞设计进行详细描述。

6.2 常见飞机机翼抗鸟撞设计方法

目前，飞机机翼抗鸟撞设计主要方法有加强易发生鸟撞的部件结构强度和刚度，结构内部填充吸能材料和加装抗鸟撞结构。

加强部件的结构强度和刚度是抗鸟撞设计的最常规手段，但受限于部件质量及空间要求，留给设计者的局限较大，最终效果不理想。基于此，飞机结构采用依靠增加轻质吸能材料的方式进行抗鸟撞设计，该方法在民机设计中已被采用。对于空间较小的结构该方法同样不易实现抗鸟撞的目的。增加三角形抗鸟撞结构的方法目前已有专利出现。这种方法设计简单，易于实现，但未考虑鸟撞过程能量耗散，对于结构的瞬时冲击力减小不多。在变弯度机翼的抗鸟撞设计中，需要根据机翼前缘的结构特点设计具备分鸟和吸能功能的抗鸟撞装置。

图 6–2 ~ 图 6–5 的抗鸟撞设计中分别采用填充吸能材料、三角分鸟器及吸能加分鸟器。目前这三种方法都在飞机尾翼抗鸟撞设计中进行了试验验证，图 6–4 抗鸟撞效果最好，但对于制造工艺要求较高。图 6–5 的斜隔板设计改变了鸟体撞击方向，减小了鸟体对隔板的撞击力，达到了抗鸟撞目的。但是该设计改变了原机翼结构的刚度，这种刚度的改变是否影响飞机的机动性能需要进一步分析。图 6–6 为变弯度机翼前缘抗鸟撞装置，该装置考虑了分鸟、吸能及碎鸟体导流，有效地降低了鸟撞对结构的撞击力，对于空间相对大的结构，该方法效果较好。这几种抗鸟撞设计主要应用于机翼和尾翼结构，而对于其他结构，目前常用的就是改变结构刚度来实现。

通过对上述抗鸟撞设计方法的讨论，得到如下的抗鸟撞设计思路：

（1）改变结构刚度，优化传力路线，增加结构抗鸟撞性能。该方法应该在结构设计初期进行考虑，抗鸟撞的目的是让撞击能量有效地从撞击区域扩散出去，避免造成撞击区域严重损伤，所以要求结构的刚度均匀变化，使得鸟撞发生时变形区域范围增大，增加结构的整体吸能效果。

（2）设计分鸟器，减少鸟体对需要保护的结构有效撞击质量。

（3）增加吸能部件吸收鸟撞产生的能量，减少对结构的破坏能量。

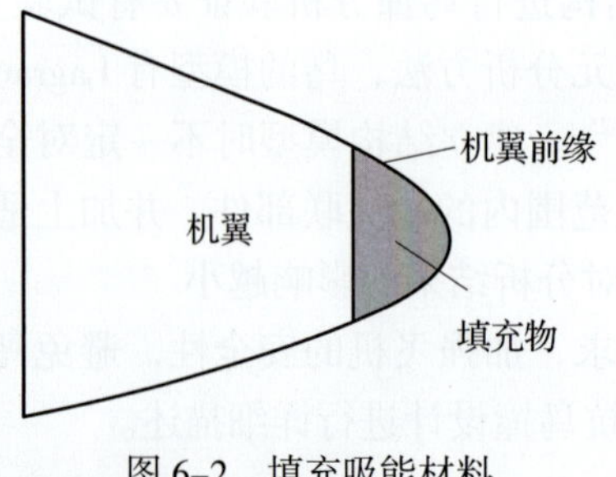

图 6–2　填充吸能材料

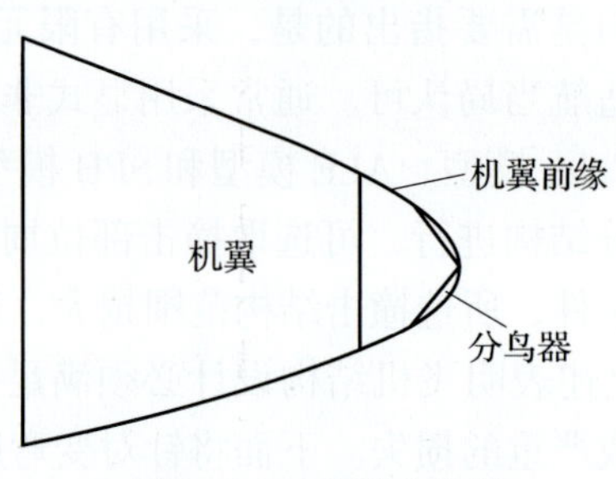

图 6–3　三角形分鸟器

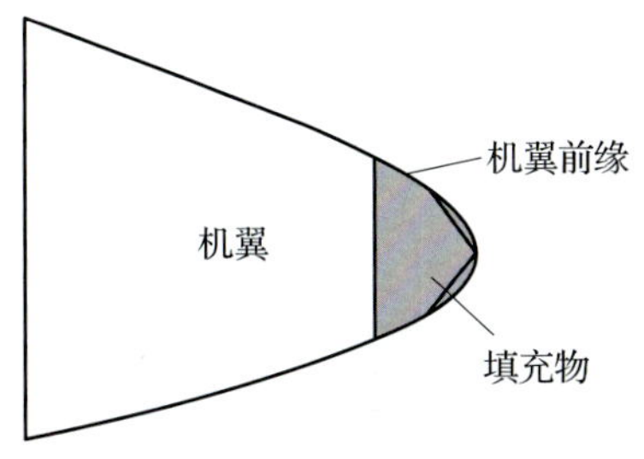

图 6-4 吸能材料加三角形

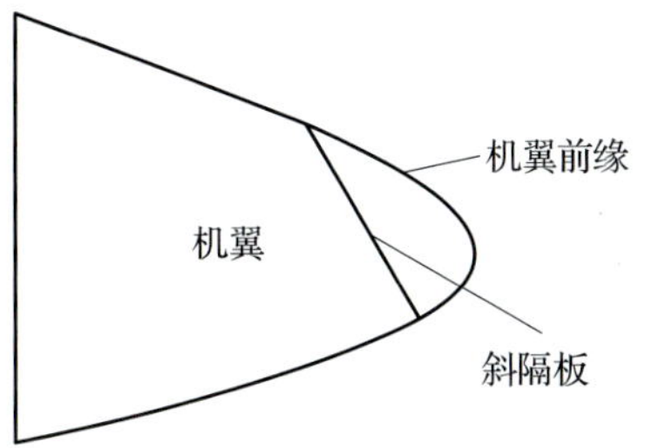

图 6-5 斜隔板设计

6.3 变弯度机翼前缘抗鸟撞设计

楔形装置常被应用于结构抗鸟撞设计中[26]，常见楔形如图 6-7 所示。本章研究了三种不同类型楔形装置的抗鸟撞性能，得到了最合理、有效的抗鸟撞结构。根据分析结果，结合机翼机构运动路线，确定抗鸟撞结构的设计空间，最终设计变弯度机翼结构的抗鸟撞装置，实现机翼抗鸟撞的目的（见图 6-8）。

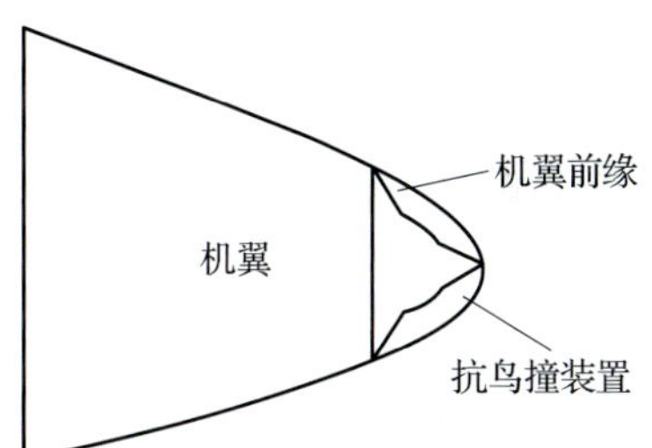

图 6-6 变弯度机翼前缘抗鸟撞装置

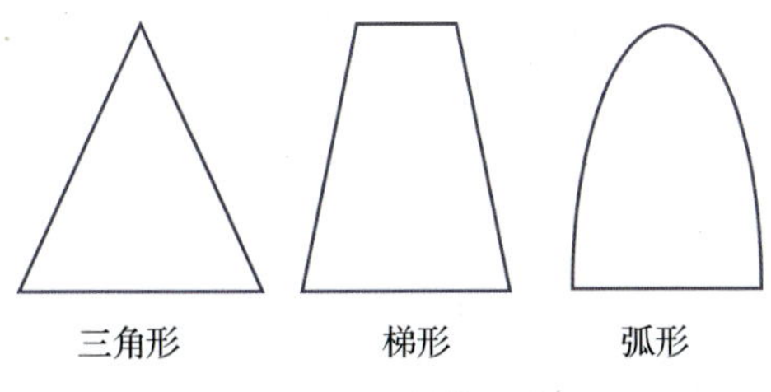

图 6-7 楔形结构示意图

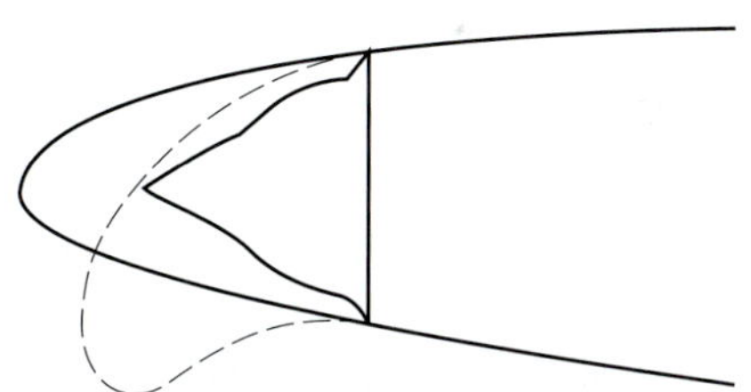

图 6-8 变弯度机翼机构运动路线与抗鸟撞装置示意图

6.3.1 楔形抗鸟撞装置设计

6.3.1.1 有限元模型

（1）数值计算模型

依据变弯度机翼提供的前缘构型设计抗鸟撞结构，结构的设计需满足不影响机翼变弯功能的准则（见图 6-9）。本章设计并建立了三角形、弧形以及三角加弧形三种抗鸟撞装置。三种结构的剖面尺寸图及有限元模型如图 6-9~ 图 6-11 所示。

三角形结构的剖面尺寸图及有限元模型如图 6-9 所示，整体结构为底 205mm，高为 260mm 的三角形，壁厚为 3mm 的铝板，总质量为 2.35kg。

弧形结构的剖面尺寸图及有限元模型如图 6-10 所示，整体结构由 205mm 的底与半径分别为 635mm 和 35mm 的圆弧组成，壁厚为 3mm 的铝板，总质量为 3.83kg。

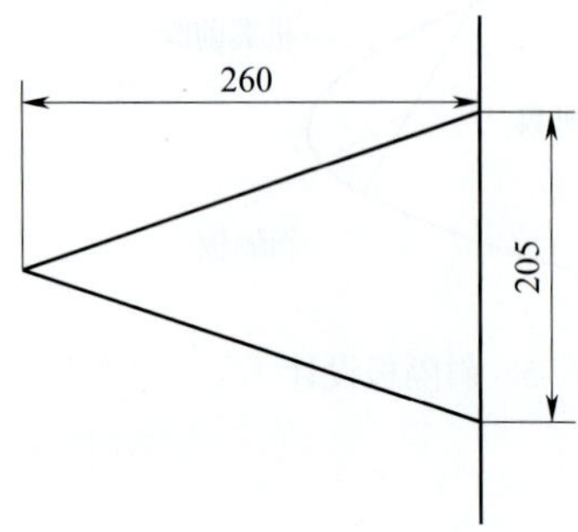

(a)三角形抗鸟撞结构剖面图

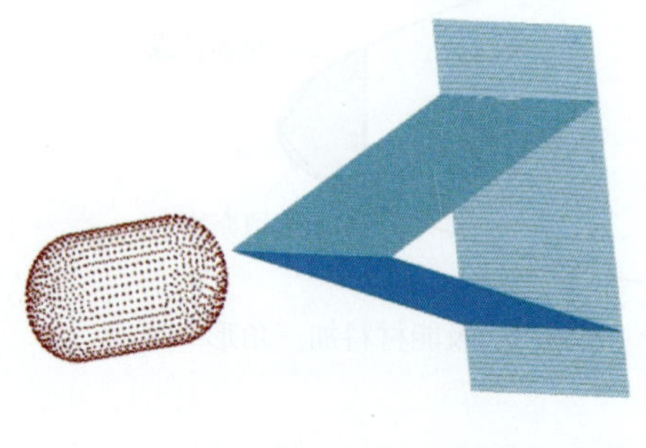

(b)三角形抗鸟撞结构有限元模型

图 6-9　三角形结构

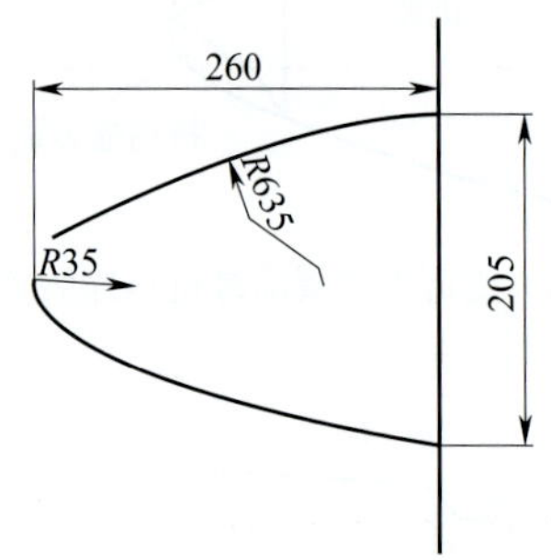

(a)弧形抗鸟撞结构剖面图

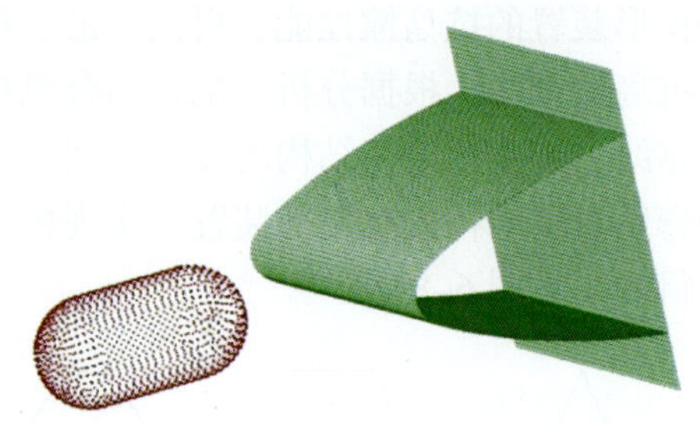

(b)弧形抗鸟撞结构有限元模型

图 6-10　弧形结构

三角加弧形结构的剖面尺寸图及有限元模型如图 6-11 所示，整体结构底为 206mm，前端部位分别由半径为 2mm、150mm 和 240mm 的圆弧组成，壁厚为 3mm 的铝板，总质量为 3.9kg。

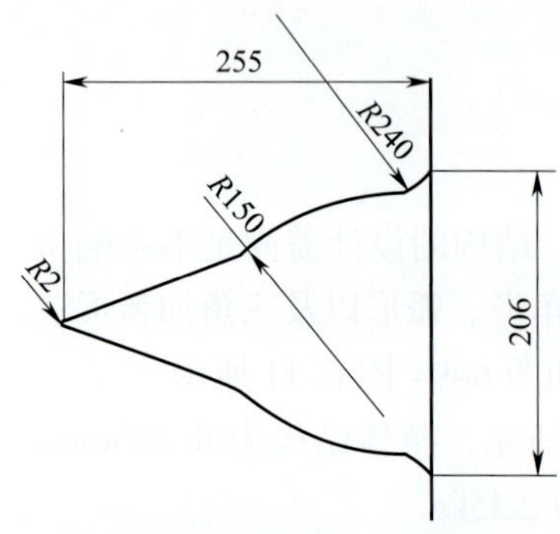

(a)三角加弧形抗鸟撞结构剖面图

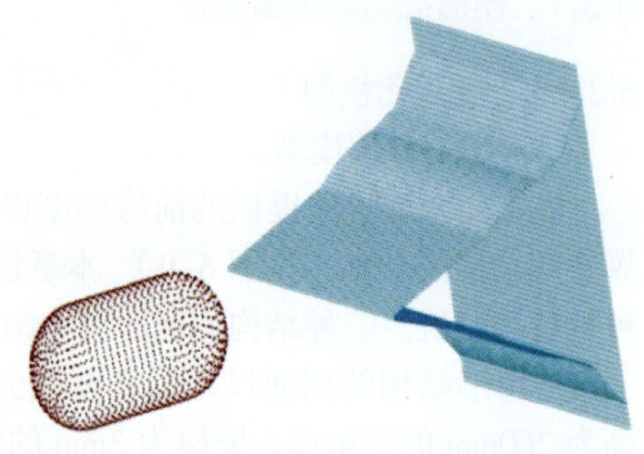

(b)三角加弧形抗鸟撞结构有限元模型

图 6-11　三角加弧形结构

（2）材料模型

鸟体外形为两端为半球体的圆柱体，中间圆柱体长度为 112.3mm、半球体直径为 112.3mm，总质量为 1.8kg。鸟撞是高度非线性的过程，本章采用有限元分析软件 LS_DYNA 进行计算。鸟体的材料参数及状态方程参数如表 6-4 所示。前缘结构材料选用 2A12-T0 铝合金，采用 Johnson-cook 塑性率相关动态本构模型（JC 模型）描述铝合金材料在动态冲击方面的应力应变关系。2A12-T0 铝合金材料参数如表 6-5 所示。

表 6-4 鸟体材料参数

密度 /（kg/m^3）	切变模量 /MPa	［动力］黏度 /（Pa·s）	流体状态方程 EOS		
			材料声速 c_0 /（m/s）	材料常数	温度系数
948	5	0.0013	1450	0	0

表 6-5 2A12-T0 铝合金材料参数

材料	密度 /（kg/m^3）	弹性模量 / MPa	泊松比	屈服强度 A/MPa	硬化模量 B/MPa	应变指数	应变率	温度系数
2A12-T0 铝合金	2780	0.0073	0.3	160	200	0.2	0.018	1

（3）接触、边界及载荷施加

鸟体与结构的接触采用关键字 ERODING_NODES_TO_SURFACE 来描述，结构底座设置为完全固定，鸟体初速度设置为 150m/s，方向为结构的对称轴方向。计算时间设置为 0.01s，最小时间步长为 2×10^{-8}s，为节省计算时间，采用 16 核并行计算。

6.3.1.2 结果分析

（1）变形模式分析

三角形结构鸟撞后，结构本身损伤不严重，鸟体被结构分割成两半，然后将后面的梁击穿，结构变形如图 6-12 所示。

弧形结构在一开始就出现大的结构变形，随着时间加长，结构严重破损，破碎的鸟体将后梁两侧击穿，中间的鸟体及结构碎片击中后梁中心，造成后梁严重变形，结构的变形模式如图 6-13 所示。据此可判断，该结构破坏变形吸收部分能量，但不能有效保护梁前面的传动机构。

根据前两种结构鸟撞结果分析，考虑结构分割鸟体和吸能的特性，将两种组合形成了第三种结构——三角加弧形抗鸟撞结构。

三角加弧形结构鸟撞的前侧和与三角形结构一样，但通过中侧的弧形结构将残余鸟体引向两边，撞击梁后未造成梁的损伤，结构破坏模式如图 6–14 所示。说明此结构可以有效保护梁前的传动机构，同时也保护了梁的完整性。

（2）能量分析

通过对上面三种结构抗鸟撞分析的结果，可以直观地看出弧形结构破损严重，破碎的鸟体将后梁两侧击穿，无法满足抗鸟撞要求，而三角形和三角加弧形能满足要求。

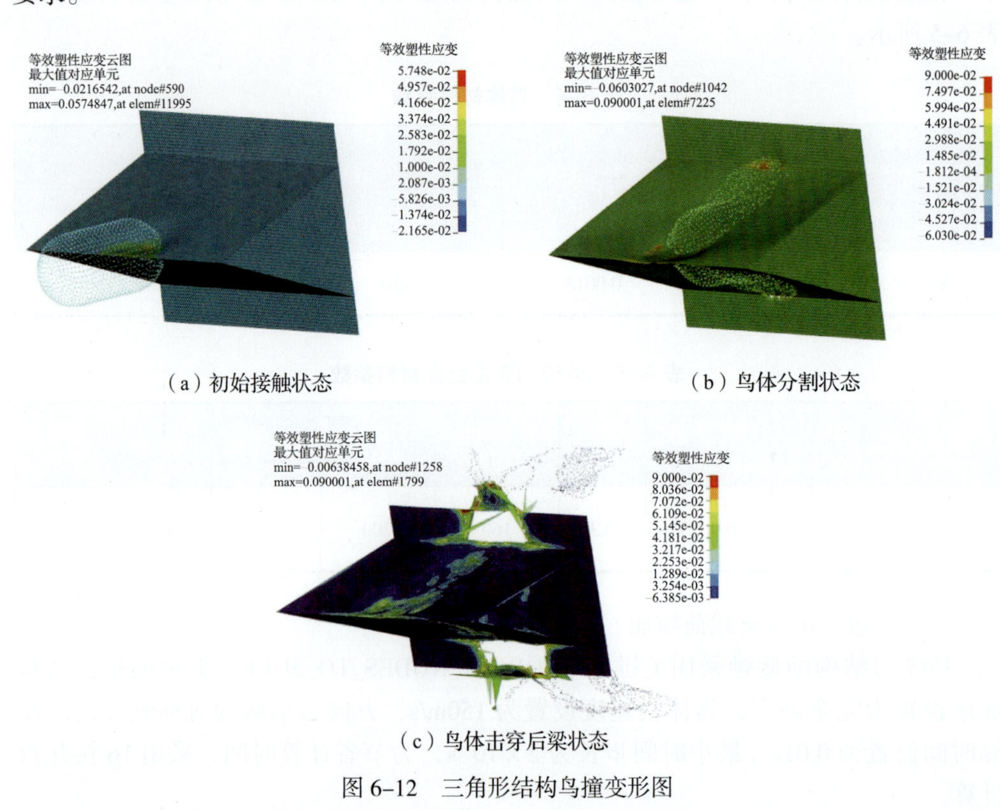

（a）初始接触状态　　（b）鸟体分割状态

（c）鸟体击穿后梁状态

图 6–12　三角形结构鸟撞变形图

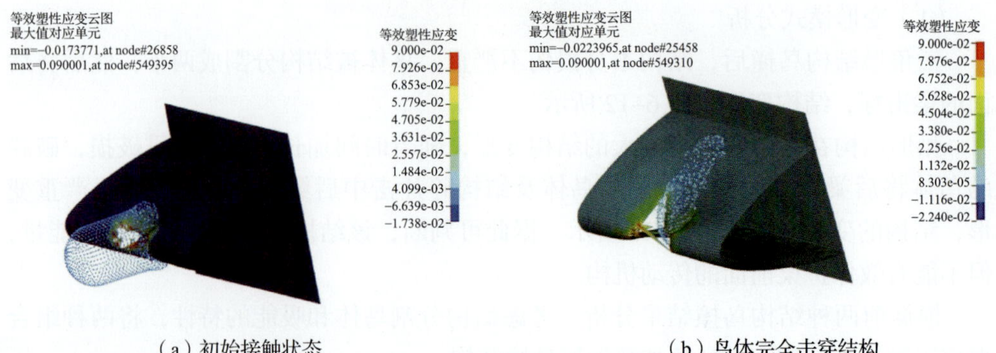

（a）初始接触状态　　（b）鸟体完全击穿结构

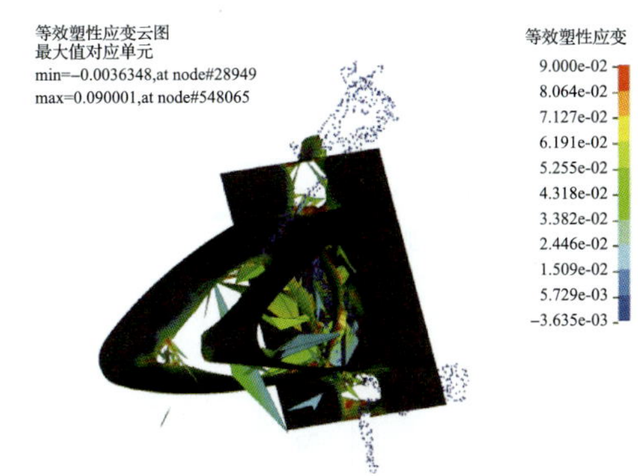

（c）鸟体及结构碎片击中后梁

图 6-13　弧形结构鸟撞变形图

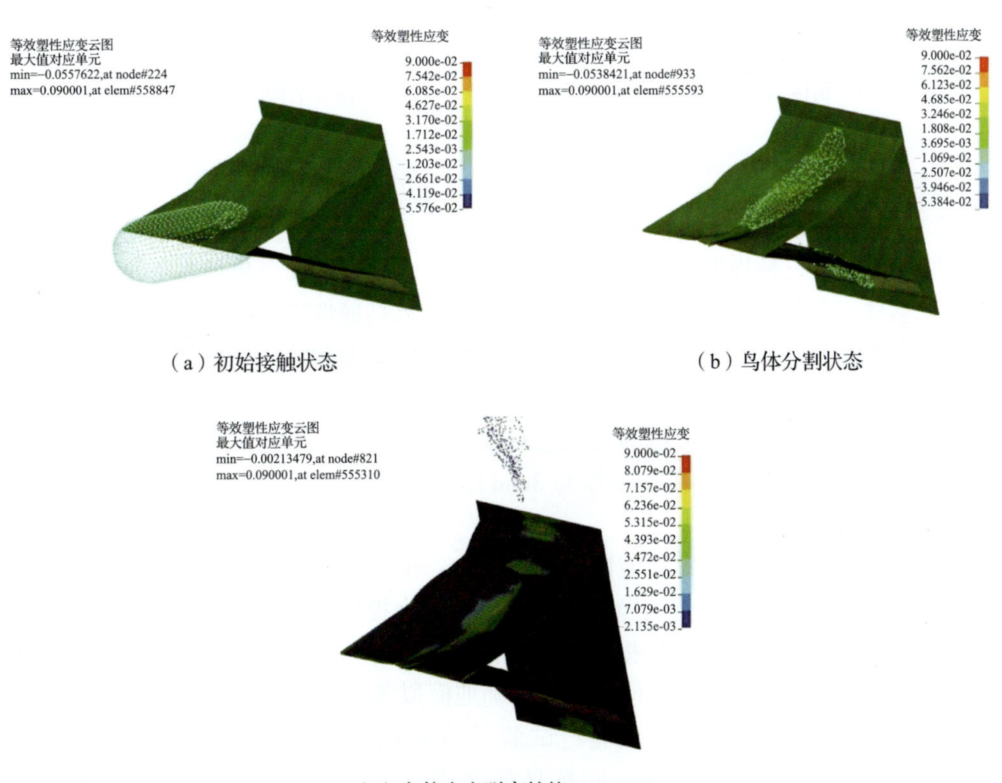

（a）初始接触状态　　（b）鸟体分割状态

（c）鸟体完全脱离结构

图 6-14　三角加弧形结构鸟撞变形图

图 6-15 为两种结构鸟体动能时间历程曲线，在撞击三角形结构后，鸟体动能由最初的 20.3kJ 衰减至 9.34kJ，撞击三角加弧形结构后，鸟体动能衰减至 5.08kJ。对比可以看出，三角加弧形结构大大地衰减了鸟体动能，对后面结构起到了较好的保护作用。图 6-16 为两种结构在受到鸟撞后内能的时间历程曲线，可以看出与三角

形结构相比，三角加弧形结构能够吸收更多的能量，更加有效地减少鸟体撞击所带来的后续机翼结构的损伤破坏。

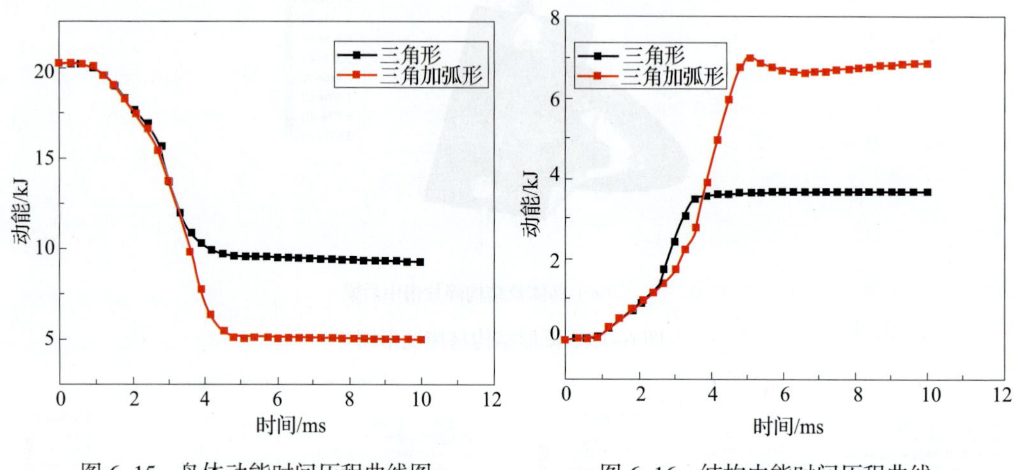

图 6–15 鸟体动能时间历程曲线图　　图 6–16 结构内能时间历程曲线

6.3.2 抗鸟撞装置试验验证

6.3.2.1 抗鸟撞装置

根据前面对三种楔形结构抗鸟撞性能的分析，可以发现三角加弧形结构能够有效分割鸟体，保护梁的完整性，具有较为优异的抗鸟撞性能。因此本章设计并制备了三角加弧形结构作为变弯度机翼抗鸟撞结构进行试验验证。三角加弧形结构的示意图如图 6–17 所示。

该装置设计加工时，考虑制造工艺对成本的影响，采用 LF21 进行试验件加工。抗鸟撞装置试验件分别采用 2mm 厚与 3mm 厚的铝板。

6.3.2.2 鸟撞试验

变弯度机翼抗鸟撞装置鸟撞试验的目的为：①通过变弯度机翼抗鸟撞装置鸟撞试验，为考察变弯度机翼抗鸟撞装置的抗鸟撞能力提供试验依据；②通过考察变弯度机翼抗鸟撞装置鸟撞试验后损伤形式和损伤区域分布情况，为后续改进设计提供试验支撑；③为标定仿真模型使其能较精确地模拟鸟撞结果提供试验数据。

本章阐述该结构的鸟撞试验。试验件分别用 2mm 和 3mm 厚度的抗鸟撞装置。由于 LF21 铝材太软，2mm 的抗鸟撞装置在 151m/s 的撞击速度下没有达到抗鸟撞效果。对 2mm 装置的抗鸟撞试验结果进行了分析，发现鸟撞过程结构变形严重，且部分结构出现了剪切破坏。这表明 2mm 的装置无法满足抗鸟撞目的。并且对相应的计算模型依据试验结果进行了对比修改，降速至 130m/s 时仍无法满足抗鸟撞功能需求，将装置厚度改为 3mm 时，130m/s 速度下可满足抗鸟撞设计要求。为验证设计效果，对 3mm 的试验件进行了 130m/s 的鸟撞试验，结果达到了抗鸟撞效果。鸟撞试验在室温环境下进行。表 6–6 为鸟撞试验的顺序和试验参数。

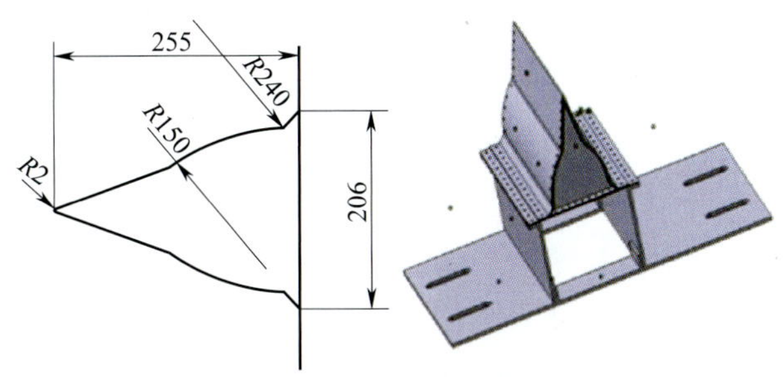

（a）三角加弧形结构示意图

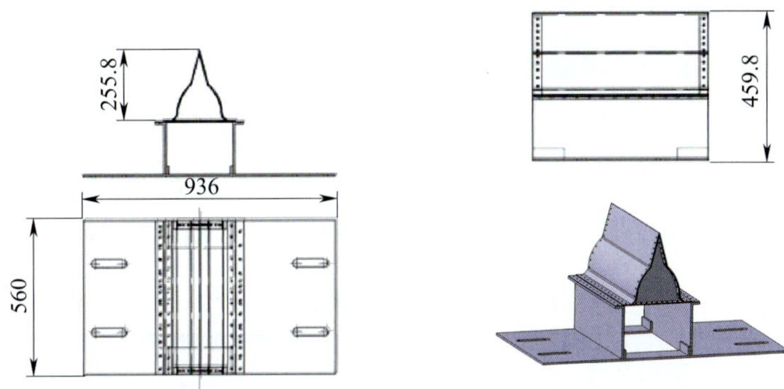

（b）整体结构三视图

图 6–17　抗鸟撞装置示意图

表 6–6　鸟撞试验参数

试验件	材料	厚度 /mm	鸟弹质量 /kg	速度 /（m/s）
1	LF21	2	1.8	151
2	LF21	3	1.8	130

（1）试验件安装

试验件的安装角度为：撞击点位置为抗鸟撞装置前缘中心，与炮管轴线夹角为 0°。试验件通过工装连接到承力墙上，承力墙固定在承力地轨上。试验安装情况如图 6–18 所示。

（2）试验加载、测量设备及标定

试验采用空气炮法，将规定质量的鸟弹放入弹壳，装进空气炮管中，起动空气压缩机，当压力容器中的压力达到所需值时，打开空气释放机构，在压缩空气的作用下，将鸟弹发射，按预定的速度和方向撞击试验件的特定部位。

试验设备包括空气炮系统、控制系统、激光瞄准系统、激光测速系统、高速摄像系统、挡气屏、鸟弹收集器。测速系统采用两套，以保证鸟撞速度测量的可靠性和精度。

高速摄像系统用 2 台高速数码摄像机，其中 1 台设置在试验件斜前方，另外 1 台设置在试验件右侧且与炮管轴线垂直（见图 6–19）。

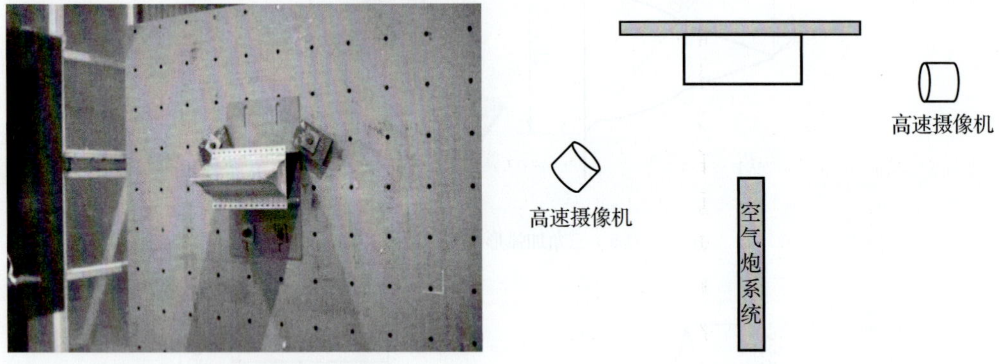

图 6–18　装置试验安装情况　　　　图 6–19　高速摄像机平面布置图

所有试验中使用的设备均是完好设备，计量器具均有校准 / 检定证书，且在有效期内。本次试验所用仪器、设备清单如表 6–7和表 6–8 所示。

表 6–7　鸟撞试验设备清单

序号	名称	数量	主要技术指标
1	空气炮系统	1 套	气室 $4m^3$、最高工作压力 15MPa，炮管长 15m、内径 180mm、耐压 150MPa、炮口高度 1.52m，最大速度 250m/s，精度 ±2%
2	高速数码摄像机	2 台	最大分辨率 1280×800，满幅拍摄速率 22500 帧 /s

表 6–8　鸟撞试验计量器具清单

序号	名称	数量	主要技术指标
1	激光瞄准系统	1 套	瞄准距离≥ 10m，激光光点圆最大跳动值＜ 20mm
2	高速激光测速系统	2 套	测速范围 30~300m/s，测量精度 ±2‰
3	电子天平	1 台	测量范围 0~10kg，测量精度 ±1g
4	数显角度尺	1 套	测量范围 0°~360°，精度 1′
5	钢直尺	2 把	测量范围 0~300mm，精度 ±1mm
			测量范围 0~1000mm，精度 ±1mm

（3）试验测量项目及测量方法

本次鸟撞试验测量项目为鸟弹速度的测量。速度测量方法：采用高速激光测速法。测速装置安装在鸟弹飞行中途、挡气屏之后、试验件之前。在鸟弹飞行路径上装置距离为 L 的两个光幕。测量鸟弹飞过两个光幕的时间 T，则鸟弹速度测量值为 $V=L/T$。由于本次试验鸟撞速度过高，为保证测速，采用高速摄像测量方法进行鸟撞速度测量，在撞击点前方，通过高速摄像测量鸟弹通过 0.4m 距离所用时间，得到鸟撞速度，高速摄像机拍摄速率为 40000 帧 /s。

（4）测量数据、数据处理方法及结果

弹的速度测量采用两套激光测速系统及一台高速摄像机，一套测量无效时，以另一套的为准；当两套测速均有效时，测量速度取两套测速值的平均值作为测量结果。表 6–9 为鸟撞试验的鸟弹质量记录及速度测量结果。

表 6–9　鸟撞试验记录表

序号	环境温度 /℃	环境相对湿度 / RH%	鸟弹质量 / kg	鸟弹速度 /（m/s）				
				目标值	测速 1	测速 2	测量	偏差 /%
1	20	52	1.811	151	151.5	1511	151.3	0.2
2	19	54	1.812	130	130.2	130.6	130.4	0.3

6.3.2.3　结果分析

人工鸟弹撞击试验件前完整无破碎，高速摄像视频显示弹着点准确，撞击速度偏差在 ±2% 以内，因此鸟撞试验均有效。图 6–20和图 6–21 为鸟弹撞击 2mm 厚度抗鸟撞装置试验件的变形、破坏情况。抗鸟撞装置在鸟撞过程中，鸟体被分开破碎，但装置变形严重且根部发生剪切破坏。虽然实现了鸟体的分割破碎，但抗鸟撞装置未能实现保护后部设施的目的，说明该抗鸟撞装置强度不够。

（a）鸟体被结构分割

（b）鸟体完全破碎

（c）结构根部破坏

图 6-20　2mm 厚度装置鸟撞变形过程

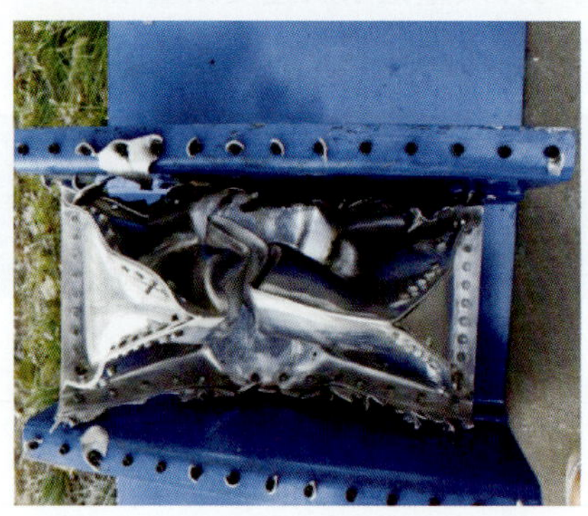

图 6-21　2mm 厚度装置鸟撞破坏模式

图 6-22和图 6-23 为鸟弹撞击 3mm 试验件的变形、破坏情况。3mm 试验件在鸟撞过程中，鸟体被分开破碎，试验件发生变形，装置保持了整体结构形态。抗鸟撞装置实现了鸟体的分割破碎，达到保护后部设施的目的，说明该抗鸟撞验装置满足抗鸟撞设计要求。

（a）鸟体被结构分割

（b）鸟体向结构两边扩散

（c）鸟体完全破碎

图 6–22 3mm 厚度装置鸟撞变形过程

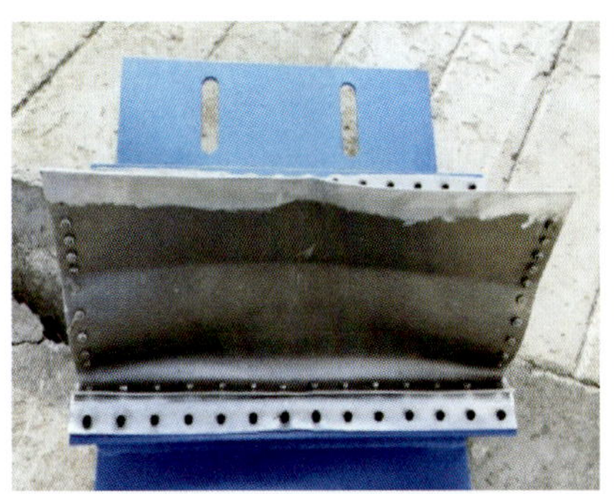

图 6–23 3mm 厚度装置鸟撞变形模式

6.3.3 前缘整体结构抗鸟撞仿真

6.3.3.1 仿真有效性验证

根据前面 3mm 厚度鸟撞装置的试验结果，本章对 3mm 厚度的抗鸟撞结构进行了鸟撞仿真，以验证仿真模型的准确性。真实试验中，抗鸟撞装置两侧通过螺栓固定在承力墙上，仿真模型中忽略螺栓，装置两侧边界条件设置为完全固支。

抗鸟撞装置结构采用 3mm 厚度的 2A12 铝材结构，鸟撞速度为 130m/s。试验用材为 5A12，仿真材料为 2A12，2A12 与 5A12 材料之间仅存在材料破坏应变的区别，仿真中设置铝材料的破坏应变为 160MPa。鸟撞后结构尖端出现一点破坏，其余结构完好，仿真结果如图 6–24 所示。由图 6–24 可以看出，整个抗鸟撞装置保持了结构的基本构型，鸟体被抗鸟撞装置完全劈开，且残余鸟体沿梁的平面飞向两边，成功保护了梁结构不被破坏。仿真计算中软件对失效单元进行了删除，而试验结果失效的部分仍旧是存在的，只是发生了严重变形，而残留的鸟体都未向后方飞溅。将两变形结果进行比较可以看出，仿真结果与试验结果基本一致，说明鸟撞仿真分析采用的建模方法及材料模型能比较准确地表述抗鸟撞装置的结构动态特性。

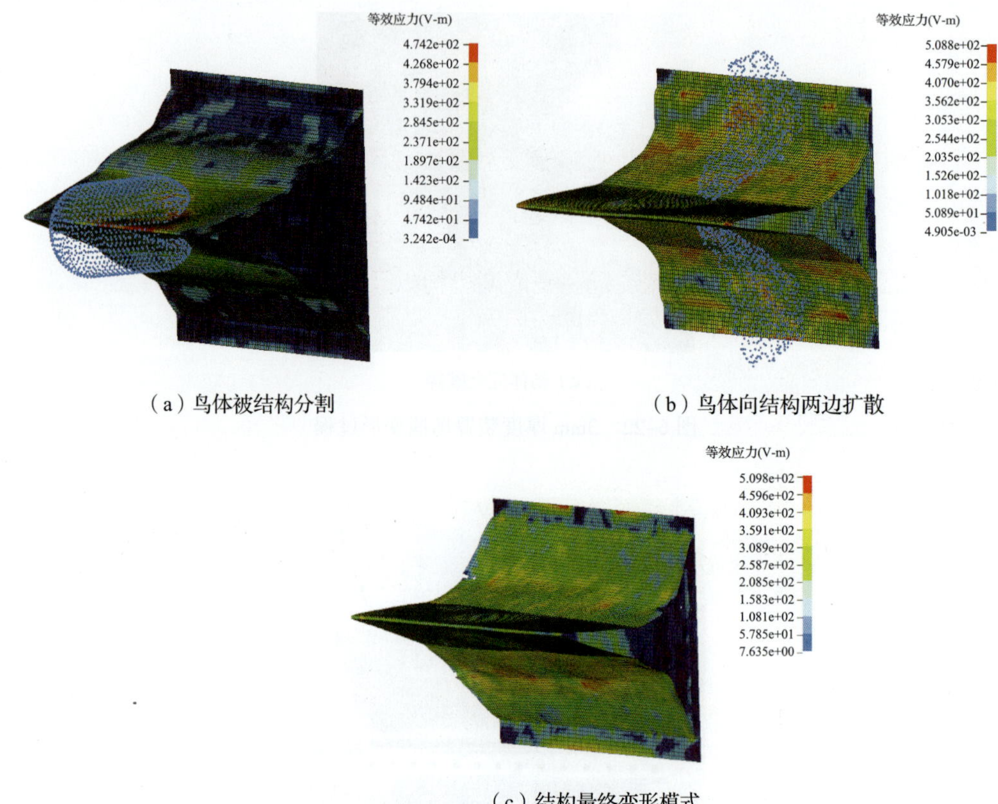

（a）鸟体被结构分割　　（b）鸟体向结构两边扩散

（c）结构最终变形模式

图 6–24　3mm 厚 5A12 铝材鸟撞装置变形历程

6.3.3.2　变弯度机翼结构抗鸟撞仿真

（1）无抗鸟撞装置机翼鸟撞仿真分析

首先建立了不含抗鸟撞装置的机翼鸟撞有限元模型。机翼模型内部带有变弯度机构。模型的材料均按照变弯度机翼设计用的材料。模型边界在前梁的翻边处固支，鸟体速度为 150m/s。有限元模型如图 6–25 所示。

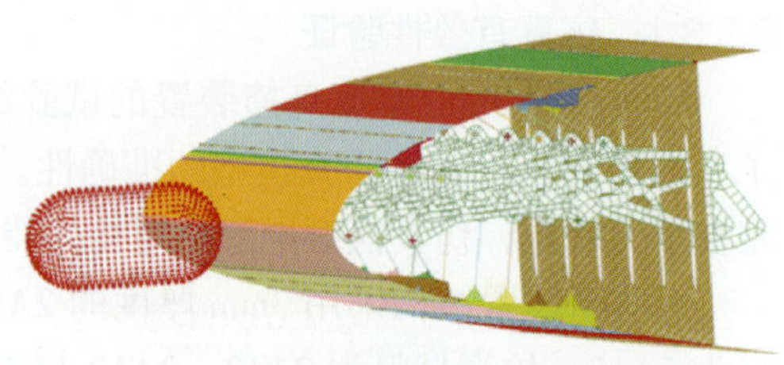

图 6–25　无抗鸟撞装置的机翼鸟撞有限元模型图

鸟撞结果如图 6–26 所示，无抗鸟撞装置时，机翼结构在受到鸟撞后，蒙皮被穿透，变弯度结构发生破坏，前梁被穿透。隐藏蒙皮的结构变形图如图 6–27 所示，可以清楚地看出变弯度机构与前梁出现了严重破坏。因此，在无抗鸟撞装置的情况下，机翼结构在鸟体撞击下破坏严重。撞击点附近的变弯度机构损坏，前梁被鸟体击穿，不符合飞机设计的抗鸟撞要求。

（2）含抗鸟撞装置机翼鸟撞仿真分析

本章对装有抗鸟撞装置的机翼结构进行了鸟撞仿真分析。在上面鸟撞有限元模型里，装配了抗鸟撞装置（1.8mm 厚的 2A12 铝材），建模方法不变。抗鸟撞装置中间设有缝隙，使变弯度机翼结构刚好能从中穿过，不影响到机构的正常运动路线，有限元模型如图 6-28 所示。

装有抗鸟撞装置的机翼结构在受到鸟撞后的结构变形图如图 6-29 所示。可以看出，机翼蒙皮被穿透，抗鸟撞装置、变弯度机构以及前梁无破损现象。隐藏蒙皮的结构变形图如图 6-30 所示，从隐藏蒙皮的结构变形图可以看出抗鸟撞装置与机翼前梁均无破损现象。因此，添加抗鸟撞装置后，机翼结构能完全满足变弯度机翼的抗鸟撞设计要求。

图 6-26　机翼结构变形图

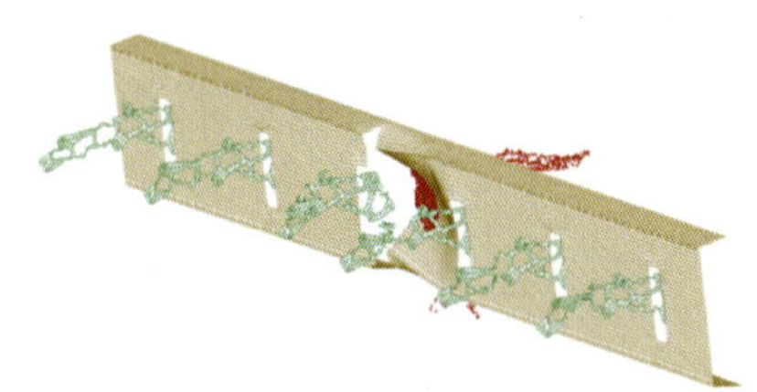

图 6-27　隐藏蒙皮的机翼变形图

图 6-28　含抗鸟撞装置的机翼鸟撞有限元模型图

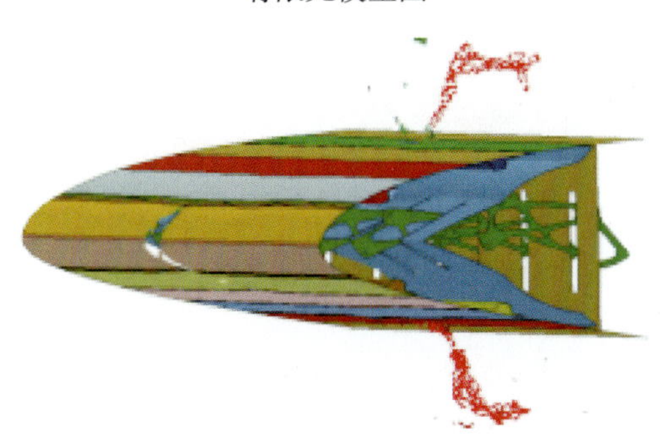

图 6-29　机翼结构变形图

图 6-30　隐藏蒙皮的结构变形图

6.4 小结

以变弯度机翼前缘为应用对象，通过分析现有的抗鸟撞结构的特点，提出了三种不同形式的变弯度机翼前缘抗鸟撞结构设计方案，并通过分析与试验等方法验证了其有效性，得出相关结论如下：

（1）对不同类型的抗鸟撞结构进行了仿真分析，结果表明，与三角形结构和弧形结构对比，三角加弧形结构新型抗鸟撞装置能够明显保护机翼避免出现破坏。

（2）通过鸟撞试验发现，将三角加弧形抗鸟撞装置装配在变弯度机翼内部后，在机翼受到鸟撞后，抗鸟撞结构能够有效将鸟体进行分割，达到了保护后部设施的目的。

（3）通过数值仿真对比了无抗鸟撞装置与含抗鸟撞装置的变弯度机翼在受到鸟撞后的响应，结果显示含抗鸟撞装置的机翼前梁等结构均无破损现象，满足了结构抗鸟撞的目的，为结构的抗鸟撞性能设计提供了参考。

第 7 章　民机变弯度机翼前缘防除冰系统设计

裴如男，钱战森

中国航空工业空气动力研究院，110034

7.1　飞机防除冰系统分类及特点分析

飞机上常用的防除冰系统包含机械除冰系统（气囊除冰、电脉冲除冰等）、液体防冰系统、电加热防除冰系统和热气防冰系统，后来发展的新型的防除冰系统种类较多，目前研究较多的有超声波防冰系统、涂层防冰、等离子体防除冰、记忆金属除冰等（见图 7–1），依需要分别应用于飞机不同部位的结冰防护[27]。

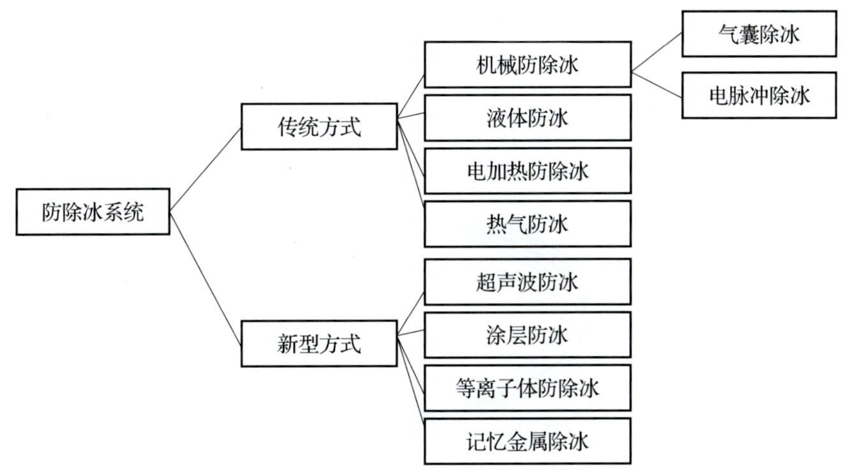

图 7–1　飞机结冰防护方式

新型防除冰方式的出现为飞机结冰防护指明了更多的研究方向，但均未得到成熟的应用，目前在飞机上应用较多的依然是传统的热气防冰系统和电加热防除冰系统。热气防冰系统基于从发动机引出的热气预冷后喷射至防护表面，从而保证表面不结冰；由发动机压气机引出的热空气经处理后到达安装在防护部件内部的笛形管，热气通过笛形管上的小孔向防护面内部喷射，使防护表面的温度上升进而进行结冰防护。典型的热气防冰系统如图 7–2 所示，从发动机引出的热气经集气管喷入机翼前缘防冰腔。

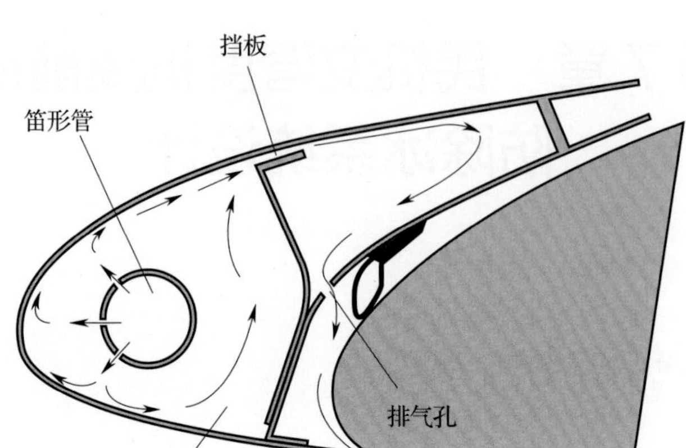

图 7–2　典型热气防冰系统[28]

电加热防除冰系统主要利用电加热的方法加热防冰表面，达到结冰防护的目的。根据工作方式的不同有电加热防冰系统和电加热除冰系统，前者电加热单元连续工作加热防冰表面，维持防护表面温度在冻结温度以上达到防冰的目的；后者周期性地将电能转化为热能，当飞机进入结冰气象条件时，在一定时间后系统开启电加热装置，加热防冰表面减小冰与防冰表面的附着力，利用气动力或惯性力吹走冰。典型机翼电热防除冰系统如图 7–3 所示，由于积冰主要分布在机翼前缘，加热片通常安置于翼型前缘蒙皮下方[27]。机翼等迎风部件表面要有一定的耐雨滴、沙粒等侵蚀的能力，且为了防止热能耗散到机翼内部造成浪费，一般电加热片嵌在绝缘材料中。

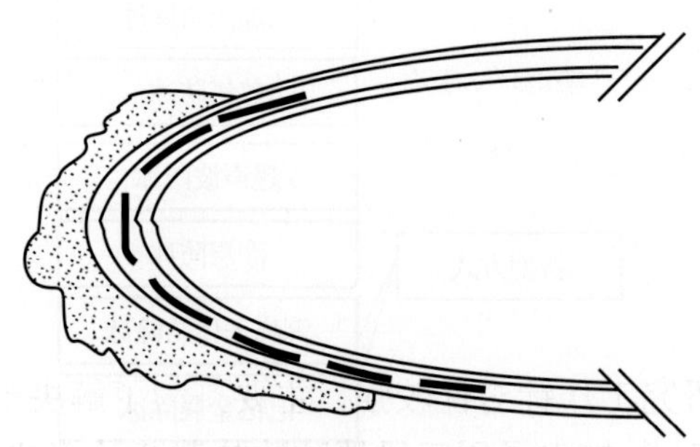

图 7–3　带冰机翼内部加热片结构[29]

通常飞机电加热防除冰系统设计为多层结构，内部电加热单元可用金属箔、金属丝或导电薄膜等，虽然结构有不同形式，但作用一致。如图 7–4 所示，类似多层结构在国际自动机工程师学会（SAE）的 SAE AIR1168/4 标准[30]中有详细的说明，SAE AIR1168/4 标准介绍的典型加热器多层结构设计采用环氧或苯酚树脂的玻璃纤维作为绝缘材料，并覆盖一层抗腐蚀性的金属（0.010in 厚的铝或者 0.005in 厚的不锈钢），该金属层可以减轻热源不均的问题并提高夹层的结构刚度，以减小机翼前缘蒙皮厚度；加热层嵌在绝缘层中间厚约 0.010in。

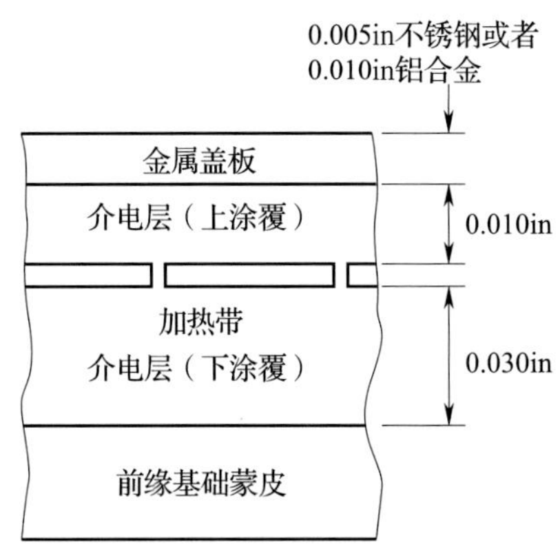

图 7-4 SAE AIR1168/4 标准中的电加热结冰防护系统典型结构[30]

热气防冰系统虽然目前在飞机机翼结冰防护上用途比较广泛，但需要从发动机引气，且结构比较复杂，也并不适用于变弯度机翼。考虑到变弯度机翼前缘连续变形的需求，内部结冰防护系统的选取需贴合前缘表面、结构灵活，因此机翼电加热防除冰系统是较好选择。电加热片嵌入绝缘材料中，安装于机翼前缘蒙皮内部，起到结冰防护的效果。

电加热除冰的建模和计算研究较多，20 世纪 80 年代初期，就已经开始从一维电热除冰建模转向二维电热除冰问题的建模和计算研究[27-28]。从 90 年代开始，主要研究三维简单电热除冰问题的建模与计算[27]，此后较多的研究重点在降低能耗。2015 年麦吉尔大学 CFD 实验室[31]提出用无导数优化方法对电加热除冰系统的加热功率密度、激活时间等进行优化。2021 年 Nic[32]总结了降低电加热防冰系统能耗的潜在方法与可实现性。在试验方面，国外关于电热除冰的试验研究多数是为了验证数值计算方法，如 1996 年美国国家航空航天局（NASA）Lewis 研究中心完成的机翼电热防除冰试验[31]，就是用来验证 LEWICE/Thermal 电热防除冰计算性能。

国内电热除冰的研究工作针对性较强，主要是为了解决当时的一些具体问题。20 世纪 90 年代熊贤鹏[33]提出了用于风挡防冰热载荷计算的方法和程序，并采用量纲分析法建立其计算模型，填补了国内在该领域的空白。2007 年常士楠等[34]在二维电加热除冰系统瞬态模型的基础上，对周期性电热除冰表面的温度进行了计算，并得到其与加热控制律的关系。2021 年熊建军等[35]利用结冰风洞试验对电加热除冰的控制律进行验证，建立了完善的电加热控制系统。

因此，针对变弯度机翼前缘连续、光滑变弯的几何特点，本章利用电热除冰方式在几何协调性好、布置灵活等优势，结合现有民机防除冰适航要求和防除冰分析理论，进行变弯度机翼前缘防除冰设计与分析，为变弯度机翼前缘进一步工程化提供参考。

7.2 飞机防除冰适航要求

民用飞机在结冰环境下飞行需按适航当局的适航规章进行飞机结冰条件下飞行的合格审定，即通过符合性验证方法对结冰相关适航条款进行取证，以验证飞机在结冰条件下飞行的安全性。

《中国民用航空规章》（CCAR）的 CCAR-25-R4 附录 C [19] 给出了与《美国联邦航空条例》（FAR）[36] 相似的结冰天气条件，用于形成附录 C 的结冰气象数据来源于美国在 1945—1948 年冬季分别于密西西比上游流域、北美五大湖地区、美国西部开展的研究 [31]，其中连续最大结冰条件与间断最大结冰条件常用于飞机结冰与防除冰研究分析中，都是综合考虑结冰云层范围、云层液态水含量（liquid water content，LWC）、云层水滴平均容积直径（mean volumetric diameters，MVD）和周围空气温度 4 个参数而制定出来的，如图 7-5 所示。连续最大结冰条件即大气结冰状态的最大连续强度，特点是在一定时间内飞机处于一个低等和中等强度的液态水含量的层云中。该设计条件适用于类似机翼、尾翼等部件，这些部件允许短时间或间歇地遇到更为严重的结冰气象条件。间断最大结冰条件即大气结冰状态的最大间断强度，特点是在短时间内飞机处于一个高液态水含量的环境中，其设计气象条件适用于发动机进气系统和导向叶片等部件，这些部件上甚至很短的飞行时间内都不允许结冰 [19]。

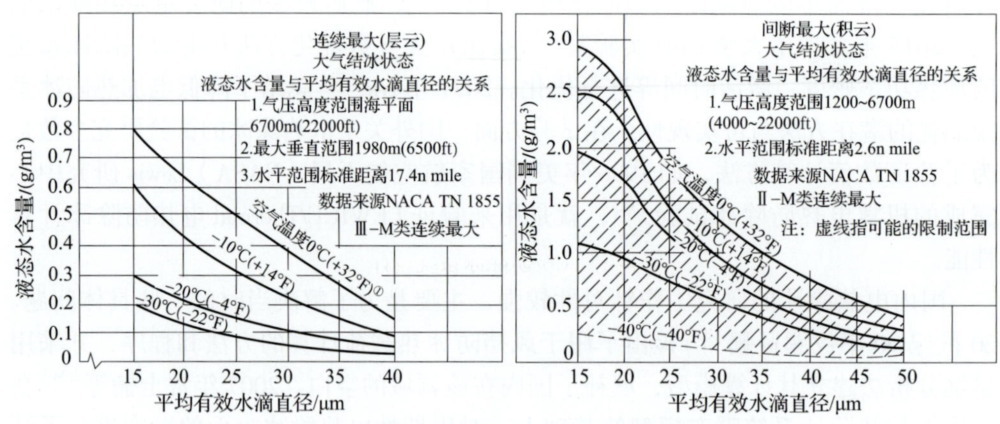

图 7-5　CCAR-25 附录 C 连续最大结冰条件（左）和间断最大结冰条件（右）[19]

适航规章 CCAR-25-R4 规定了运输类飞机的适航审定要求，规章首先将所有条款分为几大类，例如，B 分部飞机、C 分部结构、D 分部设计与制造等，每个类别基本都包含了对飞机结冰的要求。在民用飞机型号审查过程中，为了获得所需的证

① °F（华氏度，非法定单位），换算公式为：t_F（°F）=32+1.8t（℃）。

据资料以向审查方表明产品对于适航条款的符合性，需要采用不同的方法进行说明和验证，这些方法统称为符合性验证方法。只有全面地完成符合性验证才能取得民航适航证，只有取得各类适航证的产品才能合法进入市场。如果飞机想在结冰天气下飞行，申请人必须进行分析和试验以演示验证飞机在结冰条件下能够安全运行。CCAR-25-R4 第 25.1419 条给出了飞机防除冰系统的具体适航要求，规定了飞机必须能在附录 C 规定的连续和间断最大结冰条件下安全运行，并指出了能够满足符合性的验证方法。目前，多数研究均按照图 7-6 所示结冰防护系统的设计流程完成。

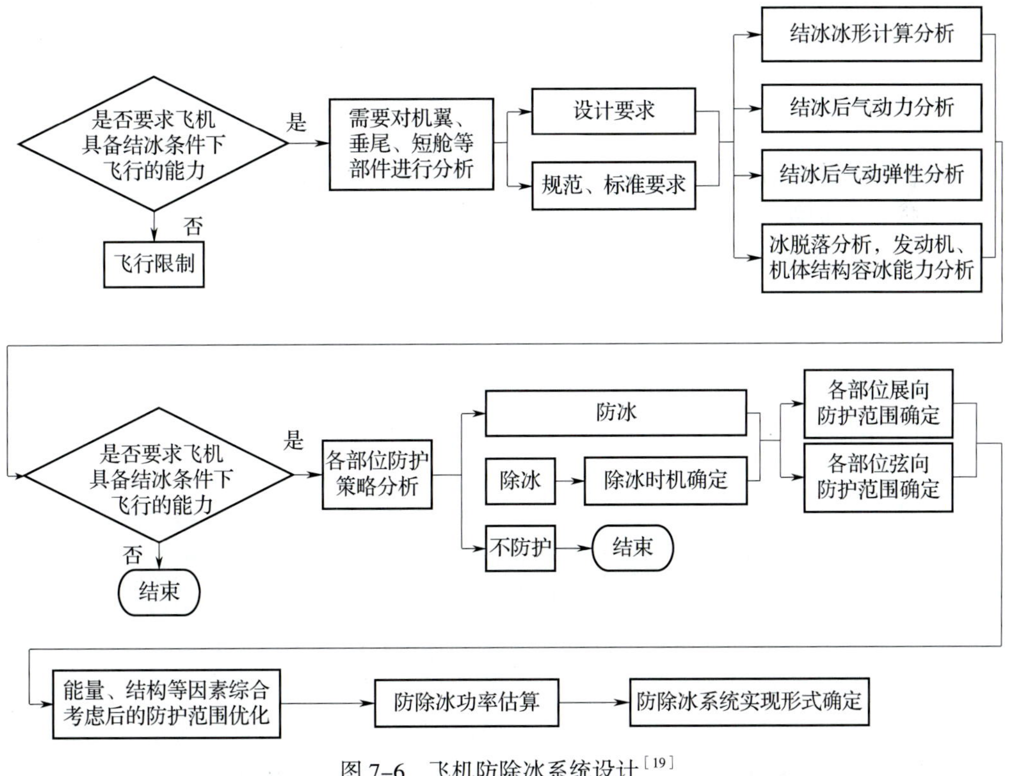

图 7-6 飞机防除冰系统设计[19]

7.3 机翼电加热防除冰系统设计

机翼电加热防除冰系统利用内部电加热装置加热防冰表面从而达到防除冰的目的，涉及复杂的传热传质过程，其设计和性能预测是一个反复迭代和优化的过程。按照图 7-6 所示依据前期飞机结冰冰形计算和结冰后气动力分析部分的工作，为使飞机具备结冰条件下飞行的能力，初步确定机翼的防护策略：包括设计状态点确定、结冰防护区域分析、防护热载荷计算分析；通常结合飞机总能量估算及防护热载荷可选择需要的结冰防护方式，对于变弯度机翼来说，因其有连续变形的需求，机翼电加热防除冰系统是很好的选择。具体的设计及算例验证过程如下。

7.3.1 设计状态点确定

严格意义讲，飞机防除冰系统设计应该满足整个飞机包线的结冰防护要求，由于影响因素众多，全部分析的话计算量巨大、计算周期长，这样结冰防护范围设计是非常复杂的过程，设计状态点包括飞机飞行状态以及结冰气象条件。由于结冰情况与飞行条件、云层条件等都有关系，结冰防护范围设计状态点的选择要综合考虑飞机构型、飞行速度、迎角、高度、发动机状态、水滴直径、液态水含量等多个参数。目前结冰防护范围设计点的选择没有统一标准，各型号飞机设计过程中都是根据飞机自身设计要求、可用能量等因素，选取合适的设计点。

7.3.2 结冰防护区域分析

飞机防除冰系统设计需要确定结冰防护的部位和区域，合理的设计防护区域可以大大降低防护能量消耗，提高防护效率。飞机机翼结冰防护区域包括展向和弦向结冰防护，若能够提供足够能量，除结构因素导致不能安装防护装置外，机翼全翼展和弦向都需要进行结冰防护；若无法提供足够的防护能量，需提供能够用于结冰防护的能量和从气动性能角度出发，选取气动性能影响敏感区域优先考虑结冰防护，从而确定机翼展向和弦向结冰防护范围。

具体结冰防护区域的大小可以通过两种方法来确定。

（1）水滴撞击区的计算分析

飞机在结冰气象条件下飞行时，悬浮在气流中的过冷水滴撞击到飞机表面是飞机结冰的起因，水滴的撞击过程及翼型表面的水滴撞击特性的计算至关重要。在水滴运动的轨迹中，有两条轨迹分别和机翼上、下表面相切，这两条相切轨迹之内的所有水滴都和机翼表面撞击；之外的所有水滴都绕过机翼未撞击到机翼表面上。两条水滴相切轨迹所包围的机翼表面称为水滴撞击区，如图 7–7 所示。

过冷水滴撞击到机翼表面的撞击区、撞击区内表面的撞击量及其分布，通常被称为水滴撞击特性[37]。目前关于水滴运动轨迹及水滴撞击特性的计算有拉格朗日法和欧拉法两种方法，都是在流场解算的基础上求解。

拉格朗日法的核心思想是追踪水滴的运动轨迹，在空气流场的基础上以水滴为中心，由牛顿第二定律，建立水滴的运动方程，求解水滴受力方程，从而得到水滴运动轨迹，进而判断是否撞击到机翼表面以及撞击的位置。

欧拉法则是根据场论思想，把水滴看作一个连续相，引入水滴容积分数之后，通过求解水滴相的连续性方程和动量方程，得到水滴运动轨迹和翼型表面的水滴撞击特性。

（2）结冰影响分析来确定防护区域

结冰影响分析即进行飞机结冰后气动性能影响评估，包括分析未防护区域结冰及防护能量不足导致的溢流冰对飞机气动性能的影响；另外，根据飞机安全飞行要求，防除冰系统失效情况下的结冰影响也需要进行评估。

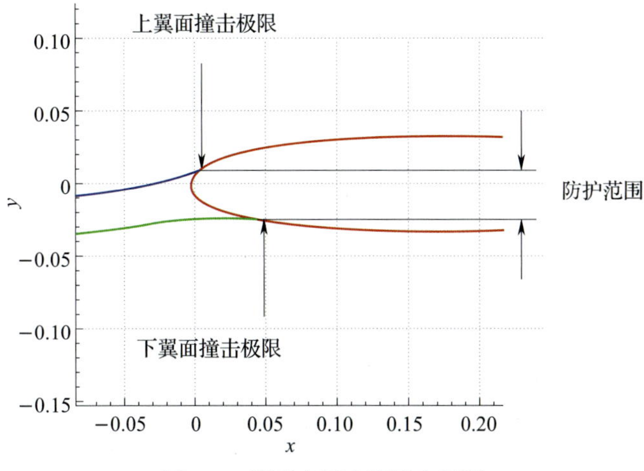

图 7–7 翼型表面水滴撞击极限

7.3.3 防护热载荷计算分析

防冰热载荷对于飞机防除冰系统设计较为关键，与飞行状态、外部气象条件以及表面温度设定息息相关。在进行飞机防除冰系统设计时，需要根据这些参数预测防护表面的防冰热载荷，通常由分析防护表面热流项来确定。

作用在飞机防护表面上的热流项主要有[38]：水或冰的显热 Q_{sh}；对流换热 Q_{cv}；表面上水蒸发所需的热量 Q_{evap}；水滴动能转变成的热量 Q_{kin}；由于边界层（曾称附面层）摩擦引起的气流对表面的加热热量 Q_{aer}；防冰系统工作时的加热热量 Q_{anti}。

此时表面的热平衡方程为

$$Q_{sh} + Q_{cv} + Q_{evap} - Q_{kin} - Q_{aer} - Q_{anti} = 0 \tag{7-1}$$

因此防除冰系统所需提供的单位面积的热量为

$$q_{anti} = \frac{Q_{anti}}{S} = q_{sh} + q_{cv} + q_{evap} - q_{kin} - q_{aer} \tag{7-2}$$

（1）显热

将撞击水或冰的温度升高至防护表面温度所需的热量定义为显热

$$q_{sh} = q_{shwater} + q_{shice} + q_{fusion} \tag{7-3}$$

其中

$$q_{shwater} = m_{imp} \cdot c_{pw}(T_s - T_\infty)(1 - f) \tag{7-4}$$

$$q_{shice} = f \cdot m_{imp}(c_{pw}(T_f - T_\infty) + c_{pi}(T_s - T_f)) \tag{7-5}$$

$$q_{fusion} = L_f \cdot f \cdot m_{imp} \tag{7-6}$$

式中，$m_{imp}=\beta \cdot (LWC) \cdot v$ 为撞击水的质量；β 为翼型防护表面水滴收集系数；LWC 为来流液态水含量；v 为来流速度；T_∞ 为来流温度；T_s 为飞机表面温度；T_f

为临界参考温度（通常采用 273.15K）；f 为冻结系数①（0~1）；c_{pw} 为水的比定压热容。

局部水滴收集系数一般通过求解水滴运动方程获得，但在最初评估时，也可以采用工程估算公式来计算

$$E_m = 0.00324\left(\frac{v}{t}\right)^{0.613} \tag{7-7}$$

上式基于高度 10000ft（3048m）和 MVD=20μm，高度在 10000~20000ft（3048~6096m）之间时误差至少在 10% 左右。

（2）对流换热

$$q_{cv} = h_{cv}(T_s - T_\infty) \tag{7-8}$$

其中对流换热系数为

$$h_{cv} = Nu\frac{k}{x} \tag{7-9}$$

式中，k 为导热系数（空气在温度 255.3K 时，导热系数为 0.0227W/（m·K）；$Nu=0.0296(Re^{0.8})Pr^{0.5}$；$Re=\frac{\rho v x}{\mu}$为雷诺数（$\mu$ 为空气［动力］黏度（曾称［动力］黏性系数），v 为来流速度，ρ为空气密度）；$Pr=\frac{c_{pa}\mu}{k}$为普朗特数（c_{pa} 为空气的比定压热容）。

（3）蒸发热量

当防护系统设计成湿表面防冰时，撞击到防护表面的水并没有被全部蒸发，蒸发的水量不仅与防护表面温度有关，还与饱和压有关系。

计算公式如下

$$q_{evap} = 0.7\,h_{cv}\,L_e\,\frac{R_h\,P_\infty - P_s}{P_\infty\,c_{pa}} \tag{7-10}$$

式中，L_e 为水的蒸发潜热；R_h 为相对湿度；p_∞ 为蒸汽在温度处于来流过冷水总温时的饱和压；p_s 为蒸汽在温度处于表面温度时的饱和压。

（4）水滴动能

$$q_{kin} = \frac{1}{2}m_{imp}v^2 \tag{7-11}$$

（5）气动热

$$q_{aer} = \frac{1}{2}(1-(1-Pr^{0.5}))\frac{v^2}{c_{pa}} \tag{7-12}$$

式中，Pr 为普朗特数；c_{pa} 为空气的比定压热容；μ为空气［动力］黏度；k 为空气的导热系数。

① GB 3100~3102—1993（2017 年改为 GB/T）《量和单位》规定，系数（coefficient）量纲不为一，因数（factor）量纲为一。

7.4 变弯度机翼前缘防除冰设计与分析

因为变弯度机翼前缘的变形是连续的，而电加热除冰空间布置灵活、与前缘变化的几何协调性好，因此电加热防除冰系统是变弯度机翼前缘较好的选择。电加热片嵌入绝缘材料中，安装于翼型前缘蒙皮内部，起到结冰防护的效果。确定翼型电加热防除冰系统的多层结构后，进行设计状态点确定、结冰防护区域分析、防护热载荷计算分析等工作。

7.4.1 电加热防除冰系统设计状态点确定

由于结冰情况与飞行条件、云层条件等都有关系，结冰防护范围设计点的选择要综合考虑飞机构型、飞行速度、迎角、高度、发动机状态、水滴直径、液态水含量等多个参数。目前结冰防护范围设计点的选择没有统一标准，各型号飞机设计过程中都是根据飞机自身设计要求、可用能量等因素，选取合适的设计点。美国联邦航空局（FAA）运输类飞机适航标准附录 C 中连续最大结冰条件的最大 MVD 为 40μm，根据临界冰形分析结果，MVD 为 20μm 时飞机结冰情况最严重。这里针对翼型弦向的结冰防护范围进行初步分析，根据以上要求考虑有限的最典型状态点，具体计算参数见表 7–1。

表 7–1 计算参数表

序号	速度 /(m/s)	迎角 / (°)	温度 /K	高度 /km	MVD/ μm	LWC/ (g/m^3)
Case1	80	2	256	0	20	FAR–25 部附录 C
Case2					40	
Case3		4			20	
Case4					40	

注：温度 256K，MVD 为 20μm、40μm 时，LWC 依据 FAR–25 部附录 C 其对应的分别为 0.274g/m^3、0.0687g/m^3。

7.4.2 电加热防除冰系统结冰防护区域分析

机翼弦向结冰防护区域由水滴撞击区域确定，在防护能量充足的情况下全部水滴撞击范围均需防护。算例选择典型二维翼型剖面，计算模型为处于自由来流条件下的二维翼型，根据表 7–1 的计算状态进行翼型水滴撞击特性计算，即基于欧拉方法求解水滴运动轨迹，计算中考虑水滴所受重力、浮力、阻力等，控制方程如下

$$\frac{\partial \alpha}{\partial t} + \nabla(\alpha \boldsymbol{\mu}) = 0 \tag{7–13}$$

$$\frac{\partial \boldsymbol{u}}{\partial t} + \boldsymbol{u}\,\nabla \boldsymbol{u} = \frac{C_D\,Re_{\rm d}}{24K}(\boldsymbol{u}_a - \boldsymbol{u}) + \left(1 - \frac{\rho_{\rm a}}{\rho}\right)\frac{1}{Fr^2}g \tag{7–14}$$

式中，α 为水滴体积分数；μ 为水滴速度；$\boldsymbol{u}_{\rm a}$ 为空气速度；C_D 为水滴阻力系数；$Re_{\rm d}$

为水滴雷诺数；K 为惯性因子；ρ_a 为空气密度；ρ 为水滴密度；g 为重力加速度；Fr 为弗劳德数。

经计算可以得到翼型表面的水滴撞击分布情况，其水滴收集系数云图如图 7–8 所示。在二维翼型段中间截取一个截面（见图 7–9），即可提取截面上水滴撞击极限位置，因为是二维翼段，截面数据可以代表翼型表面。水滴的坐标系为 x 轴沿机身向后，y 轴沿机翼展向，z 轴垂直向上。

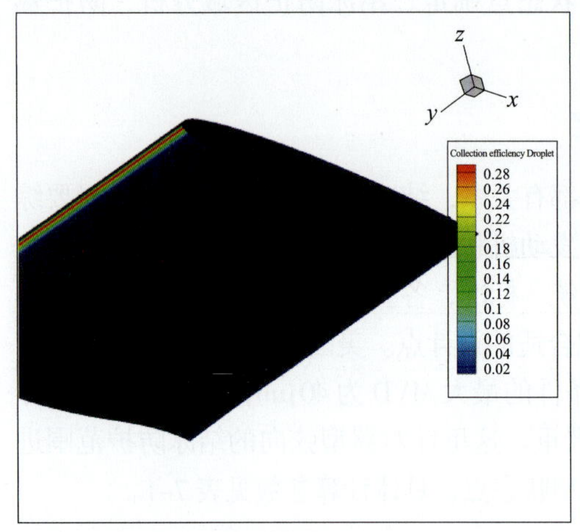

图 7–8　翼型收集系数效果图

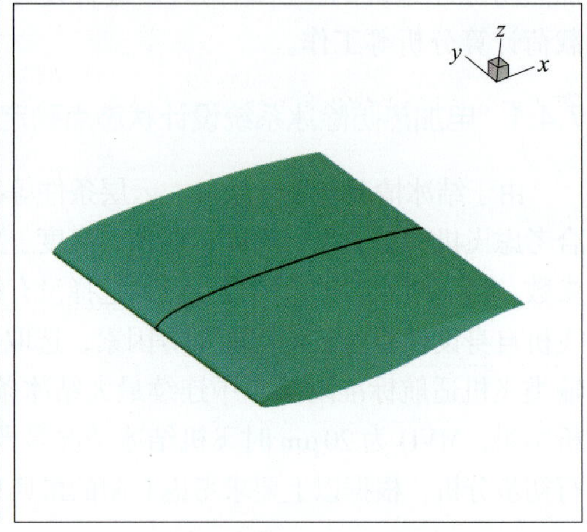

图 7–9　提取撞击极限截面位置示意图

水滴撞击极限定义为水滴收集系数为 0 的位置，通常情况下所有水滴撞击区域都应进行防护。若可供能量不足时，也允许飞机非关键部位结少量的冰来减小防护范围，无论是可供能量不足，还是因为结构问题导致的防护范围不足，都必须通过计算和试验手段来说明未防护区结冰对飞机性能不会产生过分影响。

本章首先确定翼型截面的前缘点，所选取的水滴撞击极限位置距离前缘点的沿翼面弧长即为上翼面或下翼面的防护范围，将上翼面和下翼面防护范围相加，即可得到整个翼型截面的防护范围。翼型弦向结冰防护范围如表 7–2 所示，表中给出了设计状态上下翼面弦向的水滴撞击弧长。

表 7–2　翼型弦向结冰防护范围

状态 V=80m/s	上翼面最大弧长 /m	下翼面最大弧长 /m	防护区弧长 /m
α =2°，LWC=0.274g/m^3，MVD=20 μm	0.011	0.136	0.147
α =2°，LWC=0.0687g/m^3，MVD=40 μm	0.045	0.396	0.441
α =4°，LWC=0.274g/m^3，MVD=20 μm	–0.011	0.17	0.159
α =4°，LWC=0.0687g/m^3，MVD=40 μm	0.011	0.45	0.461

7.4.3 电加热防除冰系统防护热载荷计算分析

依据飞机防护表面热流项分析，确定表面热平衡方程，结合防护表面水滴撞击特性，建立能量工程估算方法评估防护能量。飞行条件和结冰气象条件与表 7–3 一致，防护面加热目标温度为 288K。文献中多采用单点计算方法计算能量需求，单点计算方法是利用一个点的计算值代替整个翼型防护区的能量需求，简单快捷，适于手动计算。在没有翼型水滴撞击特性计算数据前，可以使用该方法，但要求所选择的计算点要能够代表整个翼型防护区的平均能量需求。机翼各截面功率密度的计算基于上节确定的机翼结冰防护范围。

表 7–3 翼型截面所需功率密度计算结果

状态 V=80m/s	功率密度 / (kW/m^2)	考虑 60% 损耗 / (kW/m^2)
α =2°，LWC=0.274g/m^3，MVD=20 μm	18.36	30.6
α =2°，LWC=0.0687g/m^3，MVD=40 μm	17.63	29.4
α =4°，LWC=0.274g/m^3，MVD=20 μm	15.94	26.6
α =4°，LWC=0.0687g/m^3，MVD=40 μm	17.63	29.4

7.4.4 计算结果

这里机翼电加热防除冰系统的结构形式与 SAE 标准中典型的电加热组件结构保持一致，提供热能的电加热片夹在绝缘材料之中，然后粘贴在蒙皮内部。电加热片的厚度约 0.013mm，嵌入厚度约 0.15mm 的绝缘层中，最后一层隔热层防止热量向翼型内部扩散，厚度约 3mm。翼型弦向布置 3 块电加热片，翼型前缘布置加热片 A，弧长 20mm，上、下翼面紧挨着 A 布置加热片 B（弧长 50mm）和 C（弧长 500mm）。

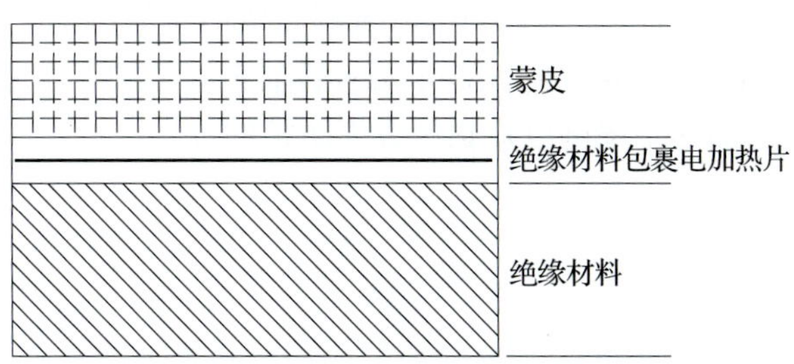

图 7–10 典型翼型电加热多层结构

LEWICE 软件是 NASA Glenn 研究中心开发的结冰计算软件，由于该软件已经过大量试验验证，是目前计算效果较好的结冰软件，也是 FAA 适航认可的结冰计算软件。LEWICE 在电加热除冰计算上有很广泛的应用，采用欧拉方法求解翼型周围流场，并通过边界层方法来获得翼型表面的对流换热系数，结合标准换热系数预测结冰粗糙表面；结冰计算模型源于 Messinger 提出的热力学模型，通过时间步长方法模拟冰生长过程，通过焓值方法模拟电加热防除冰过程。在这里采用上节选取的典型二维翼型剖面为计算翼型，按要求定义翼型外形几何文件，以及在翼型内部布置上述的电加热结构形式。按工程估算的结果给定每个电加热片的加热功率，进行数值计算，其中加热膜 A=18kW/m^2，加热膜 B=15kW/m^2，加热膜 C=12kW/m^2。三片加热膜同时开启和关闭，考虑到翼型前缘因对流换热影响，表面温度在驻点最低，沿翼型往后逐渐升高，因此三个加热膜设置不同加热功率，既能达到预期防护效果，又降低了防冰能耗；其中前缘驻点加热膜 A 加热功率最高，除冰过程温度变化曲线如图 7–11 所示。

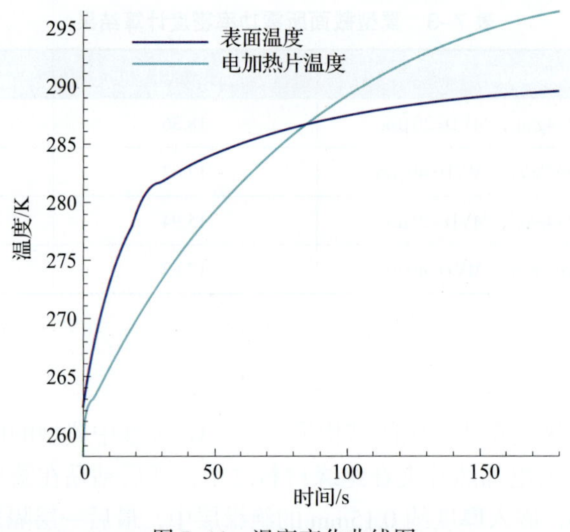

图 7–11　温度变化曲线图

从图中可以看出，加热片输入功率在 12~18kW/m^2 时，持续开启可以保证防护表面温度维持在 15℃左右。根据 FL–61 冰风洞完成的翼型电加热防除冰试验结果，风速在 100m/s 状态下，表面温度 15℃可以达到湿表面防护状态，但会有少量溢流冰生成。因此给定的加热功率可以达到湿表面防护的效果。

7.5　小结

根据适航要求，与传统机翼前缘类似，变弯度机翼前缘需要进行防除冰设计。本章根据变弯度机翼前缘变形特点，采用电加热防除冰系统的手段，对防除冰设计流程及防护热载荷计算分析进行了介绍，并选择典型变弯度机翼翼型剖面为研究对象，通过设计状态点确定、结冰防护区域分析和防护热载荷计算分析，确定翼型弦向结冰防护范围和防护能量，分析结果可作为翼型防除冰系统设计的第一轮输入，为后续详细设计奠定基础，而且从分析结果可知：

（1）电加热组件结构形式为翼型弦向共三个电加热片 A、B 和 C，弧长分别为 20mm、50mm 和 500mm，电加热组件厚度约 2.4mm。

（2）电加热片的防护功率给定 15kW/m^2 左右时，可以保证防护表面温度保持在 15℃左右（湿表面防护）。

若需应用于实际飞行中，后续还需要开展以下进一步研究：以上给出的具体数据仍需结合实际试验情况进行修正；需要考虑飞机各种飞行状态和结冰条件，对飞机防护部件的水滴撞击特性进行全面分析，确保飞机防除冰系统能考虑飞机飞行时可能遭遇的所有情况；当电加热防护开启后，冰融化产生的液态水或未蒸发的水滴可能会溢流到防护区外冻结，形成对飞机飞行安全产生严重影响的溢流冰；因此需要开展溢流冰影响分析。

第 8 章　民机变弯度机翼前缘结构地面功能与强度试验

李珊山[1]，王志刚[1, 2]，陈先民[1]，孙侠生[3]

1．中国飞机强度研究所，710065

2．北京航空航天大学，100191

3．中国航空研究院，100012

8.1　机翼前缘结构及试验目的

8.1.1　试验对象

如图 8–1 所示，变弯度机翼前缘结构原理验证试验件仍采用第 5 章的试验件。蒙皮为玻璃纤维增强的复合材料，内部采用摇臂和连杆机构进行驱动。弦向尺寸为 610mm，展向尺寸为 350mm。

图 8–1　变弯度机翼前缘结构

8.1.2　试验目的

该试验的目的包括：

（1）针对变弯度机翼前缘结构完成功能试验，测量其结构变形，对比最大变形量是否达到设计要求。

（2）针对变弯度机翼前缘结构完成强度试验，验证其在承受气动载荷情况下的强度是否满足设计要求。

8.1.3 试验载荷

试验载荷来源于气动分析结果。将气动载荷等效处理为作用在上下翼面的试验载荷，处理后的试验载荷与结构变形角度之间的对应关系如表 8–1 所示。

表 8–1 变弯度机翼前缘结构强度试验载荷（100%）

角度 /（°）	主缸位移 /mm	上翼面 /N	下翼面 /N
0	0	–1201.26	61.28
3	–7.30	–888.99	90.38
6	–14.63	–943.49	92.07
9	–21.96	–946.20	104.26
12	–29.26	–945.17	106.94
15	–36.35	–944.14	109.63

8.2 机翼前缘结构试验载荷加载方法

根据功能验证以及强度评估的需求，该试验设计一处结构变形驱动点，两处气动载荷模拟加载点。变形驱动点用来驱动连杆机构，模拟功能需求；上、下蒙皮各设计一处气动载荷模拟加载点，用来评估试验件的强度。三处加载点以连杆机构的角度变化为共同参考点，实现多点协调控制加载。另外，在试验支持加载方案设计中需要对试验过程中试验件及其加载点的运动轨迹进行仿真分析，得到其在整个试验过程中的运动包络范围，从而设计合理的滑轨行程并选取符合要求的电动缸型号，满足试验需求的同时最大程度地节约试验成本。

试验支持加载方案如图 8–2 所示，图中：①为结构变形驱动作动缸；②和③为载荷模拟加载作动缸；④为位移补偿调姿作动缸；⑤为滑轨；⑥为龙门框架。变形驱动作动缸通过铰链与连杆机构连接，在水平方向进行往复运动，驱动连杆机构带动蒙皮实现前缘结构偏转。在上、下翼面靠近固定端长桁的位置各设置一个载荷施加点，加载点与加载作动缸一端连接。龙门框架用来固定试验件和加载设备，龙门框架通过地脚螺栓与地轨连接固定于地面。龙门框架上、下各设置了一组滑轨结构，每组滑轨结构由两根滑杆和 4 个滑块组成，滑块内置滚珠轴承，保证运动顺畅不卡滞；滑轨一端与位移补偿调姿作动缸连接，可以使其沿平行于滑轨的方向伸缩；另一端与加载缸连接，通过对调姿作动缸进行位移补偿的方式来调整加载方向，滑轨结构细节如图 8–3 所示。

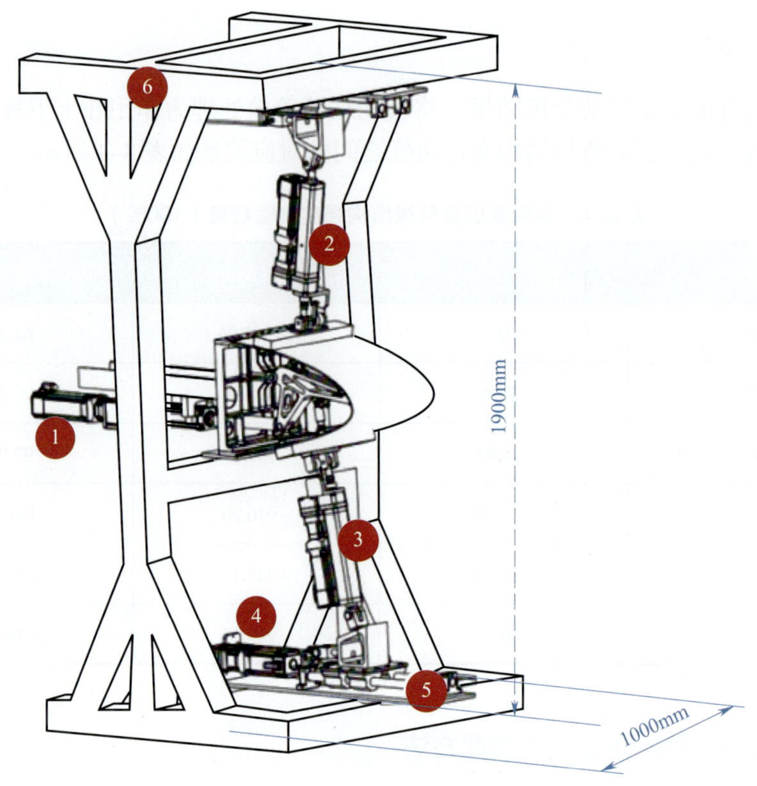

图 8-2　试验支持加载方案示意图

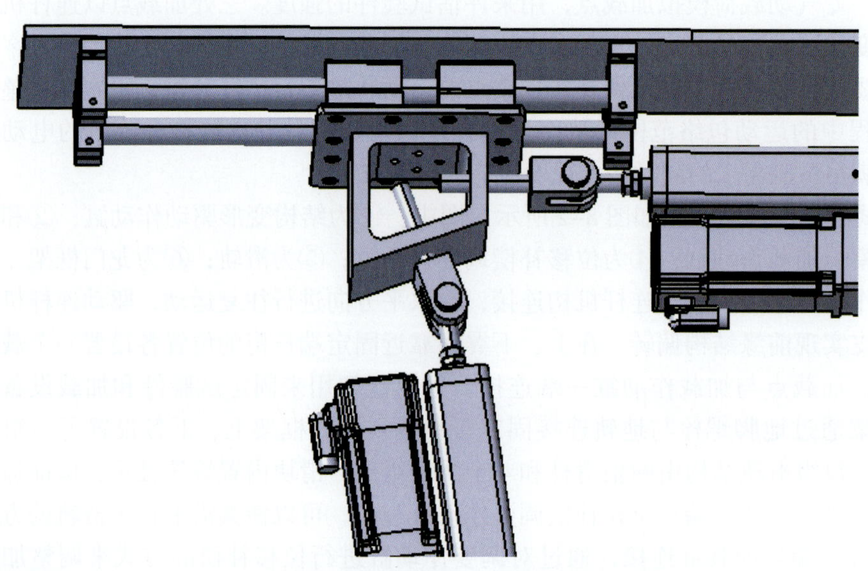

图 8-3　滑轨结构细节示意图

8.3 机翼前缘结构试验控制方法

试验设计了多通道协同闭环控制系统，并开发了控制系统软件，来保证试验控制加载的精度，并实现数据的实时采集与曲线的实时输出。闭环系统的特点是系统的输出量能够自动地跟踪输入量，减小跟踪误差，提高控制精度，抑制扰动信号的影响。闭环的实质是将命令值与反馈值作差，并将差值发送出去执行，直至两者差值为零。试验闭环控制原理如图 8–4 所示。

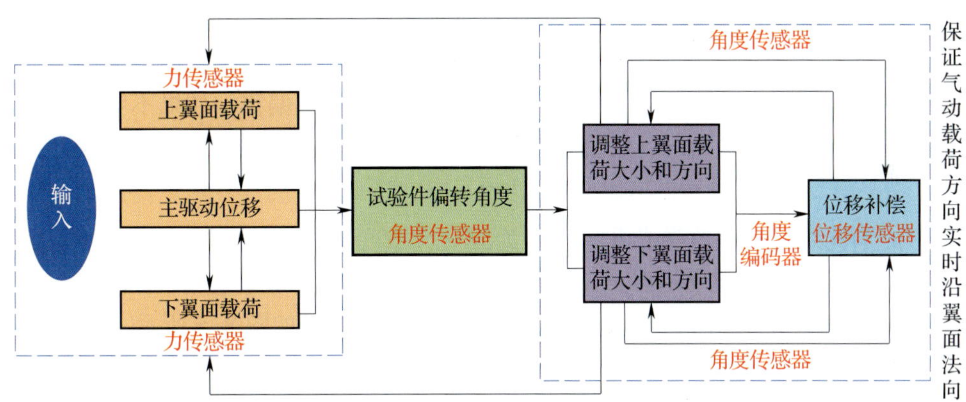

图 8–4 多点协同闭环控制原理方案设计

8.4 机翼前缘结构试验变形测量方法

针对变弯度机翼前缘形态与偏转角度在功能验证和强度评估试验中可测、可控的测量需求，制订了试验变形测量方案。考虑到柔性蒙皮在试验中变形较大，并存在局部变形，测量方案中采用了三种不同的测量方法：①基于光纤光栅传感器的机翼前缘形态重构法；②摄影测量法；③三维快速扫描法。下面对前两种方法的理论进行简要介绍，并对三种测量方法在试验中的应用进行分析。

8.4.1 光栅光纤变形监测方法

光纤布拉格光栅传感器（fiber Bragg grating，FBG）是近年来快速发展起来的一项新型监测手段。光纤测试系统采用光信号进行传感通信，其传输通道为玻璃纤维，玻璃纤维芯径细、质量轻，对电磁干扰信号具有较强的稳定性；对于大型复杂监测结构测试系统，可将光纤玻璃纤维传输通道内埋进材料内部，在不影响结构性能前提下，可实现对结构内部损伤、冲击等参数的监测；由于光纤传感系统的串联监测特点（即可将多个 FBG 传感器串联在一个光纤通道内），易于将光纤玻璃纤维监测系统实现分布式多点监测，具有传统监测手段所不具有的优势。因此，光纤光栅传感器以其独有的芯径细、数据采集频率高、易于实现分布式多点监测、稳定性好、抗腐蚀、抗电磁干扰等优点已被大量应用于工程结构的形状和振动监测中。

（1）FBG 应变传感原理

FBG 传感器是一种依靠波长调制的光纤传感器，当一束宽带光穿过时，光纤光栅敏感区只会反射特定波长的光，而对其他波长的光直接透射。根据模式耦合理论，FBG 中心波长偏移量取决于光纤光栅周期和平均有效折射率的改变，其可表示为

$$\lambda_B = 2n_{\text{eff}}\Lambda \tag{8-1}$$

由式（8–1）可以看出，光纤光栅平均有效折射率（n_{eff}）或光栅周期（Λ）的改变均会影响 FBG 的中心反射波长。对其影响最直接的物理量就是轴向应变和温度，应变会使光纤半径、光栅间距改变从而影响光纤平均有效折射率，而温度则会影响光纤的热折射率及热膨胀，进而影响光纤光栅中心波长的偏移。如果不考虑外界环境温度变化的影响，则光纤光栅反射中心波长与轴向应变之间的关系可以表示为

$$\Delta\lambda_B/\lambda_B = (1 - p_e)\varepsilon = K_\varepsilon \cdot \varepsilon \tag{8-2}$$

式中，p_e 为光纤光栅有效弹光系数；K_ε 为应变灵敏度系数；ε 为轴向应变。

（2）基于 FBG 的机翼后缘形态重构方法

机翼结构发生弯曲时，可以认为是由多段圆弧组成，如图 8–5 所示。该图中 cd 为弧段上表面，ab 为弧段中性层，弧段初始长度为 L，y 为上表面距中性层的距离。弧段变形后，弧段上表面长度变为 $L+\Delta L$，弯曲半径为 ρ，偏转角度为 $\mathrm{d}\theta$。

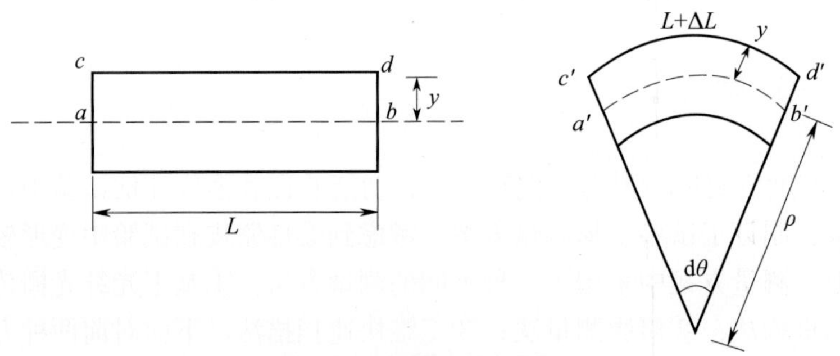

图 8–5　弧段变形示意图

假设中性面位置及长度保持不变，可得

$$\begin{cases} L + \Delta L = (\rho + y)\mathrm{d}\theta \\ L = ab = \rho\mathrm{d}\theta \end{cases} \tag{8-3}$$

根据应变定义，可得

$$\varepsilon = \frac{\Delta L}{L} \tag{8-4}$$

将式（8–3）代入式（8–4），可得

$$\varepsilon = \frac{(\rho + y)\mathrm{d}\theta - \rho\mathrm{d}\theta}{\rho\mathrm{d}\theta} = \frac{y}{\rho} = y \cdot k \tag{8-5}$$

式中，k 为弯曲曲率。将式（8-2）代入式（8-5）可得 FBG 中心波长偏移量 $\Delta\lambda_B$ 与曲率 k 的关系

$$k = \frac{\Delta\lambda_B}{K_\varepsilon \lambda_B y} \tag{8-6}$$

式（8-5）建立了应变和曲率的关系，在此基础上，将曲率信息转换为位移信息。在起点 O 建立坐标系 XOY，取一点 A，假设 OA 足够小，近似为圆弧，可得 A 点的坐标，即

$$\begin{cases} x_A = \sin(OA \times k_A)/k_A \\ y_A = (1 - \cos(OA \times k_A))/k_A \end{cases} \tag{8-7}$$

假设弧段 AB 是相邻下一段弧段，以 A 点建立坐标系 $X'AY'$，如图 8-6 所示。（x_{BA}，x_{BA}）为 B 点在 $X'AY'$ 的坐标，θ 是 AX' 与 OX 的夹角，得

$$\begin{cases} x_{BA} = \sin(AB \times k_B)/k_B \\ y_{BA} = (1 - \cos(AB \times k_B))/k_B \end{cases} \tag{8-8}$$

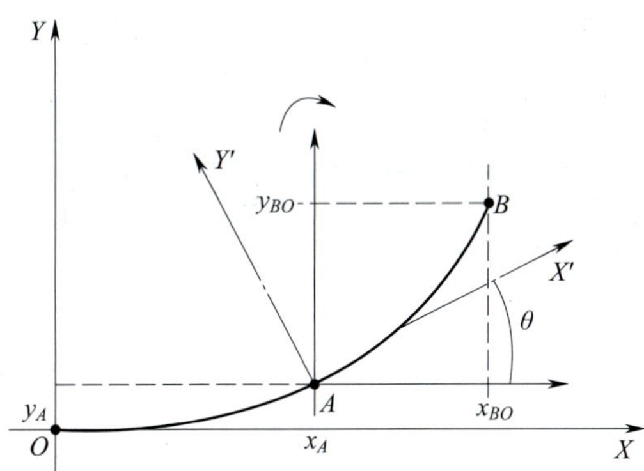

图 8-6　测试点递推坐标系

将 $X'AY'$ 进行坐标旋转和平移，可得 B 点在 XOY 坐标系中的坐标，即

$$\begin{bmatrix} x_{BO} \\ y_{BO} \end{bmatrix} = \begin{bmatrix} \cos\theta & -\sin\theta \\ \sin\theta & \cos\theta \end{bmatrix} \begin{bmatrix} x_{BA} \\ y_{BA} \end{bmatrix} + \begin{bmatrix} x_A \\ y_A \end{bmatrix} \tag{8-9}$$

以此递推，重复以上步骤，可以计算机翼任意位置的空间位移坐标。在形态重构方法方面，该方法只需获取被测结构相应测试点 FBG 传感器的应变信息，便可获取相应位置的空间位移信息。

8.4.2　非接触摄影变形监测方法

摄影测量技术具有精度高、非接触式测量、测量对象无限制、对测量环境要求低等优点。广义上的摄影 / 照相测量常被用于地图测绘、土地测量、地形勘察、航空 / 航天（卫星）测绘等地理信息和空间数据等应用中，除此以外，现代更先进、更精密的摄影 / 照相测量已被应用于工业、工程、建筑、生物、医学、考古等领域

中。近年来，摄影 / 照相测量也已被越来越多地应用于航空航天领域中，特别是在飞机制造业中的应用更加细化，主要应用于具有大变形的刚性结构的整体变形测量、结构外形评估、逆向建模等方面。例如，对巴航工业莱格赛 650 公务机进行测量后的数字模型显示效果如图 8–7 所示。

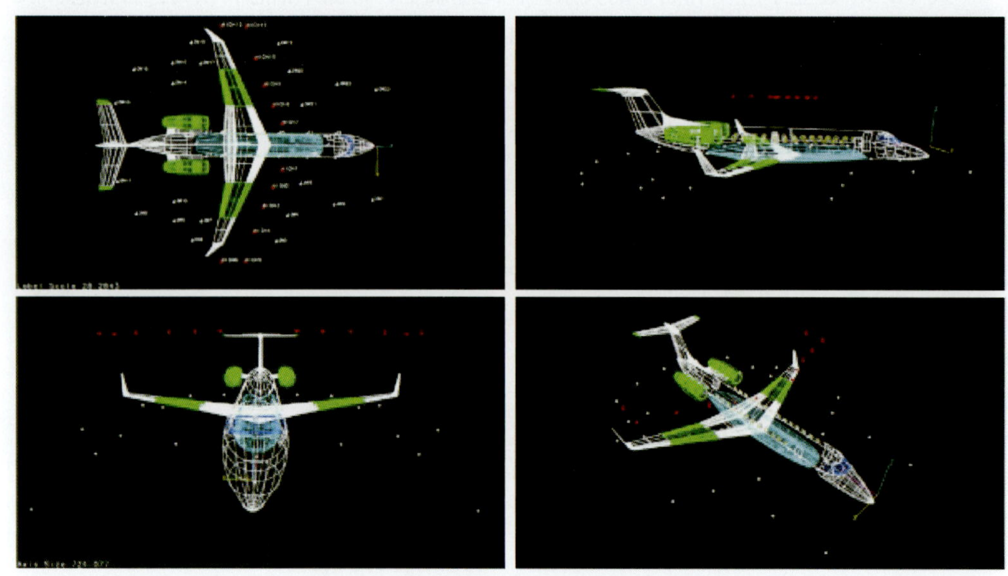

图 8–7　摄影测量在飞机测量中的应用

摄影测量又称照相测量，其基本原理是利用光学相片成像的三角测量，是一种将三维实物或实景转换或映射成平面二维图相再重建还原的过程，其主流研究方向通常基于被拍摄的三维物体和生成的二维相片之间的几何关系，常用于测量物体的位置、形状、尺寸、特性，以及不同标记点相互间的相对位置。

其一般方法是通过多台已调试、校准和定义过的专业照相机，从至少两个不同位置和角度拍摄同一物体的照片或影像，每台照相机向安置在目标对象上的靶标点发射一种被称为“视线”的光束，这些光束在空间中相交后产生一组或多组交叉点。

如果从多个摄站对目标进行拍摄，即可获取被测物体的多个立体像对，从而构成多目立体视觉。设测量点 p_i 由 j 个摄站（j 条光线）相交，如图 8–8 所示，则共有 j 个共线方程

$$
\begin{aligned}
& x_{ij} - x_{0j} + \Delta x_{ij} = \\
& -f_j \frac{a_{1j}(X_i - X_{sj}) + b_{1j}(Y_i - Y_{sj}) + c_{1j}(Z_i - Z_{sj})}{a_{3j}(X_i - X_{sj}) + b_{3j}(Y_i - Y_{sj}) + c_{3j}(Z_i - Z_{sj})} \\
& y_{ij} - y_{0j} + \Delta y_{ij} = \\
& -f_j \frac{a_{2j}(X_i - X_{sj}) + b_{2j}(Y_i - Y_{sj}) + c_{2j}(Z_i - Z_{sj})}{a_{3j}(X_i - X_{sj}) + b_{3j}(Y_i - Y_{sj}) + c_{3j}(Z_i - Z_{sj})}
\end{aligned}
\tag{8-10}
$$

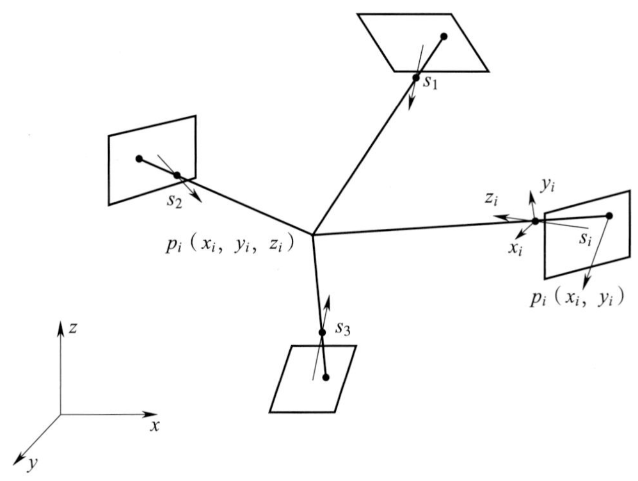

图 8-8　摄影测量原理

通过公式（8-10），利用空间前、后方交会原理，将图片导入配套的计算机软件，结合照相机位置和瞄准角方位，据此获得数学意义上的三角坐标并加以分析，通过数字匹配和拼接等方式形成立体图像，以弥补单一相机在三维转二维时丢失的信息点，并在基于二维重建三维的过程中尽可能补足这些信息点，最终实现精密测量、数字建模乃至影像还原。

摄影测量系统分为单相机测量系统和多相机测量系统。单相机测量系统主要用于对静态物体的高准确度三维坐标测量，测量时只需要手持相机距离被测物体一定距离从多个位置和角度拍摄一定数量的数字相片，然后由计算机软件自动处理（标志点图像中心自动定位、自动匹配、自动拼接和自动平差计算）得到特征标志点的 x、y、z 坐标。单相机测量系统对特征长度 5m 的被测工件，测量精度可以达到 0.03mm 的精度。多相机摄影测量系统部件组成与单相机测量系统基本类似，但可以定制最多 8 个工业相机继续同时测量，通过使用无线操作的测头，对静态或动态物体进行精确的实时测量，可使用反射目标点或投影的 PRO-SPOT 光学标记点，在稳定和不稳定的环境中以高达每秒 10 点的速率实时提供三维坐标测量。其在强度试验中的应用场景如图 8-9 所示。

双相机测量时通过软件控制相机拍摄相片，可以同时测量被测物体上的特征标志点集，也可以通过辅助测量点实现单点测量，尤其适合隐藏点测量。由于是通过控制器控制相机同步曝光，故该系统尤其适合动态物体的测量，包括变形测量。另外，多相机系统在测量中采用了整体光线束法平差技术，当相机脚架处于不稳定环境（如振动）中时也可以实现高准确度测量。

图 8-9　双相机测量系统在强度试验中的应用

8.4.3　不同测量方法在试验中的应用

基于布拉格光栅光纤传感器的机翼前缘形态重构技术，利用数值仿真方法分析变弯度机翼前缘的形态变化特征，得到变弯度机翼前缘偏转位移与偏转角度之间的关系，光栅光纤传感器在该试验中的分布情况如图 8-10 所示。

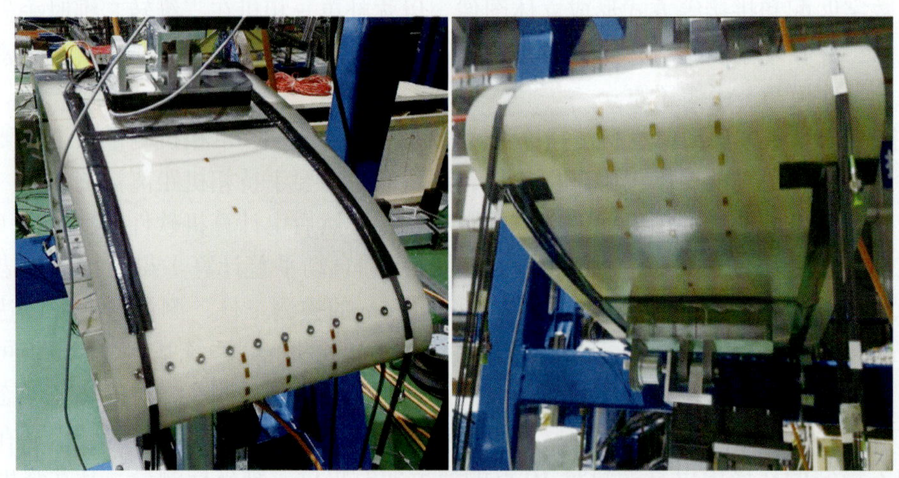

图 8-10　光栅光纤传感器分布情况示意图

三维快速扫描系统采用手持扫描测量仪器，通过测量不同偏转角度下的结构位置来得到变弯度机翼前缘偏转位移与偏转角度之间的关系，三维快速扫描系统在该试验中的应用场景如图 8-11 所示。

摄影测量的基本原理是利用光学相片成像的三角测量，拍摄得到不同偏转角度下测量点的空间位置，通过坐标转换重构出偏转角度下对应的变弯度机翼前缘形态。摄影测量法在该试验中的应用场景如图 8-12 所示。

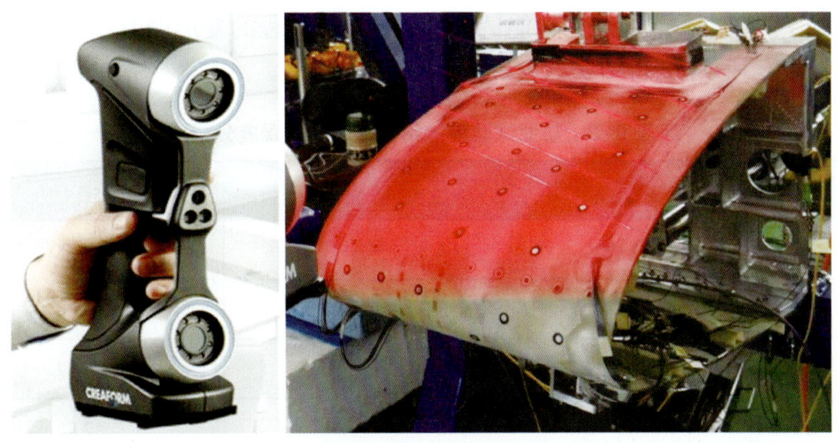

图 8-11 三维快速扫描系统工作示意图

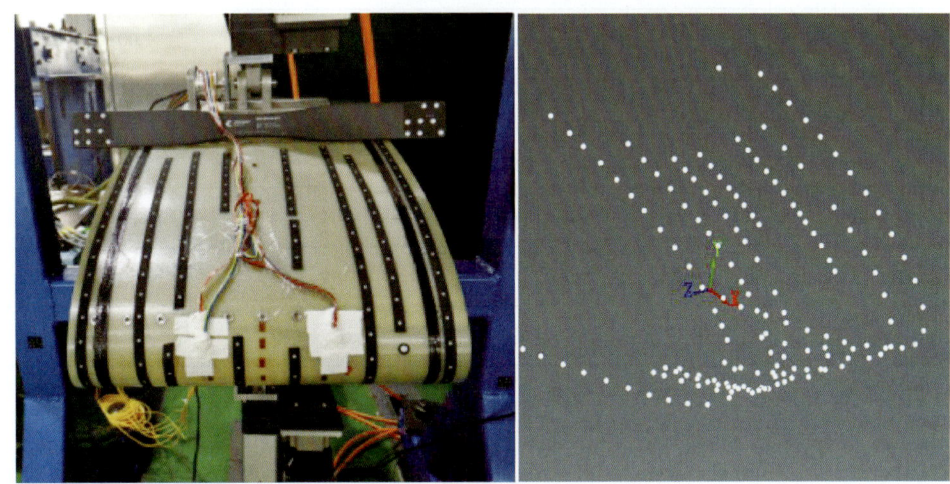
图 8-12 摄影测量系统工作示意图

8.5 机翼前缘结构试验结果及误差分析

8.5.1 变弯度机翼前缘结构功能验证试验

（1）试验过程

变弯度机翼前缘结构功能验证试验中，不施加气动载荷，在变形驱动作动缸作用下，前缘结构实现了下偏 17°的设计目标；试验过程中，蒙皮变形光滑连续，蒙皮与长桁的连接处没有发生脱黏；试验件所有连接部位正常，无异响；连杆驱动结构变形顺畅无卡滞。

（2）误差分析

在结构理论变形角度分别为 0°、3°、6°、9°、12°、15°时测量结构的实际变形角度，对变弯度机翼前缘结构功能试验中结构重构过程的变形误差进行分析，平均误差为 4.59%，误差分析结果如表 8–2 和图 8–13 所示。

表 8–2　功能试验前缘结构形态重构误差分析

设计角度 /（°）	实际变形角度 /（°）	相对误差 /%
3	2.64	12.00
6	5.58	7.00
9	8.58	4.67
12	11.67	2.75
15	14.76	1.60
12	11.88	1.00
9	8.79	2.33
6	5.76	4.00
3	2.82	6.00
平均相对误差 /%		4.59
说明：测量角度为驱动连杆变形角度，驱动连杆变形 15° 对应前缘下偏 17°。		

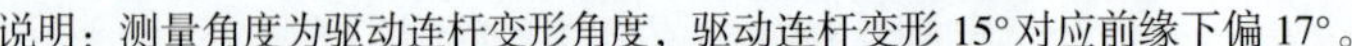

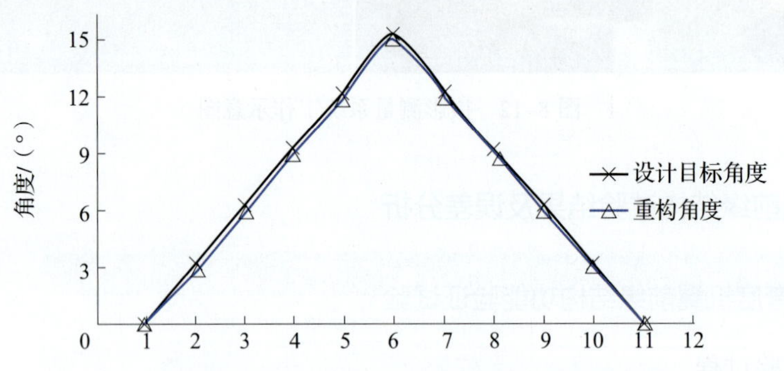

图 8–13　功能试验中前缘结构形态重构过程角度误差对比分析

对前缘结构理论变形 3° 时测量的光纤光栅数据和 3D 快速扫描数据进行了处理，重构出两种测量结果得到的前缘外形，将其与变形 3° 时的理论外形进行对比，光纤光栅、3D 扫描测量结果与设计目标对比平均相对误差分别为 8.88%、10.7%，如图 8–14 所示。需要特别说明的是：在使用光纤光栅进行测量时，由于前缘尖端位置变形较大，应变值超出了光纤光栅传感器的测量范围，没有测量到有效的变形数据。

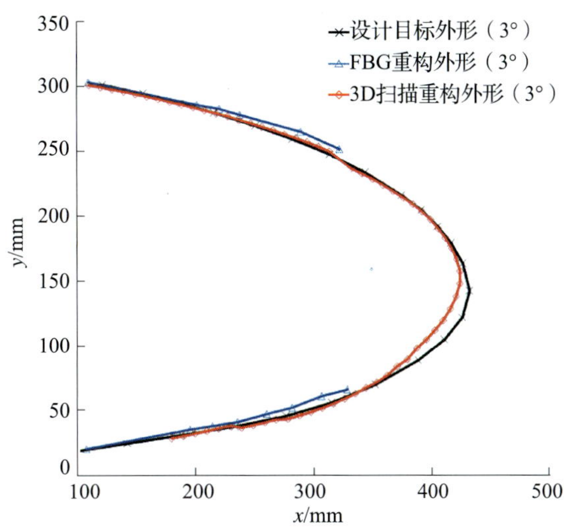

图 8-14 FBG 和 3D 扫描外形重构结果与设计目标对比（变形 3°）

8.5.2 变弯度机翼前缘结构强度评估试验

（1）试验过程

在变弯度机翼前缘结构的强度评估试验中，变形驱动与气动载荷协同控制加载，试验载荷如表 8-1 所示。试验时，前缘在承载状态下完成下偏 17° 的设计目标；承载运动过程中结构未发生破坏；蒙皮变形光滑连续，蒙皮与长桁的连接处未发生脱黏；试验件所有连接部位正常，无异响；连杆驱动结构变形顺畅无卡滞。

（2）误差分析

变弯度机翼前缘结构的强度评估试验中，在结构理论变形角度分别为 0°、3°、6°、9°、12°、15° 时测量结构的实际变形角度，对变弯度机翼前缘结构强度评估试验的结构重构过程的变形误差进行分析，平均相对误差为 5.23%，误差分析结果如表 8-3 和图 8-15 所示。

表 8-3 强度评估试验前缘结构形态重构角度误差分析

设计角度 /（°）	实际变形角度 /（°）	相对误差 /%
3	2.85	5.00
6	5.79	3.50
9	8.79	2.33
12	12.82	6.83
15	14.55	3.00
12	11.67	2.75
9	8.58	4.67

表 8-3（续）

设计角度 /（°）	实际变形角度 /（°）	相对误差 /%
6	5.58	7.00
3	2.64	12.00
平均相对误差 /%		5.23

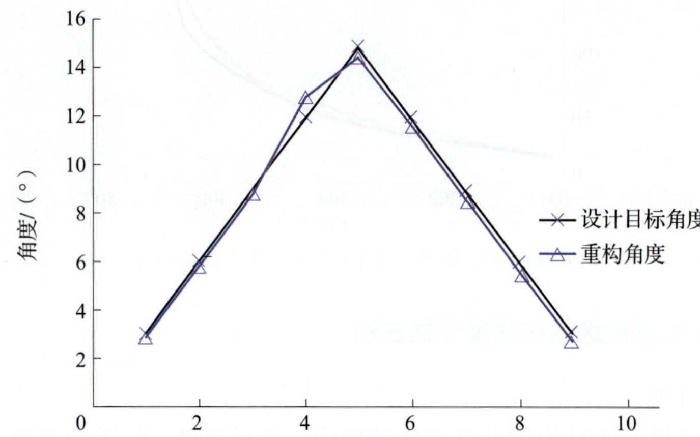

图 8-15　强度评估试验前缘结构形态重构角度与设计目标角度对比

对强度评估试验中上、下翼面载荷误差进行分析，上翼面实际施加载荷值与理论载荷值如表 8-4 所示，载荷值施加误差对比如图 8-16 所示；上、下翼面载荷施加理论方向沿翼面法线（试验反馈值 90°）方向，实际载荷施加方向值与理论值如表 8-5 所示，载荷方向误差对比如图 8-17 所示。载荷施加大小与方向平均相对误差分别为 0.58% 和 0.2%。

表 8-4　上翼面实际载荷值与理论载荷值误差分析

角度 /（°）	理论载荷 /N	实际载荷 /N	相对误差 /%
0	−1201.26	−1190.25	0.92
3	−888.99	−890.41	0.16
6	−943.49	−940.72	0.29
9	−946.20	−950.53	0.46
12	−945.17	−949.22	0.43
15	−944.14	−945.17	0.11
15	−944.14	−947.22	0.33
12	−945.17	−949.33	0.44
9	−946.20	−940.34	0.62

表 8-4（续）

角度 /（°）	理论载荷 /N	实际载荷 /N	相对误差 /%
6	−943.49	−930.69	1.36
3	−888.99	−880.47	0.96
0	−1201.26	−1190.91	0.86
平均相对误差 /%			0.58

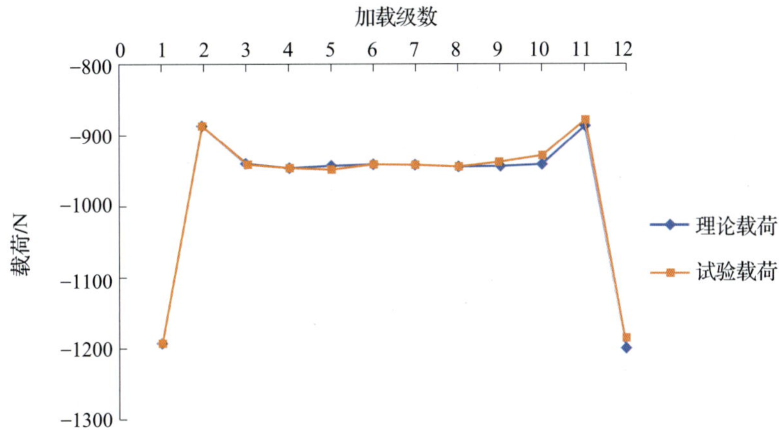

图 8-16 上翼面实际载荷值与理论载荷值误差对比图

表 8-5 上、下翼面实际载荷方向与理论载荷方向误差分析

变形角度 /（°）	理论加载角度 /（°）	上翼面加载角度 /（°）	相对误差 /%	下翼面加载角度 /（°）	相对误差 /%
0	90	89.98	0.02	90.02	0.03
3	90	89.98	0.02	90.22	0.25
6	90	89.80	0.22	90.30	0.33
9	90	89.74	0.29	90.26	0.28
12	90	89.80	0.22	90.30	0.33
15	90	89.74	0.29	90.26	0.28
15	90	90.30	0.33	90.01	0.01
12	90	90.10	0.11	89.90	0.11
9	90	90.01	0.01	90.01	0.01
6	90	90.30	0.34	89.50	0.55
3	90	90.10	0.12	89.74	0.28
0	90	90.19	0.21	89.83	0.19
平均相对误差 /%			0.20		

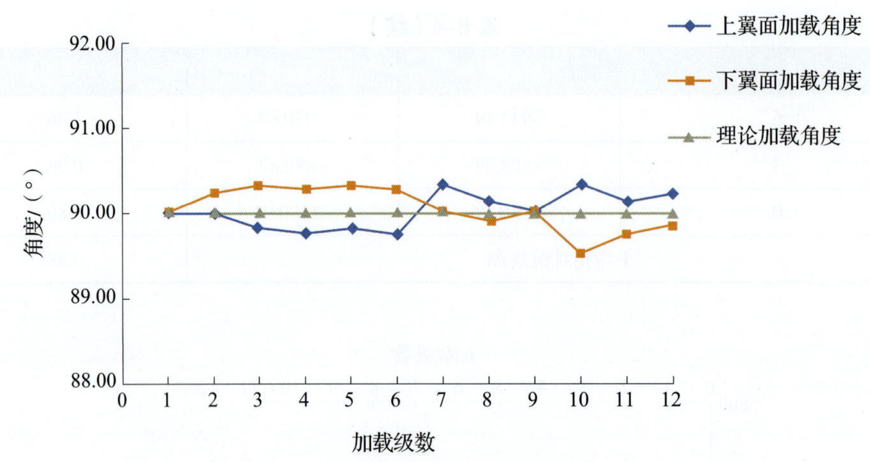

图 8–17　上、下翼面实际载荷方向与理论载荷方向误差对比图

8.6　小结

本章以变弯度机翼前缘结构为验证对象，对其功能验证、强度评估地面试验过程与结果进行了阐述，根据试验结果得出以下结论：

（1）准确模拟了全尺寸变弯度前缘在真实飞行载荷和驱动载荷下的承载变形过程。试验结果表明：结构承载能力满足设计要求，结构变形偏转角平均误差为4.59%。

（2）开发了控制精准、响应快速、运行稳定的多点协同闭环控制系统。反馈结果表明：系统控制频率高达 1000Hz，载荷施加大小与方向平均误差分别为 0.58% 和 0.20%。

（3）合理设计了分布式传感器监测网络，保证了前缘整个运动过程可测可控。测量结果表明：结构实际变形与理论变形对比平均相对误差为 3.48%，实现了设计目标偏转角变形。

参考文献

[1] BOLONKIN A, GILYARD G B. Estimated benefits of variable-geometry wing camber control for transport aircraft [R/OL]. Hanover: NASA Center for AeroSpace Information (CASI), 1999. http://www.sti.nasa.gov.

[2] BOWMAN J, SANDERS M B, WEISSHAAR T. Evaluating the impact of morphing technologies on aircraft performance [C]. In proceedings of 43rd AIAA/ASME/ASCE/AHS/ASC Structures, Structural Dynamics, and Materials Conference, Denver, 2002.

[3] RECKZEH D. Multifunctional wing moveables: Design of the A350XWB and the way to future concepts [J]. 29th Congress of the International Council of the Aeronautical Sciences, ICAS 2014, 2014.

[4] GREFF E. The development and design integration of a variable camber wing for long/medium range aircraft [J/OL]. The Aeronautical Journal, 1990, 94 (939): 301-312. DOI: 10.1017/S0001924000023186.

[5] KOTA S, OSBORN R, ERVIN G F. Mission adaptive compliant wing—Design, fabrication and flight test [R]. NATO Science and Technology Organization (STO), 2009.

[6] ZHANG Y, GE W, ZHANG Z, et al. Design of compliant mechanism-based variable camber morphing wing with nonlinear large deformation [J/OL]. International Journal of Advanced Robotic Systems, 2019, 16 (6): 1729881419886740. DOI: 10.1177/1729881419886740.

[7] GILBERT W W. Mission adaptive wing system for tactical aircraft [J/OL]. Journal of Aircraft, 1981, 18 (7): 597-602. DOI: 10.2514/3.57533.

[8] KINTSCHER M, WIEDEMANN M, MONNER H P, et al. Design of a smart leading edge device for low speed wind tunnel tests in the European project SADE [J/OL]. International Journal of Structural Integrity, 2011, 2 (4): 383-405. DOI: 10.1108/17579861111183911.

[9] GILBERT W W. Development of a mission adaptive wing system for a tactical aircraft [J/OL]. AIAA Paper, 1980. DOI: 10.2514/6.1980-1886.

[10] WANG Z, YANG Y. Design of a variable-stiffness compliant skin for a morphing leading edge [J/OL]. Applied Sciences, 2021, 11 (7): 3165. DOI: 10.3390/app11073165.

[11] 高俊，耿立超，吴志斌．民用飞机方向舵抗鸟撞分析研究［J］．民用飞机设计与研究，2021（1）：117-122.

[12] 刘小川，王计真，白春玉．人工鸟研究进展及在飞机结构抗鸟撞中的应用［J］．振动与冲击，2021，40（12）：80-89.

[13] LIU J, LI Y, GAO X. Bird strike on a flat plate: Experiments and numerical simulations [J/OL]. International Journal of Impact Engineering, 2014, 70: 21-37. DOI: 10.1016/j.ijimpeng.2014.03.006.

[14] THOMAS S K, CASSONI R P, MACARTHUR C D. Aircraft anti-icing and de-icing techniques and modeling [J/OL]. Journal of Aircraft, 1996, 33 (5): 841-854. DOI: 10.2514/3.47027.

[15] HUA J, KONG F M, WANG J J, et al. Recent examples on design aerodynamics for transport aircraft [C] //23rd international congress of aeronautical sciences (ICAS 2002). 2002.

[16] ZHONG M, ZHENG S, WANG G, et al. Correlation analysis of combined and separated effects of wing deformation and support system in the CAE-AVM study [J/OL]. Chinese Journal of Aeronautics, 2018, 31 (3): 429-438. DOI: 10.1016/j.cja.2018.01.015.

[17] DEB K, PRATAP A, AGARWAL S, et al. A fast and elitist multiobjective genetic algorithm: NSGA-II, IEEE Trans. on Evol [J]. IEEE Transactions on Evolutionary Computation, 2002, 6.

[18] KINTSCHER M, WIEDEMANN M, MONNER H, et al. Design of a smart leading edge device for low speed wind tunnel tests in the european project sade [J]. International Journal of Structural Integrity, 2011, 2 (4): 383-405.

[19] CHINA C A A of. Airworthiness standard for transport aircraft: CCAR-25-R4 [Z]. Civil Aviation Administration of China, 2011.

[20] YAN J, ZHANG C, HUO S, et al. Experimental and numerical simulation of bird-strike performance of lattice-material-infilled curved plate [J/OL]. Chinese Journal of Aeronautics, 2020, 34 (16).

[21] SHAHIMI S S, ABDULLAH N A, HRAIRI M, et al. Numerical Investigation on the Damage of Whirling Engine Blades Subjected to Bird Strike Impact [J]. Journal of Aeronautics, Astronautics and Aviation, Series A, 2021, 53 (2): 193-199.

[22] ALLAEYS F, LUYCKX G, VAN PAEPEGEM W, et al. Numerical and experimental investigation of the shock and steady state pressures in the bird material during bird strike [J]. International Journal of Impact Engineering, 2017, 107: 12-22.

[23] SUN F, SUN Q, NI L, et al. Numerical analysis of anti-bird strike performance in structural connection design for a vertical tail leading edge [J]. Thin-Walled Structures, 2019, 144: 106319.

[24] HEIMBS S. Computational methods for bird strike simulations: A review [J]. Computers & Structures, 2011, 89 (23-24): 2093-2112.

[25] WIKLAK J. Numerical simulations of bird strikes with the use of various equations of state [J]. Journal of Konbin, 2020, 50 (3): 333-357.

[26] 任冀宾，王斌，王振，等.某型飞机机翼前缘抗鸟撞结构设计与试验验证 [J]. 爆炸与冲击，2019，39 (2)：9.

[27] THOMAS S K, CASSONI R P, MACARTHUR C D. Aircraft anti-icing and de-icing techniques and modeling [J]. Journal of Aircraft, 2012, 33 (5): 841-854.

[28] 潘旭云.某型飞机防冰系统机翼防冰腔性能研究 [D].南京：南京航空航天大学，2006.

[29] WRIGHT W B, DEWITT K J, KEITH. Numerical simulation of icing, deicing, and shedding [J/OL].

AIAA Journal，1991.

［30］INTERNATIONAL S. Sae Aerospace Applied Thermodynamics Manual Ice，Rain，Fog，And Frost Protection［J/OL］.

［31］LEWIS W. A flight investigation of the meteorological conditions conducive to the formation of ice on airplanes［J］. Australian Family Physician，1947，29（8）：725–726.

［32］HEERSEMA N，STEWART E. Computational heat flux analysis for HEATheR electric aircraft wing ice protection systems［C］//AIAA Aviation 2021 Forum. 2021：2650.

［33］熊贤鹏，韩凤华. 风挡防冰表面温度场计算［C］// 中国航空学会人体工程，航医，救生专业分会环控学术交流会，1995.

［34］常士楠，侯雅琴，袁修干. 周期电加热控制律对除冰表面温度的影响［J］. 航空动力学报，2007，22（8）：5.

［35］熊建军，刘锡，冉林，等. 基于控制律的电加热防除冰系统设计与验证［J］. 测控技术，2021.

［36］Federal Aviation Regulations Part 25，Airworthiness Standards: Transport Category Airplanes［S］.

［37］易贤. 飞机积冰的数值计算与积冰试验相似准则研究［D］. 绵阳：中国空气动力研究与发展中心.

［38］KRAMMER P，SCHOLZ D. Estimation of electrical power required for deicing systems［J］. Hamburg University of Applied Sciences（HAW），Germany，2009.

第3篇　民机变弯度机翼后缘结构设计方法与验证

变弯度机翼后缘是一种能够自适应光滑、连续、无缝改变机翼后缘弯度的结构，其主要目的是提高巡航气动效率、实现展向载荷控制和层流飞行。针对大型民机，如何使变形后缘同时满足变形匹配、气动承载和结构轻盈的要求，是变弯度后缘结构设计的核心问题。变弯度后缘结构一般具有狭长、柔性大的特点，面向工程应用时还需要解决变弯度机构可靠性、柔性蒙皮设计以及气动弹性等诸多问题。

变弯度后缘结构既要能够承受外部的气动载荷，又要能够承受内部的驱动力，并在驱动力的作用下改变外形。因此将结构划分为变形骨架、驱动系统、柔性蒙皮等不同功能部位，以协调满足气动承载、驱动和变形要求。气动载荷由内置的变形骨架机构承受，内部驱动载荷由驱动系统提供，翼型变化由柔性蒙皮保证，为使变形过程中轮廓光顺协调，该蒙皮应具有低面内刚度、高面外刚度的特性。大型飞机仍需要采用传统的刚性机构或者刚柔耦合结构以解决高承载和大变形的矛盾，小型无人机可使用智能材料，如采用形状记忆合金、形状记忆聚合物和新型压电纤维复合材料等实现机翼无缝连续的弯度变化。变弯度后缘结构形式有指关节、偏心梁、仿鱼骨等多种较为成熟的形式。指关节形式结构是指采用六连杆或其他连杆组成单/多自由度机构实现多段驱动变形的运动形式，通过瓦特六连杆等机构实现的指关节机构属于单自由度结构。偏心梁形式后缘通过翼型中间一根偏心梁驱动后缘偏转，其原理是偏心梁旋转时，固接在偏心梁上的曲面圆盘随之运动，产生横向及纵向的刚性位移。仿鱼骨形式后缘借鉴鱼类在水中摆动身姿实现弯度变化，在鱼骨后缘结构中，通过弦向脊柱梁贯穿翼型中线，采用数对纵向长桁连接脊柱梁和外形蒙皮，并在机翼端部设计沿翼型上下侧布置的肌肉驱动或压电驱动绳索。当驱动器驱动时，绳索长度的变化引起机翼后缘弯度的变化。

本篇共三章，第 9 章给出了变弯度机翼后缘结构的设计方法和设计原则，基于指关节设计思路，进行了变弯度后缘机构设计、结构设计与仿真分析；第 10 章以设计的变弯度机翼指关节后缘机构运动精度失效可靠性问题为切入点，基于机构运动学原理和间隙运动学模型建立可靠性分析模型，通过可靠性分析及可靠性灵敏度分析方法评估后缘机构的可靠性问题；第 11 章介绍后缘结构关键柔性蒙皮组件设计和研制过程，从柔性蒙皮的整体设计、蒙皮弹性材料基础性能、载荷分析、加工制造等方面进行详细叙述。

本篇从结构设计、机构设计、可靠性分析、柔性蒙皮设计等多个角度，总结了民机变弯度机翼后缘设计的方法与思路，旨在为未来先进民机变弯度后缘结构设计提供方法参考。

第 9 章　基于二维翼段的变弯度机翼后缘机构及结构设计方法

周进，孙启星，宋坤苓，薛景锋

中国航空研究院，100012

9.1　变弯度机翼后缘单翼肋结构设计

9.1.1　变弯度机翼后缘结构设计原则

变弯度机翼后缘与传统襟副翼装置类似，在达到气动性能的前提下，需同时满足低重量、低价格、机构简单可靠、维护方便等要求[1-5]。对结构设计来说，应尽量增加结构承载和驱动效率，减少零件数量，减轻结构重量，提高系统可靠性。

变弯度后缘在设计时，需要同时满足变形匹配、气动承载和结构轻盈三个要求，如图 9–1 所示。变形匹配是指结构变形角度和速率与气动要求相匹配，变化后外形光顺无褶皱；气动承载是指结构能够承受高速气动载荷、内部变形驱动载荷而不引起过大弹性变形；结构轻盈是指实现变弯度不能付出较大的重量代价，同时具有良好的可靠性和维修性。传统的变体机械机构如 20 世纪的变后掠飞机，满足变形匹配和气动承载，但重量较大，机构复杂且价格昂贵；柔性变形结构具有重量较小、变形自由度大的特点，但承受的载荷有限，适宜于低速情况；轻量化拓扑结构如增材制造拓扑结构，目前很难实现较大结构变形，达到气动要求还需进一步发展。当前变弯度后缘的相关设计，都是围绕这三个方面逐渐逼近，且尽量实现三者平衡。

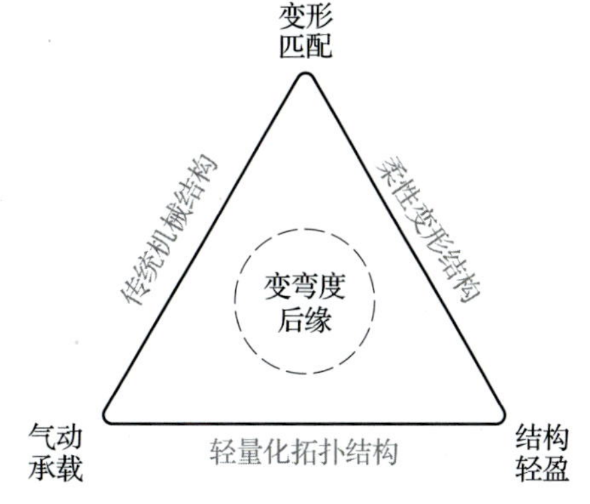

图 9–1　变弯度后缘结构设计约束三角形

9.1.2　变弯度后缘实现的技术途径及比较

从 20 世纪 70 年代开始，变弯度后缘设计技术不断进步，发展出了不同的实现路径。采用传统机械结构实现后缘弯度变化设计是其中最朴素的设计思路，通过复杂的结构设计实现机翼后缘变形，存在结构零件多、可靠性低、重量大等问题，且变形后为多段组合的非光滑外形。随着结构 / 机构设计技术的提升和设计概念的进步，结构重量及机构可靠性问题逐渐改善。另一种思路基于增升装置的改进设计，传统增升装置与变弯度后缘实现的功能相似，目的是提高气动性能，满足不同场景下性能最优，在波音 787、空客 A340/A350 后缘襟翼上发展了基于扰流板的变弯度后缘系统[2]。由于增升装置设计时存在滑槽结构，必须通过凸起的整流罩包裹，综合评估来看该技术途径实现的变弯度收益有限。随着新型智能材料如形状记忆材料和压电材料等的发展，通过具有柔性驱动的智能材料实现光滑、无缝、连续的变形具有非常大的潜力[6-9]，但目前很难找到同时兼顾驱动力、驱动速率和驱动行程的智能材料，尽管有一些应用的尝试，但整体技术成熟度不高。基于传统机械结构、增升装置改进结构和智能材料结构三种不同技术途径的变弯度结构对比情况如表 9–1 所示。

表 9–1　不同技术途径实现变弯度工程应用对比

技术途径	变形匹配		系统可靠性		承载能力	气动收益	结构重量	制造成本	技术成熟度
	变形角度	偏转精度	系统复杂度	驱动可靠性					
基于传统机械结构	高	高	高	中	高	中	高	中	中
基于增升装置改进结构	高	高	低	高	高	低	中	低	高
基于智能材料结构	低	低	中	低	低	高	低	高	低

目前工程上实际应用的主要是基于增升装置改进结构的变弯度设计，但其气动收益有限。基于智能材料的结构是未来的发展方向，但距离工程应用较远。结合基于传统机械结构和智能材料的结构是当前发展的重要趋势，既能发挥传统机械结构的可靠性和技术成熟度优势，也能发挥智能材料的轻量化和变形适配性优势。实际工程应用中，表 9–1 的指标均需要作为设计约束进行考虑，本章为了简化研究，在设计变弯度后缘机构和结构时，主要以变形角度、系统复杂度、承载能力为设计约束，结构轻量化和可靠性为次级设计约束，后续研究中将考虑结构 / 机构 / 气动综合优化设计以及结构制造。

9.1.3　基于传统机械结构的后缘结构设计流程

变弯度后缘结构既要能够承受外部的气动载荷，又要能够承受内部的驱动力，并在驱动力的作用下达到目标外形。因此，气动载荷、变形外形是最主要的总体设计输入。根据变弯度机翼后缘结构设计原则，结构重量、复杂度及可靠性也是重要的设计约束。

变弯度结构满足上述条件，需要通过划分不同的部位，协同实现功能。气动载荷由内置的变形骨架机构承受，内部驱动载荷由驱动系统提供支持，翼型变化由柔性蒙皮保证变形过程中轮廓光顺协调，该蒙皮应具有低面内刚度、高面外刚度的特性。根据一般设计流程，依次进行变弯度后缘的概念设计，结构的详细设计以及功能验证。概念设计需要确定变形骨架机构运动的形式、驱动系统的驱动形式以及柔性蒙皮的形式。变形骨架作为驱动系统与柔性蒙皮的中间结构，由骨架设计形式决定驱动的形式以及柔性蒙皮的结构形式。概念设计完成后，需要根据变形骨架的运动点位进行位置优化、载荷优化及有限元分析，并进一步确定结构的详细细节。最后，通过制造试验样件进行变形测试和加载测试。变弯度机翼后缘结构整体设计流程如图 9–2 所示。

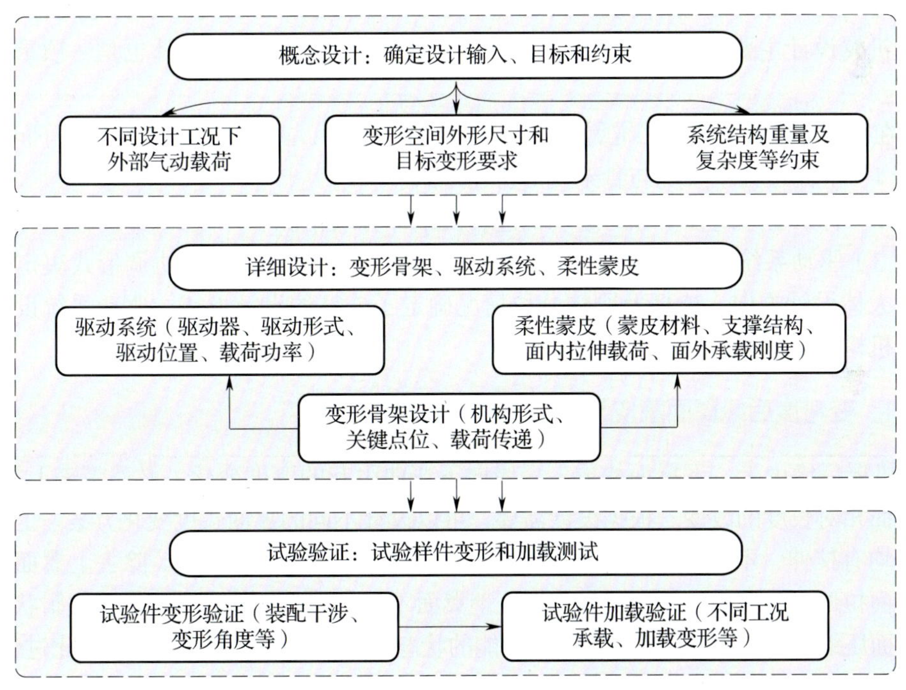

图 9–2　变弯度机翼后缘结构设计流程图

9.1.4　基于气动设计与基于结构设计的变弯度后缘比较

在设计机翼结构时，传统做法是优先确定气动外形，然后根据气动需求布置机翼内部结构。变弯度机翼由于能够适应不同的飞行状态，是一个连续的下偏状态，需要同时设计一系列的下偏外形。理论上最佳状态是通过气动设计，直接给出一系列的下偏外形，然后结构去尽量实现给定的一系列外形。然而由于变弯度机翼技术尚未成熟，结构实现是当前的主要难题，完全根据一系列气动外形设计出来的结构，往往难以同时满足机构运动、气动承载和轻量化的要求。因此，现阶段可以采用先设计初始气动外形，然后确定变形运动方式，根据结构下偏的实际约束，设计一系列的下偏外形，最终对这些下偏外形进行气动分析，得到的结果进一步迭代优化结构和机构设计。相较于普通的机翼设计，变弯度机翼在设计初期需要以结构/机构设计为中心，协调高承载与大变形之间的矛盾。

9.2 基于连杆的变弯度机翼指关节后缘设计方法

平面连杆机构是最常用的机械机构，具有传递载荷大、适应复杂运动曲线、制造和装配能保证精度等优点，将其应用于变弯度后缘结构设计中是一种朴素的设计思路。平面连杆机构通常具有较大的运动累积误差，且运动设计较为复杂、不宜高速运动等缺点，需要研究如何设计满足后缘变形目标的合理运动机构与形式。此外，变弯度机翼设计主要的劣势是缺乏冗余设计，变形机构高可靠性设计也是一项重要的指标。

在采用连杆设计基于二维翼段的变弯度机翼后缘时，首先需要依次明确以下问题：

（1）下偏过程中蒙皮与骨架变形协调形式。

（2）骨架变形过程中相对运动的连杆及刚体分块情况。

（3）驱动系统驱动骨架的方式及参数情况。蒙皮与骨架变形协调形式决定了机构的大体设计方向，连杆及刚体分块情况确定了连杆的设计形式，驱动系统设计受制于机构运动空间、内部和外部载荷。

9.2.1 变弯度后缘翼面蒙皮与骨架变形协调形式

机翼后缘由上、下翼面构成，后缘向下弯曲引起的弯度变化，必然带来上翼面、下翼面相对长度的改变。根据设计需要，可以设计不同的翼面长度变化方案。上、下翼面均有拉伸、不变、压缩三种状态，因此共有 $N=3\times3=9$ 种状态。除去上翼面压缩下翼面拉伸、上翼面压缩下翼面不变、上翼面不变下翼面拉伸 3 种不符合逻辑状态和上翼面压缩下翼面压缩显著降低气动性能的状态，可得后缘下偏翼型弯度变化过程中，可行的 5 种设计思路如图 9–3 所示：

（1）模式 1：上翼面蒙皮长度保持不变，下翼面蒙皮收缩。

（2）模式 2：下翼面蒙皮长度保持不变，上翼面蒙皮拉伸。

（3）模式 3：上翼面蒙皮拉伸，下翼面蒙皮收缩（典型情况为中弧线长度保持不变）。

（4）模式 4：上翼面蒙皮与下翼面蒙皮同时拉伸。

（5）模式 5：上翼面蒙皮和下翼面蒙皮长度保持不变，在后缘尖端滑移错位。

蒙皮收缩与拉伸，可以采用搭接设计，两段在搭接面上相对滑动；也可以采用柔性蒙皮设计，在连接区域布置可以拉伸和收缩的弹性蒙皮。从气动效率上，蒙皮拉伸会增大机翼面积，尽可能采用蒙皮拉伸代替蒙皮收缩。从蒙皮实现角度上，模式 1 和模式 2 相对简单，这种方式仅有一部分蒙皮（上蒙皮或下蒙皮）需要变化；模式 3 和模式 4 相对复杂，上、下蒙皮均需要变化；模式 5 最为简单，蒙皮长度不需要变化。从变形骨架分块角度上，模式 1 和模式 2 实现相对困难，因为此时骨架变形的旋转中心必须设置在蒙皮长度不变的一侧蒙皮上；模式 3 实现相对简单，旋转中心可以设置在中弧线上或中弧线附近；模式 4 变形骨架既有旋转又有平移，可设计空间较大；模式 5 上、下蒙皮均需要有旋转中心，可设计骨架与蒙皮滑动连接的实现方式。根据上述 5 种设计模式思路，可以延伸出不同的后缘结构，本节采用模式 3 进行设计，将后缘分为多个刚体块，每个刚体块在中弧线上或中弧线附近相对旋转，上翼型蒙皮拉伸、下翼型蒙皮收缩，骨架设计相对简单。此外还有一个优点，由于不同下偏外形可以采用中弧线的位置以及中弧线各点距离外形的距离表述，后续通过逼近不同下偏外形对结构进行优化设计时，可以采用中弧线作为评判的对象，由二维的上翼面 / 下翼面简化为一维的中弧线，方便进行外形适配。

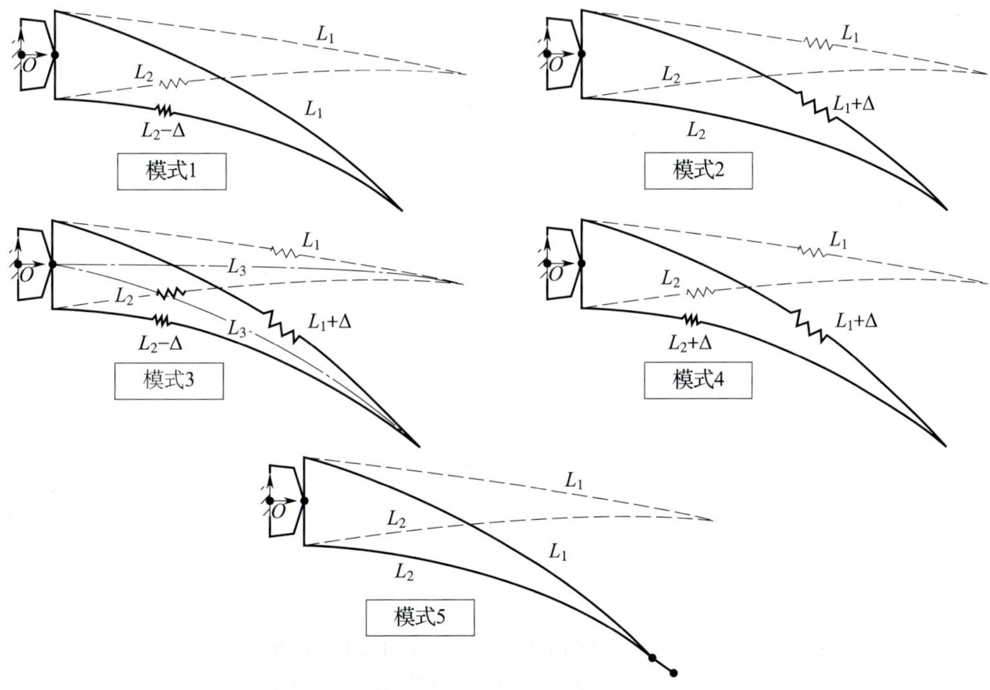

图 9-3　变弯度后缘翼面蒙皮变形模式

9.2.2　变弯度后缘分块与下偏角度的设计

采用模式 3 进行变弯度后缘设计时，借鉴指关节的设计理念，可以将后缘结构离散成多个刚体块，分成的块数越多，越容易逼近光滑的下偏外形，但连接的构件也会越多。系统的可靠性与零件的数量呈指数关联关系，随着分块数量增加，设计难度是指数级增加。如果后缘翼型采用两段变形的方式，则无法充分发挥变弯度的优势，因此，兼顾气动收益和结构复杂度，一般将后缘结构分为 3 块，通过连杆结构单独或者联合驱动。

对于给定的初始气动外形，分为三个刚体块下偏，初步设计时，首先需要考虑每一段的长度，如图 9–4 所示，图中为 A_0B_1（或 A_0B_2）、B_1C_1（或 B_2C_2）、C_1H_1（或 C_2H_2）之间的长度比例关系。其次，需要确定每一小段下偏的角度关系。假设后缘每一小段依次下偏，则可以定义第一次三段整体下偏角度为 α_1，第二次后两段下偏角度为 α_2，第三次末段下偏角度为 α_3。上述两部分主要影响下偏气动外形，由气动分析及总体设计要求来确定这些参数，同时也作为下游蒙皮变形设计的参数输入。蒙皮在变形过程的变化量约等于下偏角度与旋转点至翼面距离的乘积，这个值也可以作为总体设计的约束条件。

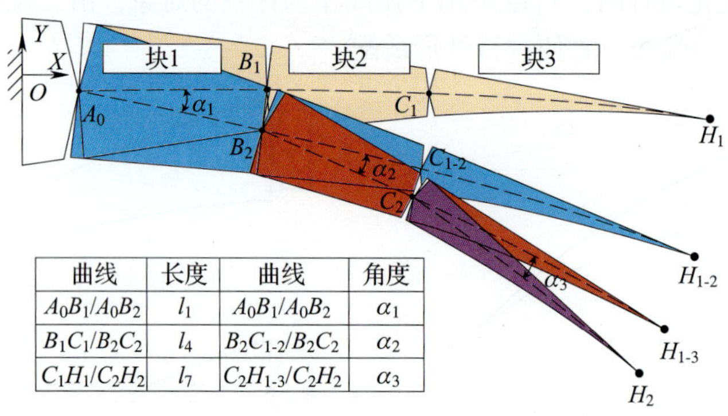

曲线	长度	曲线	角度
A_0B_1/A_0B_2	l_1	A_0B_1/A_0B_2	α_1
B_1C_1/B_2C_2	l_4	$B_2C_{1\text{-}2}/B_2C_2$	α_2
C_1H_1/C_2H_2	l_7	$C_2H_{1\text{-}3}/C_2H_2$	α_3

图 9–4　变弯度后缘结构变形原理

变弯度三个刚体块的相对角度关系决定了气动外形收益，同时作为结构设计的输入，影响变形机构形式、结构部件载荷、柔性蒙皮结构，因此是连接气动设计和结构设计的关键参数，可以作为优化迭代设计的中间关联变量。

9.2.3　变弯度后缘结构连杆机构形式选择

常用的平面连杆机构有四连杆、六连杆、八连杆等[10]，三者机构复杂度逐渐提高，但可以实现的运动曲线逐渐复杂，根据实际需要应用在不同的场合。

四连杆机构是单自由度四节点机构，由 4 个转动节点连接 4 个连杆。四连杆分别为机架、两个连杆架以及连杆。四连杆机构在运动时只能使用其中一个连杆架与连杆共两段结构构成机翼翼面，单个四连杆机构无法同时驱动三个刚体块。六连杆单自由度机构通过 7 个节点连接 6 个连杆。六连杆机构中存在两种类型连杆，分别为具有两个节点的二元连杆和具有三个节点的三元连杆。六连杆机构是由四连杆与二杆组连接而成，根据二杆组添加位置的不同，可以分为瓦特链和斯蒂芬链两种拓扑构型。瓦特链具有两个四杆环，机构可分为瓦特Ⅰ型和瓦特Ⅱ型两种，斯蒂芬链具有一个四杆环和一个五杆环，机构可分为斯蒂芬Ⅰ型、Ⅱ型、Ⅲ型三种。瓦特链和斯蒂芬链具体构型如图 9–5 所示。平面六连杆机构相对于四连杆机构具有结构紧凑的优势，能够得到相对有利的传动角，但六连杆需要通过多个杆件传递载荷，传力路线较长，传递过程中会有很大的能量损失，且容易产生较大的累积误差，设计相对困难。单个六连杆机构即可实现变弯度后缘三个刚体块的驱动，当然也可以通过多个六连杆机构单独驱动每个刚体块运动，付出的代价则是结构重量和复杂度的增加。

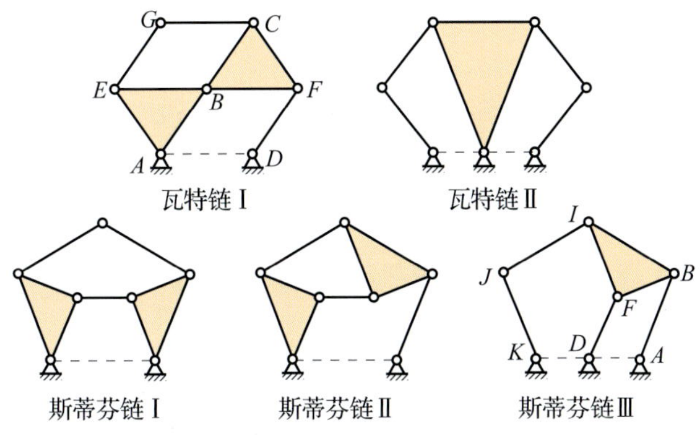

图 9–5 平面六连杆的瓦特链和斯蒂芬链

八连杆单自由度机构通过 10 个节点连接 8 个连杆，共有 16 种不同的拓扑构型。八连杆机构相对于六连杆机构运动更为复杂，使用八连杆或者更多连杆进行设计，翼型弯度曲线段数更多，变形效果更为理想。但杆件数和节点数的增加，同时导致整体机构摩擦力、结构重量和制造复杂度的急剧增加。杆件数增加带来的少量气动收益不能抵消机构可靠度的降低。因此，使用平面六连杆机构设计变弯度后缘是多方面因素综合优化的结果。

9.2.4 变弯度后缘变形机构设计方法

本节设计时，考虑仅采用一个六杆机构驱动后缘三段结构，拟合气动外形。由于瓦特Ⅰ型结构相对于瓦特Ⅱ型较为紧凑，采用瓦特Ⅰ型设计驱动机构。在初始设计时，需要在拓扑构型中找到翼面对应的三个相连的连续偏转杆件。由于相邻两个刚体块偏转时，需要有相对的旋转角度，因此在选择构成偏转翼面的杆件路径时，不能同时选择三元杆件上两个边。如图 9–6 所示，从两个固支点出发，三条可选的路径分别为 *A–>B–>C–>G*、*A–>E–>G–>C*、*D–>F–>C–>G*。

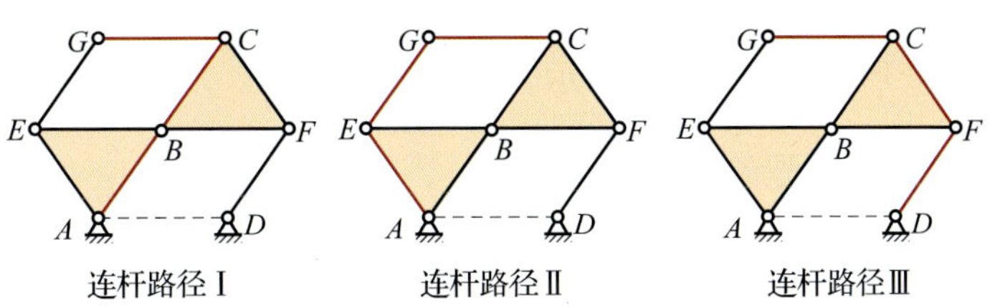

图 9–6 变弯度后缘偏转连杆的可选路径

由于翼面向下偏转时，三个翼面中后翼面相对前翼面都是依次向下偏转的，因此，在进行连杆设计时需要保证相连连杆在驱动时相对旋转方向一致，如图 9–7 所示。

点位初步设计时，其设计方法是：依次按照翼型固定三个代表翼面的连杆，然后根据连杆交叉原则，确定瓦特 I 型六连杆中其他节点的位置。

根据上述六连杆路径的设计方法，可以得到 4 种主要的不同机构形式，如图 9–8 所示。

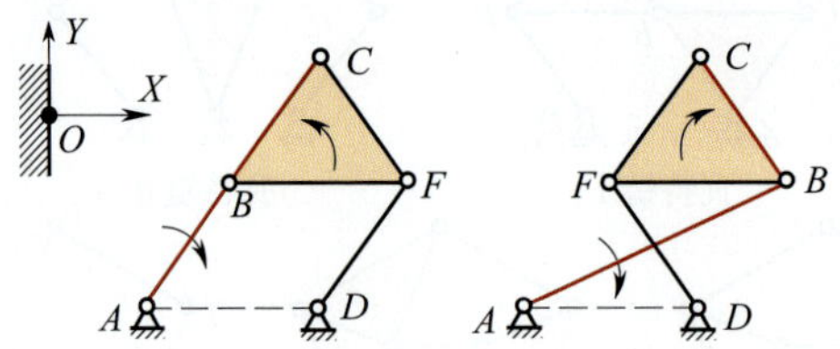

图 9–7　翼面偏转时前后块相对偏转约束

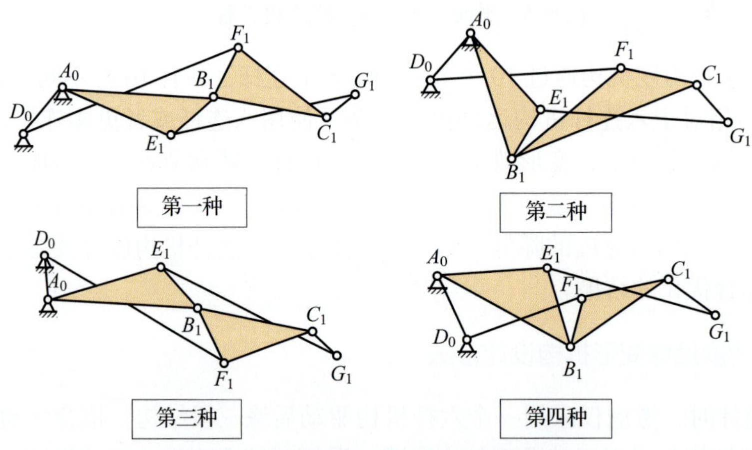

图 9–8　根据六连杆路径确定的机构形式

设计的 4 种机构形式中，第一种和第三种属于对称形式，适合于较为狭长的结构，第二种和第四种结构相似，适用于较为紧凑的结构。本章的设计翼型为大型客机广泛采用的超临界翼型，尾缘由于后加载效应外形较弯较薄，且初步设计时考虑驱动为拉杆形式，第一种形式较为容易布置，因此选择第一种形式作为设计的变形机构形式，机构变形情况如图 9–9 所示。

9.2.5　变弯度后缘机构驱动方案设计

在选择驱动方式时，需要考虑驱动行程、布置空间的情况。如图 9–9 所示，考虑将驱动结构布置在块 *ABE* 上剩余行程相对较小容易空间干涉，而布置在块 *CGH*

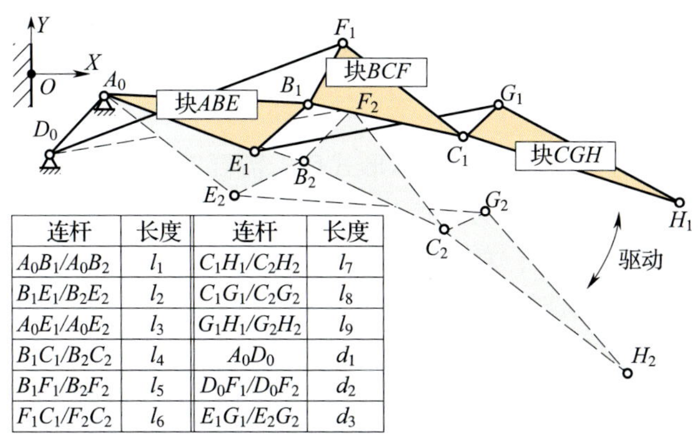

连杆	长度	连杆	长度
A_0B_1/A_0B_2	l_1	C_1H_1/C_2H_2	l_7
B_1E_1/B_2E_2	l_2	C_1G_1/C_2G_2	l_8
A_0E_1/A_0E_2	l_3	G_1H_1/G_2H_2	l_9
B_1C_1/B_2C_2	l_4	A_0D_0	d_1
B_1F_1/B_2F_2	l_5	D_0F_1/D_0F_2	d_2
F_1C_1/F_2C_2	l_6	E_1G_1/E_2G_2	d_3

图 9-9 机构形式与变形下偏情况

上行程较大容易结构过重，因此初步设计时将驱动的位置布置在块 *BCF* 上，通过驱动该块的运动，实现变弯度后缘单自由度系统的下偏。采用最简单的四连杆机构进行驱动，形成的变弯度后缘整体机构形式如图 9-10 所示。将四连杆连接到块 *BCF* 上，结合块 *ABE*，形成了斯蒂芬六连杆驱动机构，如图 9-10 所示高亮的部分。

综上所述，本节采用瓦特 I 型作为变形后缘的翼面结构，采用斯蒂芬Ⅲ型作为变形后缘的驱动结构。

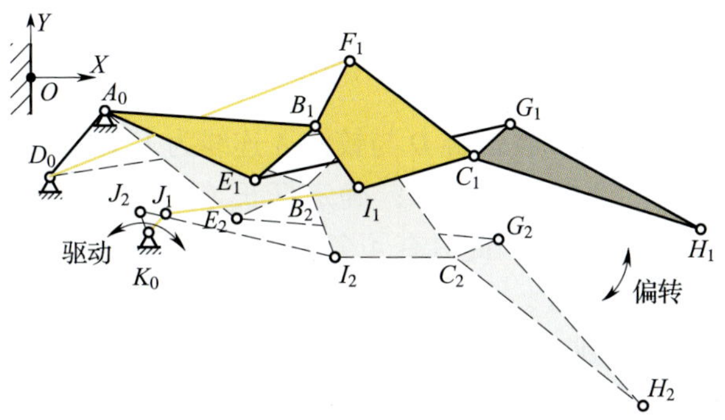

图 9-10 结合驱动形成的斯蒂芬六连杆机构

平面机构自由度的计算采用可动构件的自由度总数减去约束的总数，其中可动部件数量 N=7，低副的数量 PL=10，高副的数量 PH=0，因此自由度 F 为

$$F=3N-2PL-PH=3\times 7-2\times 10-0=1$$

整个后缘的变形和驱动机构通过固定点 *A* 和固定点 *D* 与机翼结构相连，驱动机构通过旋转轴 *JK* 带动 *BICF* 向下运动。由于变形和驱动机构为单自由度机构，*BICF* 的运动驱动整个系统向下偏转。

9.3 基于连杆的变弯度机翼指关节后缘机构分析及设计

确定变弯度后缘变形和驱动的基本形式后，需要对变形和驱动的过程进行运动学分析，首先采用矢量合成的方法，对整个变形和驱动机构进行分析。其次基于LMS软件及其二次开发方法，对机构各点的位置进行了分析，根据结构设计约束、驱动设计约束等确定了最佳的点位。

9.3.1 瓦特六连杆和斯蒂芬六连杆机构驱动原理矢量合成分析

为了方便对变形和驱动机构进行运动学分析，采用矢量合成方法进行分析，如图 9-11 所示。

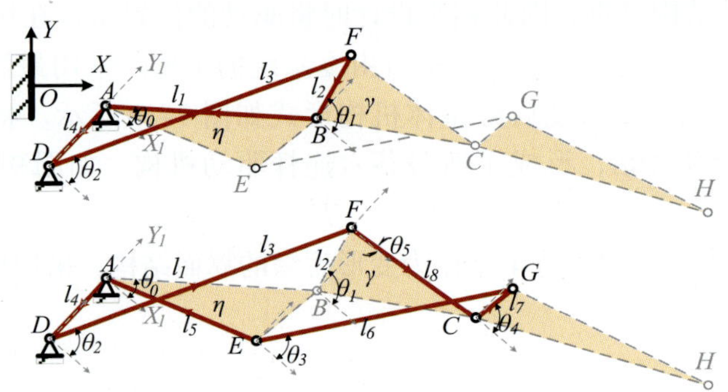

图 9-11　瓦特六连杆机构矢量合成路径

选取铰链 A 为坐标原点以及铰链 D 与铰链 A 连线为 Y_1 轴建立 X_1AY_1 坐标系，通过矢量和为零的方法，计算运动坐标；确定杆长（点位）情况下，设定 θ_0~θ_5 共 5 个变量，因 θ_5 与 θ_1 相关联，因此只有 4 个未知量；对实部和虚部展开，两个矢量路径共 4 个方程，4 个未知量，可以求解每个运动的位置。实部、虚部展开后，通过三角函数公式，整理得到下式

$$\begin{cases} l_2\cos\theta_1 - l_3\cos\theta_2 + l_1\cos\theta_0 = 0 \\ l_2\sin\theta_1 - l_3\sin\theta_2 + l_1\sin\theta_0 + l_4 = 0 \\ l_8\cos\angle BFC\cos\theta_1 - l_8\sin\angle BFC\sin\theta_1 - l_3\cos\theta_2 + \\ \quad l_6\cos\theta_3 - l_7\cos\theta_4 + l_5\cos(\theta_0 - \angle BAE) = 0 \\ -l_8\sin\angle BFC\cos\theta_1 - l_8\cos\angle BFC\sin\theta_1 - l_3\sin\theta_2 + \\ \quad l_6\sin\theta_3 - l_7\sin\theta_4 + l_5\sin(\theta_0 - \angle BAE) - l_4 = 0 \end{cases} \tag{9-1}$$

令$\cos\theta_i = x_i$，则$\sin\theta_i = \pm\sqrt{1 - x_i^2}$，利用牛顿迭代公式 $x^{(k+1)}=x^{(k)}-[F'(x^{(k)}]^{-1}F(x^{(k)})$ 求方位角，其中

$$F(x)=\begin{cases} l_2 x_1 - l_3 x_2 + l_1\cos\theta_0 \\ l_2\sqrt{1-x_1^2} - l_3\sqrt{1-x_2^2} + l_1\sin\theta_0 + l_4 \\ l_8\cos\angle BFC\, x_1 - l_8\sin\angle BFC\sqrt{1-x_1^2} - l_3 x_2 + \\ \quad l_6 x_3 - l_7 x_4 + l_5\cos(\theta_0 - \angle BAE) \\ -l_8\sin\angle BFC\, x_1 - l_8\cos\angle BFC\sqrt{1-x_1^2} - l_3\sqrt{1-x_2^2} + \\ \quad l_6\sqrt{1-x_3^2} - l_7\sin\sqrt{1-x_4^2} + l_5\sin(\theta_0 - \angle BAE) - l_4 \end{cases} \tag{9-2}$$

9.3.2 基于 LMS 二次开发的自动分析方法

采用解析法进行运动位置的求解，能够得到足够精度的位置信息。但是由于后续研究增加驱动系统、间隙元素、摩擦力等因素，使用解析求解复杂度较大，本节采用基于 LMS 软件二次开发的方式，快速分析满足载荷及运动要求的变弯度后缘机构的点位情况。

LMS Virtual.Lab 是基于 CATIA CAA 二次开发的产品，其基础建模结构包含了 CATIA 的基础结构模块（infrastructure），同时还包含了完整的几何建模库、拓扑建模库和特征建模库等，具备完善的建模和装配等功能[11]。LMS Virtual.Lab 与 CATIA 保持一致，均集成了 Visual Basic 工具，提供对模型和特征的 Automation 和自定义功能。Automation 开发方式属于进程外访问形式，脚本运行不由 CATIA 来调用，而是将 CATIA 作为一个 OLE（object linking and embedding）自动化服务器，外部程序通过 COM 接口来访问 CATIA 内部对象。该技术并不是直接获取及处理数据，而是间接地通过暴露的对象和属性，利用对象的方法和属性来获取、设置及处理数据，所使用的接口如图 9-12 所示，自动分析流程如图 9-13 所示。

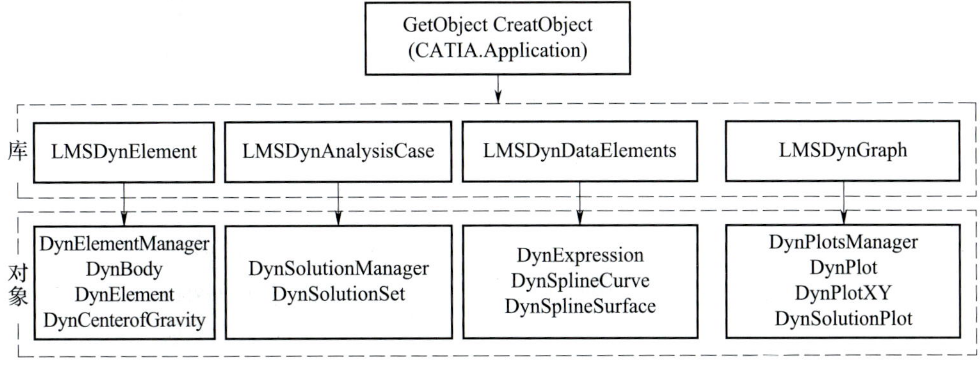

图 9-12 分析模型主要使用的库和对象

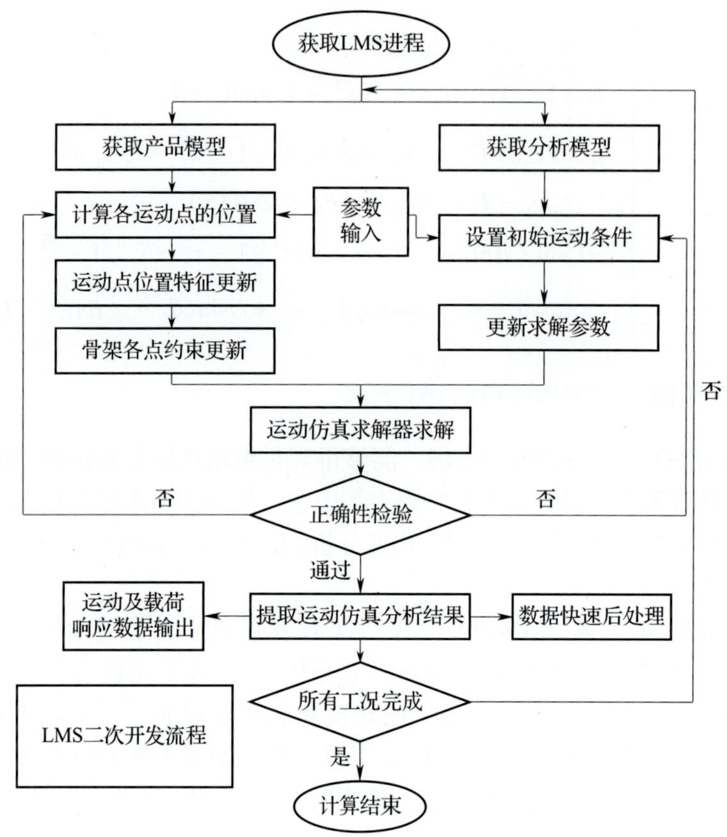

图 9-13　基于 LMS 二次开发的自动分析流程

9.3.3　变弯度后缘六连杆点位设计

根据前期研究，根据载荷情况、驱动情况对设计的点位进行优化和调整，设定的初始点位情况如表 9-2 所示。

表 9-2　初始瓦特六连杆和斯蒂芬六连杆机构点位情况

坐标	*A*	*B*	*C*	*D*	*E*	*F*	*G*	*H*	*I*	*J*	*K*
x	0.0	273.0	546.0	−6.656	240.865	287.115	573.094	1298.859	323.0	152.187	145.991
y	0.0	0	0.0	−79.01	−20.587	78.449	20.271	−64.349	−50.0	−57.996	−50.147

通过编写的 LMS 自动化分析流程，在初始位置附近调整各点的位置参数，输出各点在任意时间下的运动位置，以及各点处的载荷，如图 9-14 所示。采用控制变量法研究位置参数对驱动载荷以及运动变形的参数敏感性规律。由于后缘点位设计需要考虑后缘变形关系、后缘空间约束和结构零件布置等诸多因素，在点位实际确定过程中，采用手动筛选再优化的方式进行。

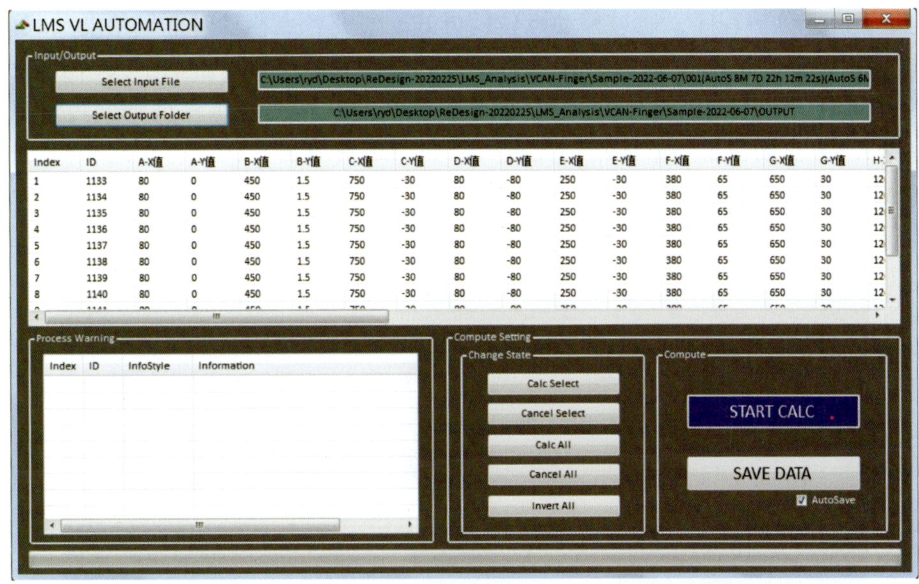

图 9–14 基于 LMS 二次开发的后缘机构自动化分析程序界面

在筛选时，需要分开考虑瓦特六连杆和斯蒂芬六连杆的设计。对于瓦特六连杆三个块的相对偏转角度是首先需要考虑的因素，应尽量使下偏过程中，三个运动块中的后一个运动块均相对于前一个运动块同向运动，即图 9–4 中的下偏角度 α_1，α_2，α_3 均为正值，三者的角度关系到后缘目标外形的拟合情况。根据气动分析结果，杆件 AB、BC、CH 的长度比例对气动性能的影响较小，因此三者选择了基本相当的比例。在设计 G 点的位置时，由于 CGH 三角形仅由 EG 杆拉动，围绕 C 点旋转，因此 C 点距离 EG 的力臂决定了 EG 杆件和 C 点的载荷大小，应尽量使力臂距离最大化。E 点和 F 点的设计遵循相同的道理。斯蒂芬六连杆部分负责驱动后缘三个块，设计点位时，除了使六连杆机构满足最大的驱动范围要求外，还要尽量使整个机构上偏的死点位置较为靠近后缘结构的初始位置。这是因为后缘下偏小角度时，机构处于偏向死点位置能够有效利用锁定的效应，保持机构的稳定性，节约驱动锁定的能量，同时也能保证在驱动系统失效时，达到机构最大死点位置，保证整个结构的安全性。

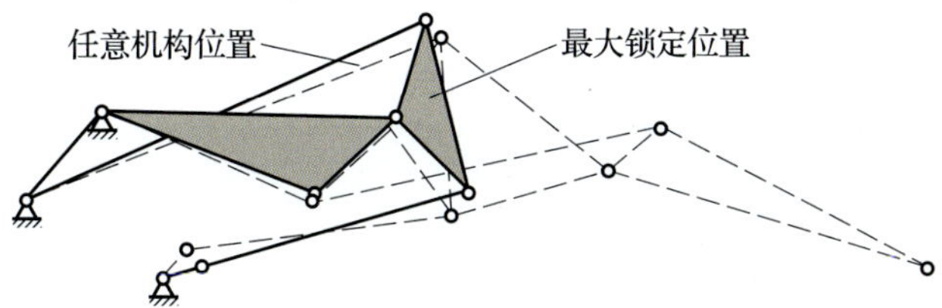

图 9–15 后缘机构在锁定位置和任意位置的情况

基于快速分析程序，通过移动点位的方式，研究各点移动时下偏角度及载荷的变化规律，如图 9–16 所示；*B*、*C* 点的位置对整体载荷及偏转影响不大；*EG* 杆到 *C* 点的力臂距离和初始相位角对 *CH* 杆的偏转起决定性作用，越靠近则偏转角越大，载荷越大；*E* 点的位置与整体结构无太大影响；*DF* 杆到 *B* 点的力臂距离和初始相位角对 *AB* 杆的偏转起决定性作用，靠近则偏转大，载荷大；*D* 点下偏可以有效减小整体载荷。

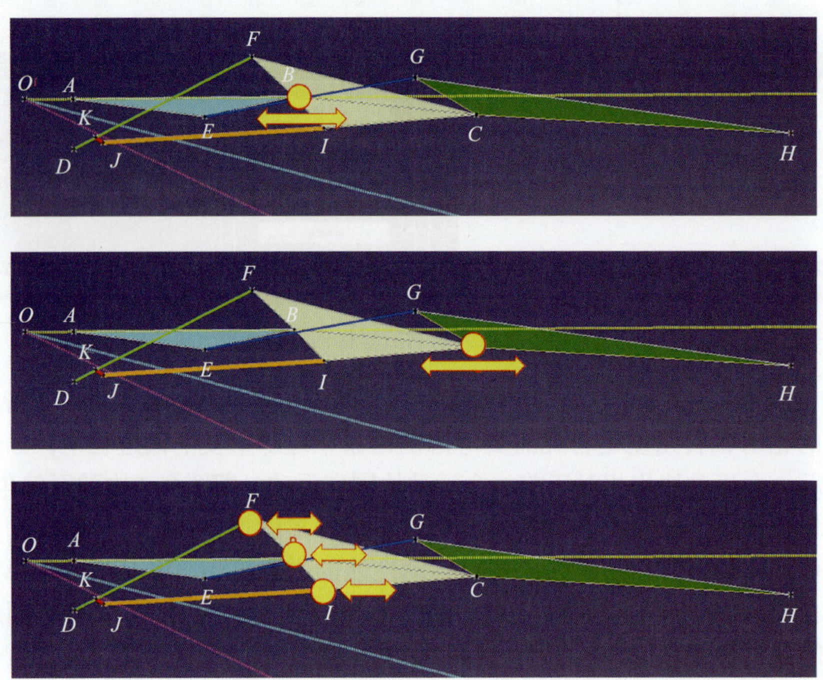

图 9–16　后缘机构点位运动对载荷的变化情况

经过点位置对运动过程及驱动载荷的单变量分析，以及综合考虑空间约束、驱动力和驱动功率等因素，降低较大载荷杆件的载荷，使载荷优先通过三个肋块传递，调整点位，使下偏角度满足目标上偏角度、目标下偏角度、上偏角度极限的要求。采用半经验方式优化得到的点位情况如表 9–3 所示。

根据点位情况，设计得到的后缘结构如图 9–17 所示。

表 9–3　优化后瓦特六连杆和斯蒂芬六连杆机构点位情况

坐标	*A*	*B*	*C*	*D*	*E*	*F*	*G*	*H*	*I*	*J*	*K*
X	80.0	450.0	759.88	30.0	380.0	410.0	730.0	1298.86	480.0	129.0	117.0
Y	0.911	1.165	–22.63	–80.0	–35.0	65.0	30.0	–64.35	–45.0	–63.0	–72.0

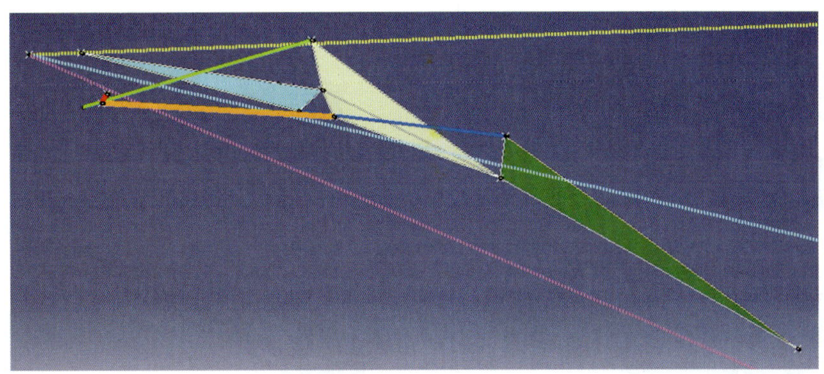

图 9–17　变弯度后缘机构下偏状态示意图

9.4　变弯度机翼指关节后缘结构设计与有限元分析

9.4.1　变弯度后缘结构布置和设计

结构布置主要考虑传载路径：结构的主要受力面布置在翼肋同一轴线上；三段下偏肋块需要承受气动载荷，以及较大的连杆载荷，因此对称布置，中间的连杆载荷较小，只需要布置一个；连杆孔台阶、销轴尺寸、轴承选择等细节部位均经过初步校核，如图 9–18 所示。

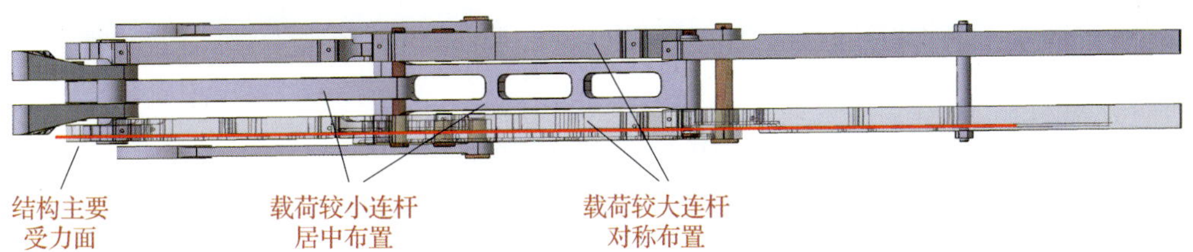

图 9–18　变弯度后缘结构主要布置方法

结构设计最主要的问题是干涉：①弯杆结构解决运动过程杆件和上下转轴的干涉；②减轻孔设计考虑肋块下偏与转轴的干涉；③柔性蒙皮设计需要考虑铆钉安装引起的干涉问题；④肋块之间由于主传力面共线，需要考虑相对运动干涉。最终设计的主要结构零件如图 9–19 所示。

9.4.2　变弯度后缘结构有限元分析

变弯度后缘试验件由后缘舱、指关节后缘组件、控制组件和运动转换系统组成，后缘舱和指关节后缘通过螺栓、抽钉机械连接。后缘舱为框架蒙皮式结构，包含 8 个肋，肋和蒙皮通过螺栓、抽钉 / 铆钉机械连接；指关节后缘组件由 6 组指关节肋、6 段铝合金蒙皮和 6 段柔性蒙皮组成，各部分通过螺栓、抽钉连接；其中每组

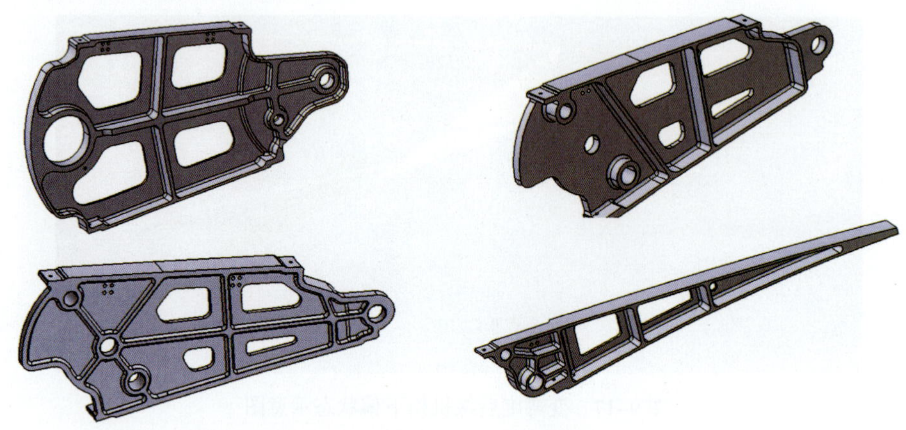

图 9-19 变弯度后缘结构主要零件情况

指关节变弯度肋由对称的三组肋通过拉杆、轴套连接，如图 9-20 所示。根据结构数模建立有限元网格模型，其中铝合金蒙皮、长桁、柔性蒙皮以及肋结构厚度小于 6mm 位置用壳元模拟，其他位置及拉杆用六面体单元模拟，转轴用 Bush 单元模拟、通过 MPC 建立转轴与肋的连接关系，蒙皮与长桁、长桁与肋、蒙皮与肋的连接通过快速连接单元 Fastener 模拟。载荷等效处理后通过 MPC 加载至翼肋上。

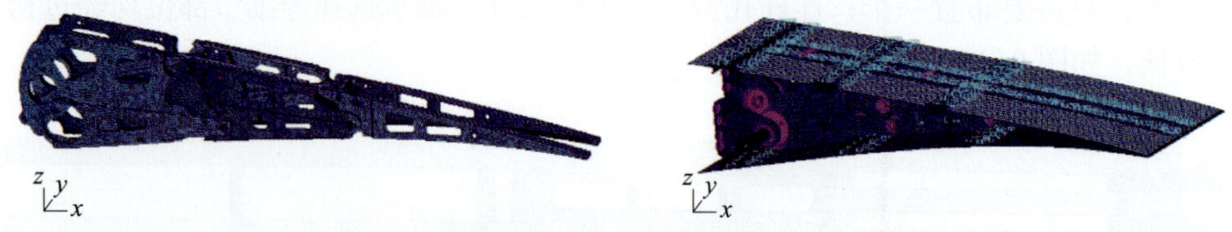

图 9-20 变弯度单翼肋

对单肋变弯度结构开展线性和非线性分析，驱动轴转角和后缘翼尖位移变化曲线如图 9-21 所示，线性计算时轴转角和翼尖位移呈线性变化，这是由于线性计算是基于小位移、小应变理论假设，驱动轴转角变化带动变弯度后缘角度变化，但是其计算参考均是基于结构初始状态进行线性叠加，未考虑结构外形变化后的几何参数的变化，因此在大变形结构计算时采用线性计算会造成结构局部变形失真，如图 9-22 所示线性计算时随转动角度增加驱动轴摇臂长度变长，准确性不足，而其误差根源是转轴与其他部位的函数关系仍与初始状态一致，为保证其一致性，防止相关连接部位尺寸失真，反馈到图 9-21 中驱动轴角度—翼尖位移曲线为直线。线性计算时图 9-22 中翼尖位移与驱动力矩的变化也为直线，非线性计算时翼尖位移 290mm 时驱动力矩为 43.9N · mm。图 9-23 中点 1、2、3 分别为根部及三个活动肋连接位置转轴传递力，点 1 和点 2 线性计算大于非线性计算，点 3 非线性大于线性，这与六连杆机构力 - 运动传递机理相关。

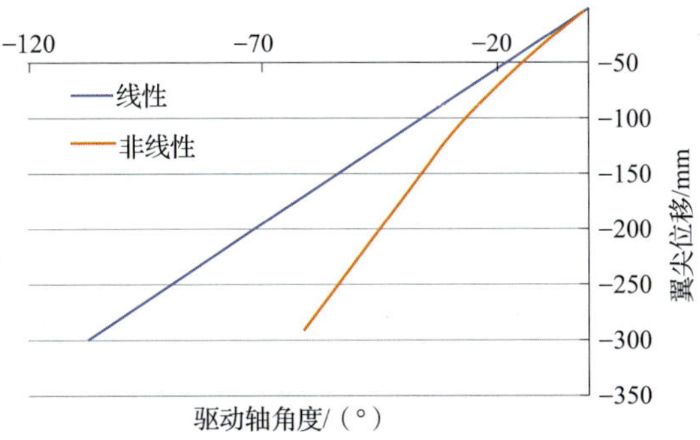

图 9-21 驱动轴角度—翼尖位移线性计算和非线性计算结果对比

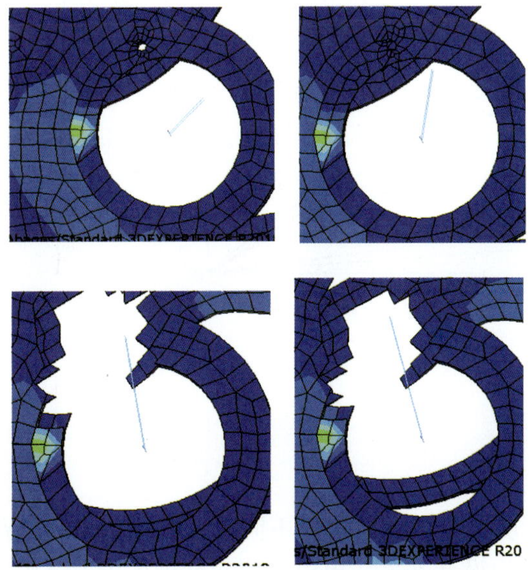

图 9-22 线性计算驱动轴摇臂尺寸失真

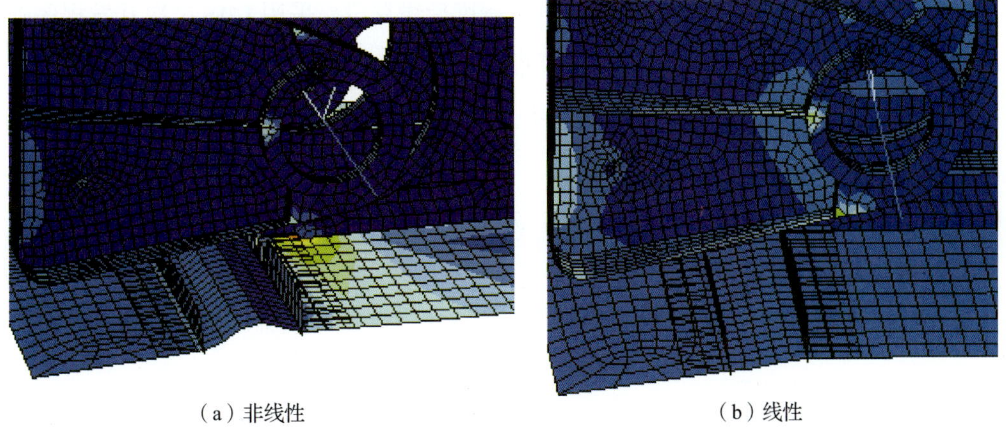

（a）非线性 （b）线性

图 9-23 柔性蒙皮变形对比

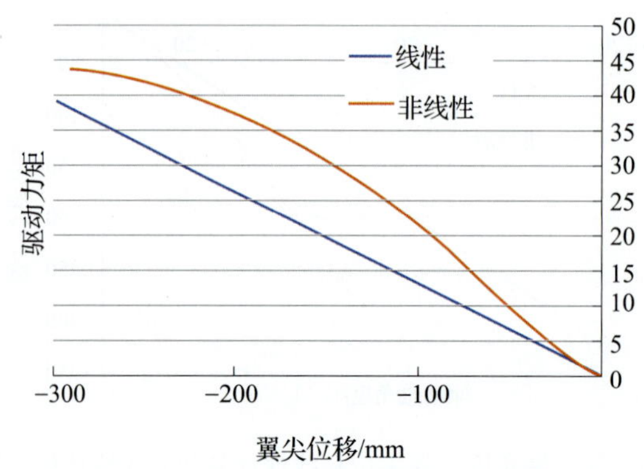

图 9–24 翼尖位移—驱动力矩计算对比

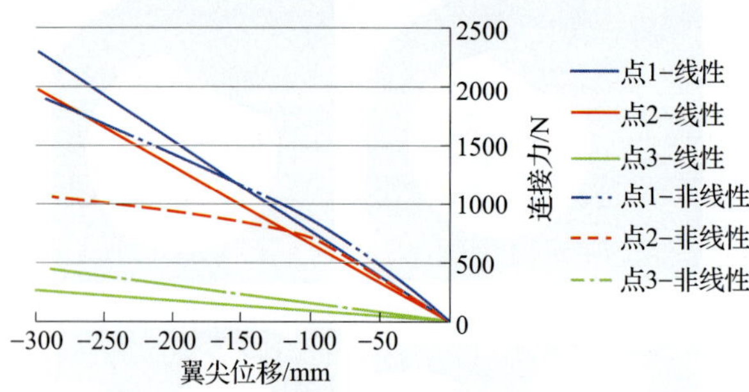

图 9–25 变形肋关节连接点传递载荷

9.5 小结

本章总结了变弯度机翼后缘结构的不同设计方法和设计思路，借鉴指关节设计理念，针对机械式结构设计方式，提出了变弯度机翼指关节后缘设计方法，选择了六连杆机构作为最终设计方案。基于此，探讨了瓦特六连杆和斯蒂芬六连杆分别作为变形机构和驱动机构设计具体的二维变弯度后缘翼段，采用 LMS 二次开发程序确定了后缘机构的点位，并通过有限元分析进行了验证。

第 10 章　考虑加工误差的变弯度机翼指关节后缘机构运动精度可靠性分析

宋坤苓，薛景锋，董立君，周进

中国航空研究院，100012

10.1　变弯度机翼指关节后缘机构运动功能原理

变弯度机翼指关节后缘机构通过铰链 O、铰链 A 和铰链 F 与飞机机身相连接，如图 10–1（a）所示，其实现控制变弯度机翼后缘气动外形的原理是，通过输入轴 A 带动曲柄 AB 偏转，从而带动整个机构运动以改变三元素杆件 EFG、四元素杆件 CEDI 和三元素杆件 HIJ 的姿态，进而带动上、下蒙皮变形，最终通过改变杆件 FE、杆件 DI、杆件 HJ、杆件 FG、杆件 CI、杆件 IJ 的姿态来分别控制机翼后缘上蒙皮和下蒙皮的气动外形。图 10–1（b）和图 10–1（c）分别展示了机翼翼型处于某高度时的特定巡航状态和后缘下偏至极限位置时的变弯度机翼指关节后缘机构姿态。

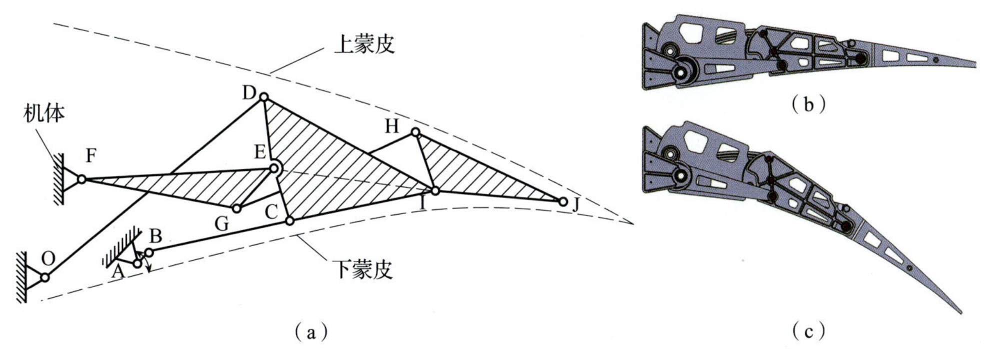

图 10–1　指关节后缘机构功能原理

根据变弯度机翼指关节后缘机构功能原理，当输入轴 A 处于一定角度时，机翼后缘上蒙皮和下蒙皮保持一定的气动外形，以保证相应的气动性能。但在实际应用中，由于加工误差导致机构的杆件存在误差和铰链存在间隙，这使得机翼后缘机构支撑的上蒙皮和下蒙皮所确定的气动外形与理想气动外形之间存在偏差。当偏差超过一定值时对气动性能的影响将不可忽略，此时变弯度机翼指关节后缘机构因定位误差导致上蒙皮和下蒙皮气动外形误差过大而发生功能失效。

为了方便对变弯度机翼指关节后缘机构进行运动学分析，选取铰链 O 为坐标原点以及铰链 O 与铰链 F 连线为 y 轴建立 xoy 坐标系，如图 10–2 所示。选取路径 ABCDOA、路径 ABCEFA 和路径 ABCIHGFA 建立机构的封闭矢量位置方程组，如式（10–1）所示

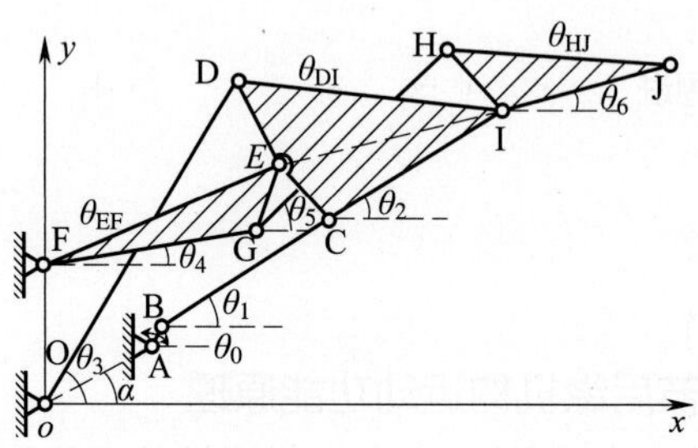

图 10–2　某巡航状态的指关节后缘机构分析

$$
\begin{cases}
c_e^A\cos\theta_c^A + l_{AB}\cos\theta_0 + c_e^B\cos\theta_c^B + l_{BC}\cos\theta_1 + c_e^C\cos\theta_c^C + l_{CD}\cos(\theta_2 + \angle DCI) + \\
\quad c_e^D\cos\theta_c^D - l_{OD}\cos\theta_3 + c_e^O\cos\theta_c^O + X_A = 0 \\
c_e^A\sin\theta_c^A + l_{AB}\sin\theta_0 + c_e^B\sin\theta_c^B + l_{BC}\sin\theta_1 + c_e^C\sin\theta_c^C + l_{CD}\sin(\theta_2 + \angle DCI) + \\
\quad c_e^D\sin\theta_c^D - l_{OD}\sin\theta_3 + c_e^O\sin\theta_c^O + Y_A = 0 \\
c_e^A\cos\theta_c^A + l_{AB}\cos\theta_0 + c_e^B\cos\theta_c^B + l_{BC}\cos\theta_1 + c_e^C\cos\theta_c^C + l_{CE}\cos(\theta_2 + \angle ECI) + \\
\quad c_e^E\cos\theta_c^E - l_{EF}\cos(\theta_4 + \angle EFG) + c_e^F\cos\theta_c^F + X_A = 0 \\
c_e^A\sin\theta_c^A + l_{AB}\sin\theta_0 + c_e^B\sin\theta_c^B + l_{BC}\sin\theta_1 + c_e^C\sin\theta_c^C + l_{CE}\sin(\theta_2 + \angle ECI) + \\
\quad c_e^E\sin\theta_c^E - l_{EF}\sin(\theta_4 + \angle EFG) + c_e^F\sin\theta_c^F - (Y_F - Y_A) = 0 \\
c_e^A\cos\theta_c^A + l_{AB}\cos\theta_0 + c_e^B\cos\theta_c^B + l_{BC}\cos\theta_1 + c_e^C\cos\theta_c^C + l_{CI}\cos\theta_2 + c_e^I\cos\theta_c^I + \\
\quad l_{HI}\cos(\theta_6 + \angle HIJ) + c_e^H\cos\theta_c^H - l_{GH}\cos\theta_5 + c_e^G\cos\theta_c^G - l_{FG}\cos\theta_4 + c_e^F\cos\theta_c^F + \\
\quad X_A = 0 \\
c_e^A\sin\theta_c^A + l_{AB}\sin\theta_0 + c_e^B\sin\theta_c^B + l_{BC}\sin\theta_1 + c_e^C\sin\theta_c^C + l_{CI}\sin\theta_2 + c_e^I\sin\theta_c^I + \\
\quad l_{HI}\sin(\theta_6 + \angle HIJ) + c_e^H\sin\theta_c^H - l_{GH}\sin\theta_5 + c_e^G\sin\theta_c^G - l_{FG}\sin\theta_4 + c_e^F\sin\theta_c^F - \\
\quad (Y_F - Y_A) = 0
\end{cases}
\tag{10-1}
$$

式中，l_{AB}、l_{BC} 和 l_{CD} 等为机构中的构件杆长；θ_0 为驱动输入杆件 AB 的姿态角度；θ_i（i=1，2，…，6）分别为杆件 BC、杆件 CI、杆件 OD、杆件 FG、杆件 GH 和杆件 IG 的姿态角度，由 x 轴开始，沿逆时针方向计量为正；c_e^M（M=A，B，C，D，E，F，G，H，I，O）分别为相应铰链处间隙矢量的尺寸；θ_e^M（M=A，B，C，D，E，F，G，H，I，O）分别为相应铰链处间隙矢量的姿态角度。X_A、Y_A 和 Y_F 分别为铰链 A 的 x 轴坐标、y 轴坐标和铰链 F 的 y 轴坐标，可由 l_{OA}、l_{OF} 和 l_{AF} 根据几何关系确定。

通过求解方程组（10–1）可以求得各铰链的位置坐标以及控制机翼后缘上蒙皮和下蒙皮气动外形的杆件 FE、杆件 DI、杆件 HJ 和杆件 FG、杆件 CI 和杆件 IJ 的姿态角度 θ_{EF}、θ_{DI}、θ_{HJ}、θ_{FG}、θ_{CI} 和 θ_{IJ}，其中，$\theta_{FG}=\theta_4$、$\theta_{CI}=\theta_2$ 和 $\theta_{IJ}=\theta_6$。则控制每段蒙皮姿态的相应杆件实际姿态角度与设计的理想姿态角度之间的偏差可表示为

$$\begin{cases} h_1(\boldsymbol{x}) = |\theta_{EF} - \theta_{EF}^0| \\ h_2(\boldsymbol{x}) = |\theta_{DI} - \theta_{DI}^0| \\ h_3(\boldsymbol{x}) = |\theta_{HJ} - \theta_{HJ}^0| \\ h_4(\boldsymbol{x}) = |\theta_{FG} - \theta_{FG}^0| \\ h_5(\boldsymbol{x}) = |\theta_{CI} - \theta_{CI}^0| \\ h_6(\boldsymbol{x}) = |\theta_{IJ} - \theta_{IJ}^0| \end{cases} \tag{10–2}$$

式中，θ_{EF}^0、θ_{DI}^0、θ_{HJ}^0、θ_{FG}^0、θ_{CI}^0 和 θ_{IJ}^0 分别为杆件 FE、杆件 DI、杆件 HJ、杆件 FG、杆件 CI 和杆件 IJ 的理想姿态角度；x 为杆长及间隙参数组成的矢量。

通过对变弯度机翼指关节后缘机构功能分析知，当 h_i（$\boldsymbol{x}$）> ε_i 时，机构控制的相应段蒙皮姿态不满足气动外形要求而失效。ε_i 为相应段蒙皮姿态满足气动外形要求允许的最大偏差。因此，变弯度机翼指关节后缘机构运动功能的失效概率可以表示为

$$P_F = P\left\{ \bigcup_{i=1}^{6} (h_i(\boldsymbol{x}) > \varepsilon_i) \right\} \tag{10–3}$$

由式（10–1）~式（10–3）可以看出，只要能得到各杆件的实际长度及铰链的间隙参数，就可通过求解式（10–1）的机构运动学方程得到该变弯度机翼指关节后缘机构中各杆件的姿态角度和铰链坐标；通过式（10–2）得到控制每段蒙皮姿态的相应杆件实际姿态角度与理想姿态角度的偏差及表征机构功能的功能函数；进而利用式（10–3）求得机构运动精度的失效概率和可靠度。

10.2 可靠性影响因素分布参数确定及矢量位置方程求解

10.2.1 可靠性影响因素分布参数确定

（1）杆件长度 L

由于加工制造精度的限制和人工因素存在，杆件在制造加工过程中必然存在误差，符合制造精度要求的杆件尺寸分布在一定的范围之内，由相关标准可以查到各杆件长度公称尺寸 L_0 对应的公差带尺寸 T 以及极限偏差，进而得到杆件长度的上下限。在实际工程中和中心极限定理均表明，构件尺寸的加工误差一般情况下服从截尾正态分布。因此，假定杆件长度 L 服从截尾正态分布，其均值为 $\mu_L=L_0$，标准差为 $\sigma_L=T/6$，上限 $L_{max}=L_0+T/2$ 和下限 $L_{min}=L_0-T/2$。

（2）配合间隙 c_e

机构中的铰链一般均采用间隙配合，轴的中心被限制在以孔中心为圆心的一定范围的圆内（即间隙圆），如图 10–3 所示。间隙配合使得轴和孔需要按照一定的配合公差要求进行加工制造，若相互配合的铰链之间轴的外径为 d，孔的内径为 D，则间隙圆半径 c_e 的大小为

$$c_e=(D-d)/2 \tag{10-4}$$

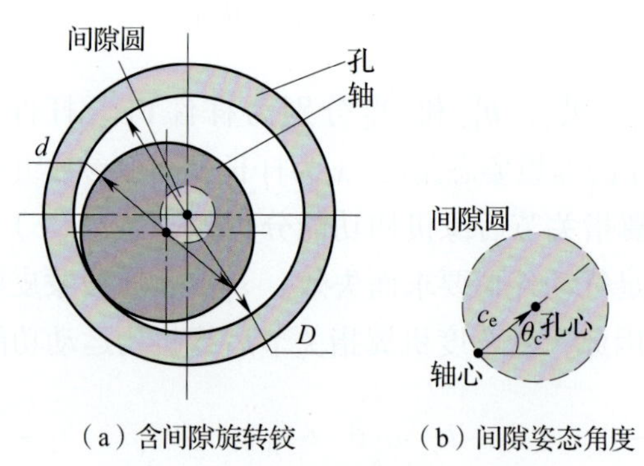

（a）含间隙旋转铰　（b）间隙姿态角度

图 10–3　旋转铰与间隙圆示意图

在变弯度机翼指关节后缘机构处于工作状态（承受外载）时，蒙皮将气动载荷传递至机构，而这些外力的作用使得轴与孔通常是接触的。根据“无质量连杆法”和“连续接触模型”将间隙用无质量的连杆代替，假设轴与孔始终处于接触状态，即轴心与孔心之间的距离始终为间隙圆的半径 c_e。而间隙的姿态角度 θ_c 表示轴心与孔心连线与 x 轴正向的夹角，且服从 $[-\pi, \pi]$ 的均匀分布。

10.2.2 机构运动矢量位置方程求解

通过上述分析，得到了变弯度机翼指关节后缘机构中的各杆件实际杆长分布参数和存在装配误差的间隙铰链间隙尺寸以及其姿态角度的分布参数。利用三角函数的和差公式，可将公式（10–1）整理为

$$
\begin{cases}
l_{BC}\cos\theta_1 + l_{CD}\cos\angle DCI\cos\theta_2 - l_{CD}\sin\angle DCI\sin\theta_2 - l_{OD}\cos\theta_3 + l_{AB}\cos\theta_0 + \\
\quad c_e^A\cos\theta_c^A + c_e^B\cos\theta_c^B + c_e^C\cos\theta_c^C + c_e^D\cos\theta_c^D + c_e^O\cos\theta_c^O + X_A = 0 \\
l_{BC}\sin\theta_1 + l_{CD}\sin\angle DCI\cos\theta_2 + l_{CD}\cos\angle DCI\sin\theta_2 - l_{OD}\sin\theta_3 + l_{AB}\sin\theta_0 + \\
\quad c_e^A\sin\theta_c^A + c_e^B\sin\theta_c^B + c_e^C\sin\theta_c^C + c_e^D\sin\theta_c^D + c_e^O\sin\theta_c^O + Y_A = 0 \\
l_{BC}\cos\theta_1 + l_{CE}\cos\angle ECI\cos\theta_2 - l_{CE}\sin\angle ECI\sin\theta_2 - l_{EF}\cos\angle EFG\cos\theta_4 + \\
\quad l_{EF}\sin\angle EFG\sin\theta_4 + l_{AB}\cos\theta_0 + c_e^A\cos\theta_c^A + c_e^B\cos\theta_c^B + c_e^C\cos\theta_c^C + \\
\quad c_e^E\cos\theta_c^E + c_e^F\cos\theta_c^F + X_A = 0 \\
l_{BC}\sin\theta_1 + l_{CE}\sin\angle ECI\cos\theta_2 + l_{CE}\cos\angle ECI\sin\theta_2 - l_{EF}\sin\angle EFG\cos\theta_4 - \\
\quad l_{EF}\cos\angle EFG\sin\theta_4 + l_{AB}\sin\theta_0 + c_e^A\sin\theta_c^A + c_e^B\sin\theta_c^B + c_e^C\sin\theta_c^C + \\
\quad c_e^E\sin\theta_c^E + c_e^F\sin\theta_c^F - (Y_F - Y_A) = 0 \\
l_{BC}\cos\theta_1 + l_{CI}\cos\theta_2 - l_{FG}\cos\theta_4 - l_{GH}\cos\theta_5 + l_{HI}\cos\angle HIJ\cos\theta_6 - \\
\quad l_{HI}\sin\angle HIJ\sin\theta_6 + l_{AB}\cos\theta_0 + c_e^A\cos\theta_c^A + c_e^B\cos\theta_c^B + c_e^C\cos\theta_c^C + \\
\quad c_e^I\cos\theta_c^I + c_e^H\cos\theta_c^H + c_e^G\cos\theta_c^G + c_e^F\cos\theta_c^F + X_A = 0 \\
l_{BC}\sin\theta_1 + l_{CI}\sin\theta_2 - l_{FG}\sin\theta_4 - l_{GH}\sin\theta_5 + l_{HI}\sin\angle HIJ\cos\theta_6 + \\
\quad l_{HI}\cos\angle HIJ\sin\theta_6 + c_e^A\sin\theta_c^A + c_e^B\sin\theta_c^B + c_e^C\sin\theta_c^C + c_e^I\sin\theta_c^I + c_e^H\sin\theta_c^H + \\
\quad c_e^G\sin\theta_c^G + l_{AB}\sin\theta_0 + c_e^F\sin\theta_c^F - (Y_F - Y_A) = 0
\end{cases}
\tag{10–5}
$$

令 $\cos\theta_i=x_i$，则 $\sin\theta_i$ 可表示为 $\sin\theta_i=\sqrt{1-x_i^2}$。公式（10–5）可变换为

$$
\left\{\begin{array}{l}
l_{BC}x_1+l_{CD}\cos\angle DCI\,x_2-l_{CD}\sin\angle DCI\sqrt{1-x_2^2}-l_{OD}x_3+l_{AB}\cos\theta_0+ \\
\quad c_e^A\cos\theta_c^A+c_e^B\cos\theta_c^B+c_e^C\cos\theta_c^C+c_e^D\cos\theta_c^D+c_e^O\cos\theta_c^O+X_A=0 \\
l_{BC}\sqrt{1-x_1^2}+l_{CD}\sin\angle DCI\,x_2+l_{CD}\cos\angle DCI\sqrt{1-x_2^2}-l_{OD}\sqrt{1-x_3^2}+ \\
\quad l_{AB}\sin\theta_0+c_e^A\sin\theta_c^A+c_e^B\sin\theta_c^B+c_e^C\sin\theta_c^C+c_e^D\sin\theta_c^D+c_e^O\sin\theta_c^O+Y_A=0 \\
l_{BC}x_1+l_{CE}\cos\angle ECI\,x_2-l_{CE}\sin\angle ECI\sqrt{1-x_2^2}-l_{EF}\cos\angle EFG\,x_4+ \\
\quad l_{EF}\sin\angle EFG\sqrt{1-x_4^2}+l_{AB}\cos\theta_0+c_e^A\cos\theta_c^A+c_e^B\cos\theta_c^B+c_e^C\cos\theta_c^C+ \\
\quad c_e^E\cos\theta_c^E+c_e^F\cos\theta_c^F+X_A=0 \\
l_{BC}\sqrt{1-x_1^2}+l_{CE}\sin\angle ECI\,x_2+l_{CE}\cos\angle ECI\sqrt{1-x_2^2}-l_{EF}\sin\angle EFG\,x_4- \\
\quad l_{EF}\cos\angle EFG\sqrt{1-x_4^2}+l_{AB}\sin\theta_0+c_e^A\sin\theta_c^A+c_e^B\sin\theta_c^B+c_e^C\sin\theta_c^C+ \\
\quad c_e^E\sin\theta_c^E+c_e^F\sin\theta_c^F-(Y_F-Y_A)=0 \\
l_{BC}x_1+l_{CI}x_2-l_{FG}x_4-l_{GH}x_5+l_{HI}\cos\angle HIJ\,x_6-l_{HI}\sin\angle HIJ\sqrt{1-x_6^2}+ \\
\quad l_{AB}\cos\theta_0+c_e^A\cos\theta_c^A+c_e^C\cos\theta_c^C+c_e^I\cos\theta_c^I+c_e^H\cos\theta_c^H+c_e^G\cos\theta_c^G+c_e^F\cos\theta_c^F+ \\
\quad X_A=0 \\
l_{BC}\sqrt{1-x_1^2}+l_{CI}\sqrt{1-x_2^2}-l_{FG}\sqrt{1-x_4^2}-l_{GH}\sqrt{1-x_5^2}+l_{HI}\sin\angle HIJ\,x_6+ \\
\quad l_{HI}\cos\angle HIJ\sqrt{1-x_6^2}+l_{AB}\sin\theta_0+c_e^A\sin\theta_c^A+c_e^B\sin\theta_c^B+c_e^C\sin\theta_c^C+ \\
\quad c_e^I\sin\theta_c^I+c_e^H\sin\theta_c^H+c_e^G\sin\theta_c^G+c_e^F\sin\theta_c^F-(Y_F-Y_A)=0
\end{array}\right. \tag{10-6}
$$

公式（10–6）中的方程组包含 6 个未知数的 6 个方程，能够被求解。令

$$
F(\boldsymbol{x})=\begin{cases}
l_{\mathrm{BC}}\,x_1+l_{\mathrm{CD}}\cos\angle\mathrm{DCI}\,x_2-l_{\mathrm{CD}}\sin\angle\mathrm{DCI}\sqrt{1-x_2^2}-l_{\mathrm{OD}}\,x_3+\\
\quad l_{\mathrm{AB}}\cos\theta_0+c_{\mathrm{e}}^{\mathrm{A}}\cos\theta_{\mathrm{c}}^{\mathrm{A}}+c_{\mathrm{e}}^{\mathrm{B}}\cos\theta_{\mathrm{c}}^{\mathrm{B}}+c_{\mathrm{e}}^{\mathrm{C}}\cos\theta_{\mathrm{c}}^{\mathrm{C}}+c_{\mathrm{e}}^{\mathrm{D}}\cos\theta_{\mathrm{c}}^{\mathrm{D}}+\\
\quad c_{\mathrm{e}}^{\mathrm{O}}\cos\theta_{\mathrm{c}}^{\mathrm{O}}+X_{\mathrm{A}}\\
l_{\mathrm{BC}}\sqrt{1-x_1^2}+l_{\mathrm{CD}}\sin\angle\mathrm{DCI}\,x_2+l_{\mathrm{CD}}\cos\angle\mathrm{DCI}\sqrt{1-x_2^2}-\\
\quad l_{\mathrm{OD}}\sqrt{1-x_3^2}+l_{\mathrm{AB}}\sin\theta_0+c_{\mathrm{e}}^{\mathrm{A}}\sin\theta_{\mathrm{c}}^{\mathrm{A}}+c_{\mathrm{e}}^{\mathrm{B}}\sin\theta_{\mathrm{c}}^{\mathrm{B}}+c_{\mathrm{e}}^{\mathrm{C}}\sin\theta_{\mathrm{c}}^{\mathrm{C}}+\\
\quad c_{\mathrm{e}}^{\mathrm{D}}\sin\theta_{\mathrm{c}}^{\mathrm{D}}+c_{\mathrm{e}}^{\mathrm{O}}\sin\theta_{\mathrm{c}}^{\mathrm{O}}+Y_{\mathrm{A}}\\
l_{\mathrm{BC}}\,x_1+l_{\mathrm{CE}}\cos\angle\mathrm{ECI}\,x_2-l_{\mathrm{CE}}\sin\angle\mathrm{ECI}\sqrt{1-x_2^2}-\\
\quad l_{\mathrm{EF}}\cos\angle\mathrm{EFG}\,x_4+l_{\mathrm{EF}}\sin\angle\mathrm{EFG}\sqrt{1-x_4^2}+l_{\mathrm{AB}}\cos\theta_0+\\
\quad c_{\mathrm{e}}^{\mathrm{A}}\cos\theta_{\mathrm{c}}^{\mathrm{A}}+c_{\mathrm{e}}^{\mathrm{B}}\cos\theta_{\mathrm{c}}^{\mathrm{B}}+c_{\mathrm{e}}^{\mathrm{C}}\cos\theta_{\mathrm{c}}^{\mathrm{C}}+c_{\mathrm{e}}^{\mathrm{E}}\cos\theta_{\mathrm{c}}^{\mathrm{E}}+c_{\mathrm{e}}^{\mathrm{F}}\cos\theta_{\mathrm{c}}^{\mathrm{F}}+X_{\mathrm{A}}\\
l_{\mathrm{BC}}\sqrt{1-x_1^2}+l_{\mathrm{CE}}\sin\angle\mathrm{ECI}\,x_2+l_{\mathrm{CE}}\cos\angle\mathrm{ECI}\sqrt{1-x_2^2}-\\
\quad l_{\mathrm{EF}}\sin\angle\mathrm{EFG}\,x_4-l_{\mathrm{EF}}\cos\angle\mathrm{EFG}\sqrt{1-x_4^2}+l_{\mathrm{AB}}\sin\theta_0+\\
\quad c_{\mathrm{e}}^{\mathrm{A}}\sin\theta_{\mathrm{c}}^{\mathrm{A}}+c_{\mathrm{e}}^{\mathrm{B}}\sin\theta_{\mathrm{c}}^{\mathrm{B}}+c_{\mathrm{e}}^{\mathrm{C}}\sin\theta_{\mathrm{c}}^{\mathrm{C}}+c_{\mathrm{e}}^{\mathrm{E}}\sin\theta_{\mathrm{c}}^{\mathrm{E}}+c_{\mathrm{e}}^{\mathrm{F}}\sin\theta_{\mathrm{c}}^{\mathrm{F}}-\\
\quad (Y_{\mathrm{F}}-Y_{\mathrm{A}})\\
l_{\mathrm{BC}}\,x_1+l_{\mathrm{CI}}\,x_2-l_{\mathrm{FG}}\,x_4-l_{\mathrm{GH}}\,x_5+l_{\mathrm{HI}}\cos\angle\mathrm{HIJ}\,x_6-\\
\quad l_{\mathrm{HI}}\sin\angle\mathrm{HIJ}\sqrt{1-x_6^2}+l_{\mathrm{AB}}\cos\theta_0+c_{\mathrm{e}}^{\mathrm{A}}\cos\theta_{\mathrm{c}}^{\mathrm{A}}+c_{\mathrm{e}}^{\mathrm{C}}\cos\theta_{\mathrm{c}}^{\mathrm{C}}+\\
\quad c_{\mathrm{e}}^{\mathrm{I}}\cos\theta_{\mathrm{c}}^{\mathrm{I}}+c_{\mathrm{e}}^{\mathrm{H}}\cos\theta_{\mathrm{c}}^{\mathrm{H}}+c_{\mathrm{e}}^{\mathrm{G}}\cos\theta_{\mathrm{c}}^{\mathrm{G}}+c_{\mathrm{e}}^{\mathrm{F}}\cos\theta_{\mathrm{c}}^{\mathrm{F}}+X_{\mathrm{A}}\\
l_{\mathrm{BC}}\sqrt{1-x_1^2}+l_{\mathrm{CI}}\sqrt{1-x_2^2}-l_{\mathrm{FG}}\sqrt{1-x_4^2}-l_{\mathrm{GH}}\sqrt{1-x_5^2}+\\
\quad l_{\mathrm{HI}}\sin\angle\mathrm{HIJ}\,x_6+l_{\mathrm{HI}}\cos\angle\mathrm{HIJ}\sqrt{1-x_6^2}+l_{\mathrm{AB}}\sin\theta_0+c_{\mathrm{e}}^{\mathrm{A}}\sin\theta_{\mathrm{c}}^{\mathrm{A}}+\\
\quad c_{\mathrm{e}}^{\mathrm{B}}\sin\theta_{\mathrm{c}}^{\mathrm{B}}+c_{\mathrm{e}}^{\mathrm{C}}\sin\theta_{\mathrm{c}}^{\mathrm{C}}+c_{\mathrm{e}}^{\mathrm{I}}\sin\theta_{\mathrm{c}}^{\mathrm{I}}+c_{\mathrm{e}}^{\mathrm{H}}\sin\theta_{\mathrm{c}}^{\mathrm{H}}+c_{\mathrm{e}}^{\mathrm{G}}\sin\theta_{\mathrm{c}}^{\mathrm{G}}+c_{\mathrm{e}}^{\mathrm{F}}\sin\theta_{\mathrm{c}}^{\mathrm{F}}-\\
\quad (Y_{\mathrm{F}}-Y_{\mathrm{A}})
\end{cases}
\tag{10-7}
$$

分别对 $F(\boldsymbol{x})$ 求偏导，可得其雅可比矩阵为

$$
F'(\boldsymbol{x})=\begin{bmatrix}\dfrac{\partial F}{\partial x_1} & \dfrac{\partial F}{\partial x_2} & \dfrac{\partial F}{\partial x_3} & \dfrac{\partial F}{\partial x_4} & \dfrac{\partial F}{\partial x_5} & \dfrac{\partial F}{\partial x_6}\end{bmatrix}
\tag{10-8}
$$

其中

$$\frac{\partial F}{\partial x_1}=\begin{bmatrix} l_{BC} \\ -\frac{l_{BC}\,x_1}{\sqrt{1-x_1^2}} \\ l_{BC} \\ -\frac{l_{BC}\,x_1}{\sqrt{1-x_1^2}} \\ l_{BC} \\ -\frac{l_{BC}\,x_1}{\sqrt{1-x_1^2}} \end{bmatrix},\quad \frac{\partial F}{\partial x_2}=\begin{bmatrix} l_{CD}\cos\angle DCI+\frac{l_{CD}\sin\angle DCI\,x_2}{\sqrt{1-x_2^2}} \\ l_{CD}\sin\angle DCI-\frac{l_{CD}\cos\angle DCI\,x_2}{\sqrt{1-x_2^2}} \\ l_{CE}\cos\angle ECI+\frac{l_{CE}\sin\angle ECI\,x_2}{\sqrt{1-x_2^2}} \\ l_{CE}\sin\angle ECI-\frac{l_{CE}\cos\angle ECI\,x_2}{\sqrt{1-x_2^2}} \\ l_{CI} \\ \frac{l_{CI}\,x_2}{\sqrt{1-x_2^2}} \end{bmatrix},$$

$$\frac{\partial F}{\partial x_3}=\begin{bmatrix} -l_{OD} \\ \frac{l_{OD}\,x_3}{\sqrt{1-x_3^2}} \\ 0 \\ 0 \\ 0 \\ 0 \end{bmatrix},\quad \frac{\partial F}{\partial x_4}=\begin{bmatrix} 0 \\ 0 \\ -l_{EF}\cos\angle EFG-\frac{l_{EF}\sin\angle EFG\,x_4}{\sqrt{1-x_4^2}} \\ -l_{EF}\sin\angle EFG+\frac{l_{EF}\cos\angle EFG\,x_4}{\sqrt{1-x_4^2}} \\ -l_{FG} \\ \frac{l_{FG}\,x_4}{\sqrt{1-x_4^2}} \end{bmatrix},$$

$$\frac{\partial F}{\partial x_5}=\begin{bmatrix} 0 \\ 0 \\ 0 \\ 0 \\ -l_{GH} \\ \frac{l_{GH}\,x_5}{\sqrt{1-x_5^2}} \end{bmatrix},\quad \frac{\partial F}{\partial x_6}=\begin{bmatrix} 0 \\ 0 \\ 0 \\ 0 \\ l_{HI}\cos\angle HIJ+\frac{l_{HI}\sin\angle HIJ\,x_6}{\sqrt{1-x_6^2}} \\ l_{HI}\sin\angle HIJ-\frac{l_{HI}\cos\angle HIJ\,x_6}{\sqrt{1-x_6^2}} \end{bmatrix}$$

利用牛顿迭代公式求解各杆件的方位角

$$\boldsymbol{x}^{(k+1)}=\boldsymbol{x}^{(k)}-\left[F'\left(\boldsymbol{x}^{(k)}\right)\right]^{-1}F\left(\boldsymbol{x}^{(k)}\right) \tag{10-9}$$

迭代初值取不考虑杆件长度误差和铰链间隙的理想情况下构件方位角的余弦值，

以保证迭代收敛。求得各杆件的姿态角度 θ 后，代入公式（10–2）可求得控制每段蒙皮姿态的相应杆件实际姿态角度与设计的理想姿态角度之间的偏差 $H(\boldsymbol{x})$，即

$$H(\boldsymbol{x}) = [h_1(\boldsymbol{x}),\ h_2(\boldsymbol{x}),\ h_3(\boldsymbol{x}),\ h_4(\boldsymbol{x}),\ h_5(\boldsymbol{x}),\ h_6(\boldsymbol{x})]$$

10.3　机构运动精度可靠性和可靠性灵敏度分析及流程

10.3.1　机构运动精度可靠度及灵敏度计算

采用蒙特卡罗法进行机构运动精度可靠性分析。根据各随机变量的分布参数，随机抽取 N 组样本，计算每组样本数据对应的偏差 $H(\boldsymbol{x})$，记录发生失效的次数 n_F。由蒙特卡罗法的原理知，落入失效域 $F = \{\boldsymbol{x} \mid \bigcup_{i=1}^{6} (h_i(\boldsymbol{x}) > \varepsilon_i)\}$ 内样本点的个数 n_F 与总样本个数 N 之比即为失效概率的估计值 P_F

$$P_F = \frac{1}{N}\sum_{j=1}^{N} I_F(\boldsymbol{x}^j) = \frac{n_F}{N} \tag{10–10}$$

则机构的运动精度可靠性 P_R 为

$$P_R = 1 - P_F = 1 - \frac{n_F}{N} \tag{10–11}$$

通过评估失效概率估计值 P_F 的变异系数 Cov（coefficient of variation）可判当前样本量 N 下估计的失效概率 P_F 是否收敛，一般许用变异系数 n_{Cov} 为 0.05。失效概率估计值 P_F 的变异系数 Cov 的计算公式为

$$Cov = \sqrt{\frac{1 - P_F}{(N-1)P_F}} \tag{10–12}$$

可靠性局部灵敏度能够直观地反应基本变量分布参数的变化引起结构失效概率或功能函数分布函数变化的比率，它被定义为失效概率 P_F 对第 i 个随机变量 $\boldsymbol{x}_i$ 的第 k 个分布参数 $\boldsymbol{\theta}_{x_i}^k$（$i$=1，2，…，$n$；$k$=1，2，…，$m_i$，其中 m_i 为第 i 个随机变量 $\boldsymbol{x}_i$ 的分布参数的总数）的偏导数，即

$$\frac{\partial P_F}{\partial \boldsymbol{\theta}_{x_i}^k} = \frac{\partial \int_F f(\boldsymbol{x})\mathrm{d}\boldsymbol{x}}{\partial \boldsymbol{\theta}_{x_i}^k} = \int_F \frac{\partial f(\boldsymbol{x})}{\partial \boldsymbol{\theta}_{x_i}^k}\mathrm{d}\boldsymbol{x} \tag{10–13}$$

利用蒙特卡罗法的可靠性局部灵敏度求解时可将公式（10–13）转换成为累和形式，如下

$$\frac{\partial P_F}{\partial \boldsymbol{\theta}_{x_i}^k} = \frac{1}{N}\sum_{j=1}^{N}\left[\frac{I_F(\boldsymbol{x}^j)}{f(\boldsymbol{x}^j)}\frac{\partial f(\boldsymbol{x}^j)}{\partial \boldsymbol{\theta}_{x_i}^k}\right] \tag{10–14}$$

对于相互独立的正态变量情况下的可靠性局部灵敏度的估计值可分别表示为

$$\frac{\partial P_F}{\partial \mu_{x_i}} = \frac{1}{N}\sum_{j=1}^{N}\left[I_F(\boldsymbol{x}^j)\frac{\boldsymbol{x}_i^j - \mu_{x_i}}{(\sigma_{x_i})^2}\right] \tag{10–15}$$

$$\frac{\partial P_{\mathrm{F}}}{\partial \sigma_{x_i}}=\frac{1}{N}\sum_{j=1}^{N}\left\{I_{\mathrm{F}}(\boldsymbol{x}^j)\frac{1}{\sigma_{x_i}}\left[\left(\frac{\boldsymbol{x}_i^j-\mu_{x_i}}{\sigma_{x_i}}\right)^2-1\right]\right\} \tag{10-16}$$

10.3.2 可靠性及灵敏度分析流程

机构的运动精度可靠性及灵敏度分析流程如图 10–4 所示。

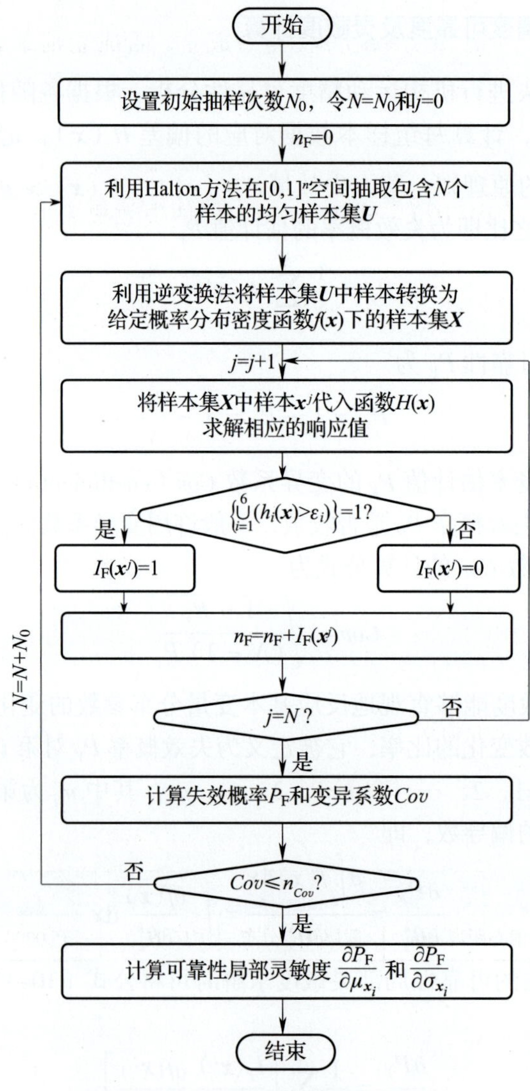

图 10–4 可靠性及灵敏度分析流程

具体分析流程可概括为以下步骤：

步骤 1 设置 MCS 样本初始抽样次数 N_0，令抽样次数 $N=N_0$、迭代次数计数变量 $j=0$，失效样本计数变量 $n_F=0$。其中 N_0 被设定为 10^6。

步骤 2 利用 Halton 方法在 $[0, 1]^n$ 抽样空间中抽取包含 N 个样本的均匀样本集 $\boldsymbol{U}$，用于生成 MCS 样本。

步骤 3 利用逆变换法将样本集 $\boldsymbol{U}$ 中样本全部转换为给定概率分布密度函数 $f(\boldsymbol{x})$ 下的样本集 $\boldsymbol{X}$。

步骤 4 迭代次数增加一次，即令 $j=j+1$，然后将样本集 $\boldsymbol{X}$ 中样本 $\boldsymbol{x}^j$ 代入函数 $H(\boldsymbol{x})$ 求解相应的响应值。

步骤 5 判断 $\{\bigcup_{i=1}^{6}(h_i(\boldsymbol{x})>\varepsilon_i)\}=1$ 是否成立，若成立则令 $I_F(\boldsymbol{x}^j)=1$，否则令 $I_F(\boldsymbol{x}^j)=0$。然后令 $n_F=n_F+I_F(\boldsymbol{x}^j)$。

步骤 6 判断 MCS 样本是否被全部评估，即 $j=N$ 是否成立，若成立转步骤 7，否则转步骤 4。

步骤 7 利用式（10-10）~ 式（10-12）评估失效概率 P_F、变异系数 Cov 和可靠度 P_R。

步骤 8 判断变异系数 $Cov \leqslant n_{Cov}$ 是否成立，若成立转步骤 9；否则令 $N=N+N_0$ 后，转步骤 2。在本章中，许用变异系数 n_{Cov} 被设置为 0.05。

步骤 9 根据式（10-15）和式（10-16）分别计算可靠性局部灵敏度的估计值 $\frac{\partial P_F}{\partial \mu_{x_i}}$ 和 $\frac{\partial P_F}{\partial \sigma_{x_i}}$，即可完成可靠性评估和可靠性局部灵敏度分析。

10.4 算例分析

10.4.1 机构变量参数

根据加工精度和公差配合关系，可以确定各杆件长度和轴孔尺寸的取值上限和取值下限以及均值，进而可以根据“6σ 原则”确定各变量的标准差，如表 10-1 和表 10-2 所示。

表 10-1 杆件杆长的公称尺寸和加工误差参数

序号	参数	描述	分布类型	取值下限	取值上限	均值	标准差
1	l_{AB}	偏心轮偏心距离 /mm	截尾正态分布	14.9910	15.0090	15.00	0.0030
2	l_{BC}	连杆 BC 的长度 /mm	截尾正态分布	351.4325	351.4895	351.461	0.0095
3	l_{CE}	连杆 CE 的长度 /mm	截尾正态分布	55.0410	55.0710	55.056	0.0050
4	l_{DE}	连杆 DE 的长度 /mm	截尾正态分布	75.3170	75.3470	75.332	0.0050
5	l_{OD}	连杆 OD 的长度 /mm	截尾正态分布	406.6935	406.7565	406.725	0.0105
6	l_{EF}	连杆 EF 的长度 /mm	截尾正态分布	369.9715	370.0285	370.00	0.0095
7	l_{EG}	连杆 EG 的长度 /mm	截尾正态分布	78.7750	78.8050	78.79	0.0050
8	l_{FG}	连杆 FG 的长度 /mm	截尾正态分布	302.1160	302.1680	302.142	0.0087

表 10-1（续）

序号	参数	描述	分布类型	取值下限	取值上限	均值	标准差
9	l_{CI}	连杆 CI 的长度 /mm	截尾正态分布	280.7420	280.7940	280.768	0.0087
10	l_{DI}	连杆 DI 的长度 /mm	截尾正态分布	360.6535	360.71050	360.682	0.0095
11	l_{EI}	连杆 EI 的长度 /mm	截尾正态分布	310.7610	310.8130	310.787	0.0087
12	l_{GH}	连杆 GH 的长度 /mm	截尾正态分布	355.9565	356.0135	355.985	0.0095
13	l_{HI}	连杆 HI 的长度 /mm	截尾正态分布	60.5020	60.5320	60.517	0.0050
14	l_{HJ}	连杆 HJ 的长度 /mm	截尾正态分布	302.1750	302.2270	302.201	0.0087
15	l_{IJ}	连杆 IJ 的长度 /mm	截尾正态分布	267.0020	267.0540	267.028	0.0087
16	l_{OA}	机座 OA 的长度 /mm	截尾正态分布	87.3495	87.3845	87.367	0.0058
17	l_{OF}	机座 OF 的长度 /mm	截尾正态分布	95.0965	95.1315	95.114	0.0058
18	l_{AF}	机座 AF 的长度 /mm	截尾正态分布	81.7445	81.7795	81.762	0.0058

表 10-2　轴和孔之间配合的间隙参数

序号	参数	描述	分布类型	取值下限	取值上限	均值	标准差
19	d_O	铰链 O 处轴的外径 /mm	截尾正态分布	15.983	15.994	15.9885	0.011/6
20	D_O	铰链 O 处孔的内径 /mm	截尾正态分布	16.000	16.018	16.009	0.018/6
21	d_A	铰链 A 处轴的外径 /mm	截尾正态分布	23.980	23.993	23.9865	0.013/6
22	D_A	铰链 A 处孔的内径 /mm	截尾正态分布	23.000	23.021	23.0105	0.021/6
23	d_B	铰链 B 处轴的外径 /mm	截尾正态分布	64.971	64.990	64.9805	0.019/6
24	D_B	铰链 B 处孔的内径 /mm	截尾正态分布	65.000	65.030	65.015	0.030/6
25	d_C	铰链 C 处轴的外径 /mm	截尾正态分布	17.983	17.994	17.9885	0.011/6
26	D_C	铰链 C 处孔的内径 /mm	截尾正态分布	18.000	18.018	18.009	0.018/6
27	d_D	铰链 D 处轴的外径 /mm	截尾正态分布	13.983	13.994	13.9885	0.011/6
28	D_D	铰链 D 处孔的内径 /mm	截尾正态分布	14.000	14.018	14.009	0.018/6
29	d_E	铰链 E 处轴的外径 /mm	截尾正态分布	17.983	17.994	17.9885	0.011/6
30	D_E	铰链 E 处孔的内径 /mm	截尾正态分布	18.000	18.018	18.009	0.018/6
31	d_F	铰链 F 处轴的外径 /mm	截尾正态分布	31.975	31.991	31.983	0.016/6
32	D_F	铰链 F 处孔的内径 /mm	截尾正态分布	32.000	32.025	32.0125	0.025/6
33	d_G	铰链 G 处轴的外径 /mm	截尾正态分布	13.983	13.994	13.9885	0.011/6
34	D_G	铰链 G 处孔的内径 /mm	截尾正态分布	14.000	14.018	14.009	0.018/6
35	d_H	铰链 H 处轴的外径 /mm	截尾正态分布	13.983	13.994	13.9885	0.011/6
36	D_H	铰链 H 处孔的内径 /mm	截尾正态分布	14.000	14.018	14.009	0.018/6
37	d_I	铰链 I 处轴的外径 /mm	截尾正态分布	17.983	17.994	17.9885	0.011/6
38	D_I	铰链 I 处孔的内径 /mm	截尾正态分布	18.000	18.018	18.009	0.018/6

各铰链处间隙的姿态角度服从［$-\pi$，π］的均匀分布，如表 10-3 所示。

表 10-3 各铰链处间隙的姿态角度分布参数

序号	参数	描述	分布类型	取值下限	取值上限	均值
39	θ_c^O	铰链 O 处间隙 c_e^O 的姿态角度 /rad	均匀分布	$-\pi$	π	0
40	θ_c^A	铰链 A 处间隙 c_e^A 的姿态角度 /rad	均匀分布	$-\pi$	π	0
41	θ_c^B	铰链 B 处间隙 c_e^B 的姿态角度 /rad	均匀分布	$-\pi$	π	0
42	θ_c^C	铰链 C 处间隙 c_e^C 的姿态角度 /rad	均匀分布	$-\pi$	π	0
43	θ_c^D	铰链 D 处间隙 c_e^D 的姿态角度 /rad	均匀分布	$-\pi$	π	0
44	θ_c^E	铰链 E 处间隙 c_e^E 的姿态角度 /rad	均匀分布	$-\pi$	π	0
45	θ_c^F	铰链 F 处间隙 c_e^F 的姿态角度 /rad	均匀分布	$-\pi$	π	0
46	θ_c^G	铰链 G 处间隙 c_e^G 的姿态角度 /rad	均匀分布	$-\pi$	π	0
47	θ_c^H	铰链 H 处间隙 c_e^H 的姿态角度 /rad	均匀分布	$-\pi$	π	0
48	θ_c^I	铰链 I 处间隙 c_e^I 的姿态角度 /rad	均匀分布	$-\pi$	π	0

10.4.2 可靠性及灵敏度计算

利用 10.2 节理论分析及变弯度机翼指关节机构随机变量的参数，在 Matlab 中编制变弯度后缘机构运动精度可靠性及灵敏度分析计算程序，以无间隙时各杆长设计值对应的杆件 FE、杆件 DI、杆件 HJ、杆件 FG、杆件 CI 和杆件 IJ 的姿态角度为理想姿态角度 θ_{EF}^0、θ_{DI}^0、θ_{HJ}^0、θ_{FG}^0、θ_{CI}^0 和 θ_{IJ}^0。通过 1×10^6 次 MCS 抽样，可计算出各姿态角度与理想姿态角度之间的偏差 $|\Delta\theta_X^0|=|\theta_X-\theta_X^0|$（$X$=EF，DI，HJ，FG，CI，IJ），计算结果如图 10-5 所示。

假设 $\varepsilon_1=\varepsilon_4=\eta_1^0\in[0.3°, 0.4°]$，$\varepsilon_2=\varepsilon_5=\eta_2^0\in[0.5°, 0.6°]$，$\varepsilon_3=\varepsilon_6=\eta_3^0\in[0.6°, 0.8°]$，求解出的失效概率与角度偏差许可值 η_1^0、η_2^0 和 η_3^0 的变化关系，如图 10-6 所示。由图 10-6 分析可知，失效概率随着角度偏差许可值 η_1^0、η_2^0 和 η_3^0 的增大而降低。

以中间值 $\eta_1^0=0.35°$、$\eta_2^0=0.55°$ 和 $\eta_3^0=0.70°$ 时为例，可评估出变弯度机翼指关节后缘机构运动精度失效的失效概率为 6.06×10^{-4}，同时求解的失效概率变异系数为 $4.06\%<5\%$，评估失效概率所用的样本量满足要求。同时，本文利用式（10-15）和式（10-16）分别对杆件长度的均值和方差的局部灵敏度进行了评估，其评估结果如图 10-7 所示。

通过局部灵敏度分析结果，可以确定对失效概率影响较大的变量，从而通过调整这些变量的参数改善该运动机构的可靠性。

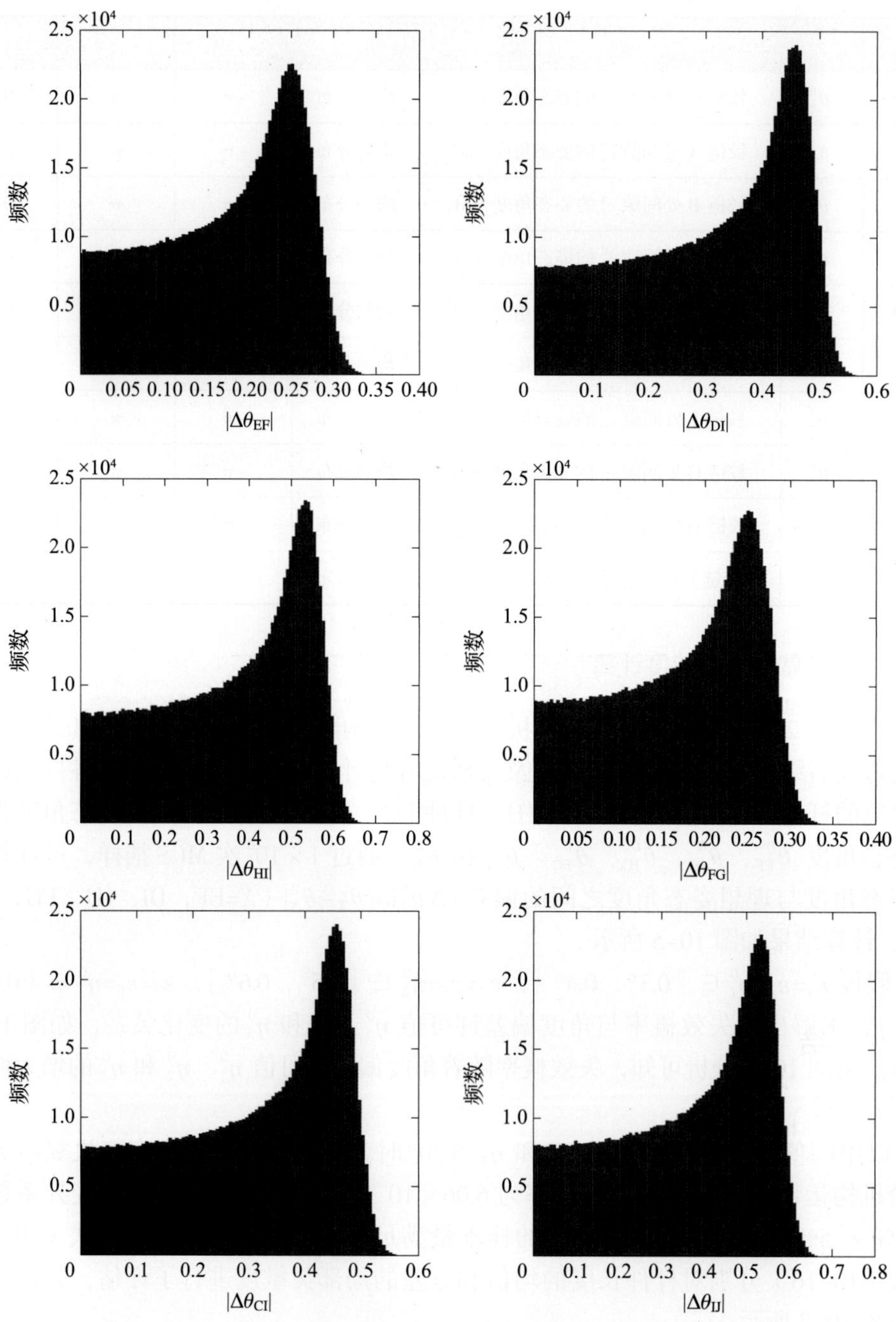

图 10-5 各姿态角度与理想姿态角度之间的偏差

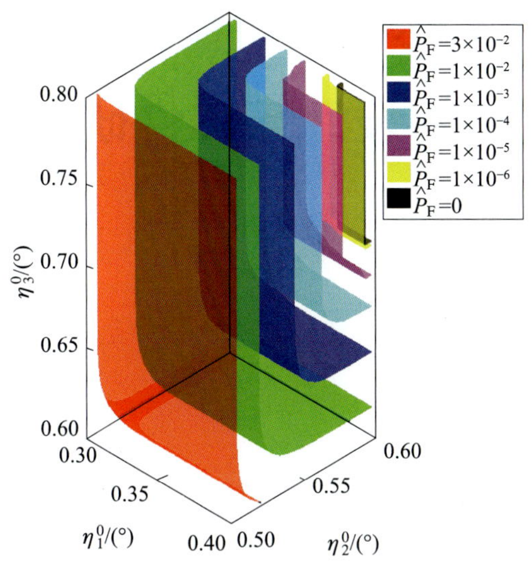

图 10-6　失效概率随着角度偏差许可值的变化情况

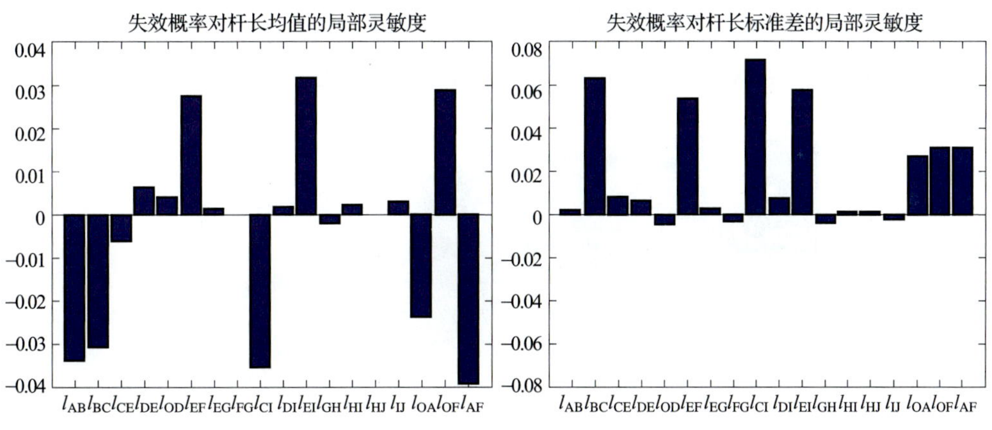

图 10-7　失效概率对杆长均值和标准差局部灵敏度分析结果

10.5　小结

（1）通过对变弯度机翼指关节后缘机构运动功能原理分析，基于机构几何关系建立了机构的封闭矢量位置参数化方程，能够利用牛顿迭代法对机构运动关系和各杆件的运动姿态进行求解。

（2）利用 MCS 方法通过考虑杆长误差和配合间隙等加工误差分析了该运动机构在机翼巡航位置时的运动精度可靠性和可靠性灵敏度。

（3）所采用的运动机构求解方法和可靠性分析及可靠性灵敏度方法在一定程度上能够为变弯度机翼运动机构可靠性分析与设计提供参考作用。

第 11 章　变弯度机翼后缘柔性蒙皮组件设计与样件研制

段宇星[1]，董立君[2]，侯峰[1]，宋坤苓[2]，尹元西[1]

1．中国飞机强度研究所，710065
2．中国航空研究院，100012

11.1　柔性蒙皮组件结构设计

变弯度机翼后缘蒙皮会随着机构的变化产生变化，同时各翼肋间在表面的距离会随着后缘的控制角度的变化而发生变化，如图 11–1 所示，这就需要各翼肋之间的蒙皮存在柔性连接，以通过拉伸或压缩来抵消控制角度的变化引起的蒙皮尺寸的变化，从而解决后缘蒙皮结构与后缘变形机构的匹配问题[12–14]。

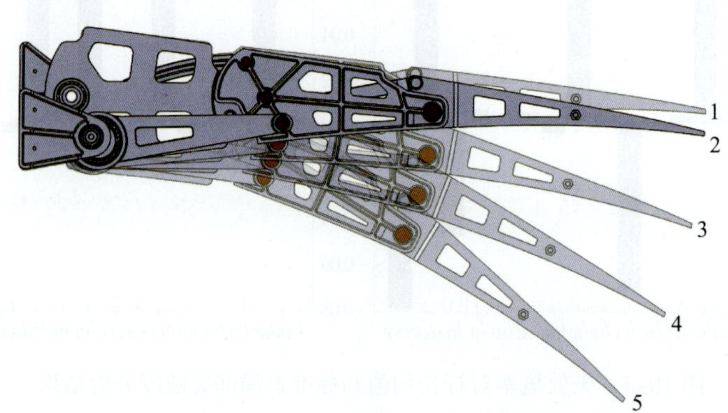

图 11–1　后缘变形机构变形状态
1—上偏极限状态；2—初始状态；3—中间状态；4—下偏 17°状态；5—下偏极限状态

柔性蒙皮材料和结构是实现飞机机翼变弯度的关键技术之一。变弯度机翼的柔性蒙皮就像是覆盖在一个变形机构上的整流罩，在机翼变形时除了要传递和承担气动载荷，还需要光滑连续的面内变形从而跟随机翼做出相应的变形和调整，尤其是对于一些大变形的机翼来说，智能柔性蒙皮必须满足以下几个要求：

（1）蒙皮需要具有大变形能力，即可以承受足够大的变形来满足变展长、变后掠等大变形机翼的需求。

（2）在变形过程中要有足够的面外刚度承受机翼的气动载荷。

（3）柔性蒙皮需要具有较小的面内刚度以减少对驱动器的要求。

（4）蒙皮在变形时需要保证机翼表面光滑且连续。

基于以上要求，目前对于柔性蒙皮的研究主要分为三大类：一是基于材料自身的变形能力来实现变形；二是基于分段式刚性机构的滑动或者移动来实现变形；三是通过周期性微结构的放大效应来实现变形。

本章采用第一种方式，将柔性蒙皮与刚性蒙皮进行组合，如图 11–2 所示。根据后缘变形机构的变形情况，将存在相对变形的部位布置柔性蒙皮，没有相对变形的部位采用铝合金蒙皮。根据三段翼肋在后缘偏转过程中的运动情况，确定了柔性蒙皮沿展向布置方案，即相邻翼肋段之间及翼肋段与后缘舱梁之间布置柔性蒙皮（如图 11–2 所示的部位①～部位⑥），以适应相邻翼肋段之间及翼肋段与后缘舱梁之间空间距离变化，从而能够满足由于后缘变弯度产生的蒙皮拉伸及压缩需求。机翼后缘上蒙皮布置 3 组柔性蒙皮组件，下蒙皮布置 3 组柔性蒙皮组件，共计 6 组柔性蒙皮组件。

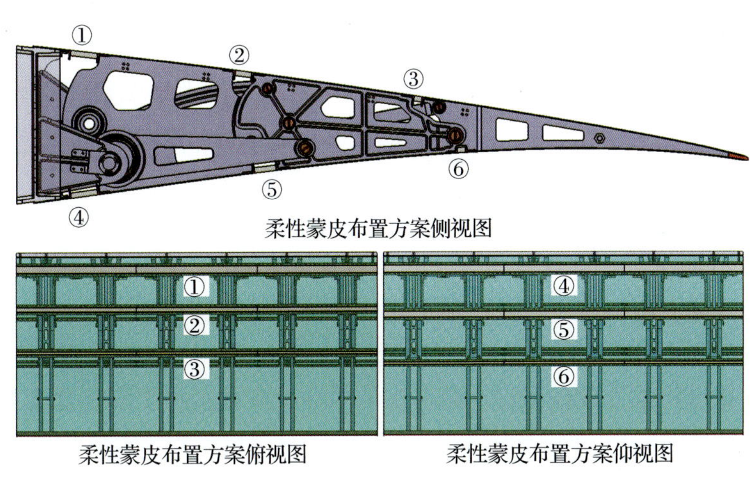

图 11–2　变形机翼后缘柔性蒙皮布置情况

为保证柔性蒙皮与变形翼肋和铝合金蒙皮相连接，并使整个变形后缘翼面闭合，采用硅橡胶与金属边条相互粘连的方式设计并制造柔性蒙皮组件，柔性蒙皮组件结构设计如图 11–3 所示。柔性蒙皮组件由铝合金边条和硅橡胶两部分组成，其中铝合金边条上装配托板螺母，变形翼肋和铝合金蒙皮构成可拆卸连接。硅橡胶通过拉伸或压缩来承受变形翼肋运动，从而协调柔性蒙皮组件与后缘机构变形。

11.1.1　柔性蒙皮组件结构方案设计

柔性蒙皮组件由三部分组成，如图 11–3 所示。中间为柔性蒙皮，两侧为柔性蒙皮连接件，柔性蒙皮胶黏在连接件的长边上。柔性蒙皮材料为特殊研制的硅橡胶泡沫材料，剖面形状为长方形，剖面的长边和短边分别称为柔性蒙皮的宽度和厚度，柔性蒙皮宽度根据后缘在变弯度过程中蒙皮长度变化确定，柔性蒙皮厚度根据胶黏强度、柔性蒙皮的面内 / 面外刚度、原材料等确定。柔性蒙皮连接件材料为铝合金，剖面形状为偏 T 形，可同时提供柔性蒙皮的粘贴面和后缘普通蒙皮搭接面，具有一定的蒙皮长桁功能，提高后缘蒙皮的抗弯刚度，其长度可根据后缘蒙皮承载受力及常规长桁尺寸确定。

为了方便加工及装配，除了在个别部位因干涉问题对结构尺寸稍加修改外，上述 6 组柔性蒙皮组件中的柔性蒙皮连接件结构尺寸基本一致，柔性蒙皮连接件的截面形状尺寸如图 11–4 所示。

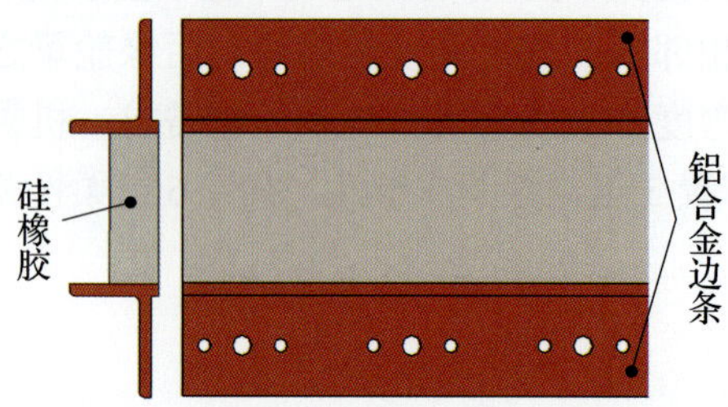

图 11–3　变形机翼后缘柔性蒙皮组件结构

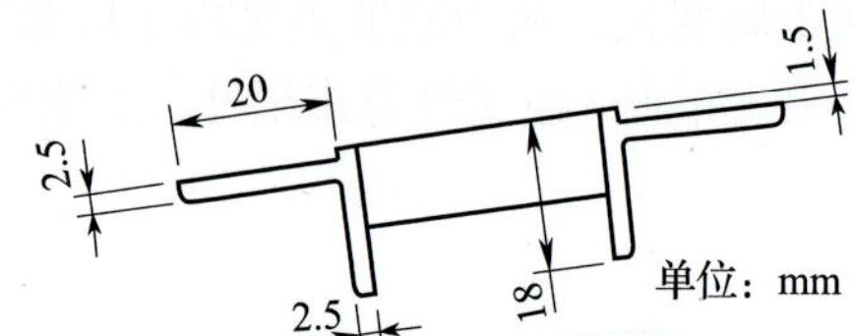

图 11–4　柔性蒙皮连接件截面形状

11.1.2　柔性蒙皮组件连接方案设计

为了保障全尺寸变弯度机翼后缘样件地面试验顺利进行，针对试验中可对柔性蒙皮方案进行调试、验证等需求，要求柔性蒙皮组件可拆卸、替换等。根据该要求，确定柔性蒙皮组件与全尺寸机翼后缘样件普通金属蒙皮通过托板螺母进行连接固定。根据全尺寸变弯度机翼后缘样件的承载及结构尺寸设计参数，确定采用 M4 双耳托板自锁螺母将柔性蒙皮组件（组件中的柔性蒙皮连接件）和普通金属蒙皮进行连接。

参考《飞机设计手册》[15] 中关于紧固件的连接尺寸要求和工程经验，托板自锁螺母在柔性蒙皮连接件上基本按间距为 35~50mm 进行布置，但实际在样件组装过程中，由于存在柔性蒙皮与后缘主机构指关节相交且固定连接，会根据实际情况对托板自锁螺母的布置进行微调，托板自锁螺母在柔性蒙皮连接件上的布置如图 11–5 所示。

11.1.3　柔性蒙皮加工方案设计

为了避免柔性蒙皮在后缘变弯度过程中产生褶皱，柔性蒙皮的设计要求是保证其使用过程中均处于拉伸状态。基于结构有限元分析手段，考虑设计载荷下的结构变形，对后缘变弯度过程中相邻翼肋段之间及翼肋段与后缘舱梁之间的空间距离变化进行了分析计算。根据分析结果，结合泡沫柔性蒙皮材料的力学性能和设计要求（泡沫柔性蒙皮材料满足变形 100% 的性能要求），制订了泡沫柔性蒙皮加工设计方案，如表 11–1 所示。

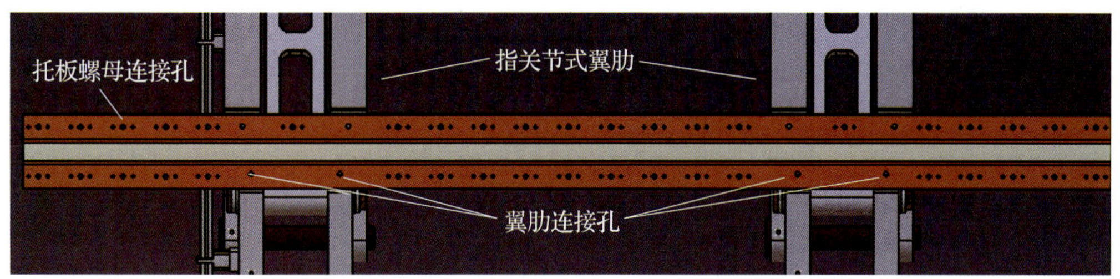

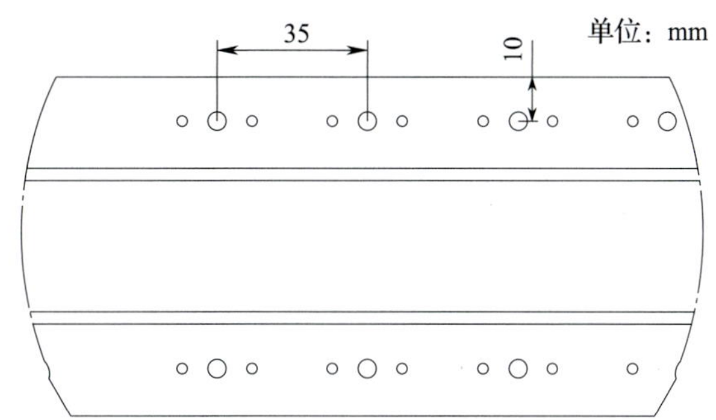

图 11-5　托板自锁螺母在柔性蒙皮连接件上的布置情况

表 11-1　柔性蒙皮设计参数

柔性蒙皮组号	1	2	3	4	5	6
柔性蒙皮数量	据实际确定	据实际确定	据实际确定	据实际确定	据实际确定	据实际确定
柔性蒙皮厚度 /mm	10	10	10	10	10	10
柔性蒙皮展向长度 /mm	450/900	450/900	450/900	450/900	450/900	450/900
后缘 0° 初始状态下，相邻两块普通蒙皮间设计距离 /mm	50	30	15	15	40	50
相对于 0° 初始状态，后缘下偏 15° 时相邻两块普通蒙皮间距离最大变化量 /mm（正值为增长量，负值为缩短量）	18	10	3.6	-1.2	-11	-18.4
泡沫柔性蒙皮初始宽度 /mm	50	30	15	12	30	30
泡沫柔性蒙皮状态描述	下偏过程始终处于拉伸状态	下偏过程始终处于拉伸状态	下偏过程始终处于拉伸状态	初始预拉伸 3mm，下偏过程始终处于拉伸状态	初始预拉伸 11mm，下偏过程始终处于拉伸状态	初始预拉伸 18mm，下偏过程绝大部分处于拉伸状态
最大拉伸百分比	0.36	0.33	0.24	0.25	0.38	0.56
相对于 0° 初始状态，后缘下偏 20° 时相邻两块普通蒙皮间距离最大变化量 /mm（正值为增长量，负值为缩短量）	24	15	5	-3	-10	-24

柔性蒙皮加工个数要保留足够的裕度，满足后缘地面试验调试等要求，避免耽误组装和调试进度。柔性蒙皮厚度确定为10mm。柔性蒙皮展向长度根据后缘样件尺寸、柔性蒙皮原材料尺寸以及装配工艺等方面进行确定，其中已知柔性蒙皮原材料宽度限制为1m，考虑柔性蒙皮组件的胶黏和装配等工艺，对于展向为2.7m全尺寸后缘样件，设计的柔性蒙皮展向宽度为900mm，对于展向为0.9m的后缘样件，设计的柔性蒙皮展向宽度可为900mm或450mm。通过表11-1可以看出，柔性蒙皮展向最大拉伸量为56%，在柔性蒙皮材料变形允许范围之内。后期需要注意的问题是，每个柔性蒙皮达到预定的拉伸量情况下，需要确定拉伸载荷大小，且需确定该载荷对于柔性蒙皮连接件及普通蒙皮等是否在可承受范围内。

11.2 柔性蒙皮弹性橡胶材料力学性能分析

柔性蒙皮组件的主要性能，主要取决于弹性材料的性能。由于本次计算结构变形很大，故采用Yeoh模型对橡胶材料进行性能仿真分析。Yeoh模型是一种橡胶材料的唯象理论模型[16]。具有只需很少的试验数据就可得到合理的数值结果的优点，其输入参数可以仅通过拉伸数据获得。该模型可描述的变形范围较宽，在较大的单轴拉伸和简单剪切变形时能够得到合理的结果。其高阶形式能够体现反S形应力—应变曲线，能模拟应变后期材料刚度急剧上升的特点。Yeoh模型如下：

针对各向同性材料，其应变能密度函数按照Taylor公式展开[17]

$$\overline{W} = \sum_{i,j,k=0}^{\infty} C_{ijk}\,(I_1-3)^i\,(I_2-3)^j\,(I_1-3)^k \tag{11-1}$$

当$i=3$，$j=0$，$k=0$时，即可得到3阶Yeoh模型[17]

$$\overline{W} = C_{100}(I_1-3) + C_{200}(I_1-3)^2 + C_{300}(I_1-3)^3 \tag{11-2}$$

在单轴拉伸情况下，可得材料的真实应力为

$$\sigma = 2\left(\lambda^2-\frac{1}{\lambda}\right)\left[C_{100}+2C_{200}\left(\lambda^2+\frac{2}{\lambda}-3\right)+3C_{300}\left(\lambda^2+\frac{2}{\lambda}-3\right)\right] \tag{11-3}$$

对于工程应力f，则有

$$f = 2\left(\lambda-\frac{1}{\lambda^2}\right)\left[C_{100}+2C_{200}\left(\lambda^2+\frac{2}{\lambda}-3\right)+3C_{300}\left(\lambda^2+\frac{2}{\lambda}-3\right)\right] \tag{11-4}$$

计算橡胶材料选择40HA的硅橡胶，其Yeoh模型参数如表11-2所示，材料应力—应变曲线，如图11-6所示。

表 11-2 Yeoh 模型参数

Yeoh 模型	C_{100}	C_{200}	C_{300}
参数	0.265	0.00167	0.00112

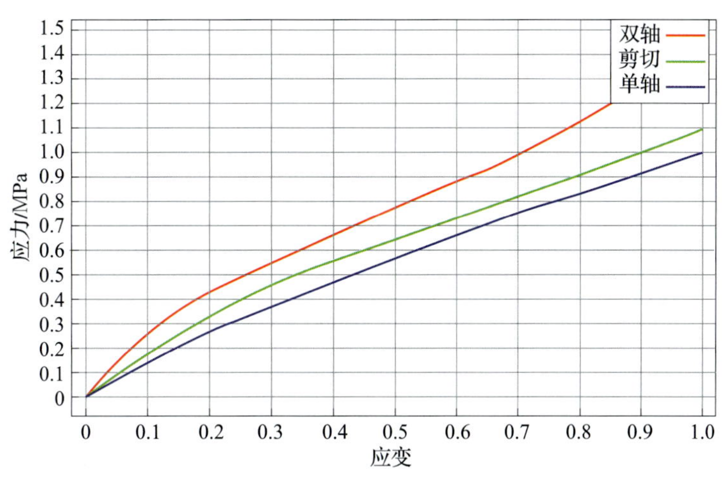

图 11-6 橡胶材料应力—应变曲线

11.2.1 橡胶蒙皮仿真结构简化

橡胶蒙皮中硅橡胶胶皮长 1000mm，宽 30mm，厚度为 2mm。其简化后的平面结构和三维结构如图 11-7 和图 11-8 所示。

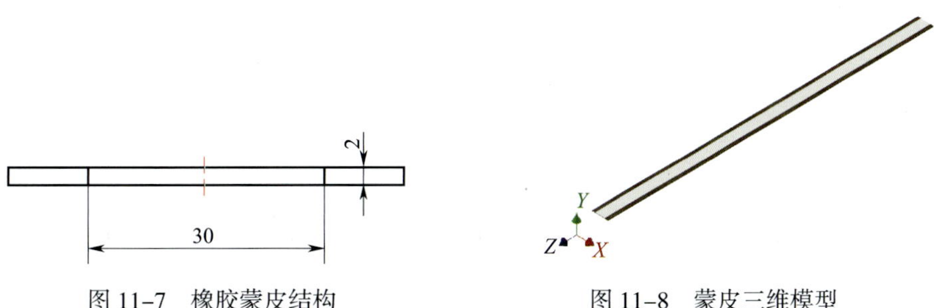

图 11-7 橡胶蒙皮结构

图 11-8 蒙皮三维模型

11.2.2 橡胶蒙皮载荷加载分析

（1）施加面内载荷情况

根据变形需求，需对施加面内拉力，使得蒙皮从 30mm 变形至 60mm。仿真分析过程及分析结果如图 11-9 所示。

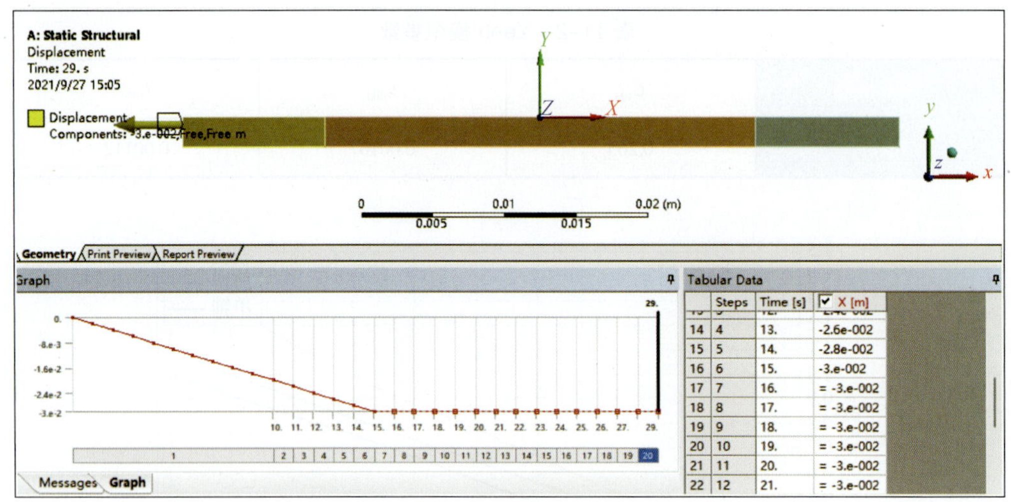

图 11-9　施加面内载荷

（2）施加面外载荷情况

维持变形 30mm 的情况下，施加面外压力，使得蒙皮承受 132N 的力值，如图 11-10 所示。

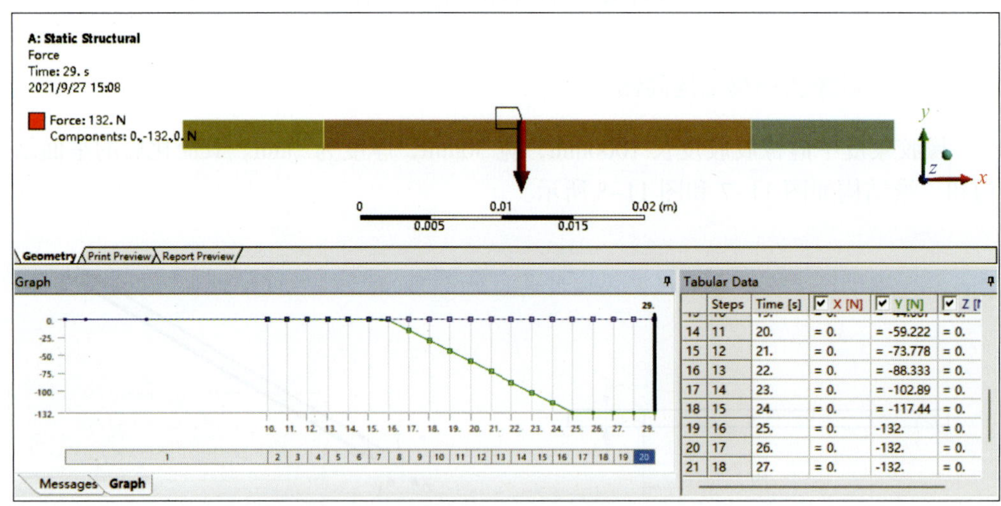

图 11-10　施加面外载荷

11.2.3　柔性蒙皮弹性橡胶材料变形分析

（1）未受到拉力时蒙皮的变形情况

去掉面内拉力，此时蒙皮保持原宽度 30mm，受到面外压力 132N。计算结果如图 11-11 所示。

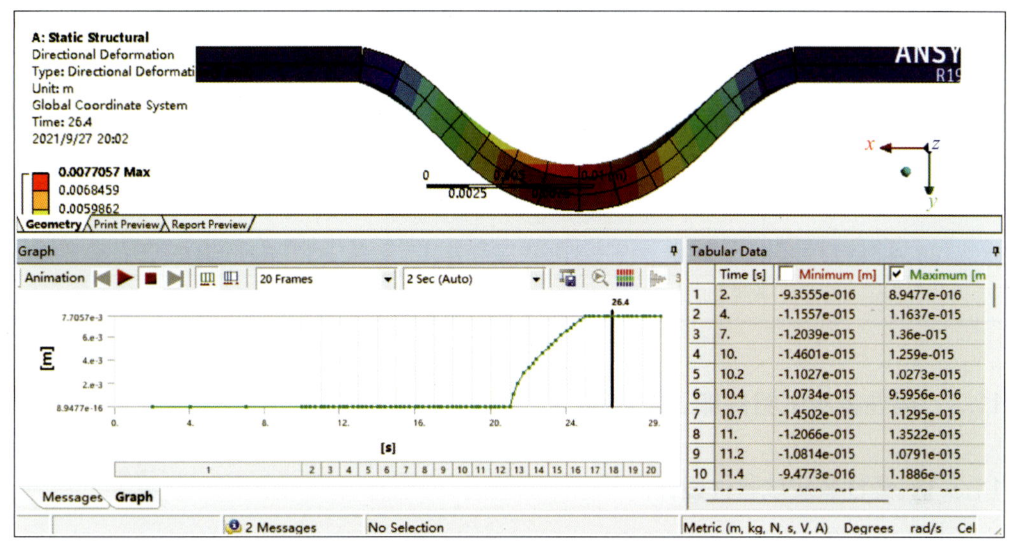

图 11-11 未受到拉力时蒙皮的变形情况

（2）受到拉力时蒙皮的变形情况

施加面内拉力，使得蒙皮从 30mm 变形为 60mm 后，施加面外法向力 132N。计算结果如图 11-12 所示。

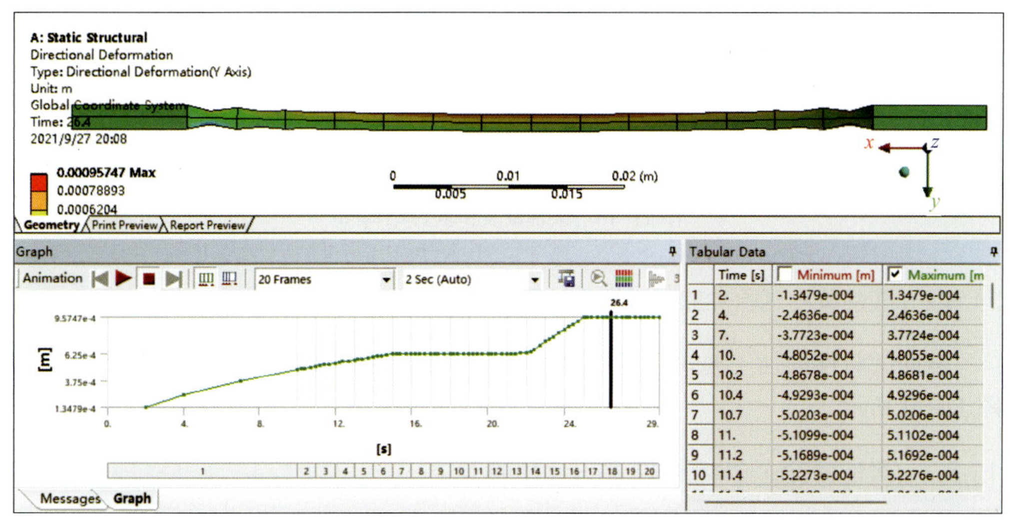

图 11-12 受到拉力时蒙皮的变形情况

（3）计算结果与分析

分析结果如表 11-3 所示。结果显示，硅橡胶胶皮为 2mm 厚度时，在蒙皮绷紧状态下，法向变形也仅有约 0.34mm，这说明该硅橡胶材料可以满足设计要求。

表 11-3　分析结果

蒙皮厚度 /mm	法向最大变形 /mm	
	未变形（30mm）	变形（60mm）
2	7.706	0.3376
3	3.844	0.2192
3.5	2.859	0.2113
5	1.457	0.0757

11.3　柔性蒙皮试验件加工与测试

11.3.1　柔性蒙皮试验件设计

设计柔性蒙皮试验件结构如图 11-13 所示。主要包括三部分结构：1—金属连接件；2—硅橡胶胶皮；3—硅橡胶泡沫。

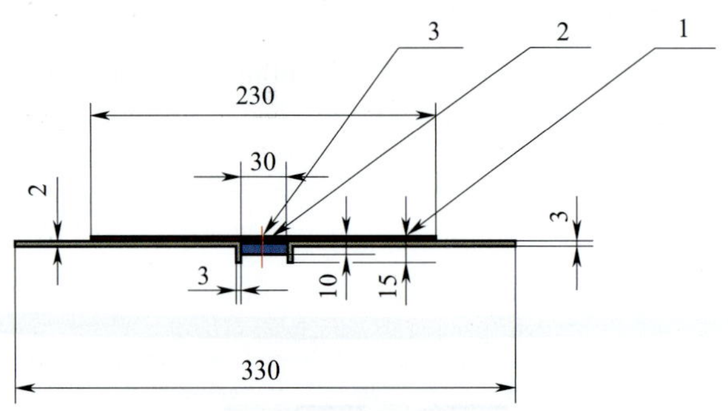

图 11-13　柔性蒙皮试验件结构图

11.3.2　柔性蒙皮试验件加工模具设计及加工

根据试验件的加工要求，设计并加工了一套蒙皮试验件的硫化成形模具，如图 11-14 所示。

11.3.3　柔性蒙皮试验件测试工装设计及加工

根据柔性蒙皮试验件试验测试要求，设计并加工了一套试验件测试工装，如图 11-15 所示。测试工装主要由可动夹具和挤压夹具组成。

11.3.4　硅橡胶泡沫橡胶的拉伸性能研究

根据前述设计要求，选用牌号为 GZG0200Q 的 PVMQ 硅橡胶材料，由中国飞机强度研究所生产[19]。材料的硬度为 40HA，材料的性能指标如表 11-4 所示。

图 11-14 柔性蒙皮试验件模具

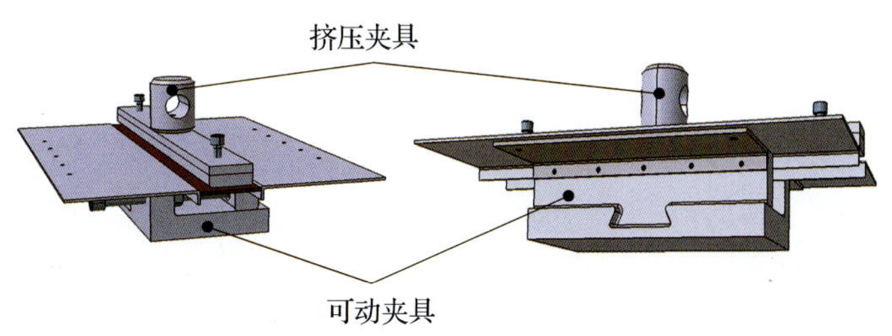

图 11-15 测试工装结构图

表 11-4 GZG0200Q 材料性能指标

材料性能指标	数值	材料性能指标	数值
拉伸强度	>7MPa	弹性模量	1.2MPa
伸长率	>500%	阻尼系数	>0.2
邵氏硬度	40HA	黏结强度	>2MPa，内聚破坏

硅橡胶泡沫选用硬度 20HA 的泡沫橡胶条，如图 11-16 所示。金属连接件选用的不锈钢材料牌号为 0Cr17Ni12Mo2。

为了保证柔性蒙皮的拉伸性能，需要使硅橡胶胶皮、泡沫橡胶条满足 250% 的伸长率，同时在此伸长下不与金属件脱离。由于硅橡胶胶皮自身伸长率可以达到 500% 以上，黏结强度可以达到 2MPa，实现内聚破坏形式。因此硅橡胶胶皮是完全可以满足使用要求的。只需要对泡沫橡胶与金属件的黏结强度进行测试即可。单独泡沫橡胶与金属件的黏结测试，如图 11-17 所示。可以看出，未拉伸状态是泡沫宽度为 30mm，拉伸后可以达到 75mm。同时，泡沫保持完整，满足 250% 的伸长率。这说明该泡沫材料及黏结工艺能够满足设计要求。

图 11–16　硅橡胶橡胶条

图 11–17 橡胶伸长测试

11.4　柔性蒙皮组件制造与改进

11.4.1　450mm 柔性蒙皮组件的制造

（1）450mm 柔性蒙皮组件的零部件加工

按照设计要求，加工 450mm 柔性蒙皮组件的铝合金金属边条零件，如图 11–18 所示。

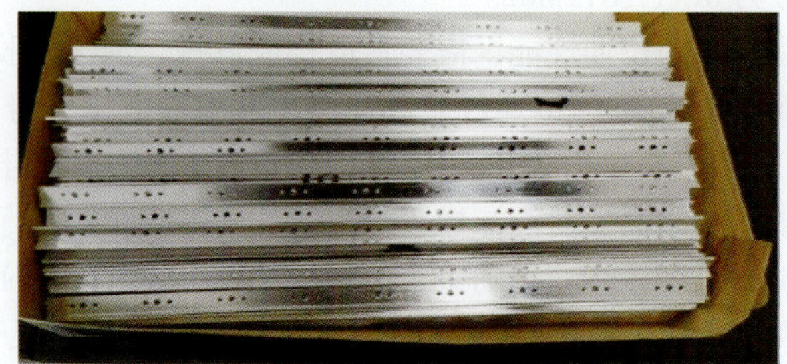

图 11–18　柔性蒙皮金属件

（2）450mm 柔性蒙皮组件的制造

按照设计要求，加工 450mm 柔性蒙皮组件。具体制造规格如表 11-5 所示。制造的 450mm 柔性蒙皮组件，如图 11-19 所示。

表 11-5 450mm 柔性蒙皮组件泡沫制造规格

泡沫宽度	12mm	15mm	30mm	50mm
泡沫厚度	10mm	10mm	10mm	10mm

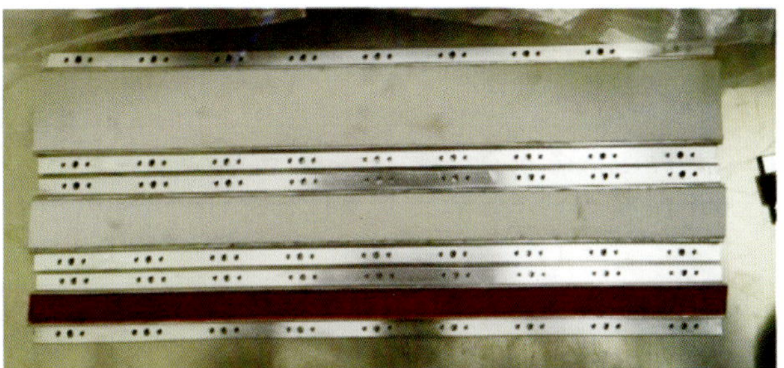

图 11-19 450mm 柔性蒙皮组件成品

11.4.2 900mm 柔性蒙皮组件的制造

（1）900mm 柔性蒙皮组件的零部件加工

按照设计要求，将柔性蒙皮长度变更为 900mm，重新加工金属连接件及橡胶部件，如图 11-20 所示。

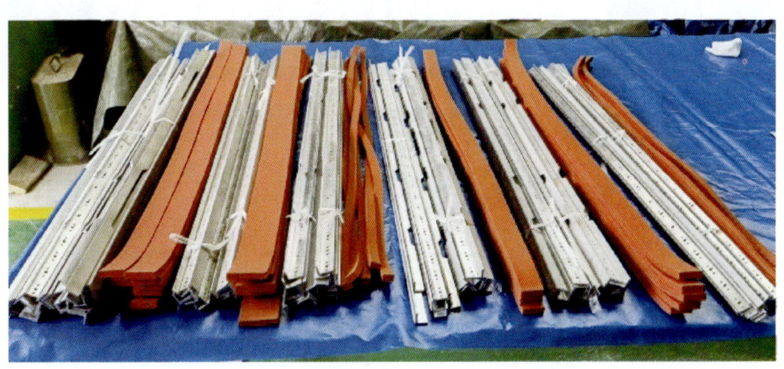

图 11-20 900mm 柔性蒙皮零部件

（2）900mm 柔性蒙皮组件的制造

按照设计要求，制造了 7 种规格的柔性蒙皮部件，如表 11-6 所示。制造的柔性蒙皮部件，如图 11-21 所示。

表 11-6 900mm 柔性蒙皮组件制造规格

规格	泡沫宽度 /mm	泡沫厚度 /mm
VCAN-60-01-31	50	10
VCAN-60-01-32	30	10
VCAN-60-01-33	15	10
VCAN-60-01-34	30	10
VCAN-60-01-35	30	10
VCAN-60-01-36	12	10
VCAN-60-01-32	35	10

图 11-21 900mm 柔性蒙皮制造过程

11.4.3 900mm 柔性蒙皮组件的改进

由于柔性蒙皮为手工制造，存在表面涂胶、溢胶、缺胶等问题或缺陷。表面涂胶相对于表面无胶更容易拉裂，分析原因是因为凝固后的胶水的拉伸性能比橡胶差很多。根据实际观察，表面无胶方案在加工时表面会残留不均匀的胶水，在拉伸时残留胶水较厚的位置更容易出现拉裂情况。这也同样说明了表面不涂胶的柔性蒙皮组件的拉伸性能表现更好。测试时发现部分柔性蒙皮存在褶皱问题，发现部分柔性蒙皮存在褶皱问题，如图 11-22 所示。

为使柔性蒙皮与机构的变形相协调，对各个部位柔性蒙皮的拉伸和压缩情况进行测量，并对其拉伸和压缩情况进行计算，统计分析结果如表 11-7 所示。

（a）表面涂胶引起的边缘撕裂

（b）溢胶引起的局部撕裂

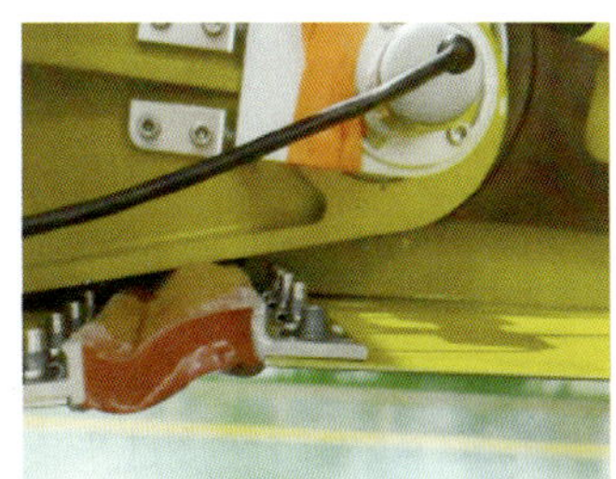
（c）初始尺寸过长导致蒙皮褶皱

图 11–22　柔性蒙皮使用过程中的问题

表 11–7　各部位柔性蒙皮拉伸尺寸统计分析

部位	拉伸前实际测量值 /mm				蒙皮拉伸		蒙皮压缩		初始设计尺寸 / mm
	测量 1	测量 2	测量 3	平均值	最大长度	拉伸率	最小长度	压缩率	
①	51.0	52.0	51.0	51.3	68.7	33.9%	46.2	–9.9%	50.0
②	30.4	31.0	30.4	30.6	39.3	28.4%	27.5	–10.1%	30.0
③	17.0	16.2	15.0	16.1	19.7	22.4%	14.7	–8.7%	15.0
④	35.8	36.0	35.0	35.6	51.3	44.1%	29.3	–17.7%	35.0
⑤	31.0	30.2	31.1	30.8	36.9	19.8%	26.7	–13.3%	30.0
⑥	12.2	12.1	12.6	12.3	14.5	17.9%	12.6	2.4%	12.0

为改善蒙皮褶皱情况，根据拉伸和压缩情况对柔性蒙皮加工尺寸进行了改进，同时考虑硅橡胶与铝合金金属边条通过黏合剂黏合的工艺情况，给出了相应的柔性蒙皮切割橡胶宽度的尺寸，如表 11–8 所示。

表 11–8　各部位柔性蒙皮尺寸改进

部位	初始设计尺寸 /mm	实测值 /mm	改进值 / mm	建议切割橡胶宽度 /mm	蒙皮拉伸		蒙皮压缩	
					最大长度	拉伸率	最小长度	压缩率
①	50.0	51.3	50.0	49.0	68.7	37.4%	46.2	–7.6%
②	30.0	30.6	30.0	29.0	39.3	31.0%	27.5	–8.3%
③	15.0	16.1	16.0	15.0	19.7	23.1%	14.7	–8.1%
④	35.0	35.6	35.0	34.0	51.3	46.6%	29.3	–16.3%
⑤	30.0	30.8	28.0	27.0	36.9	31.8%	26.7	–4.6%
⑥	12.0	12.3	12.0	11.0	14.5	20.8%	12.6	5.0%

通过对柔性蒙皮加工工艺的优化和尺寸的改进，解决了表面涂胶、溢胶、缺胶等缺陷问题，同时改善了柔性蒙皮压缩时的褶皱情况。

11.5 柔性蒙皮组件的探索研究

11.5.1 硅橡胶胶皮成形制造

为了从根本上解决柔性蒙皮组件由于人工加工工艺导致的缺陷问题，以及柔性蒙皮开裂影响其性能的情况，对柔性蒙皮组件表面硫化成形制造进行了探索。将硅橡胶、金属连接件安装在硫化成形模具中，在平板硫化机中硫化成形。成形后的试验件如图 11–23 所示。

将硅橡胶泡沫条通过冷黏结的方法与制造的成形结构黏结在一起。前期黏结需要使用卡箍固定，如图 11–24 所示。等待黏结剂固化完全后（约 4 天时间）即可卸下卡箍。表面清理后即制造得柔性蒙皮试验件，如图 11–25 所示。

图 11–23　硅橡胶表面硫化处理试验件

图 11–24　硅橡胶泡沫黏结固化

图 11–25　柔性蒙皮试验件

11.5.2　硅橡胶胶皮性能材质

按照设计要求，对 1000mm 柔性蒙皮进行拉伸，伸长 200% 后对面外整体施加 132N 的载荷，测试法向的最大挠度。由于本试验件为 500mm，故施加 66N 的载荷。

首先，将柔性蒙皮安装在工装上，使用工装将柔性蒙皮宽度由 30mm 拉伸至 60mm，如图 11–26 所示。

然后，将柔性蒙皮及测试工装安装在材料试验机上，使用工装调节压板与蒙皮之间的间隙，使其在各个方向上紧密贴紧。然后使用材料试验机对柔性蒙皮施加载荷，如图 11–27 所示。

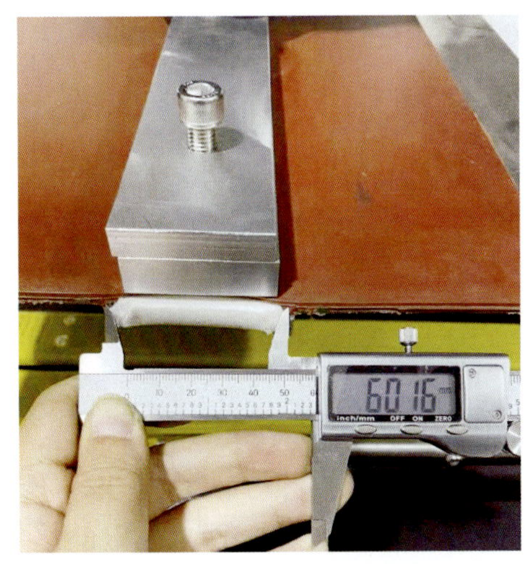

图 11–26　柔性蒙皮拉伸状态

图 11–27　柔性蒙皮载荷测试

试验测试结果如图 11–28 所示。试验结果显示在施加 66N 载荷时，柔性蒙皮的位移是 1.32mm，满足挠度不大于 3mm 的设计要求。这对未来柔性蒙皮组件的研制提供了一个研究方向。

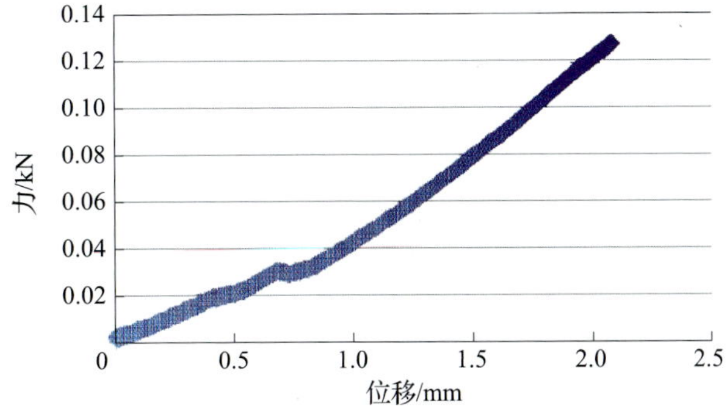

图 11–28　柔性蒙皮载荷测试曲线

11.6 小结

为了研制无缝后缘，开展了指关节变弯度机翼后缘柔性蒙皮组件的研制。

（1）通过对柔性蒙皮弹性材料进行面内载荷和面外载荷的仿真分析，评估其变形情况，选定了硅橡胶作为柔性蒙皮的弹性材料。

（2）通过加工和测试柔性蒙皮试验件确定了柔性蒙皮的结构和加工工艺，并分别研制了450mm和900mm的柔性蒙皮组件，同时通过微调柔性蒙皮硅橡胶材料的加工尺寸，改善了柔性蒙皮褶皱的问题。

（3）对柔性蒙皮硅橡胶表面的硫化处理进行了探索，在变弯度机翼设计方面，当前柔性蒙皮设计技术尚不成熟，该技术的发展和工程化应用将成为变弯度技术重点研究的方向。

参考文献

[1] Dimino, Ignazio, Leonardo Lecce, and Rosario Pecora. Morphing wing technologies: Large commercial aircraft and civil helicopters. Butterworth–Heinemann, 2017.

[2] Dimino, Ignazio, et al. "Morphing technologies: adaptive ailerons." Recent Progress in Some Aircraft Technologies (2016).

[3] Historical Background and Current Scenario [M]. Morphing Wing Technologies. Elsevier. 2018: 3–84.

[4] Lentink D, Müller U K, Stamhuis E J, et al. How swifts control their glide performance with morphing wings [J]. Nature, 2007, 446 (7139): 1082–1085.

[5] Amendola, G., et al. "Actuation system design for a morphing aileron." Applied Mechanics and Materials. Vol. 798. Trans Tech Publications Ltd, 2015.

[6] Arena, Maurizio, et al. "Numerical and experimental validation of a full scale servo–actuated morphing aileron model." Smart Materials and Structures 27.10 (2018): 105034.

[7] 冷劲松，孙健，刘彦菊. 智能材料和结构在变体飞行器上的应用现状与前景展望 [J]. 航空学报，2014，35 (01)：29–45.

[8] Kang, Woo–Ram, et al. "Morphing wing mechanism using an SMA wire actuator." International Journal of Aeronautical and Space Sciences 13.1 (2012): 58–63.

[9] Jenkins, Jerald M. Flight measurements of canard loads, canard buffeting, and elevon and wing–tip hinge moments on the XB–70 aircraft including comparisons with predictions. Vol. 5359. National Aeronautics and Space Administration, 1969.

[10] McLarnan C W. Synthesis of six–link plane mechanisms by numerical analysis [J]. 1963.

[11] Wang W D, Yan T Y. Modeling and Simulation of MacPherson Suspension Based on LMS Virtual. Lab Motion [C] //Applied Mechanics and Materials. Trans Tech Publications Ltd, 2014, 494: 24–27.

[12] Weisshaar, Terrence A. Morphing Aircraft Systems: Historical Perspectives and Future Challenges [J]. Journal of Aircraft, 2013, 50 (2): 337–353.

[13] Wereley N M, Gandhi F. Special Issue Flexible Skins for Morphing Aircraft [J]. Journal of Intelligent Material Systems & Structures, 2010, 21 (17): 1697–1698.

[14] Gandhi F, Anusonti–Inthra P. Skin design studies for variable camber morphing airfoils [J]. Smart Materials and Structures, 2008, 17 (1): 015025.

[15]《飞机设计手册》总编委会. 飞机设计手册，第 2 册 [M]. 北京：航空工业出版社，2005.

[16] L. R. G. Treloar. Rubber Elasticity [M]. Clarendon Press, Oxford, 1975: 50–66.

[17] Holzapfel G A.nonlinear solid mechanics. A continuum approach for engineering [M]. Chichester. Wiley，2000：205–251.

[18] Yeoh O H. Some forms of the strain energy function for rubber [J]. Rubber Chemistry and Technology，1993，66（5）：754–771.

[19] 段宇星，赵云峰等 . DOPO 超分子作用阻尼硅材料的动态力学性能 [J]. 高分子材料科学与工程，2020，36（5）：136–146.

第 4 篇　民机变弯度前后缘结构分布式变形测量与控制

为了实现机翼弯度沿展向的协同变形，机翼上分布了多组驱动器，多驱动器之间相互耦合，且存在非线性关系，如何控制多驱动器在变化外载环境下协调同步，是变弯度机翼控制系统设计的难点。对于变弯度机翼后缘结构，仅通过测量驱动器输出轴的角度来确定变弯程度也是不够的，因为在运动间隙、摩擦力和弹性变形等因素作用下的结构变形无法仅通过驱动轴角度变化感知，为了获得真实结构变形，研究了分布式光纤光栅变形传感器，变形传感器作为控制系统的重要环节，实现变弯度机翼变形的测量和反馈。随着先进传感技术的发展，光纤光栅传感器突破原有机翼形变测量方式不具备在线和实时性的技术瓶颈，可实现飞行状态下，在气动载荷作用时机翼形状的精确重构，为形状控制提供重要的数据反馈。

本篇共两章。第 12 章介绍了基于光纤传感的变弯度机翼结构变形感知技术。光纤布拉格光栅（fiber Bragg grating，FBG）传感技术作为一种新兴的感知技术，具有结构灵巧、布线简洁、高效、长寿命、抗电磁干扰等诸多优点，在航空结构应变、载荷、变形等领域具有广阔应用前景。传统的激光干涉法或双目相机测量变形的方法，解算速率慢，且尺寸较大，在飞机内部较难安装和调试，难以应用于飞机的在线变形测量。另外采用电阻应变计进行变形测量，需要大量电缆且易受电磁干扰影响，难以适用于飞机结构变形在线测量。对于变弯度机翼后缘结构，由于结构弹性较大，在载荷作用下仅通过构建驱动点位移与变形的关系，难以准确测量结构变形，采用具有分布式测量特点的 FBG 变形传感器可以更好地解决该问题，本章从光纤光栅变形传感机理、应变及变形算法、变形传感器设计与研制、标定、试验等方面展开阐述。

第 13 章主要介绍了变弯度前后缘的驱动与控制，均采用三个电机进行驱动，在分布式驱动系统中，多个电机的协调控制是关键，控制系统需采集各个电机的反馈信息，通过同步控制算法的配合，对各个电机的转速差进行补偿，从而消除各个电机间的转速差或保持准确的转速比，实现多个电机的协调控制。由于前缘结构刚性较大，驱动角度与结构变形存在较严格对应关系，可以采用角度传感器作为测量和反馈元件实现闭环控制；后缘由于结构传递路径较长，弹性变形较大，驱动角度与结构变形在不同负载下存在不同对应关系，仅用角度传感器难以准确反映结构变形，需要对结构弹性变形和运动副所产生的变形误差进行准确测量，当前具有分布式测量的光纤光栅形状传感器在解决此问题上具有优势，因此采用角度传感器和光纤光栅形状传感器相结合的办法实现结构变形测量并实现反馈控制。采用基于偏差耦合的同步控制算法，实现了电机的角度同步控制。

本篇重点介绍基于光纤传感策略的变形测量与多电机分布式协同控制方法，并系统总结了民机变弯度机翼前后缘控制系统设计的方法与思路，开展验证，旨在为未来先进民机变弯度机翼控制提供方法参考。

第 12 章　基于光纤传感的变弯度机翼结构变形感知技术

王文娟，薛景锋，张梦杰，宋坤苓

中国航空研究院，100012

12.1　光纤光栅传感技术概况

12.1.1　光纤光栅原理和特点

光纤光栅测量原理如图 12–1 所示，宽带光入射内置了光纤光栅的光纤通路，遇到光纤光栅，即反射回与光纤光栅中心波长对应的窄带光，其中心波长随应变状态发生偏移，并成线性关系，通过对回光波长偏移量的检测来获得对应光纤光栅测点的应变变化[1]。

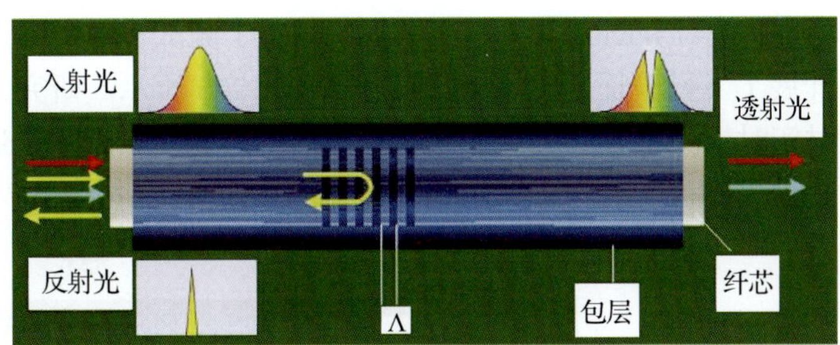

图 12–1　光纤光栅测量原理

为区分各测点，光纤光栅串由一系列不同中心波长的光纤光栅组成，采用波分复用技术来实现多点应变测量，组成的光纤光栅网络如图 12–2 所示。

光纤光栅传感因具有精度高、波分复用、抗电磁干扰能力强、寿命长、可靠性高、耐腐蚀、体积小、重量轻，易埋于复合材料结构等优点，已成为满足航空结构关键部位应变和变形感知需要、极具发展前途的一种测量技术。

12.1.2　变形测量方面的研究进展

可用于变形测量的常规光纤传感技术有分布式光纤、光纤光栅等，其中分布式光纤测量精度低，在检测过程中需进行大量的信号加法平均、频率扫描、相位跟踪等处理，解调速率为静态级别，不能很好地实现在线快速测量。光纤光栅一般有多芯、

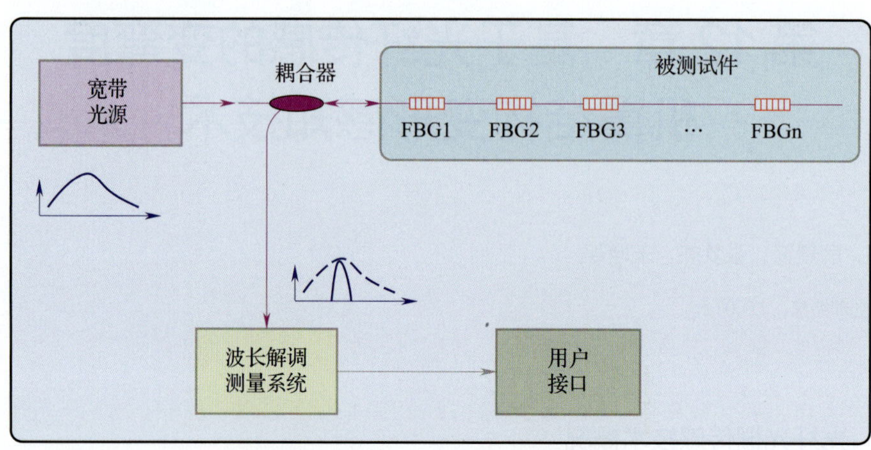

图 12-2 光纤光栅传感网络测量系统

单芯两种，多芯光纤由于间距为微米级，对弯度较大的变形敏感，一般用于医疗器械的管材弯曲和机器人关节处弯曲等测量[2]，对航空结构如机翼弯曲曲率较小的变形不敏感；单芯光纤可设计成光纤梁式变形传感器，纤芯距可调，测量精度高，解调速率快，设备小巧，且已开展过飞行验证[1]，机载环境适应能力强，可实现跟随被测结构而变形[3]、可拆卸等目标。

利用光纤光栅测量飞机机翼形状，国外已开展了相关研究。2008 年，NASA 利用光纤传感器测量系统对 Ikhana 无人机机翼形状进行了测试，每个机翼布置了 1440 个传感器，并开展了飞行验证[4]，传感器布置如图 12-3 所示。研究人员能够在无人机执行任务时实时检测机翼的应变分布及二维形变，这是实现亚声速固定翼飞机姿态控制的第一步，并且同时为机翼结构及负载能力监测提供了一个有效的方法。

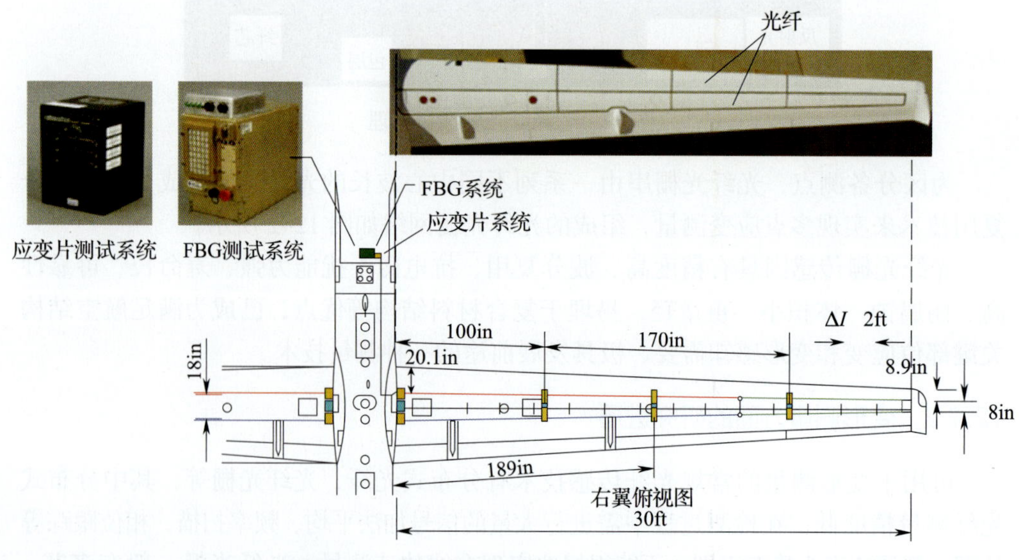

图 12-3 带有光纤传感器的 Ikhana 无人机

然而该方法采样速率仅为 1 次 /30s，系统重量约为 5kg，远不能达到在线快速测量的需求。该方法采用表贴方式，数据需要经过多次试验标定，可移植性有待提高。

欧盟第七框架计划的灵巧智能飞机结构（smart intelligent aircraft structures，SARISTU）项目中将光纤光栅传感器作为飞机机翼变形测量的手段，用于变弯度机翼控制和结构健康监测。图 12-4 为在变弯度机翼后缘上安装的光纤形状传感梁和光纤应变传感带[5]。

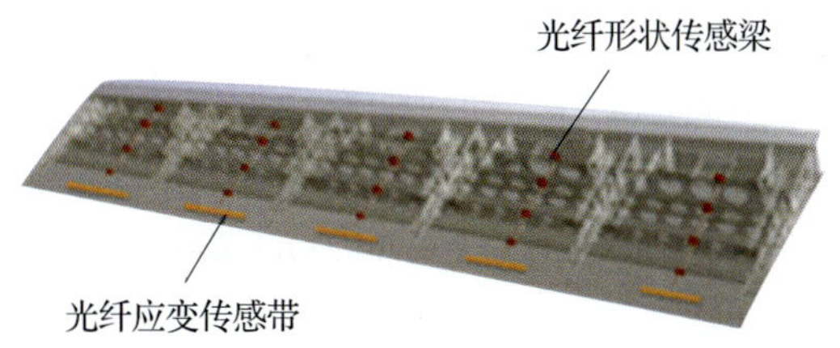

图 12-4 变弯度后缘变形传感系统布局

国内已搭建了机翼静态应变测量系统，如图 12-5 所示。试验研究了不同埋入深度的 FBG 传感器对变形机翼形状实时监测的影响，通过试验标定和函数拟合，重构了变形翼聚酰亚胺蒙皮在不同变形状态下的三维形状。试验结果表明 FBG 传感器与视觉测量的最大误差为 5%，验证了 FBG 传感器在机翼形状监测中的有效性[6]。

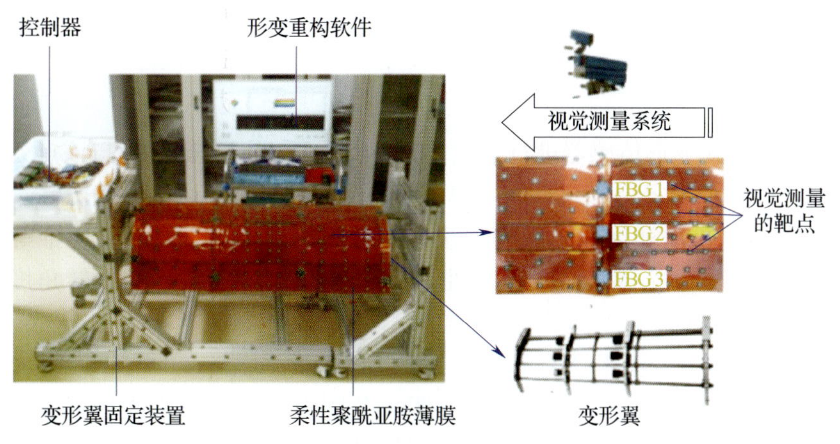

图 12-5 机翼静态应变测量系统

国内一些高校和研究机构在光纤光栅测量机翼变形方面也开展了一些基础性的研究工作，侧重直接粘贴和多次加载标定的方法，大多以简易模型为主，处于实验室原理阶段。中国航空研究院设计了可跟随结构变形的光纤梁式传感器，对被测结构具有更好的通用性，可由光纤信号直接计算出结构变形，无须多次加载标定，为光纤光栅应用于变弯度机翼结构的变形在线测量提供了一种有效的技术手段。

12.2 光纤光栅变形测量原理和算法

12.2.1 变形测量原理

光纤梁式变形传感器采用曲率重构方法，该方法在确定光纤光栅位置的前提下通过测量测点的曲率来构建弯曲形状，测点曲率的测量方法如图 12–6（a）所示，在同一位置上下表面安装两根光纤光栅，当结构发生弯曲时，上下表面两根光纤光栅传感器存在应变差，并结合光纤光栅的轴间距 d，可以计算出该点的曲率半径 R。根据多测点位置和该点的曲率半径，通过曲率插值和曲线重构得到变形曲线坐标，即变形形状。光纤梁式变形传感器截面设计示意图如图 12–6（b）所示，在梁的上下表面沿轴向位置对称粘贴两根刻制了多个测点的光纤光栅串。

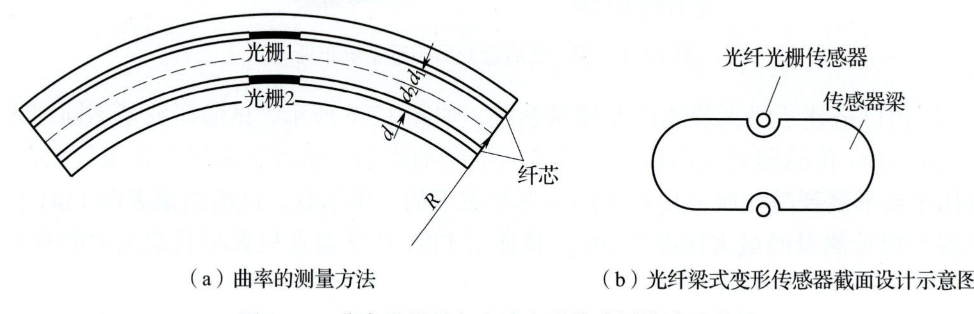

（a）曲率的测量方法　　（b）光纤梁式变形传感器截面设计示意图

图 12–6　曲率的测量方法及变形传感梁设计示意图

12.2.2 变形重构算法

利用光纤梁式变形传感器进行形状重构，首先要开展光栅应变与该点处弯曲半径的推导，由弯曲半径得到该点的曲率；其次采用线性和多项式插值方法，得到曲率—弧长曲线；再次开展曲线重构算法研究，利用切角递推、斜率递推等算法得到重构后的形状曲线；最后综合重构曲线、初始位置的曲线计算偏转角度，具体如下。

（1）光栅应变与弯曲半径关系推导

如图 12–7 所示，设纤芯到中性轴的距离分别为 d_1 和 d_2，在光纤未发生弯曲之前，长度为 L，弯曲后，拉伸一侧长度变长，压缩一侧长度变短，对应于 d_1 和 d_2，其长度分别为 L_1 和 L_2，对应应变为 ε_1 和 ε_2，则有

$$L_1=(1+\varepsilon_1)L \tag{12-1}$$

$$L_2=(1+\varepsilon_2)L \tag{12-2}$$

因 L、L_1、L_2 对应于同一个弧角 R，得 $\dfrac{L}{R}=\dfrac{L_1(1+\varepsilon_1)}{R+d_1}=\dfrac{L_2(1+\varepsilon_2)}{R-d_2}$　（12–3）

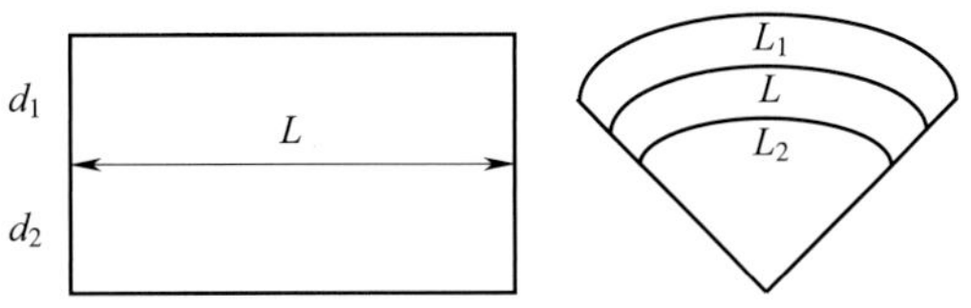

图 12-7 双光栅曲率测量原理

联合式（12-1）~式（12-3）可以得到

$$\varepsilon_i=\frac{d_i}{R} \qquad i=1,\ 2 \tag{12-4}$$

由式（12-4）可以看出，应变和弯曲半径成反比。

（2）弧长—曲率插值方法

①线性插值法

假设光纤光栅阵列中光栅的个数为 n，通过解调仪实时解调，可以得到各光栅中心波长的漂移量，从而计算得到各光栅处的曲率，再组成曲率数组 K+［K_1，K_2，K_3，…，K_i，…］，假设各点之间的弧长组成的数组 s+［s_1，s_2，s_3，…，s_i，…］。线性插值就是在相邻的两个曲率插入 m 个点，在第 i 和第 i+1 中各插值点和两相邻光栅点的曲率 k_{ij} 和弧长 s_{ij} 应满足：$k_{ij}=M_i*s_{ij}+N_i$，$i\in[1,\ n]$，$j\in[0,\ m+1]$，i，j 为正整数。

②多项式插值法

假设 $f(x)$ 是定义在区间［a，b］上的未知或复杂函数，但已知该函数在点 $a\leqslant x_0<x_1<\cdots<x_n\leqslant b$ 处的函数值 y_0，y_1，…，y_n。找一个多项式函数，使之满足条件

$$P(x_i)=y_i \quad (i=0,\ 1,\ 2,\ \cdots,\ n) \tag{12-5}$$

即在给定点 x_i 处，$P(x_i)$ 与 $f(x)$ 是相吻合的。通常把 $x_0<x_1<\cdots<x_n$ 称为插值节点，把 $P(x_i)$ 称为 $f(x)$ 插值多项式，$f(x)$ 称为被插函数，［a，b］称为插值区间。如果 $P(x)$ 为 m 次多项式：$P_m(x)=a_0x^m+a_1x^{m-1}+\cdots+a_{m-1}x+a_m$，那么插值函数的构造就是要确定 $P_m(x)$ 表达式中 m+1 个系数 a_0，a_1，…，a_m。由于插值条件包含 n+1 个独立等式，所以只要 $m=n$，就可以证明这样的插值多项式是唯一存在的。而实际上，由 n+1 个插值条件可得

$$\begin{cases} a_0x_0^n+a_1x_0^{n-1}+\cdots+a_{n-1}x_0+a_n=y_0 \\ a_0x_1^n+a_1x_1^{n-1}+\cdots+a_{n-1}x_1+a_n=y_1 \\ \qquad\qquad\vdots \\ a_0x_n^n+a_1x_n^{n-1}+\cdots+a_{n-1}x_n+a_n=y_n \end{cases} \tag{12-6}$$

式（12-6）是一个关于 a_0，a_1，…，a_n 的 n+1 阶线性方程组，且其系数矩阵对应行列式是线性代数中的范德蒙（Vandermonde）行列式。该行列式的值为

$$V_n(x_0,\ x_1,\ \cdots,\ x_n)=\prod_{i=1}^{n}\prod_{j=0}^{i}(x_i-x_j) \tag{12-7}$$

式中，当 $i \neq j$ 时，$x_i \neq x_j$，所以 $V_n(x_0, x_1, \cdots, x_n) \neq 0$。从而满足插值条件的多项式唯一存在。

（3）曲线重构算法

①切角递推算法

对于曲线而言，只要曲线上两点距离足够近，就可以近似认为这两点之间的弧是一段微圆弧。假设曲率变化是均匀的，且曲率 k 与弧长 s 成线性关系，即 $k=M\times s+N$。其中，M、N 为系数组，由每一个微弧段的 M_n、N_n 组成。将曲线看成是由 $S_1 \sim S_2$，$S_2 \sim S_3$，…，$S_n \sim S_{n+1}$，…的微弧段组成，则 $\begin{cases} k_n=M_n\times S_n+N_n \\ k_{n+1}=M_n\times S_{n+1}+N_n \end{cases}$。通过计算可得 $\beta(s)=\dfrac{1}{2}M\times s^2+N\times s+c$。该式为关于弧长 s 的函数，由于各个弧段端点曲率值可以通过 FBG 所监测获得的有限离散曲率进行插值，显然只需要给出边界条件，上式便可解，进而可以推导出所有光栅测点坐标，从而实现曲线重建。

②斜率递推算法

设曲线上第 n、$n+1$ 点的斜率分别为 k_n、k_{n+1}；坐标分别为 (x_n, y_n)、(x_{n+1}, y_{n+1})；该两点的斜率对 x 轴的夹角分别为 θ_n、θ_{n+1}；$\Delta\theta_n$ 为两点切向角的变化值；Δs_n 为两点之间的弧长。由几何关系可得到

$$\begin{cases} x_{n+1}=x_n+\Delta x=x_n+\dfrac{\Delta s_n}{\sqrt{1+K_n^2}} \\ y_{n+1}=y_n+\Delta y=y_n+\dfrac{k_n\Delta s_n}{\sqrt{1+K_n^2}} \end{cases} \tag{12-8}$$

由公式（12-8）便可得到各点坐标值。最后用光滑曲线将插值后的各点连起来，便得到该算法重构曲线。

（4）偏转角度的算法

由以上曲线重构可以得到后缘变形后的曲线坐标，如图 12-8 所示，根据已知的理论坐标系原点 O 点 (x, y) 坐标，初始位置基准线后缘尾端坐标 A 点坐标，以及后缘偏转后的后缘尾端 B 点坐标，可以算出偏转角度 β。

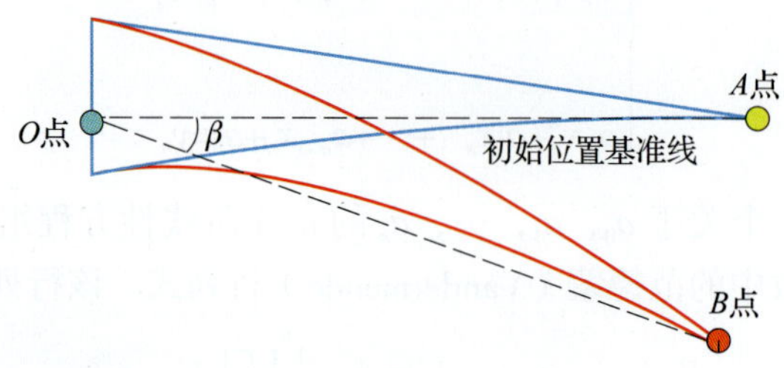

图 12-8　偏转角度算法示意图

12.2.3　理论验证

为验证上述曲线重构算法可行性，采用曲率一致的圆、曲率具有规律分布的悬臂梁结构进行了算法的理论验证，具体如下。

（1）线性插值和切角递推曲线重构方法的理论验证

首先选用曲率完全一样的圆来验证，以便更快地验证线性插值和切角递推曲线重构算法可行性。利用 Matlab 编制算法程序，得到结果如图 12-9 所示：当弧长—曲率插值点为 10 时，拟合误差较大，误差最大为 6%；当弧长—曲率插值点为 100 时，拟合误差较小，最大误差为 0.6%；当弧长—曲率插值点为 1000 时，拟合最大误差为 0.05%。

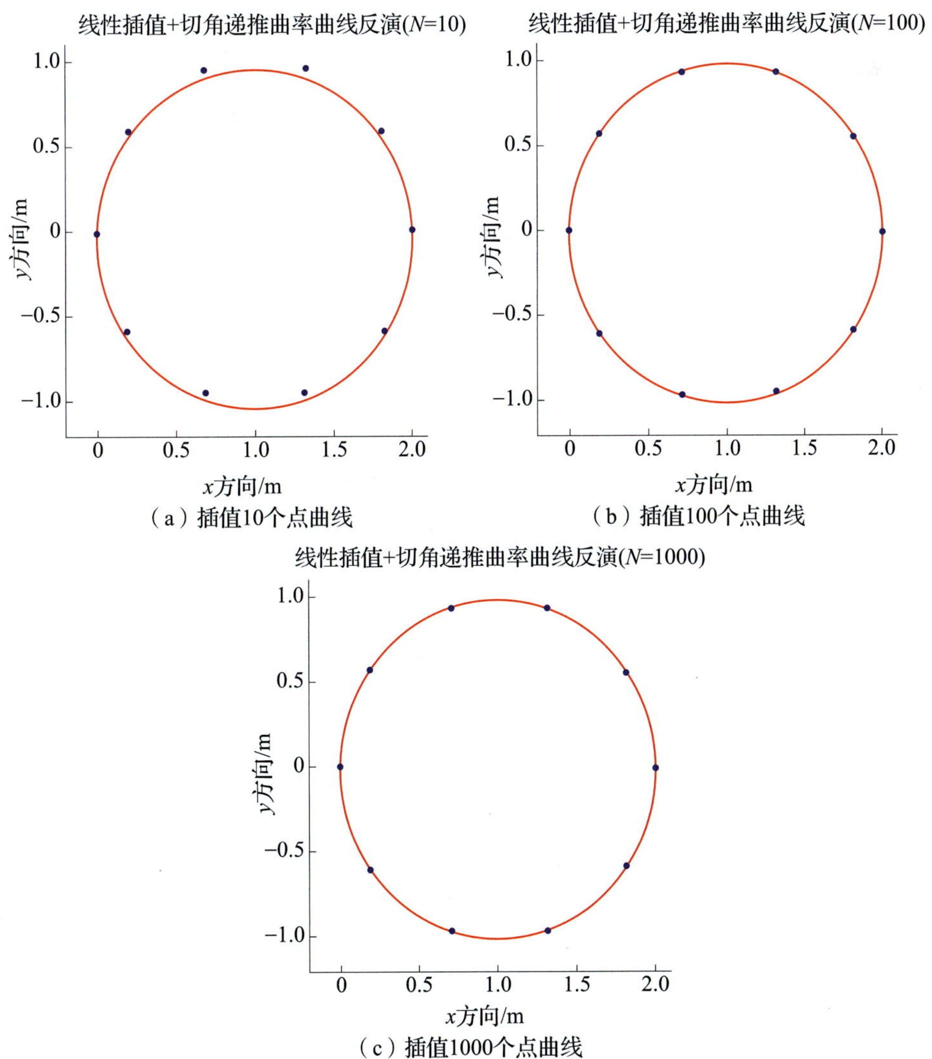

（a）插值10个点曲线

（b）插值100个点曲线

（c）插值1000个点曲线

图 12-9　标准圆曲率线性插值—切角递推的曲线拟合算法验证

（2）多项式插值和切角递推曲线重构方法的理论验证

利用 Matlab 编制算法程序，得到结果如下：当弧长—曲率插值点为 10 时，拟合误差较大，误差最大为 6.5%；当弧长—曲率插值点为 100 时，拟合误差较小，最大误差为 0.6%；当弧长—曲率插值点为 1000 时，拟合误差几乎可以忽略，最大误差为 0.05%。

（3）标准悬臂梁变形结构曲率重构的算法理论验证

考虑到标准悬臂梁在加载过程中曲率分布不是均匀的，但具有一定规律性，利用悬臂梁进一步对算法进行验证。标准悬臂梁长度取 50mm，末端加载荷 200N，弹性模量为 210GPa，梁宽度为 10mm。通过理论分析可以得到标准悬臂梁的曲线如图 12–10 中蓝线所示。之后从 0mm 开始取点，每间隔 5mm 取一个点，共 10 个点，如图 12–11 中蓝点所示。通过悬臂梁的理论计算得到这 10 个蓝点的曲率值以及弧长值，之后开展线性插值及曲线重构算法的验证，重构后曲线如图 12–11 中红线所示，最大理论误差为 1.4×10^{-6}mm。

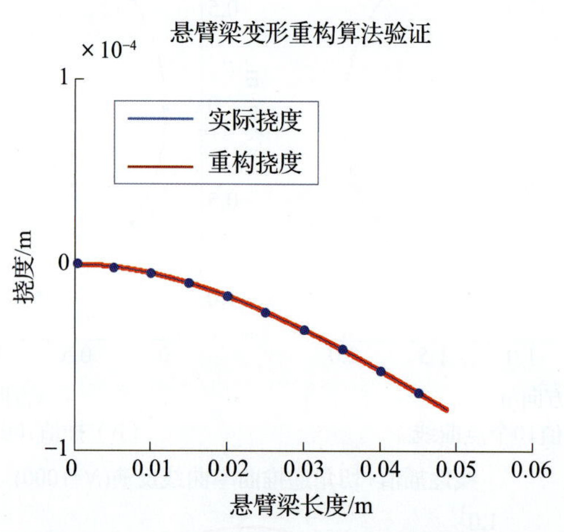

图 12–10　悬臂梁拟合后及重构误差

12.3　传感器设计与研制

12.3.1　变形传感器设计

光纤梁式变形传感器的设计要求在于：①结构尽量轻巧，应尽量减小对机翼后缘的变形行为和结构性能的影响；②可拆卸，如在机翼结构维修或者传感器损坏时，光纤变形传感器易拆卸，可重复使用；③尽量采用机械连接，减小胶黏剂老化带来的数据不稳定性；④可自由弯曲，支撑结构的开槽部分用于放置光纤变形传感器应尽可能光滑，以保证传感器梁可以沿着纵向自由移动，同时要在横向移动受限，更准确地反映弯曲半径。要保证传感梁上光栅的位置准确性，才能更好地算出整个结构的变形。为减小光纤梁与支撑结构之间的摩擦，支撑结构采用弹簧顶珠形式，在确保光纤梁与支撑结构接触的前提下，两者有较小的摩擦。弹簧顶珠支撑件设计如图 12–11 所示。

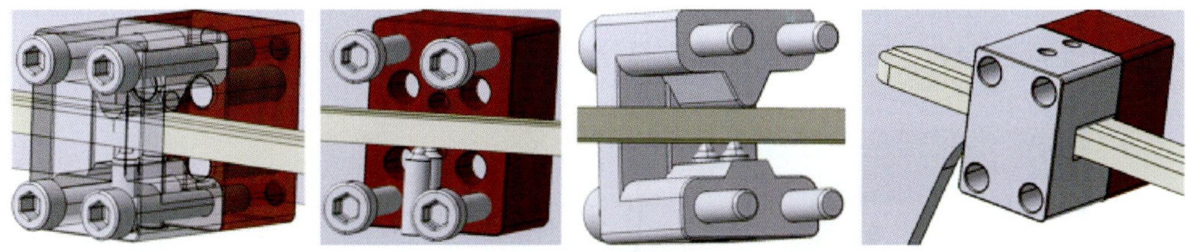

图 12–11 弹簧顶珠支撑件设计

机翼后缘翼肋上变形传感器安装示意图如图 12–12 所示，通过 5 个支撑结构支撑传感器梁，使梁一端固定，一端能够沿轴向自由滑动，弹簧顶珠支撑件固定在后缘翼肋上，当后缘结构弯曲时，带动传感器梁发生变形。

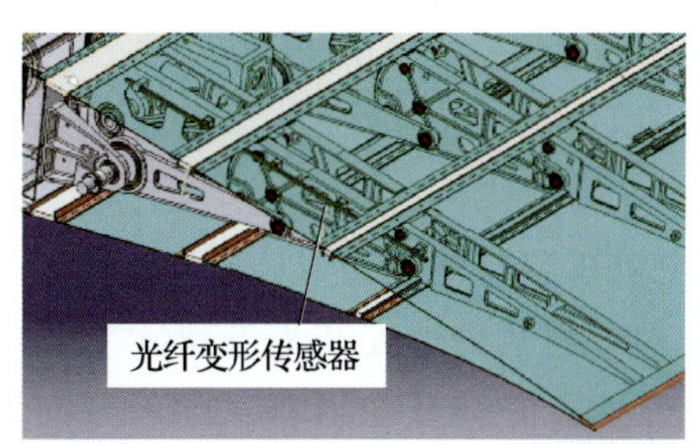

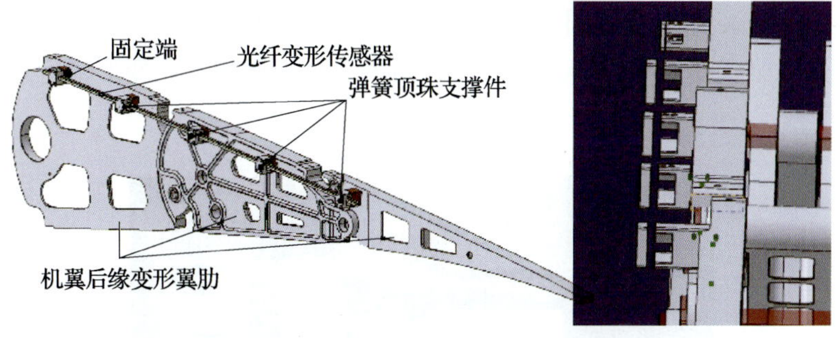

图 12–12 后缘上变形传感器安装示意图

12.3.2 变形传感器研制

针对民机变弯度机翼变形感知的需求，中国航空研究院研制了光纤变形传感器。传感梁和支撑结构采用铝合金材料，根据后缘弦向尺寸，传感梁尺寸为长 750mm、宽 10mm、厚 3mm，上、下两面刻制半圆弧槽，圆弧半径为 1mm，用于安装光纤光栅传感器。光纤光栅为细直径、高强度、高反射率型，采用直径为 155 μm、耐

300℃的聚酰亚胺涂覆光纤，反射率大于80%，以满足被测应变的需求。传感器制备首先采用快干胶带对光纤光栅进行预定位，并在光纤一侧利用砝码进行预拉伸，保证光纤光栅位置的精确固定，之后在光纤光栅处填充环氧型胶黏剂，光栅之间的传输光纤填充硅胶，常温固化24h，光纤出口处用特氟龙（teflon）套管和热缩管保护，接口为FC/APC。部分弹簧顶珠支撑结构和传感器梁实物图如图12-13所示。

图12-13 部分弹簧顶珠支撑结构和传感器梁实物图

12.4 试验验证

12.4.1 变形标定

为了更好地模拟飞机机翼后缘的变形，研制了一套变形标定装置，能够实现下偏大角度变形，在变形测试梁上安装光纤梁式变形传感器，开展了几个角度下的变形测量，验证传感器安装及变形算法的可行性。变形标定装置采用悬臂梁形式，铝合金加载梁长度1.2m，尺寸误差在±0.5mm以内，孔直径误差在±0.5mm以内。变形标定装置应变范围为±3000με，变形角度大于10°，挠度测量精度为0.01mm，光纤梁式变形传感器上下表面各布置4个光栅测点。变形标定系统组成如图12-14所示。

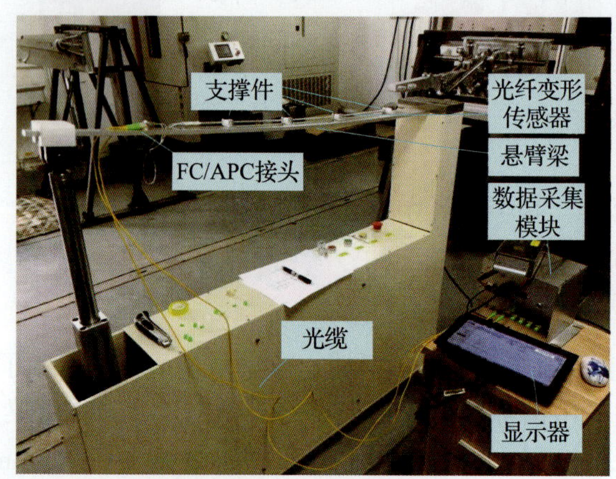

图12-14 变形标定系统

通过光纤梁上下光栅的中心波长计算得到对应 4 个点的曲率值，每两光栅点之间进行 10 点线性插值，下偏不同角度时的拟合曲线如图 12–15 所示，可以看出，光纤梁变形角度越大，末端拟合越不准，光栅布点应该尽量靠近根部。

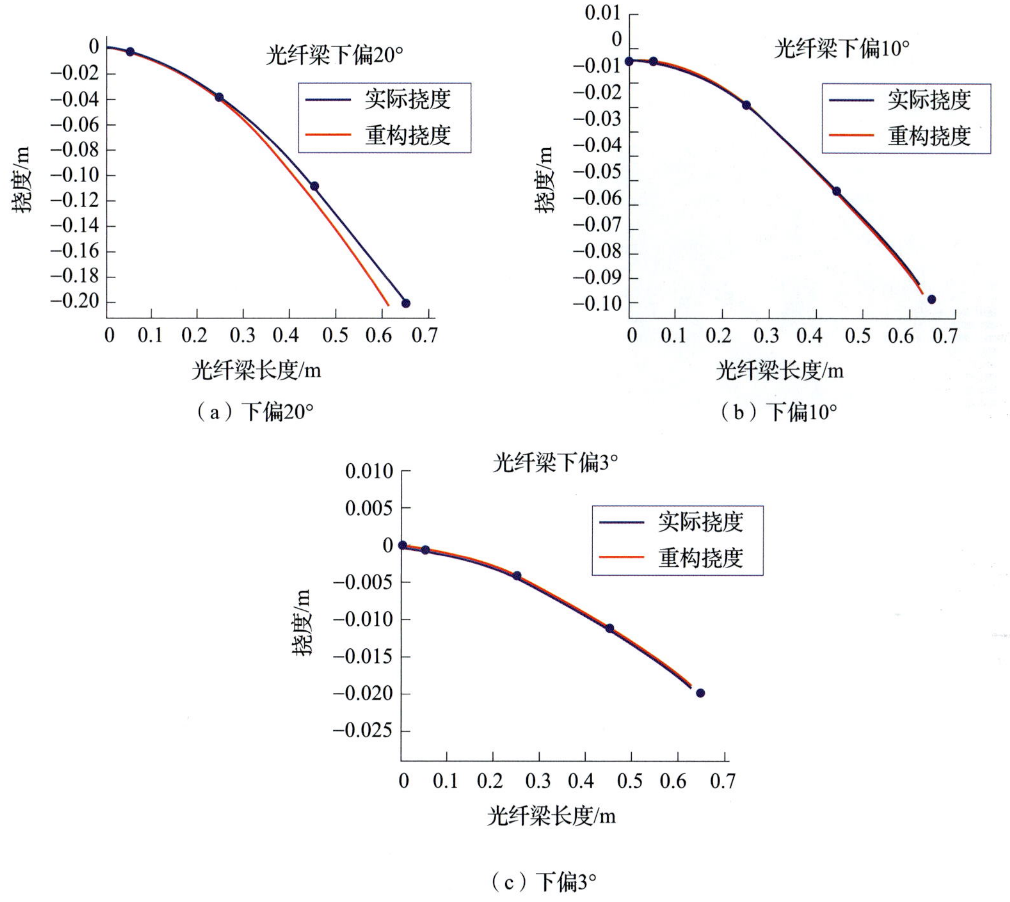

（a）下偏20°

（b）下偏10°

（c）下偏3°

图 12–15　下偏不同角度时的拟合曲线

12.4.2　试验验证

将光纤梁式变形传感器系统及形状重构算法在变弯度机翼后缘上开展了地面试验验证，并与双目视觉方法所测的变形数据进行了对比。

光纤变形传感器在后缘翼肋上的安装实物如图 12–16（a）所示，变形传感器通过 5 个支撑结构支撑传感器梁，传感梁上下表面各有 9 个光纤光栅，使后缘根部的变形梁端部固定，其他支撑结构不固定，光纤梁能够沿轴向自由滑动，当后缘结构弯曲时，带动传感器梁发生变形。变形梁的测量曲线与理论曲线对比如图 12–16（b）所示，通过变形传感器可以得到后缘的变形曲线。实际曲线为双目视觉标定的曲线，理想传感器位置为理论上选择的传感器位置，模拟传感器位置为传感器安装后的实际位置。

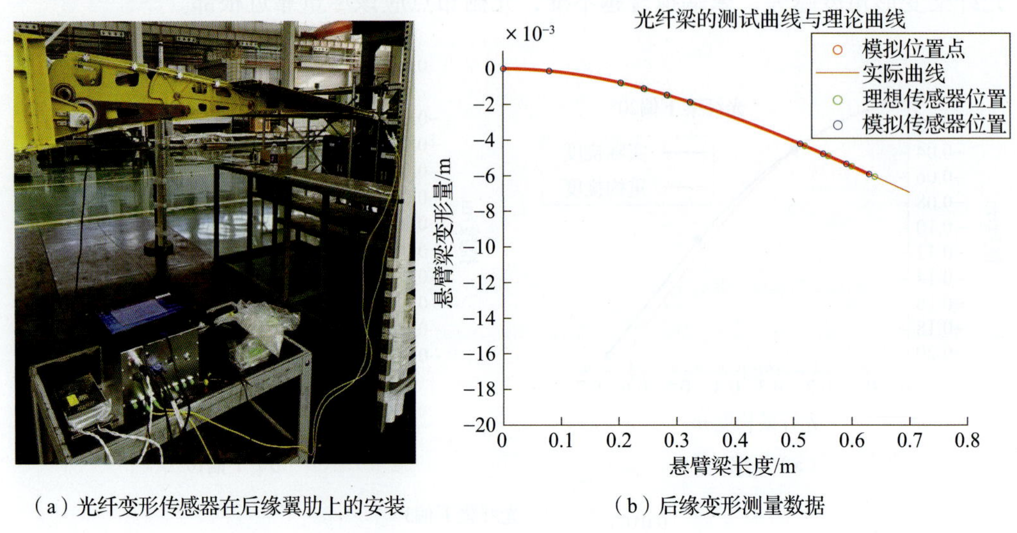

（a）光纤变形传感器在后缘翼肋上的安装　　（b）后缘变形测量数据

图 12-16　光纤变形传感器在后缘翼肋上的安装及数据

12.5　小结

（1）通过光纤变形传感器的设计、研制、应变—变形算法、标定、试验验证等技术研究，能够实现被测结构变形的测量。

（2）光纤变形传感器可适用于柔性结构的光滑曲线变形测量，与结构理论变形相比，光纤变形测量误差小于 5%。

（3）由于曲率重构算法更适用于曲率连续变化的光滑曲线，对于实际后缘结构传感器的安装方式，变形曲线有可能不是光滑连续的，在后缘关节处有弯折点，为提高测量精度，需进一步深入研究结构仿真分析、传感器布局设计及变形算法，同时要考虑结构与传感器之间的摩擦、间隙、尺寸误差等对测量不确定度等的影响。

第 13 章　变弯度机翼前后缘多电机分布式控制系统设计与验证

张梦杰[1]，薛景锋[1]，王文娟[1]，徐志伟[2]

1. 中国航空研究院 100012
2. 南京航空航天大学 210016

13.1　变弯度机翼控制系统总体方案

13.1.1　变弯度机翼驱动结构

本章中的变弯度机翼前后缘驱动结构均采用了伺服电机驱动技术，考虑到驱动功率的实际需求和设计空间的限制，采用了三个电机的分布式驱动方式，前缘驱动系统结构示意如图 13–1 所示，后缘驱动系统结构示意如图 13–2 所示。

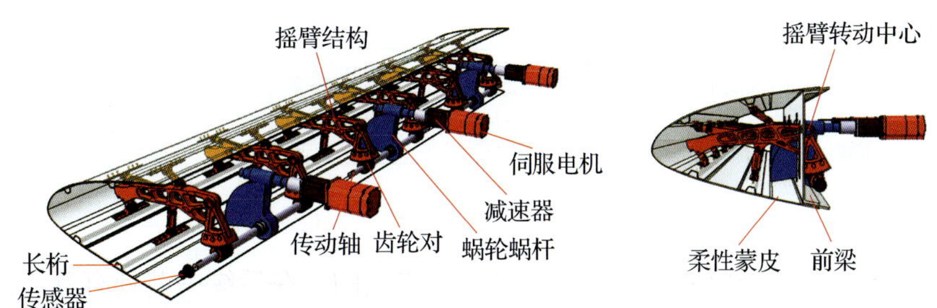

图 13–1　变弯度机翼前缘驱动系统结构示意图

13.1.2　变弯度机翼变形控制原理

变弯度机翼前后缘结构变形控制原理如图 13–3 所示，通过气动特性分析得到不同飞行状态下所需的最佳前后缘外形，外形与偏转角度对应。研究采用不同传感器采集结构变形信号，将目标变形与实际变形的偏差作为变形控制系统的输入，通过调整驱动器输出达到调整结构变形的目的。

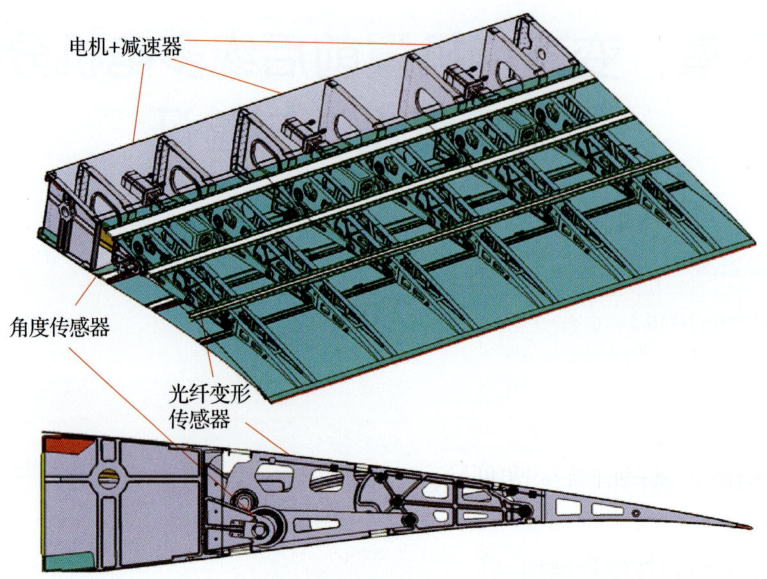

图 13-2　变弯度机翼后缘驱动系统结构示意图

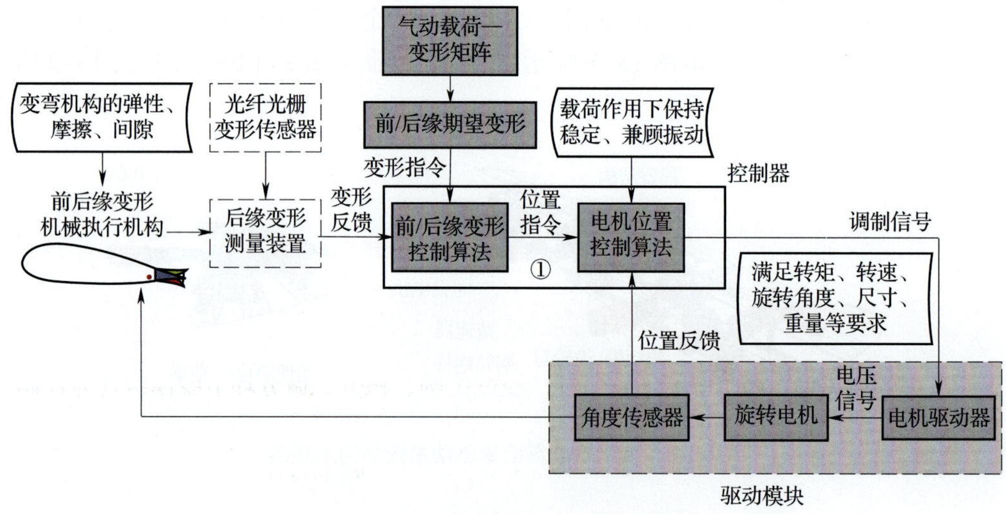

图 13-3　变弯度机翼控制系统原理图

变弯度机翼全尺寸前缘刚度较大，驱动角度与前缘蒙皮变形可以建立稳定的对应关系，对前缘结构变形进行闭环控制时，通过角度传感器作为反馈信号即可。变弯度机翼后缘存在弹性变形，在负载变化的情况下，驱动角度与后缘结构变形的对应关系发生变化，若仅通过角度信号进行变形反馈，难以完全准确地反映结构变形情况，在串联结构下，驱动铰链间隙会对变形误差逐级放大，即使在每个铰链上安装角度传感器，也会因为结构弹性变形和间隙的原因，难以准确判定结构变形，所以需要寻求直接测量结构变形的反馈方式，采用光纤梁式变形传感器是一种比较好的解决方案。融合角度传感器和光纤梁式变形传感器采集结构变形信号，将目标变形与实际变形的偏差作为变形控制系统的输入，通过调整电机输出达到调整机翼后缘变形的目的。在变形控制系统设计过程中，需考虑变弯度结构的弹性、摩擦、间隙等非线性因素，气动载荷和气流干扰等外部载荷情况，驱动电机选择需考虑满足扭矩、转速、尺寸和重量等要求[7]。

13.2　变弯度机翼变形控制策略

13.2.1　交流伺服电机控制方案

交流伺服电机运行方式分为三种：速度模式、位置模式、转矩模式。由于本章中的驱动系统需要保证较好的角度同步性，采用位置模式进行电机的控制。

本章中三个电机采用同型号松下交流伺服电机及配套的驱动器，内部为三闭环控制系统，从内到外依次为电流环、速度环和位置环，输出脉冲信号由电机转速决定。PID 控制具有稳定性好、结构简单、可靠性高的优点，基于 PID 算法的伺服电机位置控制原理如图 13–4 所示。

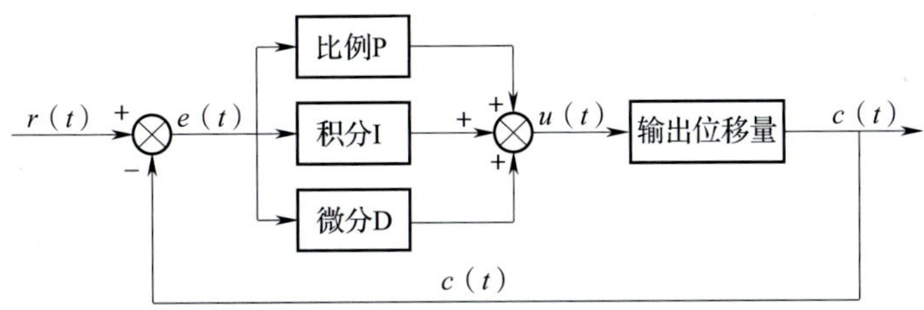

图 13–4　PID 算法的伺服电机位置控制原理

系统的误差量 $e(t)=r(t)-c(t)$，经过比例、积分、微分环节线性组合为控制量 $u(t)$，$u(t)$ 的计算公式为

$$u(t)=K_{\mathrm{p}}\left[e(t)+\frac{1}{T_{\mathrm{I}}}\int_0^t e(t)\,\mathrm{d}t+\frac{T_{\mathrm{D}}\mathrm{d}e(t)}{\mathrm{d}t}\right] \tag{13-1}$$

式中，K_{P} 是比例系数；T_{I} 是积分时间常数；T_{D} 是微分时间常数。在 PID 调节过程中，各环节分别起到不同作用。比例环节与系统的偏差信号成比例，当产生偏差时会立即产生控制效果，减小偏差；积分环节主要作用是消除静差，提高整体系统的无差度；微分环节体现偏差信号的变化速率，对偏差信号进行早期修正。

由于计算机程序设计中无法处理连续性数据，需要对偏差信号进行采样，故对公式（13–1）进行离散化处理

$$
\begin{cases} \displaystyle\int_0^t e(t)\,\mathrm{d}t \approx T\sum_{j=0}^{k} e(\mathrm{j}T) \\ \dfrac{\mathrm{d}e(t)}{\mathrm{d}t} \approx \dfrac{e(kT)-e[(k-1)t]}{T} \end{cases} \quad t=kT \tag{13-2}
$$

将 $e(kT)$ 用 $e(k)$ 代替可得到控制偏差量表达式为

$$
u(k)=K_{\mathrm{p}}\left\{e(k)+\frac{T}{T_1}\sum_{j=0}^{k}e(j)+\frac{T_{\mathrm{D}}}{T}[e(k)-e(k-1)]\right\} \tag{13-3}
$$

式中，k 是采样编号；$u(k)$ 是第 k 次采样时的控制量；T 是采样周期；$e(k-1)$ 和 $e(k)$ 分别是第 $k-1$ 和第 k 次采样时的控制偏差量。

在设计的电机控制系统中，将角度传感器作为控制对象，根据公式（13–3）计算可得每个时刻的控制偏差量 $u(k)$，将此计算结果作为 PID 控制器的输出值传递到控制器作为输入值，通过控制器输出的脉冲信号从而控制电机的转动。

13.2.2 基于偏差耦合的三电机同步控制策略

对于电机同步控制目前已经存在多种方法，例如，并行控制、主从控制、串联式控制、交叉耦合控制和偏差耦合控制[8]。并行控制为电机设定速度，并将电机的实际速度作为反馈控制电机速度，不能很好地保证电机之间的同步；主从控制模式和串联控制模式是将某个电机作为主电机，其余电机共享主电机的输出信号，当主电机受到扰动时从电机会做出同步响应，但从电机受到干扰时却不能控制主电机响应；交叉耦合法解决了上述电机之间的信号交流问题，任意一个电机受到影响时另一个电机都会做出同步响应，但交叉耦合法只适用于两台电机的同步控制。对于多电机（三个电机及以上）的同步控制目前主要采用偏差耦合的控制方式，该方式是对交叉耦合控制方法的一种拓展，是目前主流控制方式[9–11]。

偏差耦合控制的主要思想是根据各电机实时数据，动态调整每台电机的输入信号，使系统达到目标控制效果。偏差耦合同步控制系统如图 13–5 所示。

对于三个电机组成的驱动系统中的任意一个电机，如电机 1，其跟随误差定义为

$$
e_1(t)=\omega_1(t)-\omega^*(t) \tag{13-4}
$$

电机 1 与其他电机的角度同步误差可定义为

$$
\varepsilon_{12}(t)=\theta_1(t)-\theta_2(t) \tag{13-5}
$$

$$
\varepsilon_{13}(t)=\theta_1(t)-\theta_3(t) \tag{13-6}
$$

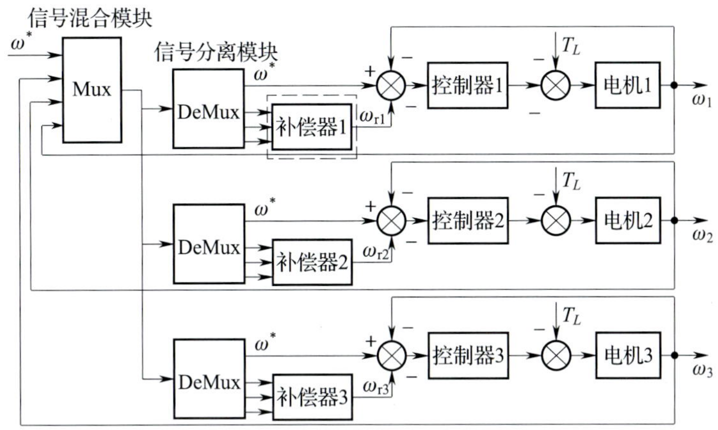

图 13-5　偏差耦合同步控制系统框图

式中，ω^* 为电机目标转动速度；ω_n 与 θ_n 分别为第 n 个（n=1，2，3）电机的转动速度和角度数据。各电机之间保持同步，需要使 $e_1(t)$、$\varepsilon_{12}(t)$ 和 $\varepsilon_{13}(t)$ 快速稳定收敛至接近于零。各电机的输入信号由参考速度 ω^*、输出速度 ω_n 及速度补偿器 ω_{rn} 输出三者共同决定，其中 T_D 为电机受到的扰动扭矩。

控制系统中补偿器用于调整电机输入信号，实现电机同步，其内部对各电机数据进行耦合处理。补偿器内部结构相同，图 13-6 给出了补偿器的内部结构。

补偿器首先对各电机速度进行积分得到电机的实际转动角度，获得电机 1 相对于电机 2、电机 3 的角度同步误差，经过补偿系数修正后输出补偿信号 ω_{r1}。通过多次仿真分析及试验测试，确定补偿系数。该补偿器利用角度作为耦合输入，通过实时调整电机转速控制电机转动角度，保证三台电机之间转动角度的同步性[12]。

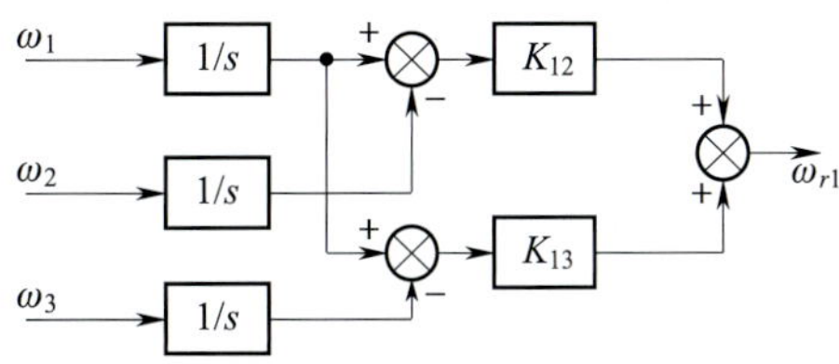

图 13-6　补偿器 1 内部结构图

13.2.3　变弯度机翼控制系统仿真

（1）电机系统辨识

变弯度机翼前后缘均采用交流伺服电机进行驱动，在进行仿真前，首先确定电机的传递函数。

三个电机在位置模式下，每输入一个脉冲电机转动一个确定角度，通过改变输入脉冲频率即可改变电机转动速度。据此可以确定电机的输入输出转速。

编码器采样周期 10ms，采样时长 4s，重复进行 10 次，建立电机一阶响应传递函数模型为

$$G(s) = \frac{K_P}{1 + K_I \times s} \tag{13-7}$$

将三个电机在设定速度下的速度响应曲线导入 Matlab 工具箱的系统辨识工具可得电机参数。

确定三个电机传递函数：

电机 1

$$G_1(S) = \frac{53.951}{s + 53.908} \tag{13-8}$$

电机 2

$$G_2(S) = \frac{34.880}{s + 34.922} \tag{13-9}$$

电机 3

$$G_3(S) = \frac{30.893}{s + 30.935} \tag{13-10}$$

（2）变弯度机翼分布式协同控制系统仿真

根据上面系统辨识确定的传递函数进行控制仿真，在 Matlab-Simulink 中搭建三个电机协同控制系统模型，如图 13-7 所示。

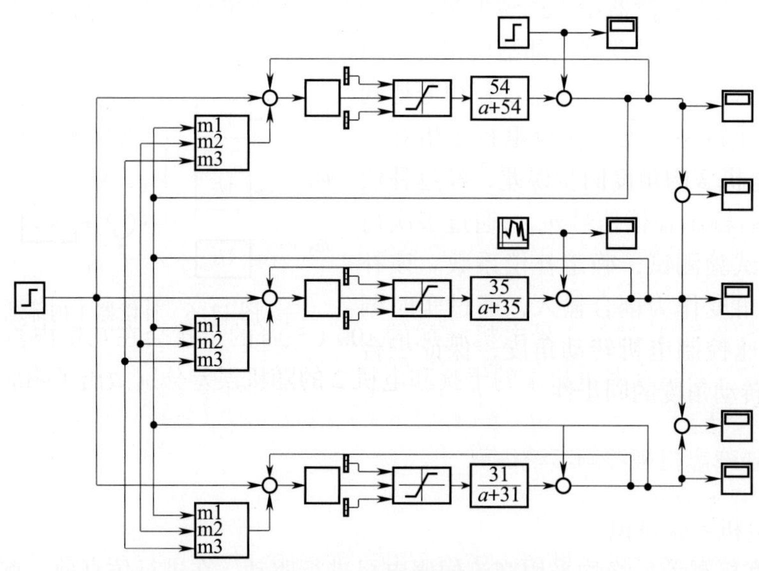

图 13-7　三个电机协同控制系统模型

为保证控制系统不会发散且有较好的速度同步效果，利用仿真调试选取 PID 参数为：K_P=0.3，K_I=6，K_D=0。为测试偏差耦合算法的有效性，仿真系统为电机 2 施加范围（-25~+25）(°)/s 的干扰作随机误差，在 3s 时为电机 1 施加 +100（°）/s 的干扰，施加的干扰信号仿真结果如图 13-8（a）所示。

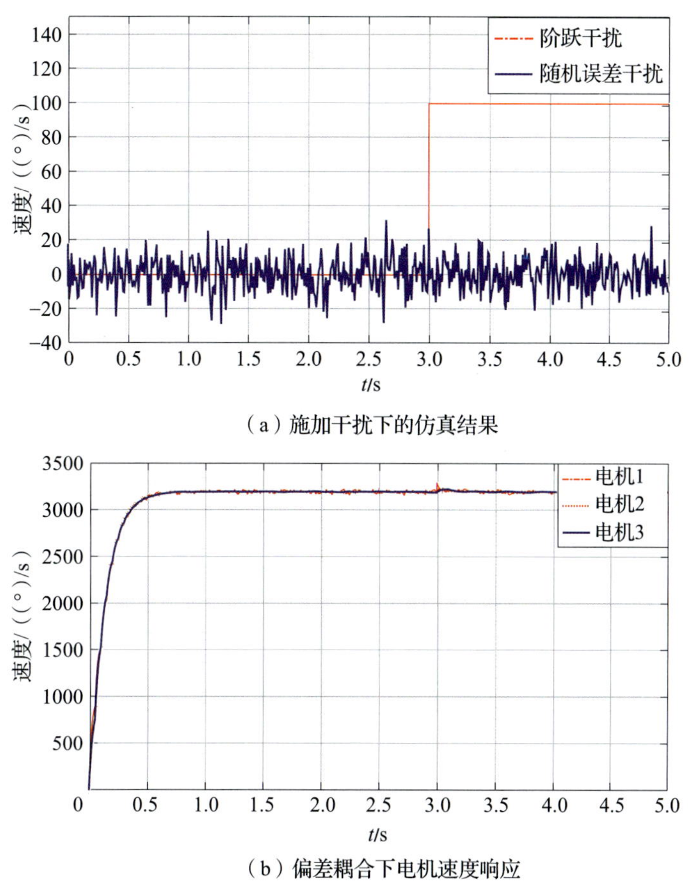

（a）施加干扰下的仿真结果

（b）偏差耦合下电机速度响应

图 13–8 同步控制系统在干扰下的仿真结果

为使三个电机在起动阶段保持一致的速度，较小的比例参数 K_p=0.3 减缓了系统的启动速度，但减小了启动时的速度差。偏差耦合下电机速度响应情况如图 13–8（b）所示。可以看出在 3s 时为 1 号电机施加的 100（°)/s 的干扰会在 0.1s 内被控制系统消除。同时，电机 3 对电机 1 的干扰和电机 2 的随机误差分别做出了响应，以保持 3 个电机的同步。

13.3 变弯度机翼变形控制软硬件设计

13.3.1 变弯度机翼控制系统硬件结构

（1）前缘硬件组成

变弯度机翼前缘测控系统硬件采用 NI（National Instrument）公司的数据采集卡，实现与电机驱动器以及角度传感器之间的信号交互，系统原理框图如图 13–9 所示。

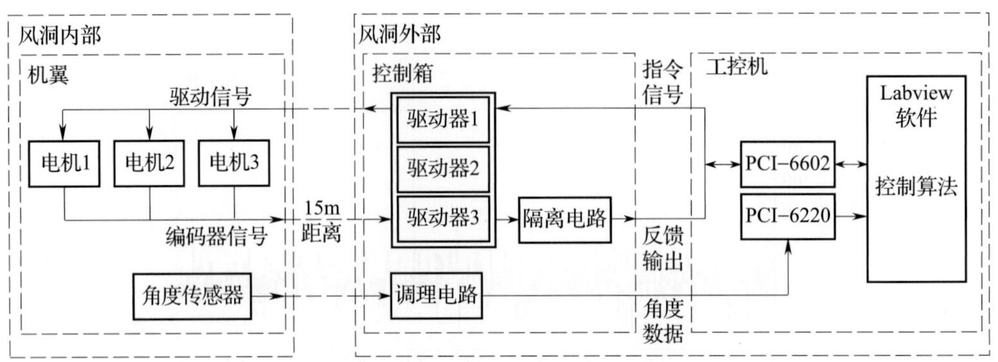

图 13-9　前缘控制系统框图

对变弯度机翼前缘开展了风洞试验，因机翼内部空间有限，电机控制器和控制系统布置在机翼的外部，由于风洞试验的限制和要求，电机和控制器之间存在至少 15m 的距离。电机驱动器、开关电源、各种调理电路等集中布置在控制箱中，数据采集卡配置在工控机中。数据采集卡选用 PCI-6602 和 PCI-6220，计数器和通道数等均满足采集要求。角度传感器选用霍尔角度传感器，测量精度高于 0.3°，输出信号 4~20mA 电流信号。

机翼前缘电机选用功率 750W 的松下交流伺服电机，型号为 MSMF082L1H6，额定转矩 2.39N · m，额定转速 3000r/min，采用位置控制模式；电机编码器为 2500 线相对编码器，输出信号最高频率 125kHz。编码器信号经过滤波器和光电耦合隔离后输入数据采集卡 PCI-6602。

（2）后缘硬件组成

变弯度机翼后缘测控系统硬件采用 STM32 控制器作为主控制器，完成三电机间偏差耦合同步控制，以及与上位机和协控制器间的数据交互。相较于工控机，STM32 体积更小，处理速度能够满足电机控制要求。FPGA 控制器作为协控制器，主要负责与电机驱动器间的数据交互。STM32 和 FPGA 间传输的数据为电机的转动角度和控制信息，为减少数据传输延迟，选择高速的并行总线 FSMC 总线。STM32 将电机运行情况传输至上位机软件，并接收上位机发送的控制命令。同时上位机接收光纤梁式变形传感器的偏转角度信号，用于变形反馈。系统原理框图如图 13-10 所示。

变弯度机翼后缘开展了地面加载试验，需要与加载设备控制器间有信号交互，STM32 接收加载设备控制器的触发和急停信号，同时加载设备接收变弯度机翼偏转角度信号。

机翼后缘驱动电机选用松下 1kW 伺服电机，型号为 MSMF102L1H6M，额定转矩 3.18N · m，最大转矩 9.55N · m，减速器减速比为 15 : 1。角度传感器采用霍尔型传感器，与前缘所用传感器型号相同，其输出电流大小与输入角度呈线性关系。传感器信号通过相应的电流—电压转换电路，从模拟信号通道输入 STM32 控制器。

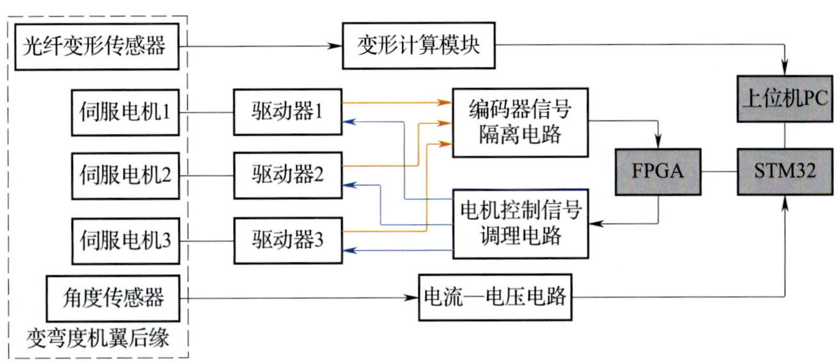

图 13-10 变弯度机翼后缘控制系统框图

13.3.2 变弯度机翼控制系统软件流程

（1）前缘以角度传感器为反馈的控制系统软件流程

前缘控制系统软件选用 LabVIEW 软件，系统流程如图 13-11 所示，通过上位机软件发送变弯度机翼前缘偏转角度，系统“启动”后，电机经过加速阶段加速至目标转速 v^*，随后保持匀速转动，当前缘偏转至与设定角度差小于 θ^* 时，电机

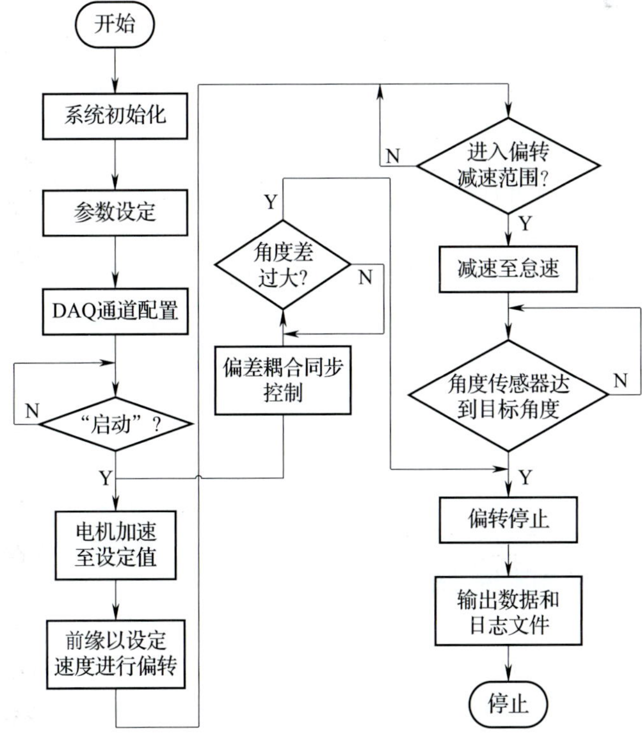

图 13-11 变弯度机翼前缘控制系统软件流程

进入减速阶段，直至停止

$$\theta^{*}=v^{*}\ ((°)\ /s)\ \times 0.5\ (s) \tag{13-11}$$

式中，v^{*} 为前缘的设定偏转速度。

偏差耦合同步控制作用于电机运行全过程，保证电机间的同步性；同时，设定电机之间转动角度差大于 30°时，电机被立即强行停止以保护前缘结构。

（2）后缘融合角度传感器与光纤变形传感器的控制系统软件流程

当角度传感器达到设定目标偏转角度时，上位机采集光纤变形角度信号。比较光纤变形角度与设定的目标角度偏差，补偿电机偏转，消除因结构间隙及弹性造成的角度偏差。针对反馈控制的实时性，光纤光栅计算模块与控制系统时序需同步。后缘变形控制系统软件流程如图 13-12 所示。

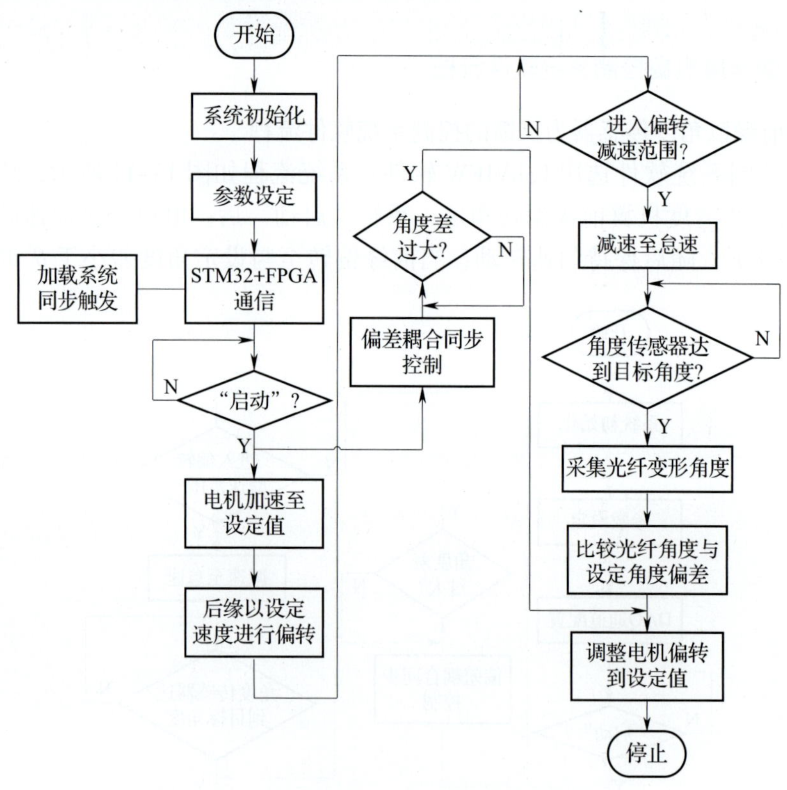

图 13-12　变弯度机翼后缘变形控制系统软件流程

13.4　变弯度机翼控制系统试验验证

对变弯度机翼前后缘控制系统开展试验验证，包括电机空载试验，变弯度机翼前缘地面偏转试验及风洞试验，机翼后缘地面偏转及加载试验，相据试验结果分析控制系统性能。

13.4.1　电机同步空载试验

为验证多电机转动角度的同步性，首先在空载情况下对控制系统进行试验测试。该试验包括两部分：①空载无干扰情况下，测试电机以不同转速运行时的同步效果；②空载有干扰情况下，测试电机以设定转速 1000r/min 运行时的同步效果。

首先将电机固定于工作台上，当转速分别为 500r/min、1000r/min、2000r/min 和 3000 r/min 时，三个电机的同步测试结果如表 13-1 所示。由于三个电机响应速度稍有不同，当指令脉冲信号到达时，电机无法同步转动，导致起动阶段电机存在一定角度偏差。

表 13-1　设定转速不同时的电机试验结果

电机设定转速 / (r/min)	起动阶段最大角度差 / (°)	匀速阶段最大角度差 / (°)
500	0.7	0.5
1000	0.7	0.6
2000	1.1	0.4
3000	1.6	0.5

试验结果表明：电机起动阶段最大角度差随设定转速提高而增大，而匀速运行阶段各电机的最大角度差稳定在 0.4°~0.6°，与转速无直接关联。

设定电机转速为 1000r/min，通过试验验证控制系统的同步控制效果。图 13-13 所示为系统运行过程中电机的实时角度差测试数据：在 2s 时电机处于设定转速的匀速运行阶段，此时在软件中对电机 2 施加 5° 角度滞后偏差，在之后的 0.5s 内该角度偏差被成功消除；此后电机之间保持角度偏差不超过 0.5°。该试验验证了空载情况下控制系统可以实现三个电机之间的角度同步。

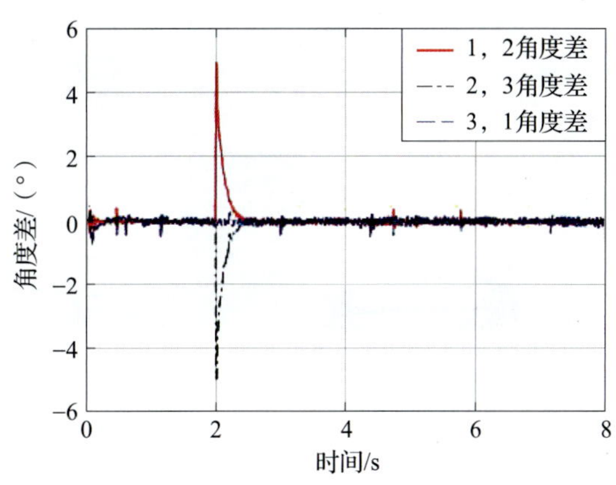

图 13-13　空载电机同步试验曲线

13.4.2 变弯度机翼前缘试验

（1）地面偏转试验

将三个伺服电机安装于机翼中，如图 13–14 所示。设定电机转速 956r/min，根据减速比可知前缘偏转速率为 1.8（°）/s。对前缘施加等效的分布载荷，并在软件控制界面依次发送如下指令：下偏至 9°、12°、15°，上偏回 0° 初始位置。柔性前缘偏转变形效果如图 13–15 所示。

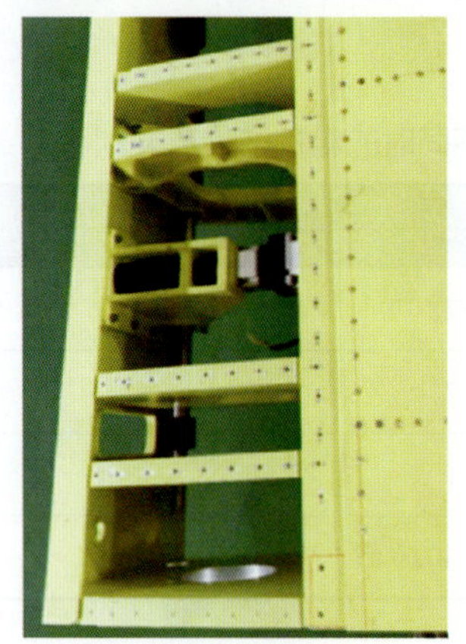

图 13–14　电机结构装配图

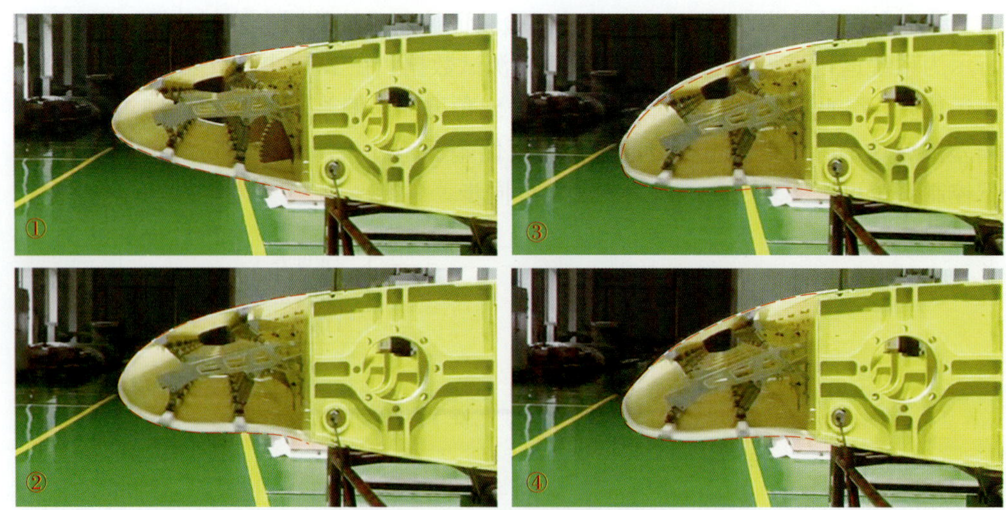

图 13–15　前缘变形效果图

图中①~④前缘位置依次为 0°、9°、12° 和 15°。试验测试数据如图 13–16 所示。

前缘三次向下偏转过程，偏转超调量均为 0.17°；由 15° 回到 0° 初始位置耗时 9.4s，超调量为 0.03°。图 13–16（b）为偏转过程中电机间的实时角度差：三个电机在起动阶段因载荷和电机特性的差异，起动瞬时产生不超过 20° 角度差；匀速运行阶段电机角度差小于 10°。

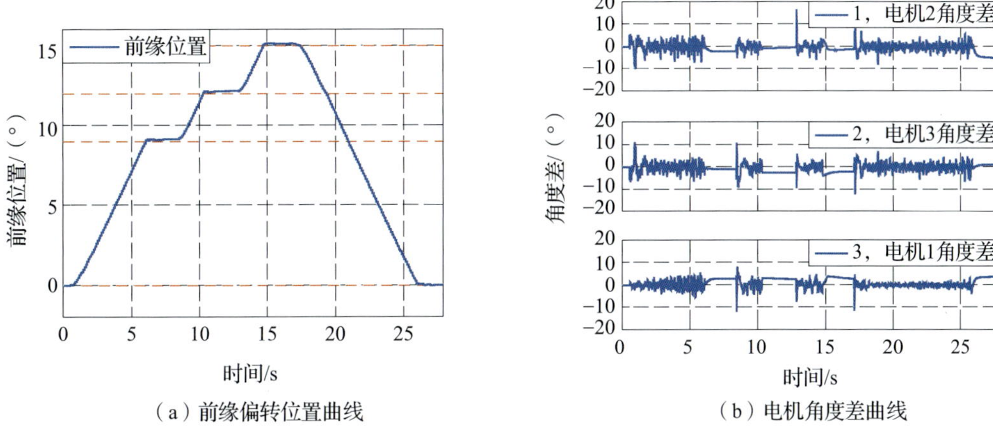

（a）前缘偏转位置曲线　　（b）电机角度差曲线

图 13-16　前缘偏转试验曲线

（2）风洞试验验证

试验中设定风速 56m/s，机翼采用 4 种不同迎角（0°、6°、10° 和 12°），分别测试前缘不同迎角下的偏转效果。考虑到迎角为 12° 时的气动载荷最大，设定电机转速 956r/min，分别测试有无风载情况下的前缘偏转过程，测试数据如图 13-17 所示。

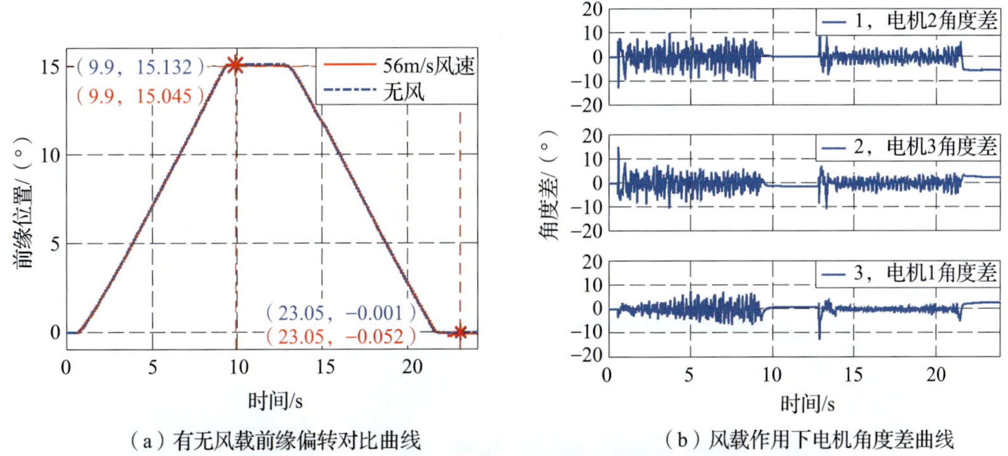

（a）有无风载前缘偏转对比曲线　　（b）风载作用下电机角度差曲线

图 13-17　低速风载下前缘偏转测试曲线

由图 13-17（a）可以看出，风速 56m/s、迎角 12° 时，风载对前缘偏转无显著影响；有、无风载作用时，前缘向下偏转的超调量分别为 0.045° 和 0.132°；上偏的超调量分别为 0.052° 和 0.001°，与载荷无直接关系。

图 13–17（b）为风载试验过程中各电机之间的角度差：下偏过程起动阶段角度差最大为 15°，匀速运行阶段角度差小于 10°；上偏过程起动阶段角度差最大为 13°，匀速运行阶段角度差保持在 5° 以内。

保持风速 56m/s，迎角不同时前缘下偏（0° ~ 15°）测试结果如表 13–2 所示。

表 13–2　不同迎角前缘下偏测试结果

前缘迎角 /（°）	前缘超调量 /（°）	起动阶段 最大角度差 /（°）	匀速阶段 最大角度差 /（°）
0	0.10	7.49	6.72
6	0.09	15.41	9.82
10	0.29	15.60	6.47
12	0.05	10.94	8.03

从表 13–2 可以看出，不同风载情况下，控制系统可以实现前缘下偏超调量不超过 0.3°，下偏起动阶段各电机间产生的角度差不超过 20°，匀速运行阶段各电机角度差不超过 10°，控制结果满足机翼偏转的设计要求。

13.4.3　变弯度机翼后缘试验

（1）地面偏转试验

将三个电机安装于变弯度机翼后缘舱内，如图 13–18 所示，进行空载状态下变弯度机翼后缘的偏转试验。设置电机的转速为 300r/min，根据减速比可知后缘的偏转速率为 0.68（°）/s。通过上位机软件控制界面发送如下指令：由 –2° 下偏至 5°、10°、15°，上偏回至 0°。变弯度机翼后缘偏转如图 13–19 所示。

变弯度机翼后缘向下偏转的三次过程中，如图 13–20 所示，超调量分别为 0.18°、0.15° 和 0.07°；由 15° 上偏回至 0° 的偏转过程中超调量为 0.20°。

图 13–18　变弯度机翼后缘电机装配图

图 13-19　变弯度机翼后缘偏转图

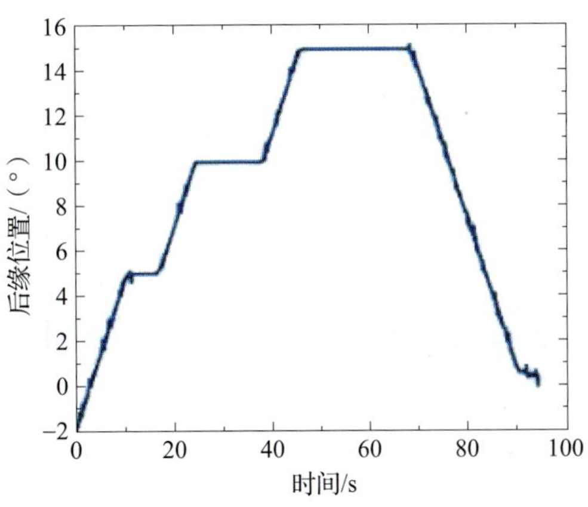

图 13-20　变弯度机翼后缘位置曲线

图 13-21 中为变弯度机翼后缘偏转过程中三个电机之间的实时角度差，在起动时，由于三个电机位置不同所带动的机构力矩不同且各电机自身特性也存在差异，所以在偏转起动阶段角度差较大，起动瞬时角度差不超过 15°，匀速运行阶段三个电机角度差小于 5°。由此可见，空载情况下，变弯度机翼三个电机偏差较小，能够实现变弯度机翼后缘的协同偏转。

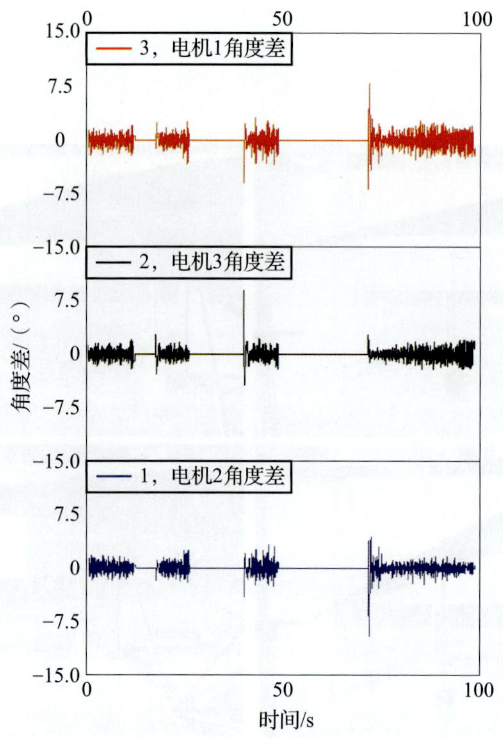

图 13–21 三个电机实时偏差

（2）后缘加载试验

①静力加载试验

静力加载状态下，在变弯度机翼后缘下偏过程中，选取巡航和起飞着陆不同偏转角度状态，利用工业摄像测量的变弯度机翼后缘实际偏角与设计模型对应的理论偏角进行对比，变形偏差如表 13–3 所示。

表 13–3 不同状态后缘变形偏差

状态	变弯角度 /（°）	偏差 /%
巡航	−2	1.9
	2.26	1.8
	5	2.1
起飞着陆	5	1.2
	10	1.6
	15	4.5

由此可见，在静力加载状态下，融合角度传感器和光纤变形传感器可实现变弯度机翼后缘控制系统的反馈，变形精度在 5% 以内。

②随动加载试验

随动加载试验中，模拟起降状态，设置最大载荷 7143N，设定电机转速为 300r/min，测试变弯度后缘在偏转范围 -2°～15°范围内的偏转过程，测试数据如图 13-22 所示。

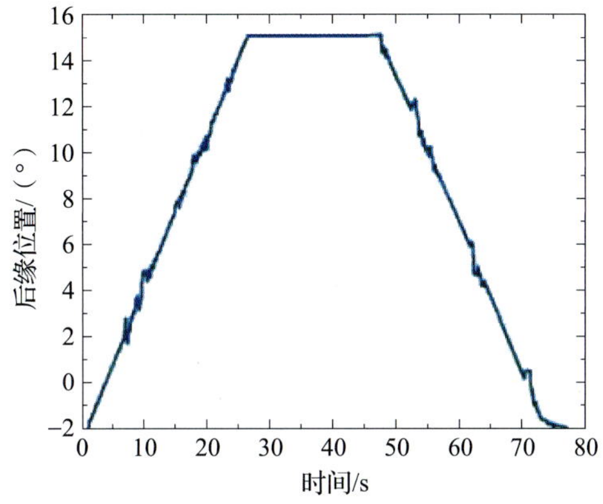

图 13-22　随动加载后缘位置曲线

在起降最大载荷状态下，变弯度机翼后缘向下偏转过程超调量为 0.15°，上偏的超调量为 0.08°。

图 13-23 为随动加载过程中三个电机之间的实时角度差。

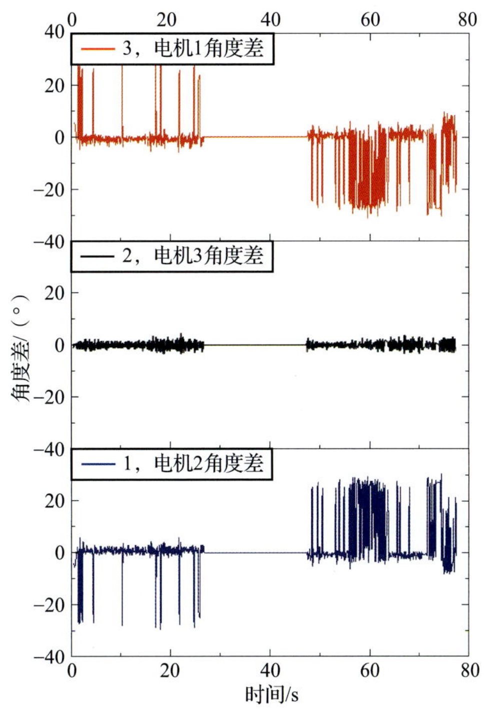

图 13-23　三个电机实时偏差

在上偏和下偏的全过程中，电机 1 和电机 2 以及电机 1 和电机 3 的角度差波动较大，但最大角度差在 30° 以内，仍可满足控制系统要求；电机 2 和电机 3 角度差波动较小，最大角度差小于 5°。由此可分析，由于电机 1 在驱动过程中存在一定阻力，造成电机 2、3 与电机 1 的角度差较大，但同时也可看出，通过偏差耦合算法调整三电机转速，动态减小三个电机间的角度差，实现变弯度机翼后缘的协同偏转。

13.5 小结

（1）变弯度机翼前缘全尺寸试验件的控制系统以角度传感器为反馈，后缘试验件的控制系统以角度传感器和光纤变形传感器融合的反馈，采用基于偏差耦合的同步控制算法实现电机的协同控制；通过全尺寸前缘风洞试验和全尺寸后缘地面静力及随动加载试验，验证了所设计的驱动控制系统的同步性和可靠性。

（2）驱动控制系统能够使变弯度机翼前后缘偏转到设定角度，并实时控制电机间的角度偏差在允许的误差范围，为下一步变弯度机翼实现三维差动变形提供了技术储备。

参考文献

［1］王文娟，薛景锋，张梦杰．光纤传感在飞机结构健康监测中的应用进展和展望［J］．航空科学技术，2020，31（7）：95-101.

［2］夏启，王洪业，杨世泰，等．多芯光纤形状传感研究进展［J］．激光与光电子学进展，2021，58（13）：1306012-1~1306012-15.

［3］王文娟，薛景锋，张梦杰，等．基于光纤传感的结构变形实时监测技术研究［J］．航空科学技术，2022，33（12）：105-112.

［4］Richards L，Parker A R，Ko W L，et al. Real-time In-Flight Strain and Deflection Monitoring with Fiber Optic Sensors. Space Sensors and Measurement Techniques Workshop. 2008.

［5］Dimino I，Ciminello M，Concilio A，etc. Control system design for a morphing wing trailing edge［J］. Smart Stractures and Materials. 2017.

［6］He Y，Dong M，Sun G，et al. Shape monitoring of morphing wing using micro optical sensors with different embedded depth［J］. Optical Fiber Technology. 2019，48（MAR.）：179-185.

［7］常祺．电机驱动柔性变体机翼后缘结构变形及控制研究［D］．南京：南京航空航天大学，2020.

［8］叶宇豪，彭飞，黄允凯．多电机同步运动控制技术综述［J］．电工技术学报，2021，36（14）：14.

［9］王毅波，曹宽．多电机同步控制技术发展简介［J］．微特电机，2019，47（8）：69-73.

［10］蒋毅．多永磁电机传动系统的同步控制策略研究［D］．杭州：浙江大学，2014.

［11］尚小东，刘毅力，马龙涛，等．基于模糊 PID 的多电机系统协调控制策略的研究［J］．自动化与仪器仪表，2021（3）：13-17.

［12］Perez-Pinal F J，Nunez C，Alvarez R，et al. Comparison of multi-motor synchronization techques［C］// IEEE 30th Annual Conference of IEEE Industrial Electronics Society，Busan，South Korea，2004，2：1670-1675.

［13］张梦杰，薛景锋，王文娟，等．变弯度机翼后缘多电机分布式控制系统设计与验证［J］．航空科学技术，2022，33（12）：88-96.

第 5 篇　民机变弯度机翼前后缘全尺寸样件研制与试验验证

为了提高我国变弯度机翼结构设计能力和工程化水平，中国航空研究院以远程民机机翼为应用背景，针对变弯度机翼前后缘结构关键技术，开展了变弯度机翼前后缘结构设计、分析和验证等研究工作，研制出了包含柔性蒙皮、驱动机构、测控系统等在内的变弯度机翼前缘全尺寸功能样件和变弯度机翼后缘全尺寸地面功能样件，并测试和验证了变弯度机翼前后缘全尺寸功能样件在承载条件下的变形、维形和承载能力等研制指标。本篇将通过第 14 ~ 第 17 章阐述民机变弯度机翼前后缘全尺寸样件研制与试验验证的工作。

第 14 章阐述了变弯度机翼前缘全尺寸样件的结构整体布局设计，开展了驱动结构机构设计、驱动控制、中央翼盒和后缘模拟件结构设计、全尺寸试验件制造装配和联合试验验证等问题研究。通过综合对比分析 4 种不同前缘驱动方案确定了以蜗轮蜗杆 – 齿轮对驱动方案作为变弯度机翼前缘全尺寸样件变形机构的驱动方案。在全尺寸样件加工与制造阶段，解决了蒙皮与长桁的连接及脱模问题，并对全尺寸试验件在制造、装配、调试验证过程中遇到的问题进行了回顾和总结。

第 15 章阐述了利用航空工业气动院的大尺寸低速风洞 FL–10 开展的风洞试验研究。为在真实风载条件下测试和验证变弯度机翼前缘全尺寸功能样件变形和维形能力，提出了风洞试验支撑装置设计和前缘形变测量方法，并以此为基础，重点分析了动能样件的前缘载荷特性，以及前缘偏转和风载等条件变化对全尺寸功能样件前缘变形的影响规律。

第 16 章阐述了在六连杆机构刚柔耦合方案的基础上，结合多节转动结构设计方案开展工程化设计的研制历程。针对蒙皮褶皱问题开展了包括柔性蒙皮设计、变形机构优化等关键技术的攻关，确定了以指关节变形机构和基于橡胶柔性蒙皮相结合的变弯度机翼后缘总体设计方案，较完整地阐述了变弯度机翼后缘地面功能试验件的方案决策、设计制造、结构与测控系统联调等。

第 17 章根据变弯度机翼后缘地面强度验证需求，提出了连续光滑的变弯度机翼后缘地面试验加载装置设计方法和基于主动控制的随动加载方案，概述了试验验证的过程，最后对变弯度机翼后缘的地面强度试验的结果进行了总结与分析。

本篇通过民机变弯度机翼前后缘全尺寸样件的研制，以及开展前缘风洞试验和后缘地面功能试验，对民机变弯度机翼前后缘的多项指标和关键技术进行了试验测试验证，旨在为未来变弯度机翼设计技术的进一步工程化应用提供支撑。

第 14 章　变弯度机翼前缘全尺寸样件设计与制造

薛景锋[1]，周进[1]，王志刚[2]，张梦杰[1]，陈星伊[1]

1. 中国航空研究院，100012
2. 中国飞机强度研究所，710065

14.1　总体方案设计

在变弯度机翼前缘原理样件设计与验证的基础上，为考核变弯度机翼前缘在气动载荷下的变形性能，验证变弯度机翼前缘关键技术研究和工程化设计的成效，开展了变弯度机翼前缘全尺寸风洞试验件的研制。以 CAE–AVM 机翼弦向的前 10% 翼段为设计基准，开展了变弯度机翼前缘全尺寸样件的设计研制工作。前期变弯度机翼前缘原理样件的设计研制工作已经较好地解决了变厚度复合材料蒙皮和变形机构的优化设计问题，在此基础上重点进行变弯度机翼前缘全尺寸样件的结构整体布局设计，开展了驱动结构机构设计、驱动控制、中央翼盒和后缘模拟件结构设计、全尺寸试验件制造装配和联合试验验证等问题研究。根据结构设计要求，对直线驱动、普通侧向驱动、紧凑型侧向驱动和蜗轮蜗杆 – 齿轮对驱动等 4 种前缘驱动方案进行了综合对比分析，最终确定了以蜗轮蜗杆 – 齿轮对驱动方案作为变弯度机翼前缘全尺寸样件变形机构的驱动方案。利用一组驱动系统驱动两个变形肋，形成以三组驱动系统控制变弯度机翼前缘全尺寸样件前缘变形的协同控制方式。同时，本章总结了在全尺寸前缘样件加工与制造阶段解决蒙皮与长桁的连接及脱模问题，以及在制造、装配、调试验证过程中遇到的问题。

变弯度机翼前缘全尺寸样件的技术指标包括：变弯度机翼前缘襟翼最大下垂角度达到 17°；在机翼受载情况下，实际弯度变形与目标弯度变形偏差不大于 5%；最大变形速率不小于 10（°）/s。

14.1.1　变弯度机翼翼型外形

变弯度机翼前缘全尺寸样件以远程公务机气动验证（CAE–AVM）模型[1]为设计参考基准。如图 14–1 所示，选取该机翼靠近内侧 30% 位置的剖面作为变弯度机翼二维设计剖面，进行等直段变弯度机翼结构设计。该剖面目标外形的设计是以起降条件下升力和升阻比为目标，通过气动优化确定的。

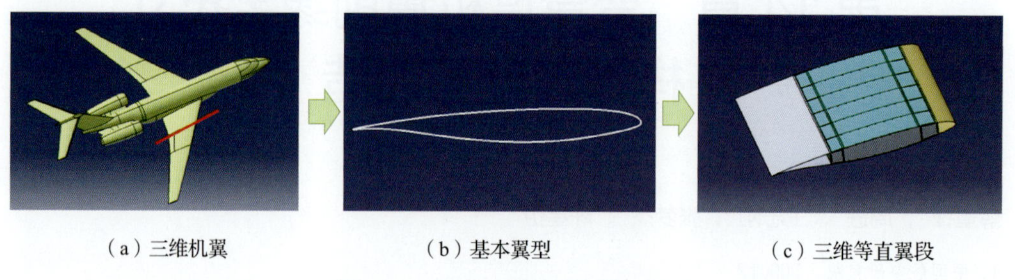

（a）三维机翼　　（b）基本翼型　　（c）三维等直翼段

图 14-1　变弯度背景飞机及翼型

14.1.2　展向翼肋数量的确定

变弯度机翼前缘全尺寸样件与第 2 章原理样件不同的是，展向为多组系统分别驱动多个翼肋完成前缘变形。由于相邻翼肋之间的间距对蒙皮的变形误差影响较大，一方面，为了保证蒙皮变形精度，应布置尽可能多的驱动翼肋，以提高展向刚度；另一方面，为使驱动机构简单，驱动翼肋数目应尽可能少。因此，为了确定展向驱动翼肋的数量，对不同翼肋数目下的变弯度机翼前缘进行了参数化建模与分析。根据经验先假设需要 7 个翼肋，在 7 个翼肋作动下，蒙皮最大的变形误差为 7.5mm。而当驱动翼肋数目为 6 时，蒙皮最大的变形误差为 8.11mm。由此可见，6 个翼肋和 7 个翼肋的方案蒙皮变形误差相差不大，在变形误差均满足结构设计的要求下，采用 6 个翼肋能够降低驱动装置布置的难度，因此最终变弯度机翼前缘全尺寸样件选择了 6 个驱动翼肋的设计方案。图 14-2 展示了 6 个翼肋时的全尺寸前缘变形后的分析结果，其最大误差分布在机翼前缘的中截面上。

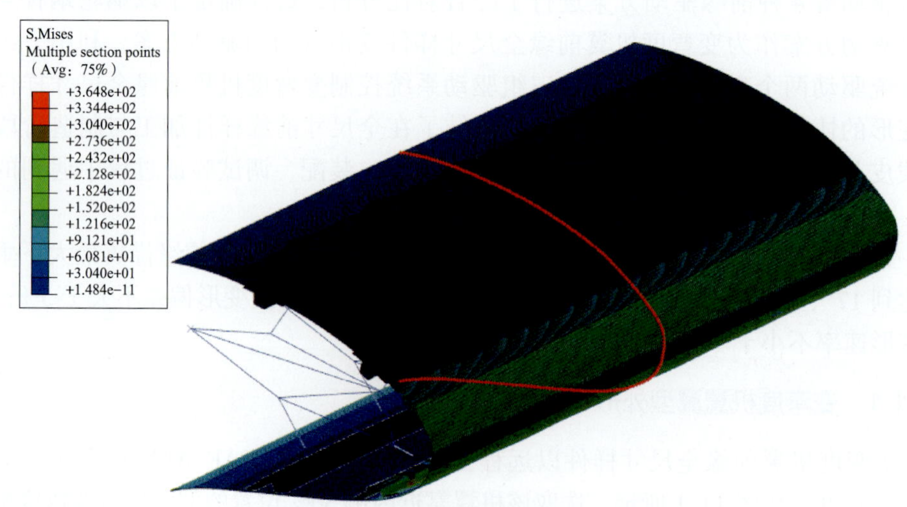

图 14-2　全尺寸前缘 6 个翼肋时的分析结果

14.1.3 变弯度机翼前缘整体驱动与变形结构布局

变弯度机翼前缘全尺寸样件的结构方案如图 14-3 所示，该前缘的展长为 2700mm、弦长为 432mm。前缘和前缘舱被前缘舱梁隔断为两个腔体。变弯度机翼前缘全尺寸样件结构主要包括变刚度复合材料柔性蒙皮、金属内埋件、连接支座、连杆和摇臂等 5 部分。金属内埋件在复合材料长桁铺贴的过程中进行内埋，支座与长桁内埋件利用螺纹配孔连接，支座与连杆、连杆与摇臂均通过铰链连接。摇臂上固定铰支点与前缘舱梁铰链相连接，其上的齿轮驱动点通过齿条和齿轮相连，实现驱动摇臂的旋转功能。

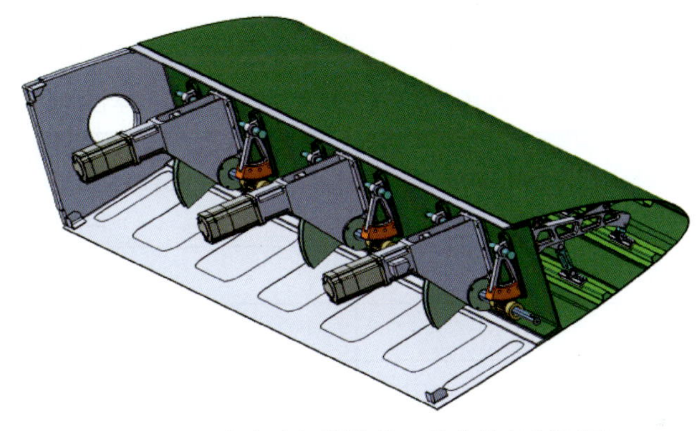

图 14-3 变弯度机翼前缘 + 前缘舱的斜视图

前缘舱的主要功能为用于放置驱动器、驱动电机和控制机构，其设计准则为应确保其内设备便于拆卸、检查及更换。中央翼盒主要承受气动载荷并维持气动外形，同时需要承担前缘和后缘结构的支撑作用。变弯度机翼前缘同样也具有维持气动外形的作用。

14.2 前缘结构设计

14.2.1 前缘蒙皮设计

针对变弯度机翼前缘全尺寸样件设计要求，样件仍存在一些需要解决的问题：①上表面两个长桁相对距离较远，为满足巡航承载要求，由于所设计的蒙皮厚度较大且驱动载荷大，导致弯曲应变水平偏高；②蒙皮上表面尖端处的长桁分布位置未避开弯曲高应变区，导致下垂过程长桁与蒙皮之间容易脱黏；③长桁支座与长桁直接通过螺栓连接，在 2700mm 展长的全尺寸样件中该连接方式装配难度大，且易对复合材料长桁造成磨损损伤。

变弯度机翼前缘全尺寸样件在展向由多个翼肋驱动，由于结构驱动和气动载荷的作用，翼肋之间的间距会对变弯度前缘结构在展向和弦向的刚度上产生较大影响，进而影响前缘蒙皮的变形精度。在本章 14.1.2 节中已确定了 6 个驱动翼肋的结构方案，此时相邻驱动翼肋的间距为 450mm，蒙皮最大变形误差为 8.1mm，在可接受范围之内。

为提高前缘蒙皮的变形能力，全尺寸样件变刚度复合材料蒙皮采用编织型 SW100A/6511 预浸料，并通过共固化成形获得一体件，如图 14–4 所示，复合材料性能参数如表 14–1 所示。

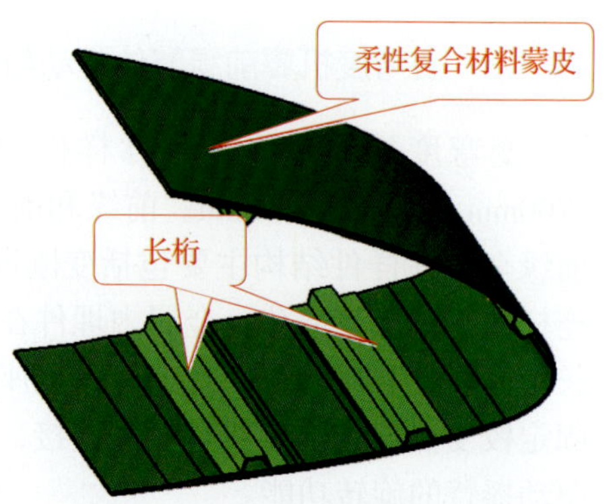

图 14–4　变弯度机翼全尺寸样件前缘蒙皮示意图

表 14–1　SW100A/6511 复合材料单层板力学性能

力学性能	数值
纤维方向弹性模量 /GPa	23.20
垂直于纤维方向弹性模量 /GPa	23.20
泊松比	0.12
切变模量 /GPa	2.97
纤维方向拉伸强度 /MPa	477.00
纤维方向压缩强度 /MPa	302.00
垂直于纤维方向拉伸强度 /MPa	477.00
垂直于纤维方向压缩强度 /MPa	302.00
剪切强度 /MPa	54.00
拉伸极限应变 / με	33166
压缩极限应变 / με	13538

14.2.2　前缘驱动机构设计

变弯度机翼全尺寸前缘变形驱动机构应满足前缘变形所需的载荷以及功率。根据不同的驱动方向和驱动形式，设计了直线驱动、普通侧向驱动、紧凑型侧向驱动和蜗轮蜗杆 – 齿轮对驱动等四种不同驱动方案。

直线驱动方案为变弯度机翼前缘原理样件由在弦向布置的直线电机驱动摇臂结构偏转，进而通过与蒙皮连接的小连杆带动蒙皮变形，实现前缘弯度变化的目的，如图 14–5 所示。

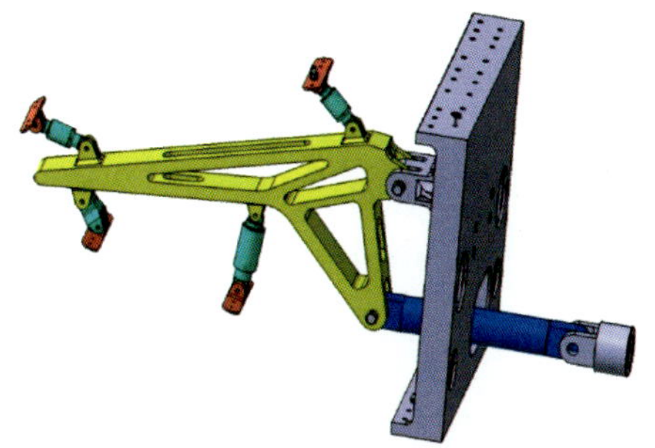
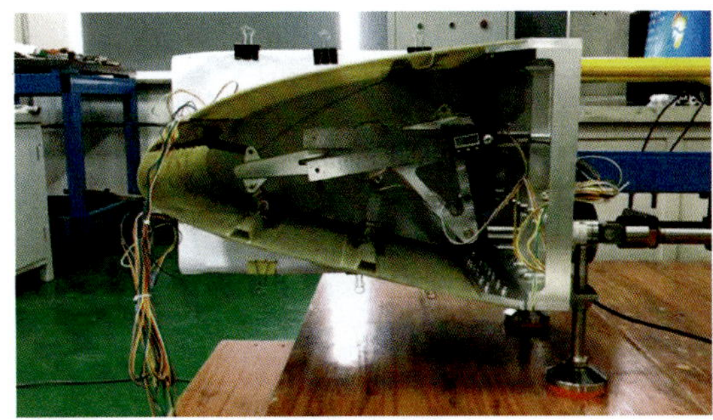

图 14-5　直线驱动方案与功能样件

该直线驱动方案结构形式简单可靠，但由于直线驱动行程的限制导致驱动电机延伸到了中央翼盒内，不利于中央翼盒作为油箱的常规设计布局。因此，需要通过在展向驱动直线电机布置来降低直线驱动方案在弦向占用的空间。德国航空航天中心（DLR）在 SARISTU 项目中就采用了这种方式，如图 14-6 所示。直线电机通过曲柄滑块机构将直线电机的直线运动通过滑块的平动驱动连杆转动，进而带动摇臂转动和小连杆的运动引起蒙皮变形。

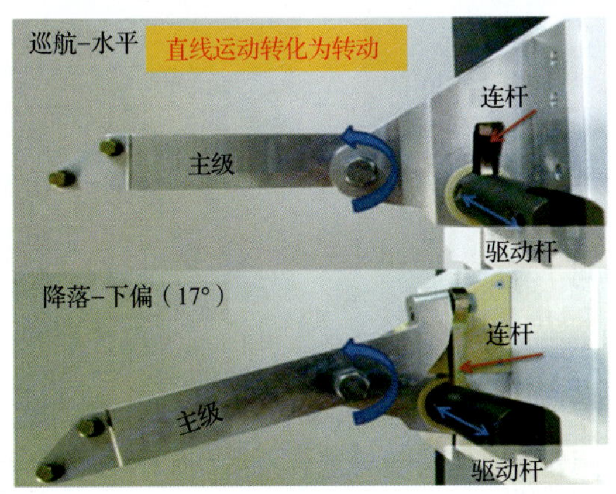

图 14-6　DLR 在 SARISTU 项目中采取的前缘驱动方式

针对变弯度机翼前缘全尺寸样件的空间结构尺寸提出了普通侧向驱动方案，如图 14-7 所示。其运动原理与 DLR 在 SARISTU 项目中的驱动原理基本一致，通过直线电机拉动布置在前缘舱后梁的连杆带动前缘舱内的长连杆运动，进而驱动支撑安装在前梁的摇臂转动。该方案由于空间作用距离较远，存在由于连杆变形等引起的卡滞问题。

如图 14-8 所示，为解决普通侧向驱动方案的局限性问题，将驱动轴由前缘舱后梁调整至前缘舱前梁位置，形成了紧凑型侧向驱动方案。该方案与普通侧向驱动方案原理类似，通过侧向连杆驱动摇臂进行旋转。紧凑型驱动方案的连杆长度较短，对应的电机驱动行程相对较小，但存在结构布置和侧向载荷过大的问题。同时由于侧向电机安装在整个机翼的端面，由于直线电机长度较长导致风洞试验件外凸部分太多，结构布局优化难度较大。

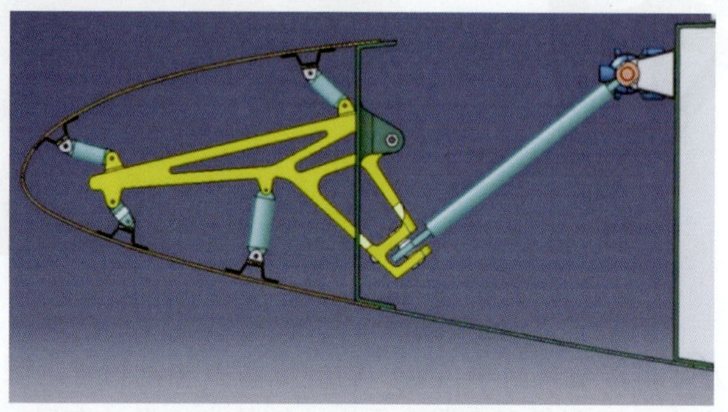

图 14–7　普通侧向驱动方案

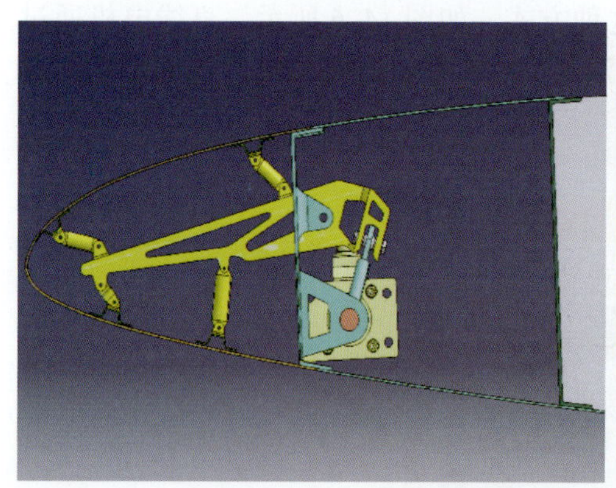

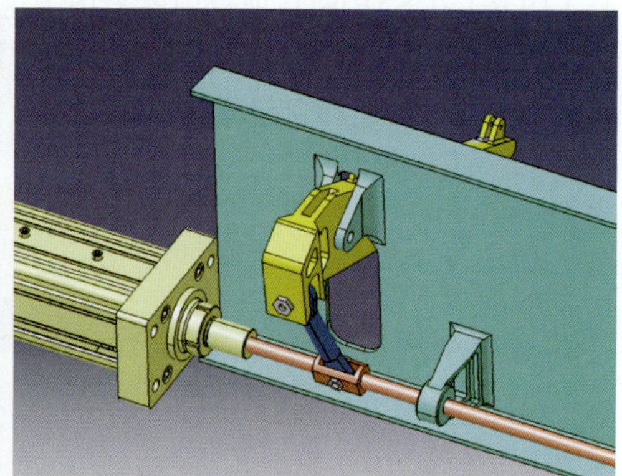

图 14–8　紧凑型侧向驱动方案

针对上述直线驱动方案、普通侧向驱动方案和紧凑型侧向驱动方案三种方案的局限性，进一步提出了蜗轮蜗杆 – 齿轮对组合方案，如图 14–9 所示。该方案中，驱动电机通过减速器进行减速并提升扭矩，然后通过蜗轮蜗杆将绕弦向旋转的驱动变为绕

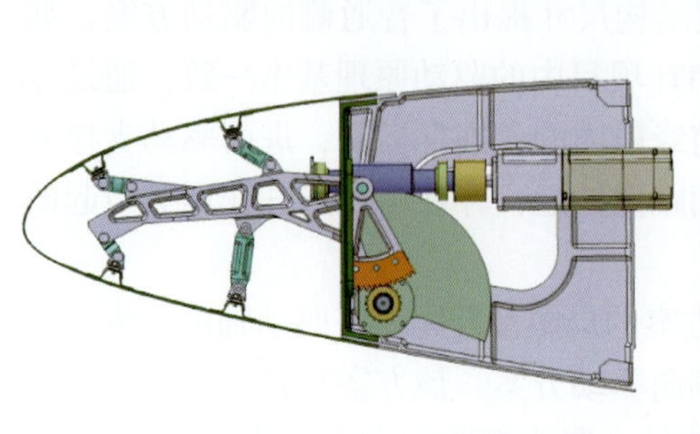

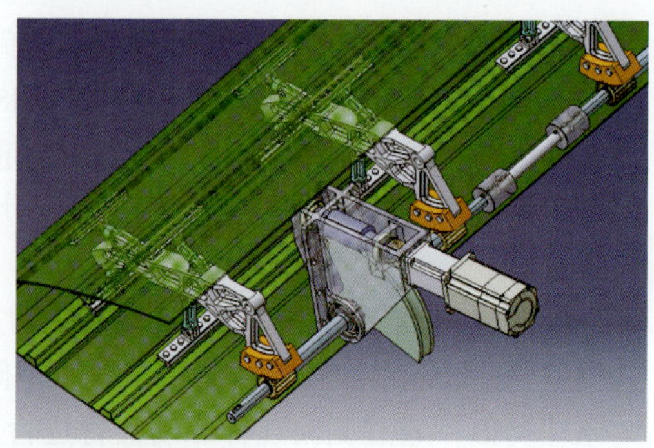

图 14–9　蜗轮蜗杆 – 齿轮对驱动方案

展向旋转的驱动，通过齿轮对进一步地降低转速和增加扭矩，直接通过驱动摇臂旋转完成变形肋驱动前缘蒙皮变形，实现前缘上下偏转的目的。

该方案的主要创新点在于在摇臂上安装一个扇形齿轮块，将摇臂变为一个扇形齿轮，能够有效地利用结构设计空间。该驱动方案结构紧凑、具有自锁功能，可以将减速器、蜗轮蜗杆和齿轮对完全布置在前缘舱内，能够将驱动产生侧向力通过蜗轮蜗杆支座直接传递到前缘舱梁上。同时，减速器、蜗轮蜗杆和齿轮对的三级减速能够实现所需的大减速比，降低驱动电机的功率及选型要求；对于风洞试验，减少了试验部件外的凸起部分，结构布局更为紧凑。经综合评估研判，确定了采取该蜗轮蜗杆、齿轮对驱动方案作为变弯度机翼前缘全尺寸样件的驱动机构。

如图 14–10 所示，该蜗轮蜗杆 – 齿轮对驱动方案通过一个电机经减速器、蜗轮蜗杆驱动两组对称的摇臂组件控制机翼后缘的变形。该驱动结构对称，形式简洁，便于设计的同时，能够使两个摇臂上载荷平衡，从而有效地消除附加力矩。

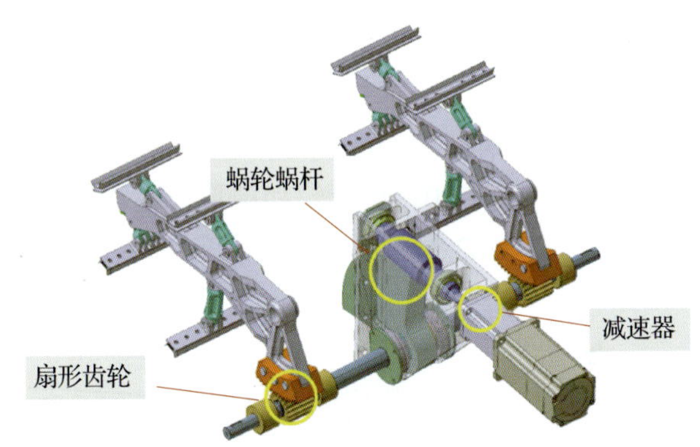

图 14–10 蜗轮蜗杆 – 齿轮对驱动方式

前缘驱动为三段式减速，分别为行星齿轮、蜗轮蜗杆和齿轮对减速器。采用三组电机驱动双摇臂的形式，通过联轴器将三组转动轴串联，使 6 个摇臂的轴同步连接在一起。设计驱动结构时，首先需要根据整体驱动功率估算所需的驱动电机功率。由于单个驱动摇臂设计输入给出所需的驱动力矩为 1150N · m，整个前缘下偏 17° 时驱动摇臂下偏 15°，按要求需要在 5s 内完成下偏动作，下偏速率为 15（°）/5s=3.0（°）/s。因此前缘所需的理论功率为：$P=6\times1150\times3.0\times\pi/180=361.3\text{W}$。初步估算齿轮对的传动效率为 0.9，自锁型蜗轮蜗杆的传动效率为 0.7，行星齿轮减速器的传动效率为 0.95，考虑到驱动时所需的力矩、驱动余量、齿轮之间的摩擦和间隙等因素，需要取 3~4 倍的安全因数（safety factor，曾称安全系数），在本项目中安全因数取 3.5。前缘所需的理论功率由三个电机驱动，因此，单个电机所需的功率约为 $P=361.3/0.9/0.7/0.95\times3.5/3=704\text{W}$。

根据上述功率需求，选择 750W 松下全数字式交流伺服电机，型号为 MSMF082L1V2M，适配的驱动器为 MCDLT35SF。第一级行星齿轮减速器选择冀望

JWMC60-8 型，减速比为 1∶8。前缘摇臂驱动力矩为 1150N · m，两个驱动摇臂构成一个最小驱动单元，输入端的额定驱动力矩为 2.39N · m，在给定第一级行星齿轮的情况下，可以计算蜗轮蜗杆 – 齿轮对所需最小传动比 n=1150 × 2/2.39/8=120。下偏速率为 3.0（°）/s，电机额定转速为 3000r/min，为了保证驱动速度的设计要求，在给定第一级行星齿轮的情况下，可以计算蜗轮蜗杆 – 齿轮对所需最大传动比 n=3000/60 × 360/3.0/8=750。如图 14–11 所示，通过驱动电机及减速器带动蜗杆旋转，蜗杆驱动对应的蜗轮旋转。蜗轮与小齿轮同轴，刚性连接在一起，因此可以带动小齿轮旋转，进而通过小齿轮 – 扇形齿轮对带动驱动摇臂向下旋转 15°，对应整个前缘下偏 17°。前缘摇臂的驱动轴位置已给定，在设计其余各部件尺寸参数时，需要注意以下约束：

（1）蜗轮蜗杆轴线高度约束：蜗轮蜗杆轴线需与上蒙皮保持相应距离，留有布置驱动电机的空间。

（2）由于前缘空间限制，蜗轮最大角度为 Rotate_Axis，因此小齿轮最大的旋转角度也为 Rotate_Axis，齿轮对的传动比最大为 n=Rotate_Axis/15=L_2/L_1。

（3）小齿轮安装在轴上，可知半径 L_1 应大于轴到前缘舱梁的距离 Axis_x。

（4）驱动摇臂的半径 L_2+2 × 小齿轮的半径 L_1 应小于蜗轮蜗杆轴线到下蒙皮的距离。

经过调整，最终设计蜗轮蜗杆中心距为 160mm，蜗轮分度圆直径 L_1=280mm，蜗杆分度圆直径 40mm，传动比为 70；小齿轮和扇形齿轮利用齿轮啮合产生驱动力矩，扇形齿轮分度圆直径为 L_2=262.5mm，小齿轮分度圆直径为 L_1=45mm，齿轮对的传动比为 262.5/45=5.83。

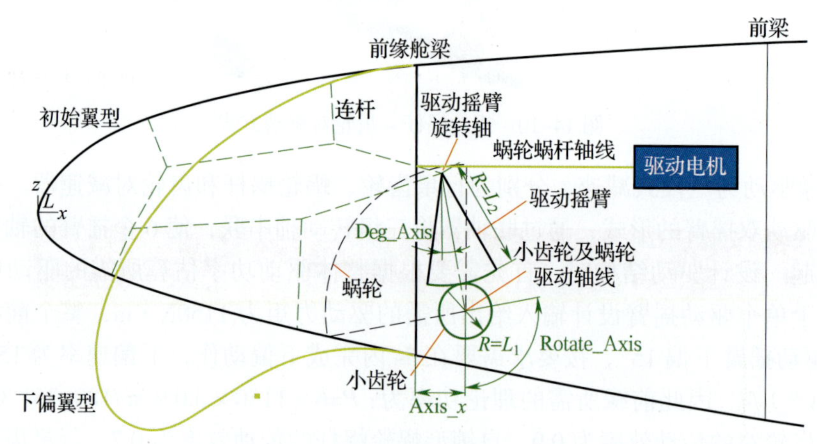

图 14–11　前缘驱动设计示意图

前缘下偏 15° 时，小齿轮转动 87.45°，蜗轮转动 87.45°，蜗杆转动 6123.5°，电机轴转动约 136 r。前缘以 3.0（°）/s 下偏时，电机的转速约为 1632r/min。

14.2.3　驱动轴设计

驱动轴有两种设计方式：一种是所有的 6 个驱动摇臂采用同一个单轴和电机驱

动（见图 14–12），另一种方式是采用三个轴和三个电机驱动，每个轴负责驱动两个驱动摇臂（见图 14–13）。第一种方式优点是没有同步性要求，缺点是重量较重，同时长轴加工装配困难、精度要求很高；第二种方式优点是重量相对较轻，结构上能够减重，但需要保证能够同时进行驱动。

设每一个轴上的弯矩为 M，驱动轴长度为 L，材料的切变模量为 G。对于三个驱动轴驱动的情况，假设每个驱动轴的半径为 d_0，三个轴驱动时，重量为 $m_1=3\times(2\times1.5L)\pi d_0^2$，而单个轴驱动时，重量为 $m_2=2\times(2.5L\pi d_1^2+2L\pi d_2^2+0.5L\pi d_3^2)$，两者的比值为 $m_2/m_1\approx3$。两种方案的重量差距较大，因此采用三轴同步的方式进行设计，三个轴之间采用万向节或者联轴器进行连接，以确保 6 个驱动摇臂载荷能够同步。

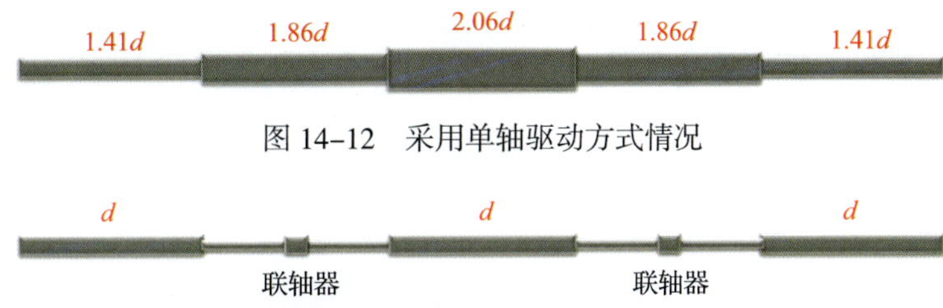

图 14–12　采用单轴驱动方式情况

图 14–13　采用三轴同步驱动方式情况

14.2.4　前缘集成设计

全尺寸试验件的前缘驱动采用三个电机驱动 6 个摇臂，通过联轴器将 6 个摇臂的驱动轴连接在一起，进行协同控制，同时防止了被连接的驱动轴承受过大载荷，如图 14–14 所示。在三组电机驱动不同步时，能够优先剪断联轴器平键，防止整个驱动轴被破坏，起到过载保护作用。

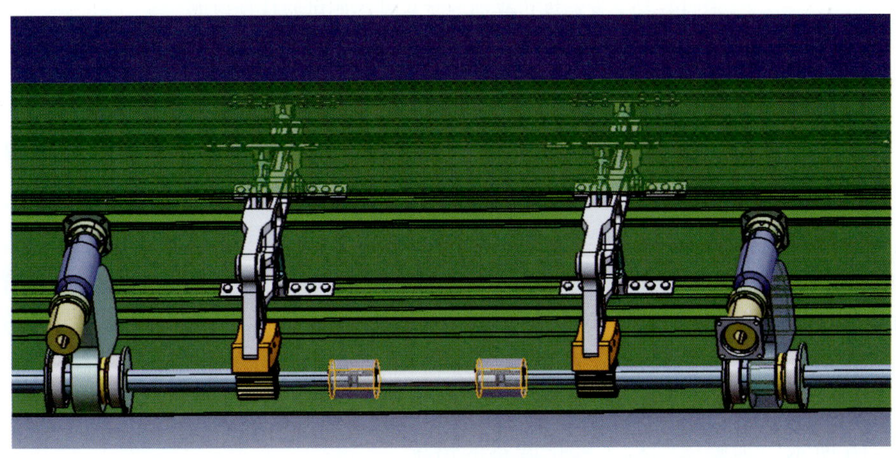

图 14–14　联轴器示意图

14.3 集成设计与制造

变弯度机翼前缘全尺寸样件展长为2.7m，弦长为4.3m，该样件主要由前缘组件、前缘舱组件、中央翼盒组件、后缘舱组件和后缘假件组成，如图14-15所示。

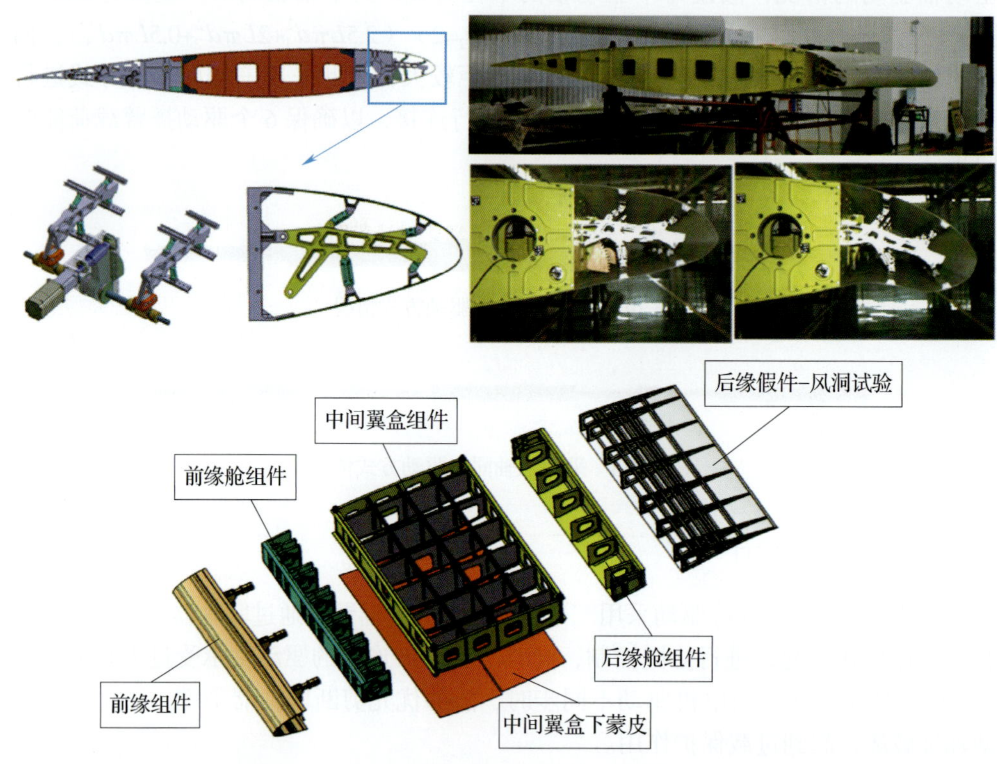

图14-15 变弯度机翼前缘全尺寸风洞试验样件组成

14.3.1 全尺寸变弯度机翼前缘集成设计

变弯度等直段机翼采用双梁式设计，前梁和后梁将整个中央翼盒分为前缘舱、中间翼盒和后缘舱三部分。前缘舱前端布置前缘舱梁，用于与变弯度前缘对接，后缘舱后段布置后缘舱梁，用于与变弯度后缘对接。

根据中间翼盒初步设计情况，在展向布置6个普通肋以及两个加强端肋，普通肋的间距为450mm，加强肋与最近普通肋的距离为225mm，实现整体结构的对称布置。在弦向前梁与后梁之间布置有三段长桁，用于支撑上下蒙皮。前梁与长桁、长桁之间、长桁与后梁的间距依次为434.6mm、450mm、450mm和444.2mm。如图14-16所示，为整体结构工程化调整的情况。

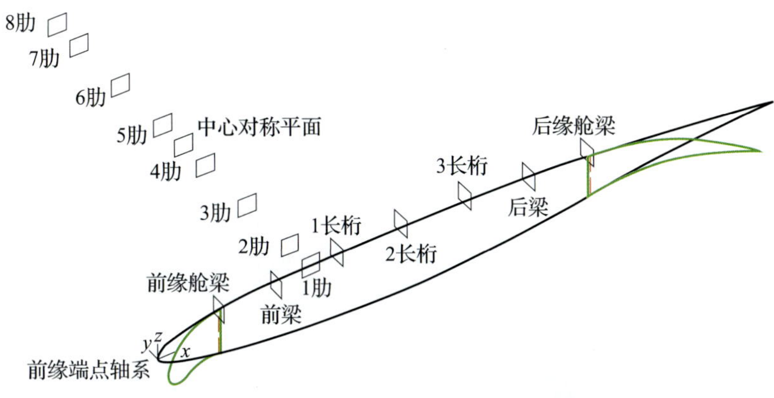

图 14–16 整体结构工程化设计草图

在详细结构设计时，由于理论前缘舱梁位置以及理论后缘舱梁的位置不是整数，考虑到实际加工和装配方便，同时在根部位置曲线几乎不变化，因此将前缘舱梁的位置向后调整 15.41mm，后缘舱梁的位置向前调整 18.904mm，以保证前缘舱梁与前梁、前梁与后梁、后梁与后缘舱梁的距离为整数值，便于加工制造与装配。图 14–17 为前缘结构工程化设计情况。

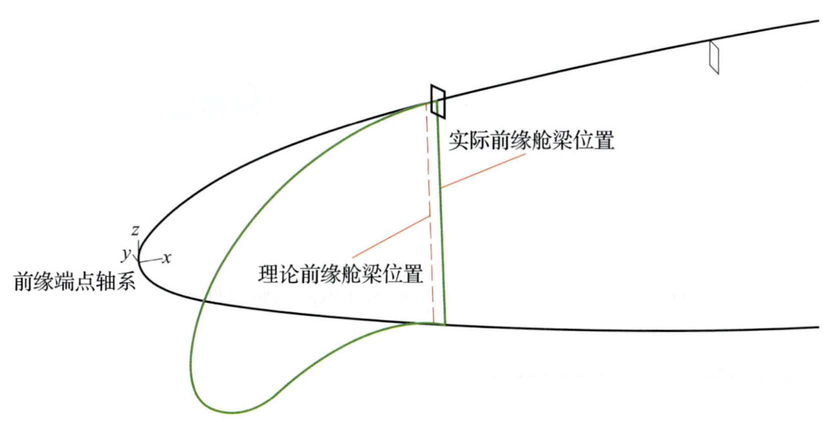

图 14–17 前缘结构工程化设计调整

14.3.2 前缘舱设计

翼型变弯支撑结构采用标准型钢焊接而成，整套支撑安装在 8m 风洞转盘上，与风洞转盘通过螺钉固定。风洞试验过程中需要调整迎角，因此在前缘舱端肋上设计了与风洞支架对接的接口，使试验样件绕着该接口转动。另外一个插销设计在后缘舱上，如图 14–18 所示。其中前缘转轴中心位置固定，通过移动后缘舱的定位销装配位置，实现 0°、6°、10°、12°的角度变化。

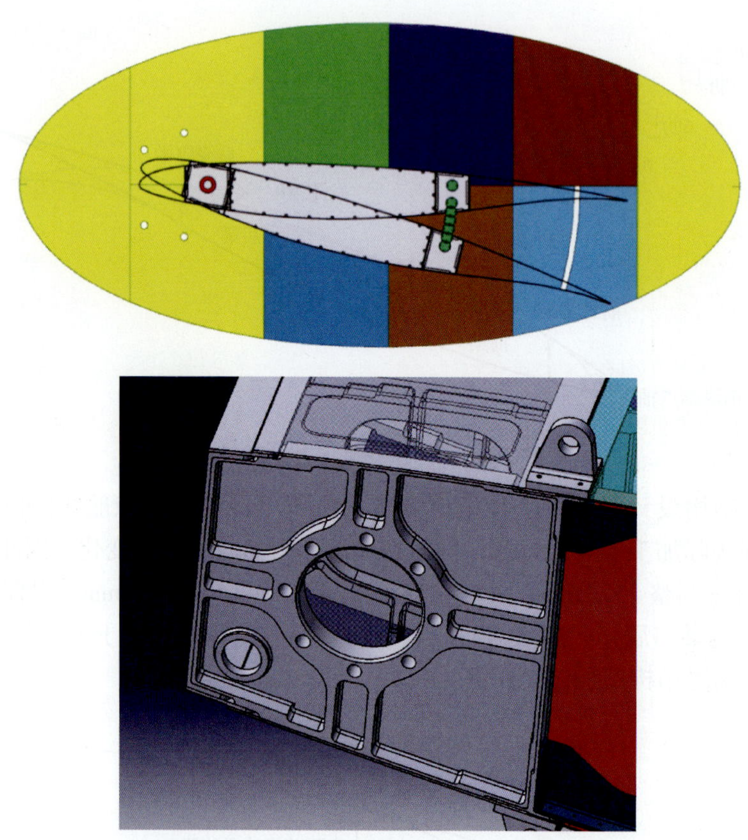

图 14-18　风洞试验件变迎角接口示意图

14.3.3　中央翼盒及维形后缘设计

中央翼盒的主要作用是支撑前后缘，并提供驱动系统所需的支撑和安装空间。中央翼盒的设计需要结合变弯度机翼前后缘柔性结构及驱动控制结构特点，完成变弯度机翼固定段及其与柔性前后缘接口的结构方案设计。参照前后缘飞行状态——结构变形矩阵，根据载荷、空间、变形幅度等要求确定变弯度机翼不同展向翼段的可用前后缘变形结构方案，并充分考虑不同前后缘变形结构设计方案中所选择的驱动机构、变形控制和测量方法等不同，最终形成机翼中央盒段的结构设计方案。中间翼盒结构具体布置如图 14-19 所示。

前缘舱梁与前梁之间距离、后缘舱梁与后梁之间的距离均为 400mm，前梁与后梁之间的距离为 1779mm。整体结构如图 14-20 所示。为了进行风洞试验，设计维形后缘，维形后缘和中央翼盒一样，均采用常规机翼结构方案。

变弯度机翼在风洞试验和运输时需要吊装，考虑到风洞吊装的便捷与载荷传递，吊装接口设置在前梁和后梁两端，如图 14-21 所示。

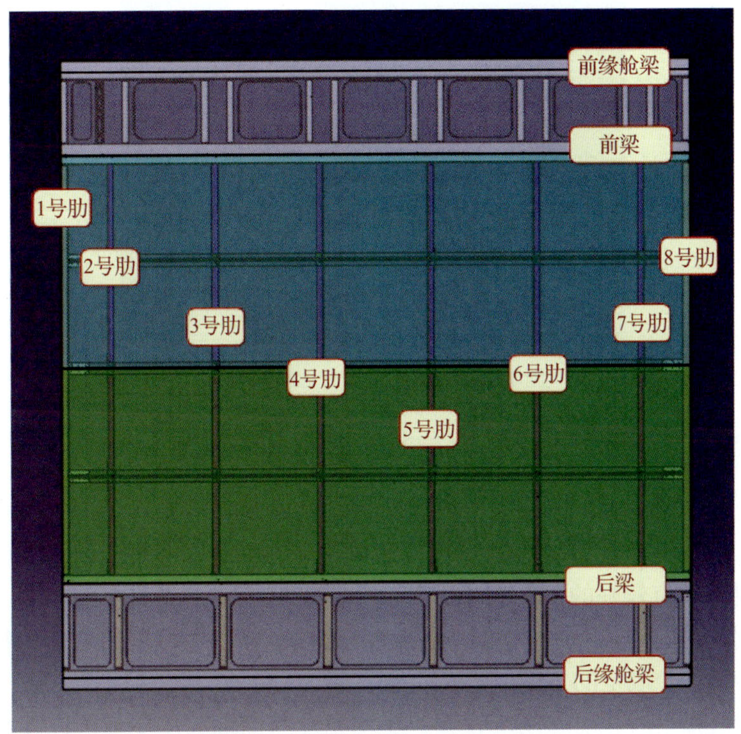

图 14–19　中间翼盒结构布置图

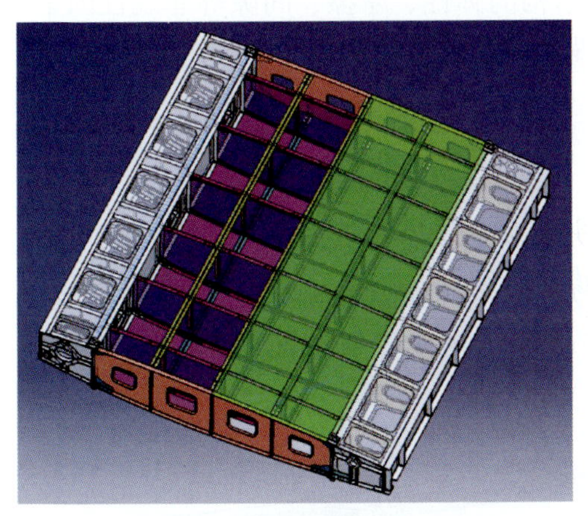

图 14–20　中央翼盒结构示意图

图 14–21　中间翼盒支撑接头和吊装接头

为了开展前缘风洞试验，符合整体气动外形要求，试验件由变弯度前缘、中央翼盒、维形后缘组成。前缘是变弯度机翼变形的主要部分，在不同风速和不同迎角下下偏，中央翼盒与后缘用于保持翼型，以及调整机翼在风洞试验中的迎角。变弯度机翼前缘全尺寸风洞试验样件整体如图 14–22 所示。

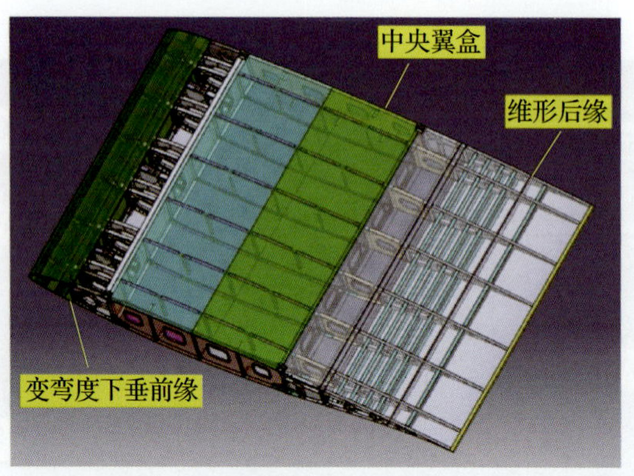

图 14-22　前缘全尺寸风洞试验件

14.3.4　控制系统设计

应用电机驱动技术，设计了电机减速器—蜗轮蜗杆减速器—齿轮对减速器三级减速机构，采用三个功率较小的交流伺服电机（750W/台）驱动前缘的偏转。此驱动系统需要保证有较好的角度同步性，故采用位置模式进行电机的控制。位置模式是通过控制外部输入的脉冲控制电机转动，根据驱动器中设定的参数，每输入一个脉冲电机转动一个确定的角度[2]。

变弯度机翼全尺寸前缘刚度较大，驱动角度与前缘蒙皮变形可以建立稳定的对应关系，对前缘结构变形进行闭环控制时，通过角度传感器作为反馈信号即可。在变形控制系统设计过程中，需考虑变弯度结构的弹性、摩擦、间隙等非线性因素，气动载荷和气流干扰等外部载荷情况；在驱动电机选择时，需考虑转矩、转速、偏转角度、尺寸和重量等要求[3]。

14.3.5　加工与装配

（1）复合材料蒙皮加工

复合材料蒙皮加工模具如图 14-23 所示，为了降低 2700m 展长的复合材料蒙皮的加工成本，蒙皮与长桁的连接及脱模问题是需要重点解决的关键技术问题。因

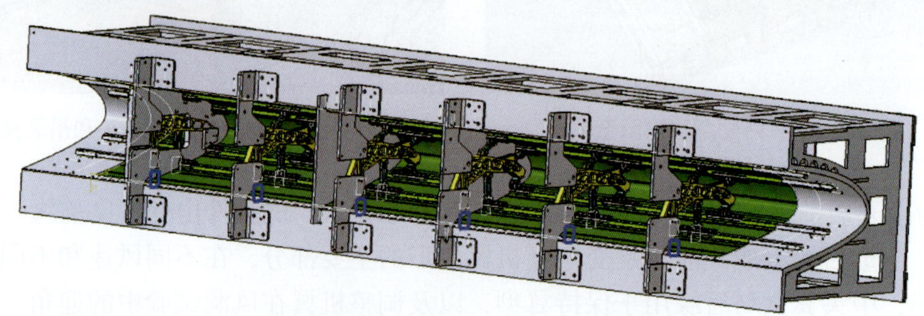

图 14-23　复合材料蒙皮加工模具

此，通过如图 14–24 所示的热压罐工艺将长桁和蒙皮进行共固化成形获得长桁蒙皮一体化零部件。

图 14–24 热压罐示意图

（2）前缘装配流程

如图 14–25 所示，试验样件装配架外形尺寸为 4066mm（长）×3010mm（宽）×3825mm（高），装配架严格按照工装图样和工装三维数模要求进行安装、调试、装配，再使用激光跟踪仪进行检测，检测装配后的试验样件精度符合要求，满足试验样件装配需求。

结构装配情况如图 14–26 所示。

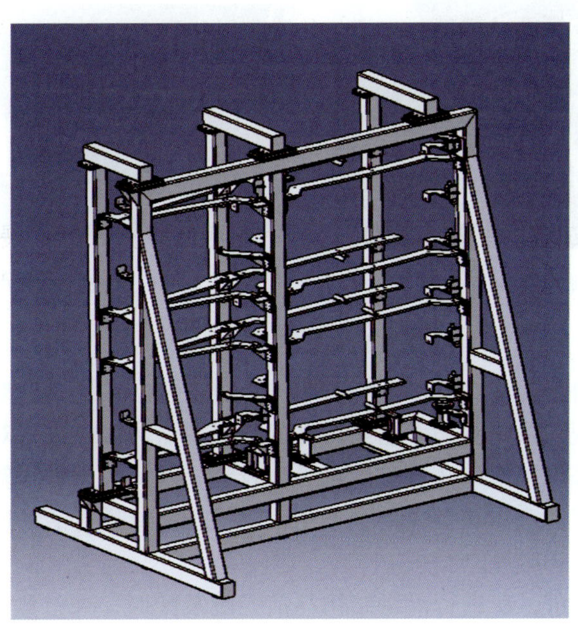

图 14–25 试验样件装配架模型

（a）下装夹具及定位

（b）前缘舱框架装配

（c）中央翼盒长桁装配

（d）整体下架进行前缘安装

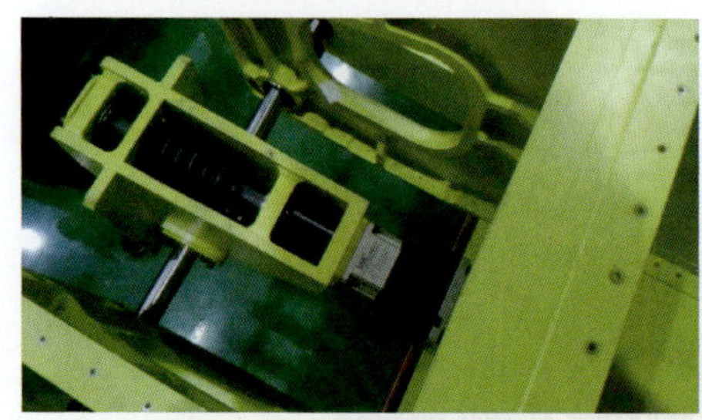

（e）前缘电机装配

（f）前缘复材与前缘舱对接

图 14-26　风洞试验样件装配情况

装配时优先确定翼梁、对接孔等基准位置的安装，然后根据型架外形确定翼肋和蒙皮的装配情况，最终将包含后缘假件的整个翼盒与前缘进行对接，完成风洞试验样件的装配工作。前缘蒙皮和前缘舱受载较大，因此采用强度较大的高锁螺栓进行连接固定。前缘舱和中央翼盒的上蒙皮采用托板螺母进行活动连接，支持多次拆卸，便于故障调试和维修。

如图 14-27 所示，在进行前缘结构与前缘舱装配时，通过激光三坐标仪测量 6 个摇臂旋转轴线的相对关系，轴线的最大同轴度误差不超过 0.2mm。同样采取三坐标仪对生产完成的复合材料前缘试验件 6 个摇臂的轴线进行测量，轴线的最大同轴度误差约 2mm。无法将复合材料蒙皮与摇臂装配至前缘舱上。因此，通过调配摇臂旋转轴插销处衬套的直径，减小 6 个摇臂旋转轴线的同轴度误差，使得复合材料蒙皮与摇臂装配至前缘舱上。

图 14–27　摇臂旋转轴线同轴度测量

14.4　测试验证

14.4.1　前缘偏转地面试验

将三个伺服电机安装于机翼中，设定电机转速为 956r/min，根据减速比可知前缘偏转速率为 1.8（°）/s。对前缘施加等效的分布载荷，并在软件控制界面依次发送如下指令：①下偏至 9°；②下偏至 12°；③下偏至 15°；④上偏回 0° 初始位置。柔性前缘偏转变形效果如图 14–28 所示。

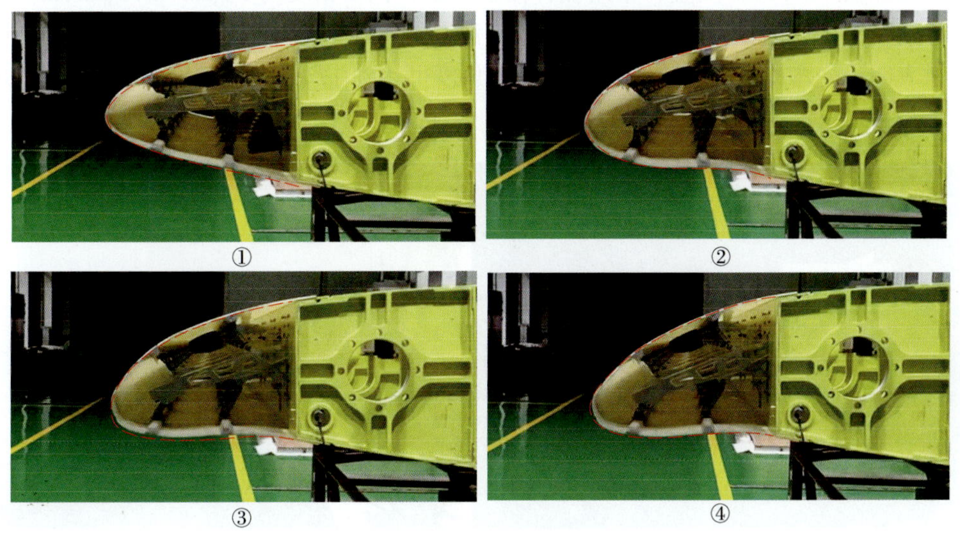

图 14–28　柔性前缘变形效果图

图中①～④前缘位置依次为 0°、9°、12° 和 15°。试验测试数据如图 14–29 所示。

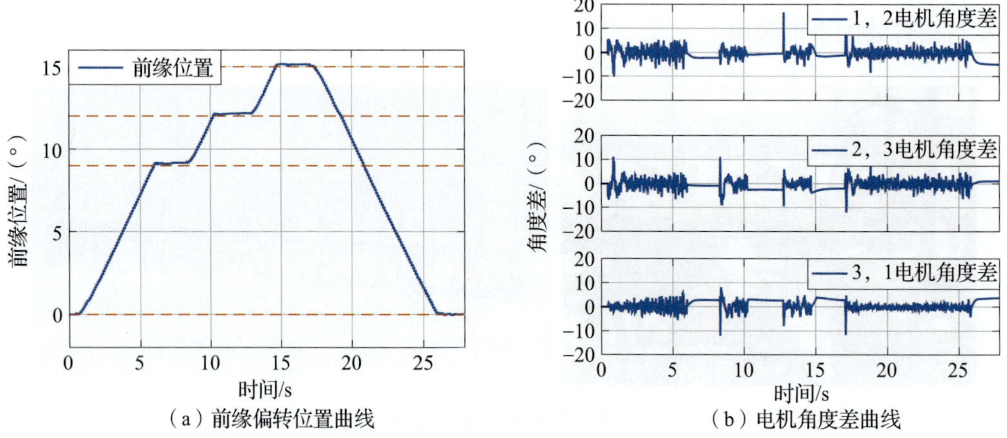

（a）前缘偏转位置曲线　　（b）电机角度差曲线

图 14–29　前缘偏转试验曲线

前缘三次向下偏转过程，偏转超调量均为 0.17°；由 15° 回到 0° 初始位置耗时 9.4s，超调量为 0.03°。图 14–29（b）为偏转过程中电机间的实时角度差：三个电机在起动阶段因载荷和电机特性的差异，起动瞬时产生不超过 20° 角度差；匀速运行阶段电机角度差小于 10°。

14.4.2　前缘偏度和变形精度指标验证

针对前缘偏度和变形精度指标，在 900mm 展长的变弯度机翼前缘样件上采用激光跟踪仪 +T–Probe 测量，采用测针接触测量，仪器精度为 50 μm /m+6 μm /m。如图 14–30 所示，为偏转角度指标理论与实测曲线对比，其中红色为实测曲线。测试结果表明，变弯度机翼前缘襟翼最大下垂角度可达到 17°，变形精度优于 5%，满足设计指标要求。

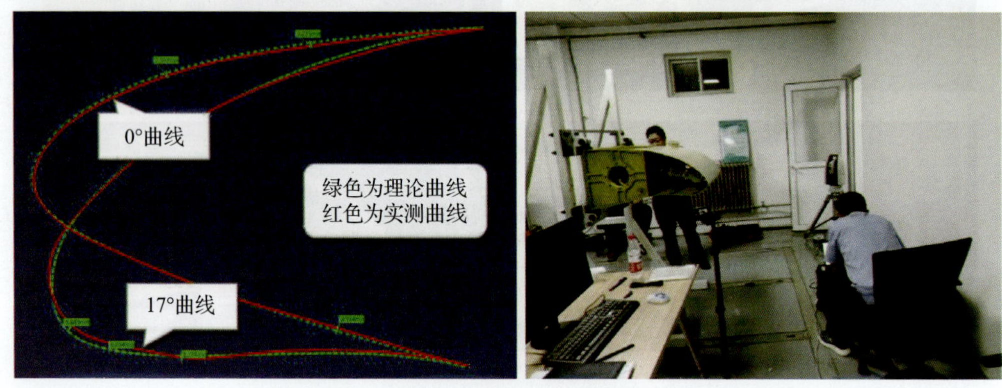

图 14–30　偏度指标验证理论与实测曲线对比

14.4.3　前缘速度指标验证

对前缘开展变形速度指标验证，前缘由下偏 17°至偏转到 6°的数据如图 14-31 所示，经过微分计算，实测最大变形速率可达到 13.8（°）/s，满足最大变形速率不小于 10（°）/s 的指标要求。

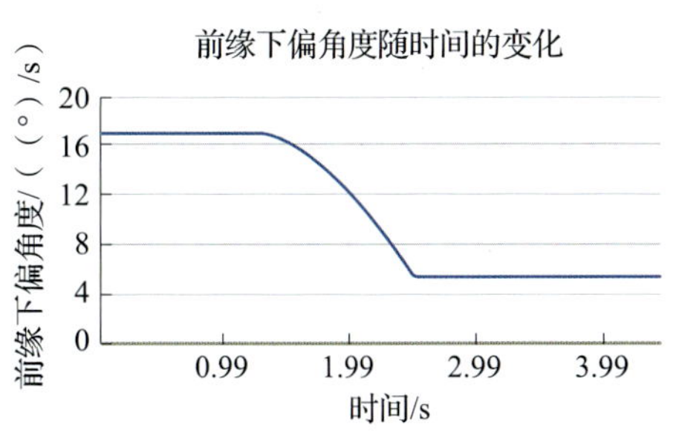

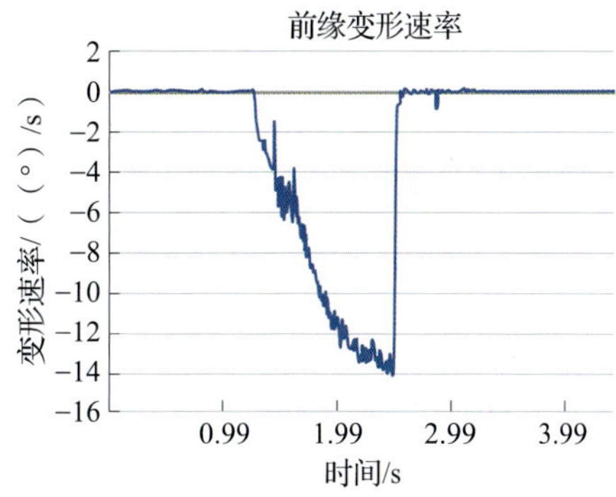

图 14-31　前缘变形速率和前缘下偏角度随时间变化图

14.5　小结

（1）在变弯度前缘原理样件研究的基础上，将展长由 350mm 扩展到展长 2700mm，研制出全尺寸变弯度前缘样件，且满足气动载荷下前缘蒙皮精确连续光滑变形的设计要求。

（2）提出蜗轮蜗杆 – 齿轮对相结合的前缘驱动方案，有效地消除了驱动铰链支撑位置的侧向力，同时能够充分利用结构设计空间，将蜗轮蜗杆 – 齿轮对严格限制在前缘舱内。

（3）采取两短细轴作为联轴器与电机位置控制相结合的方式，实现了对三轴的协同控制，同时联轴器平键可以起到相邻双翼肋变形不同步的协调过载保护作用。

第 15 章　变弯度机翼前缘全尺寸功能样件风洞试验

李春鹏[1]，周进[2]，薛景锋[2]，王志刚[3, 4]

1. 中国航空工业空气动力研究院，110034
2. 中国航空研究院，100012
3. 北京航空航天大学 航空科学与工程学院，100191
4. 中国飞机强度研究所，710065

15.1　风洞试验方法

为了测试和验证变弯度机翼前缘全尺寸功能样件在真实风载条件下的变形和维形能力，利用航空工业气动院大尺寸低速风洞 FL-10 开展了风洞试验研究，提出了风洞试验支撑装置设计和前缘形变测量方法，并以此为基础，重点分析了功能样件前缘载荷特性，以及前缘偏转和风载等条件变化对功能样件变弯前缘变形的影响规律。

15.1.1　风洞设备

为了提供与变弯度机翼前缘全尺寸功能样件相匹配的真实起降飞行载荷，选定航空工业气动院 FL-10 风洞实施本次试验。FL-10 风洞是国内现有最大的回流式低速风洞（见图 15-1），本次试验所采用的闭口试验段截面为矩形，宽 8m、高 6m、长 20m，空风洞最大风速 110m/s，试验平均湍流度为 0.16%。

图 15-1　航空工业气动院 FL-10 风洞

15.1.2 支撑装置

变弯度机翼前缘全尺寸功能样件主体为具有真实机翼结构特征的平直翼段，为了降低三维效应影响，保证样件前缘展向载荷分布的一致性，采用带有端板的两侧支撑形式。支撑装置承力结构使用标准钢以长桁形式焊接而成，在翼段与支撑装置之间以拼接形式布置电木材质的大尺寸端板，端板呈椭圆形，长轴 6.4m，短轴 2.8m。支撑装置与翼段前梁处的翼肋腹板通过轴承连接，与翼段后梁处的翼肋腹板通过销钉连接、支撑装置上布置与迎角对应的销钉孔，通过更改与后梁连接的支撑装置销钉孔实现样件迎角的调整，在翼段前缘附近的一侧端板外侧的支撑装置承力结构框架上布置用于前缘形变测量的光学相机，支撑装置通过螺栓固定在试验段地板转盘上。翼段支撑装置总重约 5t，组合安装步骤如图 15-2 所示。

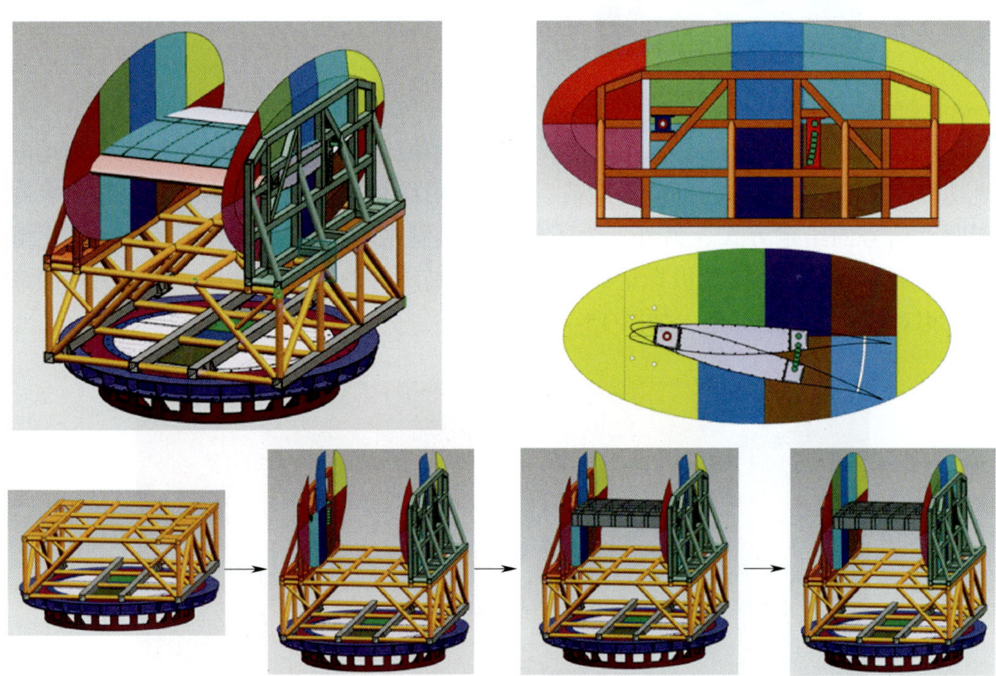

图 15-2 翼段支撑装置及其组合安装步骤

15.1.3 样件安装调试

在完成全尺寸翼段、翼段支撑装置与地板转盘的组装之后，通过吊装系统将其移入 FL-10 风洞闭口试验段。检查前缘变形驱动单元供电与控制线缆，并经前梁处的连接轴承、翼段支撑装置承力结构框架、地板转盘，将其与位于闭口试验段下方的前缘变形控制单元相连（见图 15-3）。

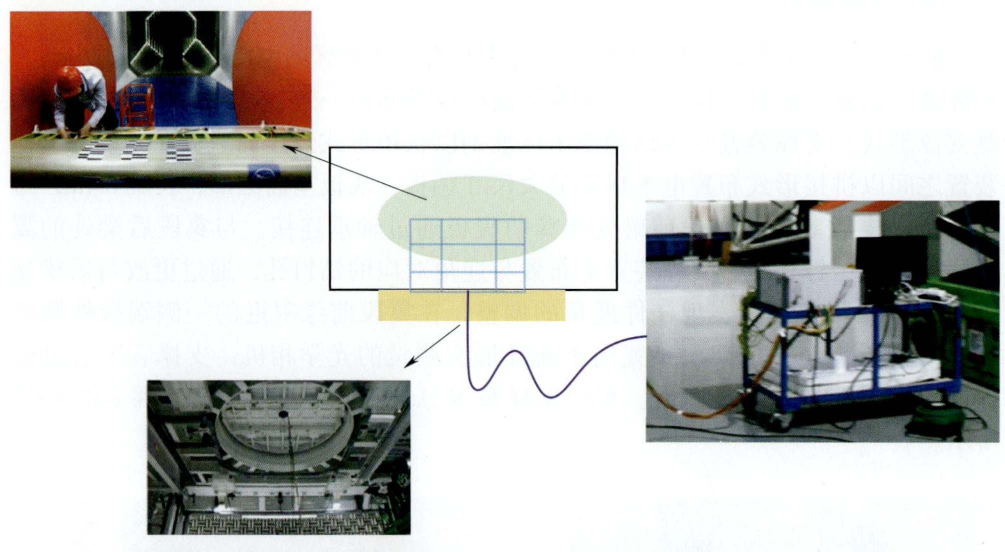

图 15–3　前缘变形驱动单元与控制单元连接示意图

选定翼段典型迎角状态，完成前缘变形驱动控制系统的联调联试，综合驱动电机功率、前缘变形结构内部应力载荷、前缘变形结构风载等因素影响，确定前缘变形驱动信号的给定方式。另外，为了便于在风洞试验过程中观察前缘外形变化情况，选定一侧翼段支撑端板标记典型偏度下的前缘外形轮廓，并粘贴用于测量前缘前点相对位置变化的标记，如图 15–4 所示。

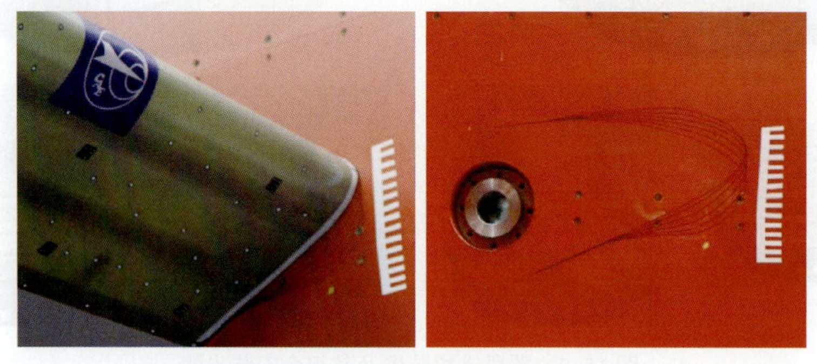

图 15–4　翼段前缘变形外形标记

15.1.4　光学形变测量系统搭建

结合翼段平直前缘变形特点，布置两套二维光学形变测量系统来分别测量前缘上下表面特征点的空间位移（见图 15–5）。系统主要包含分辨率为 2752 × 2200 的单色光学相机、定焦焦距为 8mm 的光学镜头、贴于模型表面长方形的黑白格纸质光学标记，以及试验段外的数据处理单元。

图 15-5　二维光学形变测量系统布置示意图

为了测量功能样件内部分布式驱动系统在前缘变形控制的展向一致性，除中间剖面之外，结合光学相机视野要求，在靠近光学相机一侧，以 300mm 为间隔额外增加两个测量站位（见图 15-6）。

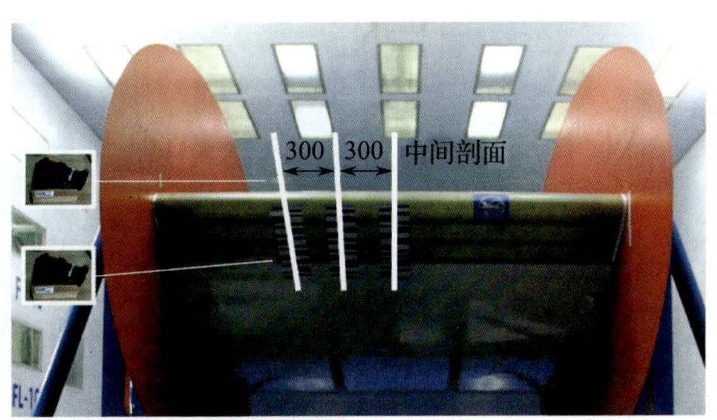

图 15-6　前缘光学形变测量站位示意图

15.1.5　光学形变测量数据处理

在数据处理之前，利用平面棋盘标定板对光学镜头透镜存在的透视成像畸变进行修正，并以标定板特征尺寸坐标为基准，利用线性投影变换算法获取相机成像平面与空间坐标的转换关系。

二维光学形变测量系统数据处理流程如图 15-7 所示，主要包括数据采集、图像特征点提取和图像坐标向空间坐标转换三个部分。首先根据采集的无风状态下偏前缘图像，手动获取用于测量前缘相对位移的特征点，并结合 Harris-Stephens 算法将其修正为位于黑白格角点的无风特征点坐标。然后结合试验有风状态的下偏前缘图像，利用直接互相关算法进行小邻域最优特征匹配，获得与无风特征点对应的有风特征点坐标。最后通过镜头畸变修正和坐标转换，获取无风和有风特征点空间坐标，两者求差即为下偏前缘在风载条件下的相对位移。

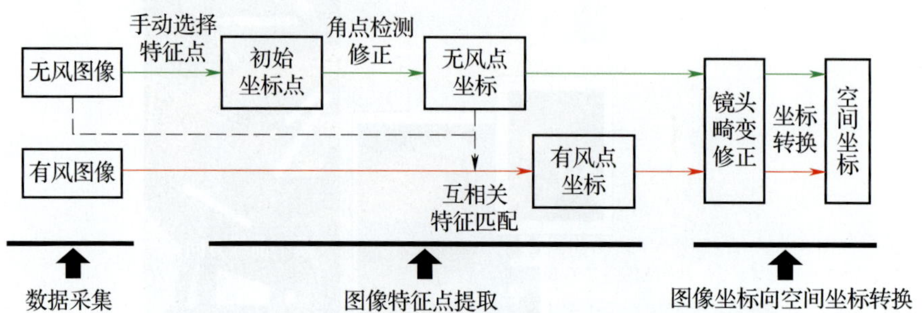

图 15-7　二维光学形变测量系统数据处理流程

二维光学形变测量系统受相机视角限制，无法测量前缘点附近的型面位移，可测前缘范围的弦向占比约为整个前缘长度 C 的 93%（见图 15-8），位移测量精度与像素点所处相机视野位置相关，像素点越靠近视野边缘，相机拍摄角度越大，位移测量的误差也随之增大。相机成像像素检测精度按 1/8 像素计，可以得出位移测量精度为 0.05~0.10mm。综合来看，所采用的二维光学形变测量系统满足变弯度机翼前缘形变测量要求。

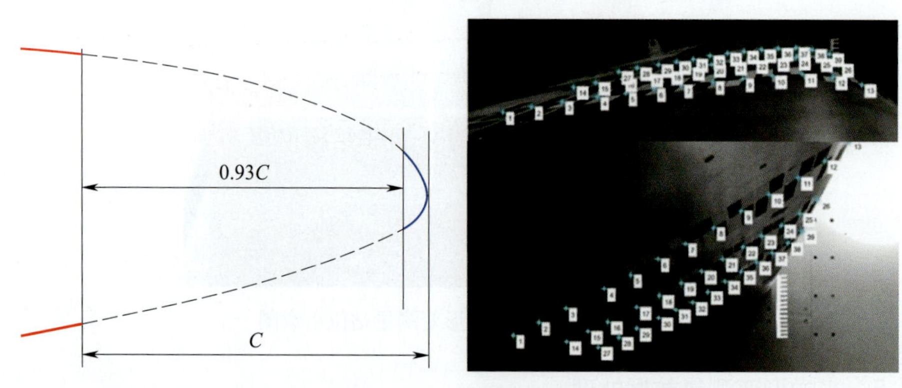

图 15-8　前缘光学形变测量可测区域示意图

15.2　变弯度机翼前缘载荷特性的数值模拟

为了保证变弯度机翼前缘风洞试验载荷与真实飞机三维机翼前缘飞行载荷的一致性，利用数值模拟方法确定满足真实风载要求的试验风速、试验迎角等试验状态，并在此基础上分析变弯前缘载荷在不同偏度、迎角、风速下的变化规律。

飞机三维机翼模型采用 CAE-AVM 翼身组合体模型，机翼前缘连续下偏，并保证在选定展向站位的翼型剖面外形与功能样件试验模型前缘外形一致。功能样件试验模型采用只带端板、忽略承力框架的简化模型。三维机翼模型与功能样件试验模型对比如图 15-9 所示。

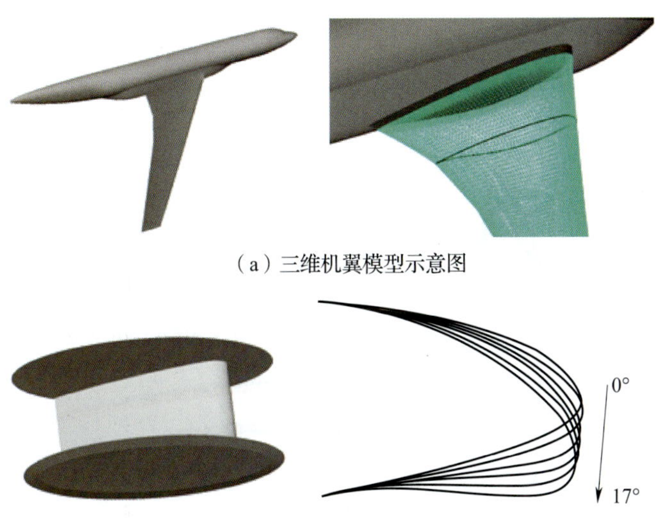

（a）三维机翼模型示意图

（b）功能样件试验模型示意图

图 15-9　三维机翼模型与功能样件试验模型对比

数值模拟所用控制方程为三维 N-S 方程，采用 Menter's SST 湍流模型，利用有限体积法将控制方程离散，物面采用无滑移条件，对称面采用对称边界条件，远场边界由当地一维黎曼不变量确定。计算采用非结构网格，为了保证能够模拟边界层内的流动特征，在物面附近生成棱柱层网格，第一层网格高度为参考长度的 10^{-6}。

三维机翼模型采用半模进行数值模拟，计算网格量为 400 万左右，功能样件试验模型采用全模进行数值模拟，计算网格量为 600 万左右，计算网格对比如图 15-10 所示。

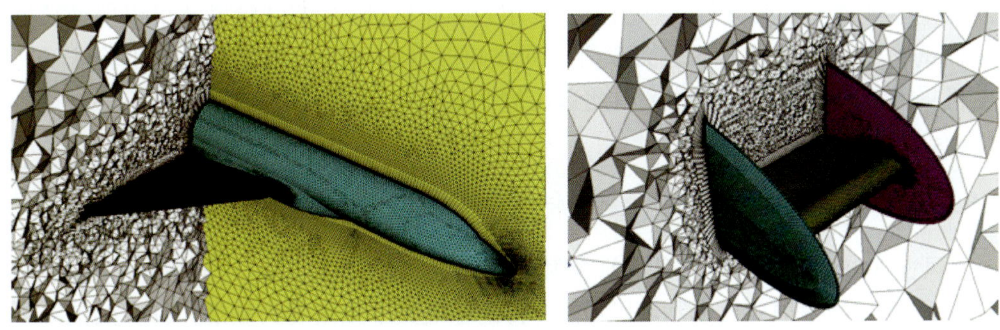

图 15-10　三维机翼模型与功能样件试验模型计算网格对比

15.2.1 满足真实风载要求的试验状态确定

计算获得的三维机翼模型与功能样件试验模型的前缘压力系数分布对比如图 15–11 所示，两种模型前缘均处于最大下偏角度。其中三维机翼模型计算状态参考典型民机起降条件确定，计算风速为 68m/s，迎角为 8°；功能样件试验模型的计算风速分别为 56m/s、60m/s 和 65m/s，迎角为 14°。

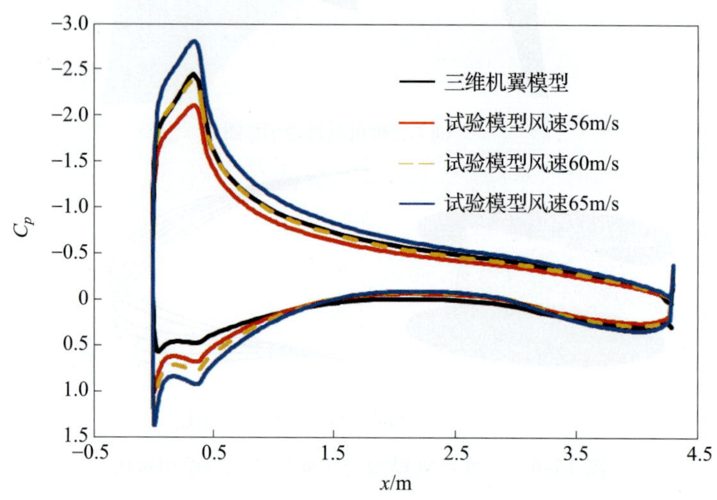

图 15–11 三维机翼模型与功能样件试验模型前缘载荷对比

两种模型计算得到的前缘压力分布形态相似。相对于三维机翼模型，变弯度机翼试验模型在风速 56m/s 时的前缘上下表面的压力系数整体近似向下平移，上表面吸力略小而下表面压力略大，整体载荷相当。随着风速的逐渐增加，试验模型前缘上表面的吸力不断增大，下表面的压力不断增大。在风速为 60m/s 时，试验模型前缘上表面的压力系数分布曲线基本与三维机翼模型重合；在风速为 65m/s 时，试验模型前缘上下表面的压力系数明显大于三维机翼模型。

通过以上分析可以看出，采用 56m/s 的试验风速可以保证功能样件试验模型的前缘整体载荷与真实飞行状态相当，采用 60m/s 和 65m/s 的试验风速可以保证功能样件试验模型的前缘上下表面载荷达到或超过真实飞行载荷，可以用于验证变弯度机翼前缘承载的冗余特性。由此选定风洞试验主风速为 56m/s，典型验证风速为 60m/s 和 65m/s。

15.2.2 风洞试验状态变弯前缘载荷特性分析

风速 56m/s 对应的典型迎角前缘附近（约占整个翼段的 1/4）压力分布随偏度变化的对比曲线如图 15–12 所示。以功能样件前缘最大下偏角度为基准，计算的前缘下偏角度为 0%~100% 等距阶梯变化（见图 15–9）。整体来看，在一定迎角下，变弯

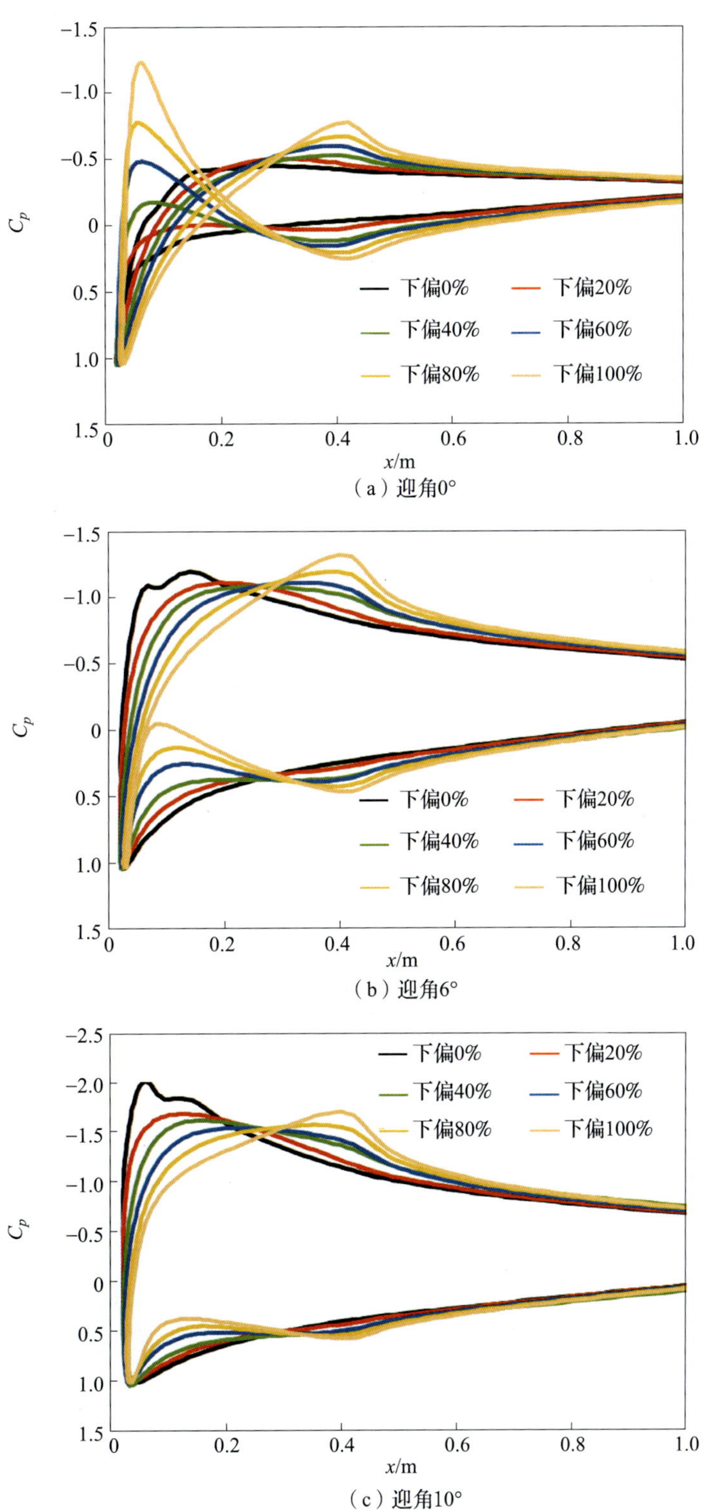

（a）迎角0°

（b）迎角6°

（c）迎角10°

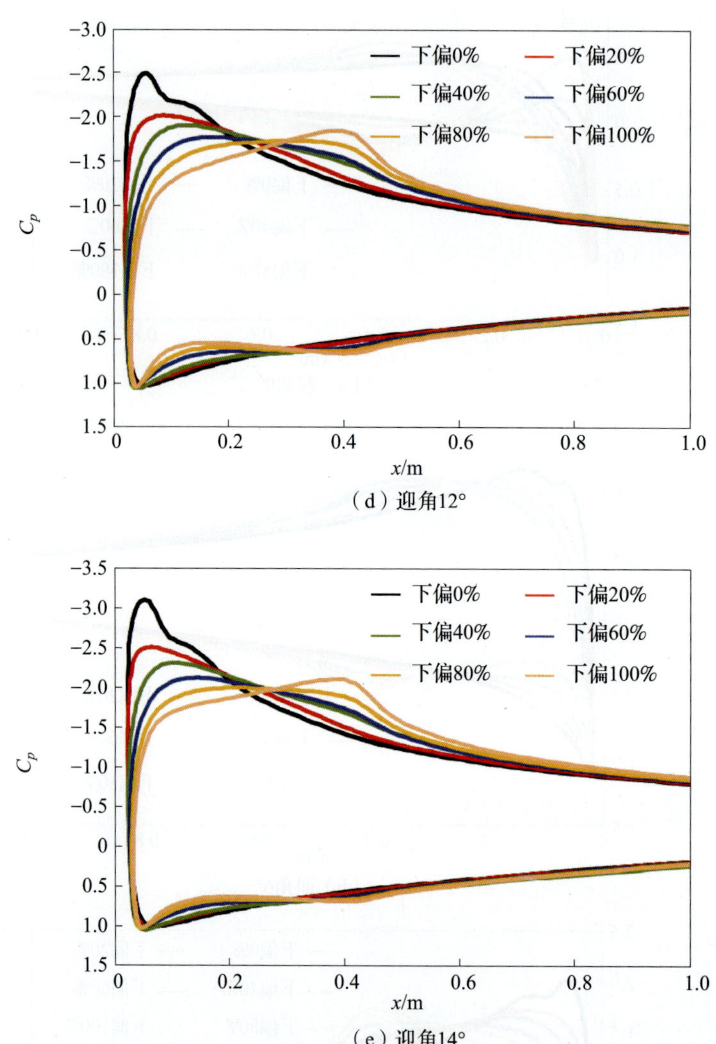

（d）迎角12°

（e）迎角14°

图 15–12　功能样件试验模型前缘附近压力分布随偏度变化对比曲线

前缘压力分布曲线随前缘下偏角度主要表现为压力分布形态的变化，包括前缘最大吸力和压力位置变化、前缘表面压力梯度变化等。尽管不同迎角对应的前缘附近压力分布形态差异较大，但基本以下偏 0% 的基本外形和下偏 100% 的最大下偏外形对应的压力分布曲线为包络边界。

功能样件前缘基本外形和最大下偏外形在风速 56m/s 时对应的压力分布随迎角变化的对比曲线如图 15–13 所示。对于基本外形前缘，前缘上表面受吸力载荷，下表面受压力载荷，随着迎角的增加，前缘表面载荷仅表现为量值的增加，没有承载方向的变化。对于最大下偏外形，随着迎角增加，在前缘点附近的上表面从受压力载荷逐渐变为受吸力载荷，在前缘点附近的下表面从受吸力载荷逐渐变为受压力载荷，前缘表面载荷的量值和方向都发生变化。

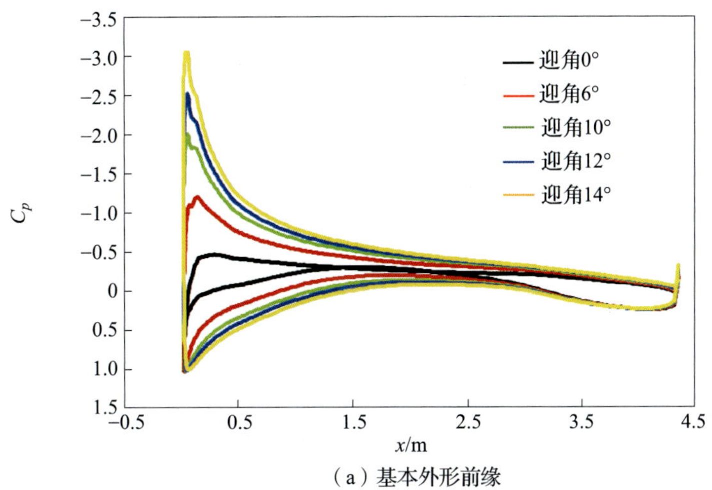

（a）基本外形前缘

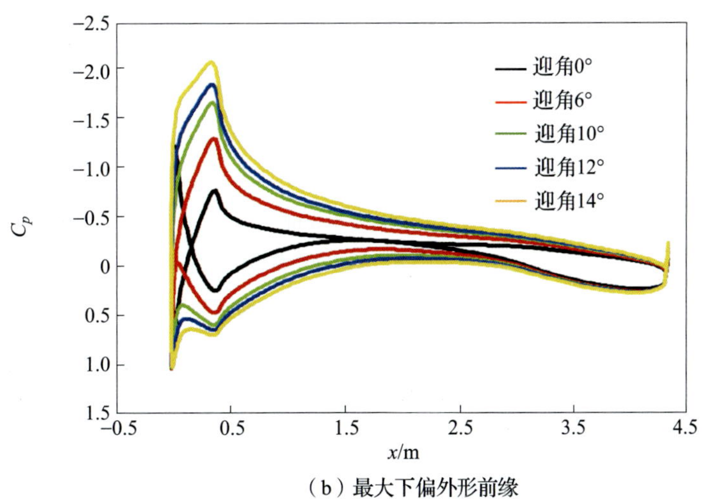

（b）最大下偏外形前缘

图 15-13　功能样件试验模型压力分布随迎角变化对比曲线

基于以上分析，确定功能样件变弯前缘载荷的包络边界如图 15-14 所示，在改变变弯度机翼迎角及前缘下偏角度时，变弯前缘上下表面载荷基本在包络边界范围内变化。

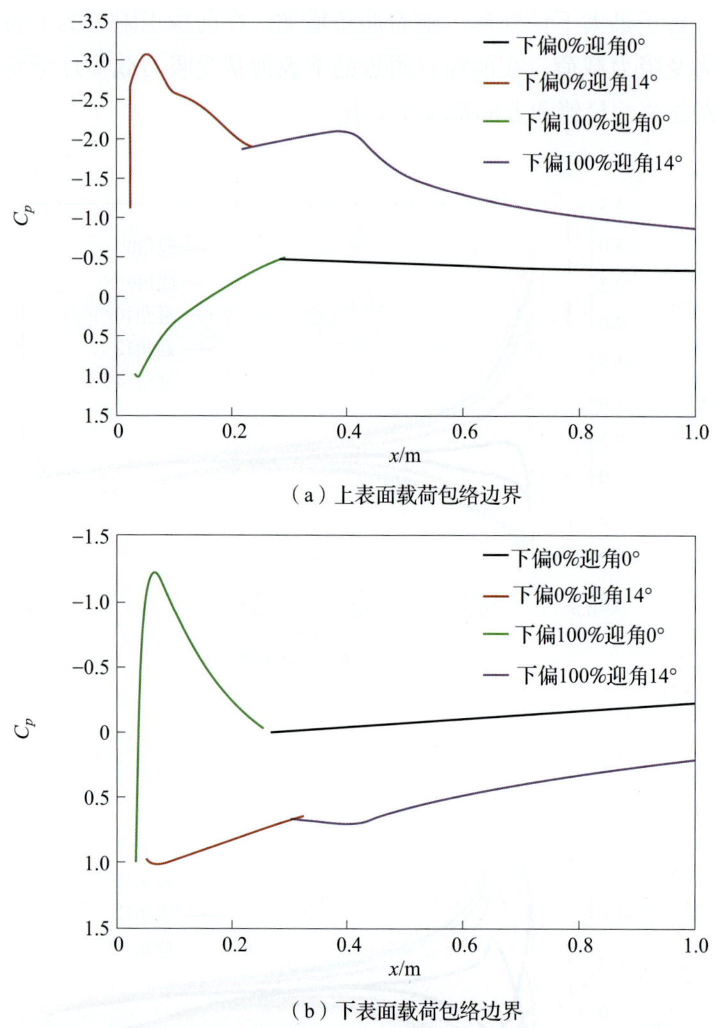

（a）上表面载荷包络边界

（b）下表面载荷包络边界

图 15–14 功能样件变弯前缘载荷的包络边界

15.3 变弯前缘承载风洞试验

15.3.1 试验目的、内容及方法

试验目的：模拟真实飞行风载条件，通过不同风速、迎角下的下偏前缘形变测量，完成变弯度机翼前缘全尺寸功能样件的前缘变形能力和维形功能的验证。

试验内容：参考功能样件变弯前缘载荷特性，确定试验状态如表 15–1 所示。前缘最大下偏角度为 17°，试验主风速为 56m/s，试验迎角 0° ~14°，前缘偏度分为 5 挡，重点测试前缘的变形和维形功能。前缘承载冗余特性试验风速为 60m/s、65m/s，仅针对最大迎角和最大下偏角度。

表 15-1　变弯前缘承载风洞试验状态

试验风速 /（m/s）	试验迎角 /（°）	试验偏度
56	0、6、10、12、14	0、20%、40%、60%、80%、100%
60、65	14	100%

试验方法：对于风速、迎角和偏度确定的试验状态，首先通过调整支撑装置销钉位置改变迎角，然后在前缘偏度为 0°时起动动力风扇至指定风速，最后在试验风速下开始逐步下偏前缘至指定偏度，完成数据采集后前缘偏度恢复为 0°，确认数据正常后停风。

15.3.2　前缘承载变形能力分析

功能样件前缘承载变形能力指受样件内部分布式驱动单元控制的柔性前缘结构在风载条件下达到指定下偏外形，并保持展向变形一致的能力。

在典型迎角状态，下偏前缘中间剖面受风载作用产生的上表面形变对比如图 15-15 所示（图中实线为无风状态的前缘外形，以前缘与翼盒相接处的固定点为原点，箭头矢量为有风状态特征点相对无风状态的放大位移矢量，放大倍数为 10，下同），下表面形变对比如图 15-16 所示。

对于前缘上表面，在迎角 12°以下，不同偏度前缘型面受风载作用呈现不同程度的上移，其中前缘下偏 20% 对应的型面变形幅度最小。在迎角 14°时则呈不同程度的下移，其中前缘下偏 100% 对应的型面变形幅度最小。在整个迎角范围内，前缘下偏 60% 对应的型面都有比较明显的变形。对于前缘下表面，除个别状态，不同偏度的前缘型面受风载作用整体上移，其中前缘下偏 20% 对应的型面在大部分迎角都有明显的变形，前缘下偏 60% 对应的型面在整个迎角范围内都有较大的变形，而前缘下偏 100% 对应的型面则几乎没有变形。

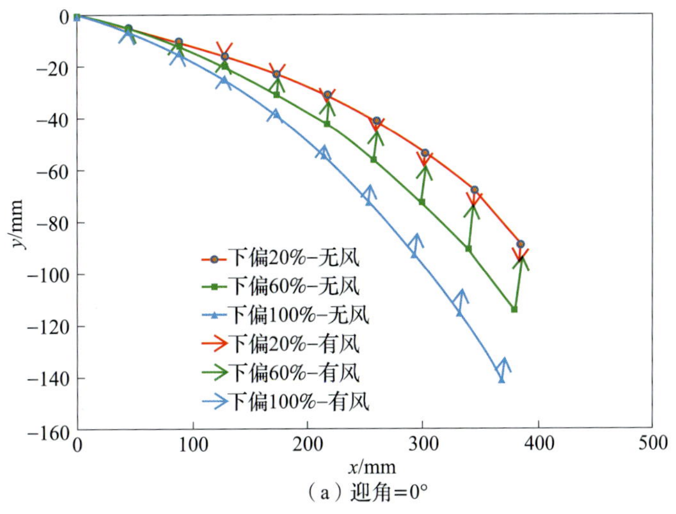

（a）迎角=0°

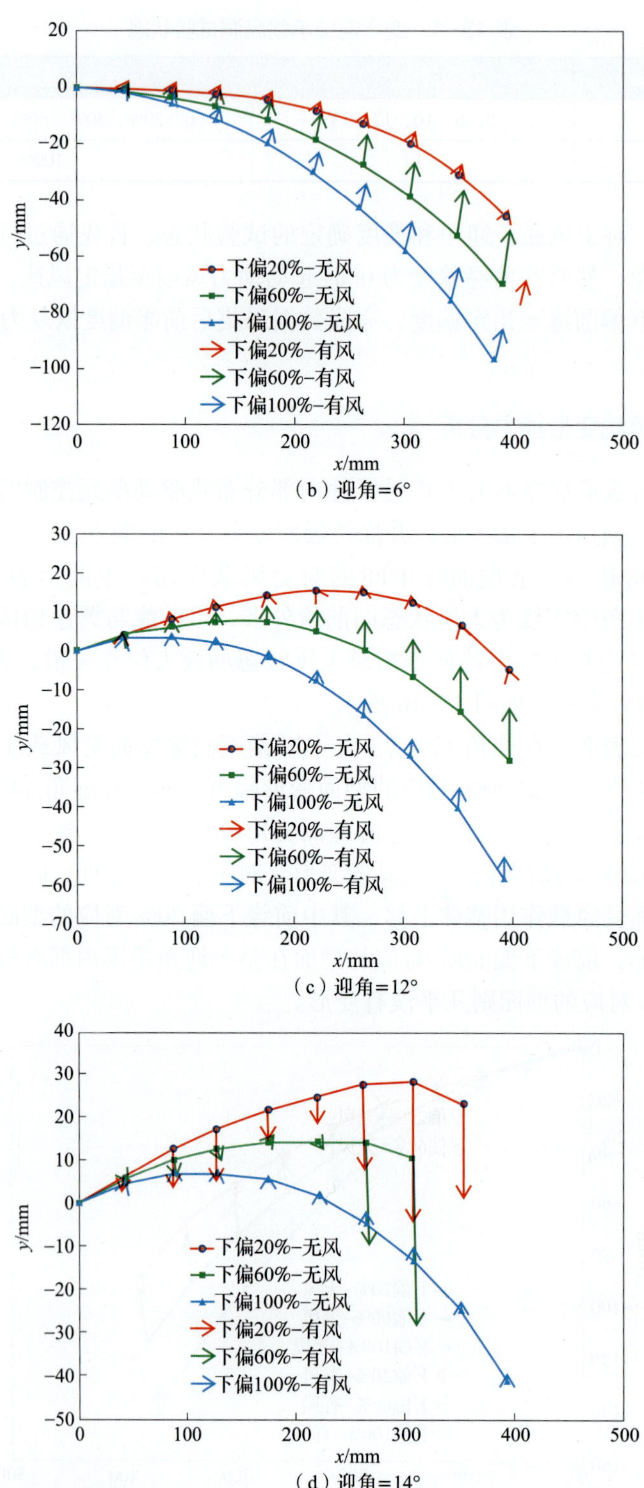

（b）迎角=6°

（c）迎角=12°

（d）迎角=14°

图 15-15　典型迎角下偏前缘中间剖面上表面风载形变对比

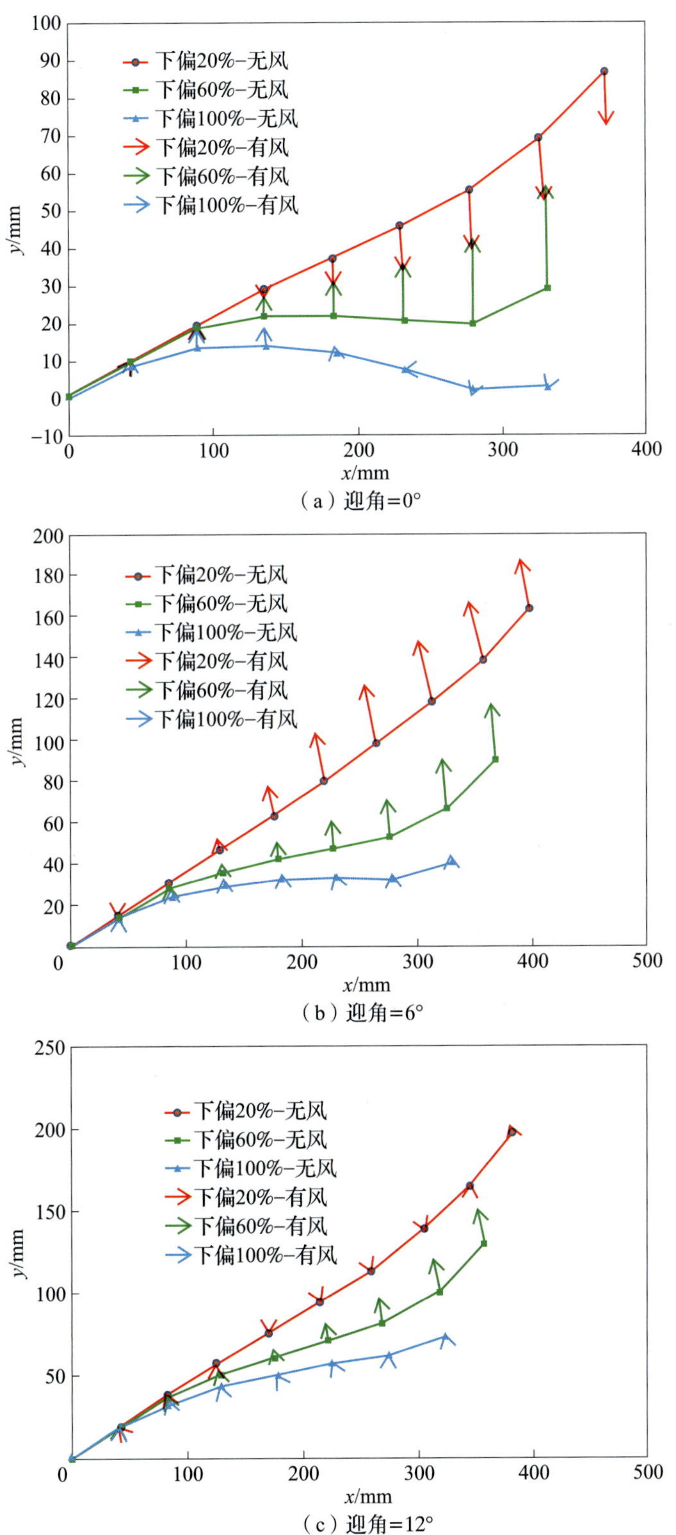

（a）迎角=0°

（b）迎角=6°

（c）迎角=12°

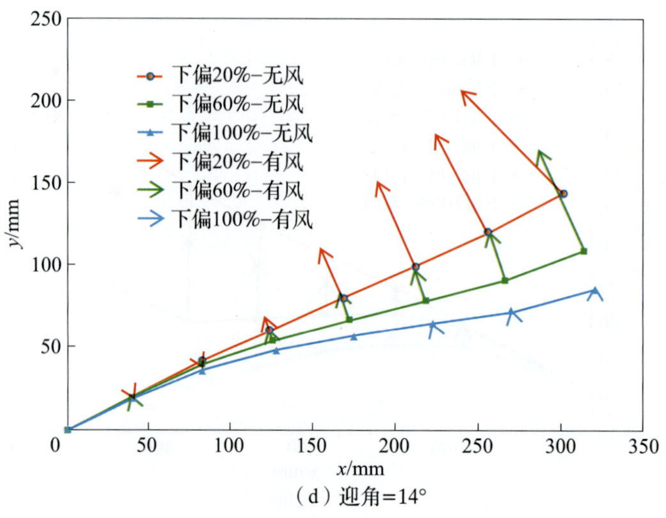

（d）迎角=14°

图 15-16　典型迎角下偏前缘中间剖面下表面风载形变对比

在典型迎角状态，下偏前缘中间剖面受风载作用产生的上下表面相对形变对比如图 15-17 所示（定义前缘上、下表面某一特征点的相对形变为有风状态特征点相对无风状态的移动距离 D 与无风状态特征点至前缘上、下固定端的型面长度 L 的比值 D/L，下同）。排除受形变测量误差影响较大、位于前缘固定端附近的特征点，在整个迎角范围内，前缘下偏 100% 对应的前缘上、下表面相对形变均小于 0.5%，其余偏度对应的前缘相对形变较大，且与迎角相关。在迎角 12° 以下，前缘下偏 20% 对应的前缘上、下表面相对形变整体与前缘下偏 100% 的前缘相近，前缘下偏 60% 对应的前缘上、下表面相对形变最大，但不超过 0.85%。在迎角 14° 时，中小偏度前缘上表面的相对形变增加至 1% 左右，下表面的相对形变增加至 2.5% 左右。

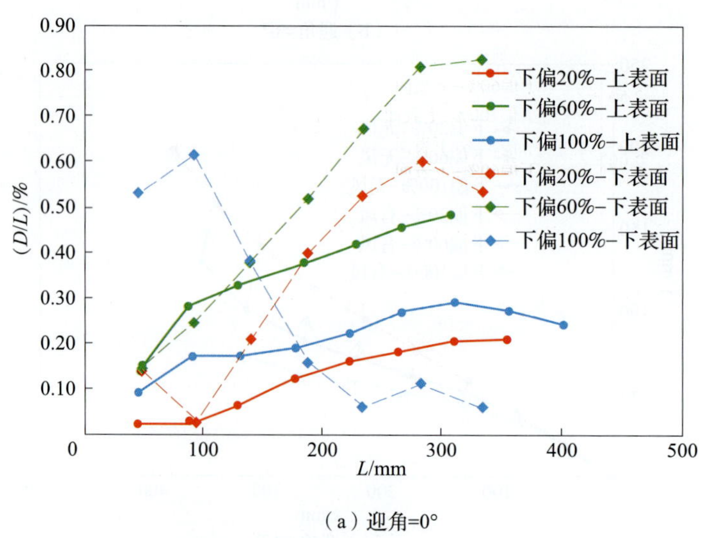

（a）迎角=0°

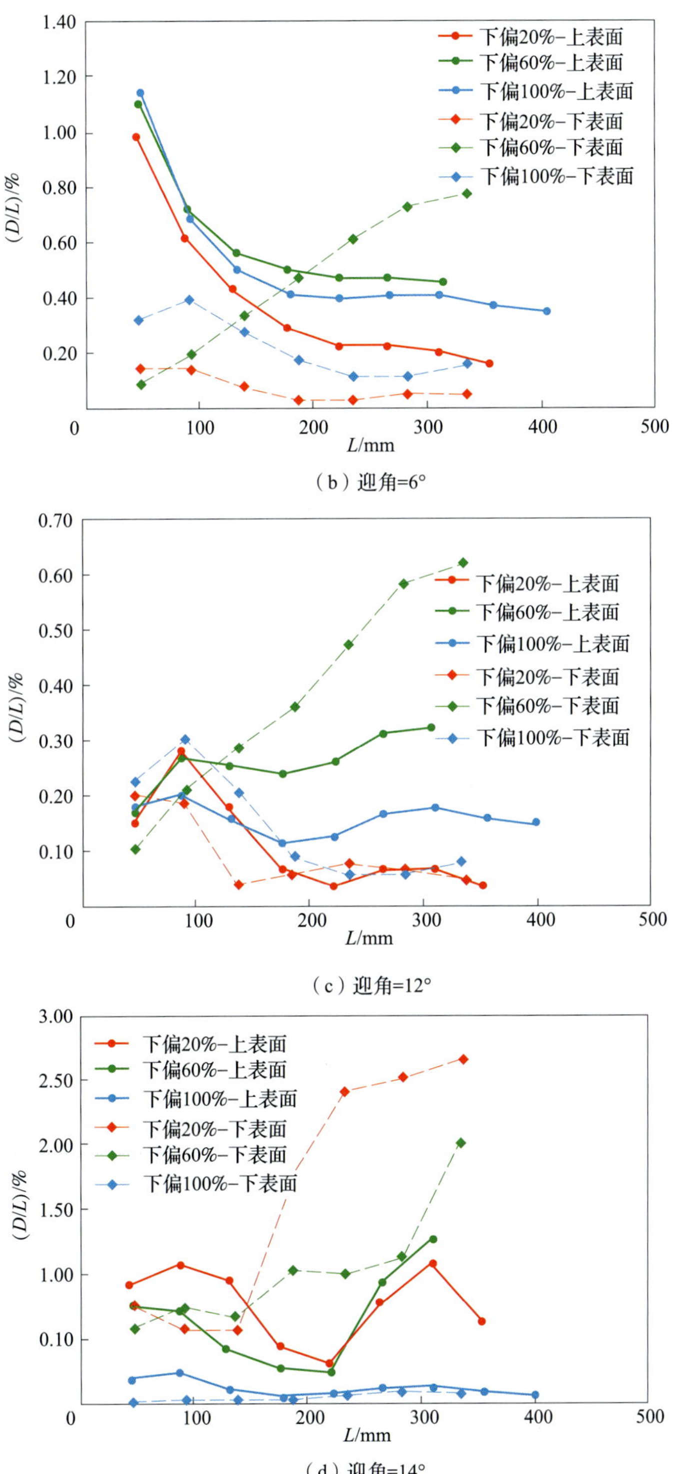

（b）迎角=6°

（c）迎角=12°

（d）迎角=14°

图 15-17　典型迎角下偏前缘中间剖面风载相对形变对比

在典型迎角状态，下偏前缘受风载作用产生的上表面展向形变对比如图 15-18 所示，下表面展向形变对比如图 15-19 所示。在迎角 6°时，对于前缘下偏 60% 对应的前缘上、下表面，三个展向站位的前缘型面及其在风载作用下的特征点位移基本一致，具有较好的展向变形一致性。对于前缘下偏 100% 对应的前缘型面，前缘上表面具有较好的展向变形一致性，但前缘下表面的展向变形一致性较差，尽管风载作用导致的特征点位移相当，但三个展向站位前缘型面在无风状态即存在明显的外形偏差，对比不同偏度型面特点不难看出，其主要原因在于该偏度对应前缘下表面存在较大的曲率变化。在迎角 14°时，不同偏度前缘型面的展向形变特征基本与迎角 6°一致，对于前缘下偏 60% 对应的前缘上下表面，三个展向站位的前缘型面在风载作用下的特征点位移略有偏差，对于前缘下偏 100% 对应的前缘上下表面，风载作用下的特征点位移可以忽略不计。

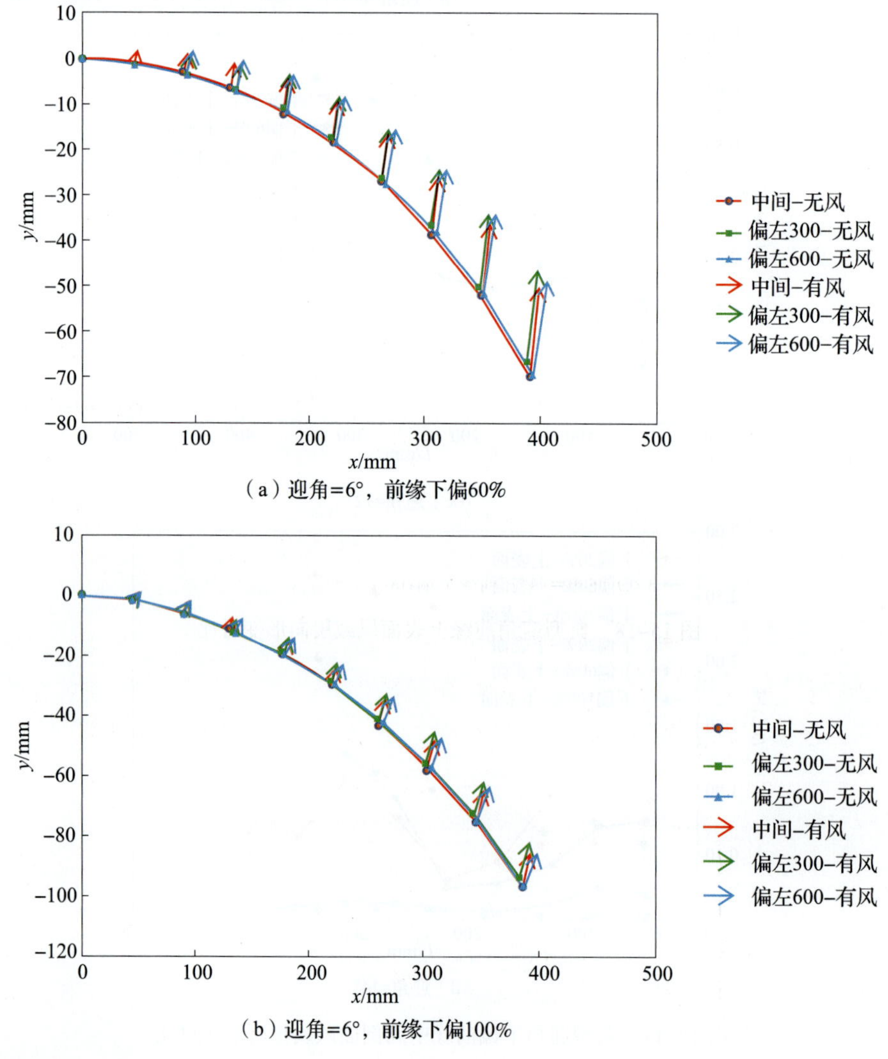

（a）迎角=6°，前缘下偏60%

（b）迎角=6°，前缘下偏100%

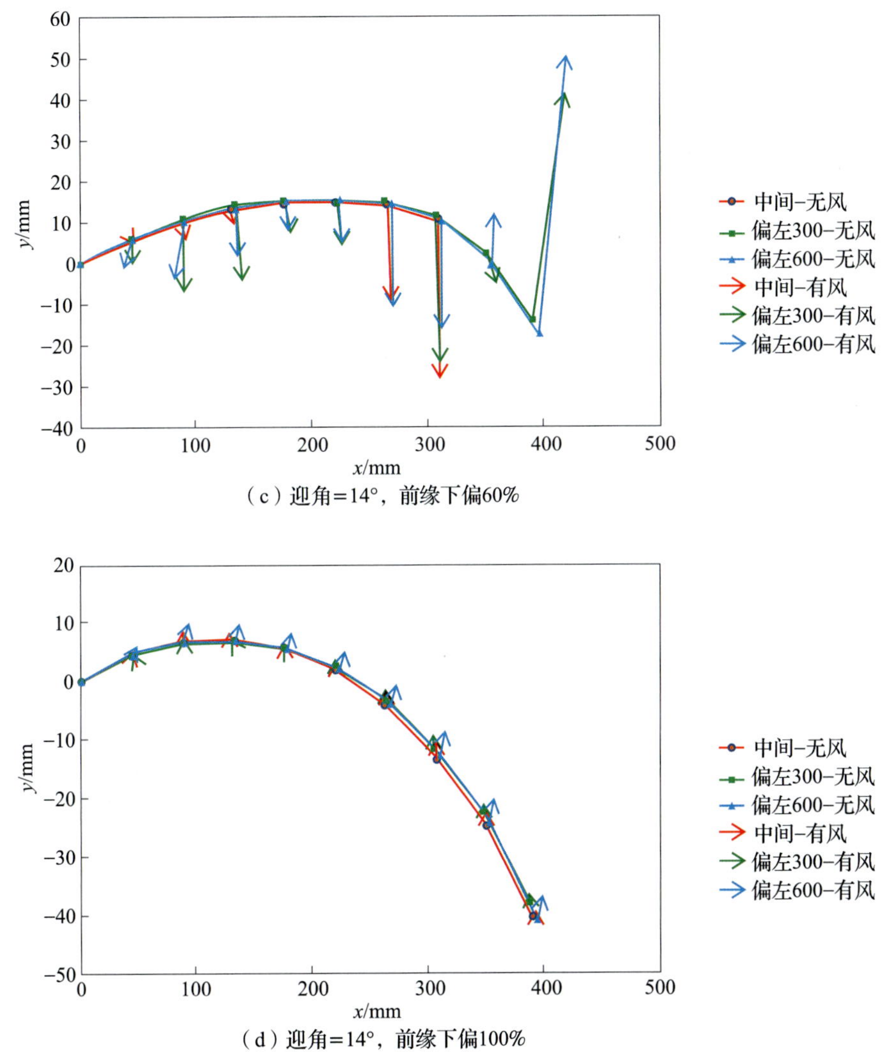

（c）迎角=14°，前缘下偏60%

（d）迎角=14°，前缘下偏100%

图 15–18　典型迎角前缘上表面风载展向形变对比

在典型迎角状态，下偏前缘受风载作用产生的展向相对形变对比如图 15–20 所示。在迎角 6° 时，不同偏度的下偏前缘上、下表面受风载作用产生的表面相对形变小于 1%，三个展向站位前缘型面之间的相对形变偏差不超过 0.1%。在迎角 14° 时，前缘下偏 60% 对应的前缘型面受风载作用产生的表面相对形变较大，其中上表面超过 2%，下表面超过 3.5%，三个展向站位前缘型面之间的相对形变偏差也增加至 0.5% 以上。前缘下偏 100% 对应的前缘型面受风载作用产生的表面相对形变小于 0.4%，三个展向站位前缘型面之间的相对形变偏差也随之减少，除偏左 600mm 站位上表面外，其余前缘型面之间的相对形变偏差小于 0.1%。

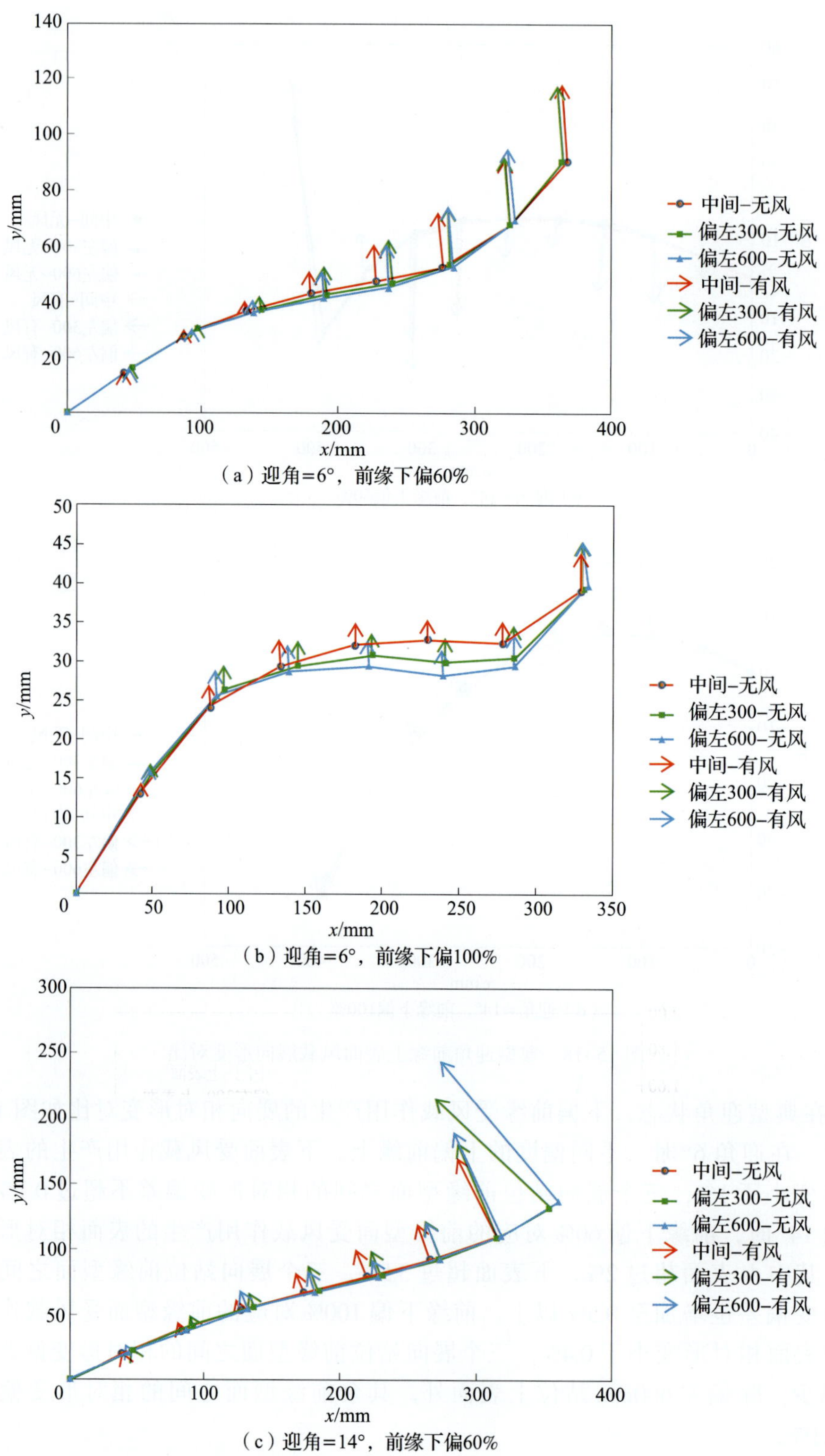

（a）迎角=6°，前缘下偏60%

（b）迎角=6°，前缘下偏100%

（c）迎角=14°，前缘下偏60%

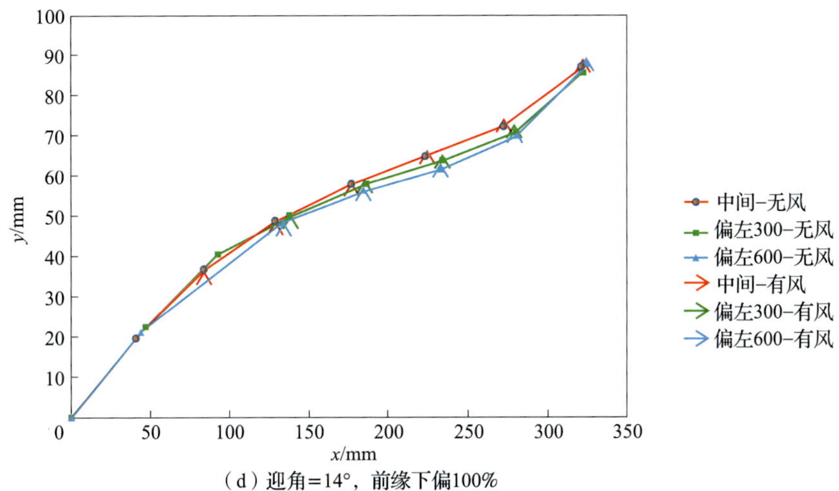

（d）迎角=14°，前缘下偏100%

图 15-19　典型迎角前缘下表面风载展向形变对比

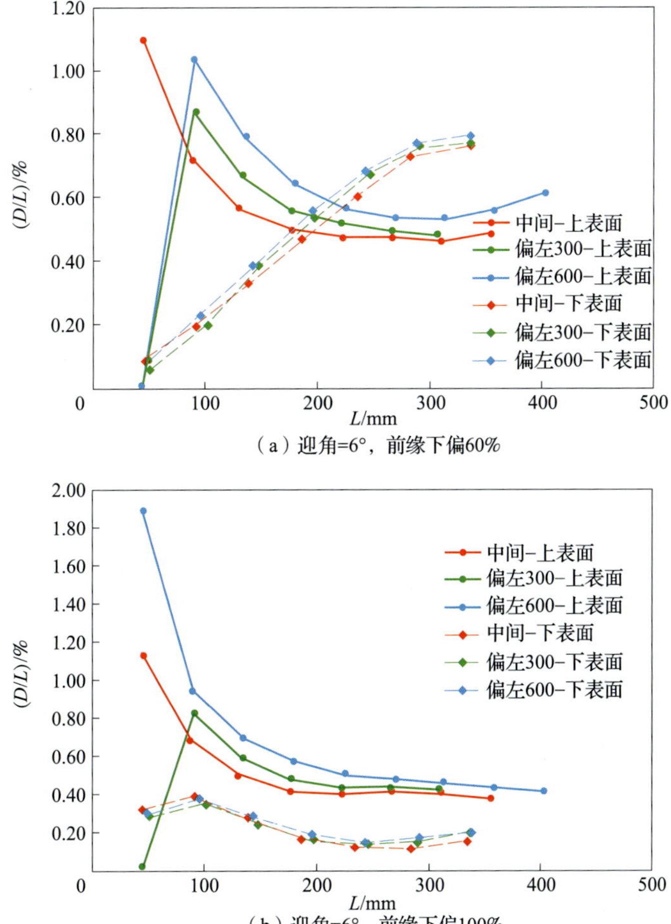

（a）迎角=6°，前缘下偏60%

（b）迎角=6°，前缘下偏100%

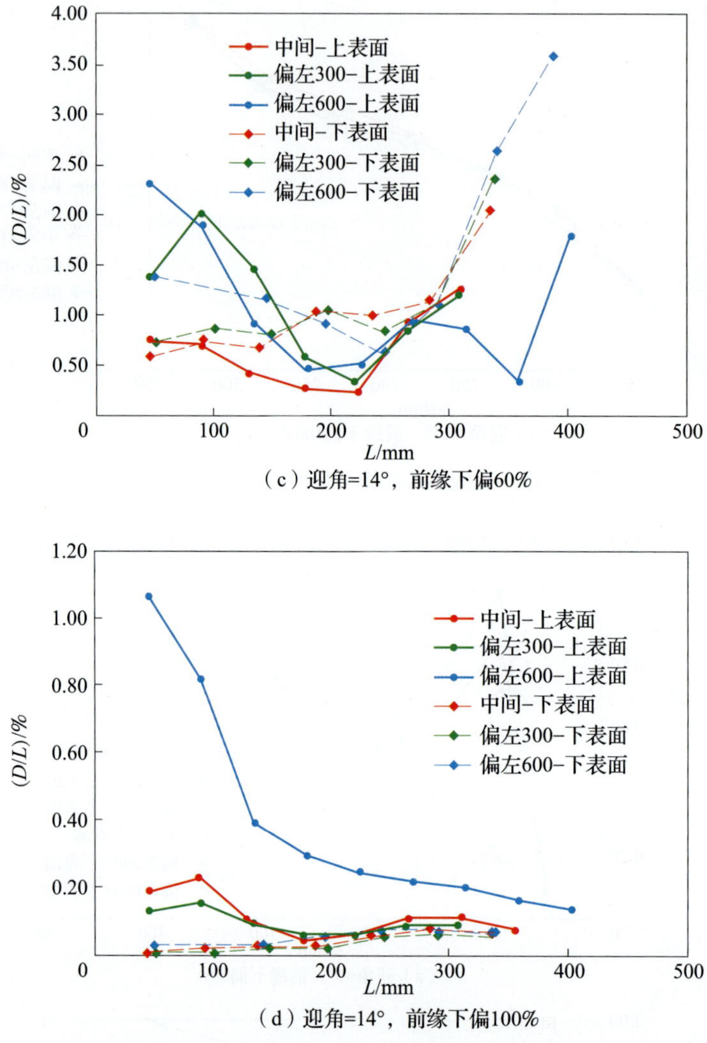

图 15-20　典型迎角前缘展向风载相对形变对比

结合典型迎角状态的下偏前缘型面风载形变数据可以看出，柔性前缘结构具有较强的承载变形能力，但其中小偏度变形在 14° 迎角时的承载能力稍弱，同时受型面曲率变化因素影响，其最大偏度变形的展向变形一致性略差。

15.3.3　前缘承载维形能力分析

变弯度机翼前缘承载维形能力指柔性前缘结构在风载作用变化时维持原有无风状态基准外形的能力，典型风载变化包括调整来流风速带来的载荷大小变化、调整迎角带来的载荷分布变化等。

在最大下偏状态，下偏前缘在不同风速时的中间剖面受风载作用产生的上下表面形变对比如图 15–21 所示，上、下表面相对形变对比如图 15–22 所示（图中有风状态特征点相对无风状态位移矢量的放大倍数为 50）。对于前缘上表面，调整风速形成的风载作用变化主要改变特征点的位移方向，位移距离相差不大且没有明显的规律性，在前缘点附近，风速变化引起的相对形变偏差不超过 0.05%。对于前缘下表面，前缘型面特征点在不同风速下具有相同的位移方向，风载作用变化仅改变位移距离，尽管变化的幅度较小，但仍然具有明显的规律性，以 56m/s 为基准，风速每增加 5m/s，风速变化引起的相对形变会增加 0.02%~0.04%。

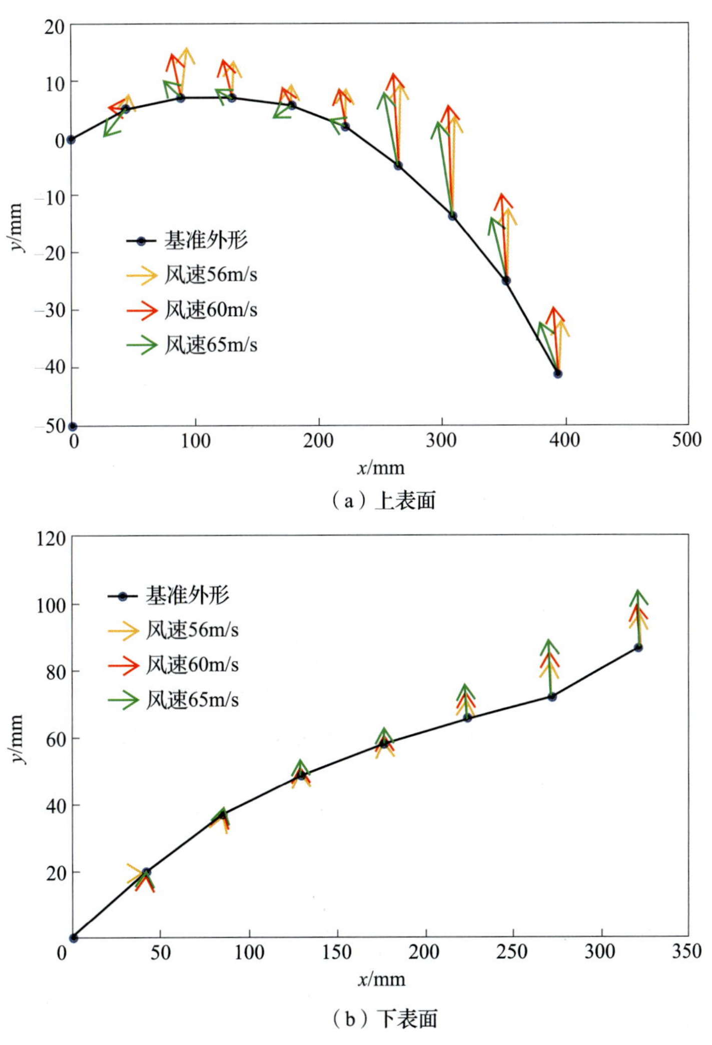

图 15–21 典型风速下偏前缘中间剖面上、下表面风载形变对比（迎角 14°，前缘下偏 100%）

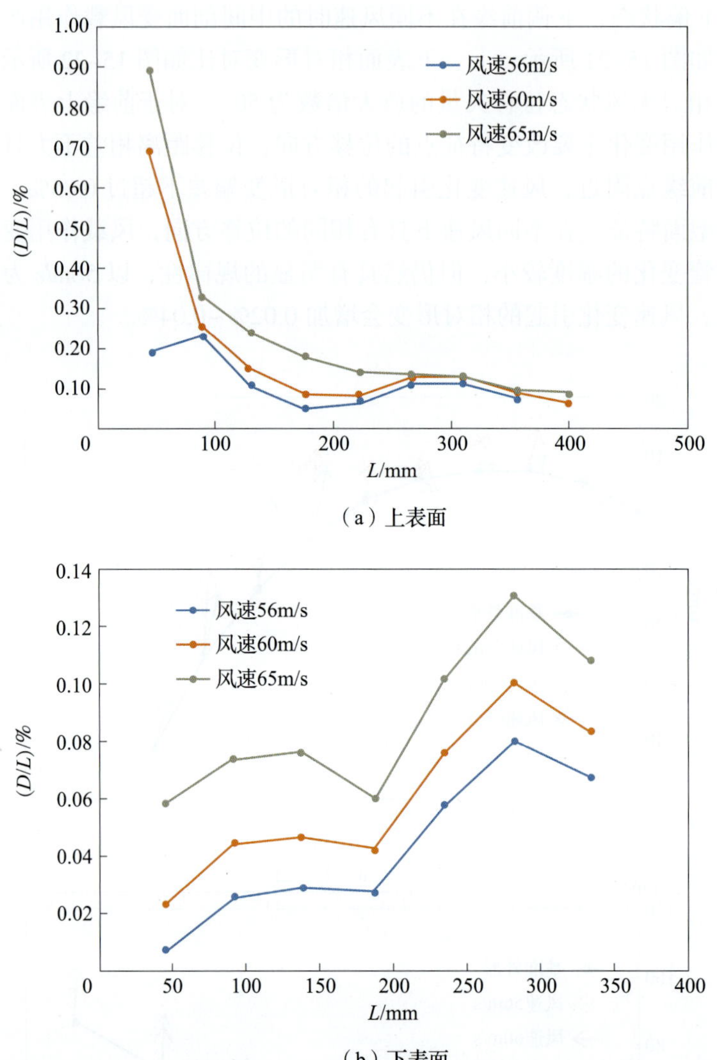

（a）上表面

（b）下表面

图 15-22　典型风速下偏前缘中间剖面上、下表面风载相对形变对比（迎角 14°，前缘下偏 100%）

在典型下偏状态，下偏前缘在不同迎角时的中间剖面受风载作用产生的上表面形变对比如图 15-23 所示，上表面相对形变对比如图 15-24 所示（图中有风状态特征点相对无风状态位移矢量的放大倍数为 10，下同）。在偏度为 20% 和 60% 的中小偏度状态，调整迎角引起的风载作用变化对特征点位移的影响主要表现为位移距离的改变，位移方向基本一致，其中迎角 10° 对应风载产生的位移距离最大，该迎角上表面的最大相对形变为 2.5%~3%，迎角 0° 对应风载产生的位移距离最小，该迎角上表面的最大相对形变为 0.3%~0.5%。迎角变化引起的最大相对形变偏差接近 2.5%。在偏度为 100% 的最大偏度状态，除迎角 0° 外，调整迎角引起的风载作用变化对特征点位移的影响较小，位移方向和位移距离相差不大，其中特征点位移距离最大的迎角

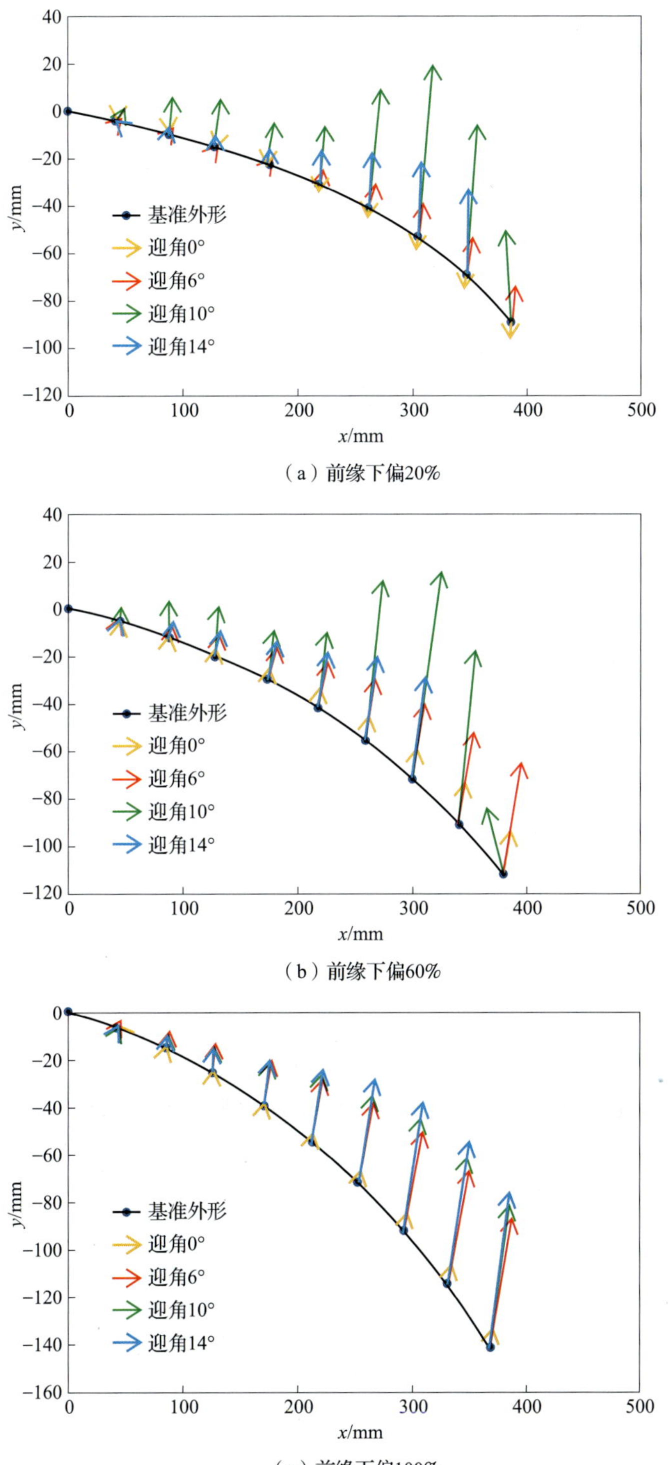

（a）前缘下偏20%

（b）前缘下偏60%

（c）前缘下偏100%

图 15–23　典型偏度下偏前缘中间剖面上表面风载形变对比

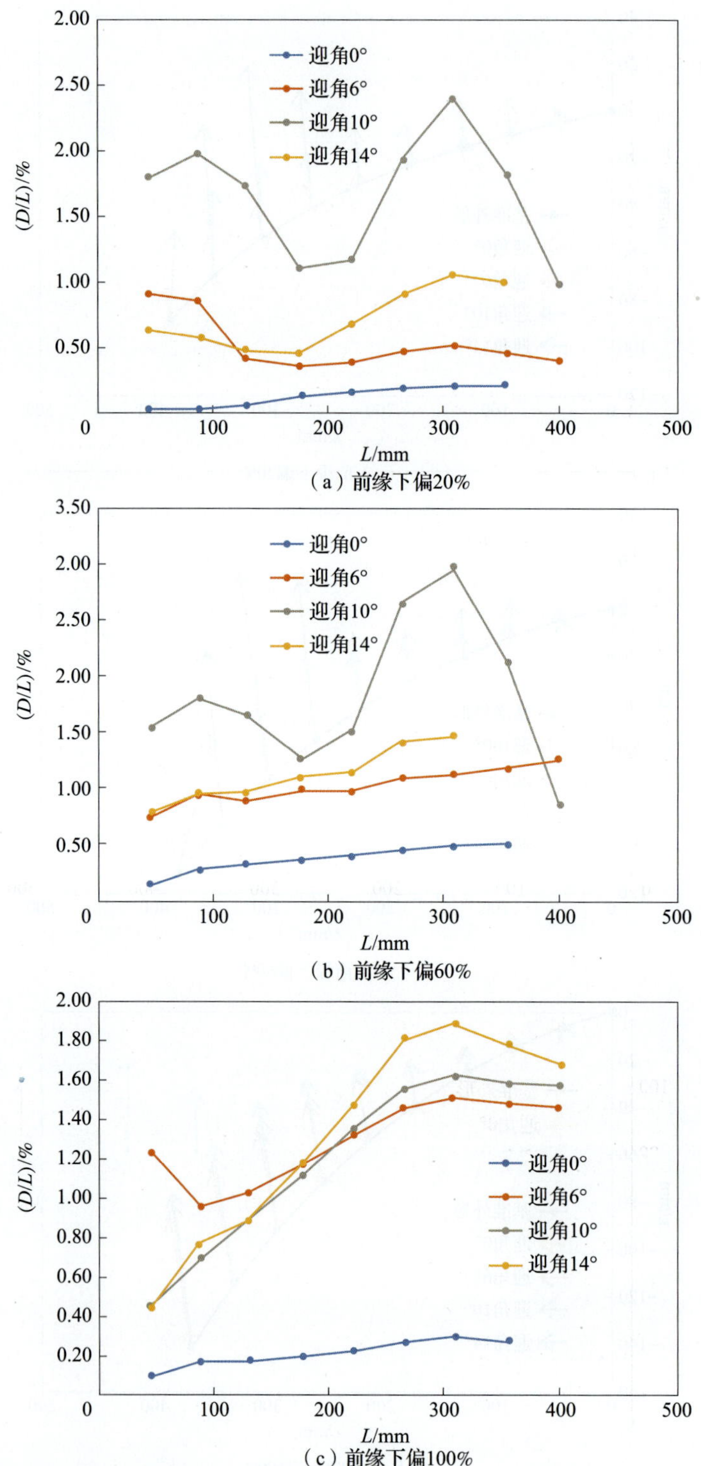

图 15-24　典型偏度下偏前缘中间剖面上表面风载相对形变对比

14°对应最大相对形变为 1.9% 左右，而在迎角 6°时的最大相对形变为 1.5% 左右。与中小偏度类似，该偏度在迎角 0°时受风载作用产生的特征点位移距离最小，最大相对形变不超过 0.3%。在整个试验迎角范围内，迎角变化引起的最大相对形变偏差不超过 2%，但在迎角 6° ~14°对应的最大相对形变偏差不超过 0.5%。

在典型下偏状态，下偏前缘在不同迎角时的中间剖面受风载作用产生的下表面形变对比如图 15–25 所示，下表面相对形变对比如图 15–26 所示。对于偏度为 20% 的下偏前缘，调整迎角引起的风载作用变化对特征点位移的影响没有明显的规律性，位移方向和位移距离都有很大差别，在迎角 14°时受风载作用产生的位移距离最大，对应的最大相对形变超过 2%。迎角变化引起的最大相对形变偏差超过 2%。对于偏度为 60% 的下偏前缘，调整迎角引起的风载作用变化对特征点位移的影响主

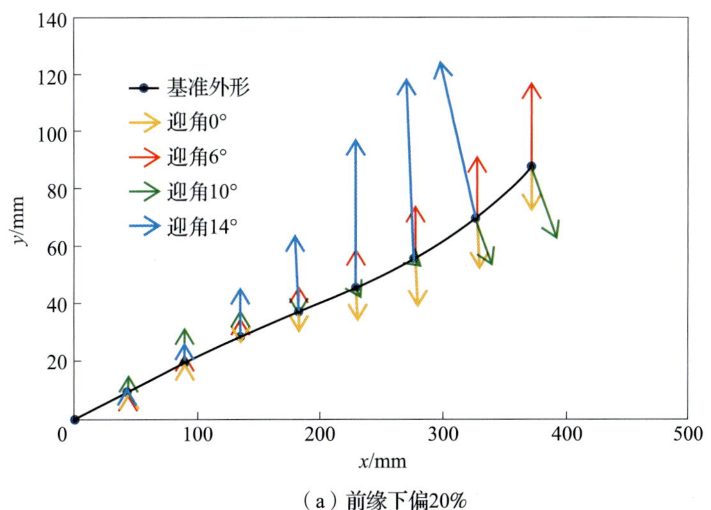

（a）前缘下偏20%

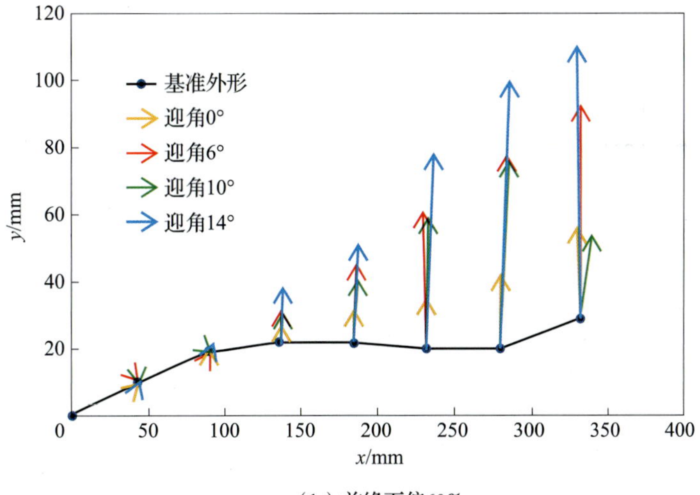

（b）前缘下偏60%

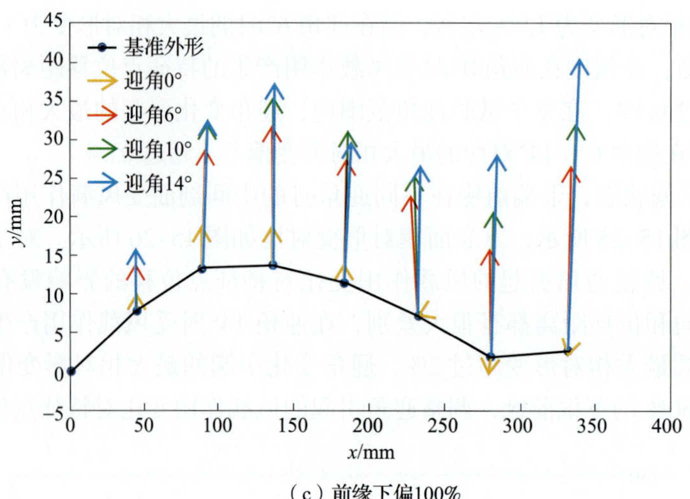

（c）前缘下偏100%

图 15-25　典型偏度下偏前缘中间剖面下表面风载形变对比

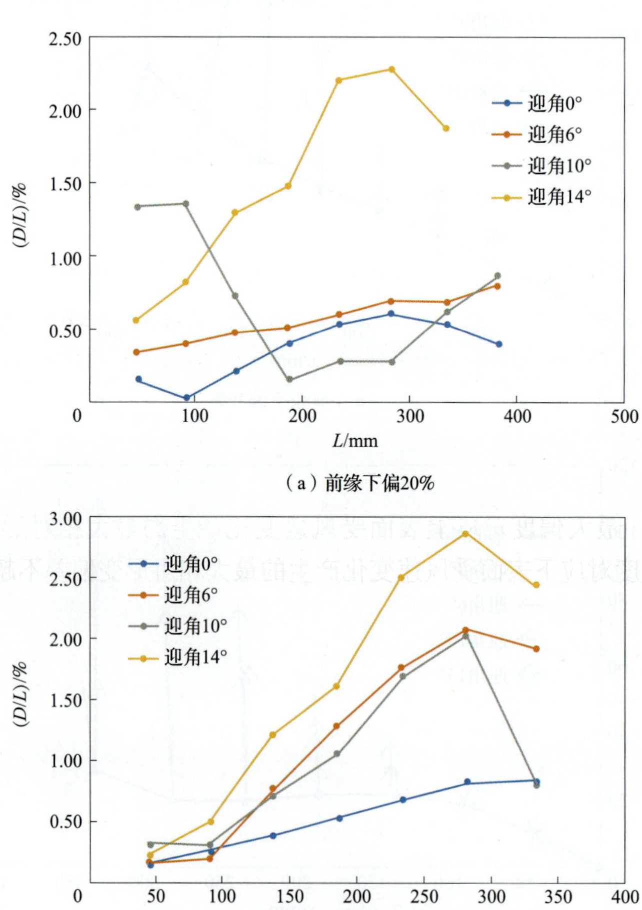

（a）前缘下偏20%

（b）前缘下偏60%

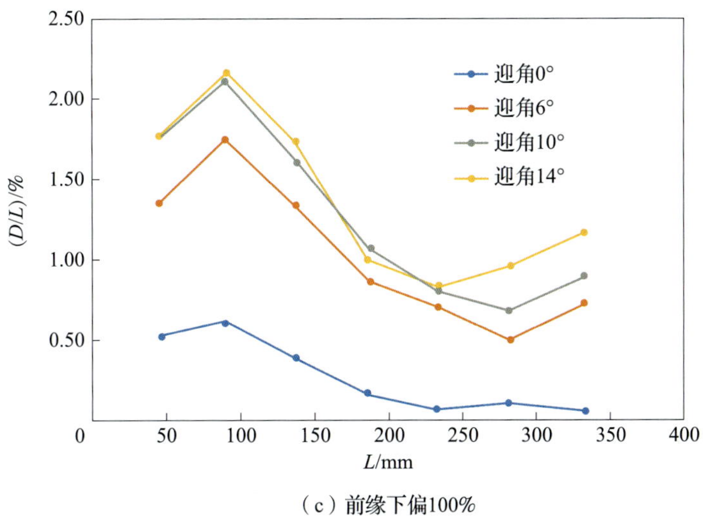

（c）前缘下偏100%

图 15-26 典型偏度下偏前缘中间剖面下表面风载相对形变对比

要表现为位移距离的差别，位移方向基本一致。其中迎角 14° 对应的位移距离最大，最大相对形变接近 3%，迎角 6° 与 10° 对应的位移距离相当，最大相对形变超过 2%，迎角 0° 对应的位移距离最小，最大相对形变接近 1%。迎角变化引起的最大相对形变偏差超过 2%。对于偏度为 100% 的下偏前缘，除迎角 0° 外，调整迎角引起的风载作用变化对特征点位移的影响具有一定的规律性，主要表现为位移距离随迎角的增加而增加，迎角 14° 对应的位移距离最大，前缘点附近最大相对形变超过 1%。迎角 0° 时受风载作用产生的特征点位移距离最小，前缘点附近最大相对形变不超过 0.2%。在整个试验迎角范围内，迎角变化引起的最大相对形变偏差不超过 1.5%，但在迎角 6° ~ 14° 对应的最大相对形变偏差不超过 0.5%。

结合不同风速、不同偏度的下偏前缘型面风载形变数据可以看出：柔性前缘结构在最大偏度下具有较强的承载维形能力，风速变化对柔性前缘结构的承载维形能力影响很小，最大偏度对应上表面受风速变化产生的最大相对形变偏差不超过 0.05%，最大偏度对应下表面受风速变化产生的最大相对形变偏差不超过 0.08%。上下表面随迎角变化产生的最大相对形变偏差不超过 2%，特别是迎角 6° ~ 14° 对应的最大相对形变偏差不超过 0.5%。柔性前缘结构在中小偏度下的承载维形能力稍弱，上、下表面随迎角变化产生的最大相对形变偏差超过 2%，部分偏度的最大相对形变偏差接近 2.5%。

15.4 小结

（1）对于变弯度机翼前缘全尺寸功能样件风洞试验模型，通过调整试验风速和试验迎角，能够获得风载与三维机翼真实起降飞行载荷相当、满足真实风载要求的试验状态。从变弯度机翼前缘整体载荷相当角度确定试验风速为 56m/s，从变弯度机翼前缘承载冗余特性验证角度确定试验风速为 60m/s 和 65m/s。

（2）在功能样件前缘承载下偏变形方面，最大偏度对应的前缘承载变形能力较强，上、下表面在整个试验迎角范围内的相对形变均小于 0.5%。中小偏度对应的功能样件前缘承载变形能力稍弱，前缘型面风载作用形变与迎角相关，迎角 12°以下的上、下表面相对形变不超过 0.85%，迎角 14°的上表面的相对形变增加至 1% 左右，下表面的相对形变增加至 2.5% 左右。

（3）在功能样件前缘承载展向变形一致性方面，在无风状态，仅最大偏度对应的前缘下表面受曲率变化过大影响具有明显的展向变形偏差，其余前缘型面展向变形一致性较好。在有风状态，前缘型面受风载作用产生的展向形变很小，迎角 6°时的上下表面相对形变展向偏差不超过 0.1%，迎角 14°时的上下表面相对形变展向偏差增加至 0.5% 左右。

（4）风速变化对功能样件前缘承载维形的影响很小，对于最大偏度的下偏前缘，风速变化引起的前缘点附近上表面相对形变偏差不超过 0.05%，下表面相对形变偏差不超过 0.08%。

（5）在迎角变化对功能样件前缘承载维形影响方面，最大偏度前缘承载维形能力较强，上、下表面随迎角变化产生的最大相对形变偏差不超过 2%，特别是迎角 6°～14°对应的最大相对形变偏差不超过 0.5%。而中小偏度下的承载维形能力稍弱，上、下表面随迎角变化产生的最大相对形变偏差超过 2%，部分偏度的最大相对形变偏差接近 2.5%。

第 16 章　变弯度机翼后缘功能试验样件集成设计与制造

薛景锋，周进，王文娟，孙启星，张梦杰，宋坤苓，李勐

中国航空研究院，100012

16.1　总体方案设计

在前期变弯度机翼后缘原理性研究工作的基础上，形成了包括多节转动方案、偏心轮方案、六连杆机构刚柔耦合方案在内的多种原理设计方案。通过研制相应的原理样件，经过两轮方案筛选，确定了在六连杆机构刚柔耦合方案的基础上，结合多节转动结构设计方案，开展了工程化设计。在正式试验样件加工前，加工等截面试验样件进行承载能力摸底，暴露了蒙皮在加载情况下出现褶皱的问题。针对蒙皮褶皱问题，开展了包括柔性蒙皮结构设计优化、变形机构优化等单项技术的攻关，相关内容已在本书第 3 篇进行了阐述。综合前期技术攻关成果，最终确定了以指关节变形方案结合基于橡胶的柔性蒙皮来研制变弯度机翼后缘地面功能试验样件。通过对该试验样件的决策、设计与制造，结构与测控系统的联调，最终研制了由 6 组变形肋、三组驱动与测量控制的一体化 2700mm 展长、1300mm 弦长、500mm 厚度的地面功能试验样件，并根据气动压力分布提出了地面功能试验动静态加载要求。

柔性后缘占翼型弦长的 30%，偏度为 -2°~15°，其中偏度为 -2°~5° 的柔性后缘主要针对不同飞行重量下的巡航飞行工况，而偏度为 15° 的柔性后缘主要针对起降阶段的起降和爬升工况。基本后缘与巡航工况柔性后缘外形对比如图 16-1 所示，基本后缘与起降工况柔性后缘外形对比如图 16-2 所示。

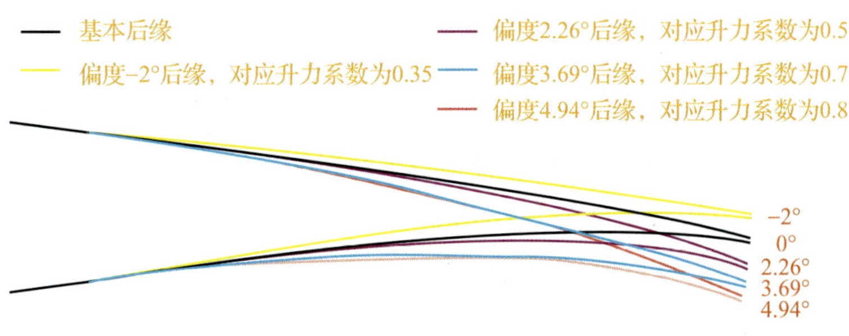

图 16-1　巡航工况柔性后缘外形对比

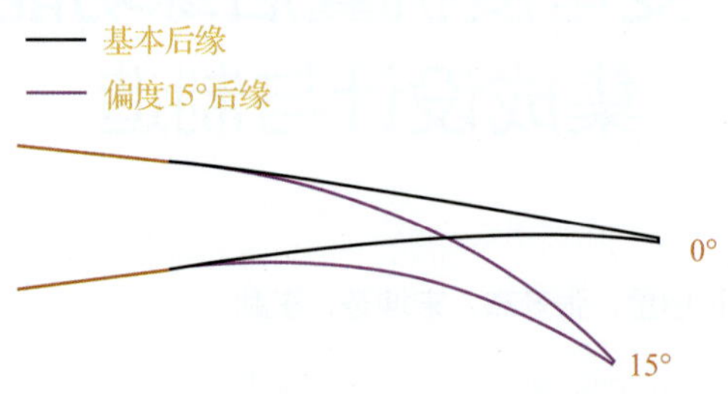

图 16-2　起降工况柔性后缘外形对比

变弯度机翼后缘结构如图 16-3 所示，后缘舱与中央翼盒相连，变弯度机翼与后缘舱相连。变弯度机翼后缘的翼肋主要由一块固定肋和三块活动肋组成，后缘变形主要依靠机构运动实现。

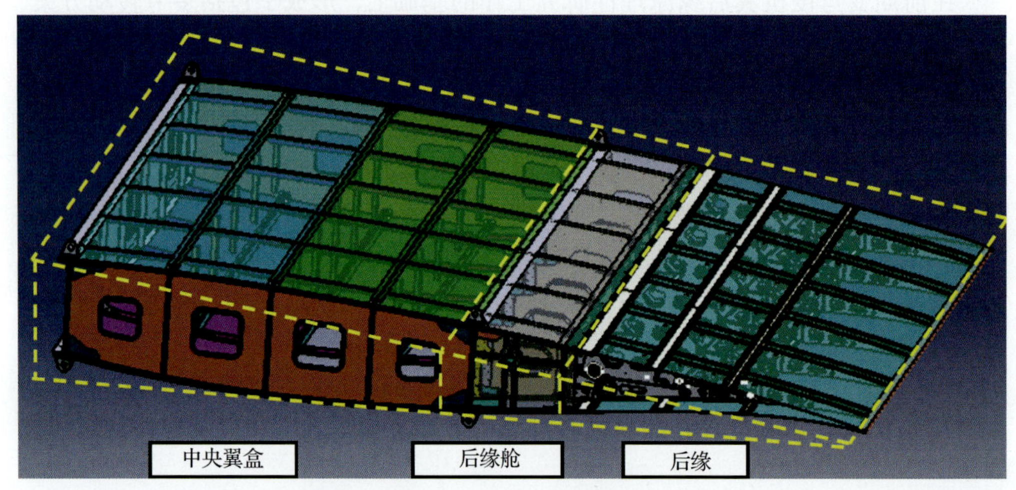

图 16-3　变弯度机翼后缘结构组成示意图

变弯度机翼后缘多节转动模型驱动机构采用两段式减速电机驱动的方案，包括伺服电机、第一级行星齿轮减速和第二级蜗轮蜗杆减速。如果采用单个电机驱动，则需要较大功率的电机，使得体积增大，后缘及后缘舱段无法容纳太大尺寸的电机。经综合考虑采用了三个较小功率的交流伺服电机驱动后缘的偏转。为保证偏转时后缘结构协调变形，三个电机需要同步偏转。全尺寸后缘偏转过程中，主要的载荷包括驱动多节转动结构偏转及柔性蒙皮弹性变形和地面试验随动外载，同时需要还要考虑各种减速机构的摩擦和传递效率带来的附加载荷。

变弯度机翼多节转动后缘变形结构驱动传递均以串联方式进行，结构刚度较小，由于结构弹性变形和间隙的原因，不能准确判定结构变形，而采用了基于分布式光纤变形传感器测量的变形反馈和多点驱动进行协同控制。传动轴端部安装有角度传感器，可实时获取全尺寸后缘传动轴偏转角度，通过偏转轴与后缘偏角的对应关系，得到后缘理论偏角。同时，在后缘变形肋上安装光纤变形传感梁，实时采集光纤变形梁上的应变数据，通过变形算法，得到后缘实际偏转角度。控制系统通过采集传动轴上的角度传感器信号，以及光纤变形传感器角度信号进行闭环控制。

16.2　全尺寸后缘试验样件结构设计

全尺寸后缘试验样件的结构包含驱动骨架、机翼蒙皮、驱动系统等主要结构。驱动骨架用于后缘结构的承载以及维持外形，机翼蒙皮包裹在骨架外侧，分为固定蒙皮和柔性蒙皮，柔性蒙皮用于维持后缘变形前后外形的连续，避免机翼产生缝隙或阶差，驱动系统用于驱动骨架进行运动，最终通过集成形成全尺寸后缘结构。在后缘设计时，首先设计单肋结构，形成变形外形，其次设计由两个单肋、单组驱动构成的双翼肋结构件，最终通过三组双翼肋组合形成全尺寸后缘试验样件。

16.2.1　机构运动点位设计

如图 16–4 所示，指关节变弯度机翼后缘机构通过铰链 O、铰链 K 和铰链 D 与飞机机身相连接，其实现控制变弯度机翼后缘气动外形的原理是，通过输入轴 K 带动曲柄 KJ 偏转，从而带动整个机构运动以改变三元素杆件 AFB、四元素杆件 FBIC 和三元素杆件 CJH 的姿态，进而带动上、下蒙皮变形，最终通过改变杆 AB、杆 FC、杆 GH 和杆 AF、杆 BC、杆 CH 的姿态来分别控制机翼后缘上蒙皮和下蒙皮的气动外形。根据指关节变弯度后缘机构运动点位设计，可以确定机构各杆件的位置和运动关系，当输入曲柄 KJ 处于一定角度时，机翼后缘上蒙皮和下蒙皮保持一定的气动外形，以保证相应的气动性能。

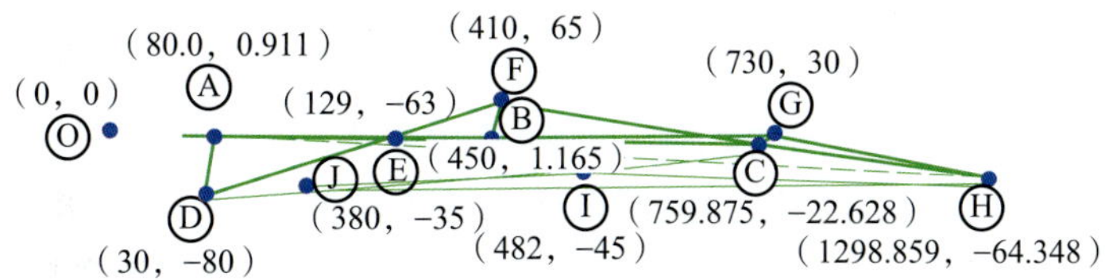

图 16–4　指关节变弯度后缘机构点位示意图
（K 与 J 点位置较近未标出）

16.2.2　后缘柔性蒙皮设计

为了保证指关节后缘在运动过程中气动外形连续，设计了柔性蒙皮组件。柔性蒙皮组件主要由金属连接件、硅橡胶泡沫两部分组成。硅橡胶泡沫主要承担柔性变形作用，它通过与金属连接件粘连，进而与金属蒙皮连接，如图 16–5 所示。

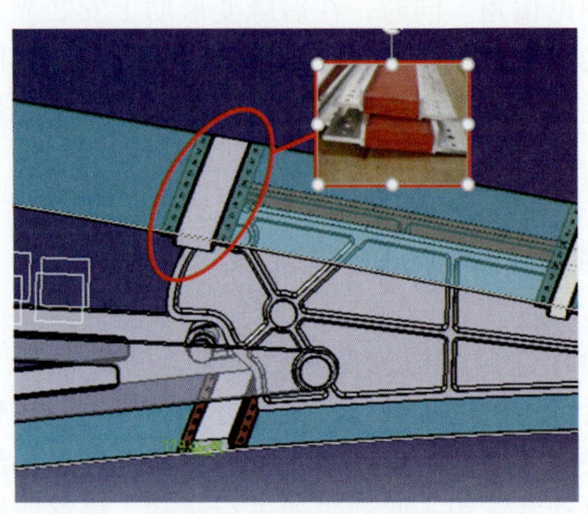

图 16-5　柔性蒙皮示意图

16.2.3　后缘电机驱动机构设计

后缘指关节变形机构的驱动采用两段式减速的电机驱动，包括伺服电机、第一级的多级齿轮减速和第二级的蜗轮蜗杆减速。采用三个电机驱动 6 个后缘指关节执行机构，其中一个电机驱动两个后缘指关节机构，相邻电机驱动子系统通过联轴器将 6 个后缘指关节执行机构的输入轴连接在一起。

由于后缘位置限制了蜗轮蜗杆尺寸，初步选定蜗轮蜗杆传动的减速比为 1∶40。后缘指关节执行机构的驱动力矩为 500N·m，两个后缘指关节变形机构组成一个最小驱动单元，输入端的额定驱动力矩为 4.77N·m，给定蜗轮蜗杆减速比为 1∶40 的情况下，可以计算第一级齿轮减速器所需最小传动比为 5.24。下偏速率为 22.265（°）/s，电机额定转速为 3000r/min，为了保证驱动速度，给定蜗轮蜗杆传动的减速比的情况下，可以计算第一级齿轮减速器所需最大传动比为 20.2。此外，输入端的最大转矩为 9.54N·m，给定蜗轮蜗杆减速比为 1∶40 的情况下，可以计算第一级齿轮减速器所需最小传动比为 1.75。最大下偏速率为 44.53（°）/s，电机最大转速为 6000r/min，为了保证驱动速度，给定蜗轮蜗杆传动的减速比的情况下，可以计算第一级齿轮减速器所需最大传动比为 16.84。为保证机构能够正常被驱动，且能够达到预定的最大驱动速度，因此，第一级齿轮减速器的减速比应在 5.24~16.84 之间。为此选用冀望 JWMC 型，减速比为 1∶15。

根据空间尺寸限制，基于 MATLAB 绘制蜗轮蜗杆草图，调整其空间布置，确定了如图 16-6 所示的蜗轮蜗杆布置方案。黑色实线为蜗轮蜗杆的初始位置，红色虚线为蜗轮蜗杆驱动变形翼肋达到最大下偏位置（约下偏 18°）时蜗轮的位置，蓝色虚线为蜗轮蜗杆驱动变形翼肋达到最大上偏位置（约上偏 -3°）时蜗轮的位置，y=0 的直线位置模拟后缘下蒙皮。最后根据几何布置图确定蜗轮蜗杆的结构设计参数。

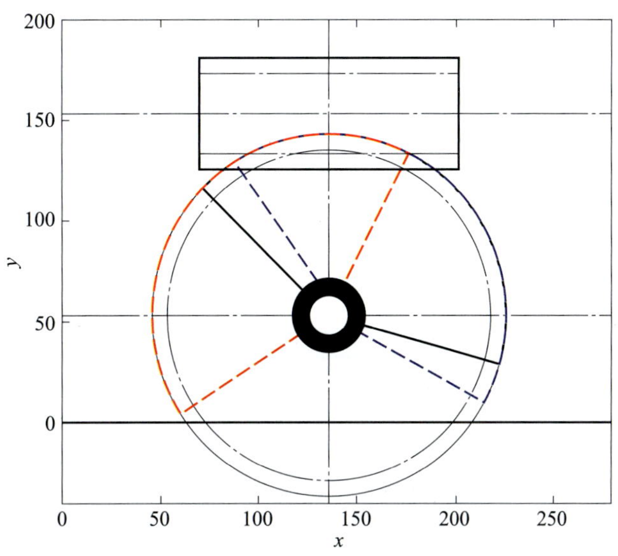

图 16–6 蜗轮蜗杆空间几何布置图

蜗轮蜗杆为普通圆柱蜗杆传动的减速器，其主要设计参数如下：模数为 4；中心距为 100mm；蜗轮蜗杆变位系数为 –0.5；蜗杆头数为 1；蜗杆分度圆直径为 40mm；蜗轮齿数为 41；蜗轮扇面角度为 150°。由于蜗轮蜗杆之间的传动会产生侧向力可分解为蜗杆的轴向力和涡轮的轴向力，在设计蜗轮蜗杆及电机机座结构时，应考虑使用安装推力轴承将轴向力传递后缘舱梁。

电机轴通过行星轮减速器，在与特定加工的联轴器连接将转动传递至蜗杆的转动，其连接方式为单键连接。蜗轮与驱动轴的连接方式为多键连接，共 4 个键。驱动轴通过单键连接将转动传递至偏心轮的转动，从而带动变形翼肋运动。

为了验证指关节后缘结构的可行性，加工了宽 0.9m 的双翼肋试验样件，并对其进行了初步试验（见图 16–7），测试了指关节后缘的功能，符合预期效果，可以进行全尺寸试验样件加工与装配。

图 16–7 双翼肋试验样件

16.2.4 后缘结构与控制集成设计

基于双翼肋变弯度机翼后缘设计方案，利用联轴器将三组双翼肋变弯度机翼后缘的驱动轴连接起来，以实现联动。全尺寸机翼宽 2.7m，共包含 6 组翼肋，采用三个电机驱动 6 个后缘指关节变形机构，其中一个电机驱动两个后缘指关节机构，相邻电机驱动子系统之间通过联轴器将 6 个后缘指关节变形机构的输入轴连接在一起，如图 16–8 所示。

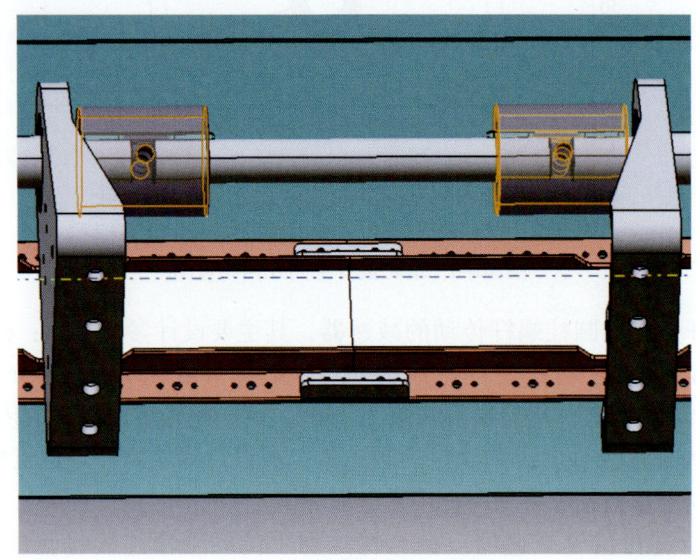

图 16–8 联轴器示意图

测控系统硬件采用 STM32 控制器作为主控制器，完成三电机间偏差耦合同步控制，以及与上位机和协控制器间的数据交互。FPGA 控制器作为协控制器，主要负责与电机驱动器间的数据交互。STM32 和 FPGA 间传输的数据为电机的转动角度和控制信息，为减少数据传输延迟，选择了高速的并行总线 FSMC 总线。Labview 软件作为上位机软件运行环境进行人机交互，STM32 将电机运行情况传输至上位机软件，并接收上位机发送的控制命令。同时上位机接收光纤变形传感器的偏转角度信号，用于变形反馈。

驱动器与电机之间通过动力线和编码器线进行信号传输，每台电机需配置一个独立的驱动器，因此可以通过控制驱动器与电机之间的信号交互控制电机的运动。传感器信号通过相应的电流—电压转换电路，从模拟信号通道输入 STM32 控制器。STM32 和 FPGA 控制器、电机驱动器、开关电源和各种调理电路等集中布置在控制箱中。为方便试验调试与控制，控制箱置于变弯度机翼的外部。同时变弯度机翼后缘在进行加载时，需要与加载设备控制器间有信号交互，STM32 接收加载设备控制器的触发和急停信号，同时加载设备采集变弯度机翼变形角度信号。光纤变形传感器与光纤变形计算模块连接，其内装有光纤解调模块，将采集到的光纤光栅传感器的信号解算成波长信号，而后通过波长—变形角度的对应关系，得到后缘的偏转角度，光纤变形计算模块与控制系统的上位机连接，控制系统采集变形传感器测量的后缘偏角，实现在加载情况下后缘弹性变形的精确测量。

根据结构数模在 MSC/Patran 中建立有限元网格模型，对变弯度后缘低速工况和高速工况进行了分析，从机构变形和载荷量级角度筛选出低速 15°偏角、高速 –2°偏角、高速 5°偏角三个严酷工况对变弯度结构进行分析。在高速 5°偏角工况中，设计载荷条件下结构的最大应力为 343MPa，安全裕度为 0.42，满足设计要求。图 16–9 和图 16–10 展示了该工况下设计载荷应力云图。结合双翼肋试验及有限元分析结果，进一步设计并制造了宽 2.7m 的 6 组翼肋试验样件。

图 16–9　后缘结构有限元模型

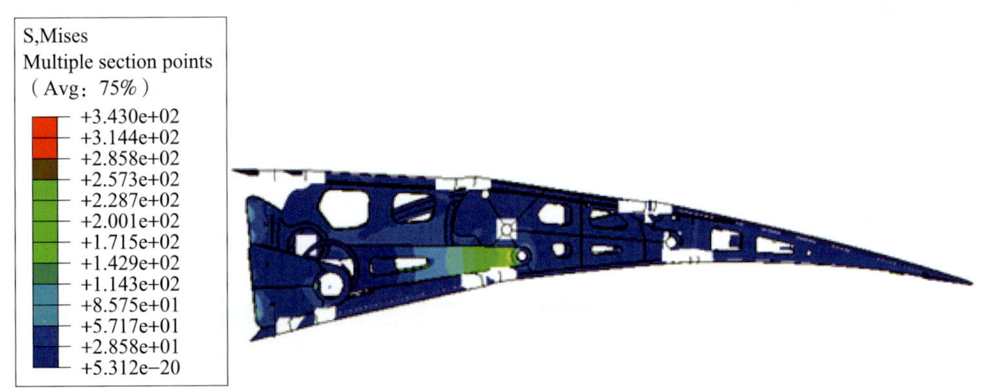

图 16–10　高速 5°偏角工况设计载荷应力云图

16.3　全尺寸后缘试验样件制造装配与调试

16.3.1　制造与装配

由于变弯度后缘试验样件尺寸较大，为了便于装配，设计了对应的工装结构，装配时将机翼展向朝上，以减少装配的占地空间。

试验样件装配流程如图 16–11 所示，首先将根肋、端肋、前梁、后梁进行打孔装配，形成后缘舱后，固定肋及其下蒙皮装配到位。在此基础上，装配变弯度机翼后缘结构，依次将驱动结构、活动肋及杆件、活动肋的蒙皮装配到位，最后安装电机驱动系统和固定肋上蒙皮。

对全尺寸试验件进行仿真校核后，制造了全尺寸试验样件（见图 16–12）。图 16–13 展示了指关节后缘全尺寸试验样件的零件加工过程及装配顺序。基于中央翼

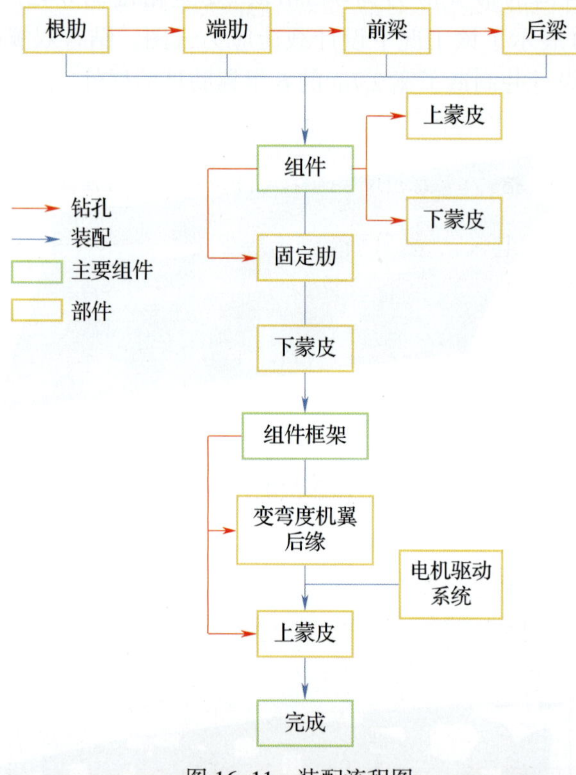

图 16–11　装配流程图

图 16–12　全尺寸试验样件

图 16–13　指关节后缘全尺寸试验样件的零件加工过程及装配顺序

盒的后缘舱梁，先装配电机支座、涡轮轴、偏心轮等驱动构件，再将指关节后缘的固定肋块、活动肋块、驱动杆等构件装配到位。

16.3.2　驱动调试

在结构方面，针对机构运动过程中的干涉情况以及柔性蒙皮组件的拉伸性能进行测试。在控制方面，针对三个电机的同步性以及控制系统的稳定性进行多轮测试。测试期间，出现一次电机失控未同步事故：后缘下偏到位后，电机在非人为干预下自动起动，且三个电机转速不一，导致中间位置蒙皮变形严重（见图 16–14）。经过事故调查，在排除减速器故障的前提下，认定事故原因为：由于接触不良，导致驱动器重启，从而自动起动电机，且起动转速不一。解决方案是：更换结构损坏零件，购买防浪涌安全插座，避免再次接触不良。

图 16–14　蒙皮损坏程度

将三个电机安装于变弯度机翼后缘舱内，进行空载状态下变弯度机翼后缘的偏转试验。设置电机的转速为 300r/min，根据减速比可知后缘的偏转速率为 0.68（°）/s。通过上位机软件控制界面发送如下指令：①由 –2° 下偏至 5°；②下偏至 10°；③下偏至 15°；④上偏回至 0°。

变弯度机翼后缘向下偏转的三次过程中，超调量分别为 0.18°、0.15°、0.07°；由 15° 上偏回至 0° 的偏转过程中，超调量为 0.20°。

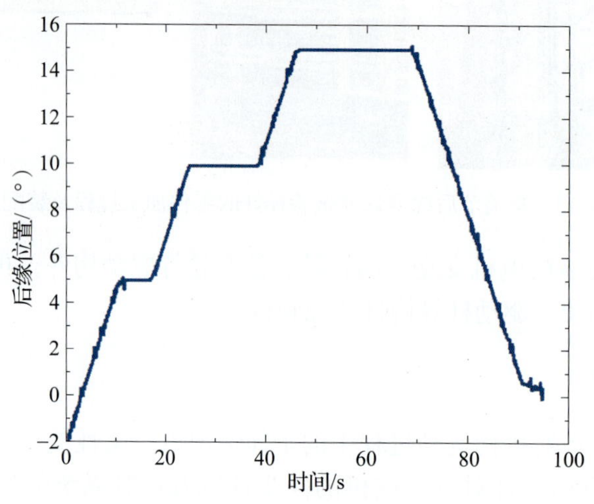

图 16–15　变弯度后缘偏转位置曲线

16.4　测试与验证

后缘地面功能试验是对变弯度机翼后缘设计指标的考核、验证，评估变弯度后缘结构是否满足设计要求，主要从结构承载能力、变形范围、运动速率、控制精度和变弯精度等方面进行考虑。

16.4.1　静态加载要求

变弯度机翼后缘通过三段翼肋姿态变化实现后缘弯度变化，其弯度变化范围较大。载荷方向、压心位置变化均比较大，在结构设计、试验中需进行充分考虑。载荷处理时为便于后续试验加载，以后缘根部弯矩不变为原则等效至固定点上。

静态加载主要考核变弯度初始状态以及各工作状态的承载性能，试验工况如表 16–1 所示。起降载荷试验状态下，试验工况分别为偏转 5°、7.5°、10°、12.5°、15°。巡航载荷试验状态下，试验工况分别为偏转 –2°、2.26°、5°。试验中，试验样件约束条件应与结构工作状态一致；试验结构变弯至目标状态，变弯误差小于指标值；试验加载载荷大小、方向应与理论值的误差小于相关试验标准要求；试验过程中应逐级测量、记录相应的应变、位移。

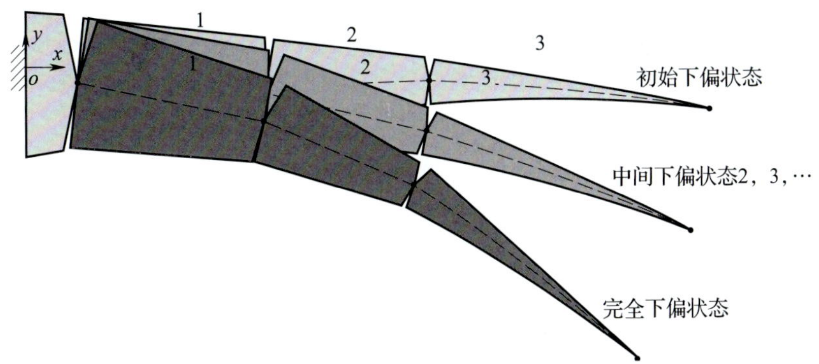

图 16-16 变弯度后缘翼型变化

表 16-1 起降和巡航状态单组机构使用载荷

状态	偏转角	站点	F_z/N	F_x/N
起降	0°	1	233.6	3.9
		2	161.9	1.4
		3	212.2	15.9
	2.5°	1	308.2	12.5
		2	214.0	12.9
		3	206.6	42.5
	5°	1	3.24	377.7
		2	3.58	278.7
		3	4.02	235.5
	7.5°	1	449.8	37.3
		2	312.5	45.0
		3	232.2	114.1
	10°	1	522.9	54.0
		2	342.9	63.0
		3	254.4	163.5
	12.5°	1	557.5	63.0
		2	338.4	77.6
		3	237.7	186.9
	15°	1	594.9	76.6
		2	335.7	87.9
		3	259.9	236.9

表 16-1（续）

状态	偏转角	站点	F_z/N	F_x/N
巡航	-2°	1	218.3	5.8
		2	366.1	-13.0
		3	521.4	-25.0
	2.26°	1	695.3	35.4
		2	667.1	27.1
		3	833.2	125.7
	5°	1	1110.9	79.1
		2	875.2	86.1
		3	859.2	251.7

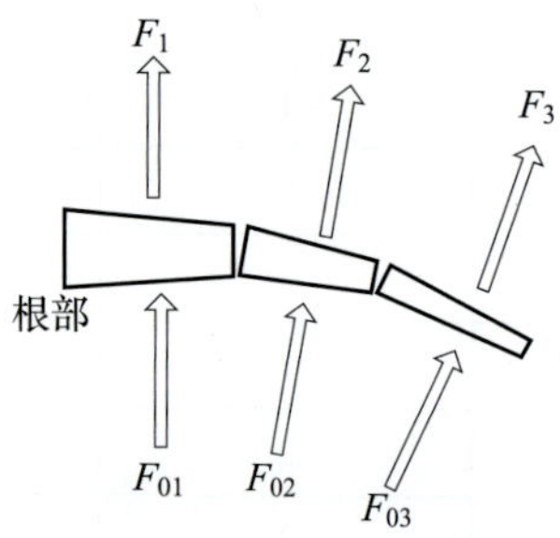

图 16-17　载荷加载点

16.4.2　随动加载要求

随动加载试验是载荷随变弯度后缘偏转实时变化，相比静态加载，更能反映运动机构的工作状态，模拟了气动载荷作用下的机翼后缘功能。

起降载荷试验状态下，试验工况为 0°~15° 动态变弯。试验中，试验样件约束条件应与结构工作状态一致；试验加载控制系统与结构变形控制系统联动；试验加载载荷大小、方向应与结构变形同步，且与理论值的误差小于相关试验标准要求；试验保护装置应在试验加载系统出现卡滞时，令加载载荷迅速释放，以避免破坏试验件结构；试验过程中应连续测量、记录相应的应变、位移和时间等数据。

16.4.3　测试效果

图 16-18 展示了空载情况下的实际试验变形角度与理论对比情况。

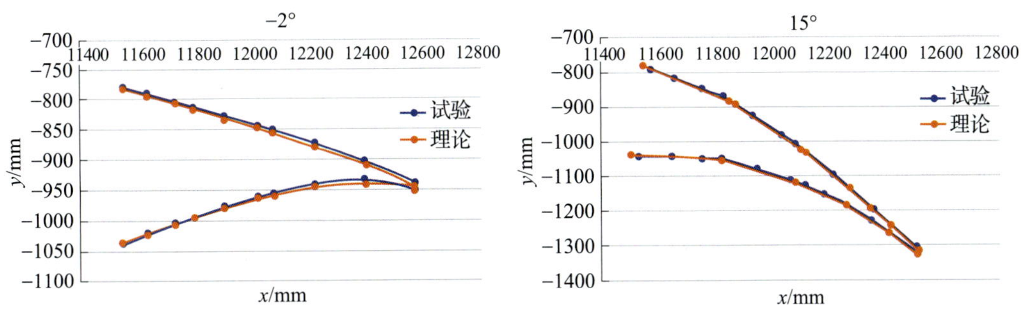

图 16–18　空载情况下的变形角度与理论对比情况

针对后缘偏度指标，通过在后缘翼肋上安装光纤变形传感器，控制系统采用基于角度传感器和光纤变形传感器融合的角度反馈，可准确达到目标设定角度。在试验中采用基于 MPS/M20 双目视觉测试系统进行变弯度机翼实际外形测量。如图 16–19 所示，红色曲线为实际偏转情况，测试结果表明，变弯度机翼后缘襟翼在空载情况下的变形范围在 –2° ~ 15° 之间，满足指标要求。

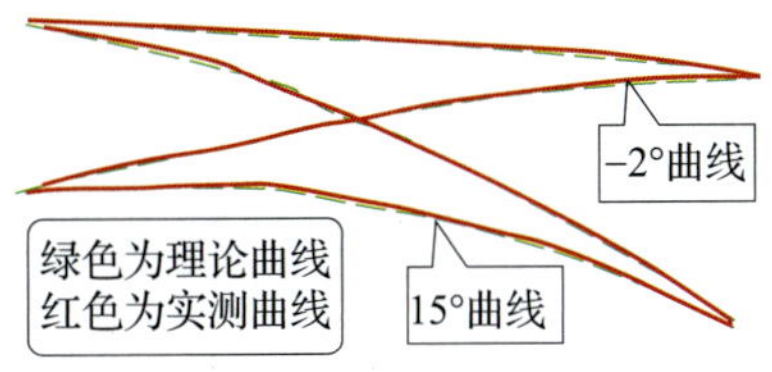

图 16–19　理论与实测外形对比

除此之外，还对下偏速度进行了验证，如图 16–20 所示，后缘最大变形速度为 13.9（°)/s，满足指标要求的最大变形速率不小于 10（°)/s。

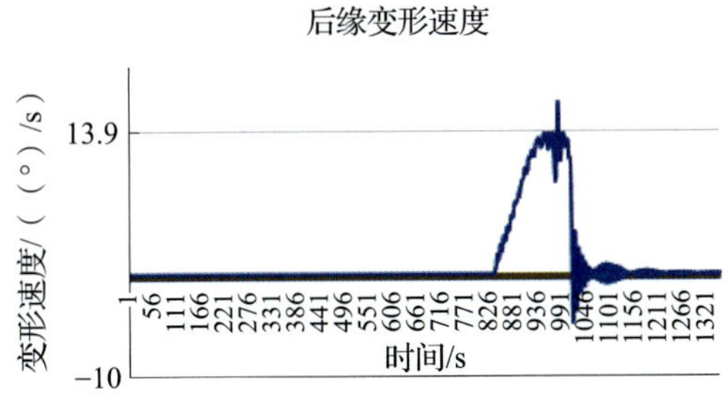

图 16–20　动态下偏状态速度测量曲线

图 16–21 展示了 –2°、2.26°、5° 巡航载荷状态试验与理论结果对比，在机翼受载情况下实际弯度变形与目标变形偏差不大于 5%。

图 16–22 展示了 5°、10°、15° 起降载荷状态试验与理论结果对比，在机翼受载情况下实际弯度变形与目标变形偏差不大于 5%。

综上机翼空载情况下实际弯度变形与目标变形偏差不大于 5%。且机翼受载情况下实际弯度变形与目标变形偏差不大于 5%，满足结构设计要求。

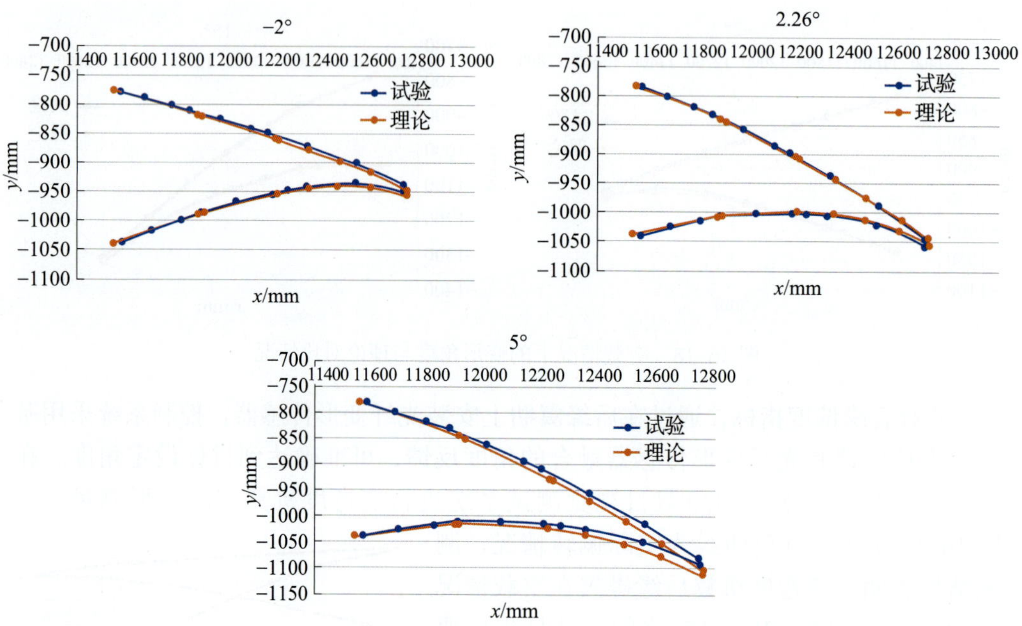

图 16–21　巡航载荷状态 −2°、2.26°、5° 试验与理论结果对比

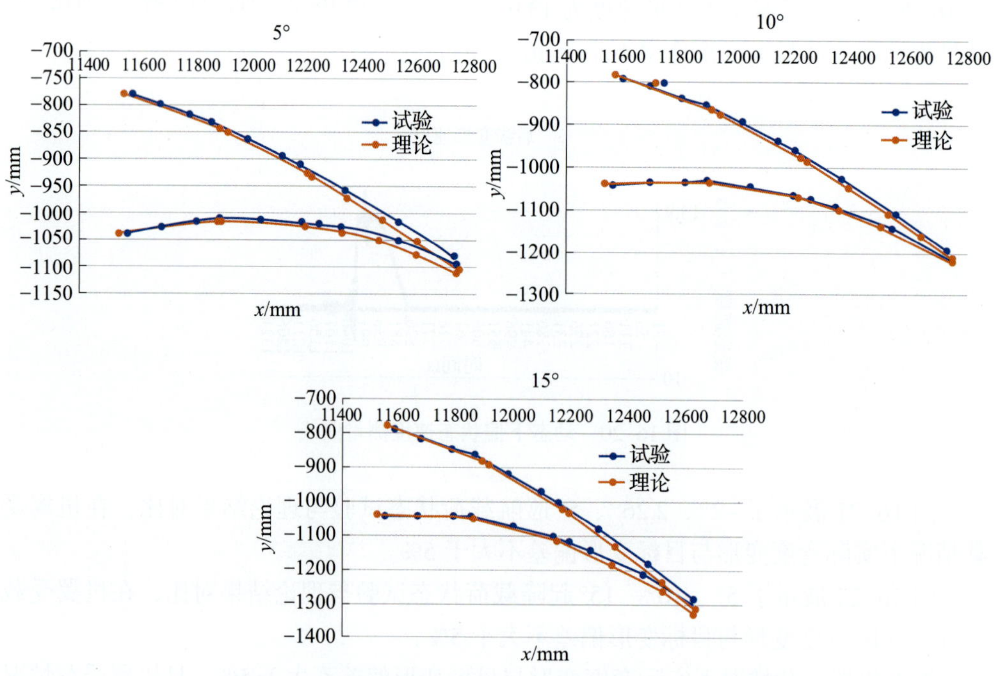

图 16–22　起降载荷状态 5°、10°、15° 试验与理论结果对比

16.5 小结

（1）经过全尺寸变弯度机翼后缘功能试验样件的设计和集成技术攻关，形成了翼展 2700mm 可承受模拟气动载荷的全尺寸变弯度机翼后缘功能试验样件，技术成熟度达到 4 级。

（2）全尺寸变弯度机翼后缘弯度变形范围为 -2°~15°，在机翼受载情况下实际弯度变形与目标变形偏差不大于 5%，最大变形速率不小于 10（°）/s。

（3）通过对变弯度机翼后缘功能试验件的研制，突破了后缘变形机构和多电机协同控制等关键技术，进一步推进了变弯度机翼后缘设计与控制技术向工程化的应用，明确了柔性蒙皮设计、结构轻量化设计和测量控制等未来重点攻关方向。

第 17 章　变弯度机翼后缘结构地面强度试验

李耀，庞宝才，周挺
中国飞机强度研究所，710065

17.1　变弯度机翼地面试验研究现状

变弯度机翼的翼面具有连续光滑的变形特点，其自适应变弯度功能对提高机翼气动效率和降低噪声具有重要作用。目前国内外针对变弯度机翼设计开展了大量研究，但根据变弯度机翼特点，进行大尺寸变弯度机翼的试验验证研究开展较少。相对于传统刚性机构，变弯度机翼地面试验需要解决大柔性、大偏角、连续变形下结构随动加载问题。因此，本章根据变弯度机翼地面强度验证需求，首先对现有变弯度机翼试验验证现状进行梳理。

针对变弯度机翼不同方案，国内外已经在变弯度机翼结构方面开展了大量的试验研究工作。诺斯罗普－格鲁门公司进行了“智能机翼”项目（见图 17–1），通过风洞试验验证了智能机翼压力分布改善，并明显降低阻力和跨声速激波[4]。SARISTU 针对翼稍小翼不同卡位进行了静力加载验证试验，将静力试验结果与有限元计算结果进行了对比。

国内，中国飞机强度研究所设计了一种连续变弯的指关节型后缘结构，并完成了变弯度功能试验，但未进行强度验证。西北工业大学在基于柔性结构的形

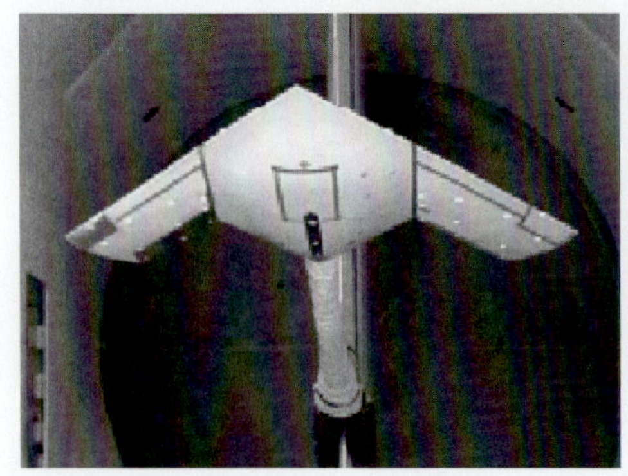

图 17–1　诺格公司“智能机翼”

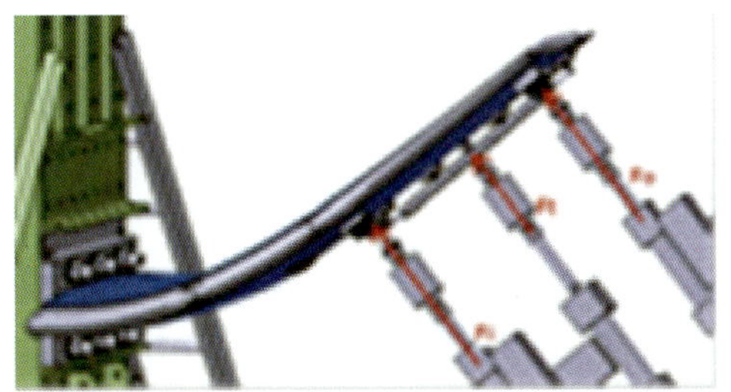

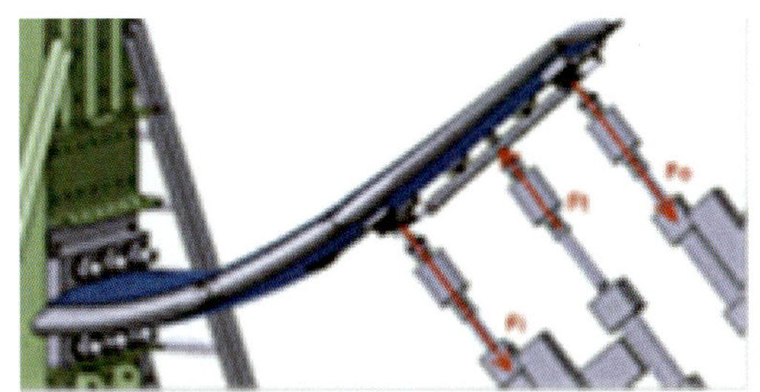

图 17-2 不同卡位下的静力试验

状变化自适应变形机翼研究方面开展了大量仿真研究。哈尔滨工业大学通过设计夹具，对气动肌肉纤维的变形协调性进行了大量试验测试工作[5]。南京航空航天大学以某无人机机翼缩比模型为平台，搭建了整个柔顺变弯度机翼的实物模型，进行了结构变形演示试验，验证该柔顺变弯度机翼方案设计和变形技术的可行性，如图 17-3 所示。

（a）中立位置0°

（b）向上偏转5°

图 17-3 柔顺后缘变弯度机翼变形演示试验

以上变弯度机翼结构试验研究主要集中在缩比风洞试验和功能演示试验等方面，地面强度试验研究报道较少。其中，SARISTU 针对翼稍小翼不同运动卡位进行了静力加载地面验证试验，但是试验过程中未考虑卡位变化过程中的随动加载问题。

本章针对全尺寸变弯度机翼后缘结构地面试验技术进行研究，创新地提出一种随动加载技术。在地面试验过程中考虑气动载荷对变弯度后缘运动功能的影响，通过地面试验验证该随动加载技术方案可行性，为未来智能变形结构试验验证提供技术基础。

17.2 试验样件及其要求

变弯度机翼后缘全尺寸试验样件主要由中间翼盒、后缘舱、指关节后缘组件三部分组成。后缘舱为框架蒙皮式结构，包含 8 个肋，肋和蒙皮通过螺栓、抽钉 / 铆钉机械连接；指关节后缘组件由 6 组指关节肋、6 段铝合金金属蒙皮和 6 段柔性蒙皮组成，各部分通过螺栓、抽钉连接。试验样件具体结构如图 17–4 所示。

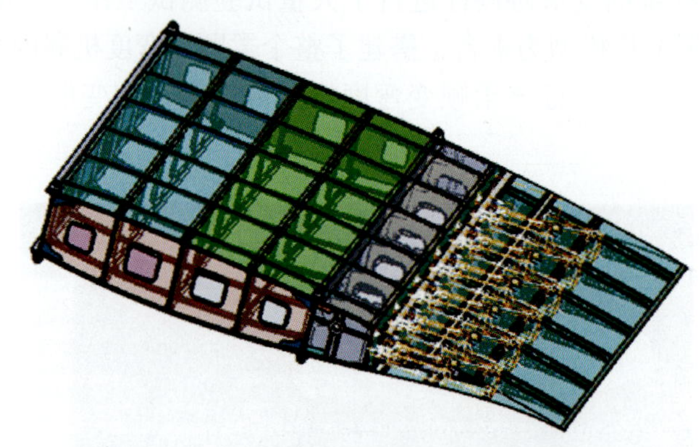

图 17–4 变弯度及后缘全尺寸试验样件

变弯度机翼后缘变形范围为 0°～15°，试验验证过程中要考核运动过程中后缘机构在承受气动载荷下结构运动功能是否满足设计要求。为了验证结构的承载能力及测试变弯度机翼后缘在气动载荷下的弯曲变形，需要对变弯度机翼后缘结构进行随动加载。变弯度机翼后缘运动过程中结构变形范围较大，试验验证的关键在于大变形随动加载。通过对比研究，提出一种可行的随动加载技术。

17.3 大变形随动加载方法

17.3.1 双作动筒矢量合成随动加载方法

此方法应用力的合成原理，垂直翼面的气动载荷采用单点双作动筒随动加载，加载点取气动载荷的等效加载点。将某个加载点的载荷分解到该加载点相铰接的两个作动筒上，通过调节两个作动筒位移和力的大小使其与翼面各个角度时的载荷一一对应，并且保证其合力方向始终垂直于翼面，完成翼面载荷的施加，如图 17–5 所示。

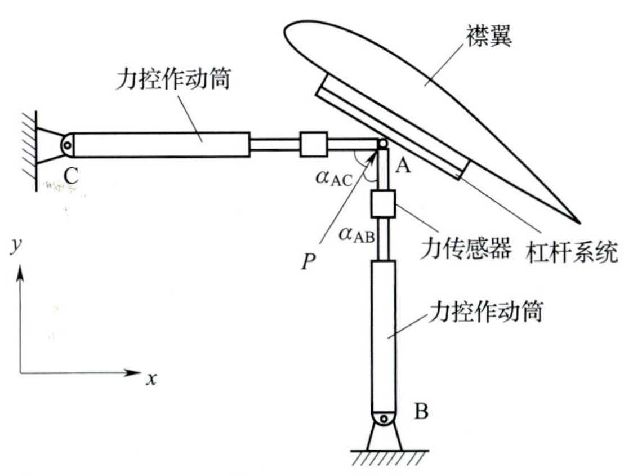

图 17–5　双作动筒矢量合成随动加载方案

作动筒底座固定，机翼在任一偏转角时，作动筒的轴线方向是唯一确定的，可以根据机翼加载点位置和载荷逆向求解各个作动筒的载荷。图 17–5 中 A 点在空间中的坐标位置是可以计算出来的，B 点和 C 点是固定的，AB 和 AC 的长度是已知的，所以 α_{AB} 和 α_{AC} 是可以计算出来的。*P* 是载荷谱的力和位移曲线给出的，根据图 17–5 中的力的矢量平衡原理，可以计算出每一个翼面卡位处的两个加载作动筒的力之间的相互关系，卡位中间过程可线性处理。中国飞机强度研究所开展的民机襟缝翼运动机构可靠性评估试验中采用的即为该随动加载方案[6]，如图 17–6 所示。

图 17–6　双作动筒矢量合成随动加载应用示意图

17.3.2　转轴式随动加载方法

该方法原理比较简单，但是要求加载框架与试验样件同为定轴转动。中国飞机强度研究所承担的飞机襟/缝翼疲劳试验采用该种随动加载技术[7]，如图 17-7 所示。

图 17-7　转轴式随动加载应用示意图

17.3.3　分离式随动加载方法

该方法载荷大小和方向分离控制，如图 17-8 所示。作动筒之间为可动平台。位控作动筒驱动可动平台调整平台和力控作动筒的姿态，使得力控作动筒的方向始终满足加载需求，同时力控作动筒控制加载力的大小，共同保证了加载点载荷大小和方向的准确性。空客的多个飞机型号的襟缝翼试验装置中就是采用该种方案，如图 17-9 所示。

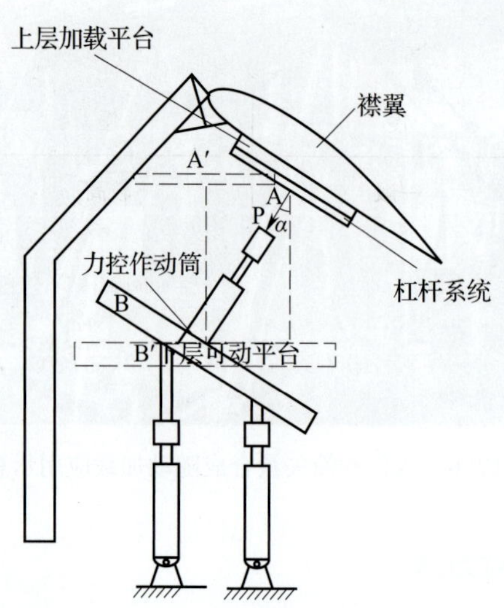

图 17-8　分离式随动加载方案

图 17–9 空客 A380 襟翼分离式随动加载应用示意图

17.3.4 加载方法对比分析

以上三种随动加载方法广泛应用于飞机结构 / 机构试验，但适用条件及实现成本各有不同。对比分析如表 17–1 所示。

表 17–1 三种随动加载方法性能对比

随动加载方法	合成式	转轴式	分离式
原理	较简单	简单	较复杂
应用条件	运动范围不宜过大	定轴转动或近似圆弧运动	宽松
控制	较难	容易	难
结构	一般	略复杂	很复杂
加载精度	准确	较准确	准确
运动速率	慢	慢	较快
生产成本	一般	较高	很高
使用成本	一般	一般	较高
应用范围	较广	一般	很广

17.4 变弯度机翼后缘试验加载及控制策略

通过对上述三种随动加载方法对比研究，针对变弯度机翼后缘运动速率较快的情况，提出了一种“丝杠模组 + 力控作动筒”联合主动控制的随动加载方案，以实现较大速率要求下的随动加载。

17.4.1 试验加载方案

试验将变弯度机翼后缘气动载荷处理在 6 个肋平面内，每个肋平面共分为三个加载点，共计 18 个站点，具体如图 17-10~图 17-12 所示。为试验方便，将每两个肋平面沿展向分布在一条直线上的加载点组合一级杠杆，即将加载剖面缩减为三个加载剖面。

试验过程中变弯度后缘 0°~15° 动态变弯，翼面载荷随后缘变弯角度动态实时变化。试验加载方式如图 17-13 所示。选取两个肋平面为例，加载点 1 与 2 组一级杠杆，利用胶布带 + 杠杆系统经滑轮转向后通过作动筒 1 进行加载，加载点 1、2 在变弯度机翼后缘运动过程中位置变化较小，所以滑轮 1 设置为固定位置；加载点 7、8 组一级杠杆，通过胶布带 + 杠杆系统经滑轮转向后通过作动筒 2 进行加载，加载点 7、8 在变弯度后缘运动过程中位置变化较大，需要采用上随动加载机构带动滑轮 2 一起跟随运动以保证运动过程中载荷方向满足要求，上随动加载机构如图 17-14 所示，滑轮 2 安装在横梁上，横梁与丝杠模组的滑块连接；加载点 13 与 14 组一级杠杆，利用拉压垫 + 杠杆系统通过作动筒 3 进行加载，加载点 13、14 在变弯度后缘运动过程中位置变化较大，需要采用下随动加载机构带动作动筒 3 一起跟随运动以保证运动过程中载荷方向满足要求，下随动加载机构如图 17-15 所示，作动筒 3 底座与丝杠模组滑块连接。

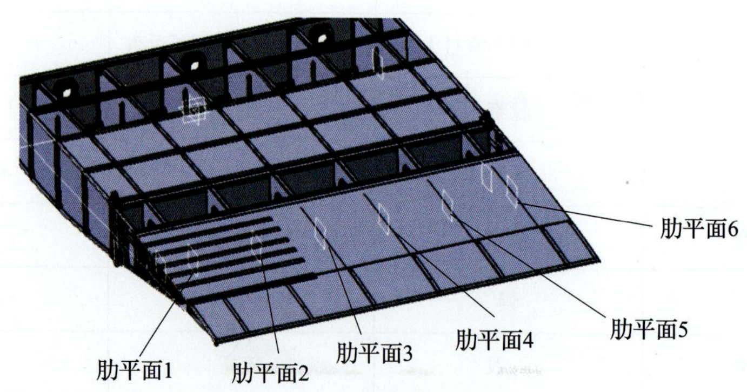

图 17-10　载荷处理肋平面分布

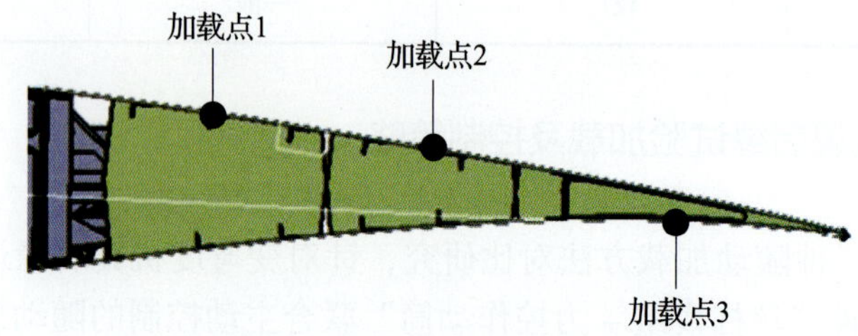

图 17-11　肋平面加载点分布

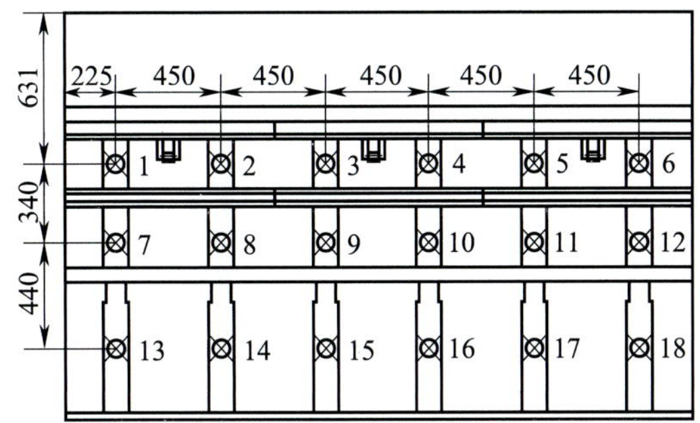

图 17-12 变弯度后缘载荷加载点示意图（俯视图）

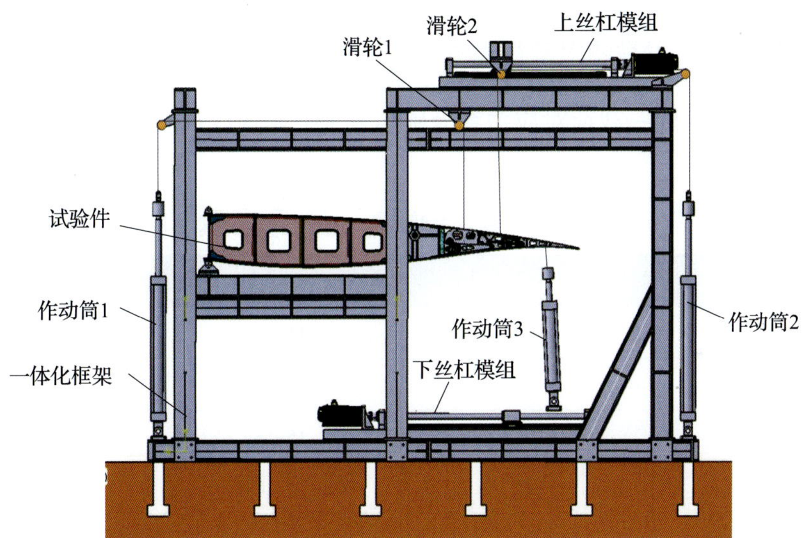

图 17-13 试验加载方案

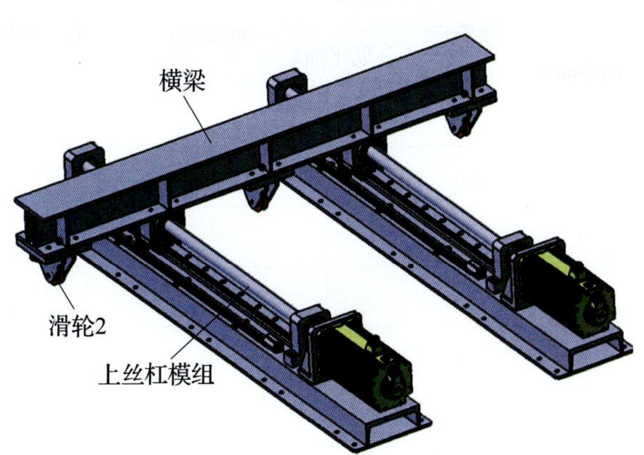

图 17-14 上随动加载机构示意图

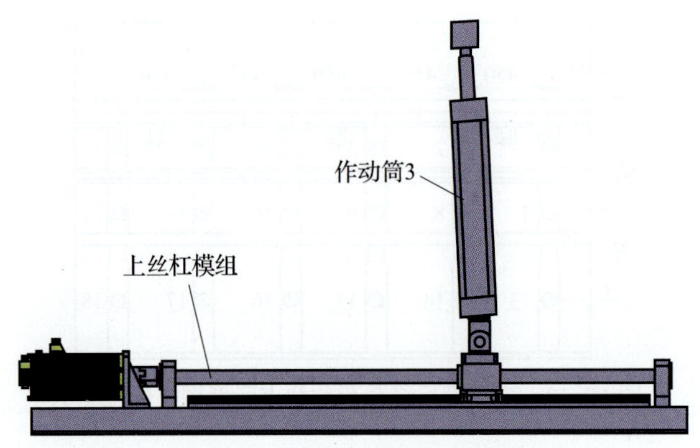

图 17-15 下随动加载机构示意图

试验加载共需 9 个加载作动筒，站点与加载作动筒对应关系如表 17-2 所示。将变弯度机翼运动角度变化离散成若干点，根据理论模型可以计算出各作动筒—翼面偏转角度—位移跟随—载荷对应关系分别如表 17-3～表 17-5 所示，过程载荷线性插值。

表 17-2 各站点与作动筒编号对应关系

站点	作动筒编号	站点	作动筒编号
1-2	1#	11-12	6#
3-4	2#	13-14	7#
5-6	3#	15-16	8#
7-8	4#	17-18	9#
9-10	5#		

表 17-3 1#~3# 作动筒—翼面偏转角度—加载点位移—载荷对应关系

作动筒编号	翼面偏转角度 /（°）	位移跟随 /mm	载荷 /N
1#、2#、3#	0	—	457.9
	2.5	—	617.7
	5	—	756.8
	7.5	—	902.1
	10	—	1050.4
	12.5	—	1106.4
	15	—	1199.4

表 17-4 4#~6# 作动筒—翼面偏转角度—加载点位移—载荷对应关系

作动筒编号	翼面偏转角度 / (°)	位移跟随 /mm	载荷 /N
4#、5#、6#	0	0	329.6
	2.5	80.4	430.4
	5	137.2	560.9
	7.5	214.6	633.2
	10	279.1	699.8
	12.5	349.4	704.7
	15	409.1	695.4

表 17-5 7#~9# 加载作动筒—翼面偏转角度—加载点位移—载荷对应关系

作动筒编号	翼面偏转角度 / (°)	位移跟随 /mm	载荷 /N
7#、8#、9#	0	0	429.0
	2.5	106.0	415.2
	5	211.9	481.2
	7.5	308.6	483.2
	10	429.9	545.6
	12.5	497.9	528.0
	15	635.4	598.0

17.4.2 随动加载控制策略

试验运行控制策略如图 17-16 所示，试验启动时，MTS Flex Test 协调加载控制系统加压，若变弯度后缘机翼偏转角度为初始角度，则进行初始化指令，随动加载机构运动到初始位置，各加载点施加初始载荷；若变弯度后缘机翼偏转角度不为初始角度，则系统自动卸压。

MTS 控制系统加压，随动加载机构运动到初始位置，各加载点施加初始载荷；变弯度后缘控制系统给电，驱动翼面按照给定程序偏转，MTS 接收后缘翼面偏转角度信号，MTS 控制随动加载系统按照指令同步运动，同时各加载作动筒施加载荷；后缘翼面回到初始时，变弯度后缘控制系统翼面停止运动，MTS 控制系统保持随动加载系统位置不变，各加载作动筒按程序卸载，系统卸压。

试验保护控制策略如图 17-17 所示，试验运行中遇意外情况保护应急或手动应急时，MTS 控制系统接收应急信号，随动加载机构停止运动，加载作动筒卸压；变弯度后缘控制系统接收应急信号，系统断电，后缘翼面停止运动。

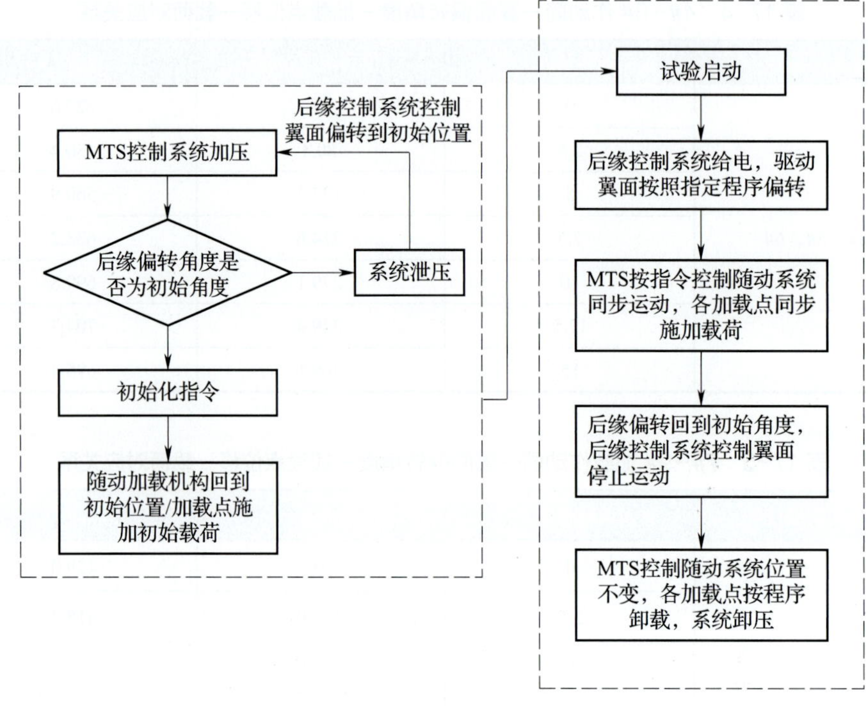

图 17–16　试验运行控制策略

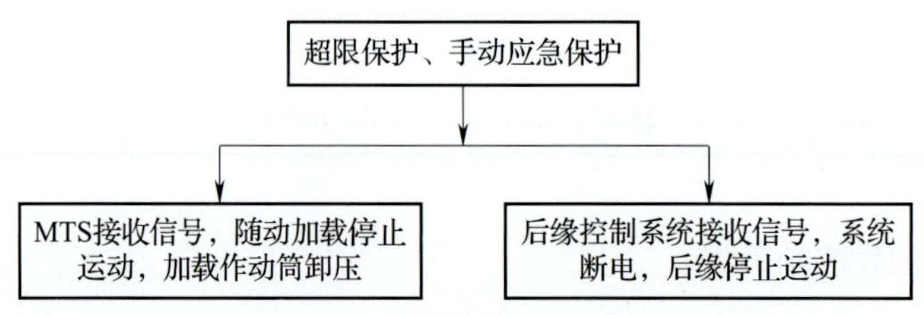

图 17–17　试验保护控制策略

17.5　试验结果

试验现场照片如图 17–18 所示，现场安装完成后，将作动筒施加载荷谱设置为 100N，执行控制程序，观察丝杠模组运动跟随情况，调节系统控制参数使得丝杠模组运动平稳，且与变弯度机翼后缘运动跟随性较好。然后进行 30% 载荷调试：将载荷谱中作动筒施加载荷更改为 30% 目标载荷，执行控制程序，调节控制参数使得丝杠模组运动平稳，且与变弯度机翼后缘运动跟随性较好，同时检查指令载荷与实际载荷误差满足试验要求。调试完成后进行正式试验。

正式试验：试验过程中，选取几个循环过程中进行应变、位移测量，检查测量结果是否满足测量要求，检查试验件有无异常，检查载荷指令与实际载荷误差是否

图 17-18　试验现场图

满足试验要求。正式试验过程中变弯度后缘翼面从初始角度 8° 开始运动，运动到 0° 后，选取两个循环进行数据比较。

试验过程中下随动机构的一套丝杠位移指令与反馈如图 17-19 所示，位移反馈与指令曲线基本一致，满足试验要求；载荷指令—反馈曲线如图 17-20 所示，加载误差在 5% 以内。

选取后缘翼尖均匀分布的 7 个位移测量点，如图 17-21 所示，试验过程中位移测量结果如图 17-22 所示，变弯度后缘沿展向位移基本一致，两次循环位移测量重复性良好。试验过程中应变测量结果如图 17-23 所示，两次循环应变测量重复性较好。

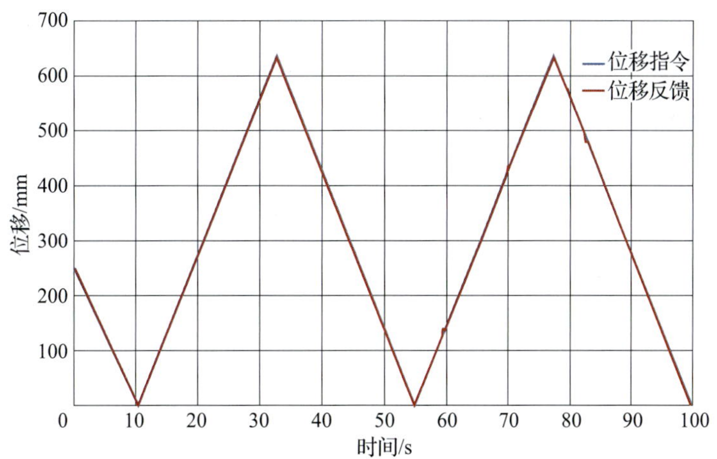

图 17-19　丝杠（下随动机构）位移指令—反馈曲线

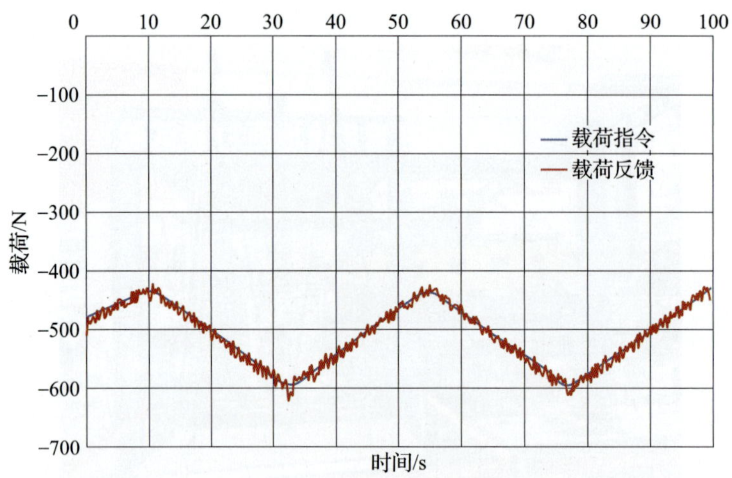

图 17-20　载荷指令—反馈曲线

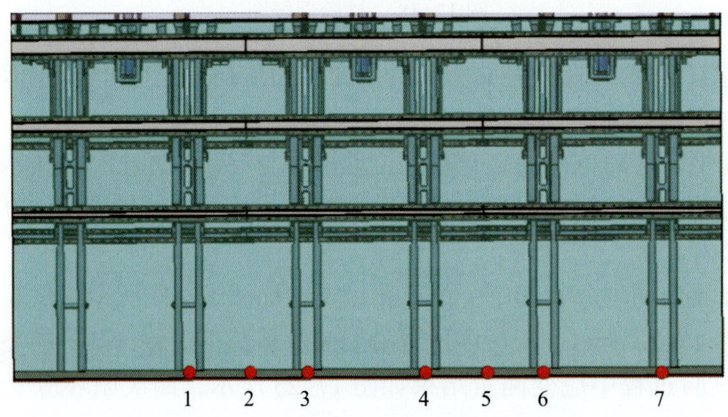

图 17-21　变弯度后缘位移测量点分布

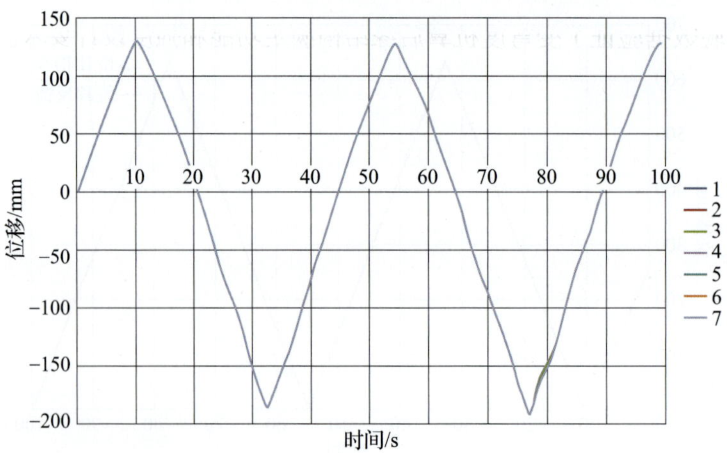

图 17-22　位移测量结果

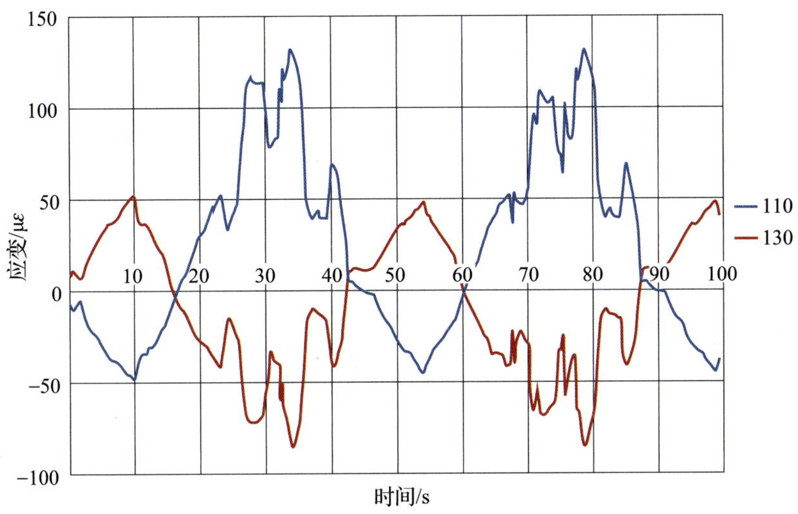

图 17–23　应变测量结果

17.6　小结

根据变弯度机翼后缘结构特点，在对随动加载技术研究的基础上提出了“丝杠模组 + 力控作动筒”联合主动控制的随动加载方案，并进行了地面试验验证。通过试验，得出以下结论：

（1）采用“丝杠模组 + 力控作动筒”联合主动控制的随动加载方案，试验过程平稳，位移跟随良好，加载精度与测量结果重复性满足试验要求。

（2）试验实现了变弯度机翼后缘的随动加载，模拟了气动载荷的施加过程，验证了随动加载方法的可行性，可为其他可动翼面的载荷施加提供参考。

（3）试验数据验证了变弯度机翼后缘结构满足功能和强度设计要求。

参考文献

［1］Zhong M，Zheng S，Wang G，et al. Correlation analysis of combined and separated effects of wing deformation and support system in the CAE–AVM study［J］. Chinese Journal of Aeronautics，2018.

［2］叶宇豪，彭飞，黄允凯 . 多电机同步运动控制技术综述［J］. 电工技术学报，2021，36（14）：14.

［3］尹亚南，韩浩 . 多轴速度同步偏差耦合控制［J］. 包装工程，2019，40（13）：5.

［4］Bartley–Cho J D，Wang D P，Martin C A. Development of High–rate，Adaptive Trailing Edge Control Surface for the Smart Wing Phase 2 Wind Tunnel Model［J］. Journal of Intelligent Material Systems and Structures，2004，15（4）：279–291.

［5］Yin W，Liu L，Chen Y，et al. Variable camber wing based on pneumatic artificial muscles［J］. Proceedings of SPIE – The International Society for Optical Engineering，2009，7493.

［6］庞宝才，董登科，弓云昭，等 . 襟缝翼可动翼面的随动加载方法研究［J］. 机械科学与技术，2014，33（10）：4.

［7］杜峰 . 某飞机襟缝翼疲劳试验系统随动加载技术研究［J］. 工程与试验，2017，57（4）：6.

第6篇　民机变弯度机翼相关技术探索与展望

经过几十年的发展，变弯度机翼技术虽取得了较大的进展，但仍面临一系列的问题。例如，在材料方面，传统变弯度机翼主要采用金属和纤维增强复合材料，在变形能力方面仍存在一定局限性；在工艺方面，大型飞机变弯度机翼前缘主要采用直纤维变厚度复合材料以协调高承载和大变形的矛盾，可较好地满足无根梢比二维变弯度机翼的设计要求，但在进行三维变弯度机翼柔性蒙皮设计时，有可能产生褶皱变形；在结构方面，现有技术成熟度较高的变弯度机翼主要采用刚性机构或刚柔耦合结构以实现机翼大弯度变化的能力，但在复杂性和结构重量等方面优势并不显著；在作动方面，常规的变弯度机翼主要以液压和电机等方式进行驱动，以产生机翼弯度的变化，并未实现真正的驱动和承载功能一体化，在智能化程度方面仍有待提高。此外，在气动弹性和多功能系统集成方面，现有的变弯度机翼设计考虑较少，而该问题是变弯度机翼技术走向工程实用必须面临的问题。因此，针对上述问题，有待进一步探索变弯度机翼在新材料、新工艺、新结构、多学科耦合和多功能集成等方面的研究[1~13]。

随着新材料、新工艺、智能作动等技术的发展，变弯度机翼技术迎来了新的机遇。例如，具有高韧性和大变形特性的工程树脂为小型飞机变弯度机翼实现大变形能力提供了可能；曲线纤维自动铺放工艺为高承载大变形的变刚度复合材料柔性蒙皮设计拓展了思路；力学超材料点阵结构为变形机翼实现轻量化和分布式变形提供了选择；形状记忆合金智能材料控制方法的成熟为变形机翼实现智能化提供了手段；先进的气动弹性分析方法和工具及射流控制技术使得考虑多学科耦合和多功能集成的变形机翼设计成为可能。

本篇重点介绍变形机翼在新材料、新工艺、新结构、多学科耦合和多功能集成等方面的新探索。主要阐述基于纤维曲线铺放的复合材料柔性蒙皮设计方法、分布式柔顺变弯度后缘结构与分析方法、基于六边形胞元的超轻柔性变弯度机翼结构设计与分析方法和柔性变弯度机翼气动弹性分析方法，并简要介绍基于偏心圆盘的小型无人机变形机翼射流技术及试验，为了解变弯度机翼其他相关技术提供新的视角。

第 18 章　基于纤维曲线铺放的复合材料柔性蒙皮设计方法

黄艳，陈普会

南京航空航天大学 航空学院，210016

18.1　纤维曲线铺放层合板的几何表征

研究表明，通过丝束路径的设计，基于纤维曲线铺放的层合板可同时具有低的面内刚度和高的面外刚度，且层合板的厚度可保持不变，能较好地满足可变形机翼对蒙皮的性能要求[14-16]。Murugan 等[17-18]对可变形机翼中的纤维曲线铺放层合板的优化设计结果表明，纤维曲线铺放层合板的面内和面外性能与常规层合板相比具有明显改善，有助于柔性蒙皮实现低面内刚度与高面外弯曲刚度。由于纤维的最佳路径高度依赖于层合板的几何形状，铺放轨迹的确定是实现纤维曲线铺放设计的关键技术之一[18]。目前提出的曲线纤维路径定义方法中，定义简单便捷、设计变量少的函数参数法使用最为广泛，且能保证丝束的连续性以及层合板的对称性。纤维线性角度铺放的层合板如图 18–1 所示。

对于常规层合板，纤维方向与 x 轴的夹角即为铺层角。而对于纤维曲线铺放的层合板，定义平板中心与边界处纤维切线方向与 x 轴正方向的夹角为铺层角。以单层板的单条纤维路径为例，如图 18–2 所示，在几何中心建立直角坐标系，x 方向的长度为 a，y 方向的长度为 b。

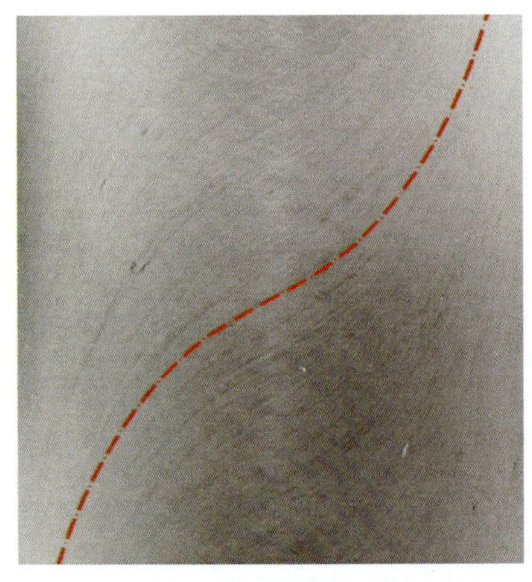

图 18–1　纤维线性角度铺放层合板[19]

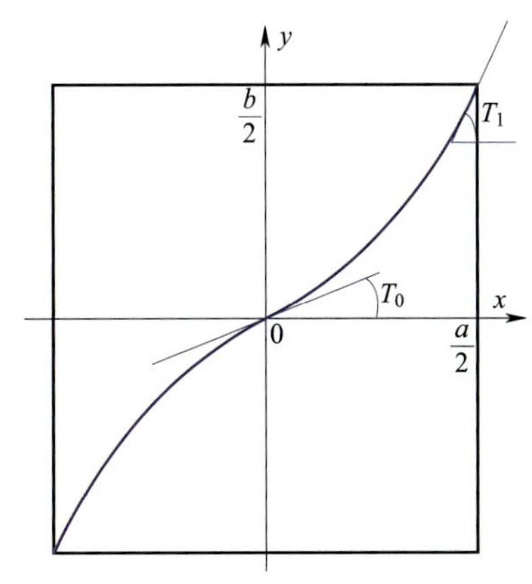

图 18–2　线性角度铺放参考路径示意图

为保证纤维路径的对称性，使该曲线经过原点并关于原点对称，得到曲线切线与 x 轴正方向夹角的表达式为

$$\theta(x)=\frac{2(T_1-T_0)}{a}|x|+T_0 \qquad T_0,\ T_1\in[0°,\ 90°] \tag{18-1}$$

式中，T_0 与 T_1 分别为曲线路径在 $x=0$ 处与 $x=a/2$ 处切线方向与 x 轴正方向的夹角，上述纤维路径记为 $<T_0|T_1>$；通过将该曲线沿 y 轴等距平移覆盖整个铺层。为保证层合板的均衡对称性，定义相邻层的路径曲线为 $-<T_0|T_1>$。显然，当 $T_0=T_1$ 时，该纤维路径下的层合板退化为常规层合板。

由式（18-1）可知，参考路径曲线的斜率为

$$\frac{\mathrm{d}y}{\mathrm{d}x}=\tan[\theta(x)] \tag{18-2}$$

通过对式（18-2）进行积分可求解得到参考路径的轨迹。

在传统的直纤维层合板中，每一铺层都采用一个角度来表示。同样，纤维曲线铺放的层合板也可以采用一个角度 φ 进行层与层之间的区分。因此，对于纤维曲线铺放层合板，可以采用三个角度参数（φ、T_0、T_1）和一个特征距离（d）来代表一个单一层，其铺放方式如图 18-3 所示。

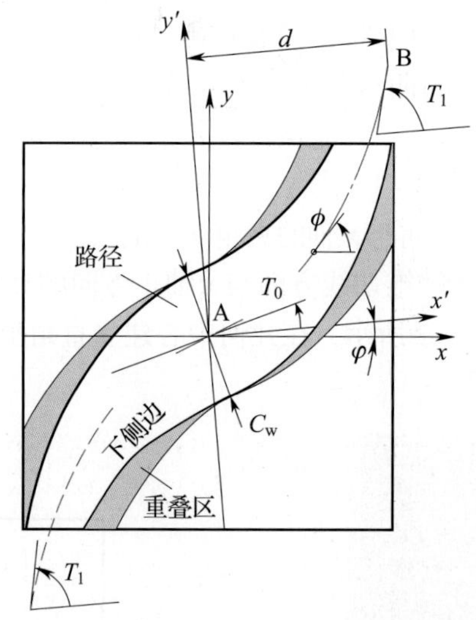

图 18-3　一般线性角度铺放参考路径曲线[20]

这种铺放方式允许曲线纤维路径的变化方向相对于 x 轴旋转。因此，假设曲线从 A 点出发，沿与 x 轴夹角为 φ 的 x' 轴移动，纤维铺层角在参考点 B 处达到 T_1。A 点与 B 点之间纤维铺层角呈线性变化，该参考路径的纤维铺层角方程为

$$\theta(x')=\varphi+(T_1-T_0)\frac{|x'|}{d}+T_0 \qquad T_0,\ T_1\in[0°,\ 90°] \tag{18-3}$$

式中，d 为 A 点与 B 点沿 x' 轴的距离，该曲线的铺放路径可标记为 $\varphi<T_0|T_1>$。此

外，为防止纤维曲线铺放层合板在制造过程中由于拉剪耦合等导致的翘曲变形，正负曲线铺层应相邻铺放，并沿中性面对称，以实现层合板铺层的均衡对称，如图 18–4 所示。

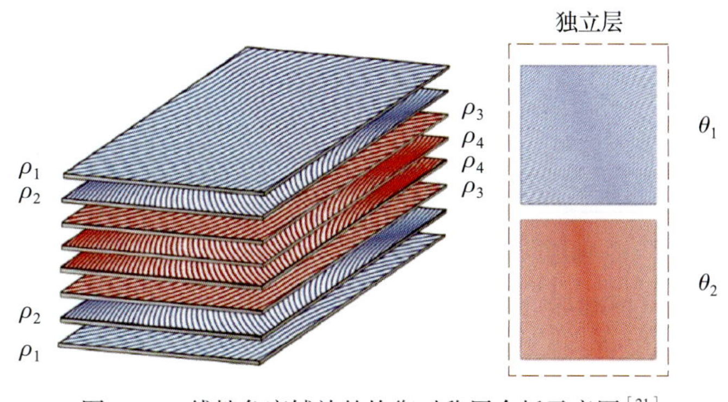

图 18–4 线性角度铺放的均衡对称层合板示意图[21]

18.2 纤维曲线铺放层合板有限元模型

18.2.1 层合板参数化建模

针对某翼型，根据气动性能要求，确定使用过程中机翼的受载情况，从而得到纤维曲线铺放复合材料蒙皮所需的面内变形程度和面外承载水平。实际的蒙皮结构具有一定的曲率，将其简化为平板进行分析，并假设丝束带为一维曲线，铺放路径由式（18–3）确定。简化后的平板长为 a，宽为 b，单层厚度 t=0.125mm，共 24 层，总厚度 h=3mm，为均衡对称层合板。算例中将板长 a 设定为 300mm，分别考虑长宽比 $a:b$ 为 0.5、1、2 时层合板的面内外性能。采用的复合材料性能如表 18–1 所示。

表 18–1 复合材料性能

E_1/MPa	E_2/MPa	μ_{12}	G_{12}/MPa
146000	9330	0.28	4920

采用 Python 脚本语言对 Abaqus 的前处理进行二次开发，将铺层角度设置为离散场，从而建立纤维曲线铺放蒙皮的参数化有限元模型，而后对层合板进行有限元分析。纤维曲线铺放层合板铺层角度的有限元建模基本思想是将整个铺层进行离散，划分为规则的网格单元。假设离散后每个单元的角度是固定的，并将其取为单元中心的纤维角度，单元角度的确定通过编程实现[22-23]。按照该方法得到的有限元模型在铺层角度上与实际存在一定偏差，且网格越精细，与实际的偏差越小，但网格数量的增加会导致计算成本的增加。综合网格收敛性与计算效率，将网格大小设置为 5mm。层合板的单层铺放示意图及离散场有限元模型如图 18–5 所示。

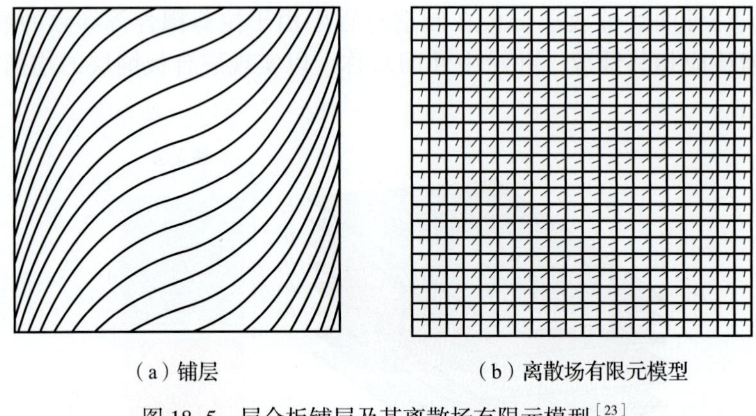

（a）铺层　　（b）离散场有限元模型

图 18-5　层合板铺层及其离散场有限元模型[23]

18.2.2　计算模型

为方便比较不同铺层的面内、外性能，采用面内轴向刚度表征面内性能、面外弯曲刚度表征面外性能，并通过以下两个模型进行计算与分析。

（1）面内轴向刚度的计算模型

屈曲分析用于研究结构的稳定性及其发生失稳时的临界载荷，且结构的载荷—位移曲线在屈曲前是线性的，其斜率即为层合板的等效刚度。层合板面内载荷模型及边界条件如图 18-6 所示，该层合板的纤维路径通过将参考路径沿 y 方向平移铺放得到，即 y 方向上各点的角度相同。采用上下两端固支、侧边简支的边界条件，约束两侧边在 x 与 z 方向的自由度，同时在顶端施加 U_2=1mm 的压缩位移。提取施加压缩位移后顶边的支反力 F_y，得到平板的面内轴向刚度 K_y

$$K_y=F_y/U_2 \tag{18-4}$$

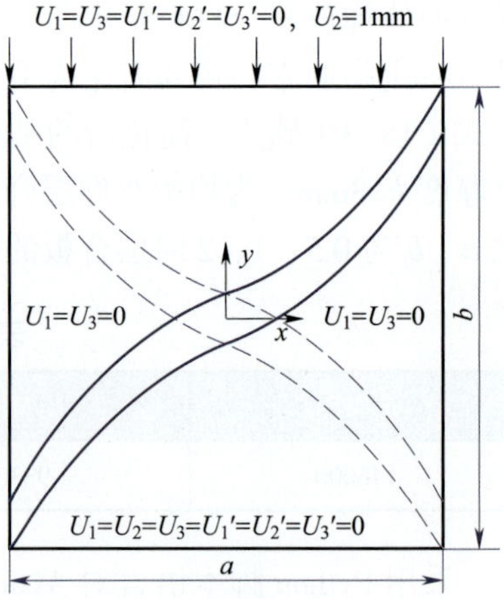

图 18-6　面内载荷与边界条件

（2）面外弯曲刚度的计算模型

有限元模型的边界条件及加载形式与简支梁三点弯曲加载试验的边界条件相似，如图 18-7 所示，约束层合板两侧边 x 与 z 方向的自由度，加载形式为平板中心施加 δ=1mm 的垂直于板平面方向的位移载荷，读取中心处的支反力 P。类似于复合材料简支梁的三点加载试验，定义平板的面外弯曲刚度 K_z 计算公式为

$$K_z=P/\delta \tag{18-5}$$

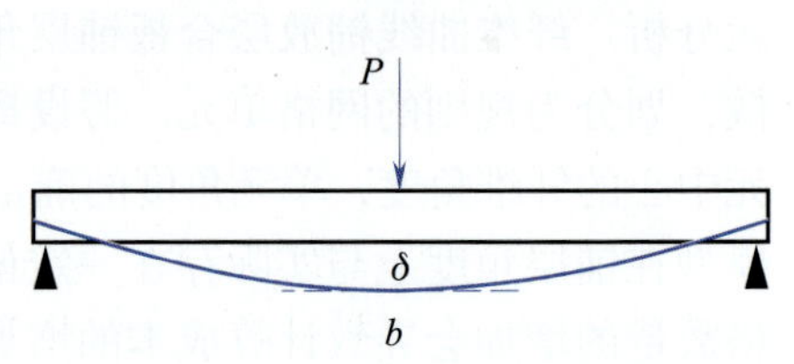

图 18-7　面外载荷与边界条件

（3）优化目标及约束条件定义

面内轴向刚度与面外弯曲刚度的计算模型在层合板的几何尺寸、铺层顺序方面均相同，仅加载方式与边界条件不同。为方便比较，对面内轴向刚度与面外弯曲刚度进行处理，考虑 K_y 与 K_z 相对于相同铺层数下［±45］$_{6S}$ 常规铺层的增量 ΔK_y 与 ΔK_z

$$\Delta K_y=K_y/K_{y0}-1 \tag{18-6}$$

$$\Delta K_z=K_z/K_{z0}-1 \tag{18-7}$$

式中，K_{y0} 与 K_{z0} 分别为［±45］$_{6S}$ 铺层下的面内轴向刚度与面外弯曲刚度。根据上述定义，ΔK_y 越小，代表纤维曲线铺放层合板产生 1mm 压缩位移所对应的压缩载荷越小，即面内轴向刚度越小；而 ΔK_z 越小，则代表其几何中心产生 1mm 面外变形所对应的面外载荷越小，即面外弯曲刚度越小，抵抗面外变形的能力越弱。在此基础上，通过线性加权法分别赋予 ΔK_y 与 ΔK_z 一个加权系数（0.5），得到同时评估层合板面内外性能的函数 J

$$J=(\Delta K_y-\Delta K_z)/2 \tag{18-8}$$

由上式可知，J 的数值越大，铺层在相同轴向载荷作用下的面内变形越大，而在相同面外载荷作用下的面外变形越小。根据上述定义，将 $\Delta K_y<0$ 与 $\Delta K_z>0$ 作为约束条件，用于筛选优于常规层合板的铺层；J 作为该层合板优化模型的目标函数，用于得到具有最优面内外性能的层合板。对于铺层数为 24 层、最外层为直线铺层的层合板，该优化模型可总结为

$$\begin{aligned}
&\text{Find}\quad T_{i0},\ T_{i1} \qquad (i=2,\ 3,\ 4,\ 5,\ 6)\\
&\text{s.t.}\qquad\qquad\quad T_{i0},\ T_{i1}\in[0°,\ 5°,\ 10°,\ \cdots,\ 90°]\\
&\qquad \Delta K_y<0\\
&\qquad \Delta K_z>0\\
&\max\quad J
\end{aligned} \tag{18-9}$$

18.3 纤维曲线铺放层合板优化方法

18.3.1 重复铺层铺放优化方法

对于重复铺层铺放层合板的铺层优化设计，设定最外层采用 ±45° 直线铺层、内层采用重复的曲线铺层，即铺层形式为［±45/（±<$T_0|T_1$>）$_5$］$_S$。理论上，T_0 与 T_1 可取［0，90°］范围内的任意值，但为了提高计算效率，将连续变量离散化，限定 T_0 和 T_1 只可取 5° 的倍数，即 0°，5°，…，90°。于是，T_0 和 T_1 均有 19 种取值，即对于同一几何尺寸的层合板共有 19×19=361 种组合，具体的组合为：组合 1：<0|0>；组合 2：<0|5>；…；组合 19：<0|90>；组合 20：<5|0>；组合 21：<5|5>；…；组合

361：<90|90>。对重复铺层铺放的层合板进行参数化建模分析，遍历后获得每一种组合下的面内轴向刚度与面外弯曲刚度，采用目标函数 J 获得具有最优面内外性能的铺层路径，具体的参数化建模过程如图 18–8 所示。

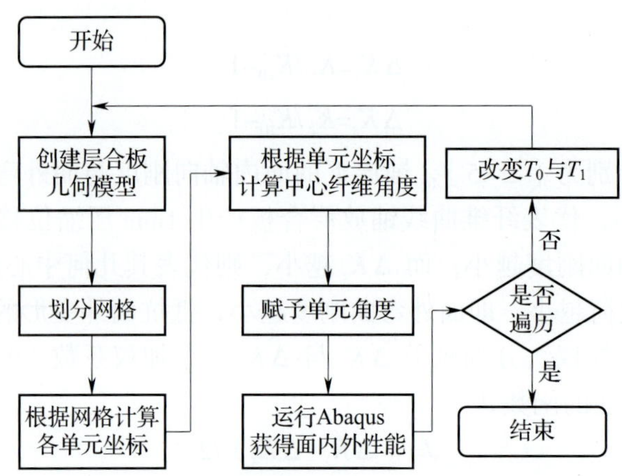

图 18–8　纤维曲线铺放层合板参数化建模步骤

18.3.2　独立变化铺层铺放优化方法

对于独立变化铺层层合板的铺层优化设计，设定最外层采用 ±45° 直线铺层，内层选用不同的铺层组合，独立变化铺层铺放层合板可表示为 $[\pm 45/\pm <T_{20}|T_{21}>/\pm <T_{30}|T_{31}>/\pm <T_{40}|T_{41}>/\pm <T_{50}|T_{51}>/\pm <T_{60}|T_{61}>]_S$。同样限定 T_{i0} 和 T_{i1}（$i=2，3，4，5，6$）只可取 5° 的倍数，每一铺层均有 361 种组合，因此该层合板共有 361^5 种组合。若采用遍历法，组合数量过多，导致计算效率下降，故采用 Isight 优化软件进行计算，选用的优化算法为多岛遗传算法。

与其他遗传算法相同，多岛遗传算法需要一个适应度函数，本例中适应度函数即为目标函数 J，适应度函数值越高，代表该曲线铺层相对 $[\pm 45]_{6S}$ 直线铺层的面内轴向刚度减小量与面外弯曲刚度增大量越大，即越符合蒙皮设计中低面内性能与高面外性能的要求。与传统遗传算法相比，多岛遗传算法的主要区别在于将种群划分为若干个群体，分别放置于不同的“岛”上，而后在岛上分别进行选择、交叉、变异等传统遗传算法的操作，每隔一定迭代次数后随机选取不同岛上的个体投放至其他岛屿上，以保证各个岛屿之间遗传信息的互通，该过程称为“迁移”，通过迁移间隔与迁移率进行控制。多岛屿同时进行遗传的同时，不同岛屿之间存在迁移，保证了该算法的多样性，避免了过早收敛，从而更能获得全局最优解。由于 Isight 软件本身无法进行有限元仿真，因此需要通过与 Python、Abaqus 关联进行面内外性能的优化设计，具体优化流程如图 18–9 所示。

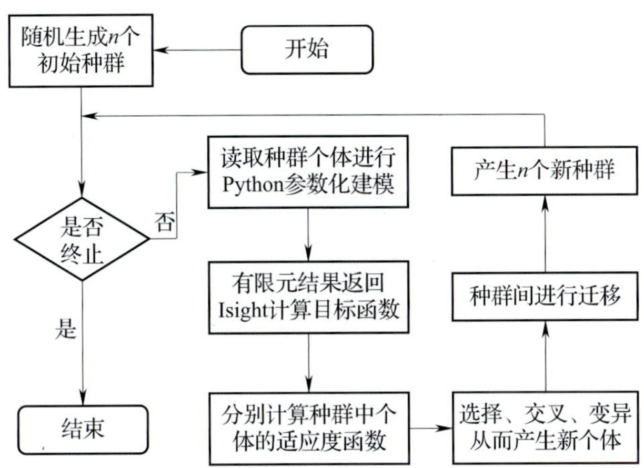

图 18-9 纤维曲线铺放层合板优化步骤

18.4 计算结果与分析

18.4.1 重复铺层铺放分析

遍历重复铺层铺放下的层合板，分别计算三种长宽比下采用不同纤维路径铺放的层合板的面内轴向刚度与面外弯曲刚度，获得在相同载荷作用下面内变形大且面外变形小的铺层组合。结果表明，在不同长宽比下，不同铺放路径对面内轴向刚度及面外弯曲刚度的相对变化量 ΔK_y 与 ΔK_z 的影响类似。以长宽比为 1∶1 的层合板为例，图 18-10 与图 18-11 分别为 ΔK_y 和 ΔK_z 与纤维铺放角度 T_0 和 T_1 的关系图，ΔK_y 与 ΔK_z 随 T_0 与 T_1 变化的趋势相似，在纤维角度均接近 0° 或 90° 时两者达到最值。

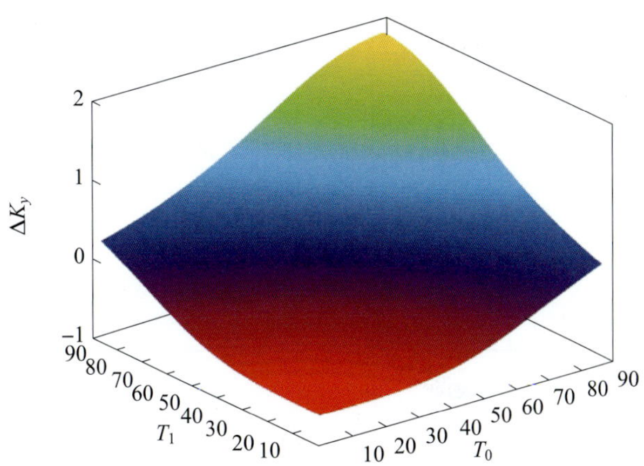

图 18-10 长宽比为 1∶1 时重复铺层铺放下 ΔK_y 与纤维角度的关系

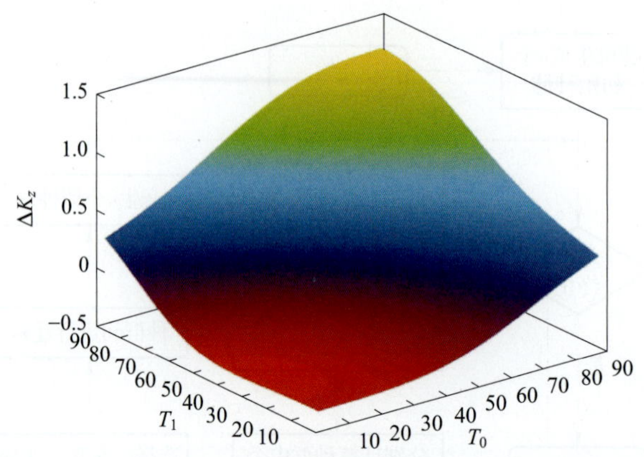

图 18-11　长宽比为 1∶1 时重复铺层铺放下 ΔK_z 与纤维角度的关系

比较不同长宽比下面内外性能与铺层角度之间的关系，当纤维铺放角度相同时，层合板的面内轴向刚度与长宽比成正比，因此以 $[\pm 45]_{6S}$ 直线铺层作为参考的相对变化量 ΔK_y 与层合板的长宽比无关。与此不同的是，铺层面外弯曲刚度 K_z 与相对变化量 ΔK_z 均与长宽比有关。

图 18-12~图 18-14 分别为不同长宽比对应的 ΔK_y 与 ΔK_z 的关系图，根据 ΔK_y 与 ΔK_z 的正负性，将整个图划分为 4 个区域：

Ⅰ：$\Delta K_y<0$ 和 $\Delta K_z>0$，该区域代表面内轴向刚度小于 $[\pm 45]_{6S}$ 铺层且面外弯曲刚度大于 $[\pm 45]_{6S}$ 铺层的曲线铺放层合板，即同时满足低面内刚度与高面外刚度要求，为可行域。图中阴影区域表示的铺层组合即为所需要的满足蒙皮设计要求的铺层，红色圆圈标注的点即为在目标函数下的最优铺层。

Ⅱ：$\Delta K_y>0$ 和 $\Delta K_z>0$，该区域代表面内轴向刚度与面外弯曲刚度均大于 $[\pm 45]_{6S}$ 铺层的曲线铺放层合板。

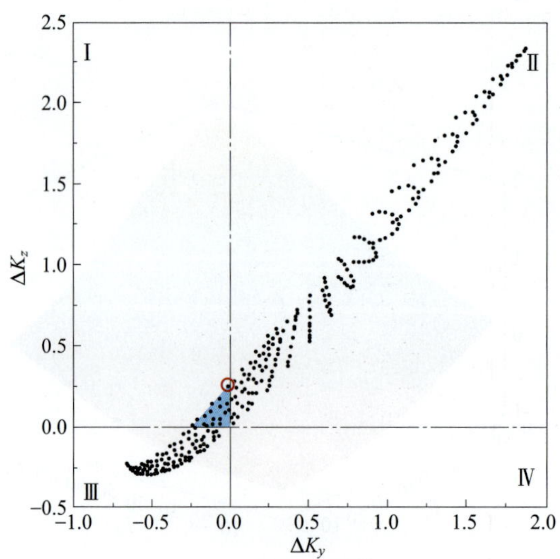

图 18-12　长宽比为 1∶2 时重复铺层铺放下 ΔK_y 与 ΔK_z 的关系

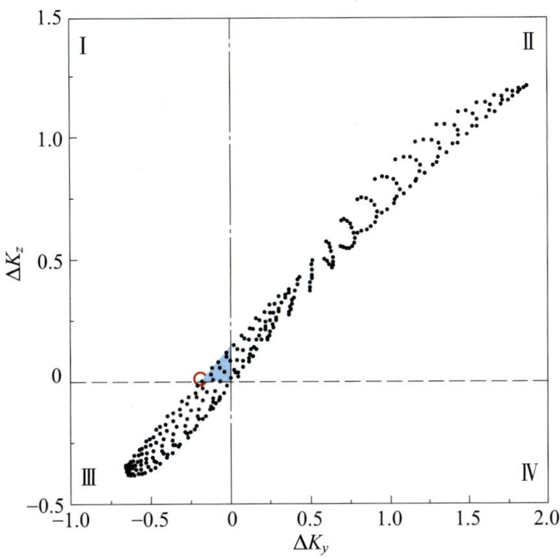

图 18-13　长宽比为 1：1 时重复铺层铺放下 ΔK_y 与 ΔK_z 的关系

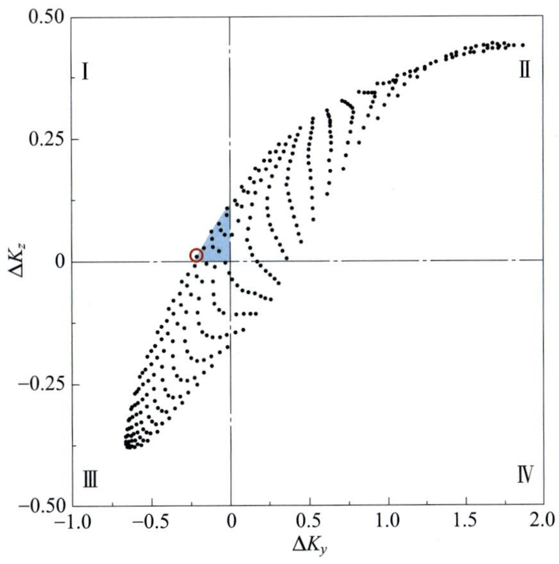

图 18-14　长宽比为 2：1 时重复铺层铺放下 ΔK_y 与 ΔK_z 的关系

Ⅲ：$\Delta K_y<0$ 和 $\Delta K_z<0$，该区域代表面内轴向刚度与面外弯曲刚度均小于［±45］$_{6S}$ 铺层的曲线铺放层合板。

Ⅳ：$\Delta K_y>0$ 和 $\Delta K_z<0$，该区域代表面内轴向刚度大于［±45］$_{6S}$ 铺层且面外弯曲刚度小于［±45］$_{6S}$ 铺层的曲线铺放层合板。

长宽比为 1∶2、1∶1、2∶1 时，对应区域的组合数量占比如表 18-2 所示。大部分铺层组合位于Ⅱ与Ⅲ区域，即高（低）面内轴向刚度的铺层组合对应高（低）面外弯曲刚度，面内外性能变化一致，无法同时满足要求。而位于Ⅰ区域的铺层组合较少，三种长宽比所对应的满足蒙皮设计要求的组合数分别为 17、10 和 12 种，三者相差不大。

表 18-2　重复铺层铺放下不同区域组合数量的占比

$a:b$	Ⅰ /%	Ⅱ /%	Ⅲ /%	Ⅳ /%
1∶2	4.72	56.11	38.89	0.28
1∶1	2.78	55.83	40.83	0.56
2∶1	3.33	50.28	40.28	6.11

符合约束条件的铺层组合中，ΔK_y 与 ΔK_z 的变化范围如表 18-3 所示。不同长宽比下 ΔK_y 的变化范围相差不大，但由于 ΔK_z 受长宽比的影响较大，因此长宽比越小，同一纤维角度下 ΔK_z 的变化越大，其优化程度越大，更容易满足蒙皮的设计要求。最终得到不同长宽比下的最优铺层角度如表 18-4 所示。结果表明，最优铺层对应的纤维路径均为中心处角度大、边界处角度小，且角度变化较大，同时，长宽比为 1∶2 时的铺层 $[\pm 45/(\pm\langle 75|0\rangle)_5]_s$ 具有最优的面内外性能，主要为面外弯曲刚度的优化，而另外两种长宽比下铺层变化对面外弯曲刚度的影响较小，优化效果不明显，因此主要为面内轴向刚度的优化。

表 18-3　满足约束条件时重复铺层铺放下 ΔK_y 与 ΔK_z 变化范围

$a:b$	ΔK_y /%	ΔK_z /%
1∶2	−21.2 ~ −1.5	0.5 ~ 24.7
1∶1	−16.8 ~ −1.4	0.2 ~ 12.6
2∶1	−20.8 ~ −1.5	1.0 ~ 10.9

表 18-4　重复铺层铺放下的最优铺层

$a:b$	最优铺层	ΔK_y /%	ΔK_z /%
1∶2	$[\pm 45/(\pm\langle 75\|0\rangle)_5]_s$	−1.8	24.7
1∶1	$[\pm 45/(\pm\langle 65\|5\rangle)_5]_s$	−16.8	0.8
2∶1	$[\pm 45/(\pm\langle 65\|0\rangle)_5]_s$	−20.8	1.2

18.4.2　独立变化铺层铺放分析

通过 Isight 软件，采用多岛遗传算法对独立变化铺层铺放层合板进行优化设计，同样对三种不同的长宽比进行分析，计算得到随机铺层角度下的面内轴向刚度及面外弯曲刚度，通过目标函数 J 的设定，得到最优的铺层设计。以独立变化铺层的铺放角度作为设计变量，得到不同长宽比下独立变化铺层铺放层合板 ΔK_y 与 ΔK_z 的关系如图 18-15 ~ 图 18-17 所示。同样，将其划分为 4 个区域，Ⅰ区域

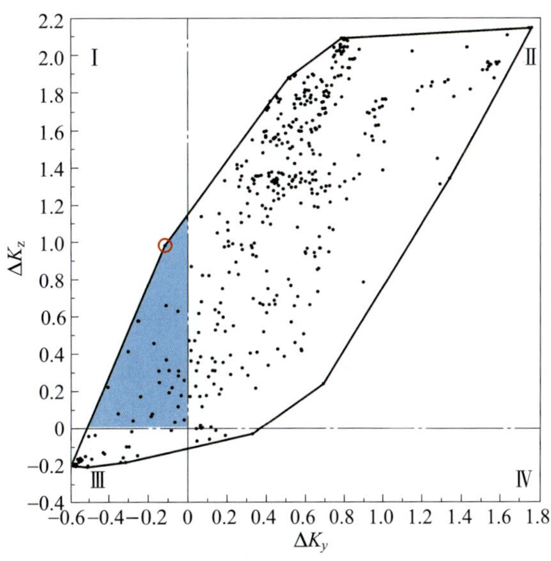

图 18-15　长宽比为 1∶2 时独立变化铺层铺放下 ΔK_y 与 ΔK_z 的关系

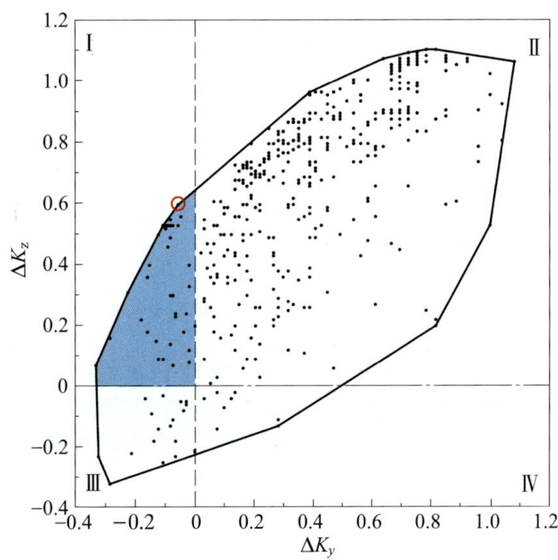

图 18-16　长宽比为 1∶1 时独立变化铺层铺放下 ΔK_y 与 ΔK_z 的关系

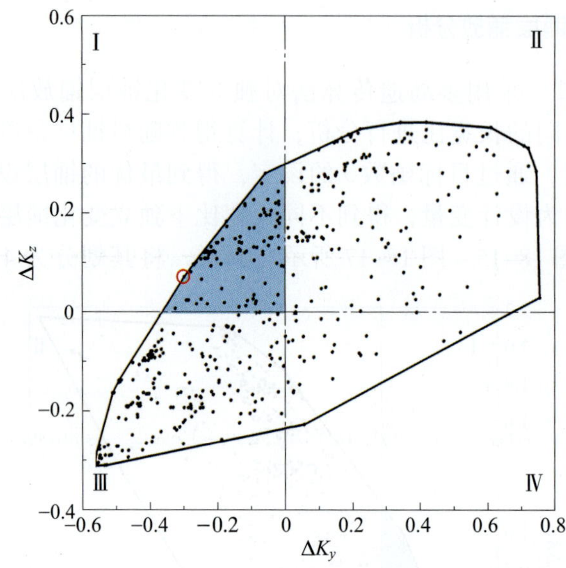

图 18-17　长宽比为 2∶1 时独立变化铺层铺放下 ΔK_y 与 ΔK_z 的关系

代表 $\Delta K_y<0$ 且 $\Delta K_z>0$ 的铺层，满足蒙皮设计要求。由于独立变化铺层铺放下铺放角度的参数组合过多，而采用的多岛遗传算法按照目标函数进行迭代优化，因此计算的组合中符合蒙皮设计要求的路径组合较多。比较不同长宽比下 ΔK_y 与 ΔK_z 的关系，可知长宽比为 1∶2 时面内外性能的优化效果最为突出，单一优化目标下面内轴向刚度最大降低 58.8%，面外弯曲刚度最大提升 214.75%。

满足约束条件 $\Delta K_y<0$ 且 $\Delta K_z>0$ 时独立变化铺层的面内外性能变化范围如表 18-5 所示。与重复铺层设计相同，满足蒙皮设计要求时，不同长宽比下 $\Delta K_y<0$ 的变化范围差别不大，主要为面外性能的差异，在该边界条件下，长宽比为 1∶2 时的面外性能优化程度明显高于另外两种长宽比，即长宽比越小，越能获得高面外性能的层合板。优化得到独立变化铺层铺放时不同长宽比对应的最优铺层角度如表 18-6 所示。结果表明，在不同长宽比下，面内外性能较好的铺层的共同点是外层的纤维角度取值与变化均较大，内层的纤维角度取值与变化均较小。同时，长宽比越小，ΔK_y 及 ΔK_z 变化范围越大。三种长宽比下最优铺层的长宽比为 1∶2，对应的铺层角度为［±45/±<90|75>/±<0|35>/±<0|5>/±<35|10>/±<30|25>］$_S$。

表 18-5　满足约束条件时独立变化铺层铺放下 ΔK_y 与 ΔK_z 变化范围

$a:b$	ΔK_y /%	ΔK_z /%
1∶2	−40.7～−0.2	3.0～98.0
1∶1	−33.3～−2.0	7.0～60.0
2∶1	−32.7～−0.3	0.1～28.3

表 18-6 独立变化铺层铺放下的最优铺层

<table>
<tr><th>a : b</th><th>最优铺层</th><th>ΔK_y /%</th><th>ΔK_z /%</th></tr>
<tr><td>1 : 2</td><td>[±45/ ± <90|75>/ ± <0|35>/ ± <0|5>/ ± <35|10>/ ± <30|25>]s</td><td>−11.6</td><td>98.0</td></tr>
<tr><td>1 : 1</td><td>[±45/ ± <90|85>/ ± <35|10>/ ± <5|45>/ ± <25|25>/ ± <30|25>]s</td><td>−5.7</td><td>60.0</td></tr>
<tr><td>2 : 1</td><td>[±45/ ± <50|90>/ ± <70|40>/ ± <40|10>/ ± <0|10>/ ± <20|25>]s</td><td>−0.3</td><td>25.9</td></tr>
</table>

与重复铺层铺放相比，采用独立变化铺层铺放设计时设计变量增多，因此纤维铺放角度具有更多的组合，满足蒙皮设计要求的组合数明显增多，更具有可设计性。同时，层合板的面内外性能变化范围明显增大，特别是在面外弯曲刚度的优化上，以长宽比为 1 : 2 为例，面外性能的最大优化程度由单纤维铺放的 24.7% 增长至 98.0%，且不同长宽比下最优铺层的优化方向均为面外弯曲刚度的提升。

18.5 小结

针对变弯度机翼前缘需要采用变刚度复合材料蒙皮的需求，本章介绍了曲线纤维的复合材料变刚度方式，对变刚度复合材料蒙皮设计方法进行了探索。具体地讲，将蒙皮简化为平板，研究了不同长宽比下重复铺层铺放与独立变化铺层铺放时纤维路径对层合板面内外性能的影响，然后以曲线铺层的面内轴向刚度相对变化量 ΔK_y 与面外弯曲刚度相对变化量 ΔK_z 作为约束条件，以 ΔK_y 减小量与 ΔK_z 增大量的平均值作为优化目标，对重复铺层铺放曲线进行遍历，对独立变化铺层铺放曲线采用多岛遗传算法进行优化，得到不同长宽比下满足蒙皮设计要求的最优路径曲线。结论如下：

（1）相同铺层下，不同长宽比对应不同的面内轴向刚度 K_y 与面外弯曲刚度 K_z，但相对于 $[\pm 45]_{6S}$ 铺层，面内轴向刚度的相对变化量 ΔK_y 与层合板的长宽比无关，而面外弯曲刚度的相对变化量 ΔK_z 在大多数纤维路径下随层合板长宽比的增大而减小。

（2）以重复铺层铺放角度 T_0 与 T_1 为变量进行遍历，以独立变化铺层铺放角度 T_{i0} 和 T_{i1}（i=2，3，4，5，6）为变量采用多岛遗传算法进行优化，计算得到满足蒙皮设计要求的层合板占比较少，而对于面内外性能较好的铺层，纤维路径具有共同点，即外层为纤维角度变化较大的曲线纤维路径，内层则为纤维角度变化较小的近似直线铺层。

（3）比较不同长宽比下层合板的性能，长宽比越大，ΔK_y 与 ΔK_z 的变化范围越小，满足约束条件的纤维路径也越少。在三种长宽比中，长宽比为 1 : 2 时铺层面内外性能的提升较其余两种长宽比更优，单目标下，重复铺层铺放时面内轴向刚度最大降低 21%，面外弯曲刚度最大提升 25%，独立变化铺层铺放时面内轴向刚度最大降低 41%，面外弯曲刚度最大提升 98%。

由于只针对一种边界条件下的层合板性能进行了分析，但在不同边界条件以及不同长宽比下层合板的面内外性能优化程度不同，最优铺层路径也不同，因此在机翼蒙皮的设计过程中，需要进一步针对蒙皮的实际情况进行优化分析。

第 19 章 分布式柔顺变弯度后缘结构设计与分析方法

季宏丽[1]，聂瑞[2]，裘进浩[1]

1. 南京航空航天大学 航空学院，210016

2. 中国民用航空飞行学院 航空工程学院，618307

19.1 基于分布柔顺设计原理的主动柔性后缘结构设计

19.1.1 设计原理

柔顺机构是一种可以进行能量、运动传递或转换的装置，其主要分为两类：①集中柔顺机构：当柔顺机构的弹性变形区域局限在凹口铰链或局部弯曲等一个较小的区域时，称为集中柔顺机构，风洞天平上的凹口铰链即为典型的集中柔顺机构；②分布柔顺机构：当弹性变形分布于整个结构中时，称为分布柔顺机构，传统的复合弓即为典型的分布柔顺机构。

根据变弯度机翼的设计要求，机翼前缘或者后缘应按需求连续、光滑地变形，同时能够承受气动载荷。因此，可以将变弯度机翼前、后缘蒙皮设想成一种具有分布柔顺特性的柔顺机构。由于分布柔顺机构的弹性变形分布在整个机构中，因此在前缘、后缘变形过程中，蒙皮通过积累局部的小变形实现后缘整体的大变形。蒙皮结构采用具有较大刚度的高强度复合材料，通过上、下表面蒙皮的差动（见图 19–1），在实现连续、光滑变形的同时，可以确保结构具有较好的承载能力（分布柔顺机构的优势之一）。

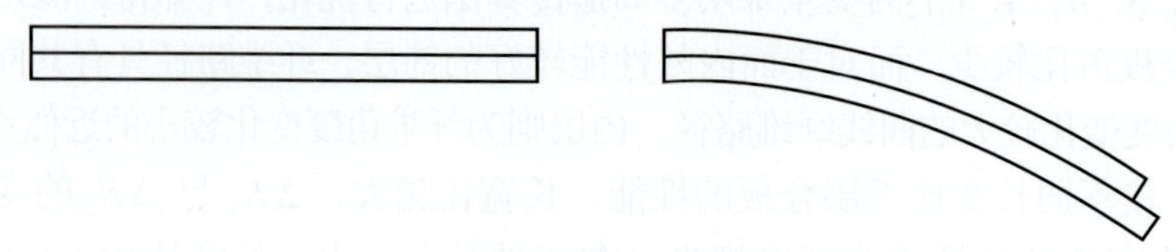

图 19–1 层叠梁层间滑动变形示意图

19.1.2 单点驱动变形模式

如图 19–2 所示，机翼结构主要分为机翼前段和主动柔性后缘段两部分，通过后梁连接构成完整的机翼结构。主动柔性后缘部分主要包括：①驱动单元；②上表面蒙皮；③下表面蒙皮；④直线滑块 / 滑轨组；⑤刚性尾缘；⑥连接上、下表面蒙皮的柔性腹板。后缘结构通过作动器拉动，实现机翼后缘的弯度变化。当结构在驱动器作用下变形时，能量以应变能的形式存储在玻璃纤维复合材料蒙皮中。当结构在驱动器作用下恢复初始状态时，蒙皮内存储的能量以回程反力的形式释放。

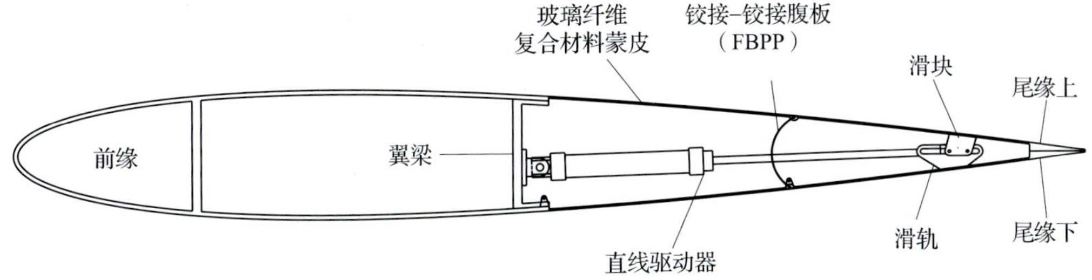

（a）单点驱动模式主动柔性

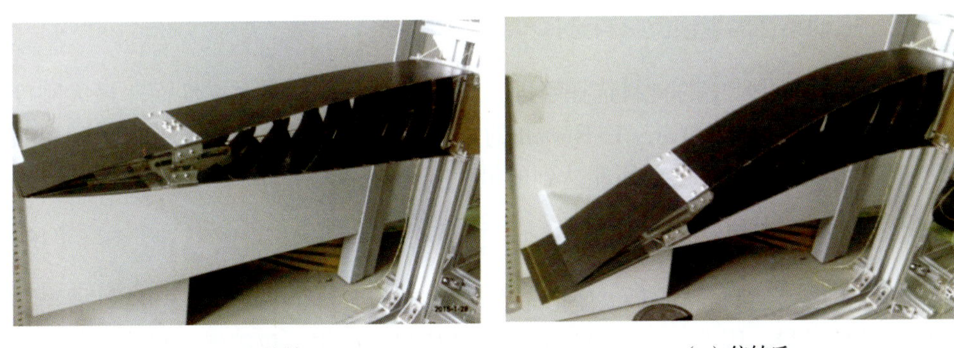

（b）未偏转　　（c）偏转后

图 19-2　单点驱动主动柔性后缘模型

19.1.3　滑轮组驱动变形模式

滑轮组驱动模式如图 19-3 所示，主要变化在于将直线利用钢索 - 滑轮系统代替。以 4 组滑轮系统为例，滑轮 01、02 连接到蒙皮上，滑轮 03、04 连接到机翼前梁上。可以使用直线驱动器拉动钢索或者使用双程形状记忆合金丝进行驱动。由于

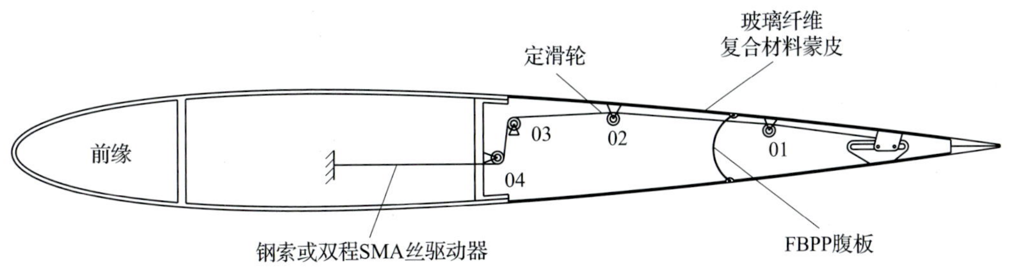

图 19-3　采用滑轮组驱动的柔性后缘

滑轮 01、02 直接与蒙皮相连，滑轮安装位置会出现一个直接作用于蒙皮的力，有利于改善后缘的承载能力。

19.1.4 主动柔性后缘变形定义

参考传统机翼襟副翼偏转定义，定义变弯度后缘下翼面刚性尾缘端点 P 到参考点 O（原始翼型几何弦线 60% 处）的连线 OP 与几何弦线的夹角 α 为后缘偏转角度，如图 19–4 所示。

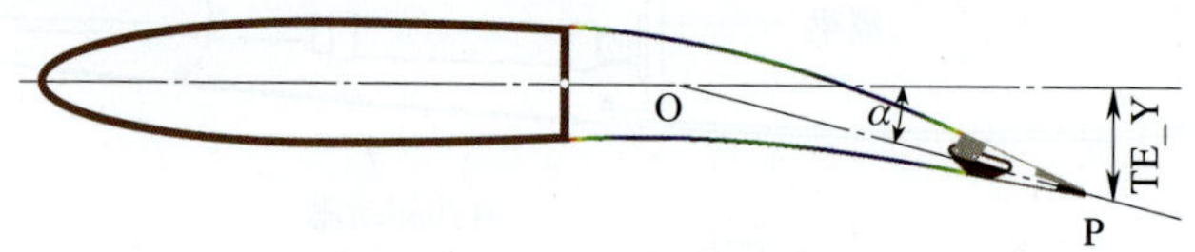

图 19–4 后缘偏转变形定义

19.1.5 主动柔性后缘蒙皮材料选择

和传统结构设计中的材料选择不同，柔顺机构材料以最大柔性而非最大刚度作为材料选择标准。根据 Larry L. Howell 的柔顺机构学，当材料最大应力达到屈服强度 S_y 时，得到结构在失效前所能达到的最大变形为

$$\delta_{max}=\frac{2}{3}\frac{S_y}{E_s}\frac{L^2}{h} \tag{19-1}$$

上式表明，任意材料的最大变形量与结构几何尺寸和材料参数 S_y/E_s 都有关，其中 E_s 为拉伸模量。因此，一旦设计对象的结构尺寸确定，仅需考虑材料的强度与弹性模量之比。当比值最大时，结构可获得最大变形，材料对比如表 19–1 所示。

表 19–1 典型材料的屈服强度与弹性模量比值

材料	E_s /GPa	S_y /MPa	S_y / E_s
Ti（Ti–13 热处理）	114	1170	10
POM	2.88	62	21.5
尼龙（66）	2.8	55	19.6
GFRP（E–glass73.3VOL%）	56	1640	29
尼龙 – 碳纤维（3D 打印、长纤维 35%）	7.5	63.4	8.5
尼龙 – 玻璃纤维（3D 打印、短切纤维）	3.5	44（抗拉强度）	12.6
碳纤维（Markforged 3D 打印）	54	700（抗拉强度）	13
玻璃纤维（Markforged 3D 打印）	21	600（抗拉强度）	28.6

19.2 基于伪刚体模型的单点驱动主动柔性后缘结构优化

利用解析方法分析大变形结构的运动特性具有较大的局限性，但有限元方法求解又会占用太多计算时间，伪刚体模型提供了一种针对非线性大变形结构分析的简单方法，利用具有等效力—变形关系的刚体构件来模拟柔顺机构，将柔顺机构分析转变为刚体机构分析。

19.2.1 3R 伪刚体模型

伪刚体模型是将柔顺机构简化为一个由铰链、扭簧、弹簧、连杆等组成的刚性机构。图 19–5 为悬臂梁 3R 伪刚体模型，其包含三个铰链、三个扭簧、4 个刚性连杆，l 为目标悬臂梁的长度，γ_i 为模型特征半径系数，k_i 为扭簧刚度系数。

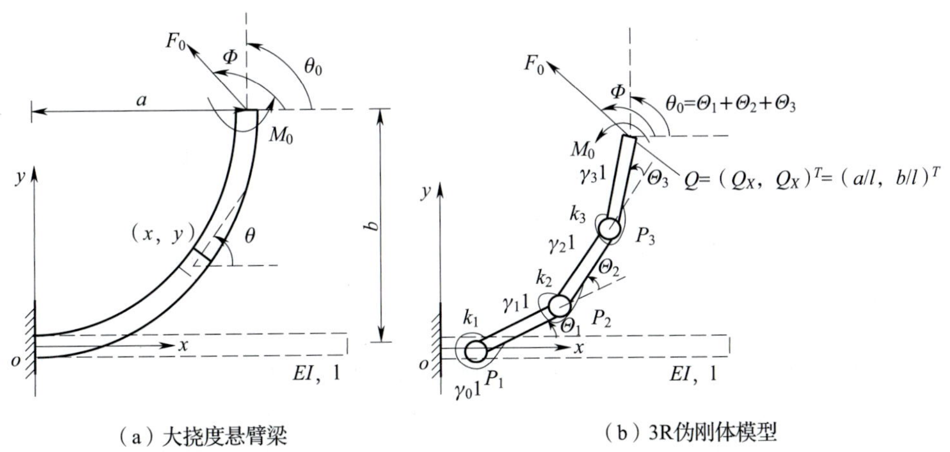

图 19–5 大挠度悬臂梁的 3R 伪刚体模型

特征半径系数 γ_i 之间的关系为

$$\gamma_0+\gamma_1+\gamma_2+\gamma_3=1 \tag{19–2}$$

伪刚体模型中第 i 个扭簧弹簧常数 K_i 可表示为

$$K_i=K_{\Theta i}\frac{EI}{l} \qquad i=1, 2, 3 \tag{19–3}$$

模型上作用的外部载荷可以用［F_x，F_y，M_0］表示，对模型中任一杆件，末端受力均为［F_x，F_y］，则模型的力矩平衡方程可表示为

$$\begin{cases} K_1\Theta_1=\gamma_1 l\cos\Theta_1 \cdot F_y-\gamma_1 l\cos\Theta_1 \cdot F_x \\ K_2\Theta_2=\gamma_2 l\cos(\Theta_1+\Theta_2) \cdot F_y-\gamma_2 l\cos(\Theta_1+\Theta_2) \cdot F_x \\ K_3\Theta_3=\gamma_3 l\cos(\Theta_1+\Theta_2+\Theta_3) \cdot F_y-\gamma_3 l\cos(\Theta_1+\Theta_2+\Theta_3) \cdot F_x+M_0 \end{cases} \tag{19–4}$$

通过联立上述方程组，可以得到 3R 伪刚体模型中各个杆件的转动角度 Θ_i，进

而求得模型末端位移。

19.2.2 基于 3R 伪刚体模型的主动柔性后缘建模

如图 19–6（a）所示，为简化后的主动柔性后缘伪刚体模型。简化过程中，将上、下表面蒙皮分别简化为 3R 伪刚体模型，将内部腹板结构简化为两端铰接的弧形短梁。简化后的模型主要包括上翼面蒙皮离散得到的 4 个刚性杆件、下翼面蒙皮离散得到的 4 个刚性杆件、上 / 下翼面刚性尾缘、直线作动器，以及约束刚性尾缘运动的直线铰链。

根据活动杆件的个数（上、下翼面各三个可活动的刚性杆件）及尺寸，将后缘分为三个优化区域，每个区域可布置一块铰接腹板。优化过程中，将铰接腹板简化为简单的线性弹簧单元。约束上、下翼面刚性尾缘的直线铰链副的实现形式如图 19–6（b）

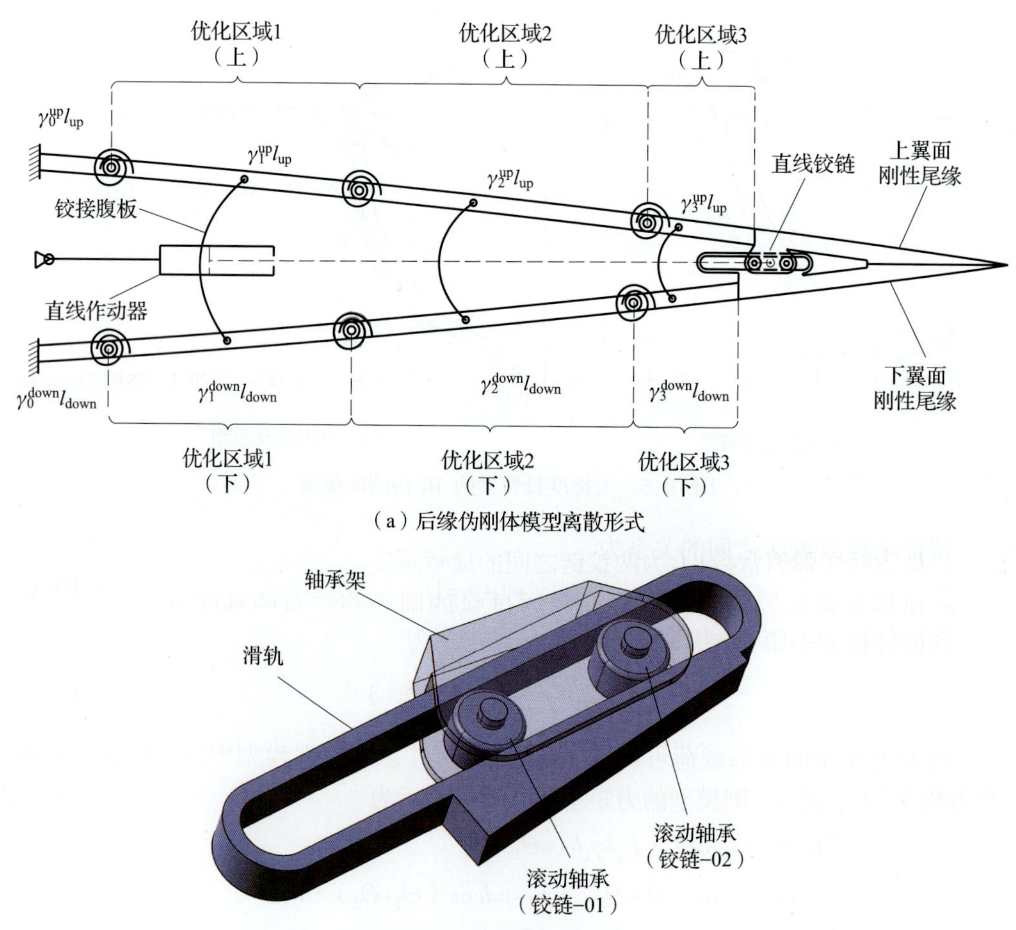

（a）后缘伪刚体模型离散形式

（b）直线铰链建模方式

图 19–6　主动柔性后缘伪刚体模型

所示，滑轨直接与下翼面刚性尾缘刚性连接，滑块由两个滚动轴承和轴承架组成，轴承架与上翼面刚性尾缘刚性连接。

借助伪刚体模型，研究后缘变形驱动力、滚动轴承受力（铰链 01、铰链 02）、腹板受力，为确定后缘的主要设计参数（腹板安装位置、腹板刚度等参数）提供依据。

伪刚体模型中的主要参数，特征半径 γ_i、扭簧刚度系数 $K_{\Theta i}$ 一般通过优化得到[24]。根据柔性后缘的设计特点，后缘上、下翼面蒙皮依靠直线铰链相连，因此可将上、下翼面蒙皮简化为两个悬臂梁结构。为方便起见，参考 Hai-Jun Su 的研究选取特征半径、刚度系数，根据一般载荷条件下 3R 伪刚体悬臂梁的等效模型的优化参数[25]，特征半径、刚度系数取值如表 19-2 所示，对应的有限元模型蒙皮参数如表 19-3 所示。

表 19-2　悬臂梁 3R 伪刚体模型建模参数

载荷形式	γ_0	γ_1	γ_2	γ_3	$K_{\Theta 1}$	$K_{\Theta 2}$	$K_{\Theta 3}$
一般情况	0.1	0.35	0.4	0.15	3.51	2.99	2.56

表 19-3　主动柔性后缘蒙皮参数

蒙皮厚度 /mm	弹性模量 /GPa	密度 /（kg/m^3）	泊松比	屈服强度 /MPa
2	56	1800	0.3	1640

如图 19-7 所示，铰接 - 铰接短梁模型可以简化为一维弹簧模型，弹簧的等效刚度与弯曲梁结构的材料力学性能参数、结构几何形状有关。对于线性弹簧模型，力与沿刚性铰链连线方向的位移成正比，则圆弧形铰接腹板结构在外力 F_{in} 作用的平衡方程可以等效为

$$F_{in}=k_s \Delta L \tag{19-5}$$

式中，k_s 为线性弹簧常数；L 为两铰链之间的最短距离。

圆弧形铰接 - 铰接短梁可以使用通过弧的圆心和中点的垂线进行简化，如图 19-8 所示，为初始未偏转状态下的弧形短梁。

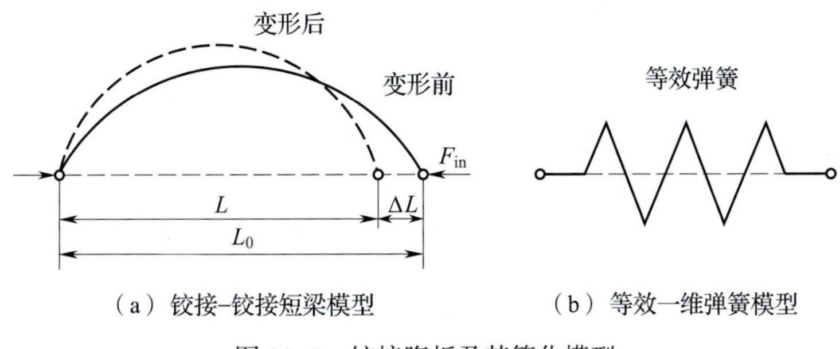

（a）铰接–铰接短梁模型　　（b）等效一维弹簧模型

图 19-7　铰接腹板及其简化模型

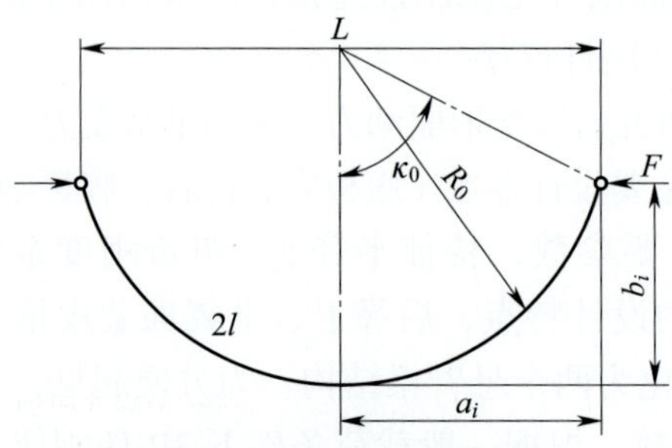

图 19-8 铰接腹板受力

铰接点的初始坐标被定义为 a_i、b_i，量纲一（曾称无量纲）化处理之后，初始坐标可以表述为

$$\begin{cases} \dfrac{a_i}{l} = \dfrac{1}{\kappa_0}\sin\kappa_0 \\ \dfrac{b_i}{l} = \dfrac{1}{\kappa_0}(1-\cos\kappa_0) \end{cases} \tag{19-6}$$

式中，$\kappa_0=l/R_0$ 为弧形短梁的弧度；R_0 是短梁初始半径；l 是圆弧长度的 1/2。

等效线性弹簧常数 k_s 可以由 Castigliano 理论求得，假定弧形铰接－铰接短梁横截面沿整个梁的尺寸是恒定的，并且材料为各项同性线弹性材料，则线性弹簧常数 k_s 可表示为

$$k_s = \frac{EI}{l^3}\frac{\kappa_0^3}{(\kappa_0 - 3\cos k_0 \sin\kappa_0 + 2\kappa_0\cos^2\kappa_0)} \tag{19-7}$$

式中，E 为腹板材料弹性模量；I 为初始圆弧短梁截面惯性矩。

19.2.3 伪刚体模型可靠性验证

将有限元模型计算结果与伪刚体模型计算结果进行对比，通过比对后缘变形驱动力、后缘末端变形位移、铰链受力，检验伪刚体模型用于后缘运动学、动力学分析的可行性。考虑如下情况，所有等效弹簧单元的弹簧常数均为 0，即后缘结构只包含上、下蒙皮，没有腹板结构。当后缘向下偏转 30° 时，后缘末端位移、变形驱动力、尾缘处铰链受力的计算结果分别如图 19-9 所示，除变形驱动力误差相对较大外，其余指标均能控制在较小的误差范围以内。从各项输出指标可以看出，使用伪刚体模型可以很好地模拟主动柔性后缘的运动学、动力学特性，其结果是可信的。

19.2.4 基于伪刚体模型的后缘结构优化

对比伪刚体后缘模型与有限元后缘模型同时向下偏转得到的输出结果，如图 19-9（b）和（c）所示，位于尾缘部位的铰链轴承，在后缘变形过程中受力随后缘变形角度增加呈线性增加。由于尾缘空间有限，设计过程中，难以选用高额定载荷

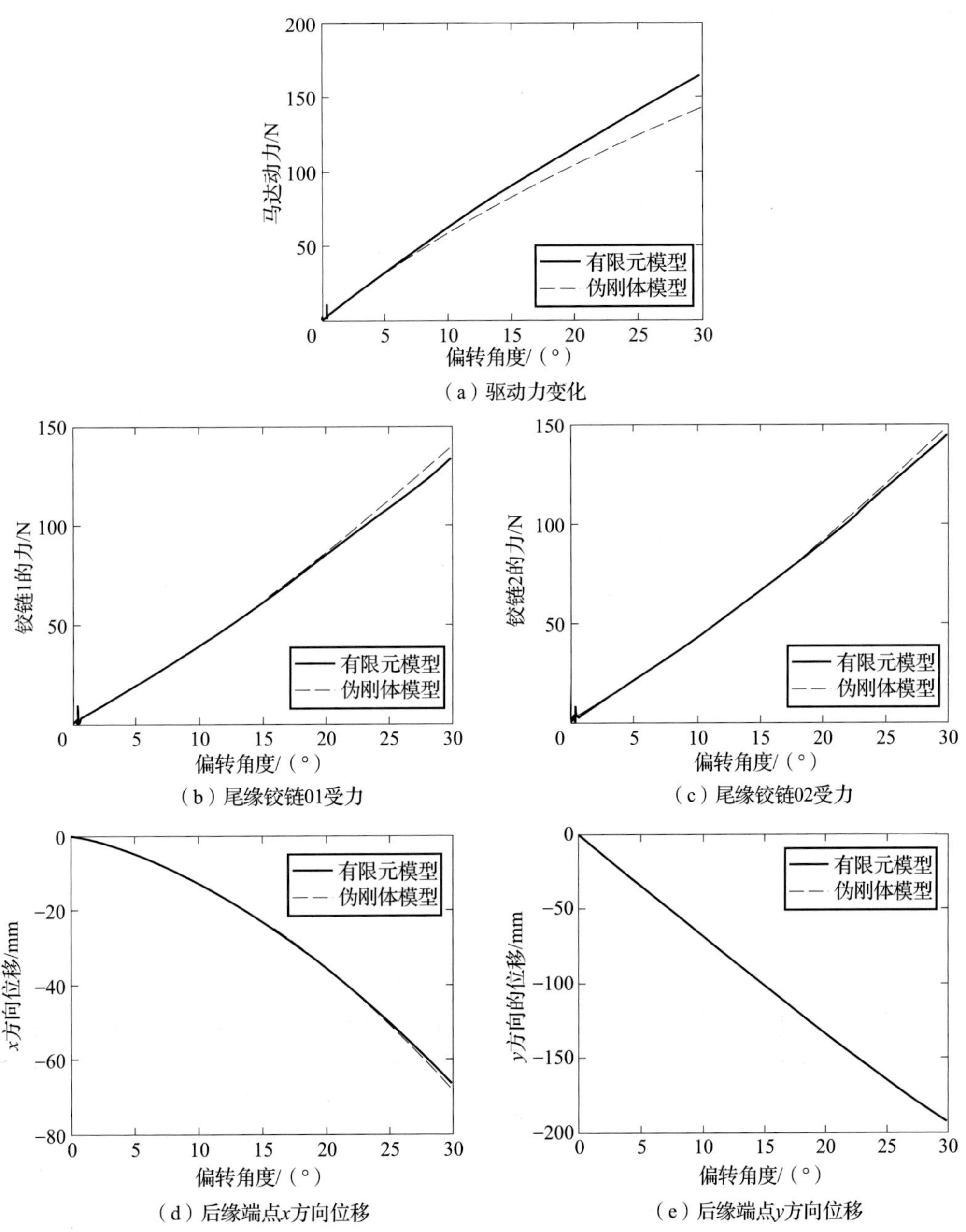

图 19–9　伪刚体模型可靠性验证

的滚动轴承，而飞行器在实际飞行过程中往往会由于某些原因（如阵风等），使机翼受力突变。因此，在柔性后缘主要尺寸确定的条件下（后缘尺寸、蒙皮厚度等），以后缘变形驱动力、尾缘处铰链受力最小化为优化目标，优化后缘腹板布置、等效弹簧常数。

（1）优化变量和优化区间选取

如图 19–9（a）所示，按照特征半径 γ_i 将后缘分为三个优化区间，每个优化区间布置一个铰接腹板结构。通过改变腹板在各个区间的安装位置、等效弹簧常数大小，对各铰链受力进行优化。由于伪刚体模型的刚性连杆在优化过程中尺寸不变，因此腹板安装位置的 y 坐标可以通过 x 坐标来表示。根据刚性连杆取值参数，设计变量选取如表 19–4 所示。

表 19–4　后缘伪刚体模型优化变量选取范围

优化区域	腹板安装位置 /mm	腹板等效弹簧常数 /（N/mm）
优化区域 1	45.0～202.5	0.0～200.0
	44.0～198.0	
优化区域 2	202.5～382.5	0.0～200.0
	198.0～374.0	
优化区域 3	382.5～450.0	0.0～200.0
	374.0～440.0	

（2）模型优化

分别对不同优化区间下的铰接腹板位置、等效弹簧常数进行优化，考察变形驱动力、铰链受力的可行解分布情况。优化结果如图 19–10 所示，当优化目标同时包括驱动力、尾缘铰链受力时，腹板结构位于优化区间 2 时，效果最佳，尾缘两个铰链受力均大幅减小，同时驱动力增长较小。

$$\min F(x) = [\,\mathrm{Out}F(x),\ \mathrm{Out}f_1(x),\ \mathrm{Out}f_2(x)\,]$$

$$\text{s.t.} \quad x = [\,x_i^{\mathrm{up}},\ x_i^{\mathrm{lo}},\ k_{si}\,] \qquad (19\text{–}8)$$

$$i = 1,\ 2,\ 3$$

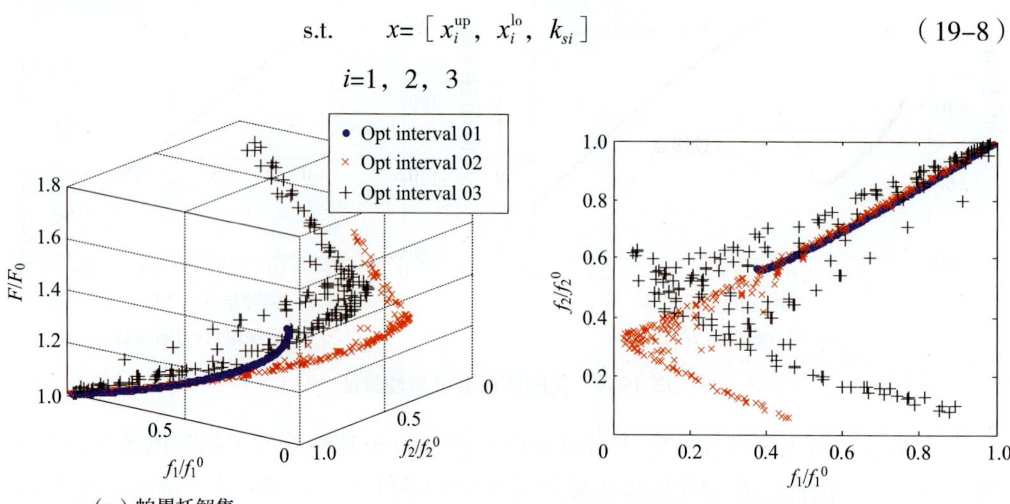

（a）帕累托解集　（b）投影

图 19–10　单腹板结构优化结果对比

19.3　单点驱动主动柔性后缘结构设计及有限元仿真

根据优化结果，在单腹板优化得到的帕累托解集中选取合适的解，建立有限元模型进行验证。所选结果主要参数，腹板安装位置、腹板等效弹簧刚度如表 19-5 所示。

表 19-5　腹板结构优化后设计参数

	Xup02	Xdown02	等效弹簧刚度 02
单腹板设计	274	269	16.2

根据式（19-7），腹板材料为 65Mn 弹簧钢，结构尺寸如图 19-11 所示，为一弧度 $\frac{2}{3}\pi$ 的两端铰接圆弧形梁，弧形梁宽度与主动柔性后缘展向尺寸相同。图 19-11（b）为腹板结构有限元模型仿真结果与线性等效弹簧模型计算结果的对比，可以看出设计线性弹簧可以精确模拟腹板结构的力—位移性能。

图 19-12 为优化得到的带铰接腹板的主动柔性后缘结构。

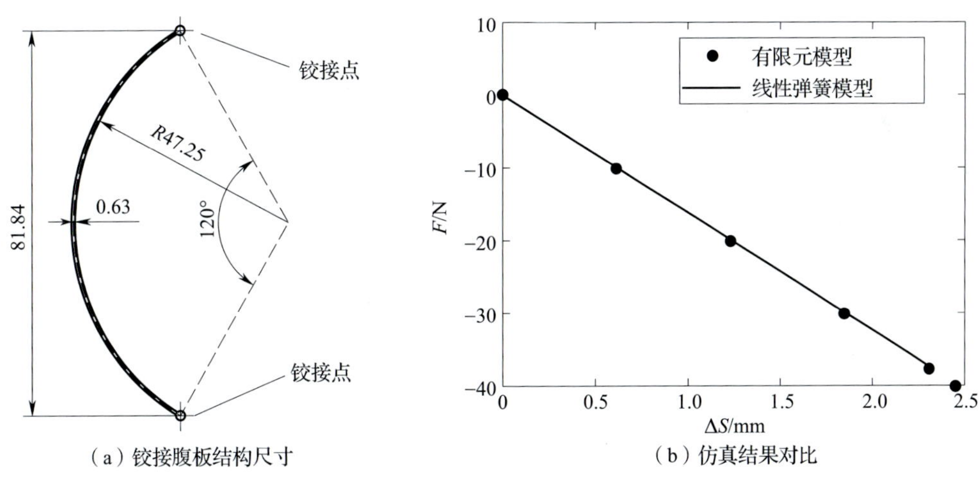

（a）铰接腹板结构尺寸　　（b）仿真结果对比

图 19-11　铰接腹板 - 等效弹簧拉力—位移曲线

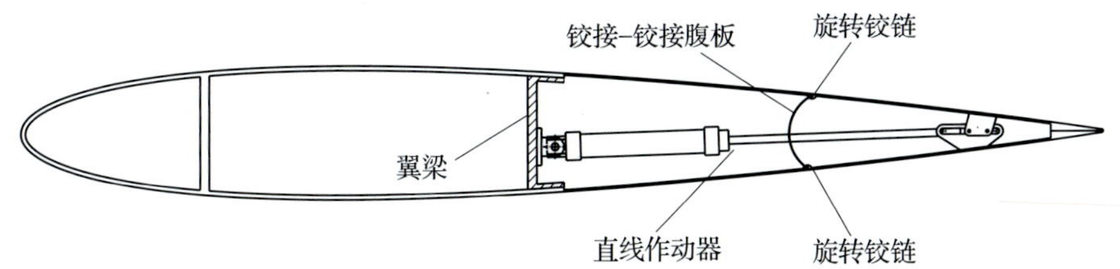

图 19-12　优化后的单点驱动主动柔性后缘结构设计

图 19–13 为主动柔性后缘优化前与优化后的有限元模型仿真结果对比，可以看出增加铰接腹板结构之后，与无腹板构型相比驱动力随偏转角的增大而增大，变化趋势呈二次曲线，从下偏 15° 开始增速明显加大，偏转 25° 时增加约 16.8%。从后缘偏转 5° 开始，相比于原始后缘结构，尾缘铰链受力大幅减小，任意后缘偏转角下的铰链最大受力，均不超过原始结构铰链受力的 35%。可见，对后缘结构进行优化之后，通过合理配置铰链腹板，显著降低了对尾缘处铰链的受力要求，并且对后缘变形驱动力影响较小。

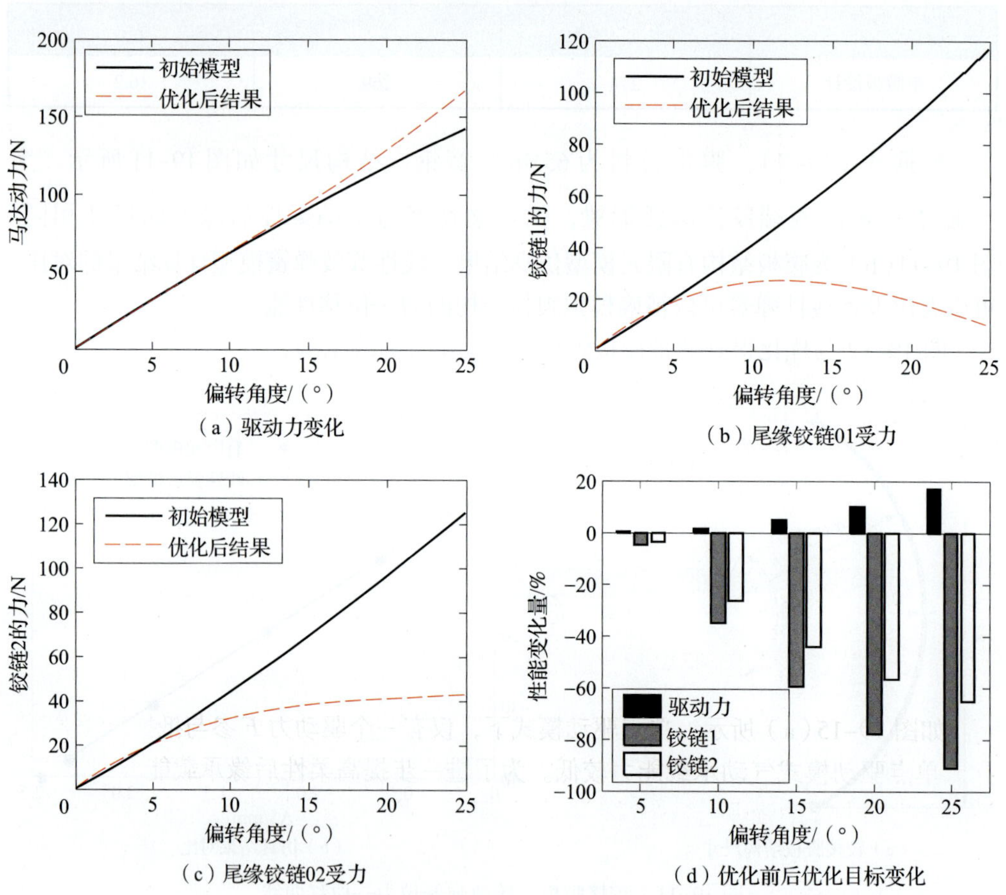

图 19–13　主动柔性后缘优化前与优化后的有限元模型仿真结果对比

优化后模型输出结果变化量分析

$$\text{性能变化量} = \frac{\text{初始结果} - \text{最优结果}}{\text{初始结果}} \times 100\% \tag{19-9}$$

表 19-6 优化前后主要参数变化

	ACTE /(°)	5	10	15	20	25
变化量	F / N	0.06%	1.47%	4.76%	9.92%	16.81%
	f_1 / N	-5.05%	-35.30%	-59.44%	-78.05%	-91.3%
	f_2 / N	-3.92%	-26.80%	-44.41%	-57.14%	-65.30%

图 19-14 为采用压电泵驱动系统的主动柔性后缘模型，可以实现后缘连续、光滑变形。

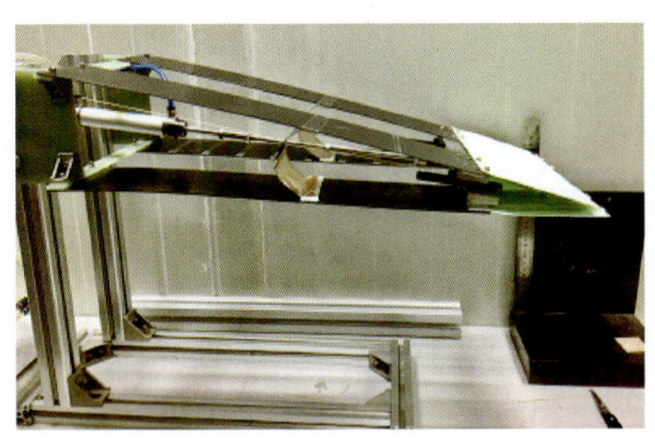

（a）后缘末端位移为0

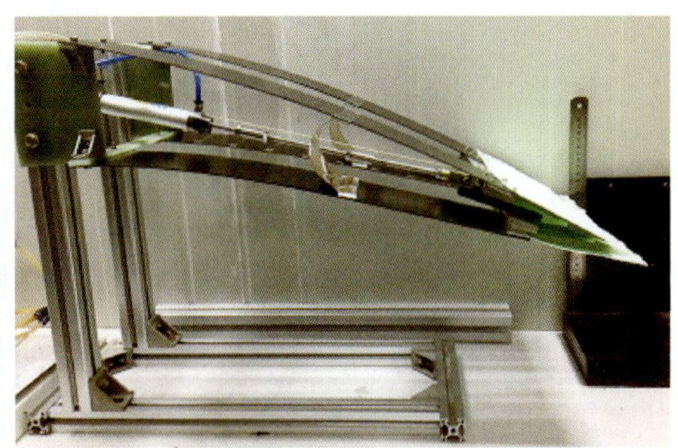

（b）后缘末端位移为弦长的15%

图 19-14 基于压电泵直线驱动系统驱动的主动柔性后缘模型

19.4 滑轮组驱动主动柔性后缘研究

19.4.1 滑轮组驱动后缘模型受力模型

如图 19-15（a）所示，单点驱动模式下，仅有一个驱动力 F 参与抵抗气动载荷，导致单点驱动模式气动承载能力较低。为了进一步提高柔性后缘承载能力，提出了滑轮组驱动模式，如图 19-15（b）、（c）所示，增加固定在蒙皮上的滑轮组之后，在双程 SMA 丝驱动力 F_w 作用下，滑轮对蒙皮有拉力 F_{P-S}，改变滑轮组位置、滑轮组数量可以调整 F_{P-S-n} 大小，进而改善后缘气动承载能力。本章针对 4 滑轮组驱动系统，通过对滑轮组安装位置（滑轮 1、滑轮 2、滑轮 3、滑轮 4）进行优化，以最优化后缘承载能力。

19.4.2 滑轮组驱动后缘承载能力优化

在后缘上翼面蒙皮上等距取 4 个参考点 P_1、P_2、P_3、P_4，如图 19-16 所示。当驱动力、气动载荷同时为 0 时，参考点的 y 方向坐标分别为 y_1^0、y_2^0、y_3^0、y_4^0。当驱动器不工作时，后缘在气动载荷的作用下沿 y 的正方向上偏。当驱动器开始工作

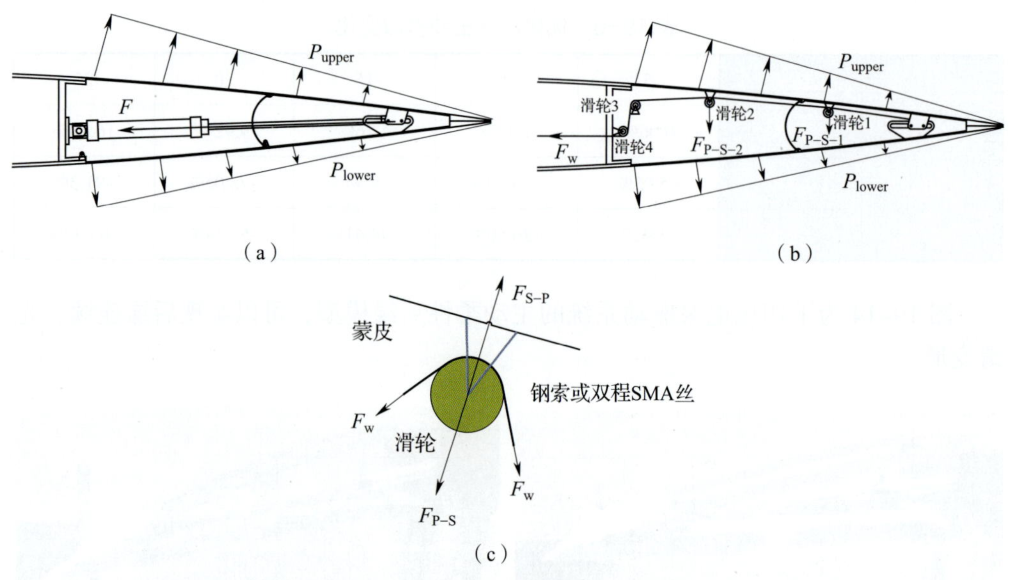

图 19–15　不同后缘驱动模式抵抗气动载荷的方式

时，随着驱动力 F_w 的增大，后缘在驱动力作用下会逐渐回复到初始状态（未偏转状态），这一过程中参考点 y 方向的坐标分别为 $\bar{y}_1$、$\bar{y}_2$、$\bar{y}_3$、$\bar{y}_4$。此时通过平均相对误差来衡量参考点偏离初始位置的大小，定义优化方程为

$$\min\ J=\frac{1}{3}\sum_{i=1}^{3}\left|\frac{y_i^0-\bar{y}_i}{y_i^0}\right| \qquad \text{s.t.}\quad \bar{y}_4=y_4^0 \tag{19-10}$$

式中，J 为参考点 P_1、P_2、P_3 偏离初始位置的平均相对误差，通过约束参考点 P_4 在 y 方向上的坐标，保证后缘偏转角度为 0°。

滑轮优化结果如图 19–17 所示。

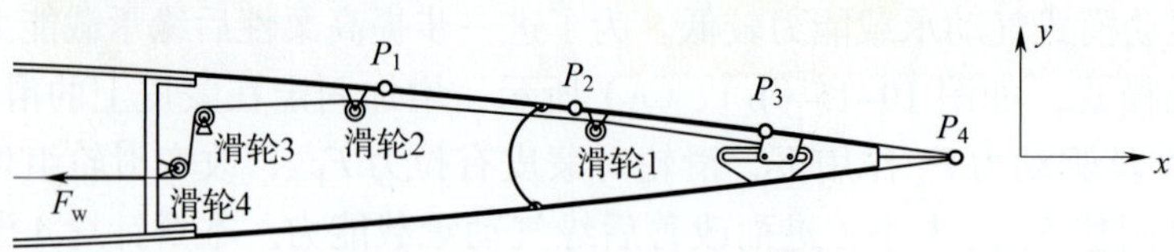

图 19–16　优化参考点位置

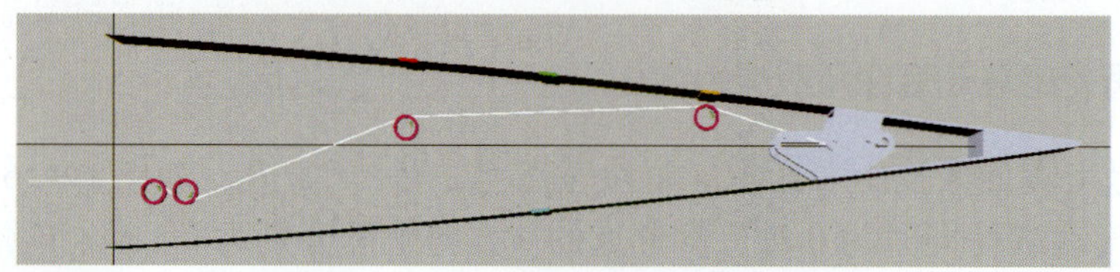

图 19–17　主动柔性后缘承载能力优化

19.4.3　使用双程记忆合金丝驱动的变弯度后缘

多滑轮组驱动模式可兼容多种驱动系统，如直线位移滑台、压电泵、形状记忆合金丝等。如图 19-18 所示，为不同负载作用下双程记忆合金的变形量测试结果，SMA 丝直径 0.5mm，长度 250.5mm，加热电流 1.5A。从图中可以看出，双程记忆合金丝在负载小于 4kg 时，具有很好的负载能力，加载带来的 SMA 丝应变也能通过加热回复。当负载 >4kg 时，负载对 SMA 丝的影响无法忽略，加热—冷却过程中的可回复位移降低为 9.4mm，随着负重量的增加，可回复位移会继续降低。因此在实际使用过程中，需要通过多组 SMA 丝并联使用，确保单根丝受力 <4kg。双程记忆合金的优势在于停止加热后，SMA 丝不需要外力作用就可以自动回复到加热前的长度。

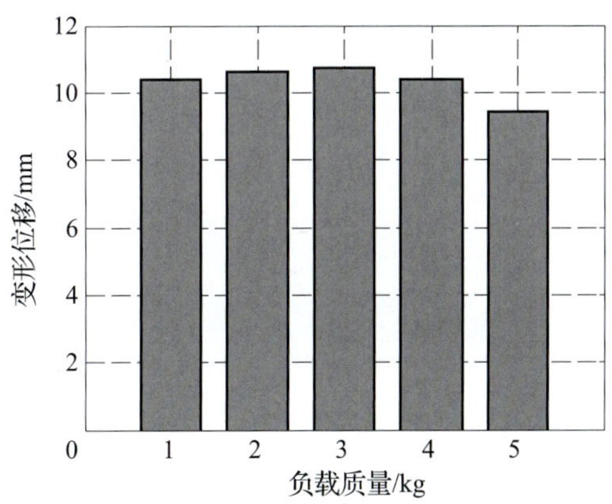

图 19-18　双程形状记忆合金丝负载能力测试

如图 19-19 所示，为双程形状记忆合金丝驱动的 ACTE 后缘偏转测试。从图中可以看出，利用双程记忆合金丝可以方便实现机翼后缘的变形驱动。

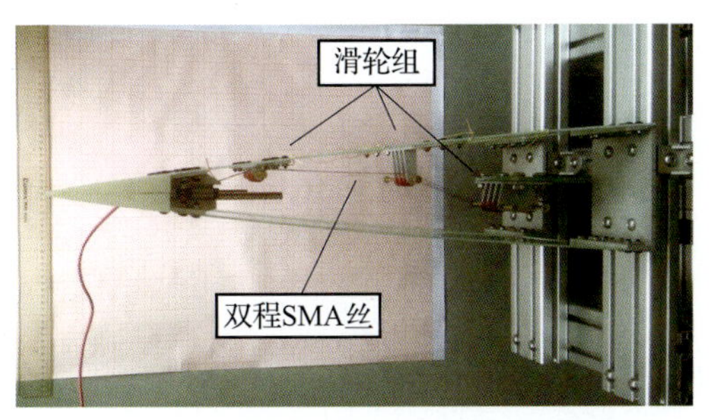

（a）ACTE模型无变形状态（SMA不加热）

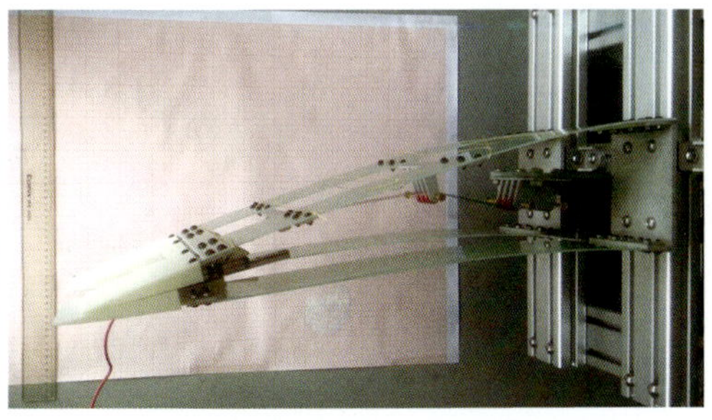
（b）ACTE模型偏转状态（SMA通电加热）

图 19-19　使用双程 SMA 丝驱动的后缘变形测试

后缘变形试验测试结果，一方面证明了结构设计的合理性；另一方面也说明了利用仿真对后缘结构设计进行指导的方法是可行的，在面向真实机翼的设计过程中，可以充分利用伪刚体模型对结构参数进行优化，从而提高设计效率。

19.5 小结

本章根据分布式柔顺设计理念，介绍了一种主动柔性后缘结构设计与分析方法，并阐述了基于双程形状记忆合金驱动的变弯度后缘结构驱动控制方法，较好地兼顾了结构柔顺性和强度，可为未来分布式柔性结构设计提供一定参考。

（1）利用伪刚体模型，建立了主动柔性后缘简化模型。研究表明，伪刚体模型能够很好地模拟 ACTE 后缘的运动、受力特性。以 NACA0012 翼型为基础，基于压电叠堆泵驱动的 ACTE 后缘结构能够实现后缘连续、光滑变形。

（2）对多滑轮组驱动模式后缘进行了承载特性优化，根据参考点平均相对误差建立了优化方程，并利用 ADAMS 刚柔耦合模型进行了优化分析，取得了较好的效果。

第 20 章　基于六边形胞元的超轻柔性变弯度机翼结构设计与分析方法

张梦杰[1]，王子瑜[2]，薛景锋[1]，周进[1]

1. 中国航空研究院，100012
2. 北京航空航天大学，100191

20.1　基于胞元的超轻柔性变形机翼结构概念

在 NASA“任务自适应数字化复合材料航空结构技术”（MADCAT）项目的支持下，NASA、麻省理工学院和康奈尔大学等首次提出了“积木式”柔性变形机翼结构概念，如图 20–1 所示。该机翼的桁架结构由八面体体积元通过微型螺栓连接而成，体积元由高刚度碳纤维复合材料注塑成形；柔性蒙皮为聚酰亚胺薄膜，通过螺栓与桁架结构连接。风洞试验表明，该种构型机翼可以在超低质量密度下保持足够的刚度和强度，具有连续光滑变形能力，可有效地提高未来无人机的操纵性和气动效率[26-32]。

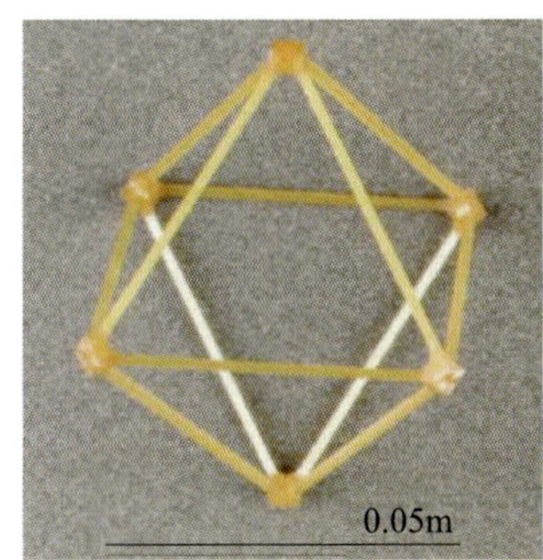

图 20–1　MADCAT 项目新型可变形机翼的体积元和 4m 翼展试验模型

在可变形机翼领域，采用具有胞元结构的基体材料，通过特定的拼接与连接方式，构建部分或整个机翼结构是当今该领域研究的热点。MADCAT 项目中的“积木式”柔性可变形机翼本质上也是属于该形式可变形机翼的一种。

根据胞元结构的设计维度以及其组成形式，基本可将以胞元为主要组成单元的可变形机翼分为二维胞元基体组合结构、二维胞元延伸结构和三维胞元基体组合结构三类。

其中二维胞元基体组合结构通过由刀具铣削或激光切割等方式加工平面板材得到的二维胞元结构为基础，并通过复杂的组装搭配方式构建可变形机翼。其特点在于从三个平面方向上堆叠搭建二维胞元结构，并通过胞元间的相互连接与滑移实现载荷传递及外形变化，其可实现较大的扭转变形效果。NASA 在早期与康奈尔大学的合作中就曾提出过一型该类别的可变形机翼结构，其三个平面方向上的结构及组合形式如图 20–2 所示。

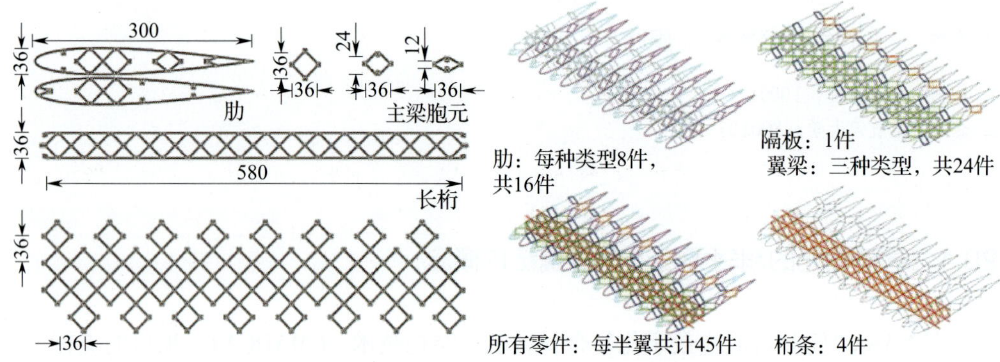

图 20–2　NASA 与康奈尔大学合作的二维胞元组合结构部件及组合方式

二维胞元延伸结构则通过在二维尺度上对单元体胞元结构进行适当的扩展延伸加以实现。其整体结构较为简单，而且该类型结构主要基于 3D 打印制造而成，不需要进行复杂的装配与组装调整。考虑到此类结构的独特形式，其更多地被用于弦向变形和展向变形研究。哈尔滨工业大学曾在该领域进行了大量的研究，设计了多种外形的二维胞元延伸结构并进行了风洞试验，如图 20–3 所示，对其设计的二维胞元结构进行了试验测试和研究分析[33–34]。南京航空航天大学提出的一种二维胞元延伸结构，可通过调整参数对整体刚度和泊松比进行调整，进而可实现在机翼展长和机翼面积上的同时调整，其二维胞元结构单元和翼面结构样件如图 20–4 所示[35–36]。

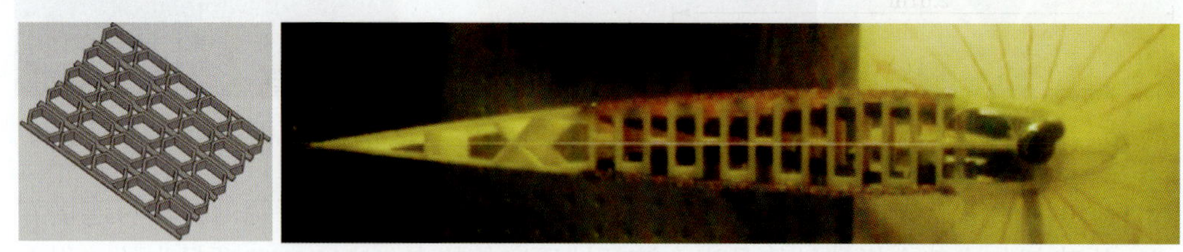

图 20–3　哈尔滨工业大学设计的二维胞元延伸结构及风洞试验研究

三维胞元基体组合结构与二维胞元基体组合结构相近，但通过 3D 打印或数控加工实现三维胞元基体结构的快速生产加工，可以认为是省略了二维胞元基体结构需要在三个平面上的拼插组装，因而组装难度大大降低，可实现较为快速的制造与组装。其同样可实现在弦向、展向及扭转方向上的变形，灵活度较大，具有较高的研究价值。

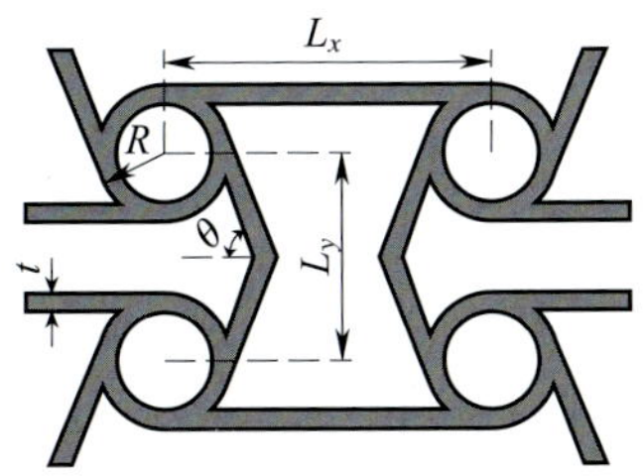

图 20-4　南京航空航天大学提出的二维胞元结构单元和翼面样件

MADCAT 项目新型可变形机翼既是该类型可变形机翼结构的典型代表，其各部分胞元结构形式及连结方式如图 20-5 所示。尽管目前研究尚未进行机翼变形测试，但通过结合合适的作动器，MADCAT 新型可变形机翼可十分灵活地调整自身结构以实现各种变形需求，未来前景十分广阔。

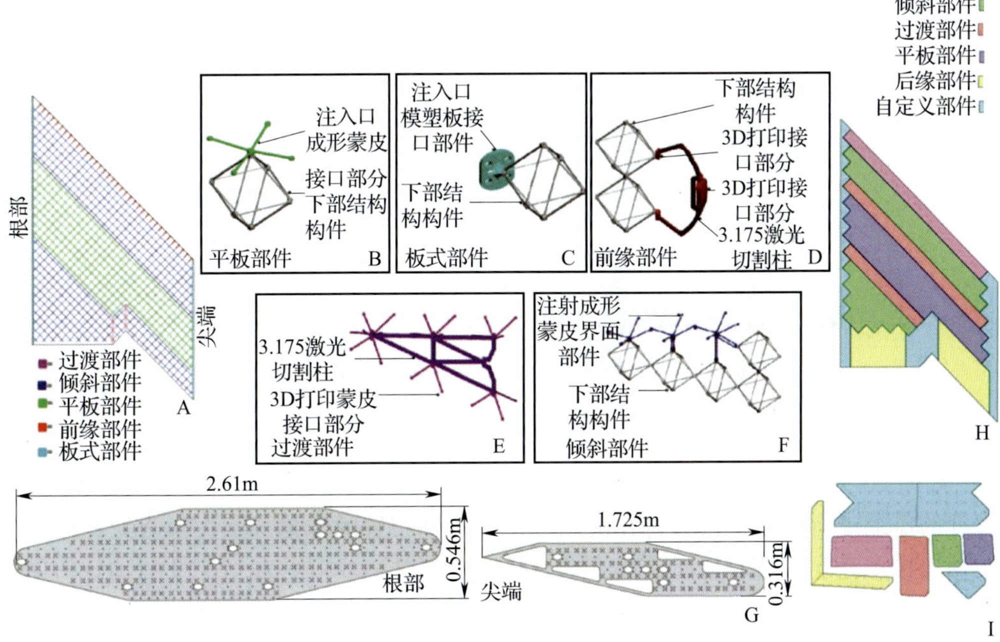

图 20-5　MADCAT项目新型可变形机翼各部分胞元结构形式及连接方式示意

综合来看，三维胞元基体组合结构在以胞元结构构建的可变形机翼结构设计中具有较大优势。但现有的三维胞元基体组合结构虽然变形效果较为显著，但整体形式趋于复杂，不便于设计和加工，且尚无法快速完成对现有机翼结构的改装。

因此，本章介绍一种基于六边形胞元的三维胞元基体组合结构设计方案，通过六边形胞元配合连接单元构成，实现对胞元外形的设计适配各种翼型结构，为三维胞元组合提出了一种全新的思路。

20.2 超轻柔性变弯度机翼结构设计

20.2.1 胞元设计

该方案主要包含基体胞元、柔性连接单元和传递胞元三种基础胞元结构，以及适配于基础胞元结构的机翼前缘和机翼后缘两种辅助结构。基础胞元结构主要通过规律性、连续性布置实现翼面柔性连贯形变，辅助结构则主要用于维持翼面整体结构的完整性并承载驱动器和传动装置。

基体胞元整体采用六边形结构如图 20-6 所示，其主体主要分为接合平面和支撑结构。接合平面整体呈修圆六边形，并通过 6 个方向上对应的卡槽通过柔性连接单元与其他胞元结构相连。支撑结构采用 6 个圆柱带侧板结构，基于接合平面构建并决定了接合平面的内圈外形。通过调整支撑结构上缘的外形以契合各种不同机翼外形，其外部可通过支撑柔性翼膜材料实现变形。

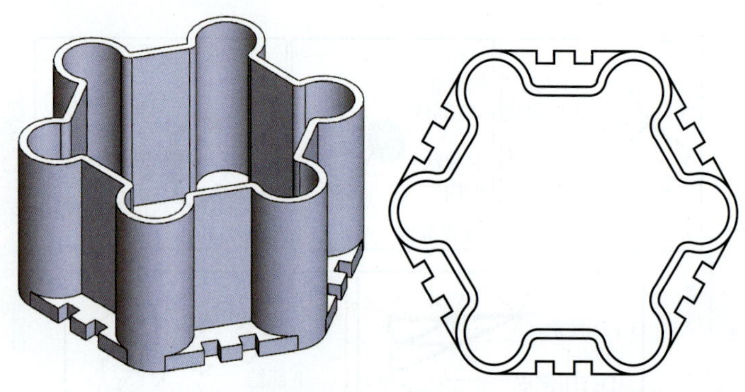

图 20-6 基体胞元

如图 20-7 所示，柔性连接单元整体呈现 N 形，由此可在平面方向上实现一定程度的压缩或者拉伸。再通过在两侧上、下分别布置的卡槽与六边形胞元相接合。柔性连接单元在连接时成对使用，并呈反对称安装以实现载荷与形变的均匀传递。同时为保证整体结构的载荷形变传递及结构的可拓展性，所有柔性连接单元均保持同一方向安装规律。由于有些胞元外围不再连接其他胞元，因此除了常规的柔性连接单元，还有一种简化的柔性连接单元，仅用于上、下胞元间的固定，而非传递变形与载荷，因此仅保留一侧结构。

图 20-7 柔性连接单元及简化单元

传递胞元如图 20-8 所示，主要用来传递机翼变形驱动结构的运动，以实现对机翼结构外形的改变，其由基体胞元改进调整而来，保留了原本两侧的六边形基体胞元结构，并对中部宽度进行了拉伸。中部传导部分则采用了 H 形框架，以实现对翼面上气动载荷的承载与机翼外形改变的传递效果。

通过按照间隔分布方式布置三种基础胞元结构，再通过安装适配的机翼前缘和机翼后缘，进而组成可实现弦向柔性连贯变形的可变形机翼翼段，如图 20-9 所示。

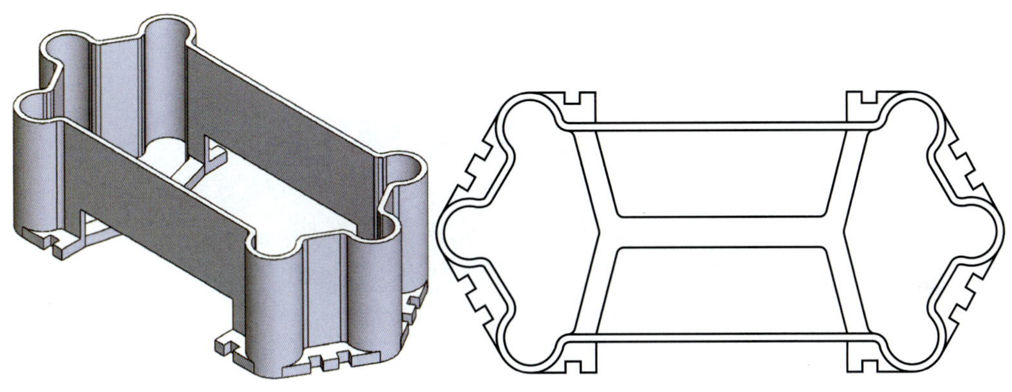

图 20-8　传递胞元

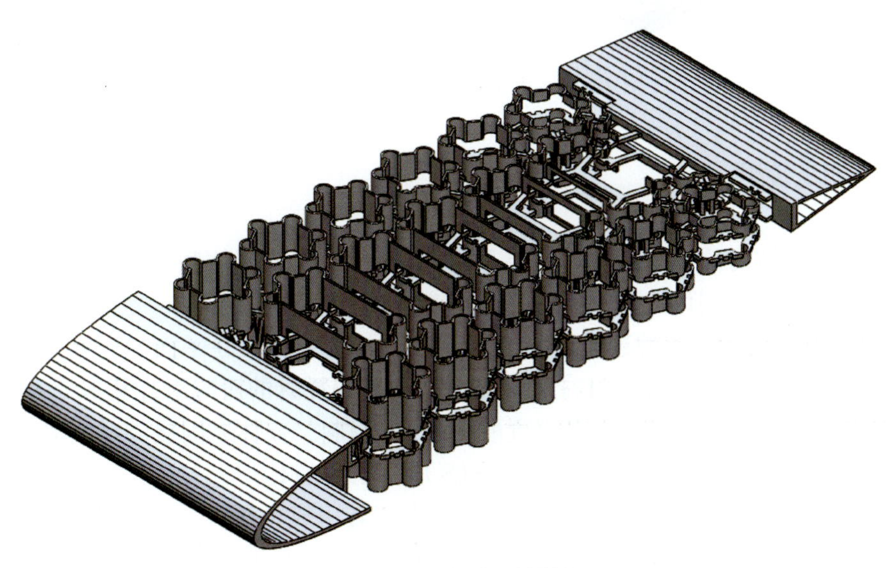

图 20-9　可变形机翼翼段

20.2.2　驱动器设计

变形驱动器主要用于带动可变形机翼翼段实现机翼外形变化。其可通过直接驱动翼段上的传递胞元，或经由传动部件间接带动传递胞元产生偏转或位移以实现翼面外形的变化。

该设计中的变形驱动器采用了如图 20–10 所示的电机带动枢轴间接控制方案。该方案通过在翼段前部设置电机，由电机带动横穿过机翼的金属枢轴带动各个传递胞元形成位移来实现翼面形状的变形，其优势在于电机和枢轴承载能力强且变化过渡更趋合理，并且更拟合真实飞机的翼面变形形态。并且可以通过对枢轴结构的特殊设计以实现不同的偏转效果，达成不同的机翼变形状态。

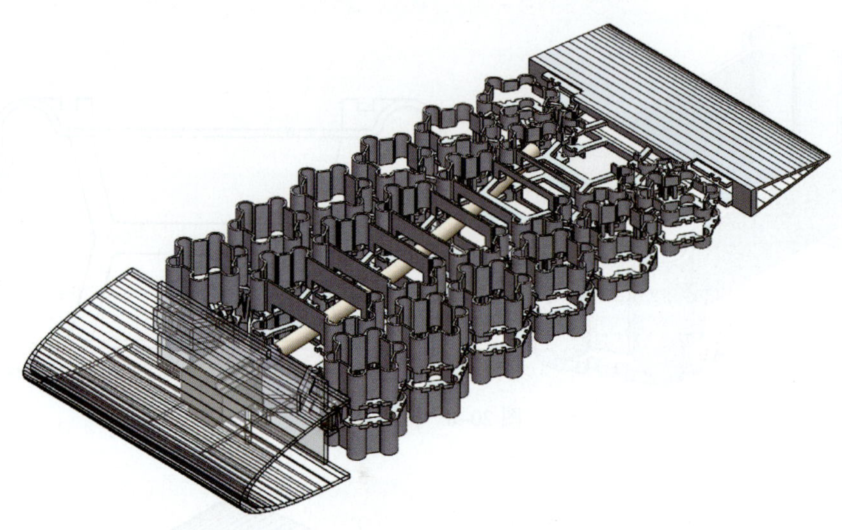

图 20–10　电机带动枢轴间接控制方案

20.3　加工装配

基于胞元结构的可变形机翼需要采用 3D 打印，包含基体胞元、柔性连接单元和传递胞元。考虑到可变形机翼需要产生较大的形变并需要传递一定的载荷，因而 3D 打印方式及打印材料的选择显得尤为重要。

现有市面上较为常见的 3D 打印方式和 3D 打印耗材的对应组合基本分为三类，分别是熔融沉积加工（FDM）和聚乳酸（PLA）材料、立体光固化成形技术（SLA）和光敏树脂材料、激光粉末烧结技术（SLS）和尼龙材料。

熔融沉积加工和 PLA 材料 3D 打印加工在三者中成本最低，打印出的工件能保有一定的力学性能，同时也更为清洁环保，但由于其是通过熔化 PLA 丝线实现打印，因此会存在较为明显的堆叠纹路，并且纹路的排布方向对部件在特定方向上的强度会有较大影响；立体光固化成形和光敏树脂 3D 打印加工在三者中加工精度最高，并且表面光滑，是加工小尺寸、精密部件较为理想的选择，但其加工制造成本较高，需要在打印中设置较多的支撑结构，很难做到完全清理，而且光敏树脂成形后老化速度较快，并且柔性欠佳；激光粉末烧结和尼龙材料 3D 打印则具备较好的力学性能，加工速度也相对较快，但其成本偏高，而且其加工会自然形成磨砂表面，不利于装配。

综合三类 3D 打印组合方式情况，考虑到需要一定的柔性以实现翼面变形的目的，因而优先排除掉柔性最差并容易绷断的立体光固化成形和光敏树脂 3D 打印加工。其次考虑到整体装配时会有较多的配合，因此也不便于使用激光粉末烧结和尼龙材料 3D 打印加工。由此最终选择了熔融沉积加工 PLA 材料的 3D 打印加工方式，但需要注意预留较大的槽口宽度适应其加工精度，同时在打印时还需对打印件的摆放方式进行调整，以使得其在合适方向上具备最好的力学性能。

整个可变形机翼翼段的侧视图和俯视图如图 20–11 所示，为适应翼面在常规状态下的外形需要设定翼段翼型，因而需要对各个基体胞元和传递胞元的支撑结构上缘部分进行裁剪以适应选定的翼型结构，并且对各个部位的胞元进行合理编号。在该测试段中选用了较为普通的 NACA0012 对称翼型，因而机翼上、下表面完全对称，仅需排列胞元前后顺序即可，而在面对非对称翼型和存在翼型变化的情况时则要注意对上、下表面各个位置的胞元进行合理编号，以避免无法确认各个胞元的具体位置。

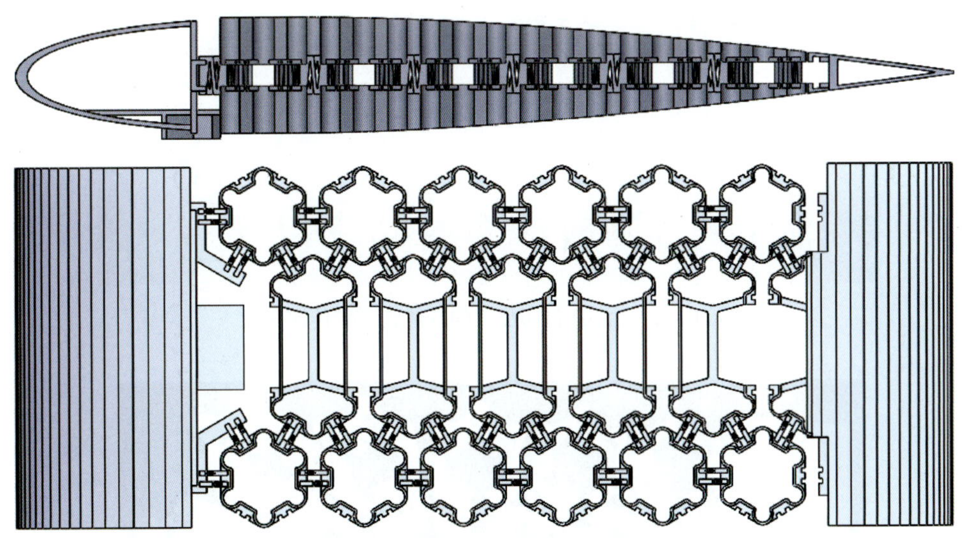

图 20–11　可变形机翼翼段侧视图与俯视图

经过 3D 打印加工后的可变形机翼翼段使用的基体胞元和传递胞元以及前缘部件、后缘部件如图 20–12 所示。考虑到胞元支撑结构外缘会组合成为特定的翼型轮廓，因而胞元结构的装配需注意各个位置胞元结构的差异，并注意其安装方向。

采用熔融沉积加工的 PLA 塑料虽然精度欠佳并存在层纹，但通过合理地增大接口尺寸可非常高效地完成各部件间的拼插组装，甚至可在不借助黏合剂的情况下牢固地结合在一起。但考虑到有些测试工况的复杂性，仍采用强力胶水对结合处进行黏结。在完成胞元的组装后，再安装机翼前缘和机翼后缘部件，这两者上也设置有适配于胞元结构的接口。胞元与机翼后缘部件结合后如图 20–13 所示。

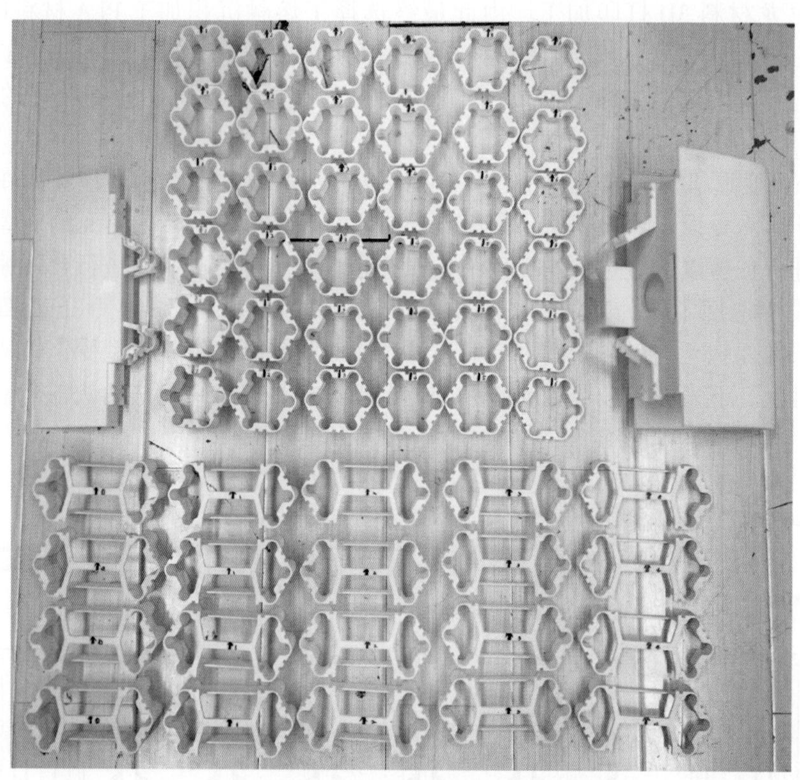

图 20–12　由 3D 打印加工的基体胞元和传递胞元

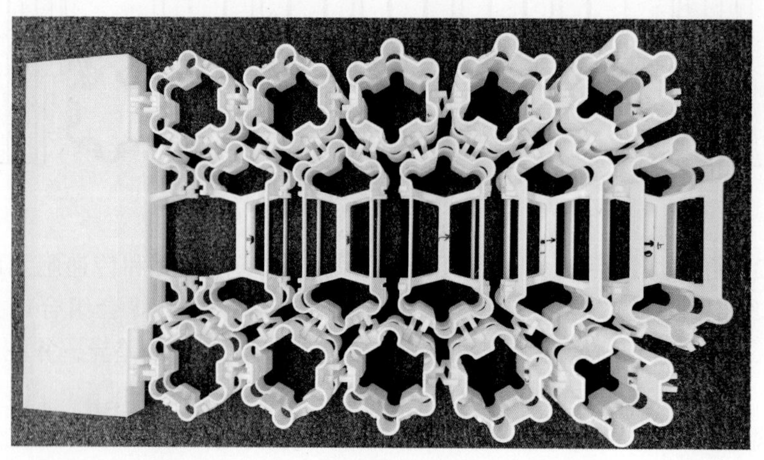

图 20–13　胞元与机翼后缘部件组合后效果

如图 20–14 所示，装配完成后，适当对机翼进行加载，主要检验整体牢固程度，确认柔性连接单元与胞元间接合不会脱开，柔性连接单元本身不会崩裂。经检验发现该结构较为牢固，并未发生绷断或接合断开等情况，并且能在产生较大形变的情况下承受较大的负载。

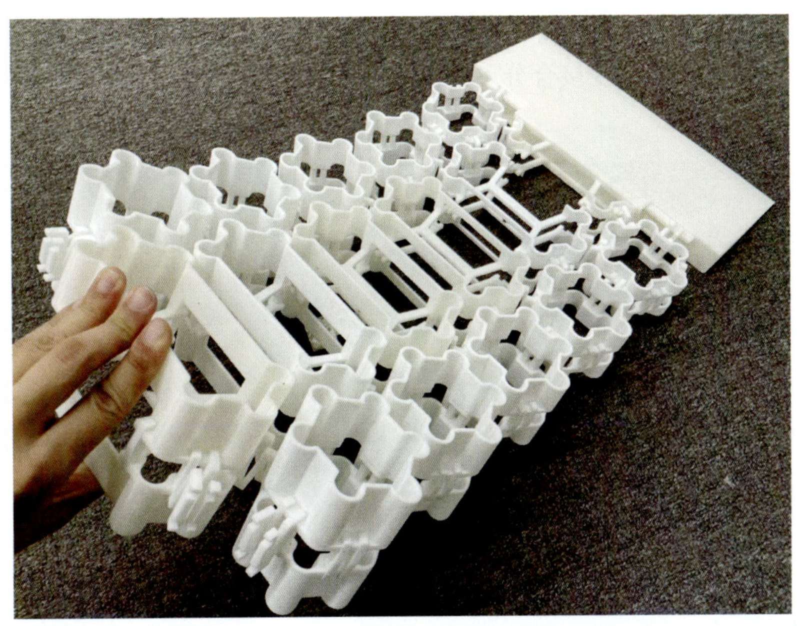

图 20–14　装配完成后，对翼段进行加载测试

如图 20–15 所示，将变形驱动器与可变形机翼翼段相结合，则获得了基于六边形胞元结构的可变形机翼翼段。

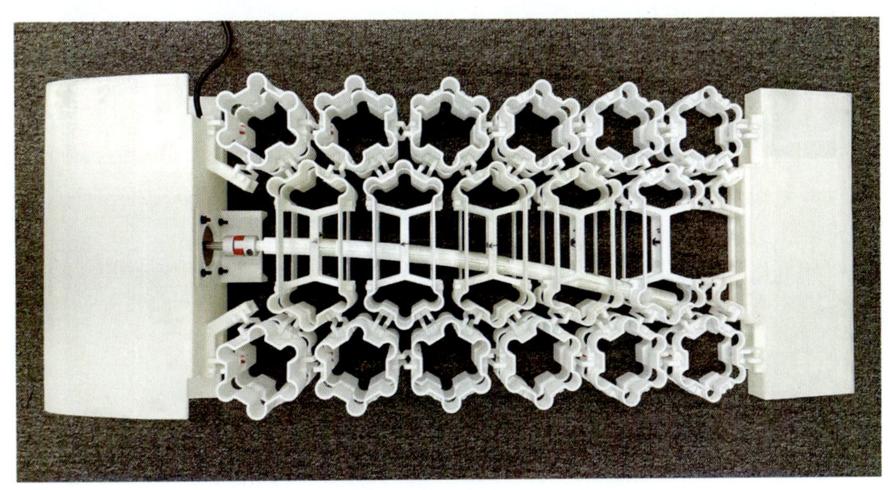

图 20–15　安装电机—枢轴的可变形机翼翼段

20.4 变形测试

为了满足机翼后缘变弯度的角度要求，通过调整中间枢轴的长度，让胞元结构自由下垂，检验其柔性及可变化范围，如图 20–16 所示。经过测试，可以发现柔性可变形机翼的柔性较好，而且胞元和柔性连接单元间在卡接和胶水黏结作用下效果良好，并未出现接合分离情况，各元件也并未发生零件绷断、碎裂等情况。

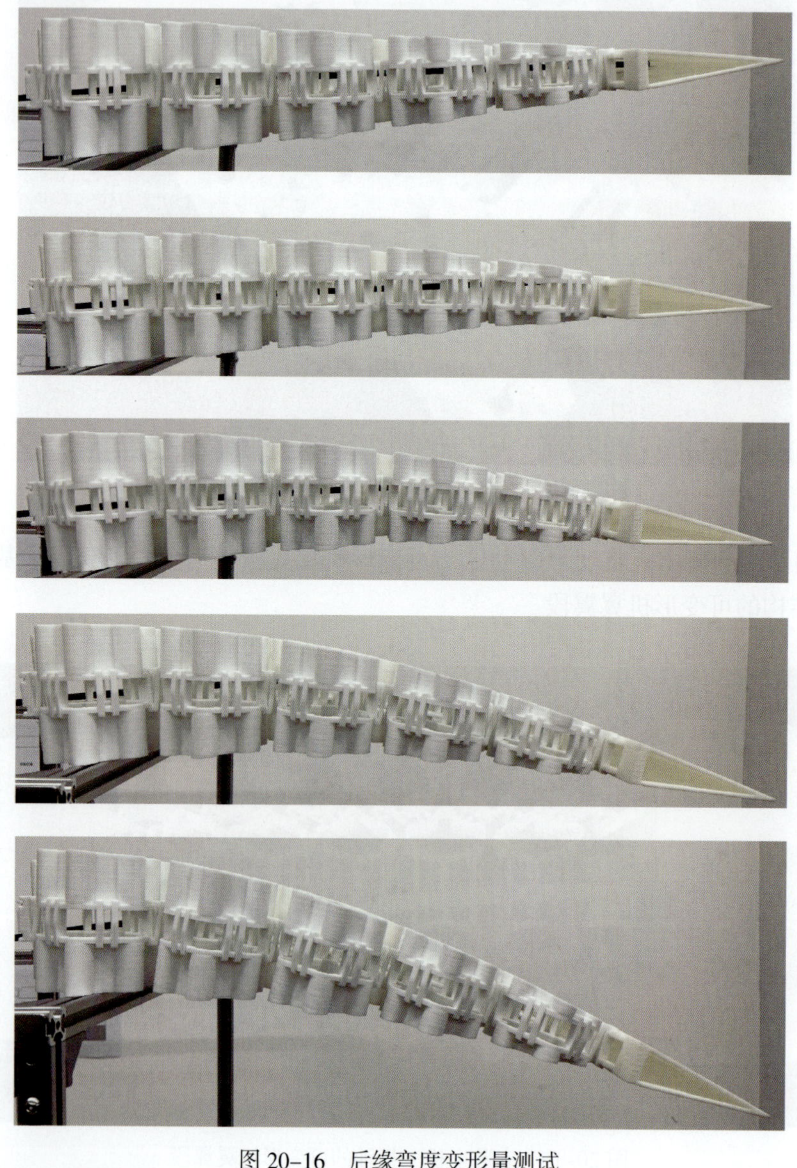

图 20–16　后缘弯度变形量测试

20.5　模态分析

20.5.1　模态分析

模态分析的目标是识别出系统的模态参数，为结构系统的振动特性分析、振动故障诊断和预报，以及结构动力特性的优化设计提供依据。胞元结构模态分析可用于总体设计进行检验，并可判断是否存在结构薄弱位置，还可对胞元和柔性连接单元间的装配连接关系进行检验，同时对驱动装置即电机的选型提供参考，避免引发结构共振。

（1）基体胞元模态分析

针对基体胞元结构进行了网格划分，如图 20–17（a）所示，并对结构的前三阶模态进行了分析和计算，一阶、二阶和三阶模态的分析效果如图 20–17（b）、（c）和（d）

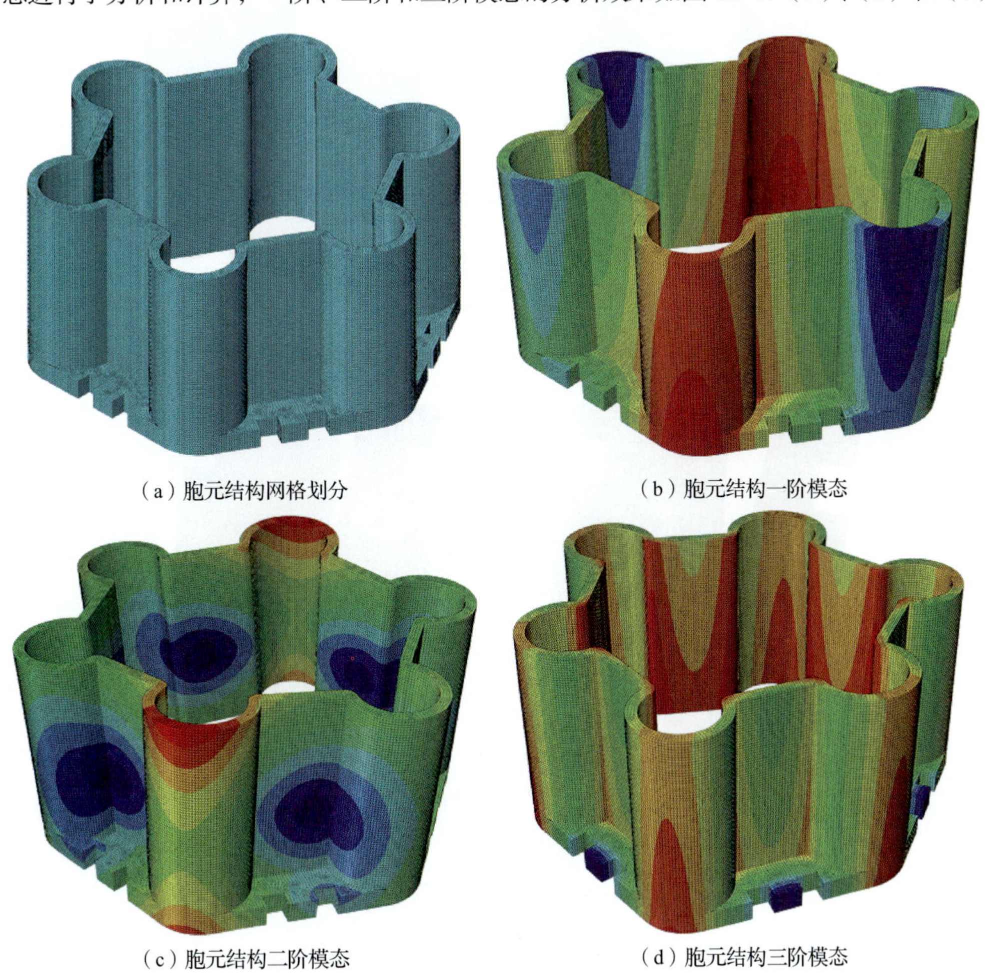

（a）胞元结构网格划分　（b）胞元结构一阶模态

（c）胞元结构二阶模态　（d）胞元结构三阶模态

图 20–17　基体胞元模态分析

所示，并计算出一阶模态的固有频率为260Hz，二阶模态的固有频率为429Hz，三阶模态的固有频率为527Hz。可见由于PLA塑料韧性较高，并且基体胞元的结合平面和支撑结构的壁厚都比较大，固有频率也都相应较高，不易与驱动装置发生共振。

（2）柔性连接单元模态分析

柔性连接单元的网格划分如图20–18（a）所示，柔性连接单元的一阶、二阶和三阶模态的分析效果如图20–18（b）、（c）和（d）所示。经过计算可得一阶模态的固有频率为658Hz，二阶模态的固有频率为734Hz，三阶模态的固有频率为806Hz。

可见呈N形的柔性连接单元可实现较好的拉伸和压缩变形，并且由于PLA材料较高的韧性及柔性连接单元较厚的尺寸，其前三阶模态固有频率均较高。

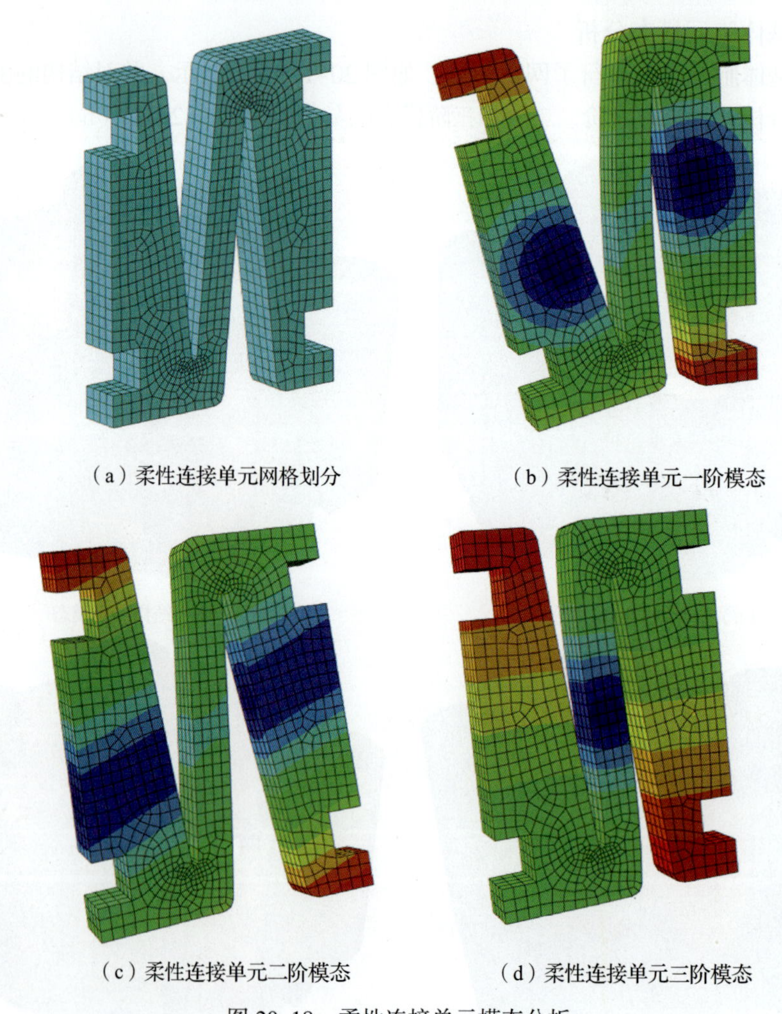

（a）柔性连接单元网格划分　（b）柔性连接单元一阶模态

（c）柔性连接单元二阶模态　（d）柔性连接单元三阶模态

图20–18　柔性连接单元模态分析

（3）胞元结构组合体单元模态分析

胞元结构组合体由上、下两个反向布置的基体胞元及6组共12个柔性连接单元构型，其基本复现了可变形机翼结构中的组合体基本组成结构，具有较高的参考和研究价值。

胞元结构组合体的网格划分如图 20–19（a）所示，组合体的一阶、二阶和三阶模态的分析效果如图 20–19（b）、（c）和（d）所示。由于是由多个相互独立的零件拼接而成，因此胞元结构组合体的固有频率相较单个基体胞元有所降低，计算可得其一阶模态的固有频率为 230Hz，二阶模态的固有频率为 317Hz，三阶模态的固有频率为 361Hz。其前三阶模态变形都是以柔性连接单元变形为主，而基体胞元变化

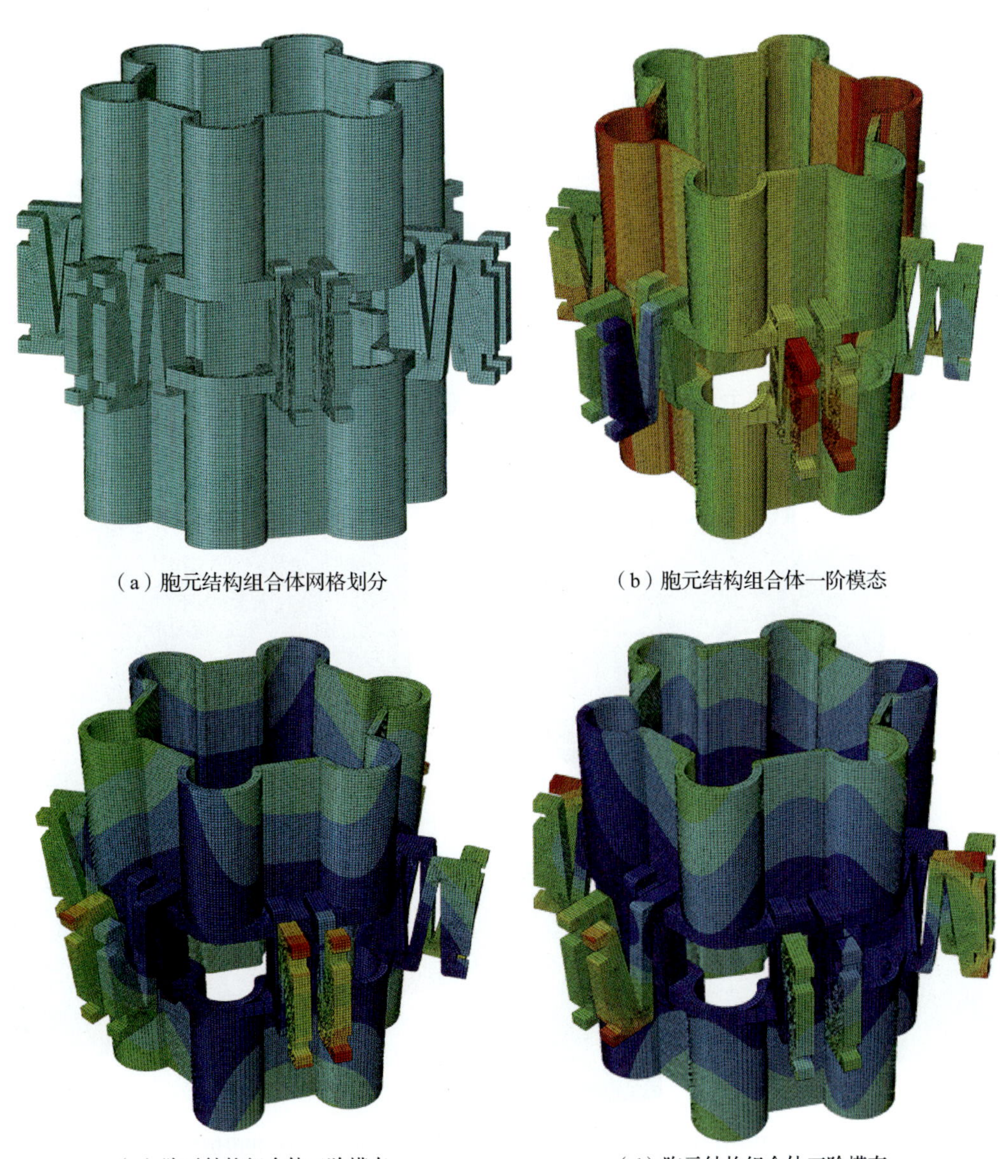

（a）胞元结构组合体网格划分　（b）胞元结构组合体一阶模态

（c）胞元结构组合体二阶模态　（d）胞元结构组合体三阶模态

图 20–19　胞元结构组合体模态分析

不大。由此可基本确认该结构可通过连接单元的形变较好地维持胞元外形，进而维持翼面外形平滑变形。同时可以由此组合体单元推测出整个可变形机翼翼段整体模态处在可接受范围内。

综合来看，由于所有部件均选用 PLA 材料材质，因此基体胞元和柔性连接单元的固有频率均处在较高数值，而组合体单元也并未产生过大的数值下降。由此基本证实该方案总体设计较为合理，并且为电机选型留出了足够的裕度。

20.5.2 静力分析

在该方案中，静力分析主要用于检验采用胞元结构的机翼翼段极限载荷，并对基体胞元、柔性连接单元进行强度分析和校核。

（1）基体胞元静力分析

基体胞元主要承受蒙皮传递至上、下表面的压力载荷，压力方向基本是沿着基体胞元的支撑结构向下传递的，因此对正向下压极限进行了仿真分析，如图 20–20（a）所示，可见其在正向压力载荷下的最大应力很小，其应力集中可以忽略不计。

而除了正向的压力，支撑结构中的圆柱状结构还会承受一定的侧向力，如图 20–20（b）所示其主要由机翼前缘产生的气动力经由柔性连接单元传递到接口侧

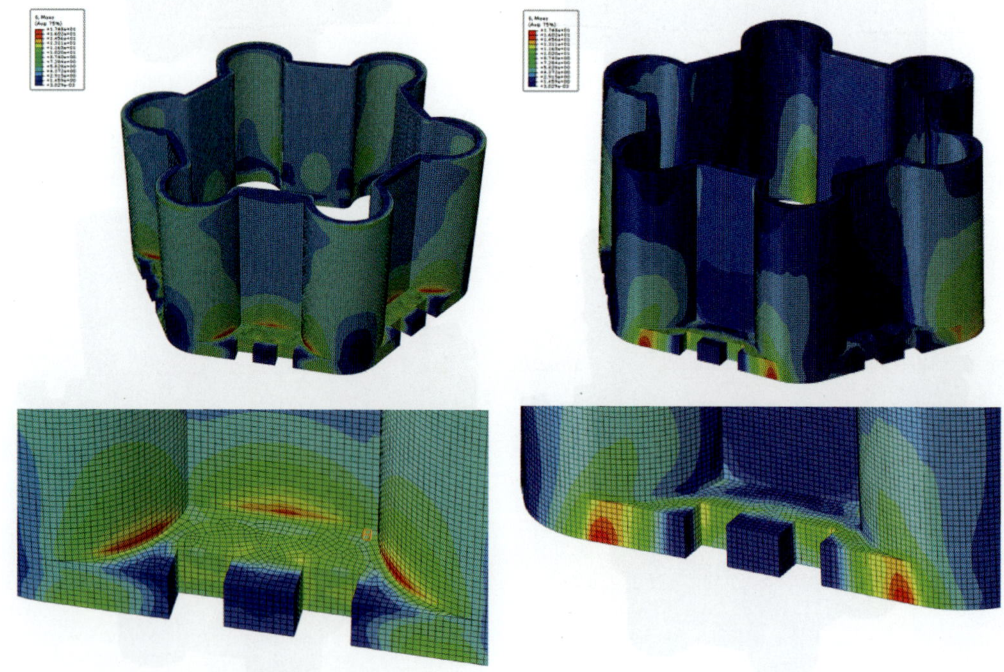

（a）正向下压极限仿真分析效果图　　（b）侧向下压极限仿真分析效果图

图 20–20　基体胞元静力分析

面，此时基体胞元承受的最大应力为 17MPa，而 PLA 材料的屈服极限为 70MPa，结构安全因数大于 4，完全可以应对此类情况。

（2）柔性连接单元静力分析

柔性连接单元受载情况比较复杂，首先考虑上、下连接的基体胞元部分传递的拉压载荷，仿真分析结果如图 20-21 所示。柔性连接单元的应力集中出现在 N 形的两个凹口处，此时的最大应力为 8.6MPa，安全因数超过 8。其次考虑基体胞元横向传递的拉压载荷，此时柔性连接单元上的最大应力为 12.1MPa，安全因数不低于 5.5。

（3）胞元结构组合体单元静力分析

由基体胞元和柔性连接单元组成的胞元结构组合体在添加边界条件后进行强度校核，考虑正向压缩、侧向压缩和侧向拉伸三种情况，仿真分析结果如图 20-22 所示，基体胞元结构在三种情况下承受的最大应力为 11.2MPa，相较于 PLA 材料的 70MPa 屈服极限，其安全因数大于 5.5，因而其强度满足结构设计要求。

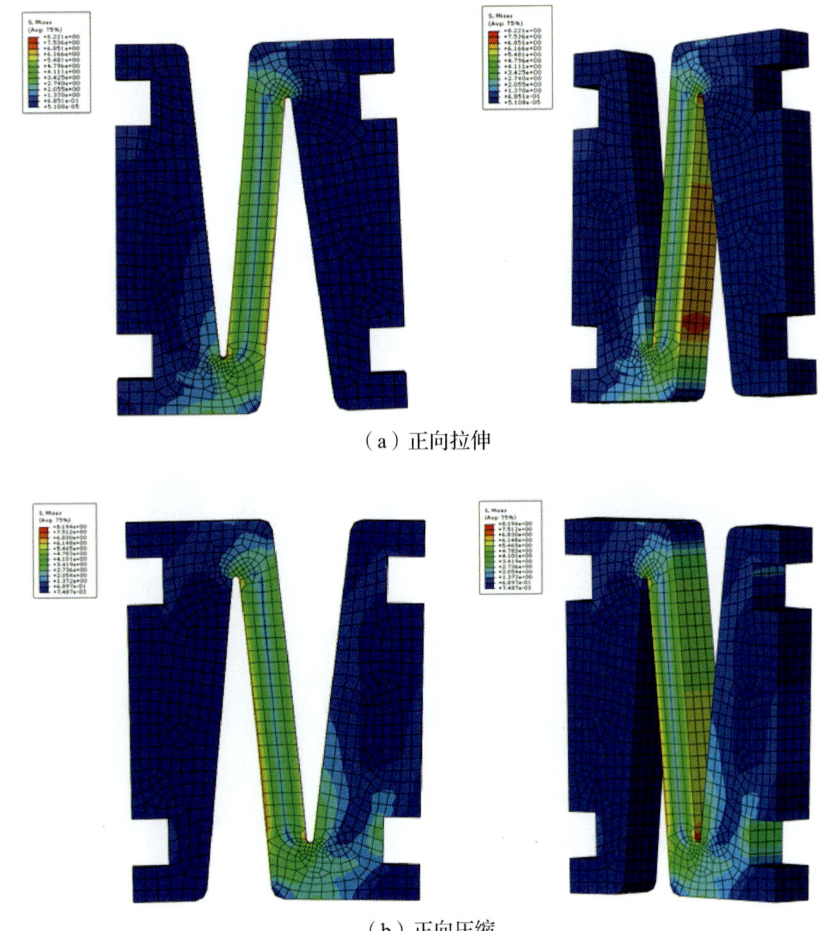

（a）正向拉伸

（b）正向压缩

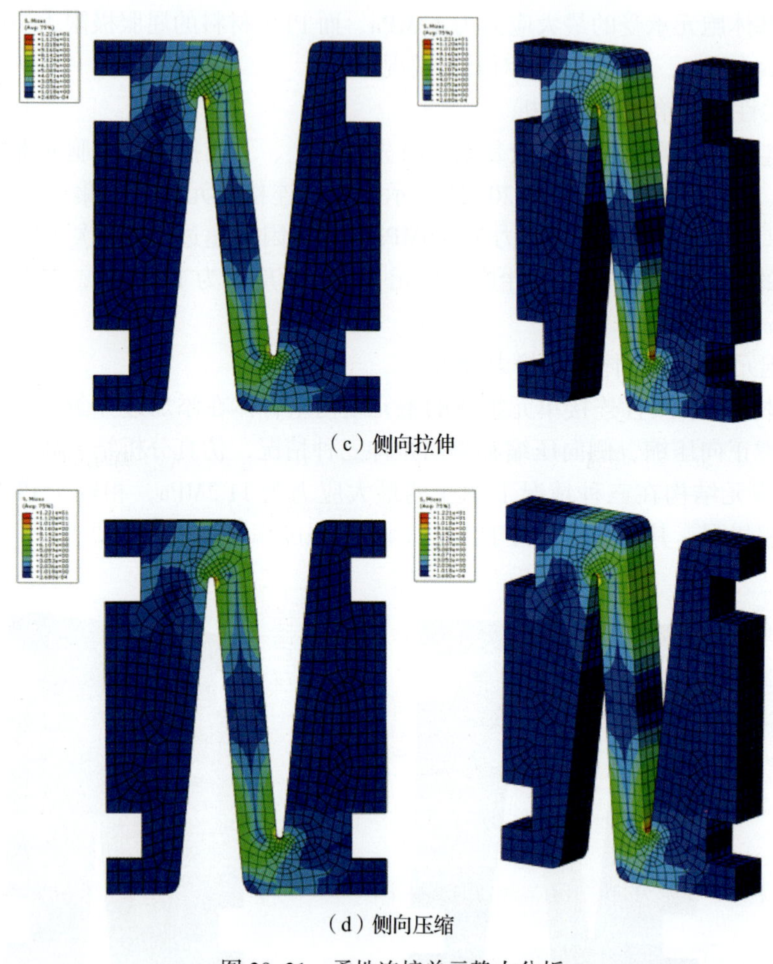

（c）侧向拉伸

（d）侧向压缩

图 20-21　柔性连接单元静力分析

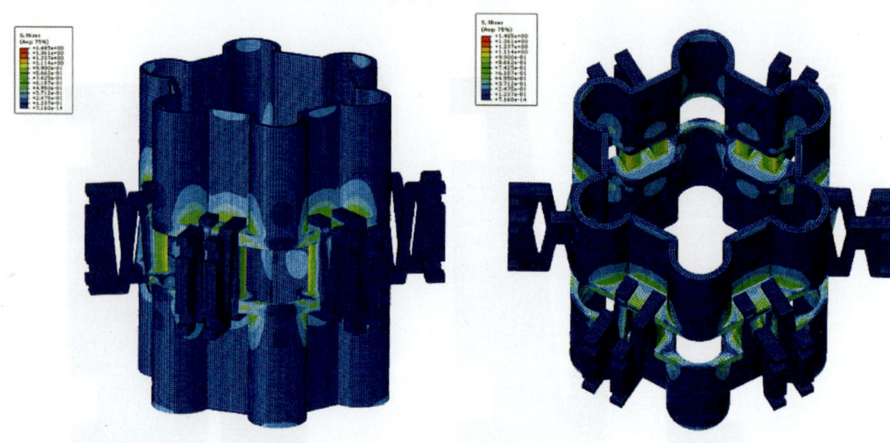

（a）正向压缩

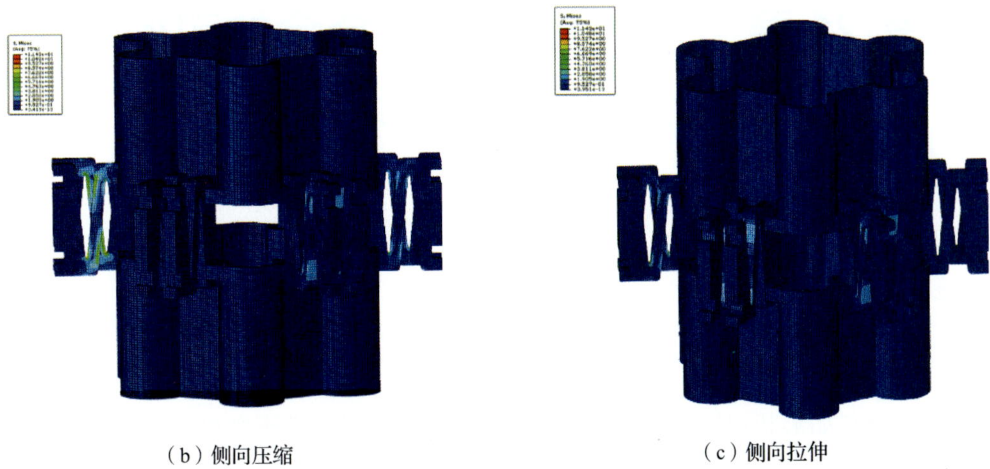

（b）侧向压缩　　（c）侧向拉伸

图 20-22 胞元结构组合体单元静力分析

20.6 小结

本章介绍了一种基于六边形胞元结构的可变形机翼设计方法，通过六边形胞元配合连接单元构成，可适配各种翼型结构。所有部件均可通过 3D 打印快速制造，并且组装方便、适配性强，可快速完成更换。

（1）通过试验验证，该结构可实现较大程度的变形，并且可通过设计枢轴结构实现不同的变形效果。

（2）模态分析表明，该结构具备一定的刚度、强度，为可变形机翼结构设计提供了新思路。

第 21 章　基于形状记忆合金的可偏转后缘驱动控制系统

陆云飞，徐志伟

南京航空航天大学，210016

智能材料如形状记忆合金（SMA）材料、压电材料、磁流变和电流变材料等作为驱动器也是目前的研究重点[37]。智能材料驱动器各有优缺点，但普遍技术不够成熟，可靠性比较低，目前还处于实验研究阶段，并未得到大量的应用[38-40]；而 SMA 作为一种新兴的智能金属材料，由于拥有功重比高、结构简单、驱动电压小等优势，具有广阔的发展前景。

本章针对典型机翼后缘的上、下偏转变体结构形式，采用了基于 SMA 的智能材料驱动器，探索了可偏转后缘结构设计与驱动控制系统开发。

21.1　SMA 材料力学模型及性能参数测定试验

21.1.1　形状记忆合金材料理论模型

Brinson 模型[41]是描述一维 SMA 材料的一类常用宏观唯象模型，该模型基于 Liang-Rogers 模型[42]，认为形状记忆合金中马氏体的生成有两种诱发方式：由温度诱发和由应力诱发，即

$$\xi=\xi_T+\xi_S \tag{21-1}$$

式中，ξ_T、ξ_S 分别为温度诱发和应力诱发的马氏体体积分数。

Brinson 考虑了弹性模量与马氏体体积分数之间的关系，认为材料的弹性模量与马氏体体积分数成线性关系，将材料的弹性模量简化为马氏体百分数的线性函数

$$D(\xi)=D_A+\xi(D_M-D_A) \tag{21-2}$$

式中，D_A、D_M 分别为形状记忆合金完全奥氏体和完全马氏体状态时的弹性模量。

此外，Brinson 还引入了形状记忆合金的最大残余应变的概念，并认为材料的相变模量与马氏体体积分数成线性关系，即

$$\Omega(\xi)=-\varepsilon_L D(\xi) \tag{21-3}$$

式中，ε_L 为形状记忆合金的最大残余应变。

因此将式（21-2）和式（21-3）代入至 Liang-Rogers 模型的全量型本构方程得

到修改后的本构方程为

$$\sigma-\sigma_0=D(\xi)\varepsilon-D(\xi_0)\varepsilon_0+\Omega(\xi)\xi_S-\Omega(\xi_0)\xi_{S0}+\Theta(T-T_0) \tag{21-4}$$

在 Brinson 模型中，由于马氏体体积百分数被分成了由温度诱发和由应力诱发的马氏体两部分，因此马氏体体积分数的推演方程如下。

（1）马氏体相变

当 $T>M_S$，且满足 $\sigma_f^{cr}+C_M(T-M_S)\geqslant\sigma\geqslant\sigma_S^{cr}+C_M(T-M_S)$ 时，马氏体体积分数表达式为

$$\xi_S=\frac{1-\xi_0}{2}\cos\left\{\frac{\pi}{\sigma_S^{cr}-\sigma_f^{cr}}\left[\sigma-\sigma_f^{cr}-C_M(T-M_S)\right]\right\}+\frac{1-\xi_{S0}}{2} \tag{21-5}$$

$$\xi_T=\xi_{T0}-\frac{\xi_{T0}}{1-\xi_0}(\xi_S-\xi_{S0}) \tag{21-6}$$

式中，σ_S^{cr}、σ_f^{cr} 分别为相变起始临界应力和相变终止临界应力。

当 $T<M_S$，且满足 $\sigma_f^{cr}>\sigma>\sigma_S^{cr}$ 时，马氏体体积分数表达式为

$$\xi_S=\frac{1-\xi_0}{2}\cos\left\{\frac{\pi}{\sigma_S^{cr}-\sigma_f^{cr}}(\sigma-\sigma_f^{cr})\right\}+\frac{1+\xi_{S0}}{2} \tag{21-7}$$

$$\xi_T=\xi_{T0}-\frac{\xi_{T0}}{1-\xi_0}(\xi_S-\xi_{S0})+\Delta_{T\xi} \tag{21-8}$$

当 $M_s>T>M_f$，且 $T<T_0$ 时，有

$$\Delta_{T\xi}=\frac{1-\xi_0}{2}\{\cos[a_M(T-M_f)]+1\} \tag{21-9}$$

其余情况：$\Delta_{T\xi}=0$。

（2）马氏体逆相变

当 $T>A_s$，且 $C_A(T-A_s)\geqslant\sigma\geqslant C_A(T-A_f)$ 时，马氏体体积分数表达式为

$$\xi=\frac{\xi_0}{2}\left\{\cos\left[a_A\left(T-A_s-\frac{\sigma}{C_A}\right]+1\right\}\right. \tag{21-10}$$

$$\xi_S=\xi_{S0}-\frac{\xi_{S0}}{\xi_0}(\xi_0-\xi) \tag{21-11}$$

$$\xi_T=\xi_{T0}-\frac{\xi_{T0}}{\xi_0}(\xi_0+\xi) \tag{21-12}$$

式中，$a_A=\frac{\pi}{A_f-A_s}$，$a_M=\frac{\pi}{M_S-M_f}$。Brinson 模型定义的临界应力—相变温度关系如图 21-1 所示。

Brinson 模型提出了全量型的形状记忆合金本构模型，描述了 SMA 材料力学性能不受初始状态影响的过程。相较于以往的 SMA 宏观唯象模型，该模型将马氏体体积分数分为温度诱发和应力诱发两部分，有效地描述了马氏体的重定向过程，使得该模型成为目前研究人员使用最多的本构模型。

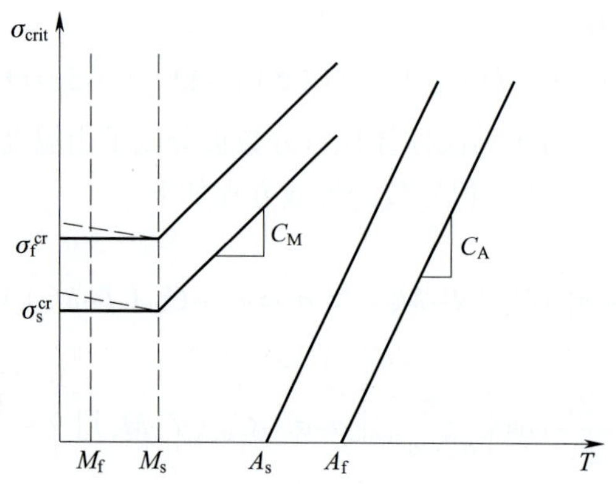

图 21–1　Brinson 模型定义临界应力—相变温度关系

21.1.2　形状记忆合金丝的参数测定试验

本章采用 Brinson 模型，其中本构模型方程中涉及多个力学和热力学参数，一般在实际应用中认为这些特性参数不随驱动器形状、激励形式而改变，准确测量这些参数对建立普遍适用的力学模型具有重要意义。因此首先将对形状记忆合金丝的特性参数进行准确测量，为后续 SMA 驱动器的控制实验提供理论依据。

（1）相变温度试验测试方法

相变温度即 SMA 在零负载情况下发生相变时对应的温度。常用的相变温度测量方法有 DSC 法、电阻法以及应用负载法。因电阻法和负载法对电路的测量精度要求较高，本章采用 DSC 法。原理为 SMA 材料在相变过程中产生热量吸收与释放的现象对相变温度进行测量。当 SMA 从马氏体向奥氏体逆相变为吸热过程，发生等量的温度变化，需要吸收热量比非相变的过程更多；而在奥氏体向马氏体相变过程中为放热过程，因此在采集的热流—温度曲线中，能清楚地观察相变过程中的热流特征峰，通过特征峰可得到对应的相变温度。

取直径为 1mm 的 SMA 丝，从中截取微小片（重量 10.84mg）作为测试样本。具体的测量步骤为：在 DSC 仪器中设定加热和冷却的温度变化范围为 0~120℃。测试过程分为加热和冷却两部分，以 5℃ /min 加热试样，然后以相同的速率对试样进行冷却，整个过程的热流数据如图 21–2 所示。

从热流—温度曲线可以看出，曲线为升温和降温两个过程。在升温过程中温度达到 40.3℃后，热流曲线开始出现一个吸热峰，表明奥氏体相变过程为吸热过程，当温度超过 52.3℃后，热流曲线逐渐趋于平稳，表明奥氏体相变结束；当加热温度达到 120℃后，进入降温阶段，从图中曲线可以看出，当温度降低至 35.1℃后，热流曲线开始出现一个放热峰，表明马氏体正相变过程为放热过程，当温度降低至 25.1℃后，热流曲线逐渐趋于平稳，马氏体相变完成。综上所述，测定该试件的相变温度分别为 M_s=35.1℃、M_f=25.1℃、A_s=40.3℃、A_f=52.3℃。

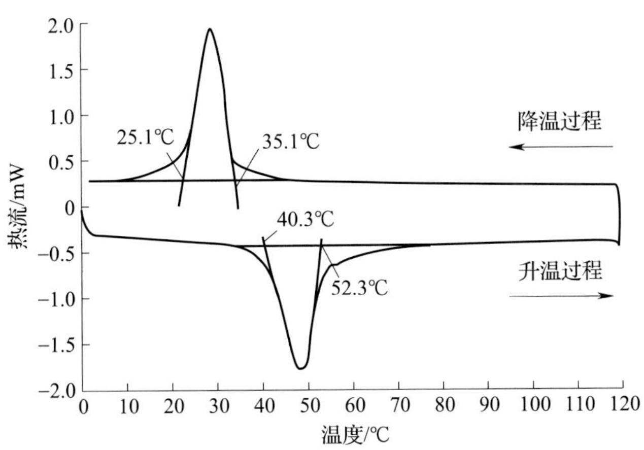

图 21–2 DSC 测定相变温度—热流图

（2）弹性模量试验测试方法

刚出厂的形状记忆合金丝力学性能不稳定，需要在完全奥氏体状态下拉伸多次，直至拉伸加热后残余变形不再增加为止，这一过程称为训练。SMA 使用前均要进行此种训练。

在弹性形变内应力变化量 $\Delta\sigma$ 和应变变化量 $\Delta\varepsilon$ 的比值称弹性模量 D（一般称 E）。温度在 M_f 以下，当 SMA 内部全为马氏体时的弹性模量称马氏体弹性模量 D_M；温度在 A_f 以上，SMA 内部全为奥氏体时的弹性模量称奥氏体弹性模量 D_A。

在完全马氏体状态下以 0.5mm/s 的速度匀速拉伸试样，得到如图 21–3（左）马氏体弹性模量应力—应变曲线，在应变起始区域应力呈线性增加，计算此段直线斜率得到 $D_M=1.27\times10^4$MPa；在完全奥氏体且温度远高于 A_f 状态下，以 1mm/s 的速度匀速拉伸试样，得到如图 21–3（右）奥氏体弹性模量应力—应变曲线，在应变起始区域应力呈线性增加，计算此段直线斜率得到 $D_A=4.38\times10^4$MPa。

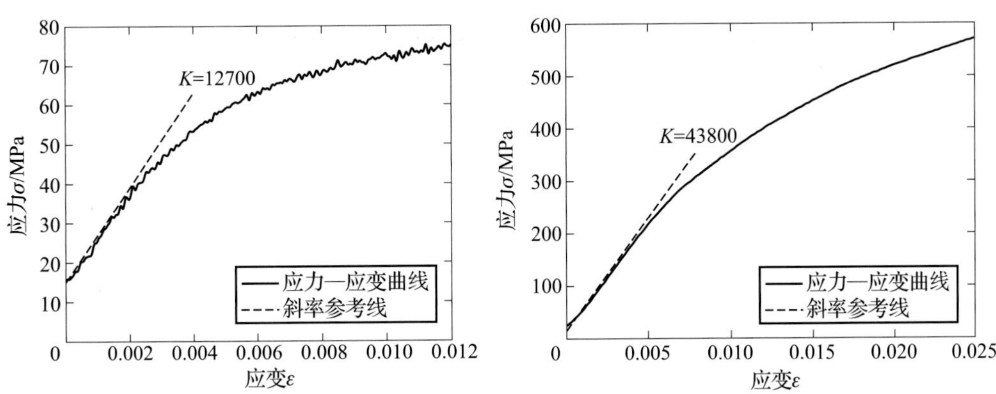

图 21–3 测量弹性模量的应力—应变曲线

马氏体线性变形阶段很短，拉伸过快时不易看出，因此需要降低步进电机速度。处于奥氏体状态的 SMA 丝受到拉伸会部分转变为马氏体，在奥氏体拉伸时须将金属丝加热至远高于 A_f 的温度，防止拉伸时过早产生相变、斜率过早衰减，影响读数。

（3）临界应力试验测试方法

在零应力状态下，形状记忆合金由奥氏体逐渐冷却，形成孪晶马氏体。当孪晶马氏体受到应力大于 σ_S^{cr} 的拉伸变形时，会相变为单晶马氏体，这种现象称作"脱孪"。在脱孪过程中应力缓慢上升，脱孪结束时的应力达到 σ_f^{cr}，合金内部全为单晶马氏体。σ_S^{cr} 和 σ_f^{cr} 就叫作临界应力。

将多次训练后的 SMA 丝温度控制在 M_s 附近，拉伸足够大的应变，使合金充分脱孪并进入单晶马氏体弹性变形阶段，在 σ—ε 曲线上读出孪晶马氏体弹性变形结束点和单晶马氏体弹性变形起始点，如图 21-4 中 A、B 点所示，这两个点对应的临界应力分别为 σ_S^{cr}=73.46MPa 和 σ_f^{cr}=197.87MPa。

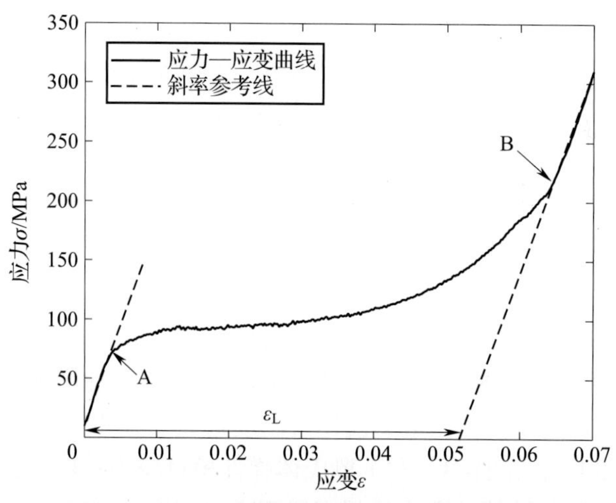

图 21-4　测量临界应力 σ—ε 曲线

图 21-4 中处于完全马氏体状态的形状记忆合金丝受拉伸，超过孪晶马氏体弹性变形时卸载后不能恢复至拉伸前的长度，会留下一段残余应变 ε_L。不断增加拉伸应变，卸载后的残余应变 ε 也不断增加，当拉伸应变处于单晶马氏体弹性变形阶段时卸载后 ε 不再增加，此时的残余应变叫作最大残余应变，用 ε_L 表示。图 21-4 中右侧虚线表示沿 B 点后直线部分作反向延长线，该延长线与横轴交点坐标即为最大残余应变。由图 21-4 得，ε_L=0.05。

（4）热系数试验测试方法

SMA 在加热过程中单纯由温度的影响造成应力变化的程度称为热系数，用 θ 表示。Brinson 模型将 SMA 丝加热时的输出应力分为三个部分：形变诱发部分、相变诱发部分和温度诱发部分，如式（21-13）所示。温度诱发部分可以用热系数 θ 和

温度变化量 ΔT 的乘积表示，其中 θ 为常数。

$$\sigma-\sigma_0=D(\xi)\Delta\varepsilon+\Omega(\xi)\Delta\xi+\theta\Delta T \tag{21-13}$$

将训练好的SMA丝在 M_f 以下预拉伸至单晶马氏体，预拉伸后须静置一段时间，使SMA丝充分“脱孪”，若“脱孪”不充分，测量过程中力会缓慢下降。通入适当电流使其缓慢加热（温度不超过 A_s）。加热时电流不宜过大，加热速度过快导致热电偶迟滞现象显著，影响测量准确度。记录下加热过程中温度和拉力数据，在应力—温度坐标系上作出数据点和拟合直线，直线的斜率即为 θ。由图21-5可知拟合直线段斜率为2.56MPa/℃，重复上述试验4次取平均值得到表21-1中的数据，可得热系数 θ=3.14MPa/℃。

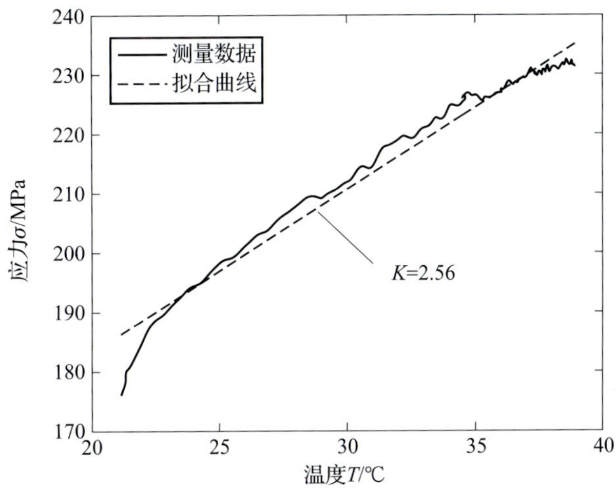

图21-5 测量热系数的温度—应力曲线

表21-1 经过4次重复试验测得的 θ 值

试验序数	θ/（MPa/℃）	平均值/（MPa/℃）
1	2.56	3.14
2	3.06	
3	3.63	
4	3.31	

（5）马氏体临界应力系数测试试验

当温度在 M_s 和 A_s 之间，SMA内部全为马氏体时，临界应力 σ_S^{cr} 和 σ_f^{cr} 随温度 T 升高而升高。可以用一条直线代表 σ_S^{cr} 或 σ_f^{cr} 随温度的上升趋势，这条直线的斜率为 C_M。

将训练好的SMA丝固定在试验台上，通电加热使其温度保持在 T℃（$M_S<T<A_S$），然后拉伸至7%应变测量临界应力 σ_f^{cr}（或 σ_S^{cr}）；不断改变温度多次测量 σ_f^{cr}（或

σ_S^{cr}），在 σ—T 坐标系中做出数据点（T，σ_f^{cr}），利用 MATLAB 最小二乘拟合出一条直线，计算该直线的斜率即得到 C_M。在 5%~7% 应变范围内用 9 次曲线对原始数据拟合，计算拟合曲线曲率得到图 21-6。在曲率曲线上找出曲率值小于 2×10^{-11} 的数据点，并在拟合曲线上找出对应拉力值 F，用 F 除以 SMA 丝横截面积计算出临界应力 σ_f^{cr}。例如，从图 21-7 曲线可以得到在 34℃下，临界应力 σ_f^{cr}=182.5MPa（143.5N）。

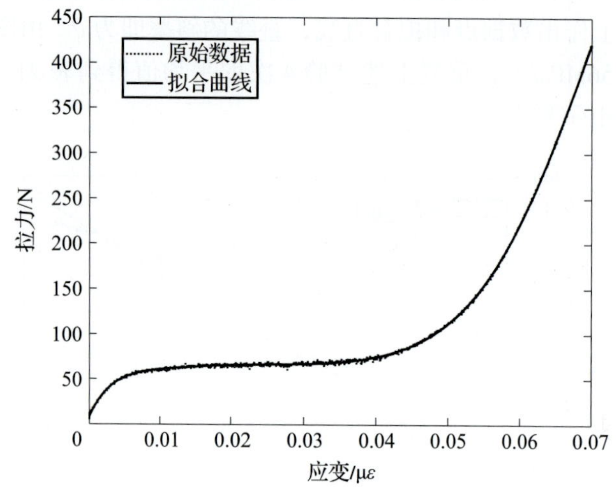

图 21-6　34℃时拉力—应变曲线原始数据和拟合曲线

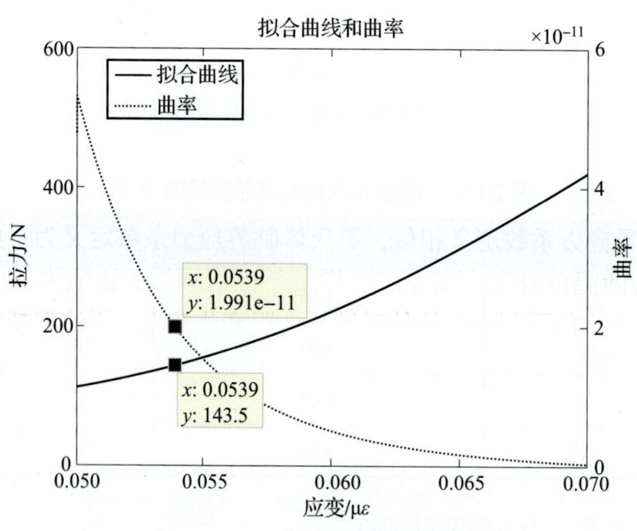

图 21-7　34℃拉力拟合曲线和曲率

表 21-2 显示了用上述方法测得的 34~38℃时上临界应力 σ_f^{cr}，其中 T 为试样温度，ε 表示临界应力对应的应变量，F 为对应回复应力。用最小二乘法对临界应力和温度关系进行拟合得图 21-8，图中拟合直线的斜率 C_M=21.98MPa/℃。

表 21-2 不同温度下的临界应力 σ_f^{cr}

T/℃	ε/%	F/N	σ_f^{cr}/MPa
34	5.4	143.5	182.5
35	5.4	176.5	224.7
36	5.5	190.9	243.0
37	5.5	202.7	258.1
38	5.6	219.7	279.7

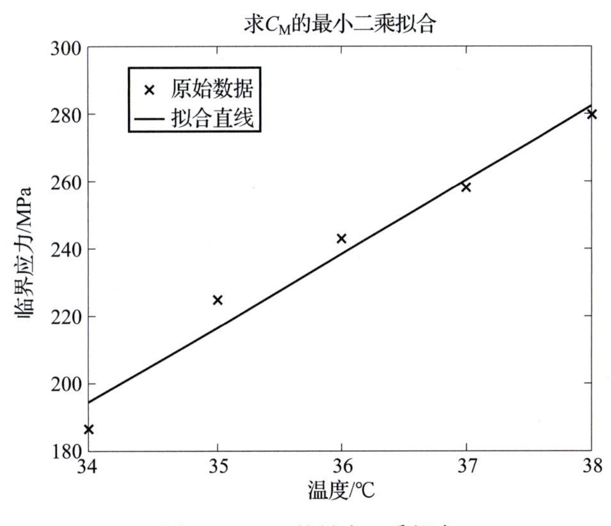

图 21-8 C_M 的最小二乘拟合

（6）奥氏体临界应力系数测试试验

与马氏体临界应力系数定义相似，奥氏体临界应力系数定义为：奥氏体状态下 SMA 的临界应力随温度升高，临界应力增量与温度增量的比值为奥氏体应力系数 C_A。但受到加热方式的限制，在拉伸时试样电阻变化较大，无法保持温度恒定，因此采用固定应力下测量相变温度的方法计算 C_A。具体方法为：将训练好的 SMA 丝和配重秤砣悬挂在铁架上，并通入适当电流加热至 A_f 以上，记录温度数据，在温度—时间曲线上读取奥氏体相变温度。改变秤砣重量多次试验，在 σ—T 坐标系上做出对应数据点（σ，A_f），再进行最小二乘拟合，所得直线的斜率即为 C_A。

实验表明当电流合适时，在奥氏体相变阶段会有一段温度稳定区间。图 21-9 所示导数曲线上找出导数接近 0 的数据点及对应温度值作为奥氏体相变温度 A_f。例如，图中当应力为 38.1MPa 时，在 33.94s 处温度导数最接近于 0，对应温度为 48.85℃。

表 21-3 表示不同配重下 A_f 的值，在 σ—T 坐标系上作出数据点（σ，A_f），并进行最小二乘拟合，结果显示在图 21-10 中。拟合直线的斜率即为 C_A=4.68MPa/℃。

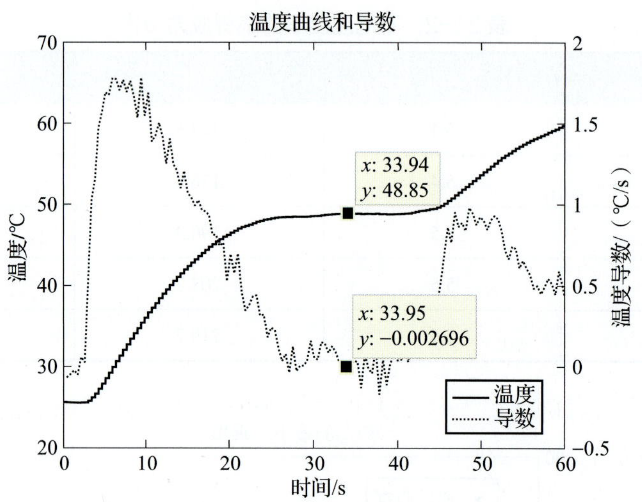

图 21-9　30N 配重下温度曲线及其导数

表 21-3　不同配重下奥氏体相变温度 A_f

配重 /N	应力 /MPa	第一组	第二组	平均值
10	12.7	45.09	45.51	45.3
20	25.4	44.46	45.94	45.2
30	38.1	48.85	49.51	49.2
40	50.8	49.03	49.01	49.0
50	63.5	56.05	55.38	55.7
60	76.2	56.76	55.26	56.0

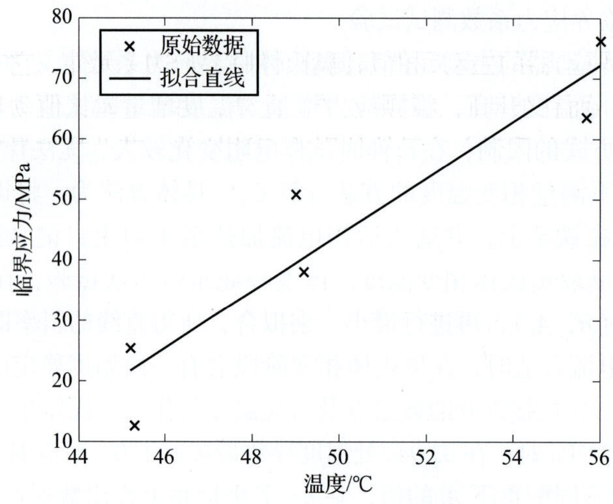

图 21-10　C_A 的最小二乘拟合

21.2 SMA 分布式驱动后缘可偏转机翼结构设计

根据上节测定的 SMA 丝各项参数，考虑飞机机翼的气动载荷，设计了分布差动式 SMA 驱动的机翼后缘偏转结构，具体过程如下。

21.2.1 差动式 SMA 驱动器工作原理

SMA 驱动器中一般含有执行部件和驱动部件两部分，其中驱动部件的常见形式是 SMA 丝或 SMA 弹簧。当它们中的 SMA 部件长度相同时，SMA 弹簧驱动器的输出位移更大；然而当两者采用同样大小的丝径时，SMA 丝驱动器的输出驱动力更大，响应速度更快。

按照驱动器的驱动机理可分为偏动式和差动式，如图 21–11 所示。其中偏动式驱动器是由 SMA 丝或 SMA 弹簧提供驱动力，普通弹簧提供偏置力。当预拉伸后 SMA 元件受热产生回复力，驱动元件运动；待其冷却后，偏置弹簧驱动元件反向运动同时再次对 SMA 元件进行拉伸。差动式驱动器两侧均由 SMA 元件构成：一侧 SMA 元件加热收缩时，另一侧 SMA 元件被拉伸，而加热时的回复力远大于冷却时的拉伸力，循环加热两侧 SMA 元件，可完成双程驱动。

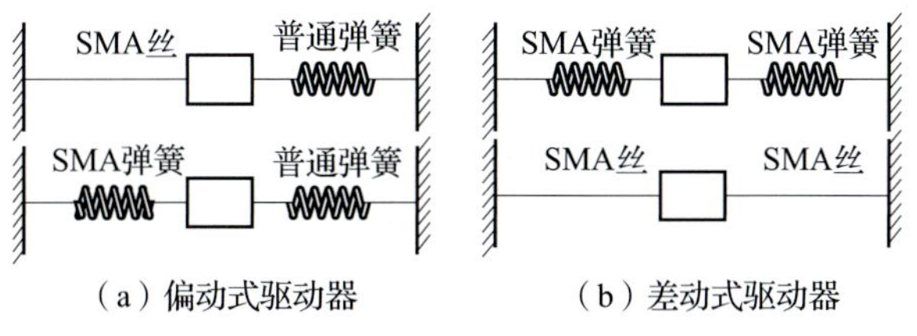

图 21–11 偏动式驱动器与差动式驱动器示意图

差动式 SMA 驱动器的主动元件和偏动元件均为 SMA 元件，它在主动回复的情况下驱动力较强，而在被动回复时则较弱。此外，由于差动式驱动器在主动元件受热收缩时，被动元件会受到主动元件的影响而被拉伸，若此拉伸量较大，则会使被动元件超过其最大形变量而导致失效，从而使驱动器的使用寿命受到影响。若差动式驱动器中的某一 SMA 元件未完全冷却，则无法进入下一个动作循环，因此差动式驱动器受到 SMA 元件加热速度和冷却速度的制约；而偏动式 SMA 驱动器中的偏置弹簧不受驱动元件加热和冷却速度的影响，响应速度快。因此，偏动式 SMA 驱动器的响应速率大于差动式驱动器，且具有更大的输出角度。

21.2.2 分布式 SMA 驱动器机翼后缘偏转结构设计

如图 21–12 所示，后缘襟翼结构由两个厚度为 14mm 的翼肋组成，两个平行放置的翼肋之间通过连有 SMA 丝的两块横梁连接（见图 21–13）。后缘襟翼翼肋之间通过连有 SMA 丝的两块横梁连接，每段关节的偏转实现了整个翼肋的大角度变形，由于横梁连接作用，实现翼肋的同时转动。固定关节底面设计沉头孔，通过螺钉与支撑架的后缘梁固定。其中最后一个关节与后缘接线端面固定，通过轴销连接的旋转关节可绕其轴上、下自由转动。相邻两个关节在对接面上设置限位槽，设计方向不一样的凹槽进行咬合。

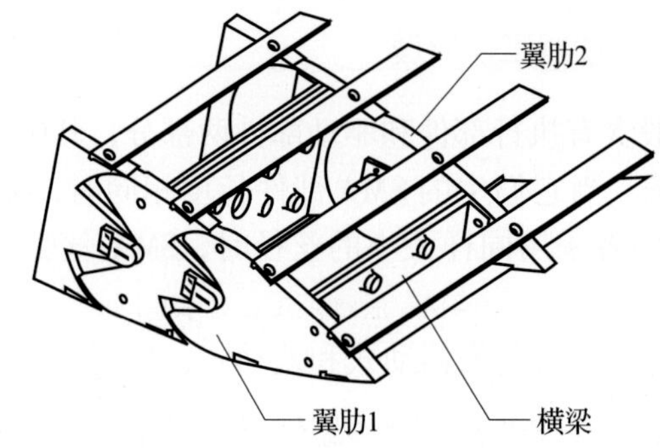

图 21-12　后缘襟翼三维结构设计图

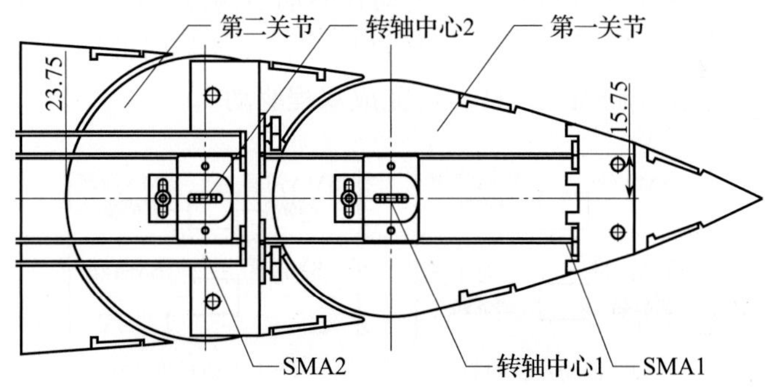

图 21-13　后缘襟翼空间 SMA 丝示意图

后缘襟翼实现上下偏转 20°，因此后缘襟翼采用两边预拉伸应变相同的 SMA 丝对称装置（两边预拉伸应变 4.5%），如图 21-14 所示。由于后缘襟翼采用差动式的驱动方式，且上、下偏转过程气动力和气动力矩发生变化，因此针对平衡位置、上极限位置以及下极限位置三个状态进行驱动力矩分析，验证后缘襟翼驱动力矩的可行性。

在平衡状态下，根据后缘转动关节 1 和后缘转动关节 2 的气动载荷和气动力矩，对应状态下的 SMA 丝回复力和拉伸力分别为 913N 和 297N，关节 1、关节 2 平衡位置 SMA 丝驱动力力臂分别为 15.75mm 和 23.75mm。因此单根 SMA 丝在关节 1 和关节 2 处的驱动力矩分别为 9.70Nm 和 14.63Nm。

后缘襟翼上偏到极限位置时，SMA 丝收缩至 3%，而下侧 SMA 丝拉伸至 6%，对应状态下的 SMA 丝回复力和拉伸力分别为 800.4N 和 290.1N，关节 1、关节 2 平衡位置 SMA 丝驱动力力臂分别为 17.57mm 和 31.00mm。因此单根 SMA 丝在关节 1 和关节 2 处的驱动力矩分别为 8.97N・m 和 15.82N・m。

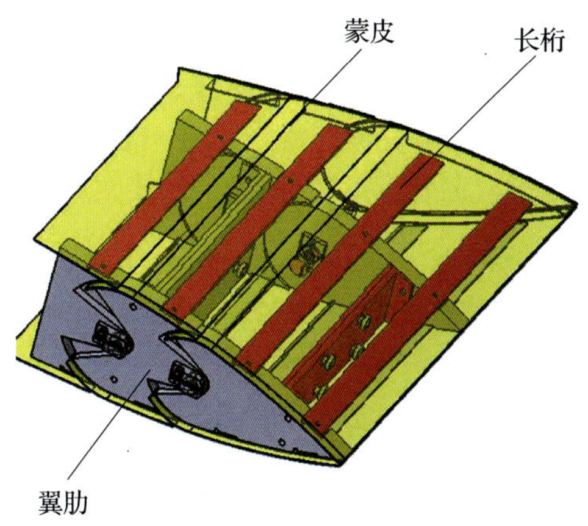

图 21-14 后缘襟翼设计示意图

后缘襟翼由上极限位置向下偏转时，上侧 SMA 丝被拉伸，下侧 SMA 丝加热回复。对应状态下的 SMA 丝回复力和拉伸力分别为 950.4N 和 283.1N，关节 1、关节 2 平衡位置 SMA 丝驱动力力臂分别为 17.57mm 和 31.00mm。因此单根 SMA 丝在关节 1 和关节 2 处的驱动力矩分别为 11.724N · m 和 20.69N · m。

表 21-4 为后缘襟翼极限位置下的 SMA 力臂和力矩数据。由于后缘襟翼的气动力矩偏小，因此选用 1.5mm 的 SMA 丝，至少选用两根丝，实现驱动器平滑偏转。

在本章设计的变体机翼驱动结构中，SMA 丝的长度、变形量决定了每个关节可以偏转的角度以及输出力矩的大小。因此 SMA 丝的合理布置对实现机翼的正常驱动非常重要。SMA 丝的布置应该保证每根丝的变形量不超过最大可回复应变（3%~6% 的变形范围），同时在不干涉结构正常运动的情况下应尽量增大每根 SMA 丝的长度，并增大 SMA 丝与旋转关节中心之间的距离以增大 SMA 丝输出力的力臂。SMA 丝固定的后挡板影响支撑段的设计，也决定了 SMA 丝的长度。

表 21-4 后缘襟翼不同偏转状态下的气动力矩

转动关节	气动载荷 /MPa	气动力臂 /mm	气动力矩 /（N · m）
关节 1 平衡位置	143.361	41.027	6.059
关节 2 平衡位置	201.410	92.989	17.343
关节 1 上极限位置	167.369	43.135	7.651
关节 2 上极限位置	217.021	95.083	21.966
关节 1 下极限位置	147.387	41.987	6.188
关节 2 下极限位置	204.501	93.029	19.025

在平衡位置，SMA 丝预紧装置在 SMA 丝固定板上，整个机构处于受力平衡状态。后缘襟翼处于平衡位置时，翼肋上、下部分 SMA 丝预拉伸 4.5%，偏转到下极限位置时，翼肋上半部分 SMA 丝拉伸至 6%，下半部分 SMA 丝收缩至 3%。同理，后缘襟翼上偏至极限位置时，翼肋上下部分 SMA 丝状态相反（见表 21-5）。

表 21-5　SMA 变形量及最短丝长要求

部件	平衡位置 /mm	极限位置 /mm	偏移量 /mm	最短丝长 /mm
后缘 SMA1	204.172	196.467	7.705	513.6
后缘 SMA2	86.189	81.794	4.395	293.0

完成后缘襟翼的设计，依据分析的参数和材料，加工制作前后缘，实物图如图 21-15 所示，其中图 21-15（a）为襟翼中 SMA 丝驱动器的布置，图 21-15（b）为副翼偏转 20°的位置，图 21-15（c）为整个飞机结构中的后缘襟翼位置。

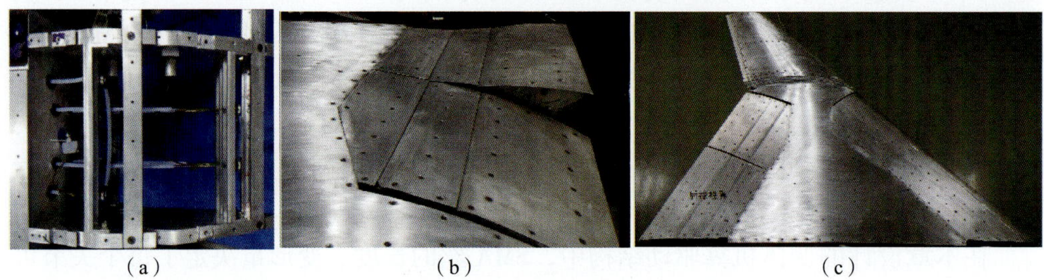

（a）　（b）　（c）

图 21-15　后缘襟翼实物图

21.3　SMA 驱动变体机翼后缘结构控制试验

控制系统设计的核心内容是角度控制器和温度控制器的参数整定，其主要依据理论数据整定方法和实际调节整定方法相结合的方式。角度控制器主要调节 PID 参数，实现后缘襟翼的角度精确控制，理论整定方法根据经验值拟定初始参数：K_P=10，K_I=0.0001，K_D=0；温度控制器主要调节占空比输出范围，合理控制 SMA 丝的温度，实现后缘襟翼的平滑过渡，理论整定方法拟定初始参数：关节 1、关节 2 的最大占空比输出为 100%。

角度控制算法是该控制系统最重要的部分，其关系着后缘结构偏转的角度精度。本章针对每个关节的上、下侧 SMA 丝分别搭建了基于 PID 控制器的闭环反馈控制系统，通过将实时计算的关节角度与目标角度偏差值输入 PID 控制器中，计算得到更新后的 SMA 丝加热占空比数值，SMA 丝以更新后的加热占空比进行加热。简而言之，即依据每个关节的目标角度偏差调整对应 SMA 丝的加热速率，控制其实时的温度。当角度偏差值为零时，其对应的最小加热占空比应使得 SMA 丝维持在

（如后缘偏转至极限位置时对应的回复力）与所需回复力相对应的温度。因此对于角度控制而言，实际就是对 PID 参数的调整，合理的比例、积分、微分系数可大大减小系统的响应时间，降低稳态误差，防止系统振荡的出现，从而达到最佳的控制效果。

温度控制算法是对角度控制算法的补充和完善。SMA 丝的回复力特性、最大恢复应变特性实际都与其温度相关，因此实时监测 SMA 丝的温度并将其引入角度控制中可极大地提高控制系统的稳定性。一方面，初始温度过低（即远低于马氏体相变结束温度）意味着需耗费大量时间才能使得 SMA 丝加热至奥氏体相变开始温度，从而实现 SMA 丝的收缩变形，对于控制系统而言增加了响应时间；另一方面，当 SMA 丝温度达到奥氏体相变结束温度后，继续升高温度 SMA 丝也不会继续发生收缩变形，而且过高的温度不利于对 SMA 丝性能的保护。除此之外，为实现襟翼的平滑过渡和不同关节的协调偏转，各关节对应的 SMA 丝加热速率不应过高，即对应的加热占空比应限制在一定范围内。将温度控制器作为角度控制器的补充模块可使得控制系统获得更佳的控制效果。

控制试验是用于验证变体机翼在空载条件下，实现变体部件的极限变形，测试驱动器性能和调节控制参数，如图 21–16 所示。调整温度控制器参数，得出最佳控制效果下的 PID 参数，控制器参数为：K_P=34，K_I=0.0001，K_D=0.01 以及 PID 输出范围（关节 1 的 60%，关节 2 的 50%）。试验记录空载时前后缘襟翼上、下极限位置偏转的角度变化数据，并拟合曲线图，得到的试验结果如图 21–17 和图 21–18 所示。

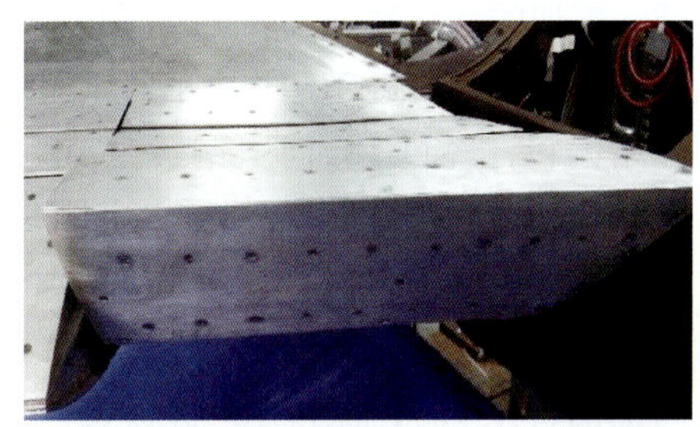

图 21–16 后缘襟翼极限位置偏转示意图

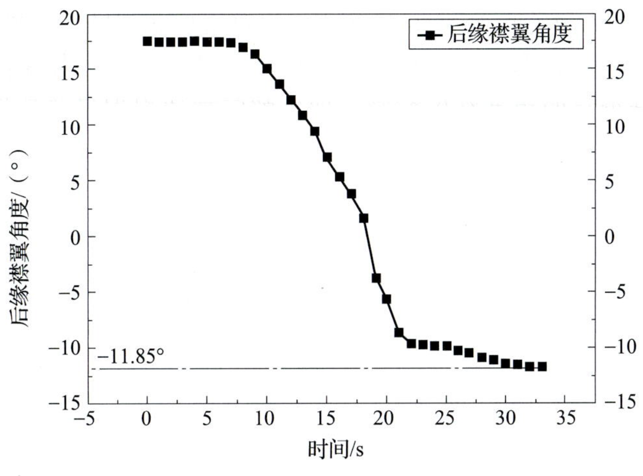

图 21–17 后缘襟翼下偏曲线图

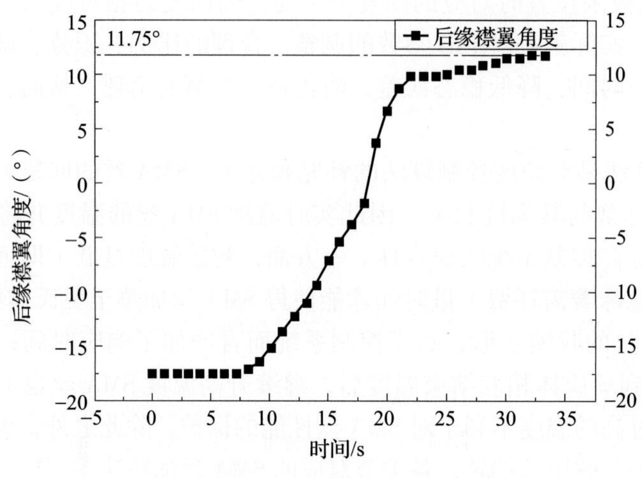

图 21-18　后缘襟翼上偏曲线图

完成后缘连续偏转空载控制试验后，为测试 SMA 驱动器的驱动能力，进行了等效静态载荷加载试验。对机翼后缘结构采用施加等效集中载荷的方式进行静态加载，施加的载荷数据如表 21-4 所示。

试验结果如图 21-19 所示。试验过程中，后缘由任意初始状态下的位置 -4.39° 开始偏转，经过 18s 向上偏转至 10°；保持 10° 状态 40s 后，上侧 SMA 驱动器开始自然冷却；经过 152s 冷却后，上侧 SMA 驱动器完成冷却，同时下侧 SMA 驱动器开始工作；经过 68s 后，后缘由 2.74° 向下偏转至 -10°，并保持 -10° 状态 70s 后进入第二次连续偏转过程。在第二次连续偏转过程中，后缘由 -6° 开始运动，经过 40s 向上偏转至 10°；保持 10° 状态 65s 后，上侧 SMA 驱动器开始自然冷却；经过 188s

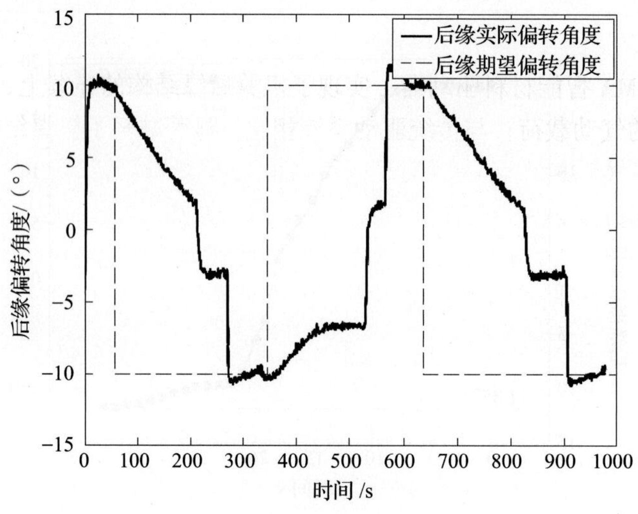

图 21-19　PID 控制器的控制效果

冷却后，下侧 SMA 驱动器开始工作，经过 88s 后，后缘由 1.37° 向下偏转至 -10°，并保持 -10° 状态 84s 后停止试验。SMA 驱动器的加热控制信号（PWM）的占空比变化曲线如图 21-20 所示。

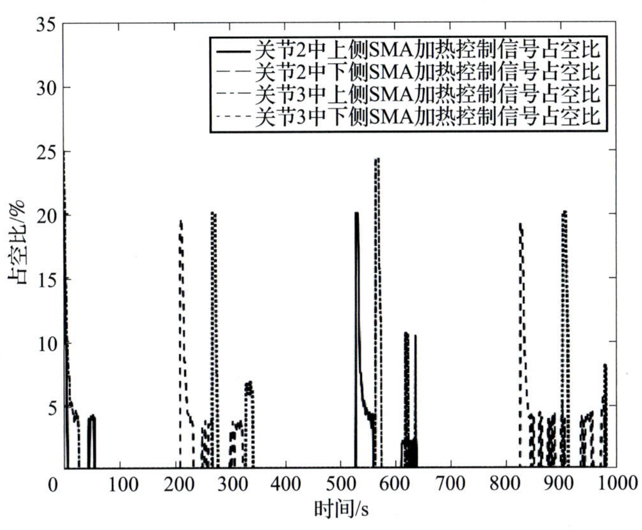

图 21-20 PWM 信号的占空比变化曲线图

从试验结果可以看出，采用分布式的 SMA 驱动器实现了机翼后缘在承受气动载荷情况下的连续上、下偏转，获得了较高的控制精度。考虑到 SMA 驱动器的特点，在自然冷却条件下，连续上下偏转的速度较慢，后续需要对该问题做进一步深入的研究。

21.4 小结

本章采用 SMA 智能材料驱动器，实现了机翼后缘结构的连续上、下偏转，并能够承受所要求的气动载荷，与传统驱动系统相比，显著减轻了机翼结构重量。

（1）将智能材料 SMA 驱动器用于变体机翼后缘结构的偏转驱动，设计了采用变体机翼后缘结构方案，并通过试验验证了 SMA 驱动器的可行性。

（2）针对 SMA 丝驱动器采用了基于 PID 控制器的后缘偏转控制方案，实现了对后缘偏转的控制，但控制精度和响应速度比较慢，尚难以达到电机控制系统的精度和速度，还需要进一步深入研究。

第22章　柔性变弯度机翼气动弹性分析方法

赵仕伟　阚梓　李道春

北京航空航天大学　航空科学与工程学院，100191

22.1　常用的非定常空气动力学建模方法

可变形机翼光滑连续变形的特性导致非定常气动力变化剧烈，从而导致气动分析过程中需采用高精度气动力分析方法。传统CFD气动分析方法相比高阶面元法和降阶方法计算精度高，但计算量大、耗时多，不便于开展气动弹性分析。气动力模型降阶可建立一种精度高、适应性强的可变形机翼非定常气动力模型，用于可变形机翼气动弹性分析计算。

目前，常见的有两类降阶非定常空气动力学建模方法：流场特征分析方法和系统辨识方法。流场特征分析方法针对整个流场进行模型降阶分析，得到流场的特征状态参数。包括本征正交分解（proper orthogonal decomposition，POD）方法[43-46]和谐波平衡（harmonic balance，HB）方法[47-49]。基于流体计算模型的输入响应获得正交基，模型的状态量可视为该组正交基的线性叠加，可以通过增加模型阶数从而更准确地模拟实际流场运动特性。但该方法通常用于流场的分析，由于模型考虑整个流场状态特性，模型较为复杂，阶数较高，不便于开展气动弹性分析。

系统辨识方法对流场的某些特定参数（如升力系数，力矩系数等）进行系统特征识别。非定常气动力系统辨识常见的有Volterra级数方法[50-51]、线性状态空间模型[52-53]、自回归移动平均（auto regressive-moving-average，ARMA）模型[54]、基于人工神经网络的替代模型[55-56]、径向基函数（RBF）插值和Kriging模型[57-58]、支持向量机（support vector machine，SVM）方法[59-60]，状态观测器[61]和面向块的Wiener模型[62-63]等。

采用非定常气动力降阶模型，可以提高柔性后缘可变形机翼的气动弹性响应计算效率，常见的模型降阶方法有带外输入的自回归模型（auto regressive exogenous，ARX）方法和Volterra级数方法。ARX方法的非定常气动力模型阶数相比Volterra级数方法要低一个量级左右，计算效率比Volterra级数高。因此本章采用ARX方法建立三维非定常气动力，和结构状态空间模型相耦合，得到柔性后缘可变形机翼气动弹性系统的状态空间模型，在此基础上计算柔性后缘可变形机翼的颤振特性和阵风响应。

22.2 气动弹性状态空间模型构建

非定常气动力 ARX 模型可以写成如下表达式

$$y(k)=\sum_{i=i}^{na}A_i y(k-i)+\sum_{j=0}^{nb-1}B_j u(k-j) \tag{22-1}$$

式中，$y(k)$ 表示第 k 步的广义气动力系数；na、nb 是系统广义气动力系数输入和广义位移输入阶数；可以将该系统改写成离散状态空间的形式

$$\begin{aligned} x_a(k+1)&=A_a x_a(k)+B_a u(k) \\ y_a(k)&=C_a x_a(k)+D_a u(k) \end{aligned} \tag{22-2}$$

其中

$$\boldsymbol{A}_a=\begin{bmatrix} A_1 & A_2 & \cdots & A_{na-1} & A_{na} & B_1 & B_2 & \cdots & B_{na-2} & B_{na-1} \\ 1 & 0 & \cdots & 0 & 0 & 0 & 0 & \cdots & 0 & 0 \\ 0 & 1 & \cdots & 0 & 0 & 0 & 0 & \cdots & 0 & 0 \\ \vdots & \vdots & \ddots & \vdots & \vdots & \vdots & \vdots & \ddots & \vdots & \vdots \\ 0 & 0 & \cdots & 1 & 0 & 0 & 0 & \cdots & 0 & 0 \\ 0 & 0 & \cdots & 0 & 0 & 0 & 0 & \cdots & 0 & 0 \\ 0 & 0 & \cdots & 1 & 0 & 1 & 0 & \cdots & 0 & 0 \\ 0 & 0 & \cdots & 1 & 0 & 0 & 1 & \cdots & 0 & 0 \\ \vdots & \vdots & \ddots & \vdots & \vdots & \vdots & \vdots & \ddots & \vdots & \vdots \\ 0 & 0 & \cdots & 0 & 0 & 0 & 0 & \cdots & 1 & 0 \end{bmatrix} \tag{22-3}$$

$$\boldsymbol{B}_a=[B_0 \quad 0 \quad 0 \quad \cdots \quad 0 \quad 1 \quad 0 \quad 0 \quad \cdots \quad 0]^{T} \tag{22-4}$$

$$\boldsymbol{C}_a=[A_1 \quad A_2 \quad \cdots \quad A_{na-1} \quad A_{na} \quad B_1 \quad B_2 \quad \cdots \quad B_{nB-2} \quad B_{nB-1}] \tag{22-5}$$

$$\boldsymbol{D}_a=B_0 \tag{22-6}$$

状态矢量如下

$$\boldsymbol{x}_A(k)=[y(k-i) \quad \cdots \quad y(k-na) \quad u(k-1) \quad \cdots \quad u(k-nb+1)] \tag{22-7}$$

对于多自由度系统，通过归一化可以转换为模态坐标运动，结构模态坐标下的动力学方程可表示如下

$$\boldsymbol{M}\ddot{x}(t)+\boldsymbol{C}\dot{x}(t)+Kx(t)=F_a(t) \tag{22-8}$$

式中，$\boldsymbol{M}$ 是系统质量矩阵，归一化处理后是单位矩阵；$\boldsymbol{C}$ 是系统阻尼矩阵；$\boldsymbol{K}$ 是该多自由度结构系统刚度矩阵；x、$\dot{x}$、$\ddot{x}$ 分别表示该系统位移、速度和加速度。各阶模态对应的广义气动力 F_A 为动压 q、压力系数 C_p 和结构模态分析得到的各阶振型矢量 S_i 的乘积在各个气动表面元上的积分

$$F_{\mathrm{a}}(t)=\int C_p q S_i \mathrm{d}s \tag{22-9}$$

该系数可以 Fluent 数值仿真获取。通过编写 udf 程序，在每一个时间步输出对应的各阶模态对应的广义气动力，从而得到各阶模态输入下的各阶模态对应的广义气动力。

将上述模态坐标下的动力学方程写成状态空间表达形式，可以得到

$$\begin{cases}\dot{x}_{\mathrm{S}}(t)=\boldsymbol{A}_{\mathrm{s}}x_{\mathrm{s}}(t)+q\boldsymbol{B}_{\mathrm{s}}F_{\mathrm{a}}(t)\\u(t)=\boldsymbol{C}_{\mathrm{s}}x_{\mathrm{s}}(t)+q\boldsymbol{D}_{\mathrm{s}}F_{\mathrm{a}}(t)\end{cases} \tag{22-10}$$

其中

$$\boldsymbol{A}_{\mathrm{s}}=\begin{bmatrix}0 & 1\\-M^{-1}K & -M^{-1}C\end{bmatrix} \tag{22-11}$$

$$\boldsymbol{B}_{\mathrm{s}}=\begin{bmatrix}0\\M^{-1}\end{bmatrix} \tag{22-12}$$

$$\boldsymbol{C}_{\mathrm{s}}=[I] \tag{22-13}$$

$$\boldsymbol{D}_{\mathrm{s}}=[0] \tag{22-14}$$

状态矢量 $\boldsymbol{x}_{\mathrm{s}}(t)$ 为

$$\boldsymbol{x}_{\mathrm{s}}(t)=\begin{Bmatrix}x(t)\\\dot{x}(t)\end{Bmatrix} \tag{22-15}$$

将上述连续时间系统状态空间结构模型离散化处理，得到对应的离散状态空间模型

$$\begin{cases}x_{\mathrm{s}}(k+1)=A'_{\mathrm{s}}x_{\mathrm{s}}(t)+q\boldsymbol{B}_{\mathrm{s}}F_{\mathrm{a}}(t)\\u(k)=C'_{\mathrm{s}}x_{\mathrm{s}}(t)+q\boldsymbol{D}_{\mathrm{s}}F_{\mathrm{a}}(k)\end{cases} \tag{22-16}$$

其中

$$A'_{\mathrm{s}}=\mathrm{e}^{A_{\mathrm{s}}T} \tag{22-17}$$

$$B'_{\mathrm{s}}=\left(\int_0^T \mathrm{e}^{A_{\mathrm{s}}T}\mathrm{d}t\right)\boldsymbol{B}_{\mathrm{s}} \tag{22-18}$$

$$C'_{\mathrm{s}}=\boldsymbol{C}_{\mathrm{s}} \tag{22-19}$$

$$D'_{\mathrm{s}}=\boldsymbol{D}_{\mathrm{s}} \tag{22-20}$$

式中，T 为时间步长，上述过程为系统的结构动力学模型的获取流程，广义气动力为系统输入，结构弹性变形为系统输出。

通过 ARX 方法建立离散形式的气动力状态空间模型

$$\begin{cases}x_{\mathrm{a}}(k+1)=A_{\mathrm{a}}x_{\mathrm{a}}(k)+B_{\mathrm{a}}u(k)\\y_{\mathrm{a}}(k)=C_{\mathrm{a}}x_{\mathrm{a}}(k)+D_{\mathrm{a}}u(k)\end{cases} \tag{22-21}$$

式中，$u(k)$ 是系统的广义结构位移；$y_A(k)$ 是系统的广义气动力。

将基于 ARX 方法建立的气动力状态空间模型和结构状态空间模型相耦合，可以

得到整个气动弹性系统的状态空间模型，可以用于分析系统的气动弹性特性，计算系统的气动弹性响应。气动弹性系统状态空间模型表达式如下

$$\begin{cases} \begin{Bmatrix} x_s(k+1) \\ x_a(k+1) \end{Bmatrix} = \begin{bmatrix} A'_s+qB'_sD_aC_s & qB'_sC_a \\ B_aC_s & A_a \end{bmatrix} \begin{Bmatrix} x_s(k) \\ x_a(k) \end{Bmatrix} \\ u(k) = \begin{bmatrix} C_s & 0 \end{bmatrix} \begin{Bmatrix} x_s(k) \\ x_a(k) \end{Bmatrix} \end{cases} \tag{22-22}$$

上述状态空间模型可以通过气动弹性响应计算或者矩阵特征值分析来分析该气动弹性系统的稳定性。通过调整速度调整动压，从而获得对应速度下的系统响应，当响应幅值随着时间变化保持不变，该速度对应该马赫数下的颤振速度。也可以求解状态空间的特征值来分析该系统稳定性。对于离散系统，当所有特征值模长均小于等于 1 时，该系统稳定，若至少有一个特征值模长大于 1，该系统不稳定。可以将离散状态空间模型转化为连续状态空间模型来分析系统稳定性，当且仅当所有系统的特征值实部小于 0，该系统稳定。

通过 ARX 方法同样可以建立离散形式的阵风气动力状态空间模型

$$\begin{aligned} x_g(k+1) &= A_gx_g(k) + B_gu(k) \\ y_g(k) &= C_gx_g(k) + D_gu(k) \end{aligned} \tag{22-23}$$

式中，$x_g(k)$ 为阵风输入；$u(k)$ 是系统的广义结构位移；$y_g(k)$ 是系统的阵风广义气动力。

将基于 ARX 方法建立的气动弹性状态空间模型和阵风响应气动力状态空间模型相耦合，可以得到考虑阵风响应气动弹性系统的状态空间模型，用于分析系统的阵风响应。气动弹性系统状态空间表达式如下

$$\begin{cases} \begin{Bmatrix} x_s(k+1) \\ x_a(k+1) \\ x_g(k+1) \end{Bmatrix} = \begin{bmatrix} A'_s+qB'_s(D_a+D_g)C_s & qB'_sC_a & qB'_sC_g \\ B_aC_s & A_a & 0 \\ B_aC_s & 0 & A_g \end{bmatrix} \begin{Bmatrix} x_s(k) \\ x_a(k) \\ x_g(k) \end{Bmatrix} \\ u(k) = \begin{bmatrix} C_s & 0 & 0 \end{bmatrix} \begin{Bmatrix} x_s(k) \\ x_a(k) \\ x_g(k) \end{Bmatrix} \end{cases} \tag{22-24}$$

22.3 气动弹性特性分析方法验证

为验证基于 ARX 方法建立的气动力降阶模型的有效性，采用 AGARD 445.6 机翼模型。AGARD 445.6 几何形状如图 22-1 所示，机翼根部弦长 0.559m，半展长 0.762m，展弦比 1.65，梢根比 0.66，后掠角 45°，翼型为 NACA 65A004，材料参

数如表 22–1 所示。设置结构网格最大尺寸为 10 mm，对机翼根部所在的平面使用固支约束，对该结构模型进行模态分析。如图 22–2 为 AGARD 445.6 机翼对应的前四阶模态振型，前四阶模态的振动频率与试验结果对比如表 22–2 所示，最大误差 3.15%，有限元与试验结果[24]吻合较好。

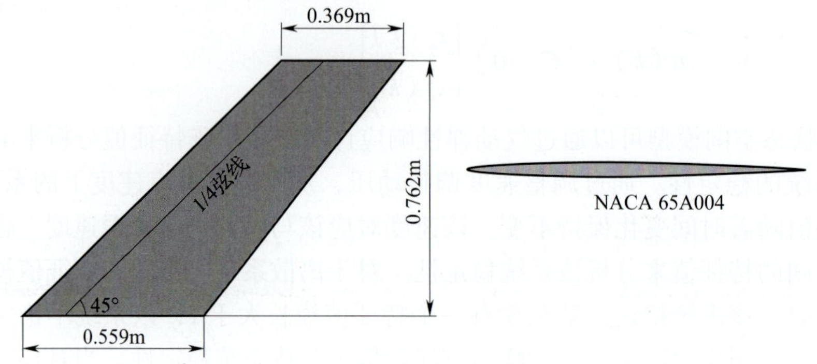

图 22–1　AGARD 445.6 几何形状

表 22–1　AGARD 445.6 机翼材料参数

x 方向弹性模量 / MPa	*y* 方向弹性模量 / MPa	*z* 方向弹性模量 / MPa	*xy* 方向泊松比	*yz* 方向泊松比	*xz* 方向泊松比	*xy* 方向切变模量 /MPa	*yz* 方向切变模量 /MPa	*xz* 方向切变模量 /MPa
3151.1	416.21	416.21	0.31	0.31	0.31	439.2	439.2	439.2

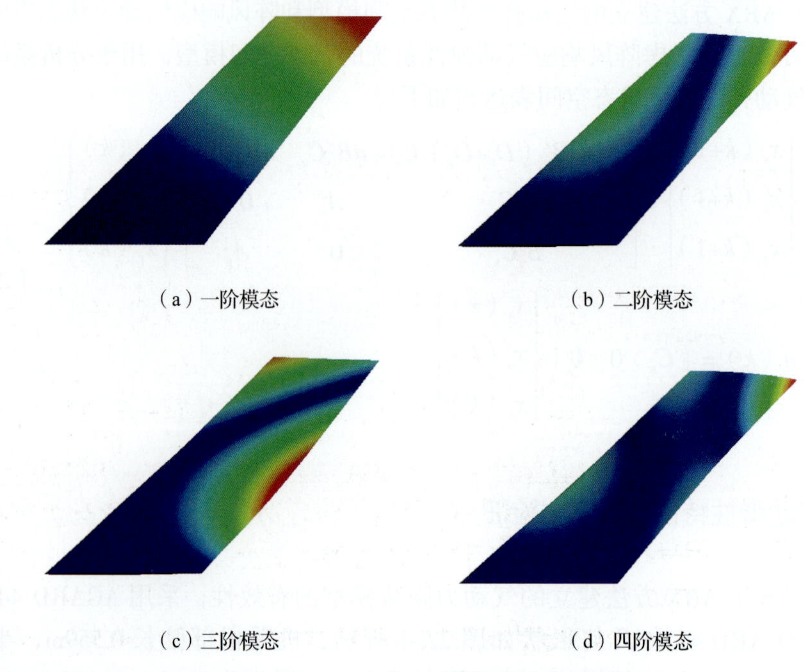

（a）一阶模态　（b）二阶模态

（c）三阶模态　（d）四阶模态

图 22–2　AGARD 445.6 机翼前四阶模态振型图

表 22-2 前四阶模态的振动频率与试验结果对比

属性	一阶	二阶	三阶	四阶
试验结果	9.60	38.17	48.35	91.55
本篇结果	9.37	39.22	49.14	94.43
误差 /%	2.40	2.75	1.63	3.15

图 22-3 为 AGARD 445.6 机翼非结构网格并导入 Fluent 中计算。远场边界位于距机翼 20 倍翼根弦长处，并设置为压力远场条件。机翼表面设置为无滑动静态壁面条件，网格在翼型附近被细化。采用动态网格结合用户自定义函数（UDF）接口编程，采用弹簧方法进行网格重构实现机翼的模态位移连续变形。在数值计算中，采用双精度求解器进行数值模拟，采用 Spalart-Allmaras 湍流模型。

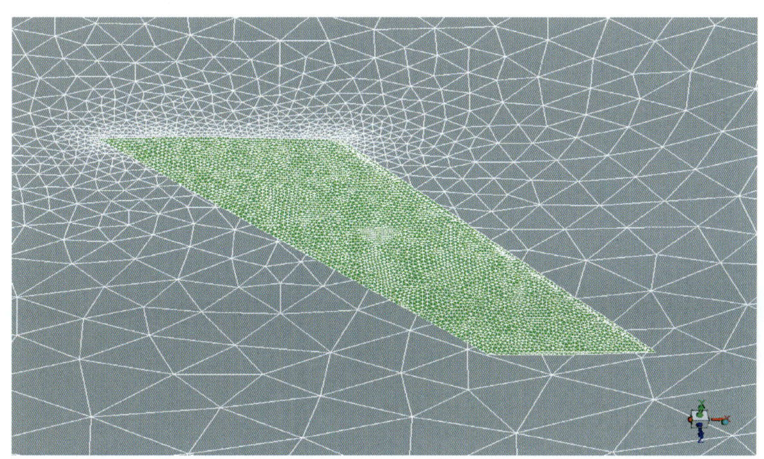

图 22-3 AGARD 445.6 机翼气动网格

图 22-4 为颤振马赫数和参考文献［64］对比，可以看出，二者的数值和趋势均具有良好的一致性。

图 22-5 为动压对应的马赫数为 0.29 时 AGARD 445.6 机翼各阶模态时域响应，从图中可以看出各阶模态位移随着时间变化位移逐渐减少呈现收敛趋势，说明在该动压下该机翼尚未达到颤振。通过分析离散状态空间模型可以看出，最大特征值模长为 0.994 小于 1，该系统稳定。通过分析连续状态空间模型的特征值也可以看出，在该状况下所有特征值的实部小于 0，该系统稳定。

图 22-6 为动压对应的马赫数为 0.3 时 AGARD 445.6 机翼各阶模态时域响应，从图中可以看出各阶模态位移随着时间变化位移基本保持不变，说明动压对应的 Ma=0.3 时，其速度非常接近颤振速度。

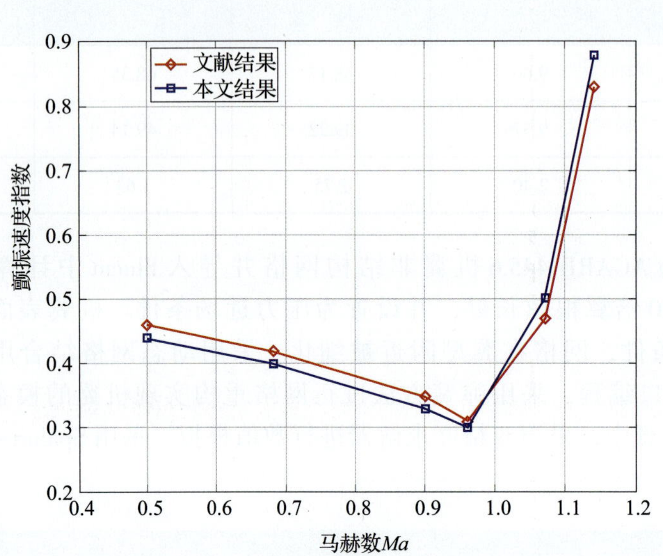

图 22-4 颤振马赫数对比验证

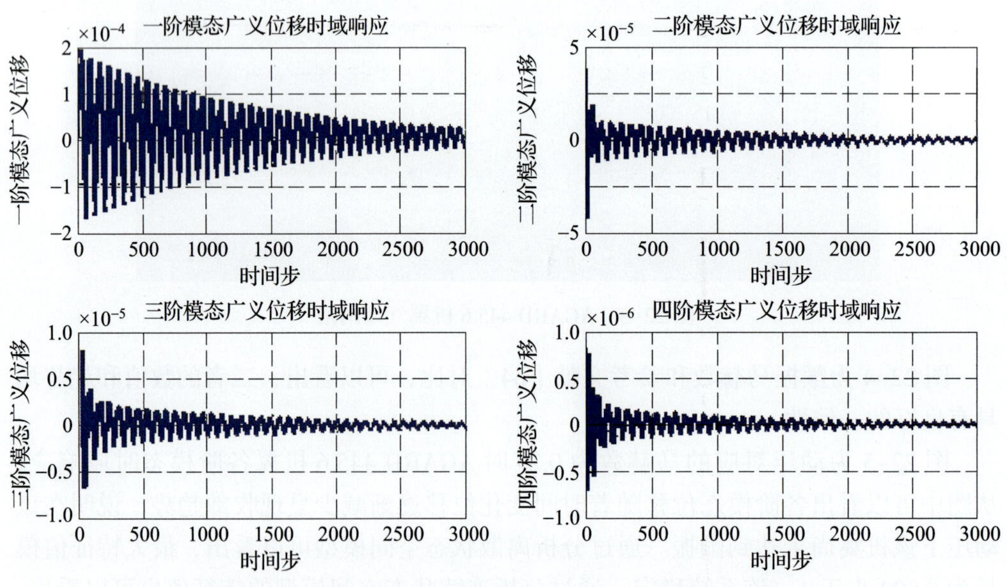

图 22-5 Ma=0.29 时 AGARD 445.6 机翼各阶模态时域响应

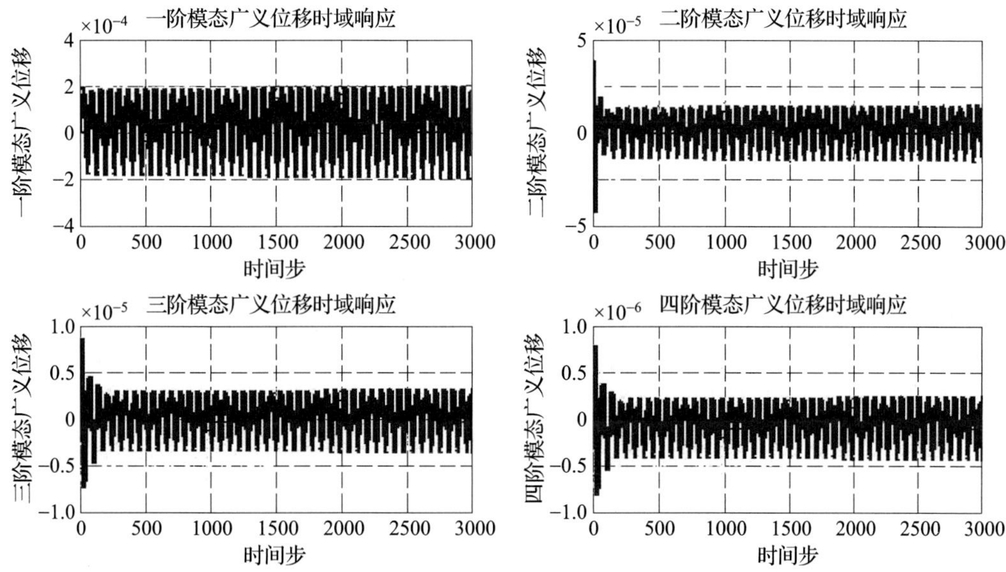

图 22-6　*Ma*=0.3 时 AGARD 445.6 机翼各阶模态时域响应

图 22-7 为动压对应的马赫数为 0.31 时 AGARD 445.6 机翼各阶模态时域响应，从图中可以看出各阶模态位移随着时间变化位移逐渐增大，说明该马赫数已经超过颤振速度了。通过分析离散状态空间模型可以看出，最大特征值模长为 1.0003，该系统发散。通过分析连续状态空间模型的特征值也可以看出，在该状况下所有特征值存在特征值 0.2917 ± 91.8737i 实部大于 0，该系统发散。

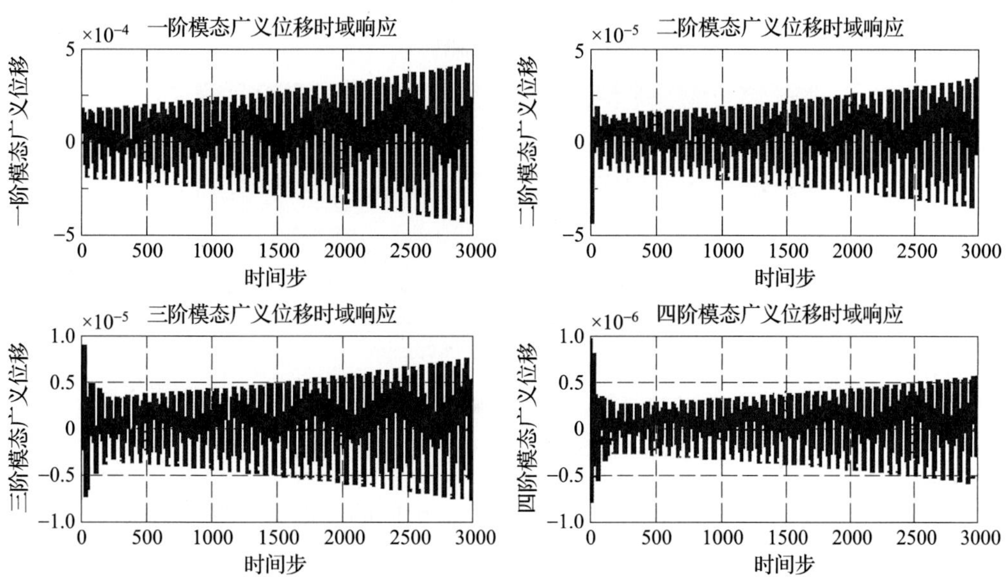

图 22-7　*Ma*=0.31 时 AGARD 445.6 机翼各阶模态时域响应

22.4 柔性变弯度机翼气动弹性分析计算

22.4.1 颤振分析计算

柔性机翼后缘在不同偏角下的颤振速度计算，仅考虑气动外形变化对气动弹性特性的影响，柔性后缘可变形机翼的流体网格如图 22-8（a）所示。弦向变化范围为翼型 60% 到后缘部分，这一段翼型中弧线变形采用作抛物线轨迹变弯，定义 60% 翼型处中弧线所在的位置和变形后的后缘点的连线与初始翼型中弧线的夹角为后缘偏角 β，向下偏为正偏转方向。

为节约网格绘制时间，对不同柔性后缘偏角情况采用同一套流体网格进行 CFD 仿真计算。在计算某一特定偏角时，可以基于 UDF 程序预先将该部分后缘偏转至给定的角度，如图 22-8（b）所示为机翼柔性后缘偏转后缘 6° 后流体网格的变化图。等到气动力响应基本稳定后，输入对应的各阶位移激励，从而得到对应偏角下的各阶广义气动力系数响应。

（a）后缘无偏转

（b）后缘偏转6°

图 22-8　机翼柔性后缘偏转前后网格变化

马赫数为 0.9 时，后缘偏角为 0°、2°、4°、6° 时的颤振马赫数为 0.202、0.203、0.211 和 0.224。可以看出随着后缘偏角的增大，颤振马赫数相比无偏角情况有一定的提高。

22.4.2 阵风响应分析计算

取马赫数 0.7 工况下计算 1-cos 阵风响应，图 22-9 为阵风尺寸分别为 60、90、140m 时柔性后缘偏角 6°的机翼各阶模态位移响应。可以看出，在该工况下飞机遭遇阵风响应，随着阵风尺寸的增大，模态位移响应呈现下降趋势。

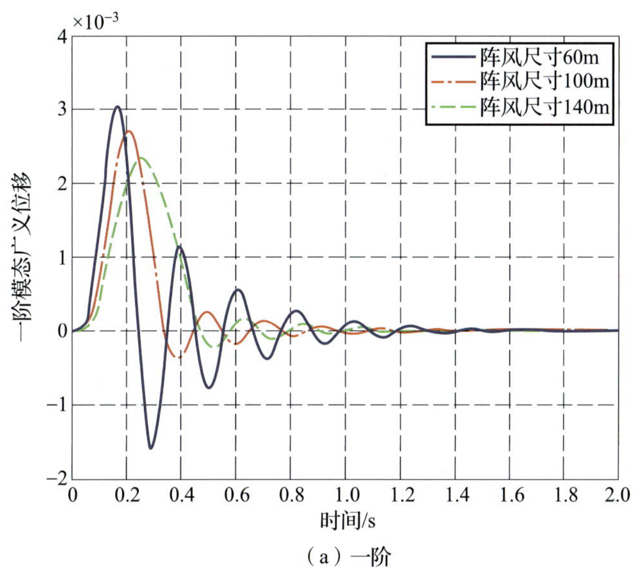

（a）一阶

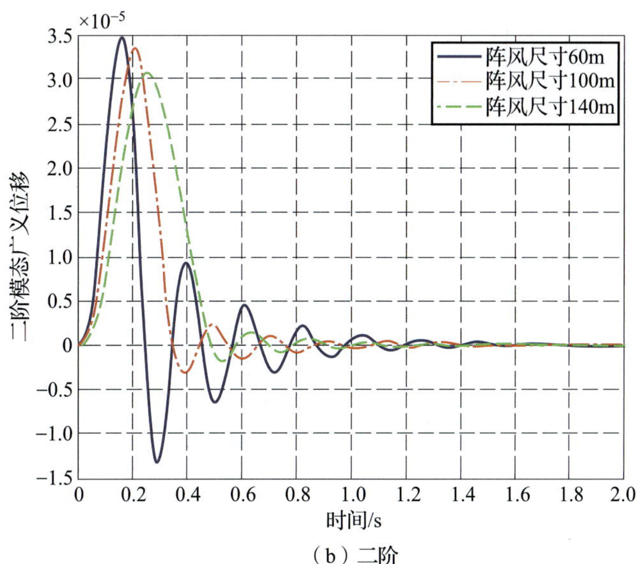

（b）二阶

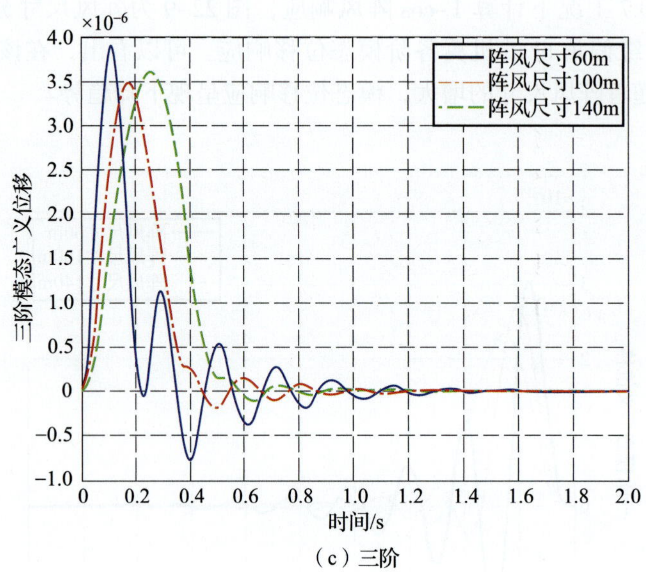

（c）三阶

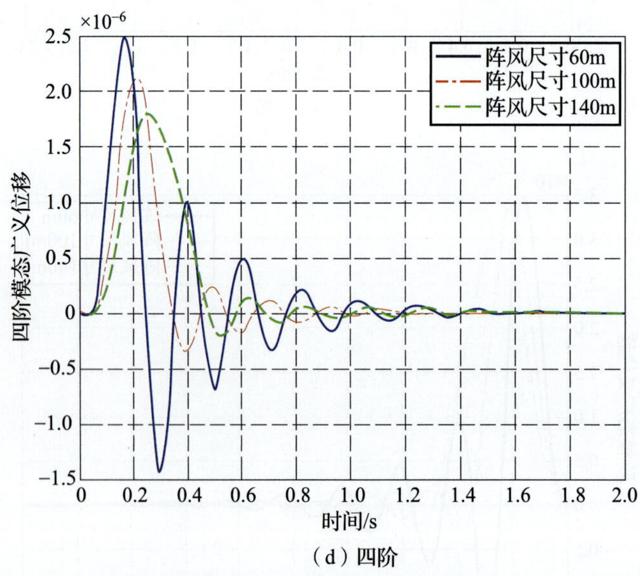

（d）四阶

图 22–9　模态位移时域响应

22.5　小结

本章介绍了一种基于气动降阶模型方法建立柔性后缘可变形机翼气动弹性状态空间模型，应用于柔性后缘可变形机翼的颤振特性和阵风响应分析计算。通过结构有限元方法得到各阶模态，将各阶模态变形导入 CFD 计算，得到对应的气动力，基于 ARX 方法得到气动状态空间模型、耦合结构状态空间模型，从而建立可变形机翼的气动弹性状态空间模型，用于可变形机翼气动弹性颤振特性分析和阵风响应计算。研究结果表明，随着后缘偏角的增大，颤振马赫数相比无偏角情况有一定的提高。在马赫数 0.7 工况下，随着阵风尺寸的增大，模态位移响应呈现下降趋势。

第 23 章　基于偏心圆盘的小型无人机变形翼射流技术研究

王正杰[1]，Shijun Guo[2]，薛景锋[3]，张梦杰[3]

1. 北京理工大学　机电学院，100081
2. Cranfield University，UK
3. 中国航空研究院，100012

机翼射流技术是通过机翼喷射气流来达到与操纵舵面偏转相同的作用效果，以射流来完成飞行控制，进而替代传统操纵面[65]。本章介绍一种将变形翼技术与射流控制技术融合于飞翼布局飞行器的方案，以射流控制与机翼变形的组合方式来实现飞行器的机动控制。该方案中，机身无缝连接可加大其隐身性能，而射流技术的引入可提高飞行器的飞行升力、减少能耗，机翼后缘的连续变形可使飞行器具有更强的环境适应能力，完成更复杂的飞行任务。同时，与传统飞行器相比，射流变形翼飞行器也将具有更低的维护成本和更可靠的使用性能。

23.1　基于偏心圆盘的射流变形翼翼段结构设计

射流变形翼翼段主要由沿弦向从机翼后梁延伸至后缘的弯梁、安装在弯梁根部的驱动器、固定在弯梁上的一系列转盘、盘边缘与蒙皮上长桁间的连接件、后缘蒙皮间的滑块等部件组成，通过各个部件之间的协调运动可实现机翼的射流控制和变形功能，翼段的整体布局方案如图 23-1 所示。

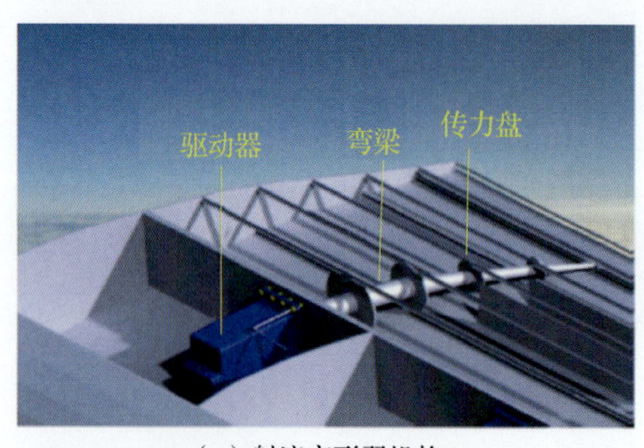

（a）射流变形翼机构

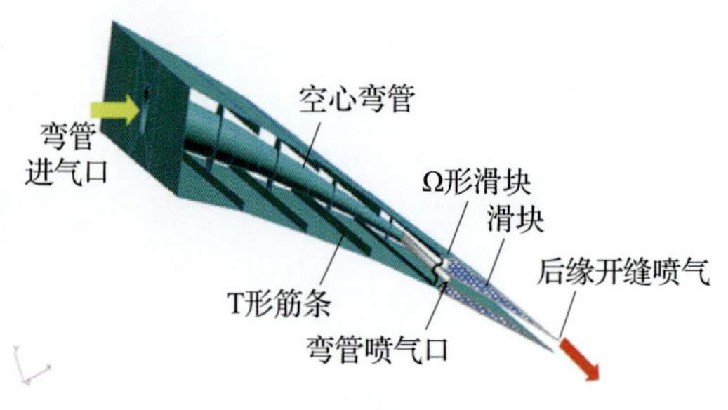

（b）射流推进机构

图 23-1　翼段的整体布局方案

变形功能的实现：如图 23–1（a）所示为变形翼的简单示意图。在机翼的后梁处设计了一根牛角形弯管，弯管的头部连接一个驱动装置，弯管上安装了一系列用于传力的圆盘，圆盘的边缘与固定于机翼蒙皮的一系列导轨相接触。此机翼从后梁到后缘的部分是柔性的，其余部分为刚性。图中弯梁的形状根据变形翼的总体气动外形而设计，在驱动器的作用下弯梁可以实现 0°～90° 的旋转，在旋转过程中弯梁会带动传力圆盘运动，传力盘则通过导轨拉动机翼蒙皮运动，实现整个机翼的变形功能。

射流控制功能的实现：如图 23–1（b）所示为变形翼的射流推进机构。图中所设计的弯管是空心的，弯管的头部设有一个进气口，此进气口与气源装置连接，弯管的尾部留有一个出气口，气体通过出气口进入机翼后缘的排气气室，气室则将气体通过后缘的开缝喷出。通过对弯管空心部分的设计以及对气源装置的控制便可以实现对气体流速压力等的控制，进而实现整个机翼的射流控制。在飞机飞行时，射流控制可以实现副翼和襟翼的功能，实现对飞机的姿态控制，同时向后喷射的气流也会对飞机产生一部分推力，增大飞机的动力。

23.1.1 机翼翼型的选择

射流变形翼的翼型选用 NACA 4412 标准翼型，发生变形的部分为机翼后缘 40% 处，后缘最大变形角度为 20°。应用最小应变能理论和弯梁弹性变形公式拟合出后缘变形各个角度后的翼型中线以及上下翼曲线的坐标。图 23–2 即为本次射流变形翼翼段设计所用的 NACA 4412 翼型图，图中包括了变形前后的翼型形状，此翼型图的坐标点都通过严格计算得到，可保证机翼在变形过程中的气动特性最优。

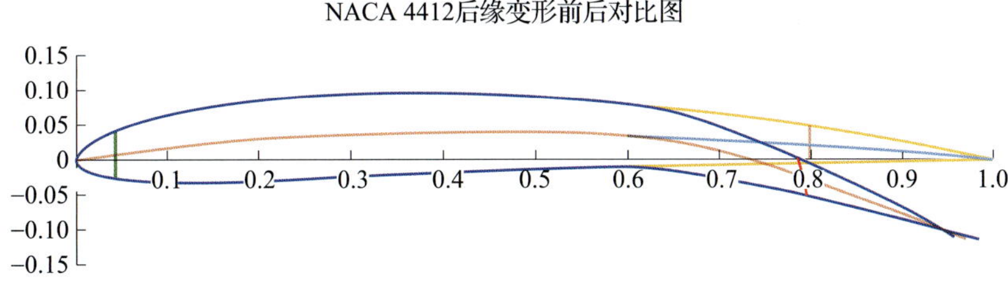

图 23–2 NACA 4412 变形前后对比图

23.1.2 可变形弯管设计原理

牛角空心弯管是整个射流变形翼的核心部件之一，弯管的形状决定了变形翼变形前后的形状，同时弯管中空心的尺寸也决定了射流控制的效果。弯管的设计不是一个独立的过程，它与变形的形状紧密相关。设计选定的机翼翼型为 NACA 4412，机翼弦长为 1m，机翼从距前缘 60% 至整个后缘可发生变形，机翼后缘最大变形角度为 20°。

如图 23-3 所示，将可变形部分的机翼视为一个悬臂梁，机翼所受到的气动力视为三角形分布载荷，根据悬臂梁的弹性变形公式和最小应变能理论来设计变形翼的弯度，进而根据此弯度来设计弯管的弯度和形状。悬臂梁的弹性变形公式为

$$z(x)=\frac{\omega_0}{EI}\frac{1}{L}\left[\frac{L^3x^2}{12}-\frac{x^5}{120}-\frac{L^2x^3}{12}+\frac{Lx^4}{24}\right] \tag{23-1}$$

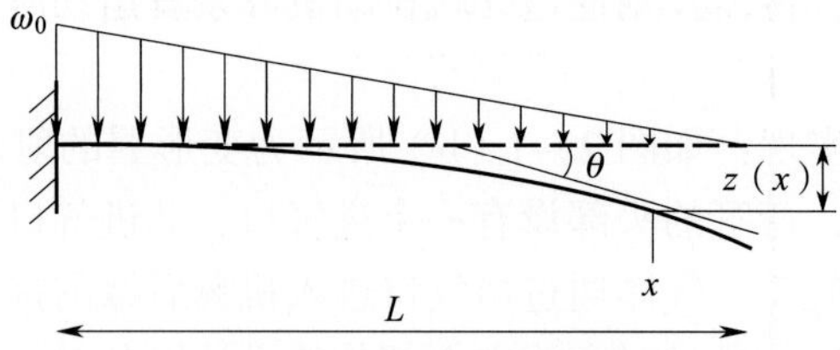

图 23-3　变形翼弯度设计图

式中，ω_0 为三角形分布载荷的最大值；E 为弹性模量；I 为惯性矩；L 为机翼变形部分的长度；x 为距离变形初始位置的长度。

由于变形翼的变形最大角度较小，因此可以用变形角度的正切值来表示角度值，进而将变形翼的变形角度表示为

$$\theta(x)\approx\tan(\theta(x))=z'(x)=\frac{\omega_0}{EI}\frac{1}{L}\left[\frac{L^3x}{6}-\frac{x^4}{24}-\frac{L^2x^2}{4}+\frac{Lx^3}{6}\right] \tag{23-2}$$

$$\theta_{max}=z(L)'=\frac{\omega_0}{EI}\frac{L^3}{24} \tag{23-3}$$

根据计算条件 $\theta_{max}=\frac{1}{6}$，代入式（23-3）可得 $\frac{\omega_0}{EI}$ 的值为 -130.9m^{-3}，将此值代入式（23-2）便可得到整个变形翼段的变形公式为

$$z(x)=-130.9\times\frac{1}{L}\left[\frac{L^3x^2}{12}-\frac{x^5}{120}-\frac{L^2x^3}{12}+\frac{Lx^4}{24}\right] \tag{23-4}$$

式（23-4）便是变形翼的变形公式，同时也是弯梁旋转 90°后的弯度公式，根据此弯度公式便能够实现对弯梁中线的设计，进而可根据设计机翼的大小来实现对整个弯管的设计，设计好的弯梁中线如图 23-4 所示。通过图的中心线生成截面便可实现可变形弯管的设计工作。

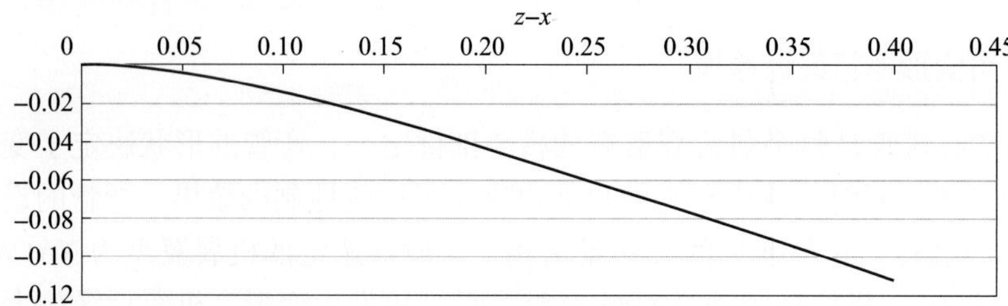

图 23-4　弯梁中心线图

23.1.3 传力盘设计

传力圆盘作为一个特殊的部件对变形翼具有重要的作用，根据机翼发生变形后的轮廓形状进行设计。首先把圆盘旋转 90° 的过程分为若干个小的偏转，每偏转一次，将形成一个二维的接触线，把机翼旋转整个过程的二维形状连接成三维，便构成了传力圆盘的形状。从设计的示意图 23–5 中可以看出，所设计圆盘是一个空间的曲面盘，这将严格地保证机翼变形的精确性。

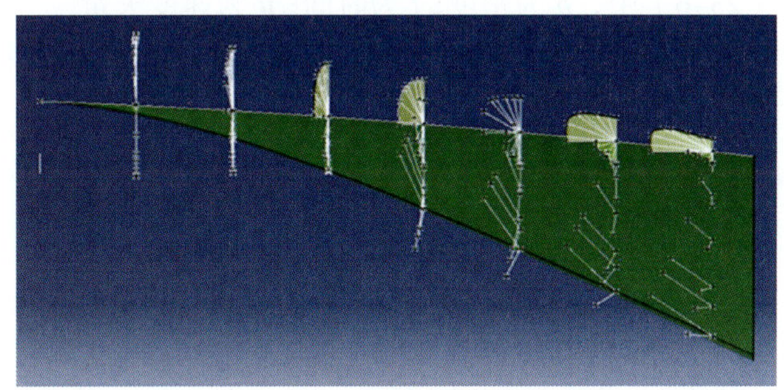

图 23–5 传力盘设计原理图

23.1.4 机翼内部传动方案

本翼段设计所用的传动方式为皮带轮传动，使用舵机作为驱动装置。设计翼段展长为 500mm，弯管位于整个翼展的中心位置，因此选择皮带轮传动的中心距为 200mm。选用 5M40 齿铝合金带轮作为传动机构，其基本尺寸为齿宽 16mm，配 15mm 宽同步带，带轮齿外径 63.66mm，挡边外径 1mm，总厚度 20mm。由传动中心距计算皮带长度，皮带周长为 L=200 × 2+63.66 × π =600mm，因此选用周长为 600mm 的皮带，与带轮相匹配，最终选用型号 HTD600–5M–15mm 皮带。主动驱动器选用驯龙者数字舵机，可提供最大 200kgf ① 扭力，舵机可实现 180° 旋转。

23.2 射流变形翼翼段的气动特性分析

23.2.1 CFD 数值模拟

利用 CFD 数值模拟方法实现二维翼型射流气动参数的计算。CFD 数值模拟方法以流体力学为基础，以数值计算为工具，遵循基本的物理定律，包括质量守恒定律、动量守恒定律和能量守恒定律。这些物理守恒定律都可以通过控制方程进行描述。

所谓的质量守恒定律就是流体计算单元在一段时间内增加的质量与这段时间内

① 1kgf（千克力）≈ 9.8N。

进入该单元的静质量相等，对应的控制方程表达如下

$$\frac{\partial \rho}{\partial t}+\frac{\partial \rho u}{\partial x}+\frac{\partial \rho v}{\partial y}+\frac{\partial \rho w}{\partial z}=0 \tag{23-5}$$

引入表达式 div $\boldsymbol{a}=\frac{\partial \boldsymbol{a}_x}{\partial_x}+\frac{\partial \boldsymbol{a}_y}{\partial_y}+\frac{\partial \boldsymbol{a}_z}{\partial_z}$，则式（23–5）可改写为

$$\frac{\partial \rho}{\partial t}+\mathrm{div}\left(\rho \boldsymbol{u}\right)=0 \tag{23-6}$$

式（23–5）和式（23–6）中，ρ 为密度；t 为时间；$\boldsymbol{u}$ 为速度矢量。

动量守恒指的是流体计算单元对时间的变化率与此单元外力之和相等，因此得到三个方向的计算方程如下

$$\begin{cases}\frac{\partial \rho u}{\partial t}+\mathrm{div}(pu\boldsymbol{u})=-\frac{\partial p}{\partial x}+\frac{\partial \tau_{xx}}{\partial x}+\frac{\partial \tau_{yx}}{\partial y}+\frac{\partial \tau_{zx}}{\partial z}+F_x\\ \frac{\partial \rho v}{\partial t}+\mathrm{div}(pv\boldsymbol{u})=-\frac{\partial p}{\partial y}+\frac{\partial \tau_{xy}}{\partial x}+\frac{\partial \tau_{yy}}{\partial y}+\frac{\partial \tau_{zy}}{\partial z}+F_y\\ \frac{\partial \rho w}{\partial t}+\mathrm{div}(pw\boldsymbol{u})=-\frac{\partial p}{\partial z}+\frac{\partial \tau_{xz}}{\partial x}+\frac{\partial \tau_{yz}}{\partial y}+\frac{\partial \tau_{zz}}{\partial z}+F_z\end{cases} \tag{23-7}$$

式中，p 指的是流体计算单元上的压力大小；τ_{xx}、τ_{xy}、τ_{xz} 指的是流体计算单元上黏性应力 τ 沿 x 轴向的分力；F_x、F_y、F_z 表示作用在流体计算单元上的体积力。动量守恒方程对所有的流体都适用，但对于牛顿流体来说，流体变形率与黏性应力成比例，则有如下关系

$$\begin{cases}\tau_{xx}=2\mu\frac{\partial u}{\partial x}+\lambda\mathrm{div}\,\boldsymbol{u},\tau_{xy}=\tau_{yx}=\mu\left(\frac{\partial u}{\partial y}+\frac{\partial v}{\partial x}\right)\\ \tau_{yy}=2\mu\frac{\partial v}{\partial y}+\lambda\mathrm{div}\,\boldsymbol{u},\tau_{xz}=\tau_{zx}=\mu\left(\frac{\partial u}{\partial z}+\frac{\partial w}{\partial x}\right)\\ \tau_{zz}=2\mu\frac{\partial w}{\partial z}+\lambda\mathrm{div}\,\boldsymbol{u},\tau_{yz}=\tau_{zy}=\mu\left(\frac{\partial v}{\partial z}+\frac{\partial w}{\partial y}\right)\end{cases} \tag{23-8}$$

式中，μ 表示［动力］黏度；λ 为第二黏度，代入可得

$$\begin{cases}\frac{\partial(\rho u)}{\partial t}+\mathrm{div}(\rho u\boldsymbol{u})=\mathrm{div}(\mu\cdot\mathrm{grad}u)-\frac{\partial p}{\partial x}+S_x\\ \frac{\partial(\rho v)}{\partial t}+\mathrm{div}(\rho v\boldsymbol{u})=\mathrm{div}(\mu\cdot\mathrm{grad}v)-\frac{\partial p}{\partial y}+S_y\\ \frac{\partial(\rho w)}{\partial t}+\mathrm{div}(\rho w\boldsymbol{u})=\mathrm{div}(\mu\cdot\mathrm{grad}w)-\frac{\partial p}{\partial z}+S_z\end{cases} \tag{23-9}$$

式中，grad 为梯度算子；S_x、S_y 和 S_z 为动量方程中的广义源项。式（23–9）就是动量方程的最终形式，也被称为 Navier–Stokes（N–S）方程。

对于有热交换的流动系统，能量守恒方程是必须要考虑的。对流体计算而言，能量守恒是指流体计算单元的能量增加率，等于流体计算单元的净热加面积力和体积力对计算单元做功之和，所得的能量守恒方程为

$$\frac{\partial(\rho T)}{\partial t}+\mathrm{div}\left(\rho \boldsymbol{u} T\right)=\mathrm{div}\left(\frac{k}{c_p}\cdot \mathrm{grad}T\right)+S_T \tag{23-10}$$

式中，k 为热传系数；c_p 为比定压热容；T 表示热力学温度；S_T 为黏性耗散项。

展开上式得到

$$\begin{gathered}\frac{\partial(\rho T)}{\partial t}+\frac{\partial(\rho u T)}{\partial x}+\frac{\partial(\rho v T)}{\partial y}+\frac{\partial(\rho w T)}{\partial z}= \\ \frac{\partial}{\partial_x}\left(\frac{k}{c_p}\frac{\partial T}{\partial x}\right)+\frac{\partial}{\partial_y}\left(\frac{k}{c_p}\frac{\partial T}{\partial y}\right)+\frac{\partial}{\partial_z}\left(\frac{k}{c_p}\frac{\partial T}{\partial z}\right)+S_T\end{gathered} \tag{23-11}$$

上述的三大控制方程便是流场计算的基本约束方程。

23.2.2 二维翼型射流升阻力特性分析

针对射流变形翼翼段的 NACA 4412 翼型进行 Fluent 仿真分析，主要数值计算结果将分为三部分进行介绍，分别为吹气分析、吸气分析和吹吸气融合分析。使用 NACA 4412 翼型进行数值分析，数值模型弦长为 1m，设置来流马赫数为 0.15，计算流体雷诺数为 3×10^6，为可压缩流体，流体模型为湍流，选用气体中常用的 Spalart–Allmaras 方程，选择密度基求解器进行计算，定义收敛条件为各个参数的收敛残差值为 1×10^{-3}。

（1）二维翼型的吹气特性分析

首先对不同吹气方式的影响进行研究。图 23–6 给出了两种不同的吹气方式：一种吹气方式为在机翼后缘吹气；另一种吹气方式为在机翼弦长 0.85c 位置的上翼面进行吹气。

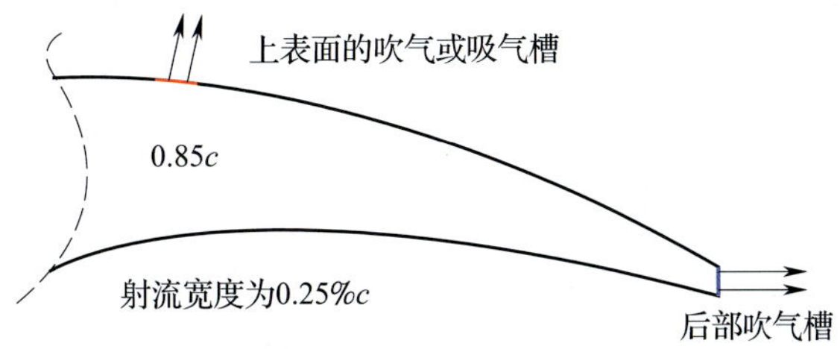

图 23–6 两种不同的吹气方式

对于图 23–6 所示的两种不同的吹气方式，其吹气口大小相同，设置为 0.25% 弦长，吹气速度设置为 150m/s 进行数值仿真计算，计算得到的升阻力系数关系如图 23–7 所示。从图中可以得出以下结论：原始的 NACA 4412 翼型的失速迎角为 16°，后缘处水平吹气可以导致升力系数 C_L 和失速迎角增大；后缘水平吹气使升力

系数增大了近 14%，而阻力系数 C_D 几乎不发生变化；上蒙皮垂直吹气导致升力系数 C_L 的大幅下降同时还导致阻力系数 C_D 增加。很显然，在后缘水平吹气可以起到增升的作用，而上蒙皮垂直吹气则会产生相反的作用，因此在后续的飞行器设计中可以选择后缘吹气的方式。

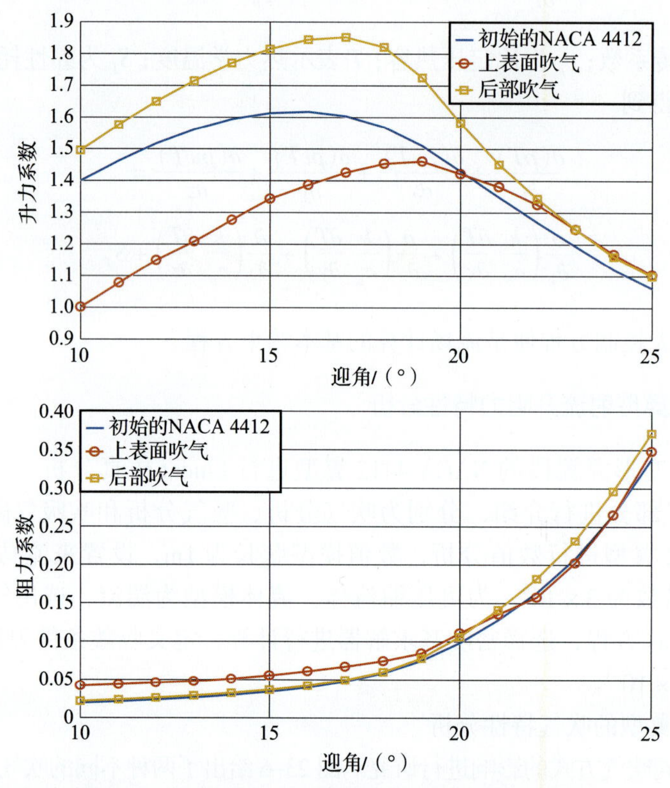

图 23-7　两种不同的吹气方式的升阻力系数对比图

针对后缘水平吹气和不吹气的情况，对其失速迎角也进行了比较，所得到的压力分布图如图 23-8 和图 23-9 所示，从图中可以很明显地看出后缘吹气作用可以有效地减缓气流分离现象，提高机翼的失速迎角。

后缘吹气方向也会对射流效果产生影响，吹气速度仍设为 150m/s，选取两种不同吹气方向：一种是沿机翼后缘水平吹气；另一种为沿机翼后缘切线方向吹气。图 23-10 显示了切向和水平方向射流的升阻力系数，从图中可以得出如下结论：沿切线方向吹气的效果更佳，与不吹气情况对比，沿切线方向吹气导致升力系数 C_L 增加 23%，与水平吹气方式相比，其升力系数 C_L 增加了 7%；对于阻力系数 C_D 而言，三种计算条件的结果十分相近，阻力系数 C_D 变化很小。

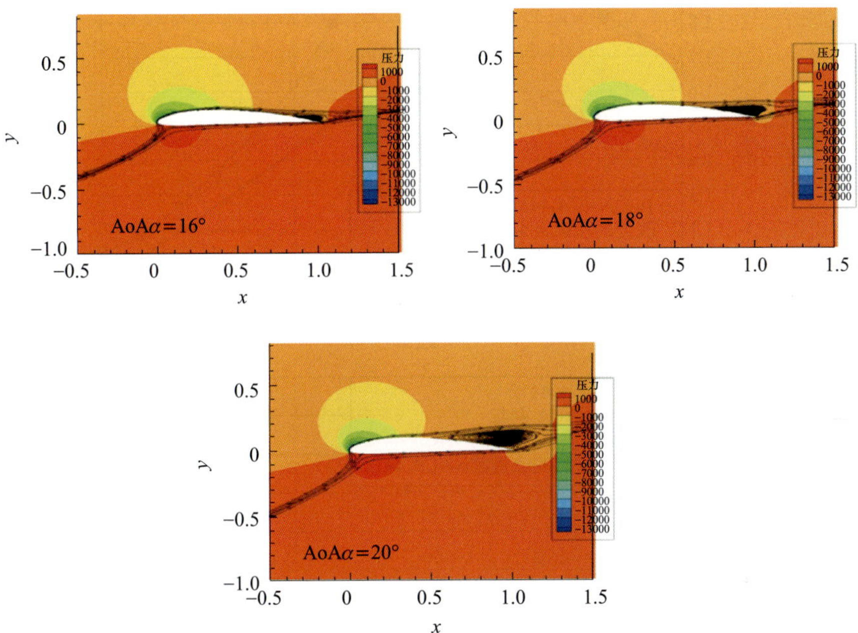

图 23-8　不同迎角下 NACA 4412翼型的压力分布——无吹气作用

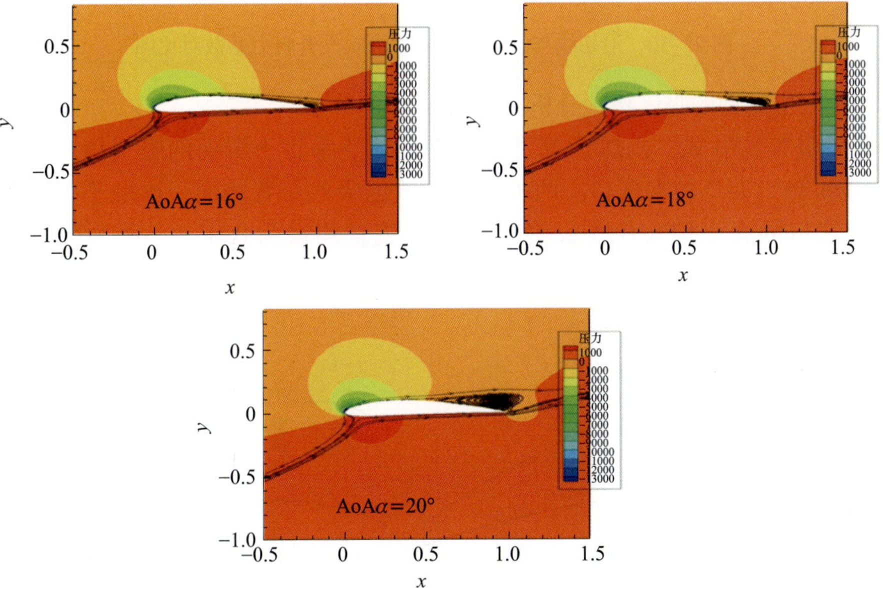

图 23-9　不同迎角下 NACA 4412 翼型的压力分布——后缘吹气 150m/s

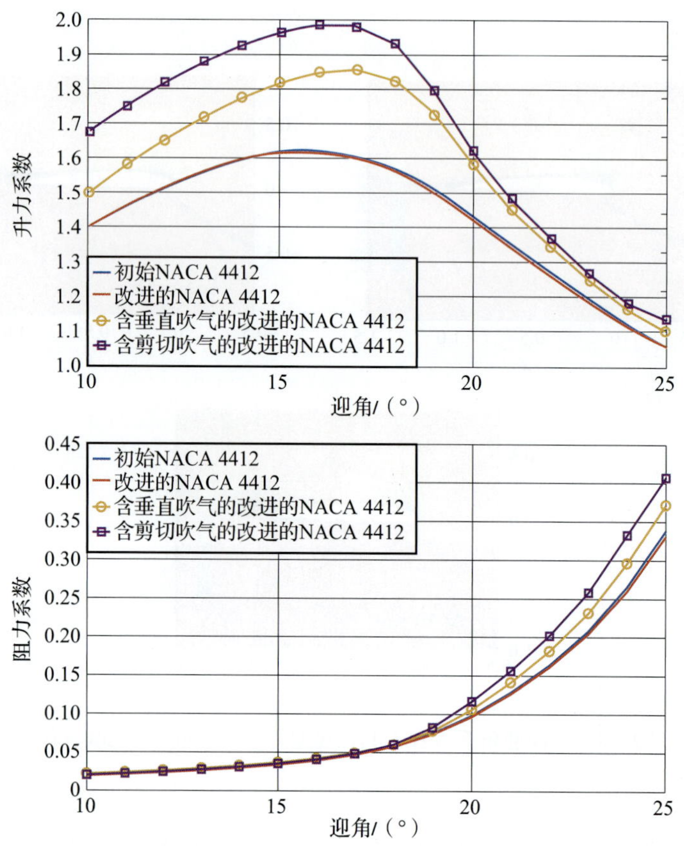

图 23-10　沿切线与沿水平方向后缘吹气升阻力系数对比图

（2）二维翼型的吸气特性分析

有关吸气的方式，仍然设置了两种：一种是垂直于翼面的吸气口；另一种为与翼面呈 45° 夹角的吸气口。两种吸气方式的吸气位置相同，均设于弦长 0.85 位置，吸气口的大小均为 0.25%c 弦长，吸气流量均设为 0.1kg/s。两种吸气方式如图 23-11 所示。

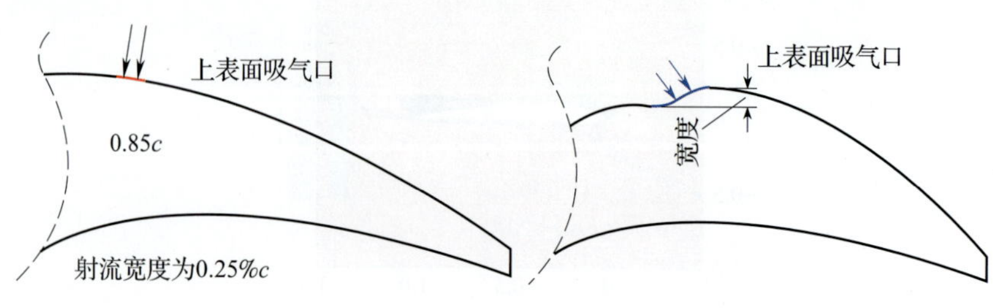

图 23-11　两种不同吸气方式

对以上两种不同的吸气方式进行仿真计算，可以得到两种吸气方式对应的升阻力系数曲线如图 23-12 所示。从图中可以看出，第二种吸气方式对于提升失速迎角作用更加明显，第一种吸气方式则需要通过增大吸气口的大小才能达到同样的作用效果。计算结果表明，第二种吸气方式具有更好的作用效果，因此后续的计算分析都以第二种吸气方式为基础进行。

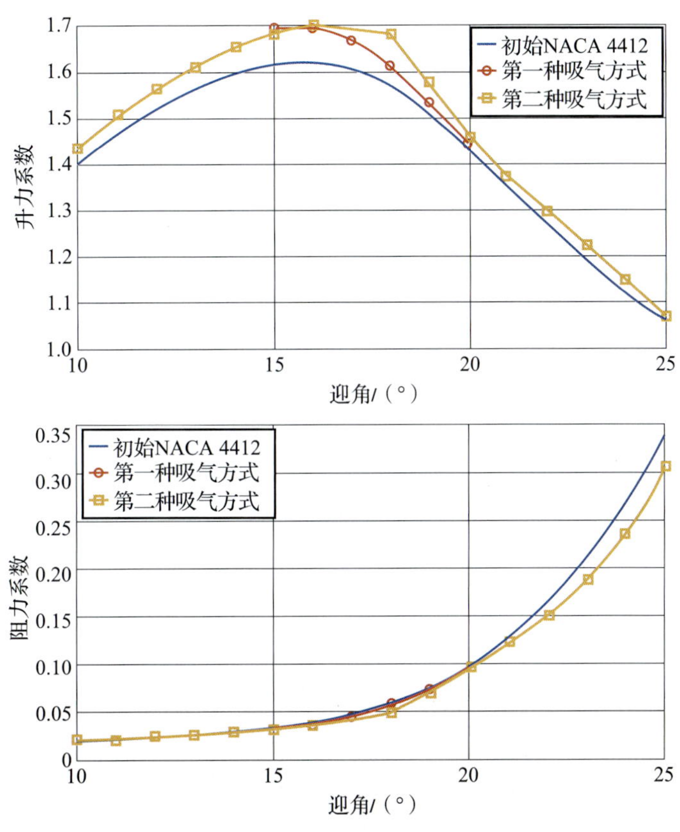

图 23-12 两种吸气方式升阻力系数对比图

对于不同的吸气流量，其对升阻力系数的影响也是不同的。仿真计算条件设置为，吸气口的位置放于弦长 0.8 处，吸气口槽宽设定为翼型厚度的 10%（0.012*c*），两种吸气的质量流量分别为 0.1kg/s 和 0.5kg/s。计算结果如图 23-13 所示，可得到如下结论：当质量流量从 0.1kg/s 增加到 0.5kg/s 时，升力系数 C_L 增加了 14%，同时失速迎角也有一定程度增大，并且阻力系数 C_D 发生了下降。很显然，通过增大吸气的流量可以起到更好的增升减阻目的。

图 23-14 显示了在不同质量流量的吸气情况下，流场的压力分布情况，从图中可以明显地看到增大吸气的质量流量可以明显地减缓机翼的气流分离，提高其失速迎角。

与吹气情况相同，在第二种吸气方式的条件下，对不同吸气位置产生的升阻力系数差异进行分析。仿真条件设置如下：吸气质量流量为 0.5 kg/s，吸气口槽宽为翼

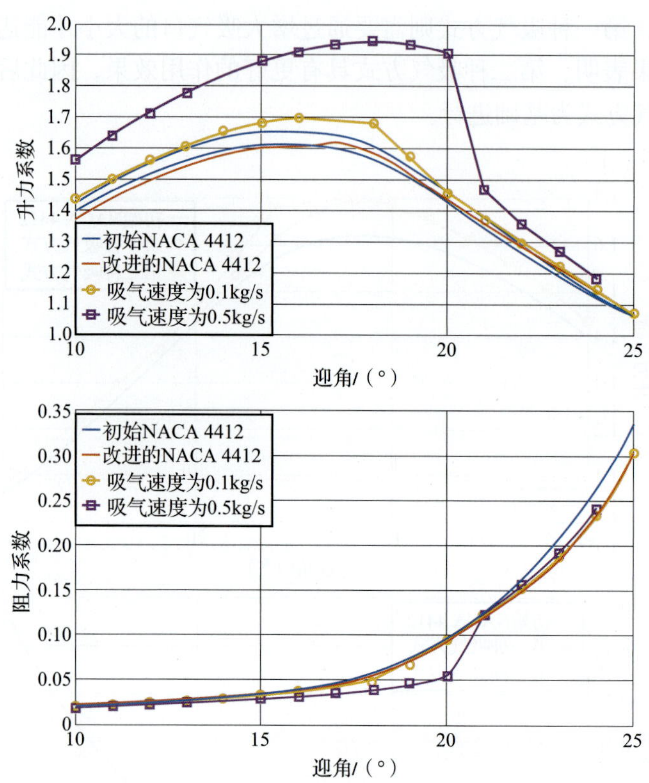

图 23-13　吸气质量流量对升阻力系数的影响

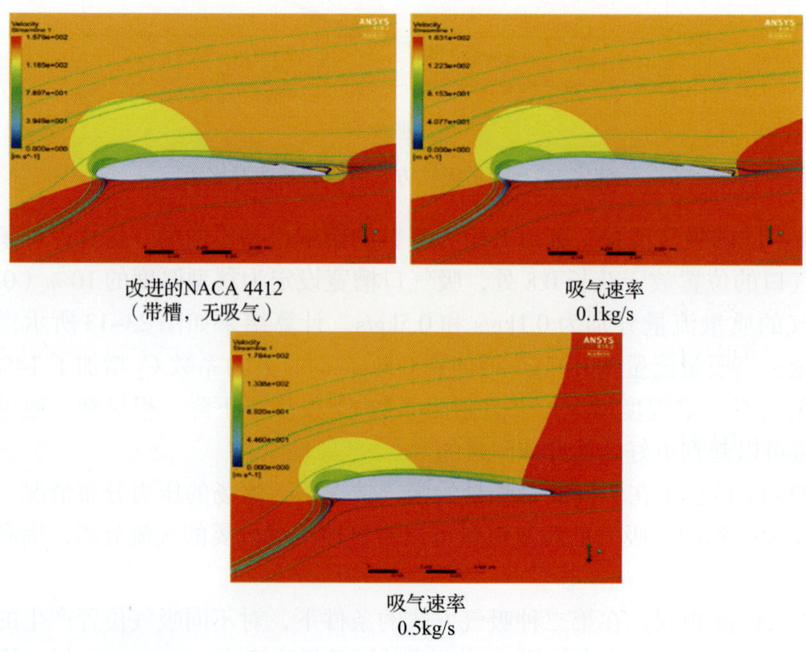

图 23-14　不同吸气质量流量在 16°迎角下的压力分布

型厚度的 10%（0.012c），两种情况吸气口位置分别布置于 0.7 和 0.8 弦长处。从升阻力曲线图 23-15 中可以得到如下结论：将吸气口位置设置得越靠前对将延缓前缘的气流分离的作用就越明显，但同时加速流量区域会变小并导致了升力增量的轻微损失，对阻力系数而言，吸气口位置产生的效果不是很明显。

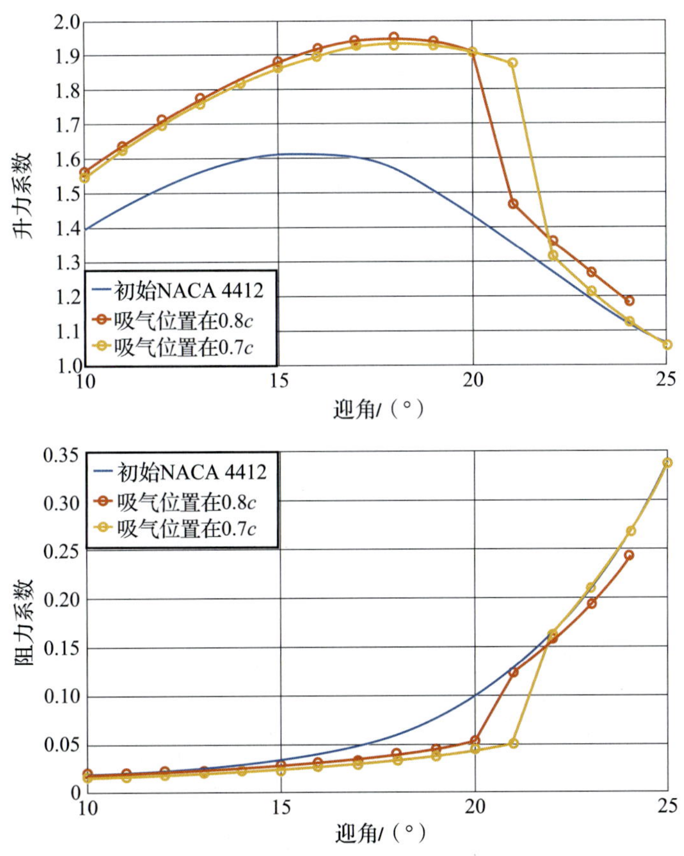

图 23-15　吸气口位于 0.7c 和 0.8c 时升阻力系数对比图

（3）二维翼型的吹吸气融合特性分析

对吹气和吸气的融合作用效果进行研究。仿真条件设置为：吸气口位置设置于 0.8 弦长处，吸气质量流量为 0.5kg/s，吹气口设置于后缘切线处，吹气速度为 150m/s。从升阻力曲线图 23-16 可以得到如下结论：吹气和吸气融合作用，将会导致升力系数急剧增大，失速迎角也可实现从 16° 增大到 20° 的效果，这与单独的吸气作用效果相同，吹吸气融合的方式将大大增加机翼的升力。

图 23-17 展示了吹吸气融合小迎角情况下阻力系数的作用曲线，从图中可以看出在小迎角情况下吹吸气结合可以达到减小阻力系数 75% 的效果，减阻作用十分显著。

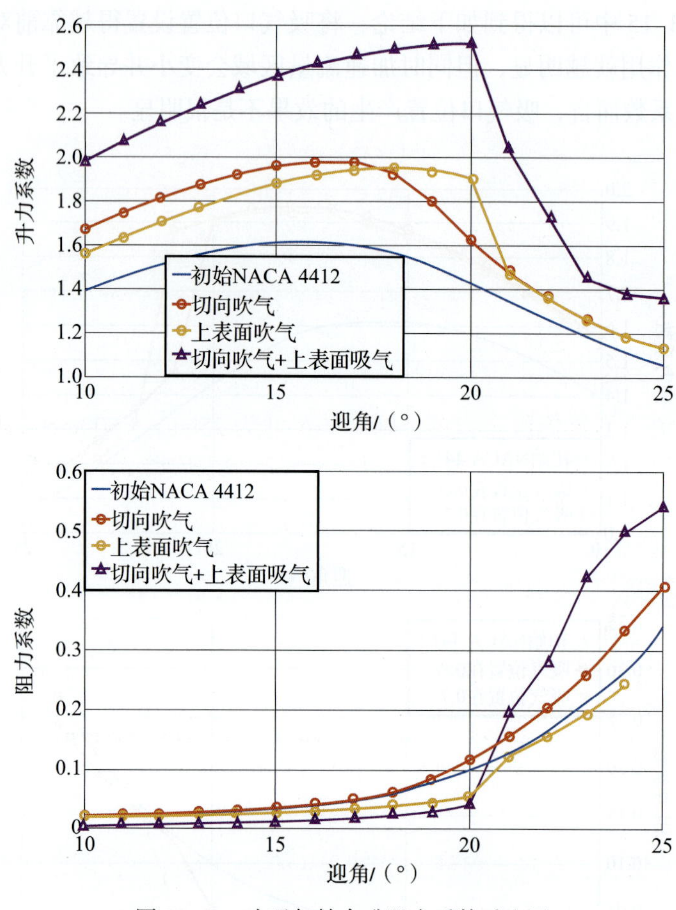

图 23-16　吹吸气结合升阻力系数对比图

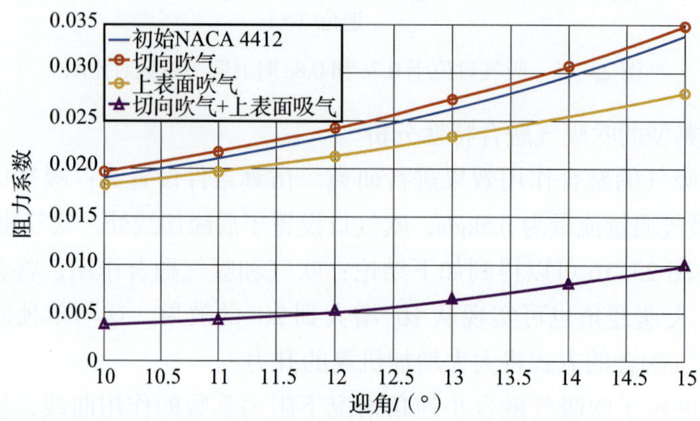

图 23-17　小迎角下吹吸气结合阻力系数图

23.3 试验样机设计

23.3.1 射流变形翼样机设计

本次飞行试验所用的飞行器是对一款上单翼的航模飞行器进行改装得到的，上单翼的布局方式可以保证飞行器在飞行过程中更加平稳，同时上单翼的布局也更有利于摄像头的放置以及射流控制系统的安装。试验用的射流变形翼需要重新设计，此机翼结构与前期设计的变形翼翼段结构完全相同，仍采用带传力盘的牛角形弯管实现机翼的变形功能，在机翼的后缘开孔。所设计机翼的基本尺寸为 250mm × 800mm，其中变形翼翼段尺寸为 250mm × 300mm，为了保证飞行试验的绝对安全，此射流变形翼仍留有副翼，副翼的尺寸为 250mm × 500mm。机翼蒙皮采用上、下折叠的设计结构，可减小机翼变形过程所需克服的阻力，机翼蒙皮材料选用玻璃纤维，如图 23-18 所示。

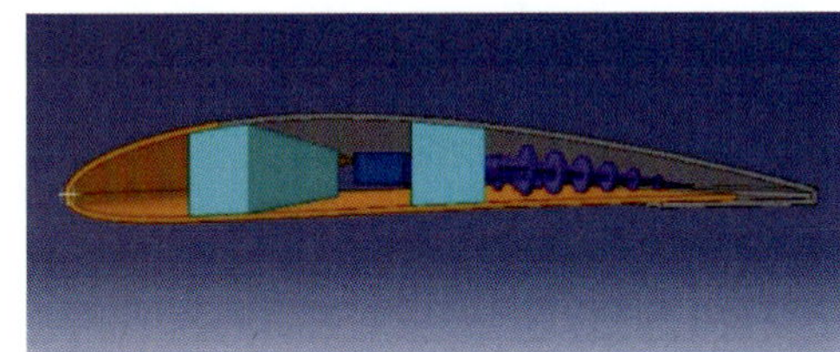
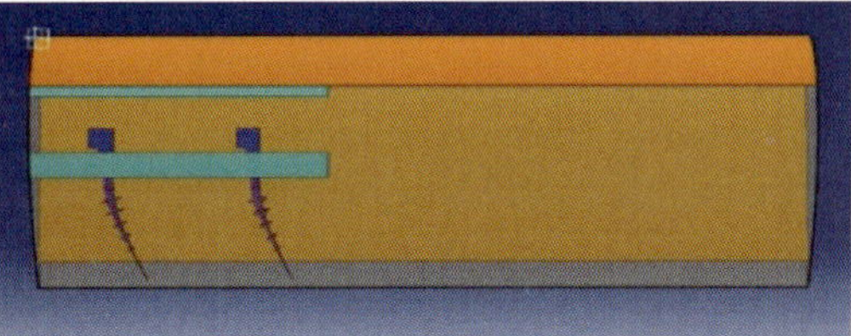

图 23-18 射流变形翼原理图

如图 23-19 所示，在每个机翼上分别布置两个弯管，通过两个弯管的协同动作即可带动蒙皮发生变形。射流功能通过机翼外部悬挂的气瓶及连接气瓶与后缘开缝的导管以及一些控制开关实现，气瓶出气口设有的开关可通过舵机进行控制，用于射流时机的把握。机翼的翼尖部分预留有一块大副翼，主要是出于飞行试验安全性的考虑，在变形翼不能满足操作要求的情况下，可以使用副翼操纵飞机，在试验过程中副翼会被锁死，只有出现危险的情况才会被用于应急操纵面。

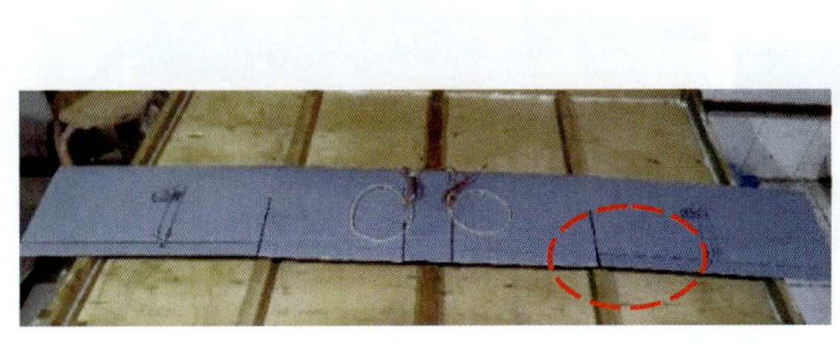
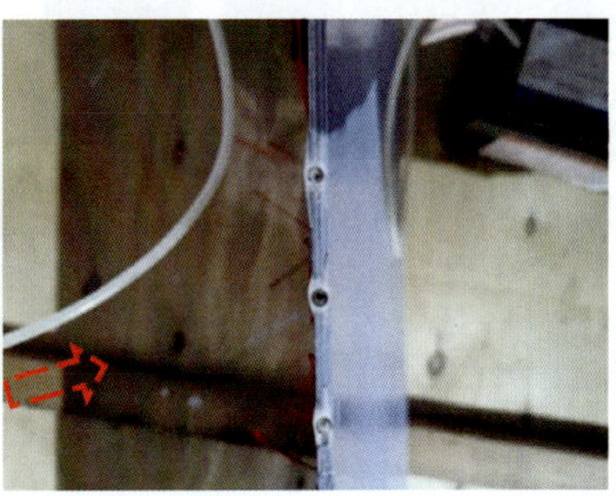

图 23-19 射流变形翼实物及机翼后缘的射流出气孔位置图

23.3.2 气道设计

关于飞行器机翼射流控制部分的气道设计结果如图 23-20 所示。图中的两个气瓶被用作射流气源，两个气瓶连接在一个四通连接件上。四通连接件剩余的右接口接一个三通连接件，三通连接件的上接口接一个充气的单向阀，用于向气瓶充气，三通连接件的下接口连接一个压力表，可以实时监测气瓶中气体的压力；连接气瓶的四通连接件的左接口连接一个吹气控制阀，用于控制射流的时机，吹气阀接一个三通连接件，三通连接件的剩余两个连接口通过一个四通连接件接到机翼后缘的吹气口，所有零部件的连接都使用 4mm 口径的软管。整个气道的连接实物如图 23-21 左所示。

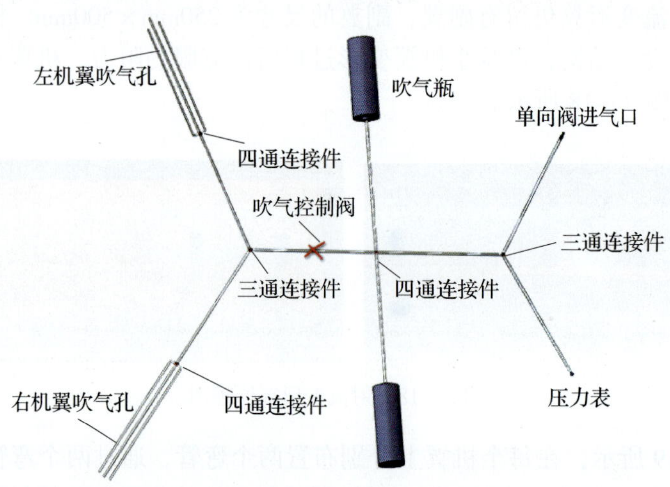

图 23-20 射流控制气道设计图

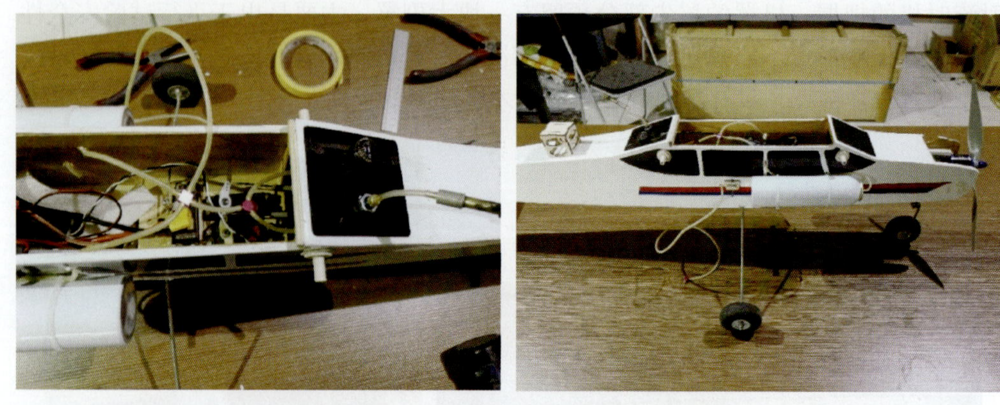

图 23-21 气道布置实物及气瓶安装位置图

23.3.3 变形翼副翼控制

本次飞行试验主要目的是验证变形翼的可操纵性，以及射流对飞行控制的影响。飞行器的滚转操纵采用了两套装置：一套为变形翼；另一套为副翼。整个飞行试验是为验证变形翼的作用效果而服务的，但为了保证飞行过程的绝对安全，机翼上因此预留了副翼，在变形翼不能满足操纵要求的情况下可使用副翼接管对飞机的控制。变形翼和副翼的控制方案有两种：一种是变形翼副翼混控方式，其原理是把机翼一侧的副翼舵机和变形翼舵机并联到一起，通过遥控器的两个通道便可以实现变形翼和副翼的混控；另一种控制方式为副翼变形翼单独控制，即变形翼的舵机占一个控制通道，副翼舵机占一个控制通道，这样需要使用 4 个通道完成对变形翼和副翼的控制。

用于飞行试验的射流变形机翼的翼型仍采用 NACA 4412，蒙皮材料选用玻璃纤维，机翼蒙皮厚度为 1mm，整个机翼的后缘采用上下蒙皮折叠覆盖的布置方式，机翼前缘固定不变不可发生变形。通过机翼内部的支撑肋板保持机翼的整体形状不发生改变，机翼后缘部分通过弯管带动传力盘的方式实现变形功能。整个机翼的制作采用开模制造方法，需要通过机翼的翼型制作所需要模具，再利用玻璃纤维在模具中铺层，最终形成所需要的机翼蒙皮形状，接着把机翼支撑梁以及驱动舵机变形弯管等安装于射流变形机翼内部。在完成样机各个分系统的加工制作之后，再对整个飞行器进行组装。整个飞行器的组装结果如图 23–22 所示。

图 23–22 整机装配结果图

23.4 飞行试验

飞行试验总共分为 4 组，分别是变形翼副翼混控试验，单独变形翼作用试验，地面射流控制试验，以及飞行射流控制试验。通过 4 组试验验证了机翼变形和射流控制可完成对飞行器的操控。

23.4.1 变形翼副翼混控飞行试验分析

第一次飞行试验采用变形翼和副翼的混控方式操纵飞行器，整个飞行试验时长为 3min 左右，全程使用摄像头拍摄机翼变形的运动过程。

飞行试验全程使用变形翼和副翼的混控来操纵飞行器的滚转，飞行全程飞行器都有良好的操控性。试验验证了变形翼和副翼混控操纵的可行性，飞行器具有良好的操控性，飞行全程控制很轻巧灵敏。

图 23–23　飞行器起飞前状态

23.4.2　单独变形翼作用试验分析

第二次飞行试验，采用变形翼单独控制飞行器的滚转姿态，飞行全程把副翼舵机锁死，并且使用胶带把副翼固定不动，这样保证了整个飞行过程都是靠变形翼来完成滚转操作的。第二次飞行试验前在机翼的变形翼部分粘贴了红色的线条，可用于观测飞行过程中变形翼表面的流场，粘贴红线的变形翼如图 23–24 所示。飞行过程中，变形翼的运动姿态如图 23–25 所示。

飞行试验全程使用变形翼进行滚转姿态的控制，整个飞行过程十分顺利，试验结果表明使用变形翼进行机动控制的过程不是十分灵敏，需要较大的操纵舵量才能达到预期效果，操纵不灵敏的原因是机翼的变形翼布置于翼根处产生的操纵力矩相对于翼尖副翼会小很多。飞行试验结果表明，变形翼可以取代副翼的功能最终实现整个机翼的无舵面设计，此射流变形翼飞行器在后续的改进中，可以不需要再预留副翼，把变形翼布置在靠近翼尖的位置完全可以达到相同的作用效果。

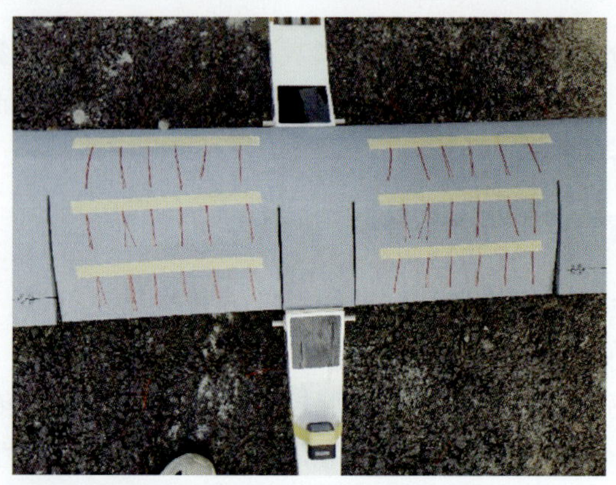

图 23–24　变形翼表面粘贴的红线

图 23-25　飞行过程中变形翼差动控制

23.4.3　地面射流控制试验分析

有关射流控制部分的试验，首先是地面的射流控制试验。试验前通过充气泵向变形翼气瓶充气，气瓶内的充气气压最终达到 0.65MPa。通过舵机锁死射流控制阀，以此确保气体不泄漏。在机翼后缘出气孔位置放置白纸，以白纸的上下飘动幅度来观测射流过程产生推力的大小。试验过程中，通过遥控器控制射流控制阀舵机的运动来完成射流动作，射流前后白纸位置的对比如图 23-26 所示。

从图中可以看到射流前白纸处于自然垂下的状态，射流过程中白纸向后飘起，说明机翼后缘确实有气流喷射出。试验验证了整个射流装置设计的可行性，射流装置在地面可以成功完成气体的后缘喷射，这也验证了气道设计的合理性。

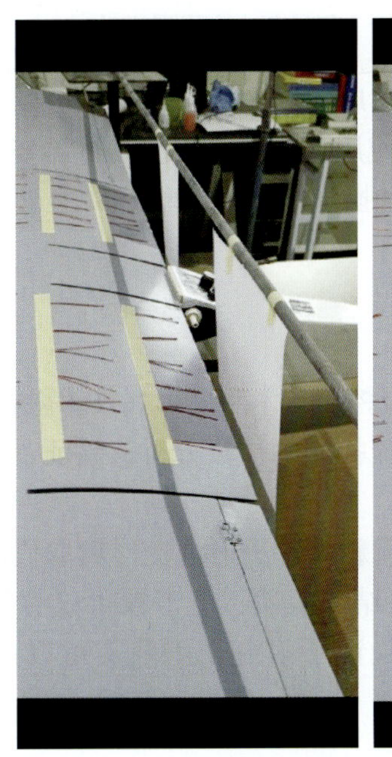
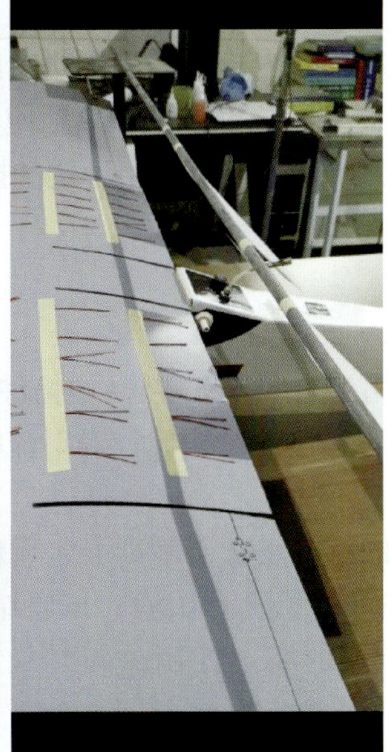

图 23-26　射流过程展示图

23.4.4 飞行射流控制试验分析

第三次和第四次飞行试验都是关于射流控制的飞行试验，试验过程中飞行器操控采用变形翼和副翼的混控操纵方式。飞行器飞行到一定高度后打开阀门释放气流，在射流的过程中明显会感到飞行器姿态有上浮的趋势，飞行器在空中成功完成了射流动作，在射流的过程中，飞行器的升力增大，推力增加，具有增升的作用，可以产生预期的操纵力矩。

相比于前两次飞行试验，后两次飞行试验的摄像头高度有所提高，这样可以更加全面地拍摄到整个变形翼的运动过程，图 23–27 为射流控制飞行试验中某个瞬间机翼的变形状态。

图 23–27 摄像头拍摄飞行过程中变形翼运动

带有射流变形翼的飞行器样机成功完成了起飞降落，并且可以在空中完成射流和变形的动作，同时试验也验证了单独使用变形翼来控制飞行器姿态的可行性，另外机翼的射流作用也确实可以产生一定的操纵力矩，试验结果达到了预期。

23.5 小结

（1）提出使用牛角形空心弯管将射流控制技术和变形翼技术融合到一起的方案，完成了射流变形翼翼段的结构设计和射流控制的仿真分析，验证了其增升减阻的气动特性。

（2）在现有的航模飞行器基础上，重新设计了射流变形翼取代已有的机翼，完成样机的改装并进行了飞行试验。试验结果表明：变形翼可以替代传统飞行器的副翼实现对飞行器的姿态控制，同时验证了射流作用确实可以产生期望的操纵力矩。

参考文献

［1］YANG Y，WANG Z，LYU S. Comparative study of two lay-up sequence dispositions for flexible skin design of morphing leading edge［J/OL］. Chinese Journal of Aeronautics，2021，34（7）：271–278. DOI：10.1016/j.cja.2020.03.035.

［2］WANG Z，YANG Y. Design of a variable-stiffness compliant skin for a morphing leading edge［J/OL］. Applied Sciences，2021，11（7）：3165. DOI：10.3390/app11073165.

［3］KINTSCHER M，WIEDEMANN M，MONNER H P，et al. Design of a smart leading edge device for low speed wind tunnel tests in the European project SADE［J/OL］. International Journal of Structural Integrity，2011，2（4）：383–405. DOI：10.1108/17579861111183911.

［4］HEINTZE O，GEIER S，HARTUNG D，et al. The preparation of a composite structure for a first large scale ground test of a smart and gapless wing leading edge［C/OL］//Active and Passive Smart Structures and Integrated Systems. SPIE，2011：79771K. DOI：10.1117/12.880596.

［5］MONNER H P，KINTSCHER M，LORKOWSKI T，et al. Design of a smart droop nose as leading edge high lift system for transportation aircrafts［C/OL］//Collection of Technical Papers – AIAA/ASME/ASCE/AHS/ASC Structures，Structural Dynamics and Materials Conference. 2009. DOI：10.2514/6.2009-2128.

［6］VASISTA S，RIEMENSCHNEIDER J，KEIMER R，et al. Morphing wing droop nose with large deformation：Ground tests and lessons learned［J/OL］. Aerospace，2019，6（10）：1–21. DOI：10.3390/AEROSPACE6100111.

［7］朱华，刘卫东，赵淳生. 变体飞行器及其变形驱动技术［J］. 机械制造与自动化，2010，39（2）：8–14.

［8］SUN J，GUAN Q，LIU Y，et al. Morphing aircraft based on smart materials and structures：A state-of-the-art review［J/OL］. Journal of Intelligent Material Systems and Structures，2016，27（17）：2289–2312. DOI：10.1177/1045389X16629569.

［9］MARQUES F E C，MOTA A F S D，LOJA M A R. Variable stiffness composites：optimal design studies［J］. Journal of Composites Science，2020，4（2）：80.

［10］MURUGAN S，FLORES E I S，ADHIKARI S，et al. Optimal design of variable fiber spacing composites for morphing aircraft skins［J］. Composite Structures，2012，94（5）：1626–1633.

［11］SINGH K，KAPANIA R. Optimal design of tow-steered composite laminates with curvilinear stiffeners［C］//2018 AIAA/ASCE/AHS/ASC Structures，Structural Dynamics，and Materials Conference. 2018.

［12］MURUGAN S，WOODS B K S，FRISWELL M I. Hierarchical modeling and optimization of camber morphing airfoil［J］. Aerospace Science and Technology，2015，42：31–38.

[13] BARBARINO S, BILGEN O, AJAJ R M, et al. A review of morphing aircraft [J/OL]. Journal of Intelligent Material Systems and Structures, 2011, 22 (9): 823-877. DOI: 10.1177/1045389X11414084.

[14] MURUGAN S, WOODS B K S, FRISWELL M I. Hierarchical modeling and optimization of camber morphing airfoil [J]. Aerospace Science and Technology, 2015, 42: 31-38.

[15] MARQUES F E C, MOTA A F S D, LOJA M A R. Variable stiffness composites: optimal design studies [J]. Journal of Composites Science, 2020, 4 (2): 80.

[16] SINGH K, KAPANIA R. Optimal Design of Tow-Steered Composite Laminates with Curvilinear Stiffeners [C] //2018 AIAA/ASCE/AHS/ASC Structures, Structural Dynamics, and Materials Conference. 2018.

[17] MURUGAN S, FLORES E I S, ADHIKARI S, et al. Optimal design of variable fiber spacing composites for morphing aircraft skins [J]. Composite Structures, 2012, 94 (5): 1626-1633.

[18] MURUGAN S, FRISWELL M I. Morphing wing flexible skins with curvilinear fiber composites [J]. Composite Structures, 2013, 99: 69-75.

[19] KIM B C, WEAVER P M, POTTER K. Manufacturing characteristics of the continuous tow shearing method for manufacturing of variable angle tow composites [J]. Composites Part A Applied Science and Manufacturing, 2014, 61: 141-151.

[20] FALCO O, MAYUGO J A, LOPES C S, et al. Variable-stiffness composite panels: As-manufactured modeling and its influence on the failure behavior [J]. Composites Part B, 2014, 56 (jan.): 660-669.

[21] HAO P, YANG H, WANG Y, et al. Efficient reliability-based design optimization of composite structures via isogeometric analysis [J]. Reliability Engineering & System Safety, 2021: 107465.

[22] 孔斌，顾杰斐，陈普会，等. 变刚度复合材料结构的设计、制造与分析 [J]. 复合材料学报，2017，34 (10)：13.

[23] 顾杰斐，陈普会，孔斌，等. 考虑制造因素的变刚度层合板的抗屈曲铺层优化设计 [J]. 复合材料学报，2018，35 (4)：10.

[24] CHEN G, XIONG B, HUANG X. Finding the optimal characteristic parameters for 3R pseudo-rigid-body model using an improved particle swarm optimizer [J]. Precision Engineering, 2011, 35 (3): 505-511.

[25] SU H J. A pseudorigid-body 3R model for determining large deflection of cantilever beams subject to tip loads [J]. Journal of Mechanisms and Robotics, 2009, 1 (2).

[26] CHEUNG K, CELLUCCI D, COPPLESTONE G, et al. Development of mission adaptive digital composite aerostructure technologies (MADCAT) [C] //17th AIAA Aviation Technology, Integration, and Operations Conference. 2017.

[27] GOECKS V G, LEAL P B, WHITE T, et al. Control of morphing wing shapes with deep reinforcement learning [J]. 2018.

[28] CRAMER N B, SWEI S M, CHEUNG K, et al. Determination of optimal wing twist pattern for a composite digital wing [C] //2018 AIAA Information Systems-AIAA Infotech @ Aerospace. 2018.

[29] JENETT B, CALISCH S, CELLUCCI D, et al. Digital morphing wing: active wing shaping concept using composite lattice-based cellular structures [J]. Soft Robotics, 2017, 4 (1): 33-48.

[30] HASHEMI K E, NGUYEN N T, DREW M C, et al. Performance optimizing gust load alleviation control of flexible wing aircraft [C] //2018 AIAA Guidance, Navigation, and Control Conference. 2018.

[31] VALDEVIT L, JACOBSEN A J, GREER J R, et al. Protocols for the optimal design of multi-functional cellular structures: From hypersonics to micro-architected materials [J]. Journal of the American Ceramic Society, 2011, 94 (s1): 15-34.

[32] DREW M C, HASHEMI K E, CRAMER N, et al. Multi-objective optimal control of the 6-DoF aeroservoelastic common research model with aspect ratio 13.5 wing [C] //AIAA Scitech 2019 Forum. 2019.

[33] 于国财. 多功能复合材料蜂窝结构的导热及力学性能 [D]. 哈尔滨: 哈尔滨工业大学, 2016.

[34] 宫晓博. 基于变刚度蒙皮和零泊松比蜂窝的变弯度机翼结构研究 [D]. 哈尔滨: 哈尔滨工业大学, 2017.

[35] 李杰锋, 沈星, 陈金金. 零泊松比胞状结构的单胞面内等效模量分析及其影响因素 [J]. 航空学报, 2015, 36 (11): 14.

[36] 翟宏州. 具有传感与驱动功能的蜂窝结构机翼蒙皮特性研究 [D]. 南京: 南京航空航天大学, 2015.

[37] BARTLEY-CHO J D, WANG D P, MARTIN C A, et al. Development of high-rate, adaptive trailing edge control surface for the smart wing phase 2 wind tunnel model [J]. Journal of Intelligent Material Systems & Structures, 2004, 15 (4): 279-291.

[38] 王晓明, 周文雅, 吴志刚. 压电纤维复合材料驱动的机翼动态形状控制 [J]. 航空学报, 2017, 38 (1): 9.

[39] WANG X, ZHOU W, WU Z. Dynamic shape control of wings using piezoelectric fiber composite materials [J]. Acta Aeronautica Et Astronautica Sinica, 2017.

[40] KUDVA J N. Overview of the DARPA Smart Wing Project [J]. Journal of Intelligent Material Systems and Structures, 2004, 15 (4): 261-267.

[41] BRINSON, L. C. One-dimensional constitutive behavior of shape memory alloys: Thermomechanical derivation with non-constant material functions and redefined martensite internal variable [C] // Copyright © 2016 by SAGE Publications. 1993: 229-242.

[42] LIANG C, ROGERS C A. One-dimensional thermomechanical constitutive relations for shape memory materials [J]. Journal of Intelligent Material Systems & Structures, 2013, 1 (2): 207-234.

[43] BERAN P S, LUCIA D J, PETTIT C L. Reduced-order modelling of limit-cycle oscillation for aeroelastic systems [J] . Journal of Fluids and Structures, 2004, 19 (5): 575-590.

[44] DOWELL E H, THOMAS J P, HALL K C. Transonic limit cycle oscillation analysis using reduced order aerodynamic models [J] . Journal of Fluids and Structures, 2004, 19 (1): 17-27.

[45] ZHOU Q, CHEN G, DA RONCH A, et al. Reduced order unsteady aerodynamic model of a rigid aerofoil in gust encounters [J] . Aerospace Science and Technology, 2017, 63: 203-213.

[46] YAO W, MARQUES S. Nonlinear aerodynamic and aeroelastic model reduction using a discrete empirical interpolation method [J] . AIAA Journal, 2017, 55 (2): 1-14.

[47] LIU L, DOWELL E H, THOMAS J P. A high dimensional harmonic balance approach for an aeroelastic airfoil with cubic restoring forces [J] . Journal of Fluids and Structures, 2007, 23 (3): 351-363.

[48] THOMAS J P, DOWELL E H, HALL K C. Modeling viscous transonic limit cycle oscillation behavior using a harmonic balance approach [J] . Journal of Aircraft, 2004, 41 (6): 1266-1274.

[49] EKICI K, KIELB R E, HALL K C. The effect of aerodynamic asymmetries on turbomachinery flutter [J] . Journal of Fluids and Structures, 2013, 36 (1): 1-17.

[50] SILVA W. Identification of nonlinear aeroelastic systems based on the volterra theory: Progress and opportunities [J] . Nonlinear Dynamics, 2005, 39 (1): 25-62.

[51] BALAJEWICZ M, NITZSCHE F, FESZTY D. Application of multi-input Volterra theory to nonlinear multi-degree-of-freedom aerodynamic systems [J] . AIAA Journal, 2010, 48 (1): 56-62.

[52] SILVA W. Recent Enhancements to the development of CFD-based aeroelastic reduced-order models [C] //Aiaa/asme/asce/ahs/asc Structures, Structural Dynamics, and Materials Conference. 2013.

[53] SILVA W A, BARTELS R E. Development of reduced-order models for aeroelastic analysis and flutter prediction using the CFL3Dv6.0 code [J] . Journal of Fluids and Structures, 2004, 19 (6): 729-745.

[54] COWAN T J, ARENA A S, GUPTA K K. Accelerating computational fluid dynamics based aeroelastic predictions using system identification [J] . Journal of Aircraft, 2001.

[55] ZHANG W, WANG B, YE Z, et al. Efficient method for limit cycle flutter analysis based on nonlinear aerodynamic reduced-order models [J] . AIAA Journal, 2012, 50 (5): 1019-1028.

[56] MARQUES F D, ANDERSON J. Identification and prediction of unsteady transonic aerodynamic loads by multi-layer functionals [J] . Journal of Fluids and Structures, 2001, 15 (1): 83-106.

[57] GLAZ B, LIU L, FRIEDMANN P P. Reduced-order nonlinear unsteady aerodynamic modeling using a surrogate-based recurrence framework [J] . AIAA Journal, 2012, 48 (10): 2418-2429.

[58] LI W, JIN D, ZHAO Y. Efficient nonlinear reduced-order modeling for synthetic-jet-based control

at high angle of attack [J] . Aerospace Science and Technology, 2017, 62: 98–107.

[59] CHEN G, ZUO Y, SUN J, et al. Support-vector-machine-based reduced-order model for limit cycle oscillation prediction of nonlinear aeroelastic system [J] . Mathematical Problems in Engineering, 2012, (2012-2-14), 2012, 2012 (PT.3): 244–247.

[60] CHEN G, SUN J, MAO W, et al. Limit cycle oscillation control for transonic aeroelastic systems based on support vector machine reduced order model [J] . Transactions of the Japan Society for Aeronautical and Space Sciences, 2012, 56 (1): 8–14.

[61] LIU X, WU Z, YANG C. Aerodynamic reduced-order models based on observer techniques [C] //51st AIAA/ASME/ASCE/AHS/ASC Structures, Structural Dynamics, and Materials Conference 18th AIAA/ASME/AHS Adaptive Structures Conference 12th. 2010: 2794.

[62] KOU J, ZHANG W, YIN M. Novel Wiener models with a time-delayed nonlinear block and their identification [J] . Nonlinear Dynamics, 2016, 85 (4): 1–16.

[63] RUI, HUANG, HAIYAN, et al. Nonlinear reduced-order modeling for multiple-input/multiple-output aerodynamic systems [J] . AIAA Journal, 2014.

[64] ZHANG W, CHEN K, YE Z. Unsteady aerodynamic reduced-order modeling of an aeroelastic wing using arbitrary mode shapes [J] . Journal of Fluids and Structures, 2015, 58: 254–270.

[65] FIELDING J, LAWSON C, MARTINS-PIRES R, et al. Design, build and flight of the DEMON demonstrator UAV [C] //11th AIAA Aviation Technology, Integration, and Operations (ATIO) Conference. 2011.